计算机建筑应用系列

AutoCAD 2009 水暖电施工图十日通

胡仁喜　主编

潘从建　张日晶　副主编

中国建筑工业出版社

图书在版编目(CIP)数据

AutoCAD 2009 水暖电施工图十日通/胡仁喜主编. —北京：中国建筑工业出版社，2009
(计算机建筑应用系列)
ISBN 978-7-112-10541-0

Ⅰ. A… Ⅱ. 胡… Ⅲ. ①给排水系统-建筑安装工程-建筑设计：计算机辅助设计-应用软件，AutoCAD 2009②采暖设备-建筑安装工程-建筑设计：计算机辅助设计-应用软件，AutoCAD 2009③房屋建筑设备：电气设备-建筑安装工程-建筑设计：计算机辅助设计-应用软件，AutoCAD 2009 Ⅳ. TU82-39 TU832-39 TU85-39

中国版本图书馆 CIP 数据核字(2008)第 194013 号

本书主要讲解使用 AutoCAD 2009 中文版绘制建筑水暖电施工图的各种方法和技巧。全书共 16 章，其中，第 1～7 章主要介绍 AutoCAD 2009 的绘图基本知识；第 8～11 章主要以建筑电气工程中的具体实例来介绍如何绘制建筑电气施工图；第 12、13 章主要介绍的是给排水设计的相关理论和施工图绘制实例；第 14～16 章主要介绍暖通空调设计的相关理论和施工图绘制实例。本书语言浅显易懂，思路清晰明确。书中的实例均为实际工程中的实例，具有很高的使用价值。

本书适合于 AutoCAD 软件的初中级读者，也适用于建筑设备制图的相关人员。随书多媒体教学光盘包含所有实例的源文件和实例制作过程的多媒体动画，可以帮助读者形象、直观地理解和学习本书。

* * *

责任编辑：郭 栋
责任设计：崔兰萍
责任校对：兰曼利 梁珊珊

计算机建筑应用系列
AutoCAD 2009 水暖电施工图十日通
胡仁喜 主编
潘从建 张日晶 副主编
*
中国建筑工业出版社出版、发行(北京西郊百万庄)
各地新华书店、建筑书店经销
北京天成排版公司制版
北京市书林印刷有限公司印刷
*
开本：787×1092 毫米 1/16 印张：29 字数：724 千字
2009 年 5 月第一版 2009 年 5 月第一次印刷
印数：1—2500 册 定价：**68.00** 元(含光盘)
ISBN 978-7-112-10541-0
(17466)

前　言

AutoCAD是世界范围内最早开发，也是用户群最庞大的CAD软件。目前，在国内，各种CAD软件如雨后春笋般出现，尽管这些后起之秀在不同的方面有很多优秀而卓越的功能，但是AutoCAD毕竟历经市场风雨考验，其以开放性的平台和简单易行的操作方法深受工程设计人员喜爱。经过多年的发展，其功能不断完善，现已覆盖建筑、机械、服装、电子、气象、地理等各个学科，在全球建立了牢固的用户网络。

一、本书特色

市面上的AutoCAD学习书籍浩如烟海，读者要挑选一本自己中意的书反而很困难，真是“乱花渐欲迷人眼”。那么，本书为什么能够在您“众里寻她千百度”之际时，于“灯火阑珊”中让您“蓦然回首”呢，那是因为本书有以下5大特色：

- 作者权威

本书作者有多年的计算机辅助设计领域工作经验和教学经验。本书是作者总结多年的设计经验以及教学的心得体会，历时多年精心编著，力求全面细致地展现出AutoCAD在建筑水暖电施工图应用领域的各种功能和使用方法。

- 实例专业

本书中有很多实例本身就是建筑设备工程设计项目案例，经过作者精心提炼和改编。不仅保证了读者能够学好知识点，更重要的是能帮助读者掌握实际的操作技能。

- 提升技能

本书将工程设计中涉及的建筑水暖电施工图方面的专业知识融于其中，让读者深刻体会到利用AutoCAD进行工程设计的完整过程和使用技巧。真正做到以不变应万变。为读者以后的实际工作做好技术储备，使读者能够快速掌握工作技能。

- 内容精彩

全书以实例为绝对核心，透彻讲解建筑水暖电施工图中的各种类型案例，书中采用的案例多而且具有代表性，经过了多次课堂和工程检验；案例由浅入深，每一个案例所包含的重点难点非常明确，读者学习起来会感到非常轻松。

- 知行合一

结合大量的实例详细讲解AutoCAD知识要点，让读者在学习案例的过程中潜移默化地掌握AutoCAD软件操作技巧，同时培养了工程设计实践能力。

二、本书的组织结构和主要内容

本书以AutoCAD 2009中文版为演示平台，着重介绍AutoCAD软件在建筑水暖电施工图中的应用方法。全书分为4篇，共16章。各部分内容如下：

1. AutoCAD基础篇—介绍必要的基本操作方法和技巧

第1章主要介绍AutoCAD 2009基础；

第 2 章主要介绍二维绘图命令；

第 3 章主要介绍编辑命令；

第 4 章主要介绍辅助绘图工具；

第 5 章主要介绍文字与表格；

第 6 章主要介绍尺寸标注；

第 7 章主要介绍图块与设计中心；

2. 建筑电气篇——详细介绍建筑电气的基础知识和实例

第 8 章主要介绍建筑电气工程基础；

第 9 章主要介绍独立别墅电气照明工程图实例；

第 10 章主要介绍独立别墅防雷接地工程图实例；

第 11 章主要介绍独立别墅弱电工程图实例；

3. 给水排水篇——详细介绍给排水的基础知识和实例

第 12 章主要介绍建筑给水排水工程图基本知识；

第 13 章主要介绍某综合办公楼给水排水设计实例；

4. 暖通空调篇—详细介绍暖通空调的基础知识和实例

第 14 章主要介绍暖通空调工程图基本知识；

第 15 章主要介绍某商业综合楼空调工程设计实例；

第 16 章主要介绍某住宅楼采暖工程设计实例。

三、本书源文件

本书所有实例操作需要的原始文件和结果文件以及上机实验实例的原始文件和结果文件都在随书光盘的“yuanwenjian”目录下，读者可以拷贝到计算机硬盘下参考和使用。

四、光盘使用说明

本书除利用传统的纸面讲解外，随书配送了多媒体学习光盘。光盘中包含全书讲解实例和练习实例的源文件素材，并制作了全程实例动画同步 AVI 文件。利用作者精心设计的多媒体界面，读者可以随心所欲，像看电影一样轻松愉悦地学习本书。

光盘中有两个重要的目录希望读者关注，“yuanwenjian”目录下是本书所有实例操作需要的原始文件和结果文件以及上机实验实例的原始文件和结果文件。“动画”目录下是本书所有实例的操作过程视频 AVI 文件，总共时长约 4 小时。

如果读者对本书提供的多媒体界面不习惯，也可以打开该文件夹，选用自己喜欢的播放器进行播放。

提示：由于本书多媒体光盘插入光驱后自动播放，有些读者不知道怎样查看文件光盘目录。具体的方法是退出本光盘自动播放模式，然后在单击计算机桌面上的“我的电脑”图标，打开文件根目录，在光盘所在盘符上单击鼠标右键，在打开的快捷菜单中选择“打开”命令，就可以查看光盘文件目录。

五、致谢

本书由胡仁喜主编，潘从建和张日晶为副主编，参加本书编写的还有熊慧、康士廷、王艳池、阳平华、李鹏、路纯红、郑长松、王文平、周广芬、王兵学、陈丽芹、王玉秋、王佩楷、李瑞、孟清华、董伟、王培合、周冰、赵黎、王敏、王义发、袁涛、刘昌丽、王渊峰、刘红宁、李广荣、夏德伟、吴晓春、左昉、阎静、吴高阳和张俊生。

本书突出了实用性及技巧性，使学习者可以很快地掌握 AutoCAD 建筑设备施工图的方法和技巧。本书可供广大的技术人员和建筑设备工程专业的学生学习使用，也可作为各大中专院校的教学参考书。

目　录

第1篇　AutoCAD基础篇

第2篇 建筑电气篇

第3篇 给水排水篇

1

本篇将介绍 AutoCAD 制图的一些相关基础知识，包括基本操作、二维绘图、辅助绘图工具、图形编辑工具、文字、图表、尺寸标注、图块、设计中心等内容。

通过本篇的学习，读者将掌握 AutoCAD 的基本制图方法与技巧，为后面的 AutoCAD 建筑水、暖、电设计打下牢固的基础。

第 1 篇　AutoCAD 基础篇

- 熟悉 AutoCAD 的基本操作
- 掌握一般的 AutoCAD 绘图与编辑技巧
- 掌握各种绘图工具的使用方法
- 熟悉文字和尺寸标注等功能的使用

第 1 章　AutoCAD 2009 基础

内容提要

AutoCAD 2009 是美国 Autodesk 公司于 2008 年推出的最新版本，这个版本与 2008 版及以前的 DWG 文件及应用程序兼容，拥有很好的整合性。

在本章中，我们开始循序渐进地学习 AutoCAD 2009 绘图的有关基本知识。了解如何设置图形的系统参数、样板图，熟悉建立新的图形文件、打开已有文件的方法等。

本章重点

- 绘图环境设置
- 工作界面
- 图形边界与单位设置
- 绘图系统配置
- 文件管理
- 基本输入操作

1.1　操　作　界　面

AutoCAD 的操作界面是 AutoCAD 显示、编辑图形的区域。一个完整的 AutoCAD 的操作界面如图 1-1 所示，包括标题栏、绘图区、十字光标、菜单栏、工具栏、坐标系图标、命令行、状态栏、布局标签和滚动条等。

在绘图区域中，有一个作用类似光标的十字线，其交点反映了光标在当前坐标系中的位置。在 AutoCAD 2009 中，将该十字线称为光标，AutoCAD 通过光标显示当前点的位置。十字线的方向与当前用户坐标系的 X 轴、Y 轴方向平行，十字线的长度系统预设为屏幕大小的 5%。如图 1-1 所示。

1. 修改绘图窗口的颜色

在默认情况下，AutoCAD 2009 的绘图窗口是黑色背景、白色线条，这不符合绝大多数用户的习惯，因此修改绘图窗口颜色是大多数用户都需要进行的操作。

修改绘图窗口颜色的步骤为：

(1) 选择“工具”下拉菜单中的“选项”项打开的“选项”对话框，打开如图 1-2 所示的“显示”选项卡。单击“窗口元素”区域中的“颜色”按钮，将打开如图 1-3 所示的

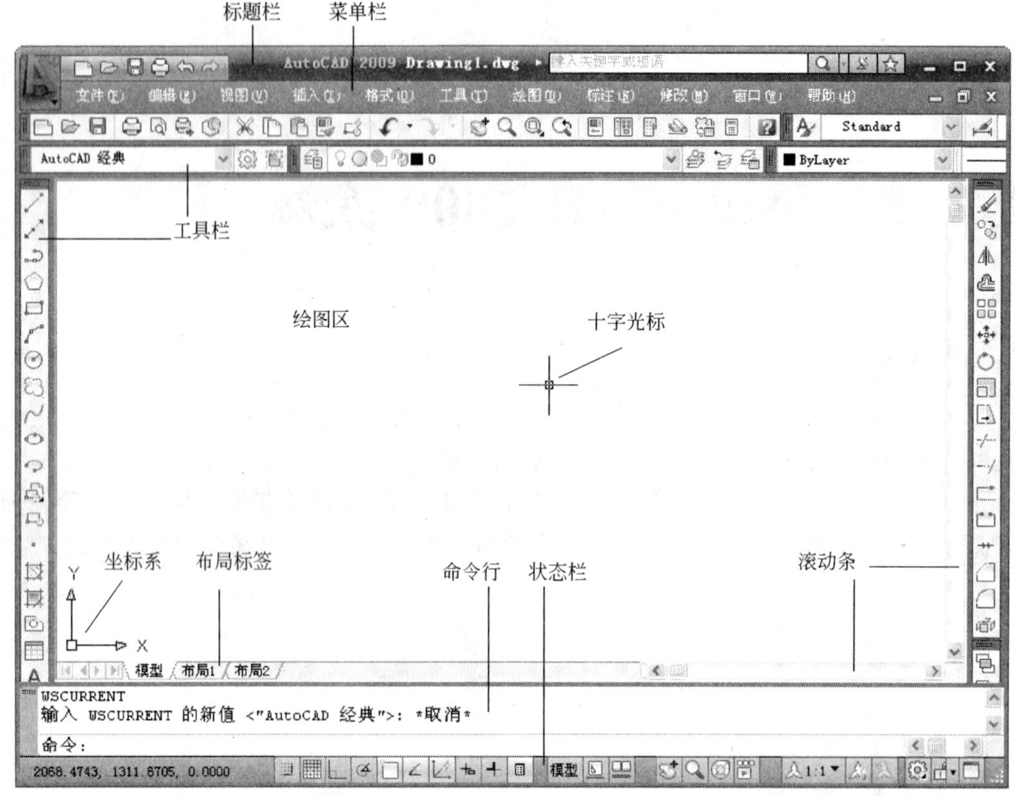

图 1-1　AutoCAD 2009 中文版的操作界面

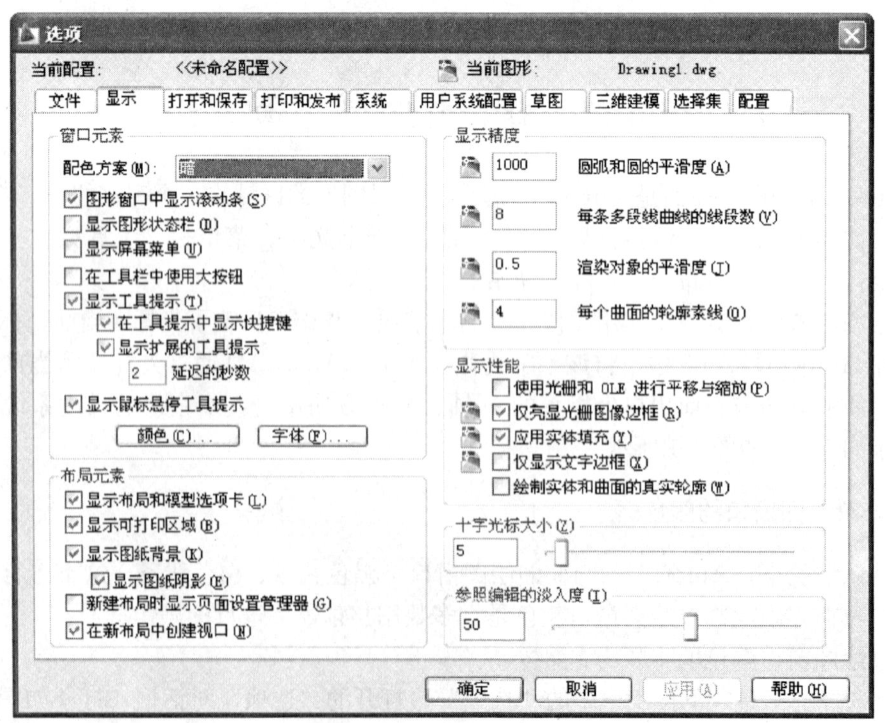

图 1-2　“选项”对话框中的“显示”选项卡

“图形窗口颜色”对话框。

(2) 单击“颜色”字样右侧的下拉箭头，在打开的下拉列表中，选择需要的窗口颜色，然后单击“应用并关闭”按钮，此时 AutoCAD 2009 的绘图窗口变成了窗口背景色，通常按视觉习惯选择白色为窗口颜色。

2. 打开未显示的工具栏标签

方法是将光标放在任一工具栏的非标题区，单击鼠标右键，系统会自动打开单独的工具栏标签，如图 1-4 所示。

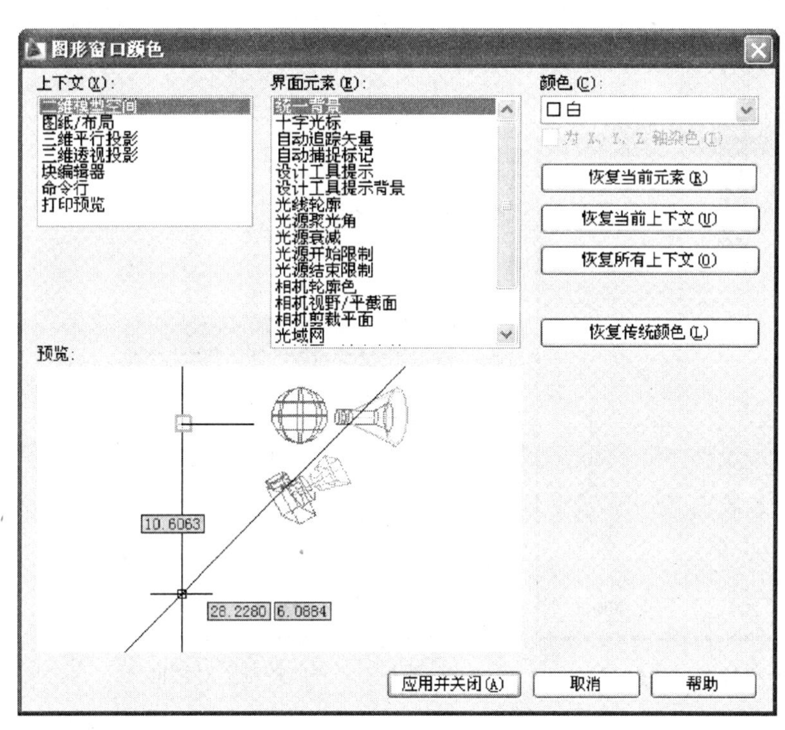

图 1-3　“颜色选项”对话框

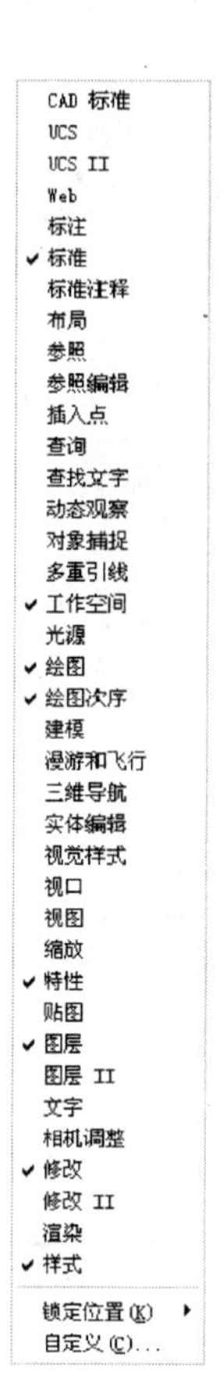

图 1-4　单独的工具栏标签

1.2　图形单位与图形边界设置

在 AutoCAD 中，可以利用相关命令对图形单位和图形边界进行具体设置。

1.2.1　图形单位设置

◆　执行方式

命令行：DDUNITS(或 UNITS)

菜单：格式→单位

◆ 操作格式

执行上述命令后，系统打开“图形单位”对话框，如图 1-5 所示。该对话框用于定义单位和角度格式。

◆ 选项说明

(1)“长度”与“角度”选项组

指定测量的长度与角度当前单位及当前单位的精度。

(2)“插入时的缩放单位”下拉列表框

控制使用工具选项板(例如 DesignCenter 或 i-drop)拖入当前图形的块的测量单位。如果块或图形创建时使用的单位与该选项指定的单位不同，则在插入这些块或图形时，将对其按比例缩放。插入比例是源块或图形使用的单位与目标图形使用的单位之比。如果插入块时不按指定单位缩放，请选择“无单位”。

(3)“方向”按钮

单击该按钮，系统显示“方向控制”对话框。如图 1-6 所示。可以在该对话框中进行方向控制设置。

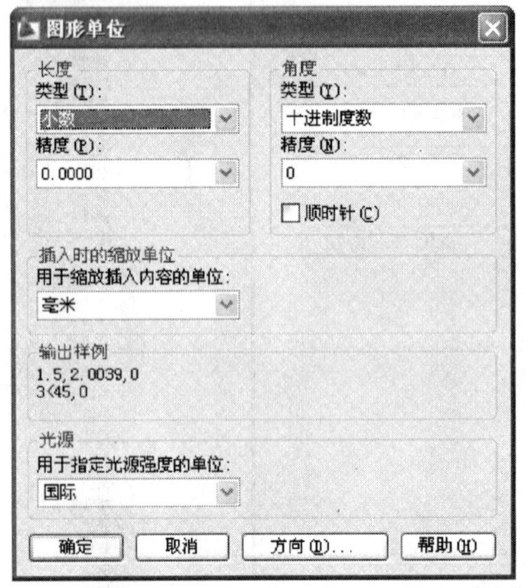

图 1-5 “图形单位”对话框

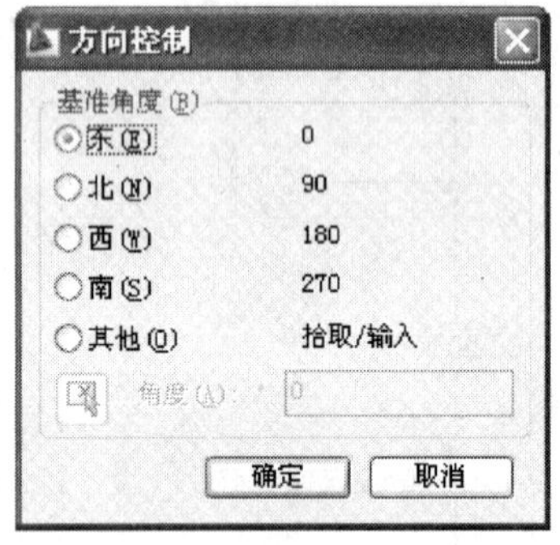

图 1-6 “方向控制”对话框

1.2.2 图形边界设置

◆ 执行方式

命令行：LIMITS

菜单：格式→图形范围

◆ 操作格式

命令：LIMITS↙

重新设置模型空间界限：

指定左下角点或［开(ON)/关(OFF)］<0.0000，0.0000>：(输入图形边界左下角的坐标后回车)

指定右上角点<12.0000，9.0000>：(输入图形边界右上角的坐标后回车)

◆　选项说明

(1) 开(ON)

使绘图边界有效。系统在绘图边界以外拾取的点视为无效。

(2) 关(OFF)

使绘图边界无效。用户可以在绘图边界以外拾取点或实体。

1.3　配置绘图系统

由于每台计算机所使用的显示器、输入设备和输出设备的类型不同，用户喜好的风格及计算机的目录设置也是不同的，所以每台计算机都是独特的。一般来讲，使用 AutoCAD 2009 的默认配置就可以绘图，但为了使用用户的定点设备或打印机以及为提高绘图的效率，AutoCAD 推荐用户在开始作图前先进行必要的配置。

◆　执行方式

命令行：preferences

菜单：工具→选项

快捷菜单：选项(单击鼠标右键，系统打开右键菜单)，其中包括一些最常用的命令，如图 1-7 所示。

图 1-7　“选项”右键菜单

◆　操作格式

执行上述命令后，系统自动打开“选项”对话框。用户可以在该对话框中选择有关选项，对系统进行配置，如图 1-2 所示。

1.4　文件管理

本节将介绍有关文件管理的一些基本操作方法，包括新建文件、打开文件、保存文件、删除文件。

1.4.1　新建文件

◆　执行方式

命令行：NEW

菜单：文件→新建

工具栏：标准→新建

◆　操作格式

执行上述命令后，系统打开如图 1-8 所示的“选择样板”对话框，在文件类型下拉列表框中有 3 种格式的图形样板，后缀分别是 .dwt、.dwg、.dws 的三种图形样板。一般情况，.dwt 文件是标准的样板文件，通常将一些规定的标准性的样板文件设成 .dwt 文件；.dwg 文件是普通的样板文件；而 .dws 文件是包含标准图层、标注样式、线型和文字样式的样板文件。

图 1-8 “选择样板”对话框

1.4.2 打开文件

◆ 执行方式

命令行：OPEN

菜单：文件→打开

工具栏：标准→打开

◆ 操作格式

执行上述命令后，打开“选择文件”对话框，如图 1-9 所示。在“文件类型”列表框中用户可选 .dwg 文件、.dwt 文件、.dxf 文件和 .dws 文件。.dxf 文件是用文本形式存储的图形文件，能够被其他程序读取，许多第三方应用软件都支持 .dxf 格式。

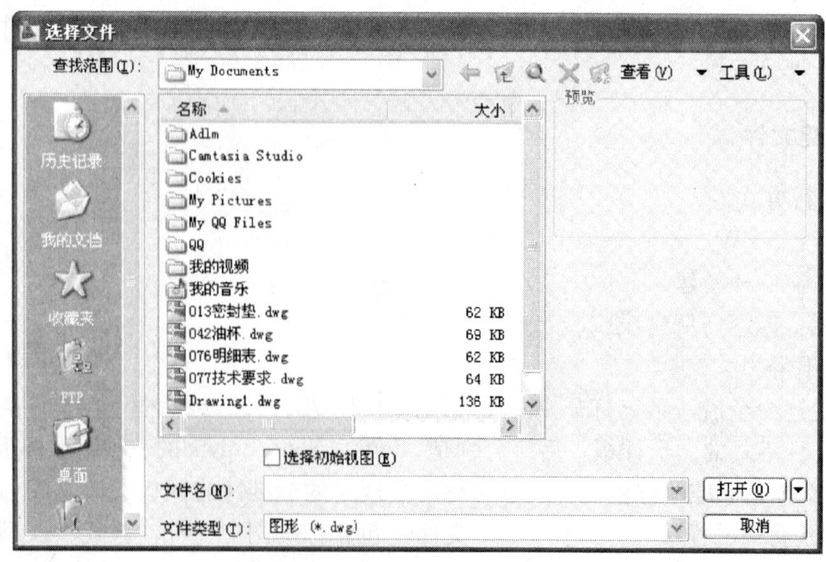

图 1-9 “选择文件”对话框

1.4.3　保存文件

◆　执行方式

命令名：QSAVE(或 SAVE)

菜单：文件→保存

工具栏：标准→保存

◆　操作格式

执行上述命令后，若文件已命名，则 AutoCAD 自动保存；若文件未命名(即为默认名 drawing1.dwg)，则系统打开“图形另存为”对话框，如图 1-10 所示，用户可以命名保存。在“保存于”下拉列表框中可以指定保存文件的路径；在“文件类型”下拉列表框中可以指定保存文件的类型。

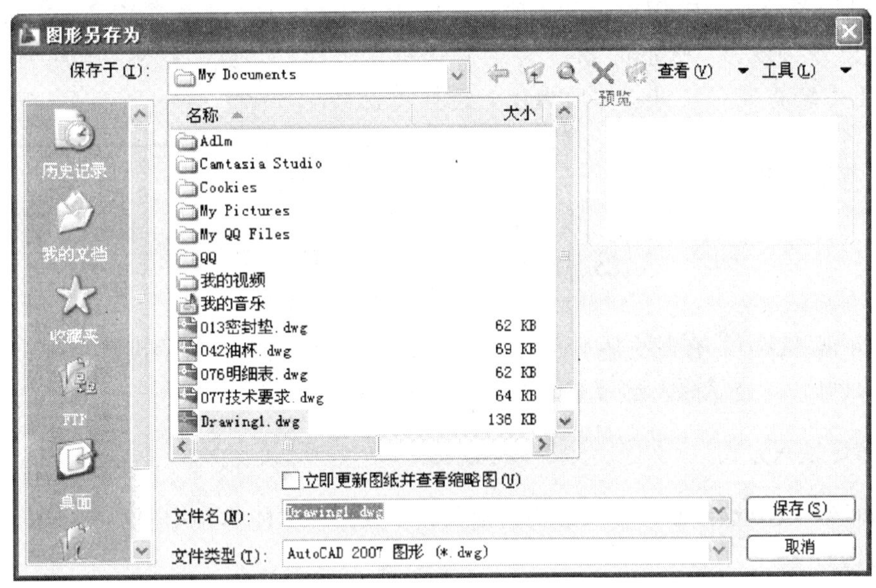

图 1-10　“图形另存为”对话框

为了防止因意外操作或计算机系统故障导致正在绘制的图形文件的丢失，可以对当前图形文件设置自动保存。步骤如下：

(1) 利用系统变量 SAVEFILEPATH 设置所有“自动保存”文件的位置，如：C:\HU\。

(2) 利用系统变量 SAVEFILE 存储“自动保存”文件名。该系统变量储存的文件名文件是只读文件，用户可以从中查询自动保存的文件名。

(3) 利用系统变量 SAVETIME 指定在使用“自动保存”时多长时间保存一次图形。

1.4.4　另存为

◆　执行方式

命令行：SAVEAS

菜单：文件→另存为

◆ 操作格式

执行上述命令后，打开“图形另存为”对话框，如图 1-10。AutoCAD 用另存名保存，并把当前图形更名。

1.4.5 退出

◆ 执行方式

命令行：QUIT 或 EXIT

菜单：文件→退出

按钮：AutoCAD 操作界面右上角的“关闭”按钮 ✕。

◆ 操作格式

命令：QUIT↙ （或 EXIT↙）

执行上述命令后，若用户对图形所做的修改尚未保存，则会出现图 1-11 所示的系统警告对话框。选择“是”按钮系统将保存文件，然后退出；选择“否”按钮，系统将不保存文件。若用户对图形所做的修改已经保存，则直接退出。

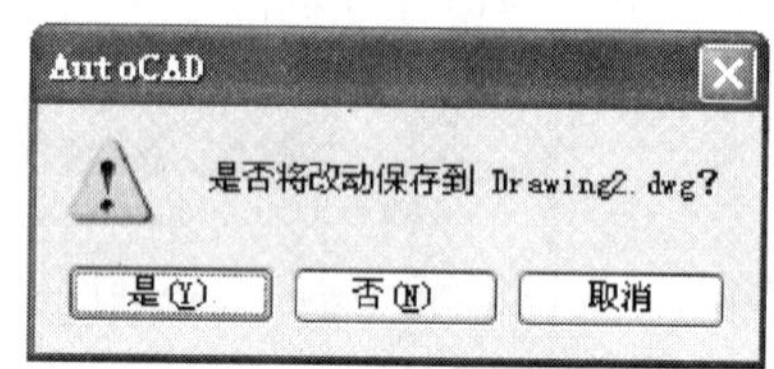

图 1-11 系统警告对话框

1.5 基本输入操作

在 AutoCAD 中，有一些基本的输入操作方法。这些基本方法是进行 AutoCAD 绘图的必备基础知识，也是深入学习 AutoCAD 功能的前提。

1.5.1 命令输入方式

AutoCAD 交互绘图必须输入必要的指令和参数。有多种 AutoCAD 命令输入方式(以画直线为例)：

1. 在命令窗口输入命令名

命令字符可不区分大小写。例如：命令：LINE↙。执行命令时，在命令行提示中经常会出现命令选项。如：输入绘制直线命令“LINE”后，命令行中的提示为：

命令：LINE↙

指定第一点：(在屏幕上指定一点或输入一个点的坐标)

指定下一点或［放弃(U)］：

选项中不带括号的提示为默认选项，因此可以直接输入直线段的起点坐标或在屏幕上指定一点。如果要选择其他选项，则应该首先输入该选项的标识字符，如“放弃”选项的标识字符“U”，然后按系统提示输入数据即可。在命令选项的后面有时候还带有尖括号，尖括号内的数值为默认数值。

2. 在命令窗口输入命令缩写字

如 L(Line)、C(Circle)、A(Arc)、Z(Zoom)、R(Redraw)、M(More)、CO(Copy)、

PL(Pline)、E(Erase)等。

3. 选取绘图菜单直线选项

选取该选项后，在状态栏中可以看到对应的命令说明及命令名。

4. 选取工具栏中的对应图标

选取该图标后，在状态栏中也可以看到对应的命令说明及命令名。

5. 在命令行打开右键快捷菜单

如果在前面刚使用过要输入的命令，可以在命令行打开右键快捷菜单，在“近期使用的命令”子菜单中选择需要的命令，如图 1-12 所示。“近期使用的命令”子菜单中储存最近使用的六个命令，如果经常重复使用某个六次操作以内的命令，这种方法就比较快速、简捷。

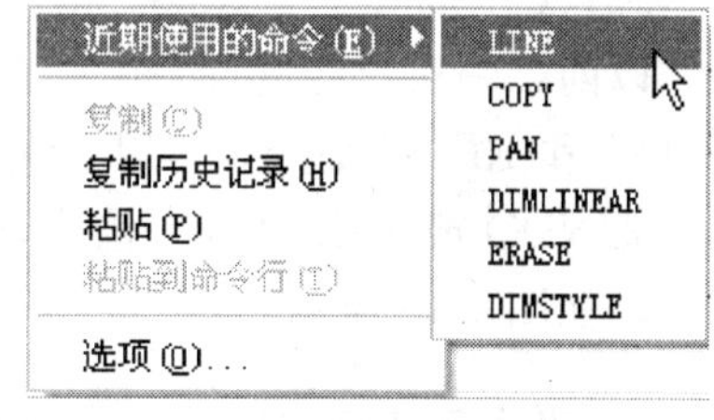

图 1-12　命令行右键快捷菜单

6. 在绘图区右击鼠标

如果用户要重复使用上次使用的命令，可以直接在绘图区右击鼠标，系统立即重复执行上次使用的命令，这种方法适用于重复执行某个命令。

1.5.2　命令执行方式

有的命令有两种执行方式，通过对话框或通过命令行输入命令。如指定使用命令窗口方式，可以在命令名前加短画线来表示，如“-LAYER”表示用命令行方式执行“图层”命令。如果在命令行输入“LAYER”，系统则会自动打开“图层”对话框。

另外，有些命令同时存在命令行、菜单和工具栏三种执行方式，这时如果选择菜单或工具栏方式，命令行会显示该命令，并在前面加一下画线。如通过菜单或工具栏方式执行“直线”命令时，命令行会显示“_line”，命令的执行过程与结果与命令行方式相同。

1.5.3　命令的重复、撤销、重做

1. 命令的重复

在命令窗口中键入 Enter 键可重复调用上一个命令，不管上一个命令是完成了还是被取消了。

2. 命令的撤销

在命令执行的任何时刻都可以取消和终止命令的执行。

◆　执行方式

命令行：UNDO

菜单：编辑→放弃

工具栏：标准→放弃

快捷键：Esc

3. 命令的重做

已被撤销的命令还可以恢复重做。要恢复撤销的最后的一个命令。

◆ 执行方式

命令行：REDO

菜单：编辑→重做

工具栏：标准→重做

以前，一次只能进行一个放弃或重做操作。现在增强了 UNDO 和 REDO 命令，可以一次执行多重放弃和重做操作。单击 UNDO 或 REDO 列表箭头，可以选择要放弃或重做的操作，如图 1-13 所示。

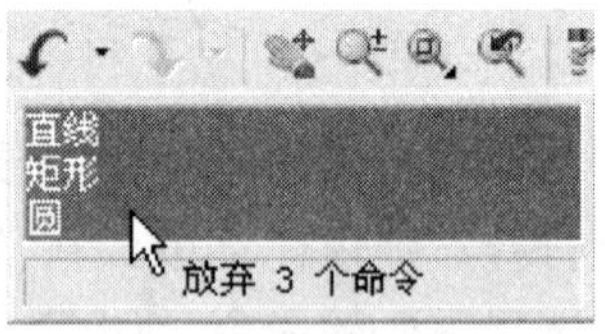

图 1-13 多重放弃或重做

1.5.4 坐标系统与数据的输入方法

1. 坐标系

AutoCAD 采用两种坐标系：世界坐标系（WCS）与用户坐标系。用户刚进入 AutoCAD 时的坐标系统就是世界坐标系，是固定的坐标系统。世界坐标系也是坐标系统中的基准，绘制图形时多数情况下都是在这个坐标系统下进行的。

◆ 执行方式

命令行：UCS

菜单：工具→UCS

工具栏："标准"工具栏→坐标系

AutoCAD 有两种视图显示方式：模型空间和图样空间。模型空间是指单一视图显示法，我们通常使用的都是这种显示方式；图样空间是指在绘图区域创建图形的多视图。用户可以对其中每一个视图进行单独操作。在默认情况下，当前 UCS 与 WCS 重合。图 1-14(*a*)为模型空间下的 UCS 坐标系图标，通常放在绘图区左下角处；如当前 UCS 和 WCS 重合，则出现一个 W 字，如图(*b*)；也可以指定它放在当前 UCS 的实际坐标原点位置，此时出现一个十字，如图(*c*)；图(*d*)为图样空间下的坐标系图标。

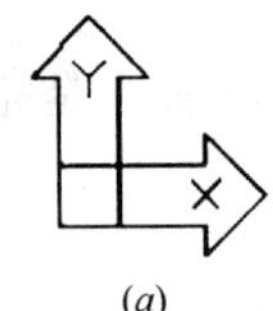

(*a*)

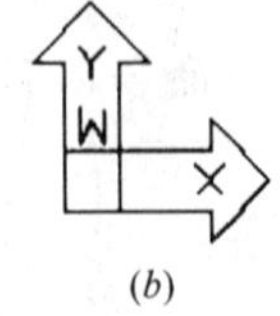

(*b*)

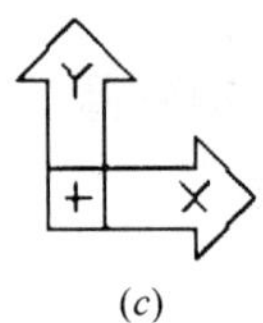

(*c*)

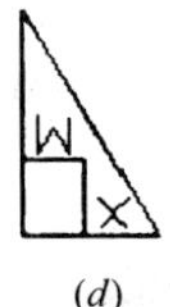

(*d*)

图 1-14 坐标系图标

2. 数据输入方法

在 AutoCAD 2009 中，点的坐标可以用直角坐标、极坐标、球面坐标和柱面坐标表示，每一种坐标又分别具有两种坐标输入方式：绝对坐标和相对坐标。其中，直角坐标和极坐标最为常用，下面主要介绍一下它们的输入。

（1）直角坐标法：用点的 X、Y 坐标值表示的坐标。

例如：在命令行中输入点的坐标提示下，输入“15，18”，则表示输入了一个 X、Y 的坐标值分别为 15、18 的点，此为绝对坐标输入方式，表示该点的坐标是相对于当前坐标原点的坐标值，如图 1-15(*a*)所示。

如果输入“@10，20”，则为相对坐标输入方式，表示该点的坐标是相对于前一点的坐标值，如图 1-15(*c*)所示。

（2）极坐标法：用长度和角度表示的坐标，只能用来表示二维点的坐标。

在绝对坐标输入方式下，表示为：“长度＜角度”，如“25＜50”，其中长度表为该点到坐标原点的距离，角度为该点至原点的连线与 X 轴正向的夹角，如图 1-15(*b*)所示。

在相对坐标输入方式下，表示为：“@长度＜角度”，如“@25＜45”，其中长度为该点到前一点的距离，角度为该点至前一点的连线与 X 轴正向的夹角，如图 1-15(*d*)所示。

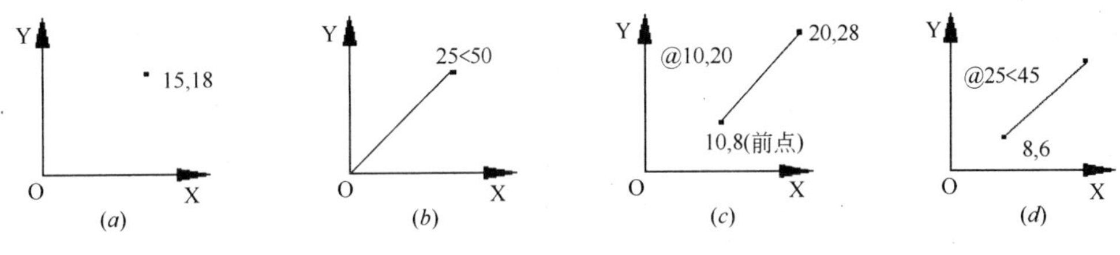

图 1-15　数据输入方法

下面分别讲述点与距离值的输入方法。

1. 点的输入

绘图过程中常需要输入点的位置，AutoCAD 提供了如下几种输入点的方式：

（1）用键盘直接在命令窗口中输入点的坐标：直角坐标有两种输入方式：x，y(点的绝对坐标值，例如：100，50)和@x，y(相对于上一点的相对坐标值，例如：@50，－30)。坐标值均相对于当前的用户坐标系。

极坐标的输入方式为：长度＜角度（其中，长度为点到坐标原点的距离，角度为原点至该点连线与 X 轴的正向夹角，例如：20＜45)或@长度＜角度(相对于上一点的相对极坐标，例如 @50＜－30)。

（2）用鼠标等定标设备移动光标单击左键在屏幕上直接取点。

（3）用目标捕捉方式捕捉屏幕上已有图形的特殊点(如端点、中点、中心点、插入点、交点、切点、垂足点等，详见第 4 章)。

（4）直接输入距离：先用光标拖拉出橡筋线确定方向，然后用键盘输入距离。这样有利于准确控制对象的长度等参数。

2. 距离值的输入

在 AutoCAD 命令中，有时需要提供高度、宽度、半径、长度等距离值。AutoCAD 提供了两种输入距离值的方式：一种是用键盘在命令窗口中直接输入数值；另一种是在屏幕上拾取两点，以两点的距离值定出所需数值。

【例 1-1】 绘制一条 20mm 长的线段。

【绘制步骤】

命令：LINE↙

指定第一点：(在屏幕上指定一点)

指定下一点或 [放弃(U)]：

这时在屏幕上移动鼠标指明线段的方向，但不要单击鼠标左键确认，如图 1-16 所示。然后在命令行输入 20，这样就在指定方向上准确地绘制了长度为 20mm 的线段。

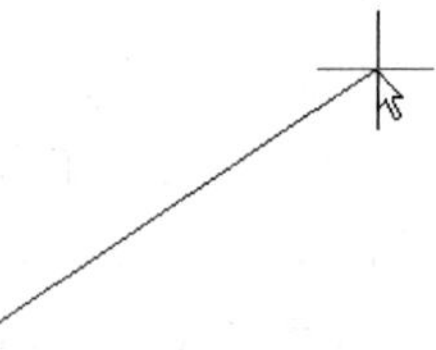

图 1-16 绘制直线

1.5.5 透明命令

在 AutoCAD 2009 中有些命令不仅可以直接在命令行中使用，而且还可以在其他命令的执行过程中，插入并执行。待该命令执行完毕后，系统继续执行原命令，这种命令称为透明命令。透明命令一般多为修改图形设置或打开辅助绘图工具的命令。

上述三种命令的执行方式同样适用于透明命令的执行。如：

命令：ARC↙

指定圆弧的起点或 [圆心(C)]：'ZOOM↙ (透明使用显示缩放命令 ZOOM)

>>(执行 ZOOM 命令)

正在恢复执行 ARC 命令。

指定圆弧的起点或 [圆心(C)]：(继续执行原命令)

1.5.6 按键定义

在 AutoCAD 2009 中，除了可以通过在命令窗口输入命令、点取工具栏图标或点取菜单项来完成外，还可以使用键盘上的一组功能键或快捷键，通过这些功能键或快捷键，可以快速实现指定功能，如单击 F1 键，系统调用 AutoCAD 帮助对话框。

系统使用 AutoCAD 传统标准(Windows 之前)或 Microsoft Windows 标准解释快捷键。有些功能键或快捷键在 AutoCAD 的菜单中已经指出，如“粘贴”的快捷键为“Ctrl+V”，这些只要用户在使用的过程中多加留意，就会熟练掌握。快捷键的定义见菜单命令后面的说明，如“粘贴(P) Ctrl+V”。

第 2 章　二维绘图命令

内容提要

二维图形是指在二维平面空间绘制的图形，主要由一些图形元素组成，如点、直线、圆弧、圆、椭圆、矩形、多边形、多段线、样条曲线、多线等几何元素。AutoCAD 提供了大量的绘图工具，可以帮助用户完成二维图形的绘制。本章主要内容包括：直线，圆和圆弧，椭圆和椭圆弧，平面图形，点，轨迹线与区域填充，徒手线和修订云线，多段线，样条曲线，多线和图案填充等。

本章重点

- 直线类命令
- 圆类图形命令
- 平面图形
- 点
- 绘制徒手线和云线
- 多段线
- 样条曲线
- 多线
- 图案填充

2.1 直线类命令

直线类命令包括直线、射线和构造线。这几个命令是 AutoCAD 中最简单的绘图命令。

2.1.1 直线段

◆ 执行方式

命令行：LINE

菜单：绘图→直线

工具栏：绘图→直线↙

◆ 操作格式

命令：LINE↙

指定第一点：(输入直线段的起点，用鼠标指定点或者给定点的坐标)

指定下一点或［放弃(U)］:（输入直线段的端点，也可以用鼠标指定一定角度后，直接输入直线的长度）

指定下一点或［放弃(U)］:（输入下一直线段的端点。输入选项“U”表示放弃前面的输入；单击鼠标右键或按回车键 ENTER，结束命令）

指定下一点或［闭合(C)/放弃(U)］:（输入下一直线段的端点，或输入选项“C”使图形闭合，结束命令）

◆ 选项说明

(1) 若用 Enter 键响应“指定第一点:”提示，系统会把上次绘线(或弧)的终点作为本次操作的起始点。特别地，若上次操作为绘制圆弧，回车响应后绘出通过圆弧终点的与该圆弧相切的直线段，该线段的长度由鼠标在屏幕上指定的一点与切点之间线段的长度确定。

(2) 在“指定下一点”提示下，用户可以指定多个端点，从而绘出多条直线段。但是，每一段直线是一个独立的对象，可以进行单独的编辑操作。

(3) 绘制两条以上直线段后，若用 C 响应“指定下一点”提示，系统会自动链接起始点和最后一个端点，从而绘出封闭的图形。

(4) 若用 U 响应提示，则擦除最近一次绘制的直线段。

(5) 若设置正交方式(按下状态栏上“正交”按钮)，只能绘制水平直线或垂直线段。

(6) 若设置动态数据输入方式(按下状态栏上“DYN”按钮)，则可以动态输入坐标或长度值。下面的命令同样可以设置动态数据输入方式，效果与非动态数据输入方式类似。除了特别需要，以后不再强调，而只按非动态数据输入方式输入相关数据。

2.1.2 射线

◆ 执行方式

命令行：RAY

菜单：绘图→射线

◆ 操作格式

命令：RAY↙

指定起点：（给出起点）

指定通过点：（给出通过点，绘制出射线）

指定通过点：（过起点绘制出另一射线，按 Enter 键结束命令）

2.1.3 构造线

◆ 执行方式

命令行：XLINE

菜单：绘图→构造线

工具栏：绘图→构造线

◆ 操作格式

命令：XLINE↙

指定点或［水平(H)/垂直(V)/角度(A)/二等分(B)/偏移(O)］:（给出点）

指定通过点：（给定通过点 2，画一条双向无限长直线）

指定通过点：（继续给点，继续画线，用回车结束命令）

◆　选项说明

(1) 执行选项中有“指定点”、“水平”、“垂直”、“角度”、“二等分”和“偏移”六种方式绘制构造线。

(2) 这种线模拟手工作图中的辅助作图线。用特殊的线型显示，在绘图输出时可不作输出，常用于辅助作图。

【例 2-1】 绘制如图 2-1 所示五角星。

【绘制步骤】

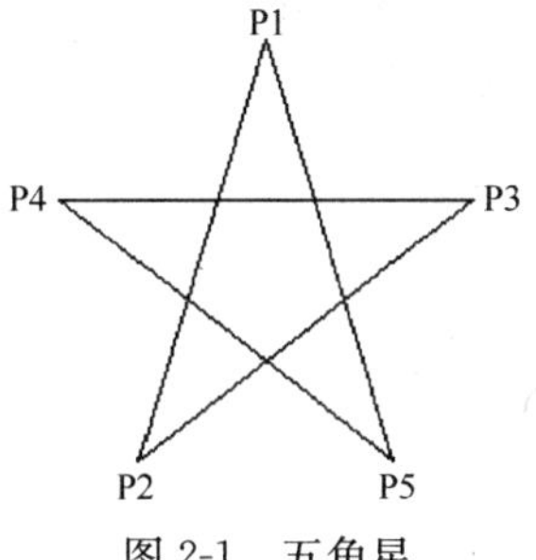

图 2-1　五角星

命令行操作如下：

命令：LINE↙（或单击下拉菜单“绘图”→“直线”，或者单击“绘图”工具栏命令图标，下同）

指定第一点：120，120↙　(P1 点)

指定下一点或 [放弃(U)]：@80<252↙　(P2 点，也可以按下 DYN 按钮，在鼠标位置为 108°时，动态输入 80，如图 2-2 所示)

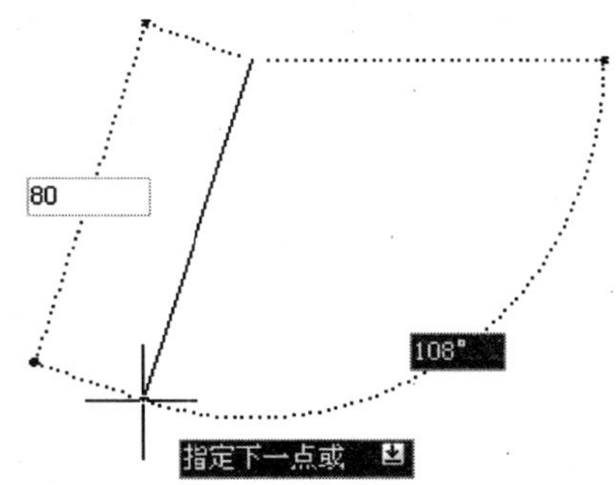

图 2-2　动态输入

指定下一点或 [放弃(U)]：159.091，90.870↙　(P3 点)

指定下一点或 [闭合(C)/放弃(U)]：@80，0↙　(错位的 P4 点，也可以按下 DYN 按钮，在鼠标位置为 0°时，动态输入 80)

指定下一点或 [闭合(C)/放弃(U)]：U↙　(取消对 P4 点的输入)

指定下一点或［闭合(C)/放弃(U)］：@－80，0↙ （P4 点，也可以按下 DYN 按钮，在鼠标位置为 180°时，动态输入 80）

指定下一点或［闭合(C)/放弃(U)］：144.721，43.916↙ （P5 点）

指定下一点或［闭合(C)/放弃(U)］：C↙ （封闭五角星并结束命令）

最后完成图形，如图 2-1 所示。

说明

一般每个命令有 3 种执行方式，这里只给出了命令行执行方式，其他两种执行方式操作方法相同。

2.2 圆类图形命令

圆类命令主要包括“圆”、“圆弧”、“椭圆”、“椭圆弧”以及“圆环”等命令，这几个命令是 AutoCAD 中最简单的曲线命令。

2.2.1 圆

◆ 执行方式

命令行：CIRCLE

菜单：绘图→圆

工具栏：绘图→圆

◆ 操作格式

命令：CIRCLE↙

指定圆的圆心或［三点(3P)/两点(2P)/相切、相切、半径(T)］：(指定圆心)

指定圆的半径或［直径(D)］：(直接输入半径数值或用鼠标指定半径长度)

指定圆的直径＜默认值＞：(输入直径数值或用鼠标指定直径长度)

◆ 选项说明

(1) 三点(3P)

用指定圆周上三点的方法画圆。

(2) 两点(2P)

指定直径的两端点画圆。

(3) 相切、相切、半径(T)

按先指定两个相切对象，后给出半径的方法画圆。

(4) “绘图→圆”菜单中多了一种“相切、相切、相切”的方法。当选择此方式时(如图 2-3 所示)系统提示：

指定圆上的第一个点：_tan 到：(指定相切的第一个圆弧)

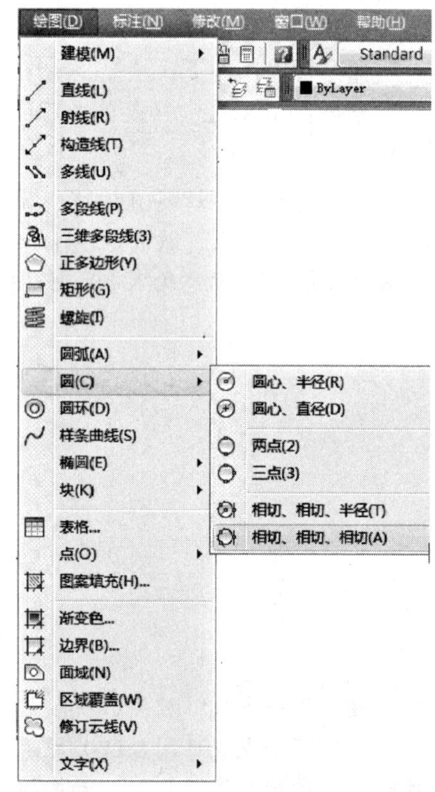

图 2-3 绘制圆的菜单方法

指定圆上的第二个点：_tan 到：(指定相切的第二个圆弧)

指定圆上的第三个点：_tan 到：(指定相切的第三个圆弧)

2.2.2　圆弧

◆　执行方式

命令行：ARC(缩写名：A)

菜单：绘图→弧

工具栏：绘图→圆弧

◆　操作格式

命令：ARC↙

指定圆弧的起点或［圆心(C)］：(指定起点)

指定圆弧的第二点或［圆心(C)/端点(E)］：(指定第二点)

指定圆弧的端点：(指定端点)

◆　选项说明

(1) 用命令行方式画圆弧时，可以根据系统提示选择不同的选项。具体功能和用“绘制”菜单的“圆弧”子菜单提供的 11 种方式相似。

(2) 需要强调的是“继续”方式，绘制的圆弧与上一线段或圆弧相切，继续画圆弧段，因此提供端点即可。

2.2.3　圆环

◆　执行方式

命令行：DONUT

菜单：绘图→圆环

◆　操作格式

命令：DONUT↙

指定圆环的内径<默认值>：(指定圆环内径)

指定圆环的外径<默认值>：(指定圆环外径)

指定圆环的中心点或<退出>：(指定圆环的中心点)

指定圆环的中心点或<退出>：(继续指定圆环的中心点，则继续绘制相同内外径的圆环。用回车、空格键或鼠标右键结束命令)。

◆　选项说明

(1) 若指定内径为零，则画出实心填充圆。

(2) 用命令 FILL 可以控制圆环是否填充。

命令：FILL↙

输入模式［开(ON)/关(OFF)］<开>：(选择 ON 表示填充，选择 OFF 表示不填充)

2.2.4　椭圆与椭圆弧

◆　执行方式

命令行：ELLIPSE

菜单：绘制→椭圆→圆弧

工具栏：绘制→椭圆 或绘制→椭圆弧

◆ 操作格式

命令：ELLIPSE↙

指定椭圆的轴端点或［圆弧(A)/中心点(C)］：

指定轴的另一个端点：

指定另一条半轴长度或［旋转(R)］：

◆ 选项说明

(1) 指定椭圆的轴端点

根据两个端点定义椭圆的第一条轴。第一条轴的角度确定了整个椭圆的角度。第一条轴既可定义椭圆的长轴也可定义短轴。

(2) 旋转(R)

通过绕第一条轴旋转圆来创建椭圆。相当于将一个圆绕椭圆轴翻转一个角度后的投影视图。

(3) 中心点(C)

通过指定的中心点创建椭圆。

(4) 圆弧(A)

该选项用于创建一段椭圆弧。与“工具栏：绘制→椭圆弧”功能相同。其中第一条轴的角度确定了椭圆弧的角度。第一条轴既可定义椭圆弧长轴也可定义椭圆弧短轴。选择该项，系统继续提示：

指定椭圆弧的轴端点或［中心点(C)］：(指定端点或输入 C)

指定轴的另一个端点：(指定另一端点)

指定另一条半轴长度或［旋转(R)］：(指定另一条半轴长度或输入 R)

指定起始角度或［参数(P)］：(指定起始角度或输入 P)

指定终止角度或［参数(P)/包含角度(I)］：

其中各选项含义如下：

① 角度：指定椭圆弧端点的两种方式之一，光标与椭圆中心点连线的夹角为椭圆端点位置的角度。

② 参数(P)：指定椭圆弧端点的另一种方式，该方式同样是指定椭圆弧端点的角度，但通过以下矢量参数方程式创建椭圆弧：

$$p(u)=c+a\times\cos(u)+b\times\sin(u)$$

其中，c 是椭圆的中心点，a 和 b 分别是椭圆的长轴和短轴，u 为光标与椭圆中心点连线的夹角。

③ 包含角度(I)：定义从起始角度开始的包含角度。

【例 2-2】 绘制如图 2-4 所示的洗脸盆。

【绘制步骤】

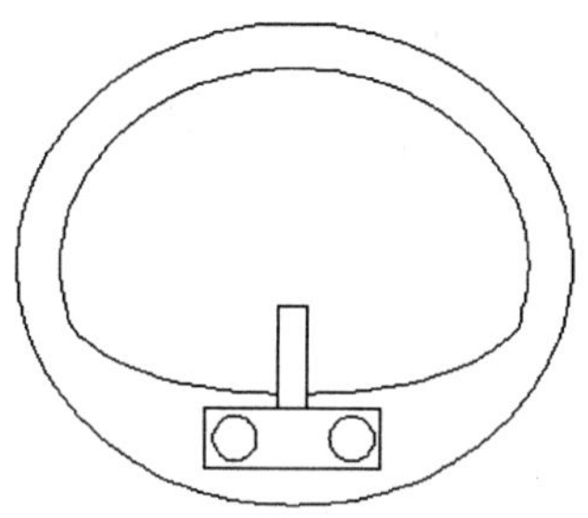

图 2-4　浴室洗脸盆图形

(1) 利用“直线”命令绘制水龙头图形，方法同前。结果如图 2-5 所示。

(2) 利用“圆”命令绘制两个水龙头旋钮。命令行提示与操作如下：

命令：_ circle

指定圆的圆心或 [三点(3P)/两点(2P)/相切、相切、半径(T)]：(指定中心)

指定圆的半径或 [直径(D)]：(指定半径)

同样方法绘制另一个圆，结果如图 2-6 所示。

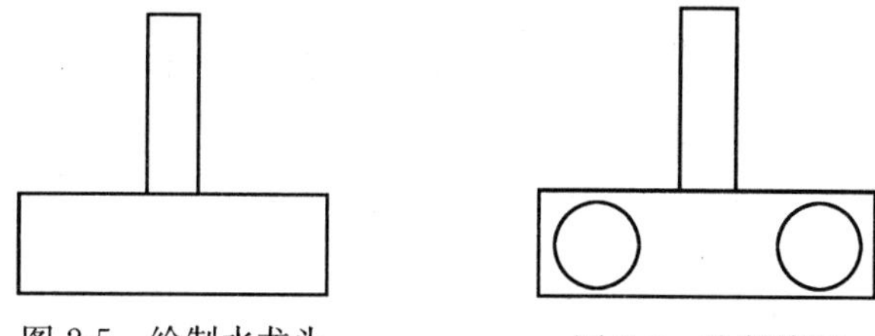

图 2-5　绘制水龙头　　图 2-6　绘制旋钮

(3) 利用“椭圆”命令绘制脸盆外沿，命令行提示与操作如下：

命令：_ ellipse

指定椭圆的轴端点或 [圆弧(A)/中心点(C)]：(用鼠标指定椭圆轴端点)

指定轴的另一个端点：(用鼠标指定另一端点)

指定另一条半轴长度或 [旋转(R)]：(用鼠标在屏幕上拉出另一半轴长度)

结果如图 2-7 所示。

(4) 利用“椭圆弧”命令绘制脸盆部分内沿，命令行提示与操作如下：

命令：_ ellipse(选择工具栏或绘图菜单中的椭圆弧命令)

指定椭圆的轴端点或 [圆弧(A)/中心点(C)]：_ a

指定椭圆弧的轴端点或 [中心点(C)]：C↙

指定椭圆弧的中心点：(按下状态栏“对象捕捉”按钮，捕捉刚才绘制椭圆中心点，关于“捕捉”后面介绍)

指定轴的端点：(适当指定一点)

指定另一条半轴长度或 [旋转(R)]：R↙

指定绕长轴旋转的角度：(用鼠标指定椭圆轴端点)

指定起始角度或 [参数(P)]：(用鼠标拉出起始角度)

指定终止角度或 [参数(P)/包含角度(I)]：(用鼠标拉出终止角度)

结果如图 2-8 所示。

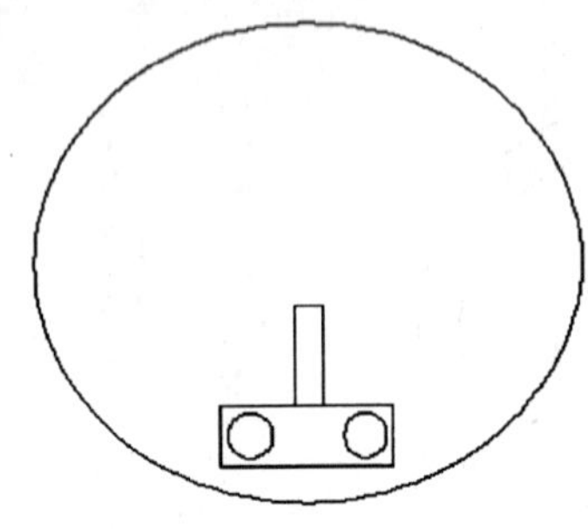

图 2-7　绘制脸盆外沿

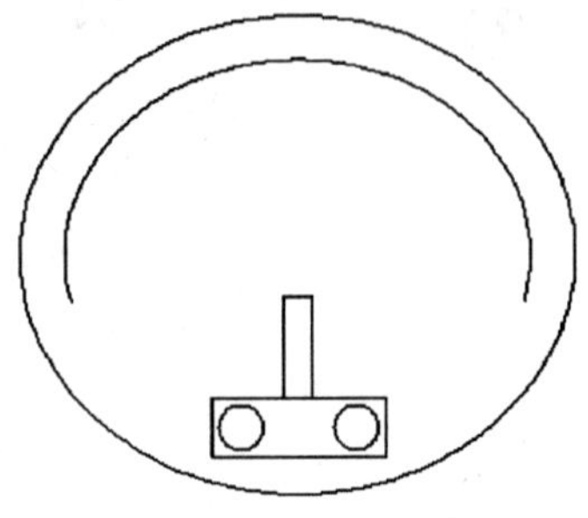

图 2-8　绘制脸盆部分内沿

(5) 利用“圆弧”命令绘制脸盆内沿其他部分，命令行提示与操作如下：

命令：_arc

指定圆弧的起点或［圆心(C)］：(捕捉椭圆弧端点)

指定圆弧的第二个点或［圆心(C)/端点(E)］：(指定第二点)

指定圆弧的端点：(捕捉水龙头上一点)

相同方法绘制另一圆弧，结果如图 2-4 所示。

2.3　平　面　图　形

2.3.1　矩形

◆　执行方式

命令行：RECTANG(缩写名：REC)

菜单：绘图→矩形

工具栏：绘图→矩形

◆　操作格式

命令：RECTANG↙

指定第一个角点或［倒角(C)/标高(E)/圆角(F)/厚度(T)/宽度(W)］：

指定另一个角点或［面积(A)/尺寸(D)/旋转(R)］：

◆　选项说明

(1) 第一个角点

通过指定两个角点确定矩形，如图 2-9(*a*)所示。

(2) 倒角(C)

指定倒角距离，绘制带倒角的矩形［如图 2-9(*b*)所示］。每一个角点的逆时针和顺时针方向的倒角可以相同，也可以不同。其中第一个倒角距离是指角点逆时针方向倒角距离，第二个倒角距离是指角点顺时针方向倒角距离。

(3) 标高(E)

指定矩形标高(Z 坐标)，即把矩形画在标高为 Z，和 XOY 坐标面平行的平面上，并作为后续矩形的标高值。

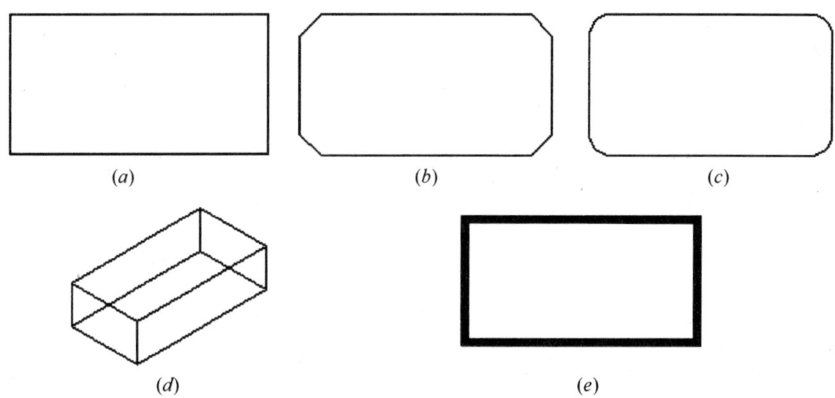

图 2-9　绘制矩形

(4) 圆角(F)

指定圆角半径，绘制带圆角的矩形，如图 2-9(*c*)所示。

(5) 厚度(T)

指定矩形的厚度，如图 2-9(*d*)所示。

(6) 宽度(W)

指定线宽，如图 2-9(*e*)所示。

(7) 尺寸(D)

使用长和宽创建矩形。第二个指定点将矩形定位在与第一角点相关的四个位置之一内。

(8) 面积(A)

指定面积和长或宽创建矩形。选择该项，系统提示：

输入以当前单位计算的矩形面积＜20.0000＞：(输入面积值)

计算矩形标注时依据［长度(L)/宽度(W)］＜长度＞：(回车或输入 W)

输入矩形长度＜4.0000＞：(指定长度或宽度)

指定长度或宽度后，系统自动计算另一个维度后绘制出矩形。如果矩形被倒角或圆角，则长度或宽度计算中会考虑此设置。如图 2-10 所示。

(9) 旋转(R)

旋转所绘制的矩形的角度。选择该项，系统提示：

指定旋转角度或［拾取点(P)］＜135＞：(指定角度)

指定另一个角点或［面积(A)/尺寸(D)/旋转(R)］：(指定另一个角点或选择其他选项)

指定旋转角度后，系统按指定角度创建矩形，如图 2-11 所示。

图 2-10　按面积绘制矩形　　图 2-11　按指定旋转角度创建矩形

2.3.2 正多边形

◆ 执行方式

命令行：POLYGON

菜单：绘图→正多边形

工具栏：绘图→正多边形

◆ 操作格式

命令：POLYGON↙

输入边的数目<4>：(指定多边形的边数，默认值为 4)

指定正多边形的中心点或［边(E)］：(指定中心点)

输入选项［内接于圆(I)/外切于圆(C)］<I>：［指定是内接于圆或外切于圆，I 表示内接，如图 2-12(*a*)；C 表示外切，如图 2-12(*b*)］

指定圆的半径：(指定外接圆或内切圆的半径)

◆ 选项说明

如果选择“边”选项，则只要指定多边形的一条边，系统就会按逆时针方向创建该正多边形，如图 2-12(*c*)。

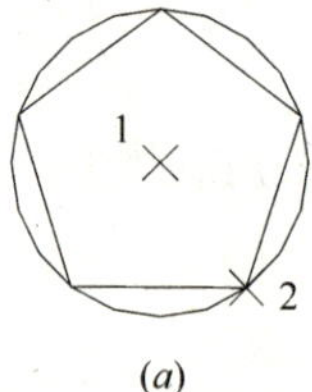

(*a*)

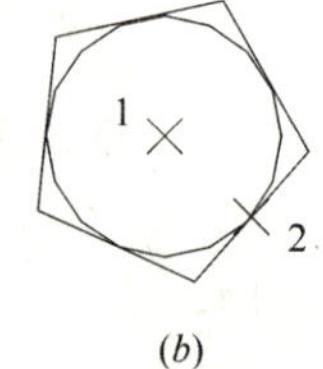

(*b*)

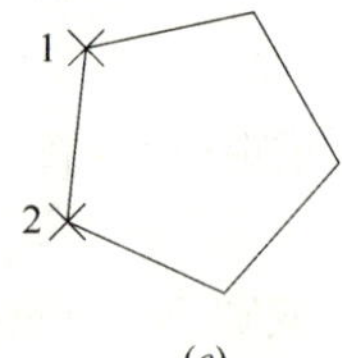

(*c*)

图 2-12 画正多边形

【例 2-3】 绘制如图 2-13 所示的卡通造型。

【绘制步骤】

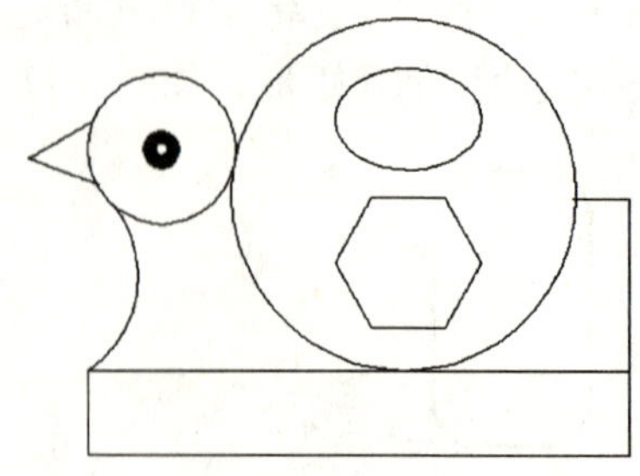

图 2-13 卡通造型

(1) 利用“圆”命令和“圆环命令”绘制左边的小圆及圆环。命令执行过程如下：

命令：CIRCLE↙

指定圆的圆心或［三点(3P)/两点(2P)/相切、相切、半径(T)］：230，210↙　（输入圆心的 X，Y 坐标值）

指定圆的半径或［直径(D)］：30↙　（输入圆的半径）

命令：DONUT↙　（或单击下拉菜单“绘图”→“圆环”）

指定圆环的内径＜10.0000＞：5↙　（圆环内径）

指定圆环的外径＜20.0000＞：15↙　（圆环外径）

指定圆环的中心点＜退出＞：230，210↙　（圆环中心坐标值）

指定圆环的中心点＜退出＞：↙　（退出）

(2) 利用“矩形”命令绘制一个矩形。命令执行过程如下：

命令：RECTANG↙

指定第一个角点或［倒角(C)/标高(E)/圆角(F)/厚度(T)/宽度(W)］：200，122↙（矩形左上角点坐标值）

指定另一个角点：420，88↙　（矩形右上角点的坐标值）

(3) 利用“圆”命令、“椭圆”命令和“多边形”命令绘制右边的大圆、小椭圆及正六边形。命令执行过程如下：

命令：CIRCLE↙

指定圆的圆心或［三点(3P)/两点(2P)/相切、相切、半径(T)］：T↙　（用指定两个相切对象及给出圆的半径的方式画圆）

在对象上指定一点作圆的第一条切线：(如图 2-14 所示用鼠标在 1 点附近选取小圆)

在对象上指定一点作圆的第二条切线：(如图 2-14 所示用鼠标在 2 点附近选取矩形)

指定圆的半径：＜30.0000＞：70↙

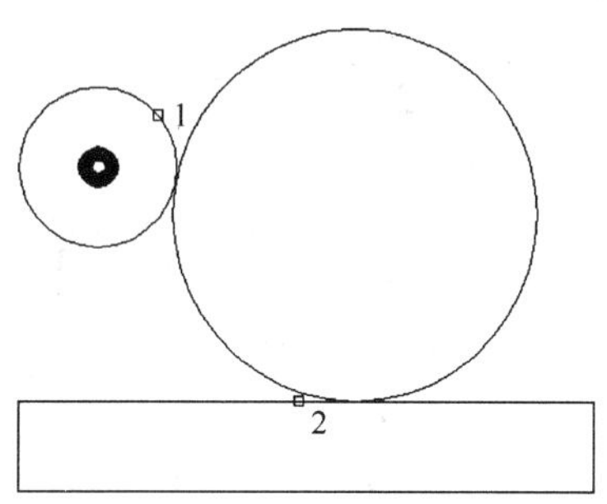

图 2-14　步骤图

命令：ELLIPSE↙

指定椭圆的轴端点或［圆弧(A)/中心点(C)］：C↙　（用指定椭圆圆心的方式画椭圆）

指定椭圆的中心点：330，222↙　（椭圆中心点的坐标值）

指定轴的端点：360，222↙　（椭圆长轴的右端点的坐标值）

指定到其他轴的距离或［旋转(R)］：20↙　（椭圆短轴的长度）

命令：POLYGON↙　（或单击下拉菜单“绘图”→“正多边形”，或者单击工具栏命令图标⬠，下同）

输入边的数目＜4＞：6↙　（正多边形的边数）

指定多边形的中心点或［边(E)］：330，165↙　（正六边形的中心点的坐标值）

输入选项［内接于圆(I)/外切于圆(C)］<I>：↙（用内接于圆的方式画正六边形）
指定圆的半径：30↙（正六边形内接圆的半径）
(4) 利用“直线”命令和“圆弧”命令绘制左边折线和圆弧。命令执行过程如下：
命令：LINE↙
指定第一点：202，221
指定下一点或［放弃(U)］：@30<－150↙（用相对极坐标值给定下一点的坐标值）
指定下一点或［放弃(U)］：@30<－20↙（用相对极坐标值给定下一点的坐标值）
指定下一点或［闭合(C)/放弃(U)］：↙
命令：ARC↙
指定圆弧的起点或［圆心(CE)］：200，122↙（给出圆弧的起点坐标值）
指定圆弧的第二点或［圆心(CE)/端点(EN)］：EN↙（用给出圆弧端点的方式画圆弧）
指定圆弧的端点：210，188↙（给出圆弧端点的坐标值）
指定圆弧的圆心或［角度(A)/方向(D)/半径(R)］：R↙（用给出圆弧半径的方式画圆弧）
指定圆弧半径：45↙（圆弧半径值）
(5) 利用“直线”命令绘制右边折线。命令执行过程如下：
命令：LINE↙
指定第一点：420，122↙
指定下一点或［放弃(U)］：@68<90↙
指定下一点或［放弃(U)］：@23<180↙
指定下一点或［闭合(C)/放弃(U)］：↙
结果如图 2-13 所示。

2.4 点

点在 AutoCAD 有多种不同的表示方式。用户可以根据需要进行设置，也可以设置等分点和测量点。

2.4.1 点

◆ 执行方式
命令行：POINT
菜单：绘制→点→单点或多点
工具栏：绘制→点 ·
◆ 操作格式
命令：POINT↙
当前点模式：PDMODE=0 PDSIZE=0.0000
指定点：(指定点所在的位置)
◆ 选项说明
(1) 通过菜单方法操作时(如图 2-15 所示)，“单点”选项表示只输入一个点，“多点”选项表示可输入多个点；

(2) 可以打开状态栏中的“对象捕捉”开关设置点捕捉模式，帮助用户拾取点；

(3) 点在图形中的表示样式，共有 20 种。可通过命令 DDPTYPE 或拾取菜单：格式→点样式，弹出“点样式”对话框来设置，如图 2-16 所示。

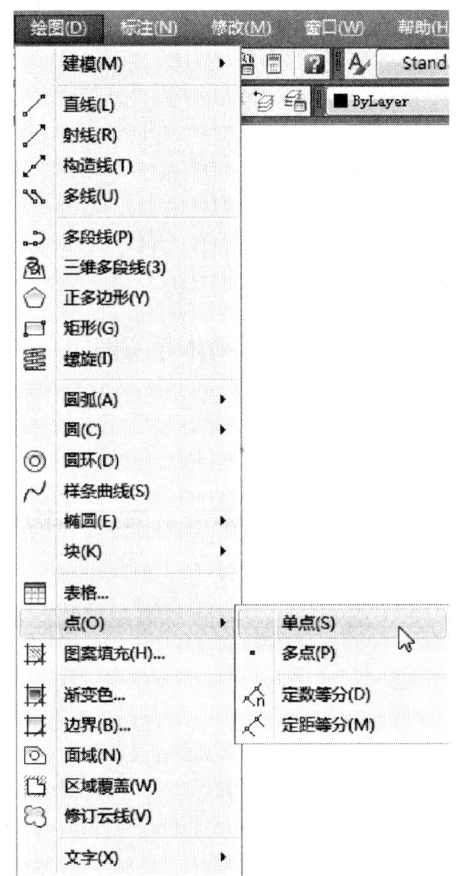

图 2-15 “点”子菜单

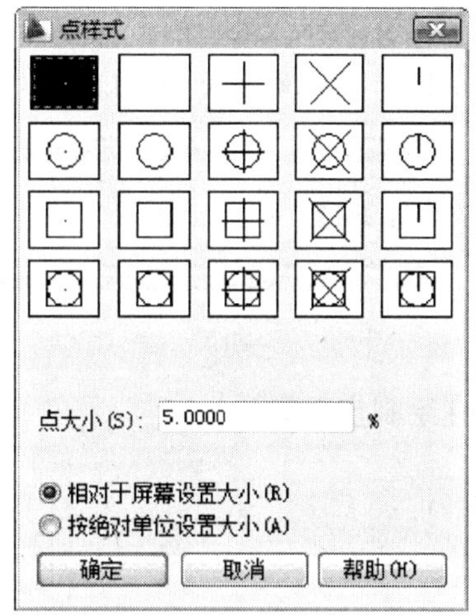

图 2-16 “点样式”对话框

2.4.2 等分点

◆ 执行方式

命令行：DIVIDE(缩写名：DIV)

菜单：绘制→点→定数等分

◆ 操作格式

命令：DIVIDE↙

选择要定数等分的对象：(选择要等分的实体)

输入线段数目或［块(B)］：(指定实体的等分数)

◆ 选项说明

(1) 等分数范围 2～32767。

(2) 在等分点处，按当前点样式设置画出等分点。

(3) 在第二提示行选择“块(B)”选项时，表示在等分点处插入指定的块(BLOCK)。

2.4.3 测量点

◆ 执行方式

命令行：MEASURE(缩写名：ME)

菜单：绘制→点→定距等分

◆ 操作格式

命令：MEASURE↙

选择要定距等分的对象：(选择要设置测量点的实体)

指定线段长度或［块(B)］：(指定分段长度)

◆ 选项说明

(1) 设置的起点一般是指指定线的绘制起点。

(2) 在第二提示行选择“块(B)”选项时，表示在测量点处插入指定的块，后续操作与上节等分点类似。

(3) 等分点处，按当前点样式设置画出等分点。

(4) 最后一个测量段的长度不一定等于指定分段长度。

【例 2-4】 绘制如图 2-17 所示的楼梯。

【绘制步骤】

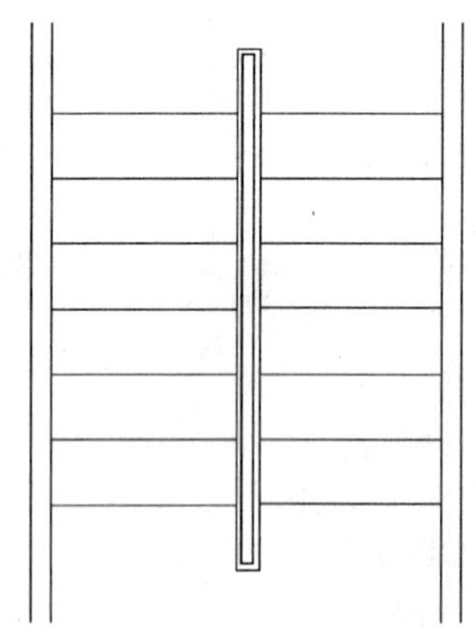

图 2-17 绘制楼梯

(1) 利用“直线”命令绘制墙体与扶手，如图 2-18 所示。

(2) 设置点样式。选择菜单命令：“格式”→“点样式”，在打开的“点样式”对话框中选择“X”样式。

(3) 选择菜单命令：绘制→点→定数等分，以左边扶手外面线段为对象，数目为 8 进行等分，如图 2-19 所示。

(4) 分别以等分点为起点，左边墙体上的点为终点绘制水平线段，如图 2-20 所示。

(5) 删除绘制的点，如图 2-21 所示。

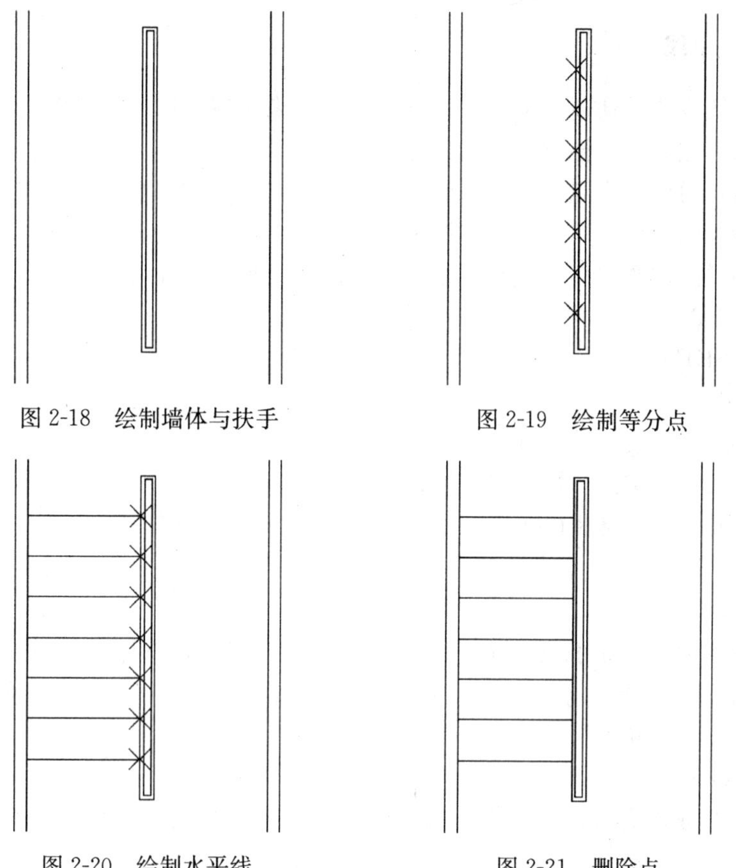

图 2-18 绘制墙体与扶手

图 2-19 绘制等分点

图 2-20 绘制水平线

图 2-21 删除点

(6) 相同方法绘制另一侧楼梯，结果如图 2-17 所示。

2.5 绘制徒手线和云线

徒手线和云线是两种不规则的线。这两种线正是由于其不规则和随意性，给刻板、规范的工程图绘制带来了很大的灵活性，有利于绘制者个性化和创造性的发挥，更加真实于现实世界。如图 2-22 所示。

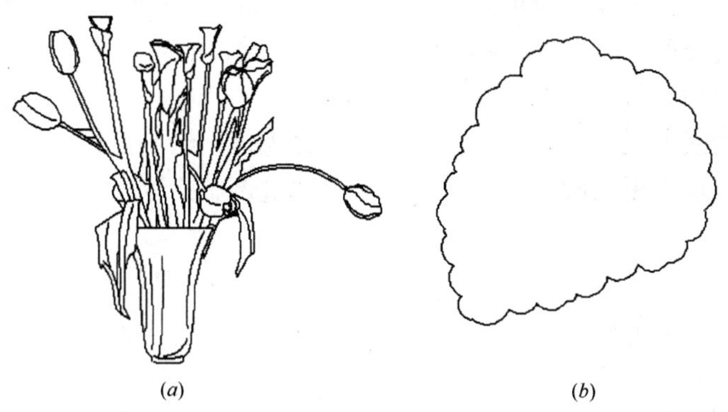

(*a*) (*b*)

图 2-22 徒手线与云线

(*a*)徒手线；(*b*)云线

2.5.1 绘制徒手线

绘制徒手线主要是通过移动定点设备(如鼠标)来实现，用户可以根据自己的需要绘制任意图形形状。比如，个性化的签名或印鉴等等。

画徒手线的时候，定点设备就像画笔一样。单击定点设备将把“画笔”放到屏幕上，这时可以进行绘图，再次单击将提起画笔并停止绘图。徒手线由许多条线段组成，每条线段都可以是独立的对象或多段线，可以设置线段的最小长度或增量。

◆ 执行方式

命令行：SKETCH

◆ 操作格式

命令：SKETCH↙

记录增量＜0.1000＞：(输入增量)

徒手画. 画笔(P)/退出(X)/结束(Q)/记录(R)/删除(E)/连接(C)。

◆ 选项说明

(1) 记录增量

输入记录增量值。徒手线实际上是以微小的直线段连接来模拟任意曲线，其中的每一条直线段称为一个记录。记录增量的意思实际上是指单位线段的长度。不同的记录增量绘制的徒手线精度和形状不同。

(2) 画笔(P)

选择按键 P 或单击鼠标左键表示徒手线的提笔和落笔。在用定点设备选取菜单项前必须提笔。

(3) 连接(C)

自动落笔，继续从上次所画的线段的端点或上次删除的线段的端点开始画线。将光标移到上次所画的线段的端点或上次删除的线段的端点附近，系统自动连接到上次所画的线段的端点或上次删除的线段的端点，并继续绘制徒手线。

2.5.2 绘制修订云线

修订云线是由连续圆弧组成的多段线以构成云线形对象，主要是作为对象标记使用。可以从头开始创建修订云线，也可以将闭合对象(例如圆、椭圆、闭合多段线或闭合样条曲线)转换为修订云线。将闭合对象转换为修订云线时，如果系统变量 DELOBJ 设置为 1 (默认值)，原始对象将被删除。

可以为修订云线的弧长设置默认的最小值和最大值。绘制修订云线时，可以使用拾取点选择较短的弧线段来更改圆弧的大小，也可以通过调整拾取点来编辑修订云线的单个弧长和弦长。

◆ 执行方式

命令行：REVCLOUD

菜单：绘图→修订云线

工具栏：绘图→修订云线

◆ 操作格式

命令：REVCLOUD↙
最小弧长：2.0000　最大弧长：2.0000
指定起点或［弧长(A)/对象(O)/样式(S)］<对象>：

◆ 选项说明

(1) 指定起点

在屏幕上指定起点，并拖动鼠标指定云线路径。

(2) 弧长(A)

指定组成云线的圆弧的弧长范围。选择该项，系统继续提示：

指定最小弧长<0.5000>：(指定一个值或回车)
指定最大弧长<0.5000>：(指定一个值或回车)

(3) 对象(O)

将封闭的图形对象转换成云线，包括圆、圆弧、椭圆、矩形、多边形、多段线和样条曲线等。选择该项，系统继续提示：

选择对象：(选择对象)
反转方向［是(Y)/否(N)］<否>：(选择是否反转)
修订云线完成。

(4) 样式(S)

指定修订云线的样式。选择该项，系统继续提示：

选择圆弧样式［普通(N)/手绘(C)］<普通>：选择修订云线的样式

2.6 多 段 线

多段线是一种由线段和圆弧组合而成的不同线宽的多线。这种线由于其组合形式多样，线宽变化，弥补了直线或圆弧功能的不足，适合绘制各种复杂的图形轮廓，因而得到广泛的应用。

2.6.1 绘制多段线

◆ 执行方式

命令行：PLINE(缩写名：PL)
菜单：绘图→多段线
工具栏：绘图→多段线

◆ 操作格式

命令：PLINE↙
指定起点：(指定多段线的起点)
当前线宽为 0.0000
指定下一个点或［圆弧(A)/半宽(H)/长度(L)/放弃(U)/宽度(W)］：(指定多段线的下一点)

◆ 选项说明

多段线主要由连续的不同宽度的线段或圆弧组成，如果在上述提示中选“圆弧”，则命令行提示：

[角度(A)/圆心(CE)/方向(D)/半宽(H)/直线(L)/半径(R)/第二个点(S)/放弃(U)/宽度(W)]：

2.6.2 编辑多段线

◆ 执行方式

命令行：PEDIT(缩写名：PE)

菜单：修改→对象→多段线

工具栏：修改Ⅱ→编辑多段线

快捷菜单：选择要编辑的多线段，在绘图区域右击鼠标，从打开的快捷菜单上选择“多段线编辑”。

◆ 操作格式

命令：PEDIT↙

选择多段线或［多条(M)］：(选择一条要编辑的多段线)

输入选项［闭合(C)/合并(J)/宽度(W)/编辑顶点(E)/拟合(F)/样条曲线(S)/非曲线化(D)/线型生成(L)/放弃(U)］：

◆ 选项说明

(1) 合并(J)

以选中的多段线为主体，合并其他直线段、圆弧和多段线，使其成为一条多段线。能合并的条件是各段端点首尾相连，如图 2-23 所示。

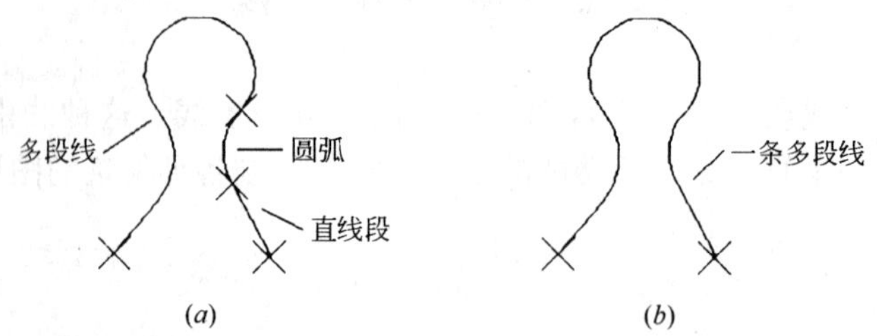

图 2-23　合并多段线

(a)合并前；(b)合并后

(2) 宽度(W)

修改整条多段线的线宽，使其具有同一线宽。如图 2-24 所示。

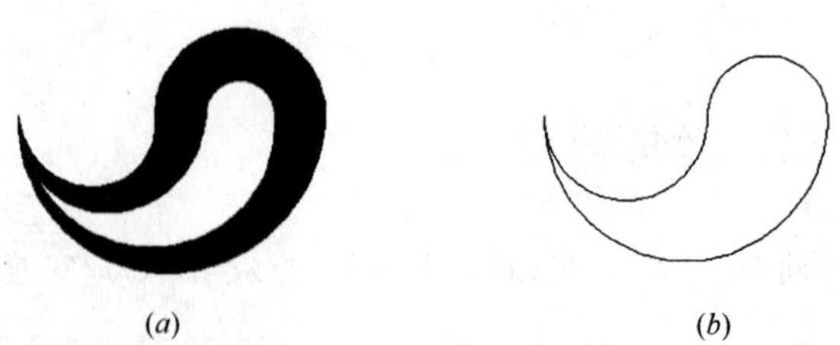

图 2-24　修改整条多段线的线宽

(a)修改前；(b)修改后

(3) 编辑顶点(E)

选择该项后，在多段线起点处出现一个斜的十字叉“×”，它为当前顶点的标记，并在命令行出现进行后续操作的提示：

[下一个(N)/上一个(P)/打断(B)/插入(I)/移动(M)/重生成(R)/拉直(S)/切向(T)/宽度(W)/退出(X)] <N>：

这些选项允许用户进行移动、插入顶点和修改任意两点间的线宽等操作。

(4) 拟合(F)

将指定的多段线生成由光滑圆弧连接的圆弧拟合曲线，该曲线经过多段线的各顶点，如图 2-25 所示。

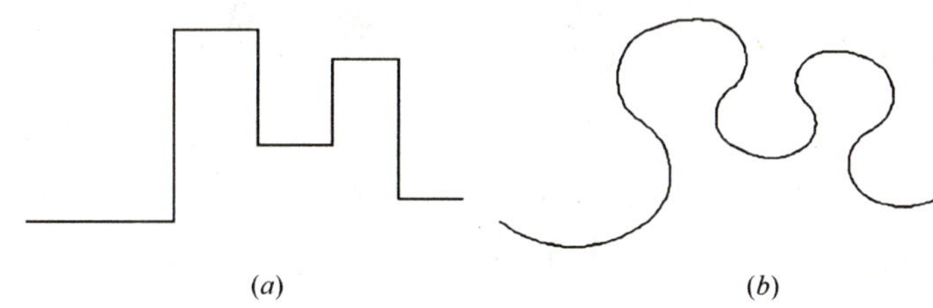

(*a*)　　(*b*)

图 2-25　生成圆弧拟合曲线

(*a*)修改前；(*b*)修改后

(5) 样条曲线(S)

将指定的多段线以各顶点为控制点生成 B 样条曲线，如图 2-26 所示。

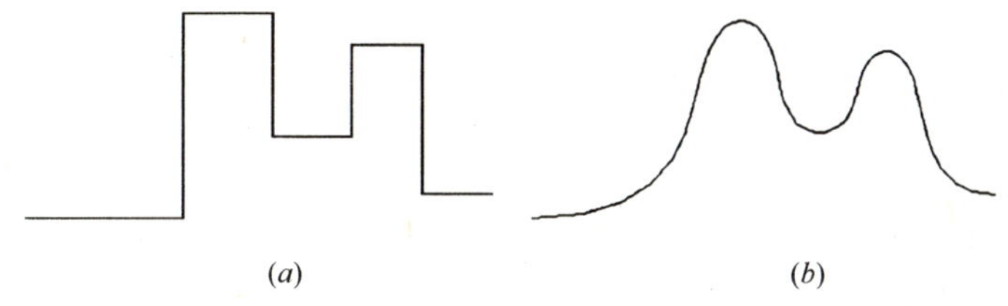

(*a*)　　(*b*)

图 2-26　生成 B 样条曲线

(*a*)修改前；(*b*)修改后

(6) 非曲线化(D)

将指定的多段线中的圆弧由直线代替。对于选用“拟合(F)”或“样条曲线(S)”选项后生成的圆弧拟合曲线或样条曲线，则删去生成曲线时新插入的顶点，恢复成由直线段组成的多段线。

(7) 线型生成(L)

当多段线的线型为点画线时，控制多段线的线型生成方式开关。选择此项，系统提示：

输入多段线线型生成选项 [开(ON)/关(OFF)] <关>：

选择 ON 时，将在每个顶点处允许以短画开始和结束生成线型；选择 OFF 时，将在每个顶点处以长画开始和结束生成线型。“线型生成”不能用于带变宽线段的多段线，如图 2-27 所示。

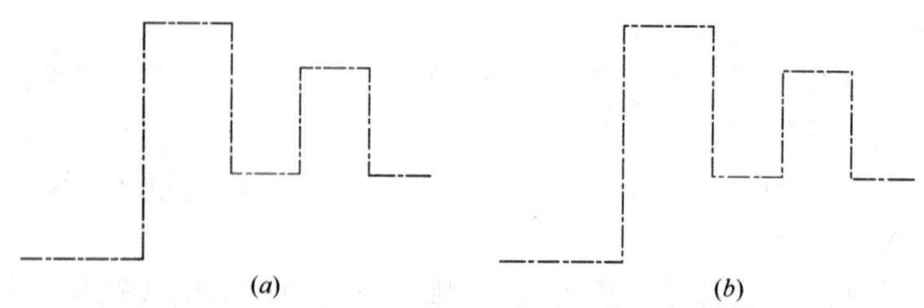

图 2-27　控制多段线的线型(线型为点画线时)

(*a*)关；(*b*)开

2.7　样　条　曲　线

AutoCAD 使用一种称为非一致有理 B 样条(NURBS)曲线的特殊样条曲线类型。NURBS 曲线在控制点之间产生一条光滑的曲线，如图 2-28 所示。样条曲线可用于创建形状不规则的曲线，例如，为地理信息系统(GIS)应用或汽车设计绘制轮廓线。

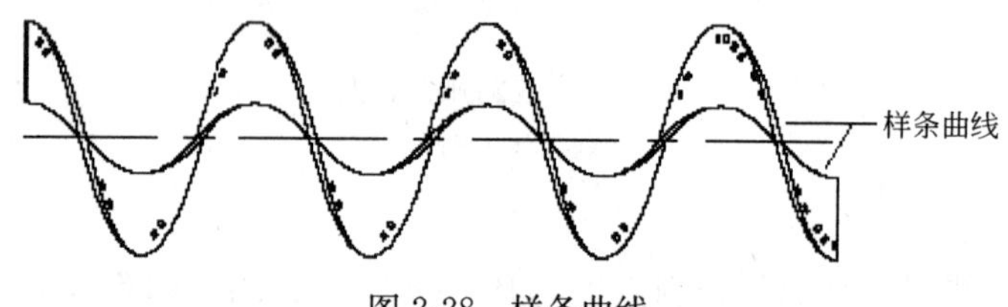

图 2-28　样条曲线

2.7.1　绘制样条曲线

◆　执行方式

命令行：SPLINE

菜单：绘图→样条曲线

工具栏：绘图→样条曲线

◆　操作格式

命令：SPLINE↙

指定第一个点或［对象(O)］：(指定一点或选择“对象(O)”选项)

指定下一点：(指定一点)

指定下一个点或［闭合(C)/拟合公差(F)］<起点切向>：

◆　选项说明

(1) 对象(O)

将二维或三维的二次或三次样条曲线拟合多段线转换为等价的样条曲线，然后(根据 DELOBJ 系统变量的设置)删除该多段线。

(2) 闭合(C)

将最后一点定义为与第一点一致，并使它在连接处相切，这样可以闭合样条曲线。选择该项，系统继续提示：

指定切向：(指定点或按 ENTER 键)

用户可以指定一点来定义切向矢量，或者使用“切点”和“垂足”对象捕捉模式使样条曲线与现有对象相切或垂直。

(3) 拟合公差(F)

修改当前样条曲线的拟合公差，根据新公差以现有点重新定义样条曲线。公差表示样条曲线拟合所指定的拟合点集时的拟合精度。公差越小，样条曲线与拟合点越接近；公差为 0，样条曲线将通过该点；输入大于 0 的公差，将使样条曲线在指定的公差范围内通过拟合点。在绘制样条曲线时，可以改变样条曲线拟合公差以查看效果。

(4) <起点切向>

定义样条曲线的第一点和最后一点的切向。

如果在样条曲线的两端都指定切向，可以输入一个点或者使用“切点”和“垂足”对象捕捉模式使样条曲线与已有的对象相切或垂直。如果按 ENTER 键，AutoCAD 将计算默认切向。

2.7.2　编辑样条曲线

◆　执行方式

命令行：SPLINEDIT

菜单：修改→对象→样条曲线

快捷菜单：选择要编辑的样条曲线，在绘图区域右击鼠标，从打开的快捷菜单上选择“编辑样条曲线”。

工具栏：修改Ⅱ→编辑样条曲线

◆　操作格式

命令：SPLINEDIT↙

选择样条曲线：(选择要编辑的样条曲线。若选择的样条曲线是用 SPLINE 命令创建的，其近似点以夹点的颜色显示出来；若选择的样条曲线是用 PLINE 命令创建的，其控制点以夹点的颜色显示出来。)

输入选项 [拟合数据(F)/闭合(C)/移动顶点(M)/精度(R)/反转(E)/放弃(U)]：

◆　选项说明

(1) 拟合数据(F)

编辑近似数据。选择该项后，创建该样条曲线时指定的各点以小方格的形式显示出来。

(2) 移动顶点(M)

移动样条曲线上的当前点。

(3) 精度(R)

调整样条曲线的定义。

(4) 反转(E)

翻转样条曲线的方向，该项操作主要用于应用程序。

【例 2-5】　绘制如图 2-29 所示的雨伞。

【绘制步骤】

图 2-29 雨伞图形

(1) 绘制伞的外框

命令：ARC↙

指定圆弧的起点或 [圆心(C)]：C↙

指定圆弧的圆心：(在屏幕上指定圆心)

指定圆弧的起点：(在屏幕上圆心位置右边指定圆弧的起点)

指定圆弧的端点或 [角度(A)/弦长(L)]：A↙

指定包含角：180↙ (注意角度的逆时针转向)

(2) 绘制伞的底边

命令：SPLINE↙ (或者单击下拉菜单“绘图”→“样条曲线”，或单击绘图工具栏命令图标～，下同)

指定第一个点或 [对象(O)]：(指定样条曲线的第一个点 1，如图 2-30 所示)

指定下一点：(指定样条曲线的下一个点 2)

指定下一点或 [闭合(C)/拟合公差(F)] <起点切向>：(指定样条曲线的下一个点 3)

指定下一点或 [闭合(C)/拟合公差(F)] <起点切向>：(指定样条曲线的下一个点 4)

指定下一点或 [闭合(C)/拟合公差(F)] <起点切向>：(指定样条曲线的下一个点 5)

指定下一点或 [闭合(C)/拟合公差(F)] <起点切向>：(指定样条曲线的下一个点 6)

指定下一点或 [闭合(C)/拟合公差(F)] <起点切向>：(指定样条曲线的下一个点 7)

指定下一点或 [闭合(C)/拟合公差(F)] <起点切向>：↙

指定起点切向：(在 1 点左边顺着曲线往外指定一点并鼠标右击确认)

指定端点切向：(在 7 点左边顺着曲线往外指定一点并鼠标右击确认)

(3) 绘制伞面辐条

命令：ARC↙

指定圆弧的起点或 [圆心(C)]：(在圆弧大约正中点 8 位置指定圆弧的起点，如图 2-31 所示)

指定圆弧的第二个点或 [圆心(C)/端点(E)]：(在点 9 位置指定圆弧的第二个点)

指定圆弧的端点：(在点 2 位置指定圆弧的端点)

同样方法，利用圆弧命令绘制其他雨伞辐条，绘制结果如图 2-32 所示。

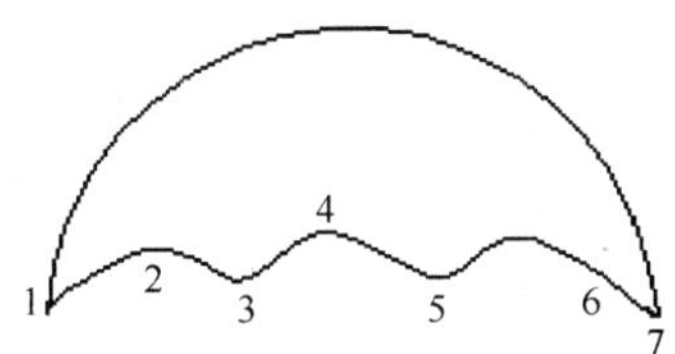

图 2-30　绘制伞边

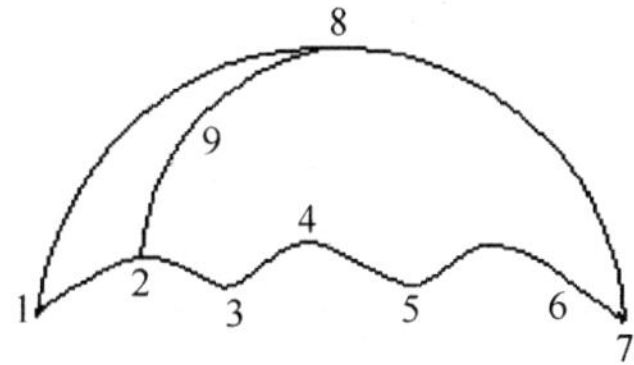

图 2-31　绘制伞面辐条

图 2-32　绘制伞面

(4) 绘制伞顶和伞把

命令：PLINE↙

指定起点：(在图 2-31 点 8 位置指定伞顶起点)

当前线宽为 3.0000

指定下一个点或［圆弧(A)/半宽(H)/长度(L)/放弃(U)/宽度(W)］：W↙

指定起点宽度<3.0000>：4↙

指定端点宽度<4.0000>：2↙

指定下一个点或［圆弧(A)/半宽(H)/长度(L)/放弃(U)/宽度(W)］：(指定伞顶终点)

指定下一点或［圆弧(A)/闭合(C)/半宽(H)/长度(L)/放弃(U)/宽度(W)］：U↙(位置不合适，取消)

指定下一个点或［圆弧(A)/半宽(H)/长度(L)/放弃(U)/宽度(W)］：(重新在往上适当位置指定伞顶终点)

指定下一点或［圆弧(A)/闭合(C)/半宽(H)/长度(L)/放弃(U)/宽度(W)］：(鼠标右击确认)

命令：PLINE↙

指定起点：(在图 2-31 点 8 正下方点 4 位置附近指定伞把起点)

当前线宽为 2.0000

指定下一个点或［圆弧(A)/半宽(H)/长度(L)/放弃(U)/宽度(W)］：H↙

指定起点半宽<1.0000>：1.5↙

指定端点半宽<1.5000>：↙

指定下一个点或［圆弧(A)/半宽(H)/长度(L)/放弃(U)/宽度(W)］：(往下适当位置指定下一点)

指定下一点或［圆弧(A)/闭合(C)/半宽(H)/长度(L)/放弃(U)/宽度(W)］：A↙

指定圆弧的端点或［角度(A)/圆心(CE)/闭合(CL)/方向(D)/半宽(H)/直线(L)/半径(R)/第二个点(S)/放弃(U)/宽度(W)］：(指定圆弧的端点)

指定圆弧的端点或［角度(A)/圆心(CE)/闭合(CL)/方向(D)/半宽(H)/直线(L)/半径(R)/第二个点(S)/放弃(U)/宽度(W)］：(鼠标右击确认)

最终绘制的图形如图 2-32 所示。

2.8　多　　线

多线是一种复合线，由连续的直线段复合组成。这种线的一个突出的优点是能够提高绘图效率，保证图线之间的统一性。

2.8.1 绘制多线

◆ 执行方式

命令行：MLINE

菜单：绘图→多线

◆ 操作格式

命令：MLINE↙

当前设置：对正=上，比例=20.00，样式=STANDARD

指定起点或［对正(J)/比例(S)/样式(ST)］：(指定起点)

指定下一点：(给定下一点)

指定下一点或［放弃(U)］：(继续给定下一点绘制线段。输入“U”，则放弃前一段的绘制；单击鼠标右键或按回车键 ENTER，结束命令)

指定下一点或［闭合(C)/放弃(U)］：(继续给定下一点绘制线段。输入“C”，则闭合线段，结束命令)

◆ 选项说明

(1) 对正(J)

该项用于给定绘制多线的基准。共有三种对正类型“上”、“无”和“下”。其中，“上(T)”表示以多线上侧的线为基准，以此类推。

(2) 比例(S)

选择该项，要求用户设置平行线的间距。输入值为零时平行线重合，值为负时多线的排列倒置。

(3) 样式(ST)

该项用于设置当前使用的多线样式。

2.8.2 定义多线样式

◆ 执行方式

命令行：MLSTYLE

◆ 操作格式

命令：MLSTYLE↙

系统自动执行该命令，打开如图 2-33 所示的“多线样式”对话框。在该对话框中，用户可以对多线样式进行定义、保存和加载等操作。

2.8.3 编辑多线

◆ 执行方式

命令行：MLEDIT

菜单：修改→对象→多线

◆ 操作格式

调用该命令后，打开“多线编辑工具”对话框，如图 2-34 所示。

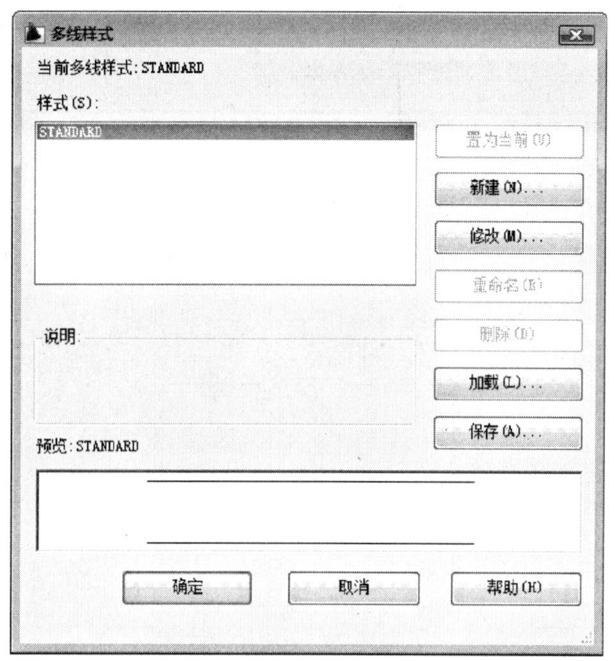

图 2-33　“多线样式”对话框

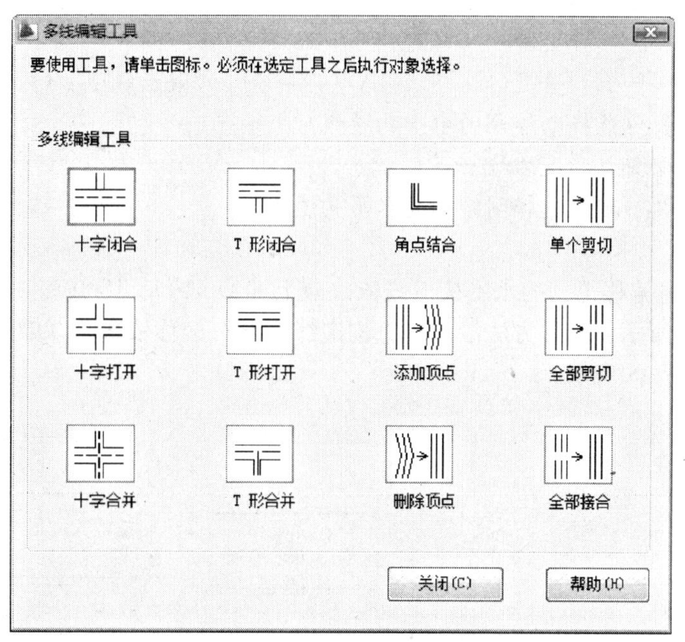

图 2-34　“多线编辑工具”对话框

利用该对话框，可以创建或修改多线的模式。对话框中分四列显示了示例图形。其中，第一列管理十字交叉形式的多线，第二列管理 T 形多线，第三列管理拐角接合点和节点，第四列管理多线被剪切或连接的形式。

单击选择某个示例图形，然后单击“确定”按钮，就可以调用该项编辑功能。

【例 2-6】 绘制如图 2-35 所示的墙体。

【绘制步骤】

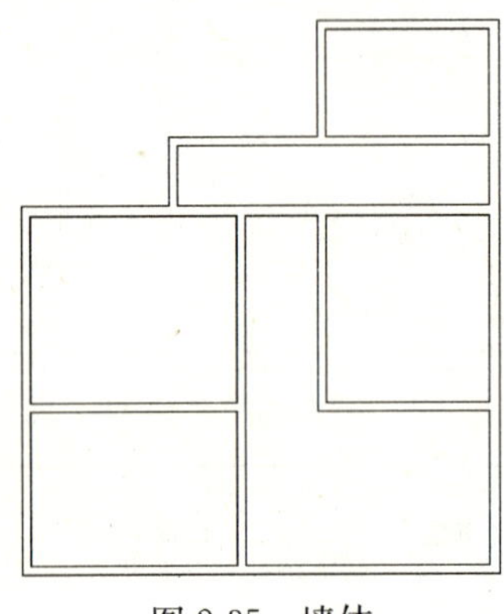

图 2-35 墙体

(1) 利用“构造线”命令绘制出一条水平构造线和一条竖直构造线，组成“十”字辅助线，如图 2-36 所示。继续绘制辅助线：

命令：XLINE↙

指定点或 [水平(H)/垂直(V)/角度(A)/二等分(B)/偏移(O)]：O↙

选择直线对象：(选择刚绘制的水平构造线)

指定向哪侧偏移：(指定右边一点)

选择直线对象：(继续选择刚绘制的水平构造线)

……

相同方法，将偏移得到的水平构造线依次向上偏移 5100、1800 和 3000，绘制的水平构造线如图 2-37 所示。同样方法绘制垂直构造线，向右偏移依次是 3900、1800、2100 和 4500，结果如图 2-38 所示。

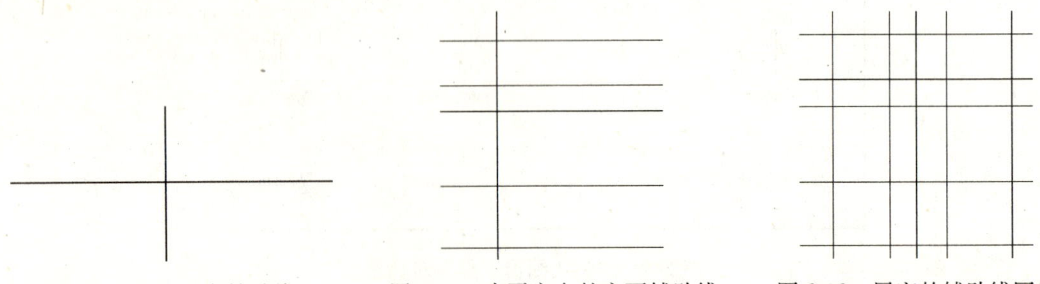

图 2-36 “十”字辅助线　　图 2-37 水平方向的主要辅助线　　图 2-38 居室的辅助线网格

(2) 定义多线样式。在命令行输入命令 MLSTYLE，或者单击下拉菜单“格式”→“多线样式”，系统打开“多线样式”对话框。在该对话框中单击“新建”按钮，系统打开“创建新的多线样式”对话框。在该对话框的“新样式名”文本框中键入“240”，单击“继续”按钮。

(3) 系统打开“新建的多线样式”对话框，进行如图 2-39 所示的设置。

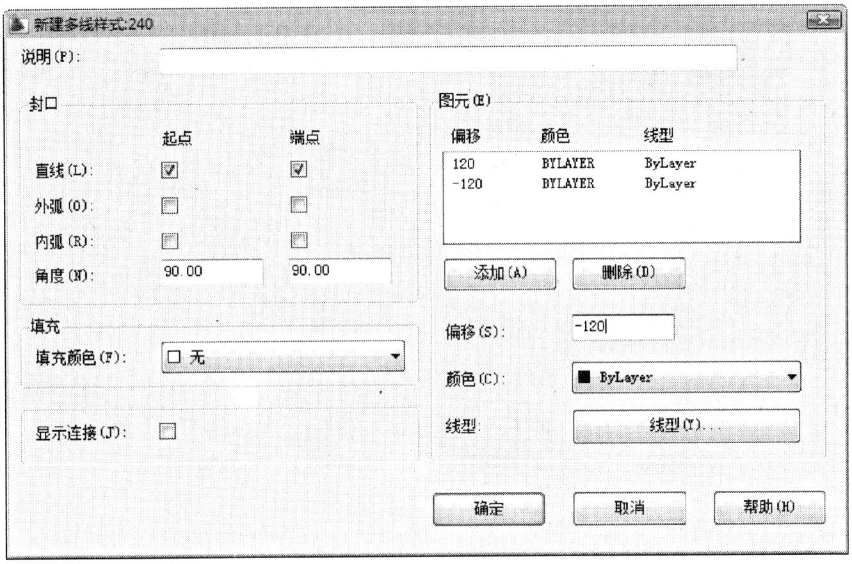

图 2-39 设置多线样式

(4) 绘制多线墙体。命令行提示与操作如下：

命令：MLINE↙

当前设置：对正＝上，比例＝20.00，样式＝STANDARD

指定起点或［对正(J)/比例(S)/样式(ST)］：S↙

输入多线比例＜20.00＞：1↙

当前设置：对正＝上，比例＝1.00，样式＝STANDARD

指定起点或［对正(J)/比例(S)/样式(ST)］：J↙

输入对正类型［上(T)/无(Z)/下(B)］＜上＞：Z↙

当前设置：对正＝无，比例＝1.00，样式＝STANDARD

指定起点或［对正(J)/比例(S)/样式(ST)］：(在绘制的辅助线交点上指定一点)

指定下一点：(在绘制的辅助线交点上指定下一点)

指定下一点或［放弃(U)］：(在绘制的辅助线交点上指定下一点)

指定下一点或［闭合(C)/放弃(U)］：(在绘制的辅助线交点上指定下一点)

……

指定下一点或［闭合(C)/放弃(U)］：C↙

相同方法根据辅助线网格绘制多线，绘制结果如图 2-40 所示。

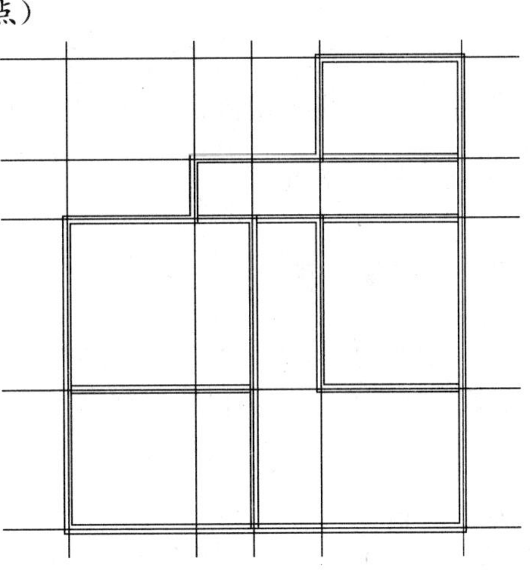

图 2-40 全部多线绘制结果

(5) 编辑多线。单击下拉菜单“修改”→“对象”→“多线”，系统打开“多线编辑工具”对话框，如图 2-41 所示。选择其中的“T 形合并”选项，确认后，命令行提示与操作如下：

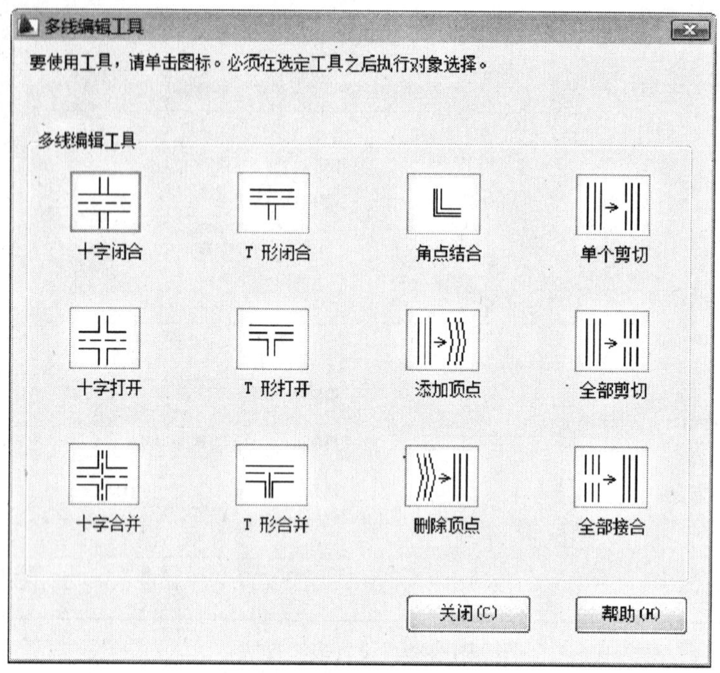

图 2-41 “多线编辑工具”对话框

命令：MLEDIT↙
选择第一条多线：(选择多线)
选择第二条多线：(选择多线)
选择第一条多线或［放弃(U)］：(选择多线)
……
选择第一条多线或［放弃(U)］：↙
同样方法继续进行多线编辑，编辑的最终结果如图 2-35 所示。

2.9 图案填充

当用户需要用一个重复的图案(pattern)填充一个区域时，可以使用 BHATCH 命令建立一个相关联的填充阴影对象，即所谓的图案填充。

2.9.1 基本概念

1. 图案边界

当进行图案填充时，首先要确定填充图案的边界。定义边界的对象只能是直线、双向射线、单向射线、多段线、样条曲线、圆弧、圆、椭圆、椭圆弧、面域等对象或用这些对象定义的块，而且作为边界的对象在当前屏幕上必须全部可见。

2. 孤岛

在进行图案填充时，我们把位于总填充域内的封闭区域称为孤岛，如图 2-42 所示。

在用 BHATCH 命令填充时，AutoCAD 允许用户以拾取点的方式确定填充边界，即在希望填充的区域内任意点取一点，AutoCAD 会自动确定出填充边界，同时也确定该边界内的岛。如果用户是以点取对象的方式确定填充边界的，则必须确切地点取这些岛，有关知识将在下一节中介绍。

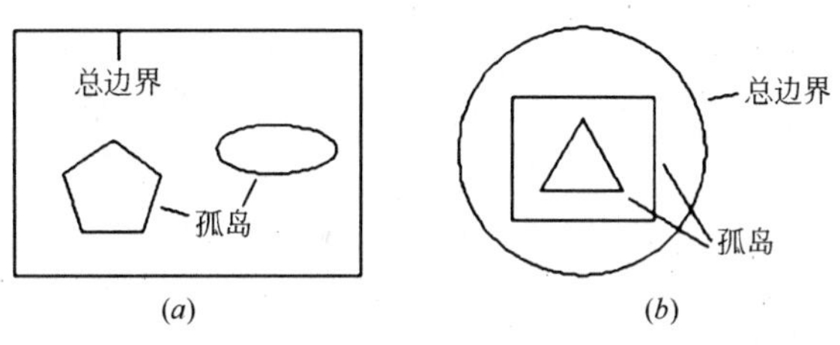

图 2-42　孤岛

3. 填充方式

在进行图案填充时需要控制填充的范围。AutoCAD 系统为用户设置了以下三种填充方式实现对填充范围的控制：

（1）普通方式：如图 2-43(*a*)所示，该方式从边界开始，由每条填充线或每个填充符号的两端向里画。遇到内部对象与之相交时，填充线或符号断开，直到遇到下一次相交时再继续画。采用这种方式时，要避免剖面线或符号与内部对象的相交次数为奇数。该方式为系统内部的缺省方式。

（2）外部方式：如图 2-43(*b*)所示，该方式从边界向里画剖面符号，只要在边界内部与对象相交，剖面符号由此断开，而不再继续画。

（3）忽略方式：如图 2-43(*c*)所示，该方式忽略边界内的对象，所有内部结构都被剖面符号覆盖。

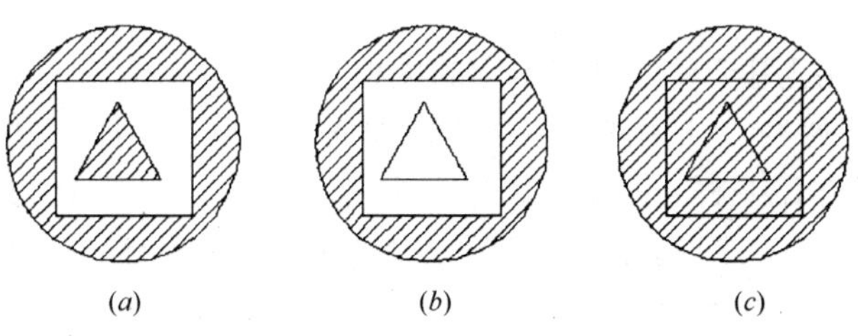

图 2-43　填充方式

2.9.2　图案填充的操作

◆　执行方式

命令行：BHATCH

菜单：绘图→图案填充

工具栏：绘图→图案填充 或绘图→渐变色

◆　操作格式

执行上述命令后系统弹出图 2-44 所示的“图案填充和渐变色”对话框，各选项组和按钮含义：

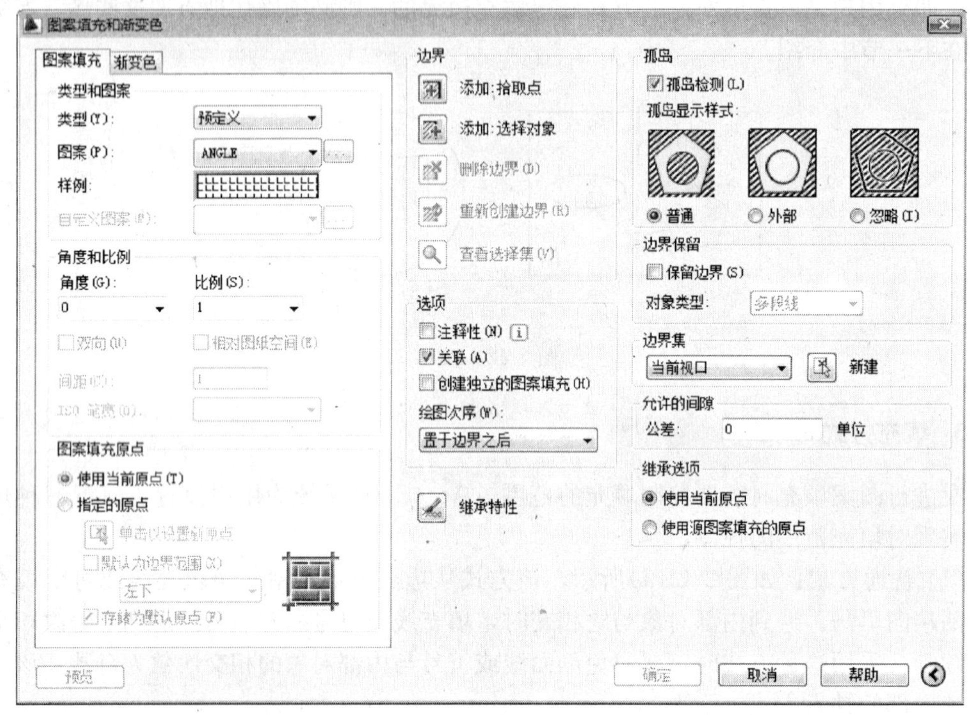

图 2-44　图案填充对话框

◆　选项说明

(1)“图案填充”标签

此标签下各选项用来确定图案及其参数。选取此标签后，弹出图 2-26 左边选项组。其中各选项含义如下：

① 类型：此选项组用于确定填充图案的类型及图案。点取设置区中的小箭头，弹出一个下拉列表，在该列表中，“用户定义”选项表示用户要临时定义填充图案，与命令行方式中的“U”选项作用一样；“自定义”选项表示选用 ACAD. PAT 图案文件或其他图案文件(. PAT 文件)中的图案填充；“预定义”选项表示用 AutoCAD 标准图案文件(ACAD. PAT 文件)中的图案填充。

② 图案：此按钮用于确定标准图案文件中的填充图案。在弹出的下拉列表中，用户可从中选取填充图案。选取所需要的填充图案后，在“样例”中的图像框内会显示出该图案。只有用户在“类型”中选择了“预定义”，此项才以正常亮度显示，即允许用户从自己定义的图案文件中选取填充图案。

如果选择的图案类型是“预定义”，单击“图案”下拉列表框右边的…按钮，会弹出图 2-45 所示的对话框。该对话框中显示出所选类型所具有的图案，用户可从中确定所需要的图案。

③ 样例：此选项用来给出一个样本图案。在其右面有一方形图像框，显示出当前用户所选用的填充图案，可以单击该图像迅速查看或选取已有的填充图案(如图 2-45 所示)。

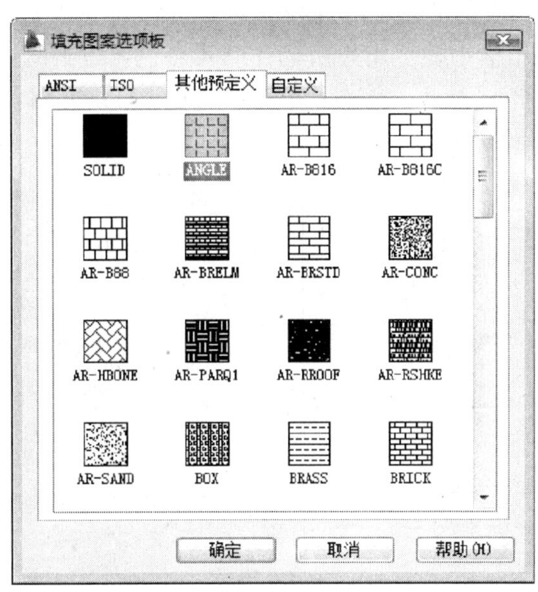

图 2-45 图案列表

④ 自定义图案：此下拉列表框用于从用户定义的填充图案。只有在“类型”下拉列表框中选用“自定义”项后，该项才以正常亮度显示，即允许用户从自己定义的图案文件中选取填充图案。

⑤ 角度：此下拉列表框用于确定填充图案时的旋转角度。每种图案在定义时的旋转角度为零，用户可在“角度”编辑框内输入所希望的旋转角度。

⑥ 比例：此下拉列表框用于确定填充图案的比例值。每种图案在定义时的初始比例为 1，用户可以根据需要放大或缩小，方法是在“比例”编辑框内输入相应的比例值。

⑦ 双向：用于确定用户临时定义的填充线是一组平行线，还是相互垂直的两组平行线。只有当在“类型”下拉列表框中选用“用户定义”选项，该项才可以使用。

⑧ 相对于图纸空间：确定是否相对于图纸空间单位确定填充图案的比例值。选择此选项，可以按适合于版面布局的比例方便地显示填充图案。该选项仅仅适用于图形版面编排。

⑨ 间距：指定线之间的间距，在“间距”文本框内输入值即可。只有当在“类型”下拉列表框中选用“用户定义”选项，该项才可以使用。

⑩ ISO 笔宽：此下拉列表框告诉用户根据所选择的笔宽确定与 ISO 有关的图案比例。只有选择了已定义的 ISO 填充图案后，才可确定它的内容。图案填充的原点：控制填充图案生成的起始位置。填充这些图案(例如砖块图案)时，需要与图案填充边界上的一点对齐。默认情况下，所有图案填充原点都对应于当前的 UCS 原点。也可以选择“指定的原点”及下面一级的选项重新指定原点。

(2)“渐变色”标签

渐变色是指从一种颜色到另一种颜色的平滑过渡。渐变色能产生光的效果，可为图形添加视觉效果。点取该标签，AutoCAD 弹出图 2-46 所示的对话框，其中各选项含义如下：

①“单色”单选钮：应用单色对所选择的对象进行渐变填充。在“图案填充与渐变色”对话框右上边的显示框中显示用户所选择的真彩色，单击[...]按钮，系统打开“选择颜色”对话框，如图 2-47 所示。该对话框在第 5 章将详细介绍，这里不再赘述。

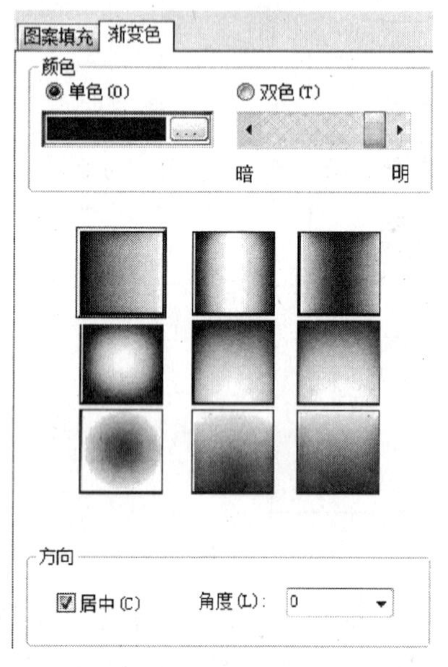

图 2-46 “渐变色”标签

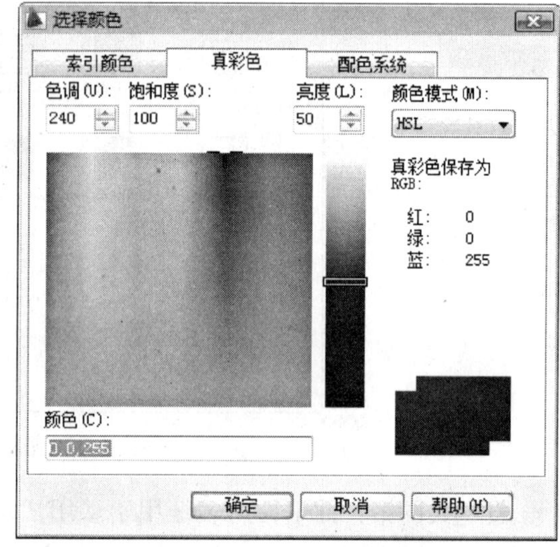

图 2-47 “选择颜色”对话框

②“双色”单选钮：应用双色对所选择的对象进行渐变填充。填充颜色将从颜色 1 渐变到颜色 2。颜色 1 和颜色 2 的选取与单色选取类似。

③“渐变方式”样板：在“渐变色”标签的下方有九个“渐变方式”样板，分别表示不同的渐变方式，包括线形、球形和抛物线形等方式。

④“居中”复选框：该复选框决定渐变填充是否居中。

⑤“角度”下拉列表框：在该下拉列表框中选择角度，此角度为渐变色倾斜的角度。不同的渐变色填充如图 2-48 所示。

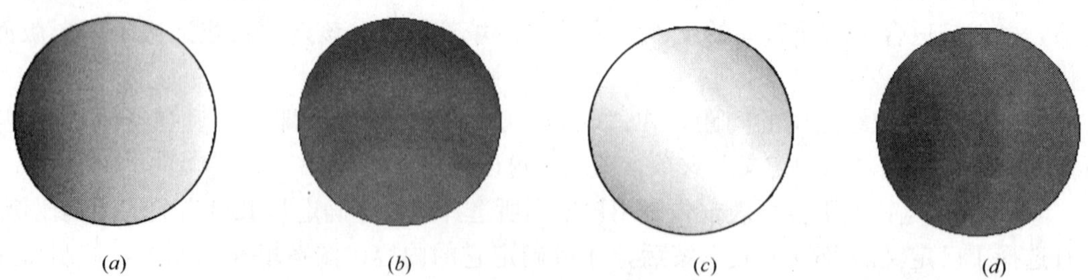

图 2-48 不同的渐变色填充

(*a*)单色线形居中 0°渐变填充；(*b*)双色抛物线形居中 0°渐变填充；

(*c*)单色线形居中 45°渐变填充；(*d*)双色球形不居中 0°渐变填充

(3) 边界

① 添加拾取点：以点取点的形式自动确定填充区域的边界。在填充的区域内任意点取一点，系统会自动确定出包围该点的封闭填充边界，并且高亮度显示(如图 2-49 所示)。

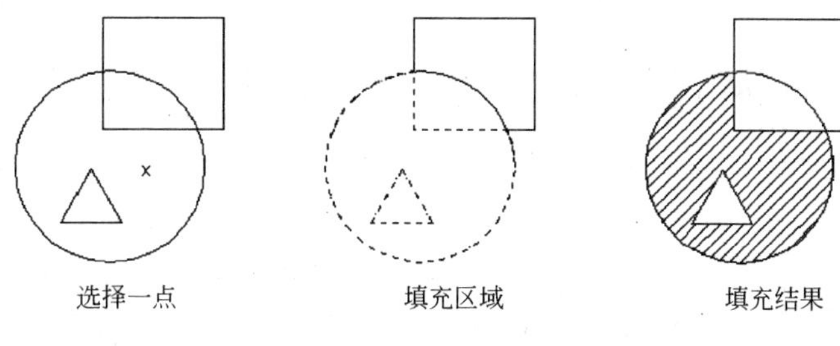

图 2-49 拾取点

② 添加选择对象：以选取对象的方式确定填充区域的边界，可以根据需要选取构成填充区域的边界。同样，被选择的边界也会以高亮度显示(如图 2-50 所示)。

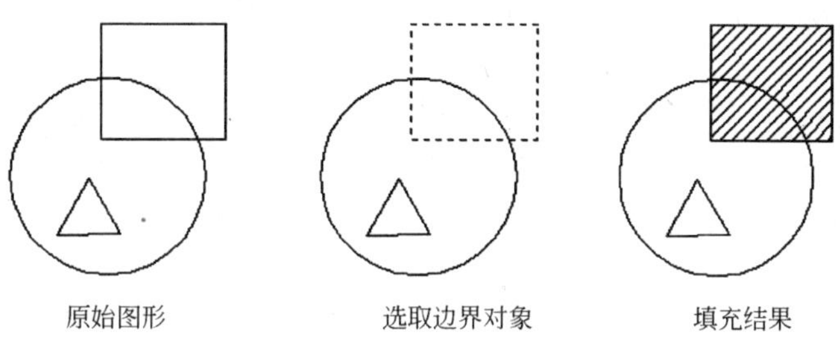

图 2-50 选择对象

③ 删除边界：从边界定义中删除以前添加的任何对象(如图 2-51 所示)。

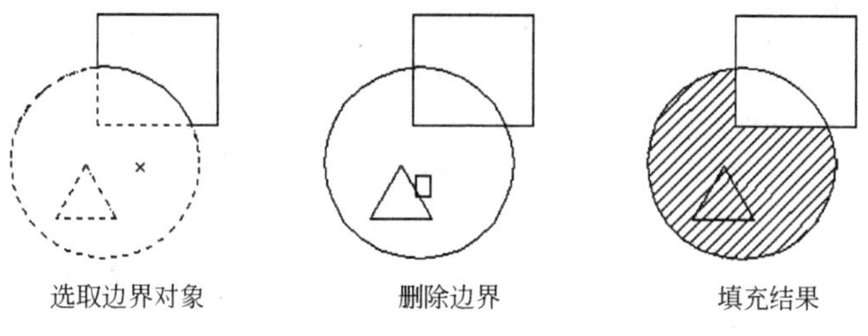

图 2-51 删除边界

④ 重新创建边界：围绕选定的图案填充或填充对象创建多段线或面域。

⑤ 查看选择集：观看填充区域的边界。点取该按钮，AutoCAD 临时切换到作图屏幕，将所选择的作为填充边界的对象以高亮度方式显示。只有通过“拾取点”按钮或“选择对象”按钮选取了填充边界，“查看选择集”按钮才可以使用。

(4) 选项

① 注释性：指定填充图案为注释性。

② 关联：此单选钮用于确定填充图案与边界的关系。若选择此单选钮，那么填充的图案与填充边界保持着关联关系。即图案填充后，当用钳夹(Grips)功能对边界进行拉伸等编辑操作时，AutoCAD 会根据边界的新位置重新生成填充图案。

③ 创建独立的图案填充：控制当指定了几个独立的闭合边界时，是创建单个图案填充对象，还是创建多个图案填充对象。如图 2-52 所示。

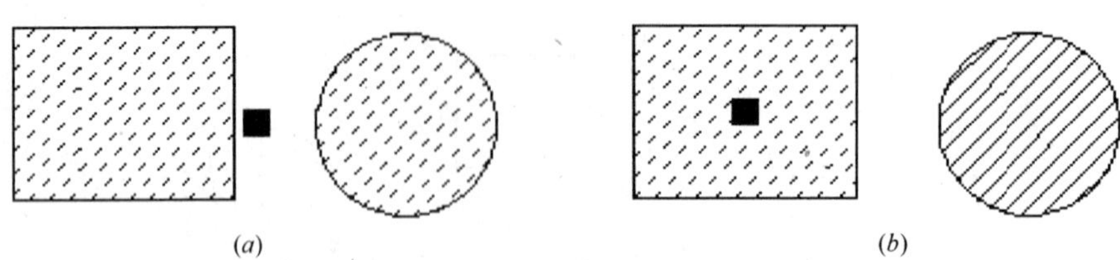

图 2-52 独立与不独立

(a)不独立，选中时是一个整体；(b)独立，选中时不是一个整体

④ 绘图次序：指定图案填充的绘图顺序。图案填充可以放在所有其他对象之后、所有其他对象之前、图案填充边界之后或图案填充边界之前。

(5) 继承特性

此按钮的作用是继承特性，即选用图中已有的填充图案作为当前的填充图案。

(6) 孤岛

① 孤岛显示样式：该选项组用于确定图案的填充方式，用户可以从中选取所要的填充方式，默认的填充方式为“普通”。用户也可以在右键快捷菜单中选择填充方式。

② 孤岛检测：确定是否检测孤岛。

(7) 边界保留

指定是否将边界保留为对象，并确定应用于这些对象的对象类型是多段线还是面域。

(8) 边界集

此选项组用于定义边界集。当点取“添加拾取点”按钮以根据一指定点的方式确定填充区域时，有两种定义边界集的方式：一种是将包围所指定点的最近的有效对象作为填充边界，即“当前视口”选项，该项是系统的默认方式；另一种方式是用户自己选定一组对象来构造边界，即“现有集合”选项，选定对象通过其上面的“新建”按钮实现。按下该按钮后，AutoCAD临时切换到作图屏幕，并提示行用户选取作为构造边界集的对象。此时若选取“现有集合”选项，AutoCAD会根据用户指定的边界集中的对象来构造一封闭边界。

(9) 允许的间隙

设置将对象用作图案填充边界时可以忽略的最大间隙。默认值为 0，此值指定对象必须封闭区域而没有间隙。

(10) 继承选项

使用“继承特性”创建图案填充时，控制图案填充原点的位置。

2.9.3 编辑填充的图案

利用 HATCHEDIT 命令可以编辑已经填充的图案。

◆ 执行方式

命令行：HATCHEDIT

菜单：修改→对象→图案填充

◆ 操作格式

执行上述命令后，AutoCAD 会给出下面提示：

选择关联填充对象：

选取关联填充物体后，系统弹出图 2-53 所示的“图案填充编辑”对话框。

图 2-53 “图案填充编辑”对话框

在图 2-35 中，只有正常显示的选项才可以对其进行操作。该对话框中各项的含义与图 2-35 所示的“图案填充和渐变色”对话框中各项的含义相同。利用该对话框，可以对已弹出的图案进行一系列的编辑修改。

【例 2-7】 绘制如图 2-54 所示的小房子。

【绘制步骤】

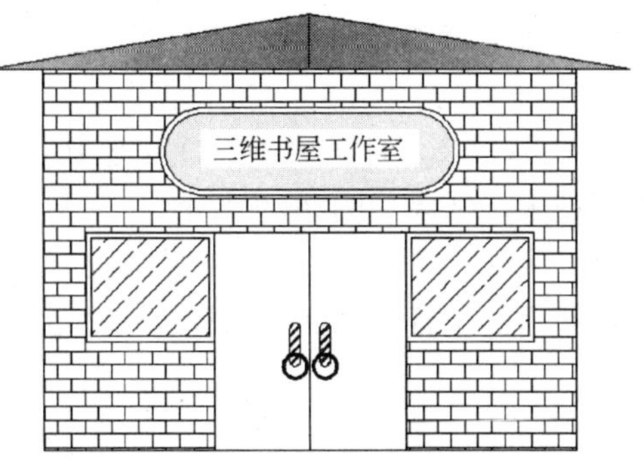

图 2-54 小房子

(1) 绘制屋顶轮廓

利用“直线”命令，以{(0，500)、(@600，0)}为端点坐标绘制直线。

再利用“直线”命令，按下状态栏中的对象捕捉按钮，捕捉绘制好的直线的中点为起点，第二点坐标为(@0，50)绘制直线。连接各端点，结果如图 2-55 所示。

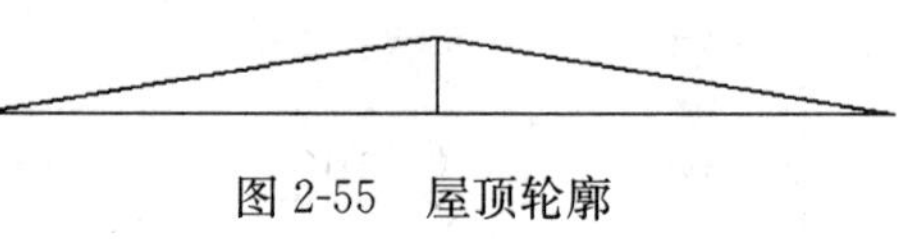

图 2-55　屋顶轮廓

(2) 绘制墙体轮廓

利用“矩形”命令，以(50，500)为第一角点，(@500，－350)为第二角点墙体轮廓，结果如图 2-56 所示。

单击状态栏中的线宽按钮，结果如图 2-57 所示。

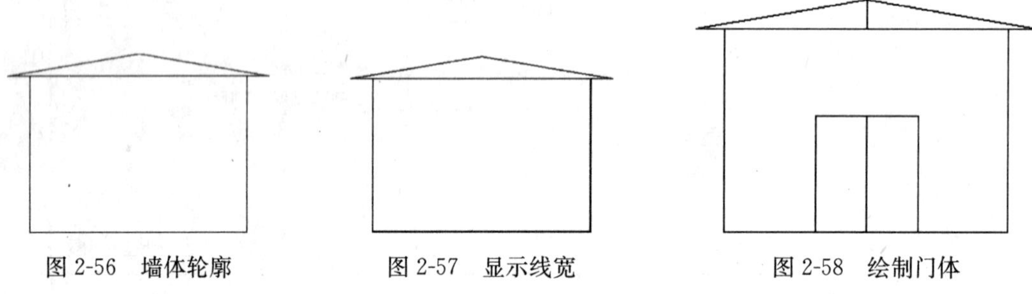

图 2-56　墙体轮廓　　图 2-57　显示线宽　　图 2-58　绘制门体

(3) 绘制门

① 绘制门体

将“门窗”层设置为当前层。利用“矩形”命令，以墙体底面中点作为第一角点，以(@90，200)为第二角点绘制右边的门，同理以墙体底面中点作为第一角点，以(@－90，200)为第二角点绘制左边的门。结果如图 2-58 所示。

② 绘制门上的手柄

利用“矩形”命令，在适当的位置绘制一个长度为 10，高度为 40，倒圆半径为 5 的矩形。命令行提示如下：

命令：rectang↙

指定第一个角点或［倒角(C)/标高(E)/圆角(F)/厚度(T)/宽度(W)］：f↙

指定矩形的圆角半径<0.0000>：5↙

指定第一个角点或［倒角(C)/标高(E)/圆角(F)/厚度(T)/宽度(W)］：(在图上选取合适的位置)

指定另一个角点或［面积(A)/尺寸(D)/旋转(R)］：@10，40↙

同样方法绘制另一个门把手，结果如图 2-59 所示。

③ 绘制门环

利用“圆环”命令，在适当的位置绘制两个内径为 20，外径为 40 的圆环。命令行提示如下：

命令：donut↙

指定圆环的内径<30.0000>：20↙

指定圆环的外径<35.0000>：24↙

指定圆环的中心点或<退出>：(适当指定一点)

指定圆环的中心点或<退出>：(适当指定一点)

指定圆环的中心点或<退出>：↙

结果如图 2-60 所示。

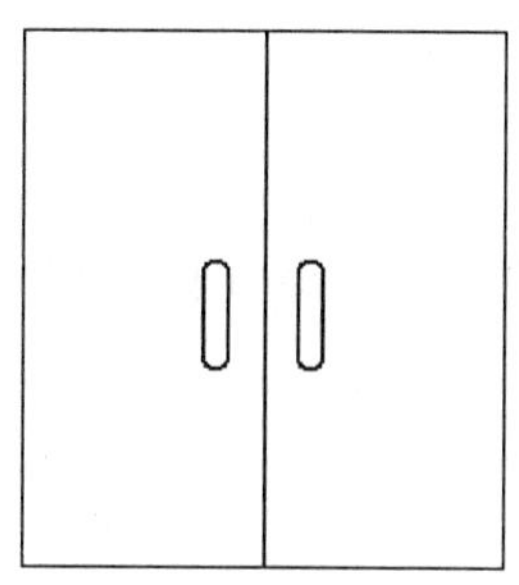

图 2-59　绘制门把手

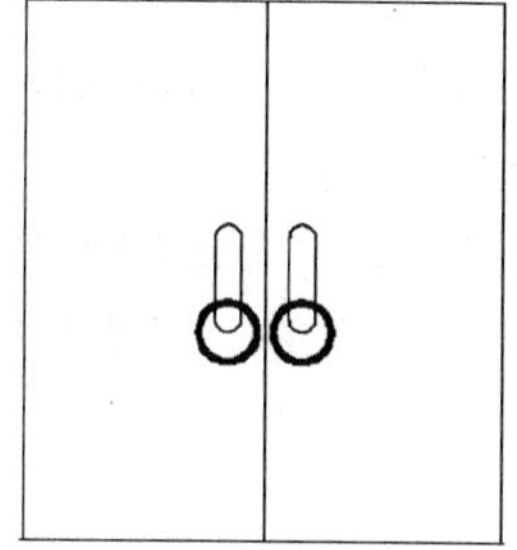

图 2-60　绘制门环

(4) 绘制窗户

利用“矩形”命令绘制外玻璃窗，指定门的左上角点为第一个角点，指定第二点为(@－120，－100)；接着，指定门的右上角点为第一个角点，指定第二点为(@－120，100)。

再利用“矩形”命令，以(205，345)为第一角点，(@－110，－90)为第二角点绘制左边内玻璃窗，以(505，345)为第一角点，(@110，－90)为第二角点绘制右边的内玻璃窗，结果如图 2-61 所示。

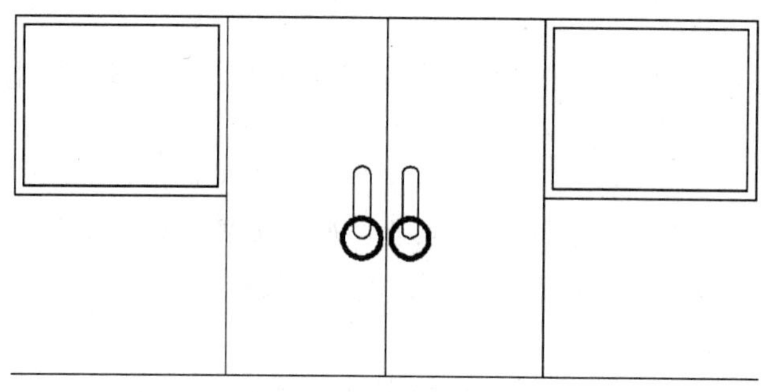

图 2-61　绘制窗户

(5) 绘制牌匾

命令：PLINE

指定起点：(用光标拾取一点作为多段线的起点)

指定下一个点或［圆弧(A)/半宽(H)/长度(L)/放弃(U)/宽度(W)］：@200，0

指定下一点或［圆弧(A)/闭合(C)/半宽(H)/长度(L)/放弃(U)/宽度(W)］：A

指定圆弧的端点或［角度(A)/圆心(CE)/闭合(CL)/方向(D)/半宽(H)/直线(L)/半径(R)/第二个点(S)/放弃(U)/宽度(W)］A

指定圆弧的端点或［圆心(CE)/半径(R)］：R

指定圆弧的半径为 40；

指定圆弧的弦方向<0>：90

指定圆弧的端点或［角度(A)/圆心(CE)/闭合(CL)/方向(D)/半宽(H)/直线(L)/半

径(R)/第二个点(S)/放弃(U)/宽度(W)]：L

指定下一点或 [圆弧(A)/闭合(C)/半宽(H)/长度(L)/放弃(U)/宽度(W)]：@－200，0

指定下一点或 [圆弧(A)/闭合(C)/半宽(H)/长度(L)/放弃(U)/宽度(W)]：A

指定圆弧的端点或 [角度(A)/圆心(CE)/闭合(CL)/方向(D)/半宽(H)/直线(L)/半径(R)/第二个点(S)/放弃(U)/宽度(W)]：A

指定圆弧的端点或 [圆心(CE)/半径(R)]：R

指定圆弧的弦方向：270

指定圆弧的端点或 [角度(A)/圆心(CE)/闭合(CL)/方向(D)/半宽(H)/直线(L)/半径(R)/第二个点(S)/放弃(U)/宽度(W)]：CL

结果如图 2-9 所示。

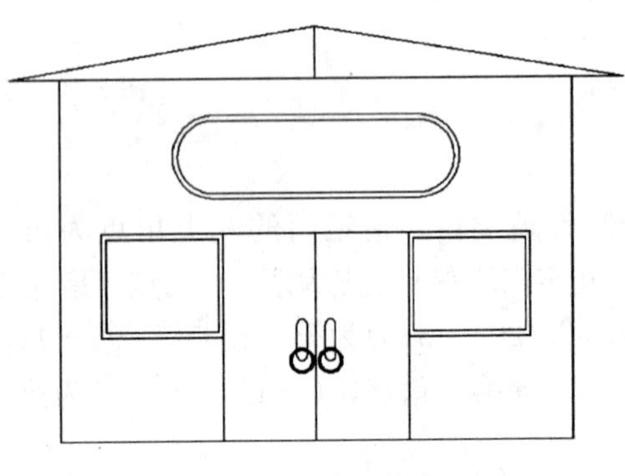

图 2-62　牌匾轮廓

(6) 输入牌匾中的文字。单击“绘图”工具条中的“多行文字”按钮 A。命令行依次提示：

命令：MTEXT

指定第一角点：//用光标拾取第一点后，屏幕上显示出一个矩形文本框；

“指定对角点或 [高度(H)/对正(J)/行距(L)/旋转(R)/样式(S)/宽度(W)]”：//拾取另外一点作为对角点。

此时将弹出“文字格式对话框”。在该对话框输入书店的名称，并设置字体的属性，设置之后的对话框如图 2-63 所示。

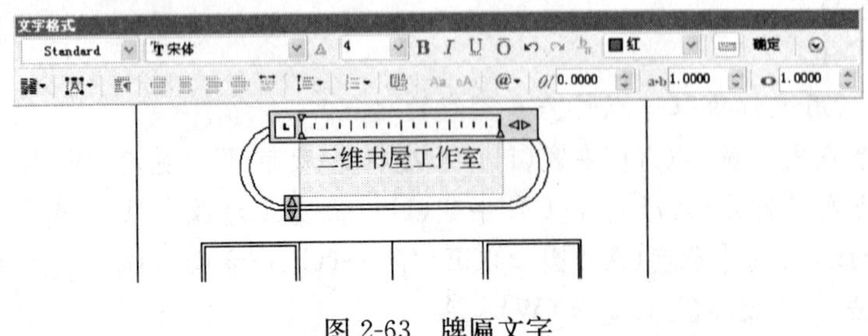

图 2-63　牌匾文字

单击“确定”按钮，即可完成牌匾的绘制。如图 2-64 所示。

(7) 填充图形。图案的填充主要包括五部分：墙面、玻璃窗、门把手、牌匾和屋顶的填充。利用图案填充命令，选择适当的图案，即可分别将填充完成这五部分图形。

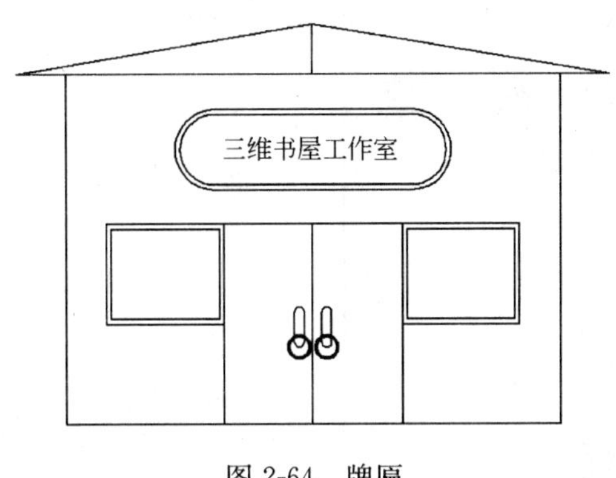

图 2-64 牌匾

① 外墙图案填充

单击“绘图”工具栏上的“图案填充”按钮，系统打开“图案填充和渐变色”对话框。单击对话框右下角的按钮，展开对话框，在“孤岛”选项组中选择“外部”孤岛显示样式，如图 2-65 所示。

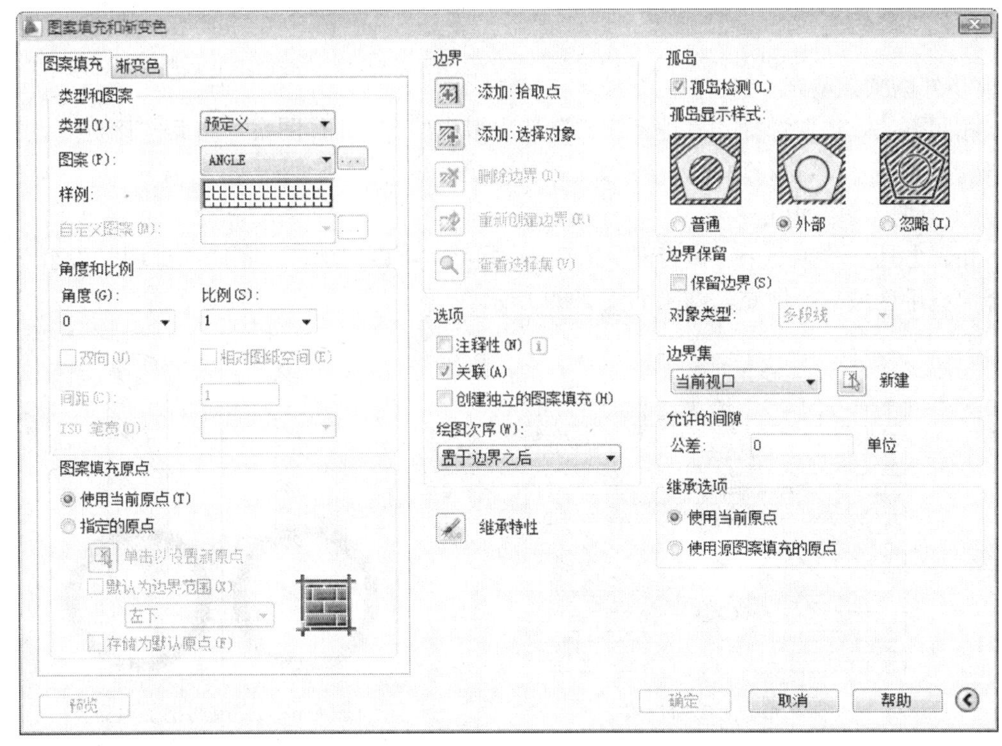

图 2-65 “图案填充和渐变色”对话框

单击对话框选择“图案类型”为“预定义”，单击“图案样例”后面的按钮，打开“填充图案”选项板，选择“其他预定义”选项卡中的 BRICK 图案，如图 2-66 所示。

确认后，返回“图案填充和渐变色”对话框，将“比例”设置为 2。单击按钮，需要切换到绘图界面，在墙面区域中选取一点，回车后返回“图案填充和渐变色”对话框，单击“确定”按钮，完成墙面的填充，如图 2-67 所示。

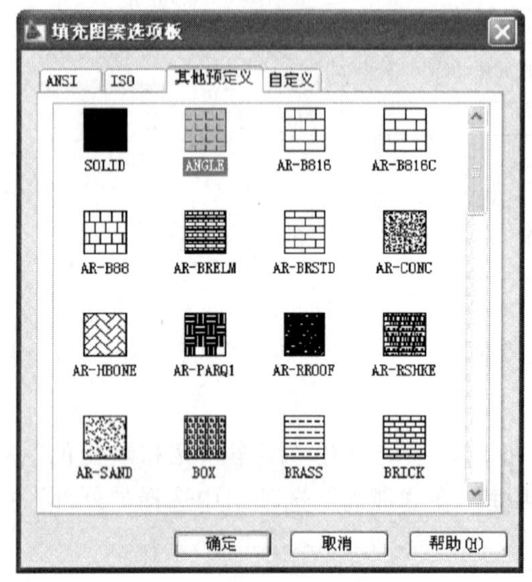

图 2-66　选择适当的图案

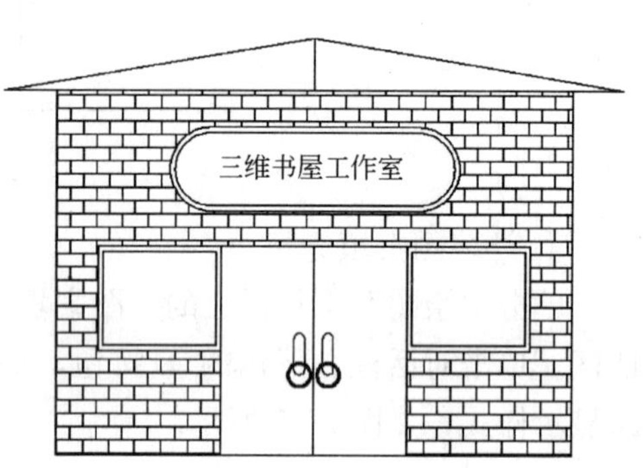

图 2-67　完成墙面填充

② 外墙图案填充

相同方法，选取选择“其他预定义”选项卡中的 STEEL 图案，将其“比例”设置为 1，选择门把手区域进行填充，结果如图 2-69 所示。

③ 门把手图案填充

相同方法，选取选择“ANSI”选项卡中的 ANSI33 图案，将其“比例”设置为 4，选择门把手区域进行填充，结果如图 2-69 所示。

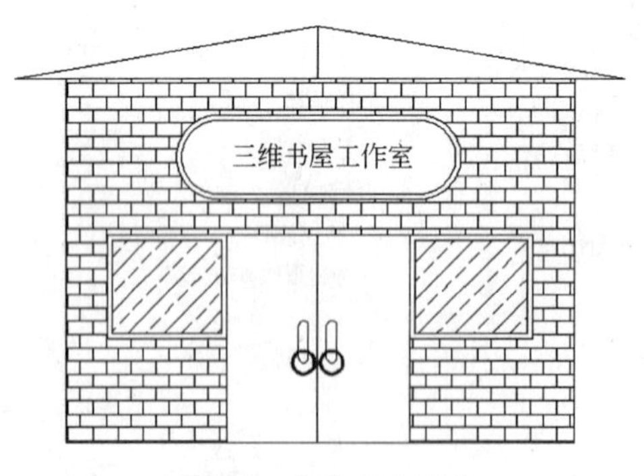

图 2-68　完成窗户填充

图 2-69　完成门把手填充

④ 牌匾图案填充

单击“绘图”工具栏上的“渐变色”按钮，系统打开“图案填充和渐变色”对话框的“渐变色”选项卡，如图 2-70 所示。接受默认的“单色”单选项，单击颜色显示框后面的按钮，打开“选择颜色”对话框，选择金黄色，如图 2-71 所示。

确认后，返回“图案填充和渐变色”对话框“渐变色”选项卡，在颜色过渡方式显示列表中选择左下角的过渡模式。单击按钮，需要切换到绘图界面，在牌匾区域中选取一

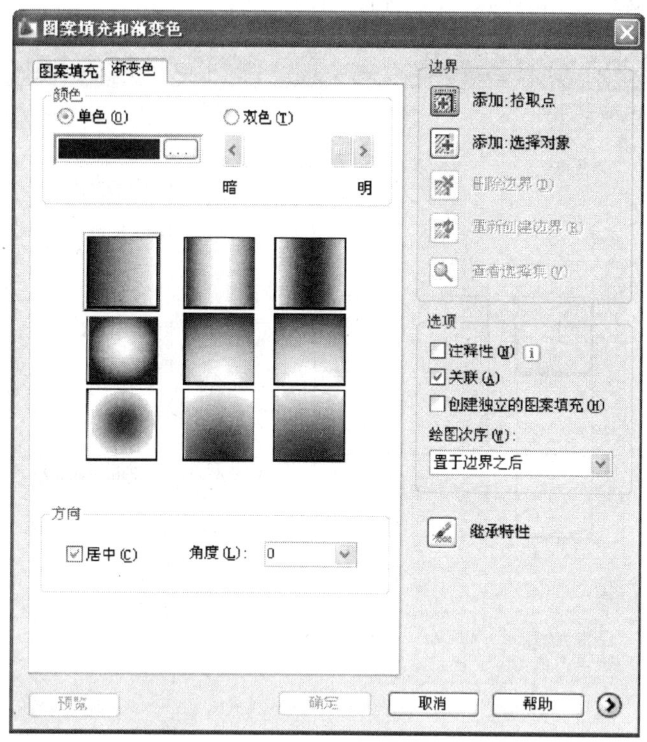

图 2-70 “图案填充和渐变色”对话框的“渐变色”选项卡

点，回车后返回“图案填充和渐变色”对话框，单击“确定”按钮，完成牌匾的填充，如图 2-72 所示。

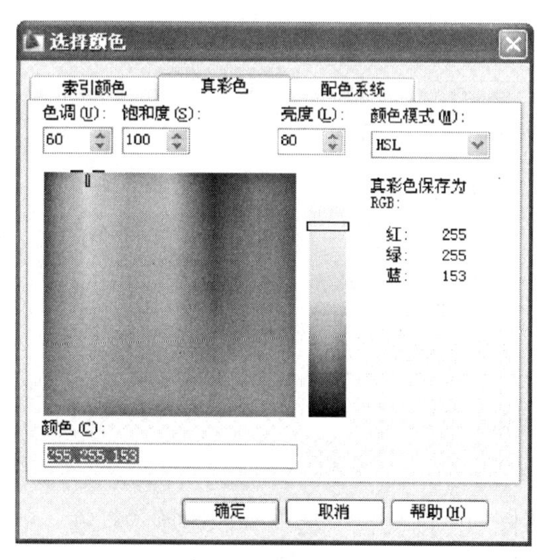

图 2-71 “选择颜色”对话框

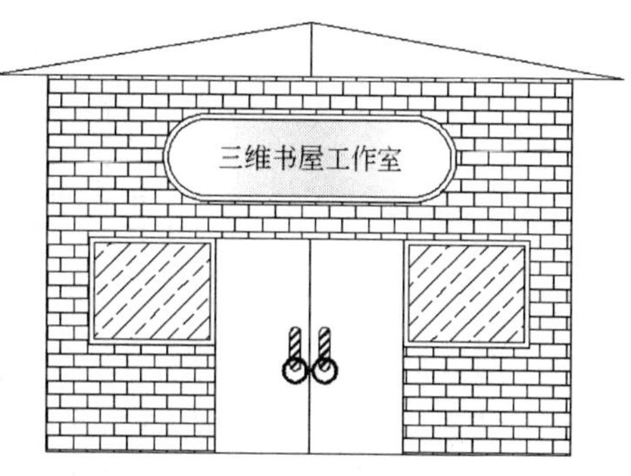

图 2-72 完成牌匾填充

完成牌匾的填充后，发现不需要填充金色渐变，这时可以双击填充区域，系统打开“编辑图案填充”对话框，将颜色渐变滑块移动到中间位置，如图 2-73 所示。单击“确定”按钮，完成牌匾填充图案的修改，如图 2-74 所示。

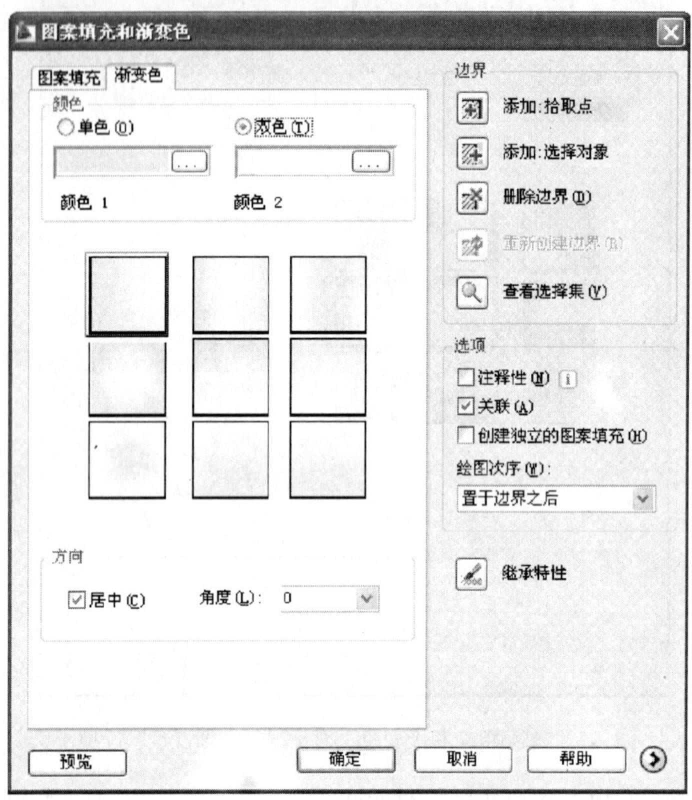

图 2-73 “图案填充编辑”对话框

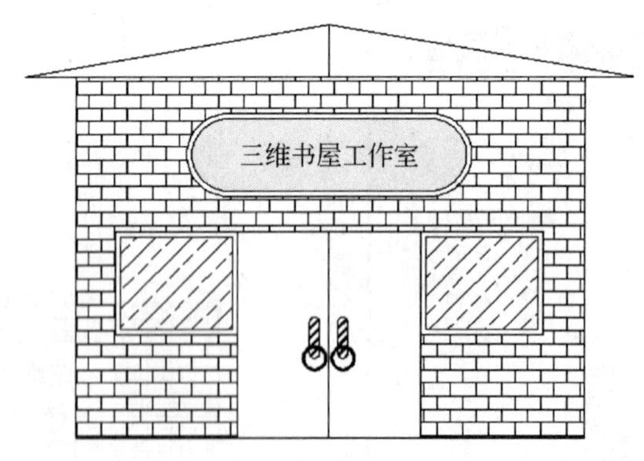

图 2-74 编辑填充图案

⑤ 屋顶图案填充

同样方法，打开“图案填充和渐变色”对话框的“渐变色”选项卡，选择“双色”单选按钮，分别设置“颜色 1”和“颜色 2”为红色和绿色，选择一种颜色过渡方式，如图 2-75 所示。确认后，选择屋顶区域进行填充，结果如图 2-54 所示。

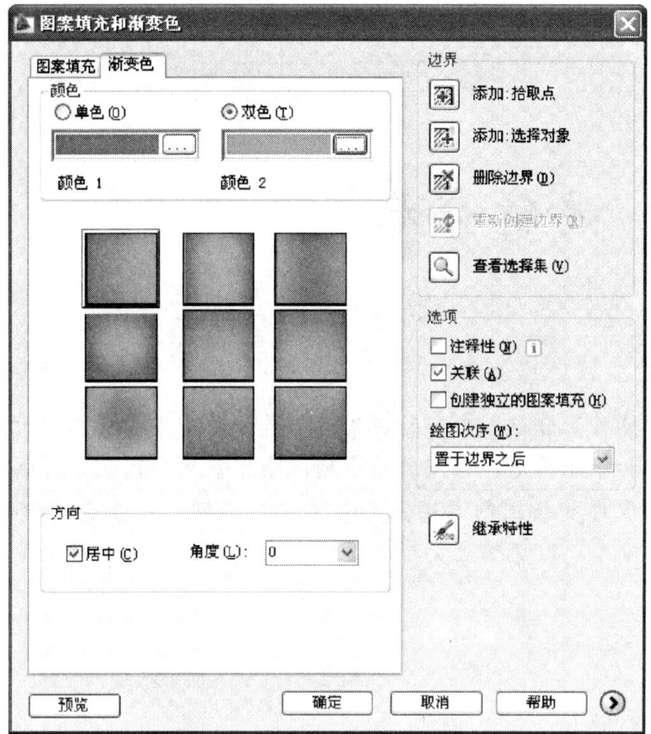

图 2-75　设置屋顶填充颜色

第3章 编辑命令

内容提要

二维图形编辑操作配合绘图命令的使用可以进一步完成复杂图形对象的绘制工作，并可使用户合理安排和组织图形，保证作图准确，减少重复。因此，对编辑命令的熟练掌握和使用有助于提高设计和绘图的效率。本章主要内容包括：复制类命令，改变位置类命令，删除及恢复类命令，改变位置类命令，删除及恢复类命令和对像编辑等。

本章重点

- 设置图层
- 颜色的设置
- 图层的线型
- 选择对象
- 复制类命令
- 改变位置类命令
- 删除及恢复类命令
- 改变几何特性类命令
- 对象的编辑

3.1 选择对象

AutoCAD 2009 提供两种途径编辑图形：

(1) 先执行编辑命令，然后选择要编辑的对象。

(2) 先选择要编辑的对象，然后执行编辑命令。

这两种途径的执行效果是相同的，但选择对象是进行编辑的前提。AutoCAD 2009 提供了多种对象选择方法，如点取方法、用选择窗口选择对象、用选择线选择对象、用对话框选择对象等。AutoCAD 可以把选择的多个对象组成整体，如选择集和对象组，进行整体编辑与修改。

3.1.1 构造选择集

选择集可以仅由一个图形对象构成，也可以是一个复杂的对象组，如位于某一特定层上具有某种特定颜色的一组对象。选择集的构造可以在调用编辑命令之前或之后。

AutoCAD 提供以下几种方法构造选择集：

1. 先选择一个编辑命令，然后选择对象，用回车键结束操作。

2. 使用 SELECT 命令。在命令提示行输入 SELECT，然后根据选择选项后，出现提示选择对象，回车结束。

3. 用点取设备选择对象，然后调用编辑命令。

4. 定义对象组。

无论使用哪种方法，AutoCAD 2009 都将提示用户选择对象，并且光标的形状由十字光标变为拾取框。此时，可以用下面介绍的方法选择对象。

下面结合 SELECT 命令说明选择对象的方法。

SELECT 命令可以单独使用，也可以在执行其他编辑命令时被自动调用。此时屏幕提示：

选择对象：

等待用户以某种方式选择对象作为回答。AutoCAD 2009 提供多种选择方式，可以键入“?”查看这些选择方式。选择该选项后，出现如下提示：

需要点或窗口(W)/上一个(L)/窗交(C)/框(BOX)/全部(ALL)/栏选(F)/圈围(WP)/圈交(CP)/编组(G)/添加(A)/删除(R)/多个(M)/前一个(P)/放弃(U)/自动(AU)/单个(SI)/子对象/对象

选择对象：

上面各选项含义如下：

(1) 点

该选项表示直接通过点取的方式选择对象。用鼠标或键盘移动拾取框，使其框住要选取的对象。然后单击鼠标左键，就会选中该对象并高亮显示。

(2) 窗口(W)

用由两个对角顶点确定的矩形窗口选取位于其范围内部的所有图形，与边界相交的对象不会被选中。指定对角顶点时应该按照从左向右的顺序，如图 3-1 所示。

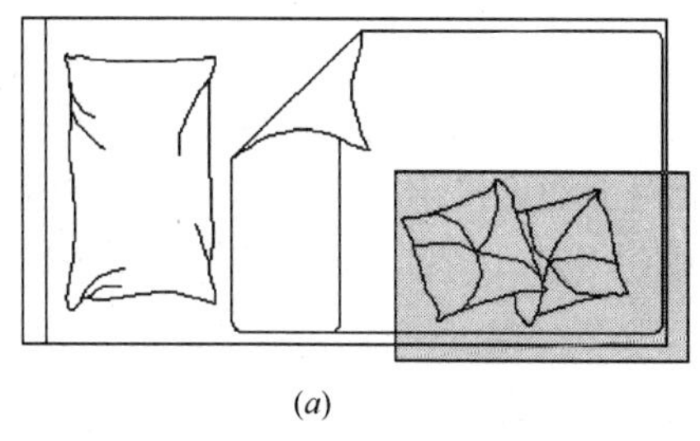

(*a*)

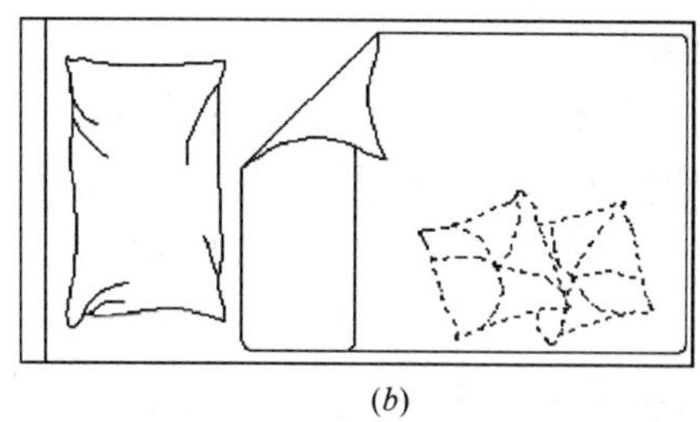

(*b*)

图 3-1 窗口对象选择方式

(*a*)图中深色覆盖部分为选择窗口；(*b*)选择后的图形

(3) 上一个(L)

在“选择对象：”提示下键入 L 后回车，系统会自动选取最后绘出的一个对象。

(4) 窗交(C)

该方式与上述“窗口”方式类似，区别在于：它不但选择矩形窗口内部的对象，也选中与矩形窗口边界相交的对象。选择的对象如图 3-2 所示。

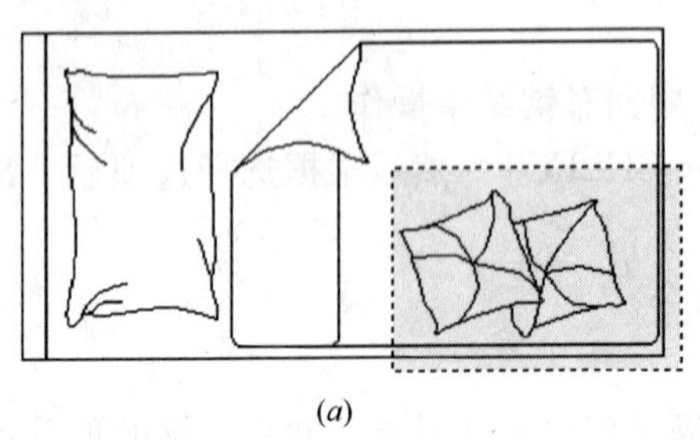

(*a*)

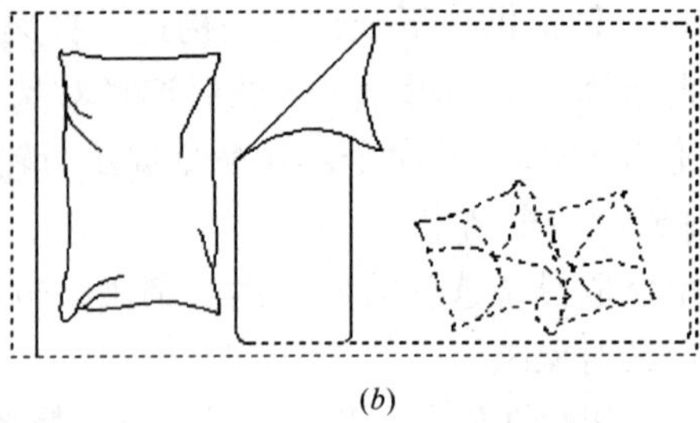

(*b*)

图 3-2 “窗交”对象选择方式

(*a*)图中深色覆盖部分为选择窗口；(*b*)选择后的图形

(5) 框(BOX)

使用时，系统根据用户在屏幕上给出的两个对角点的位置而自动引用“窗口”或“窗交”选择方式。若从左向右指定对角点，为“窗口”方式；反之，为“窗交”方式。

(6) 全部(ALL)

选取图面上所有对象。

(7) 栏选(F)

用户临时绘制一些直线，这些直线不必构成封闭图形，凡是与这些直线相交的对象均被选中。执行结果如图 3-3 所示。

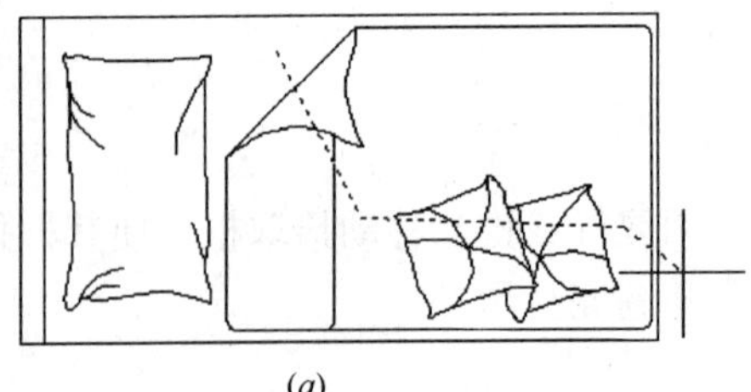

(*a*)

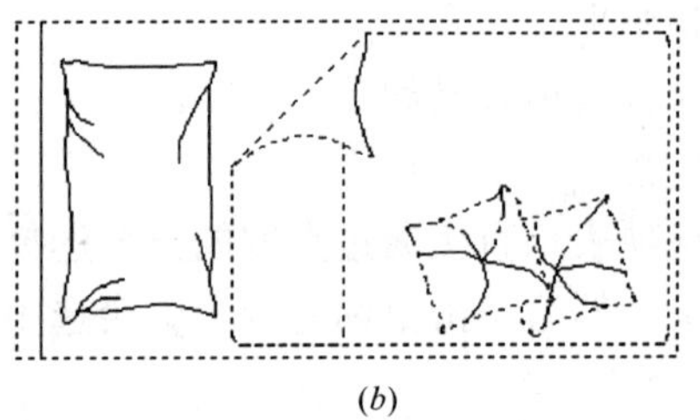

(*b*)

图 3-3 “栏选”对象选择方式

(*a*)图中虚线为选择栏；(*b*)选择后的图形

(8) 圈围(WP)

使用一个不规则的多边形来选择对象。根据提示，用户顺次输入构成多边形所有顶点的坐标，直到最后用回车作出空回答结束操作，系统将自动连接第一个顶点与最后一个顶点形成封闭的多边形。凡是被多边形围住的对象均被选中(不包括边界)，执行结果如图 3-4 所示。

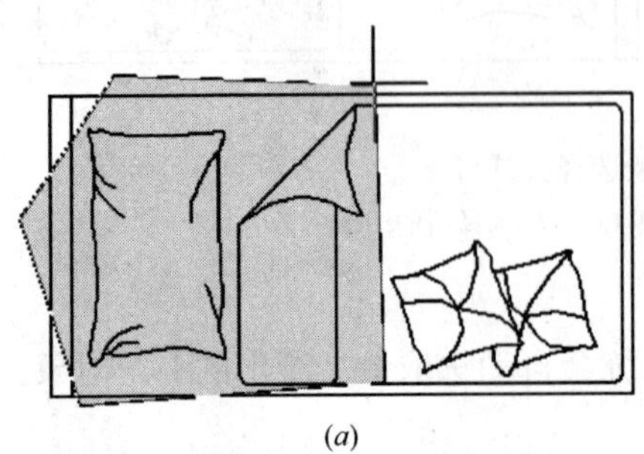

(*a*)

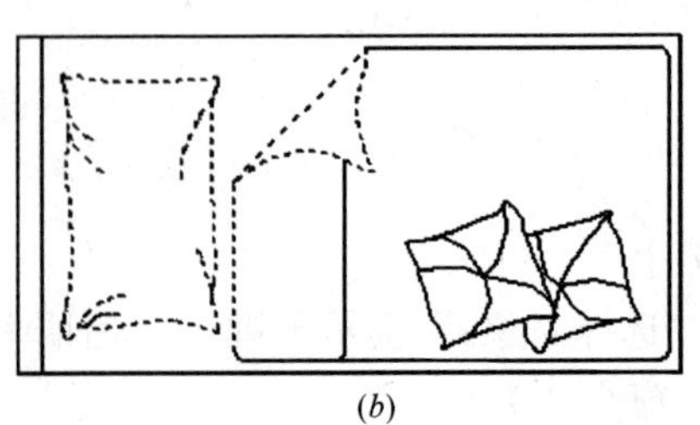

(*b*)

图 3-4 “圈围”对象选择方式

(*a*)图中十字线所拉出深色多边形为选择窗口；(*b*)选择后的图形

(9) 圈交(CP)

类似于“圈围”方式，在提示后键入CP，后续操作与WP方式相同。区别在于：与多边形边界相交的对象也被选中。

(10) 编组(G)

使用预先定义的对象组作为选择集。事先将若干个对象组成组，用组名引用。

(11) 添加(A)

添加下一个对象到选择集，也可用于从移走模式(Remove)到选择模式的切换。

(12) 删除(R)

按住Shift键选择对象，可以从当前选择集中移走该对象。对象由高亮显示状态变为正常状态。

(13) 多个(M)

指定多个点，不高亮显示对象。这种方法可以加快在复杂图形上的对象选择过程。若两个对象交叉，指定交叉点两次则可以选中这两个对象。

(14) 上一个(P)

用关键字P回答“选择对象:”的提示，则把上次编辑命令最后一次构造的选择集或最后一次使用Select(DDSELECT)命令预置的选择集作为当前选择集。这种方法适用于对同一选择集进行多种编辑操作。

(15) 放弃(U)

用于取消加入进选择集的对象。

(16) 自动(AU)

选择结果视用户在屏幕上的选择操作而定。如果选中单个对象，则该对象即为自动选择的结果；如果选择点落在对象内部或外部的空白处，系统会提示：

指定对角点：

此时，系统会采取一种窗口的选择方式。对象被选中后，变为虚线形式，并高亮显示。

 **说明**

若矩形框从左向右定义，即第一个选择的对角点为左侧的对角点，矩形框内部的对象被选中，框外部及与矩形框边界相交的对象不会被选中；若矩形框从右向左定义，矩形框内部及与矩形框边界相交的对象都会被选中。

(17) 单个(SI)

选择指定的第一个对象或对象集，而不继续提示进行进一步的选择。

3.1.2 快速选择

有时用户需要选择具有某些共同属性的对象来构造选择集，如选择具有相同颜色、线型或线宽的对象，用户当然可以使用前面介绍的方法选择这些对象。但如果要选择的对象数量较多且分布在较复杂的图形中，会导致很大的工作量。AutoCAD 2009提供了QSELECT命令来解决这个问题。调用QSELECT命令后，打开“快速选择”对话框，利用该对话框可以根据用户指定的过滤标准快速创建选择集。“快速选择”对话框如图3-5所示。

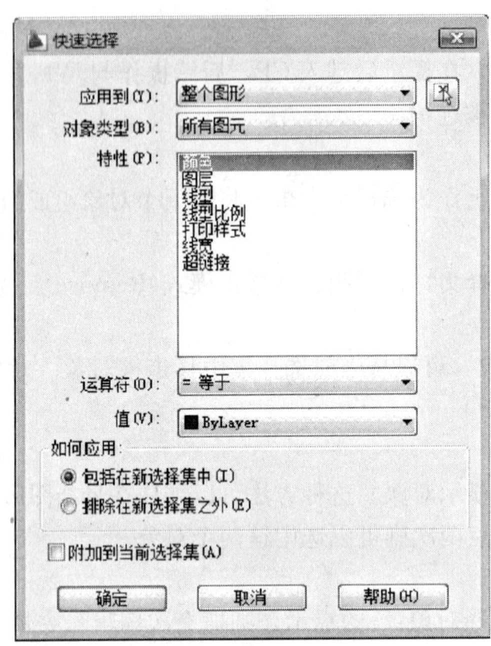

图 3-5 “快速选择”对话框

◆ 执行方式

命令行：QSELECT

菜单：工具→快速选择

快捷菜单：在绘图区域右击鼠标，从打开的右键快捷菜单上选择“快速选择”（如图 3-6 所示）。

“特性”选项板→快速选择（如图 3-7 所示）。

图 3-6 右键快捷菜单

图 3-7 “特性”选项板

◆ 操作格式

执行上述命令后，系统打开“快速选择”对话框。在该对话框中，可以选择符合条件的对象或对象组。

3.1.3 构造对象组

对象组与选择集并没有本质的区别，当我们把若干个对象定义为选择集并想让他们在以后的操作中始终作为一个整体时，为了简捷，可以给这个选择集命名保存起来。这个命名了的对象选择集就是对象组，它的名字称为组名。

如果对象组可以被选择(位于锁定层上的对象组不能被选择)，可以通过它的组名引用该对象组，并且一旦组中任何一个对象被选中，组中的全部对象成员也被选中。

◆ 执行方式

命令行：GROUP

◆ 操作格式

执行上述命令后，系统打开“对象编组”对话框，如图 3-20 所示。利用该对话框可以查看或修改存在的对象组的属性，也可以创建新的对象组。

3.2 复 制 类 命 令

本节详细介绍 AutoCAD 2009 的复制类命令。利用这些编辑功能，可以方便地编辑绘制的图形。

3.2.1 复制命令

◆ 执行方式

命令行：COPYCLIP

菜单：“编辑” → “复制”

工具栏：“标准” → “复制”

快捷菜单：选择要复制的对象，在绘图区域右击鼠标，从打开的快捷菜单上选择“复制选择”，如图 3-11 所示。

◆ 操作格式

命令：COPY↙

选择对象：(选择要复制的对象)

用前面介绍的对象选择方法选择一个或多个对象，回车结束选择操作。系统继续提示：

当前设置：复制模式＝多个

指定基点或 [位移(D)/模式(O)] <位移>：

◆ 选项说明

(1) 指定基点

指定一个坐标点后，AutoCAD 2009 把该作为复制对象的基点，并提示：

指定位移的第二点或<用第一点作位移>：

指定第二个点后，系统将根据这两点确定的位移矢量把选择的对象复制到第二点处。如果此时直接回车，即选择默认的“用第一点作位移”，则第一个点被当作相对于 X、Y、Z 的位移。例如，如果指定基点为 2，3 并在下一个提示下按 ENTER 键，则该对象从它当前的位置开始在 X 方向上移动 2 个单位，在 Y 方向上移动 3 个单位。复制完成后，系统会继续提示：

指定位移的第二点：

这时，可以不断指定新的第二点，从而实现多重复制。

(2) 位移

直接输入位移值，表示以选择对象时的拾取点为基准，以拾取点坐标为移动方向纵横比移动指定位移后确定的点为基点。例如，选择对象时拾取点坐标为(2，3)，输入位移为 5，则表示以(2，3)点为基准，沿纵横比为 3：2 的方向移动 5 个单位所确定的点为基点。

(3) 模式

控制是否自动重复该命令。改变复制模式是单个还是多个。

【例 3-1】 绘制如图 3-8 所示的办公桌。

【绘制步骤】

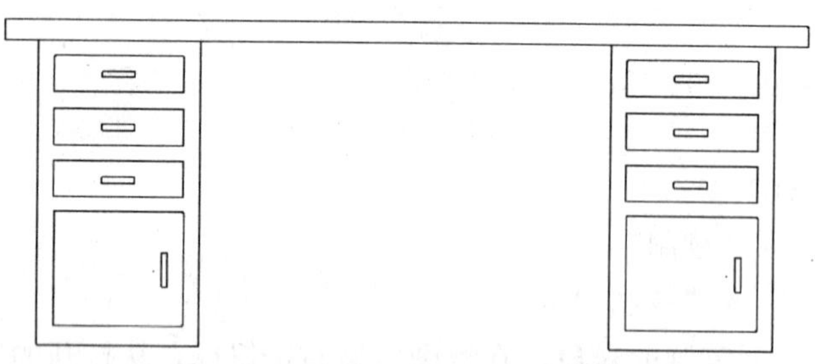

图 3-8　办公桌

(1) 利用“矩形”命令在合适的位置绘制矩形，如图 3-9 所示。

(2) 利用“矩形”命令在合适的位置绘制一系列的矩形，结果如图 3-10 所示。

(3) 利用“矩形”命令在合适的位置绘制一系列的矩形，结果如图 3-11 所示。

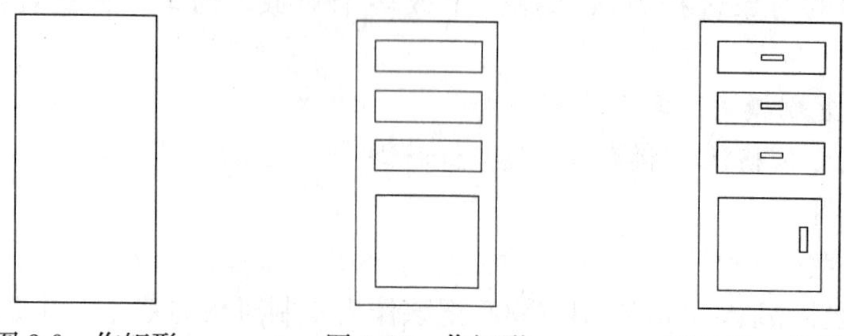

图 3-9　作矩形　　图 3-10　作矩形　　图 3-11　作矩形

(4) 利用“矩形”命令在合适的位置绘制一矩形，结果如图3-12所示。

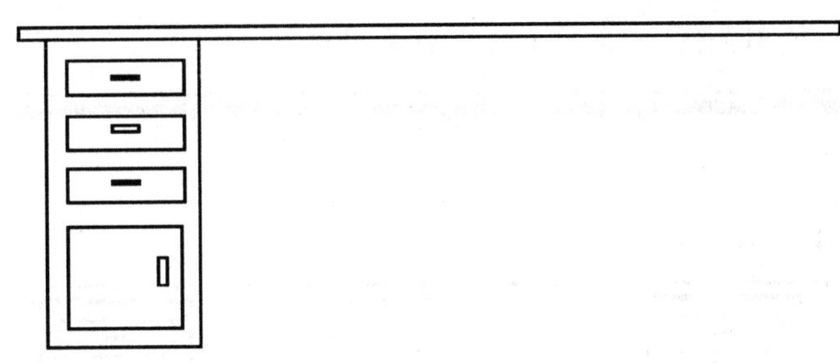

图3-12　作矩形

(5) 利用“复制”命令，将办公桌左边的一系列矩形复制到右边，完成办公桌的绘制。命令行提示如下：

命令：copy↙ （或单击下拉菜单“修改”→“复制”，或者单击修改工具栏命令图标 ，下同）

选择对象：（选取左边的一系列矩形）

选择对象：↙

当前设置：复制模式＝多个

指定基点或［位移(D)］<位移>：（选取左边的一系列矩形任意指定一点）

指定第二个点或<使用第一个点作为位移>：（打开状态栏上的“正交”开关，指定适当位置一点）

指定第二个点或<使用第一个点作为位移>：↙

结果如图3-8所示。

3.2.2　镜像命令

镜像对象是指把选择的对象围绕一条镜像线作对称复制。镜像操作完成后，可以保留原对象，也可以将其删除。

◆　执行方式

命令行：MIRROR

菜单：修改→镜像

工具条：修改→镜像

◆　操作格式

命令：MIRROR↙

选择对象：（选择要镜像的对象）

指定镜像线的第一点：（指定镜像线的第一个点）

指定镜像线的第二点：（指定镜像线的第二个点）

要删除源对象？［是(Y)/否(N)］<N>：（确定是否删除原对象）

这两点确定一条镜像线，被选择的对象以该线为对称轴进行镜像。包含该线的镜像平面与用户坐标系统的XY平面垂直，即镜像操作工作在与用户坐标系统的XY平面平行的平面上。

【例 3-2】 绘制如图 3-13 所示的办公桌图形。

【绘制步骤】

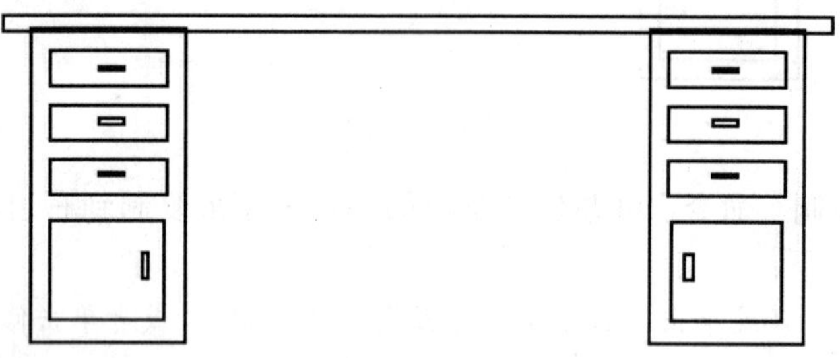

图 3-13 办公桌

(1) 利用“矩形”命令在合适的位置绘制矩形，如图 3-14 所示。

(2) 利用“矩形”命令在合适的位置绘制一系列的矩形，结果如图 3-15 所示。

(3) 利用“矩形”命令在合适的位置绘制一系列的矩形，结果如图 3-16 所示。

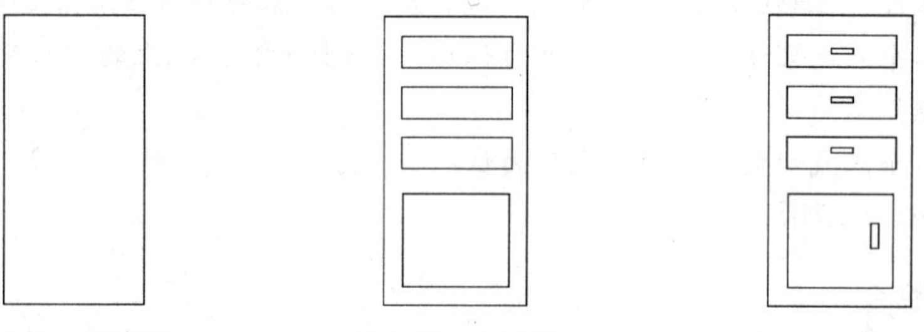

图 3-14 作矩形　　图 3-15 作矩形　　图 3-16 作矩形

(4) 利用“矩形”命令在合适的位置绘制一矩形，结果如图 3-17 所示。

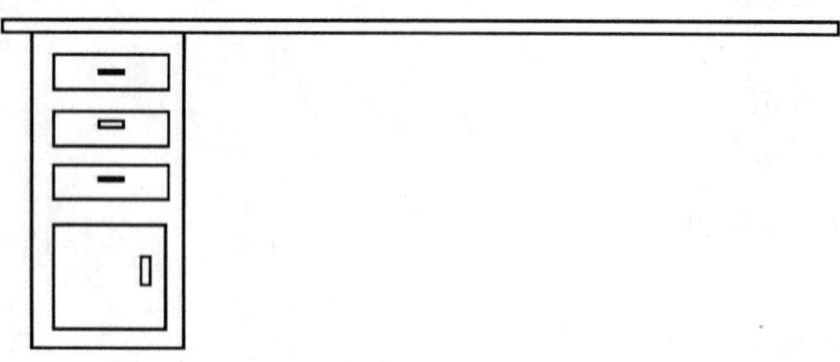

图 3-17 作矩形

(5) 利用“镜像”命令将左边的一系列矩形以桌面矩形的顶边中点和底边中点为轴镜像，命令行提示如下：

选择对象：(选取左边的一系列矩形)↙

选择对象：↙

指定镜像线的第一点：选择桌面矩形的底边中点↙

指定镜像线的第二点：选择桌面矩形的顶边中点↙

要删除源对象吗？[是(Y)/否(N)] <N>：↙

结果如图 3-13 所示。读者可以比较用“复制”命令和“镜像”绘制的办公桌，如图 3-8 和图 3-13 所示。

3.2.3 偏移命令

偏移对象是指保持选择的对象的形状、在不同的位置以不同的尺寸大小新建一个对象。

◆ 执行方式

命令行：OFFSET

菜单：修改→偏移

工具条：修改→偏移

◆ 操作格式

命令：OFFSET↙

当前设置：删除源=否　图层=源　OFFSETGAPTYPE=0

指定偏移距离或 [通过(T)/删除(E)/图层(L)] <通过>：(指定距离值)

选择要偏移的对象，或 [退出(E)/放弃(U)] <退出>：(选择要偏移的对象。回车会结束操作)

指定要偏移的那一侧上的点，或 [退出(E)/多个(M)/放弃(U)] <退出>：(指定偏移方向)

◆ 选项说明

(1) 指定偏移距离

输入一个距离值或回车使用当前的距离值，系统把该距离值作为偏移距离，如图 3-18 所示。

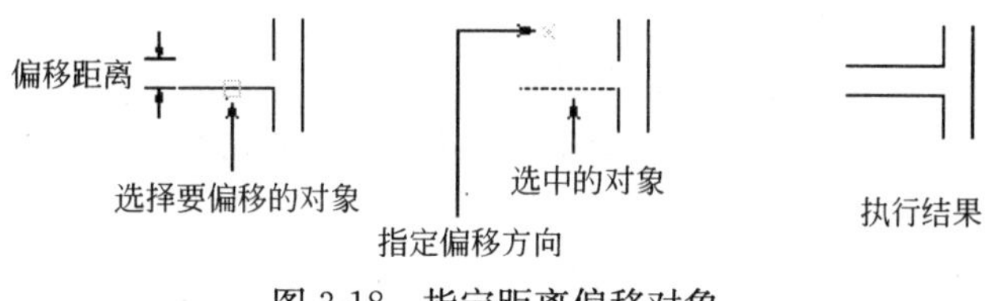

图 3-18　指定距离偏移对象

(2) 通过(T)

指定偏移的通过点。选择该选项后出现如下提示：

选择要偏移的对象或<退出>：(选择要偏移的对象。回车会结束操作)

指定通过点：(指定偏移对象的一个通过点)

操作完毕后，系统根据指定的通过点绘出偏移对象，如图 3-19 所示。

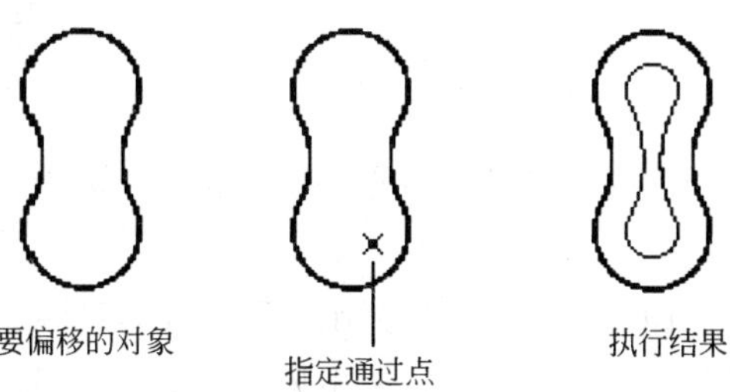

图 3-19　指定通过点偏移对象

(3) 删除(E)

偏移源对象后将其删除。选择该选项后出现如下提示：

要在偏移后删除源对象吗？［是(Y)/否(N)］＜当前＞：

(4) 图层(L)

确定将偏移对象创建在当前图层上还是源对象所在的图层上。选择该选项后出现如下提示：

输入偏移对象的图层选项［当前(C)/源(S)］＜当前＞：

【例 3-3】 绘制如图 3-20 所示的门。

【绘制步骤】

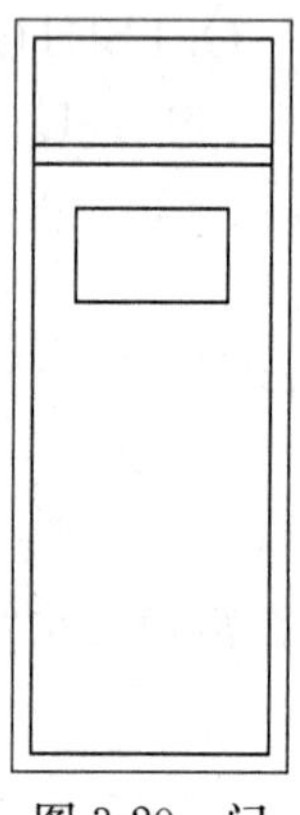

图 3-20 门

(1) 利用“矩形”命令绘制一个矩形，角点坐标分别为(0，0)和(@900，2400)。结果如图 3-21 所示。

(2) 偏移操作。命令行提示与操作如下：

命令：_offset

当前设置：删除源＝否 图层＝源 OFFSETGAPTYPE＝0

指定偏移距离或［通过(T)/删除(E)/图层(L)］＜通过＞：60↙

选择要偏移的对象，或［退出(E)/放弃(U)］＜退出＞：(选择上述矩形)

指定要偏移的那一侧上的点，或［退出(E)/多个(M)/放弃(U)］＜退出＞：(选择矩形内侧)

选择要偏移的对象，或［退出(E)/放弃(U)］＜退出＞：↙

结果如图 3-22 所示。

(3) 利用“直线”命令绘制一条直线，端点坐标分别为(60，2000)和(@780，0)。结果如图 3-23 所示。

(4) 再次执行“偏移”命令。将刚绘制的直线向下偏移 60。结果如图 3-24 所示。

(5) 再次利用“矩形”命令绘制一个矩形，角点坐标分别为(200，1500)和(700，1800)。绘制结果如图 3-20 所示。

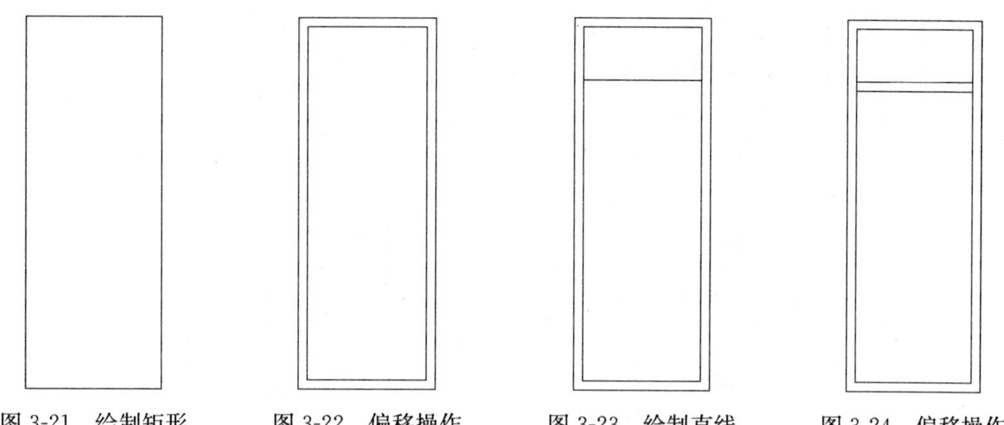

图 3-21　绘制矩形　　图 3-22　偏移操作　　图 3-23　绘制直线　　图 3-24　偏移操作

3.2.4　阵列命令

阵列是指多重复制选择对象并把这些副本按矩形或环形排列。把副本按矩形排列称为建立矩形阵列，把副本按环形排列称为建立极阵列。建立极阵列时，应该控制复制对象的次数和对象是否被旋转；建立矩形阵列时，应该控制行和列的数量以及对象副本之间的距离。

用该命令可以建立矩形阵列、极阵列(环形)和旋转的矩形阵列。

◆　执行方式

命令行：ARRAY

菜单：修改→阵列

工具条：修改→阵列

◆　操作格式

命令：ARRAY↙

输入上述命令后，系统打开“阵列”对话框。

◆　选项说明

(1)“矩形阵列”单选按钮标签(如图 3-25 所示)

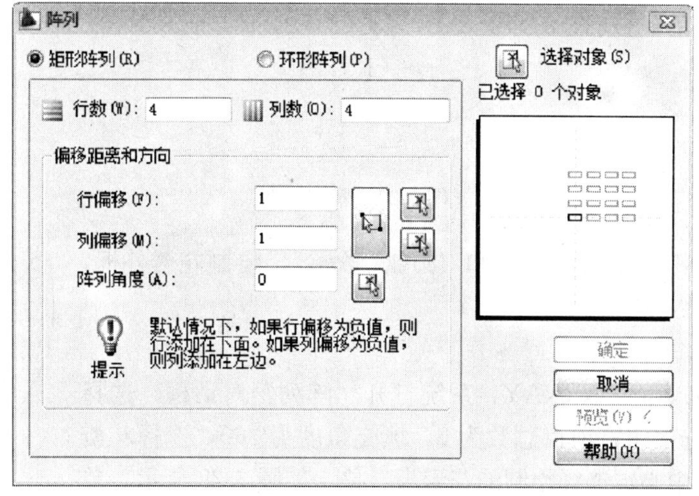

图 3-25　“阵列”对话框

建立矩形阵列。下面的“矩形阵列”标签用来指定矩形阵列的各项参数。

(2)“环形阵列”单选按钮标签(如图 3-26 所示)

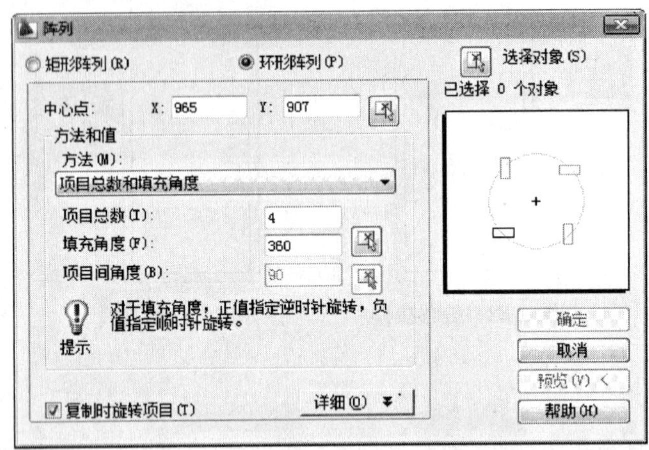

图 3-26 “环形阵列”单选按钮标签

建立环形阵列。下面的“环形阵列”标签用来指定环形阵列的各项参数。

【例 3-4】 绘制如图 3-27 所示的紫荆花图。

【绘制步骤】

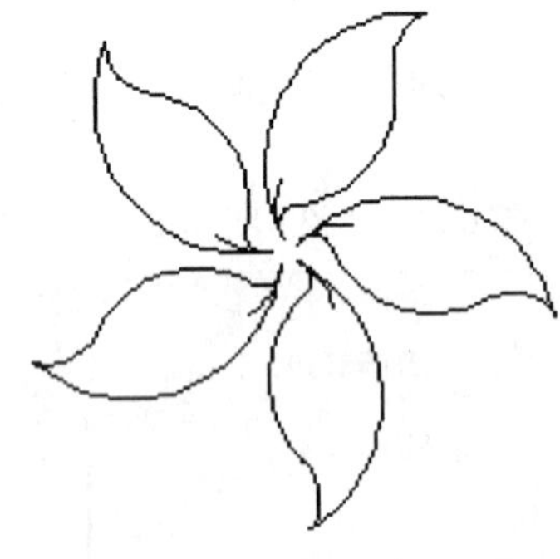

图 3-27 紫荆花图

(1) 利用“多段线”命令和“圆弧”命令绘制花瓣外框，绘制结果如图 3-28 所示。

(2) 阵列花瓣

在命令行输入命令 ARRAY，系统打开“阵列”对话框，选择“环形阵列”单选按钮，项目总数为 5，填充角度为 360，选择花瓣下端点外一点为中心，选择绘制的花瓣为对象，如图 3-29 所示。单击“确定”按钮确认退出，绘制出的紫荆花图案如图 3-27 所示。

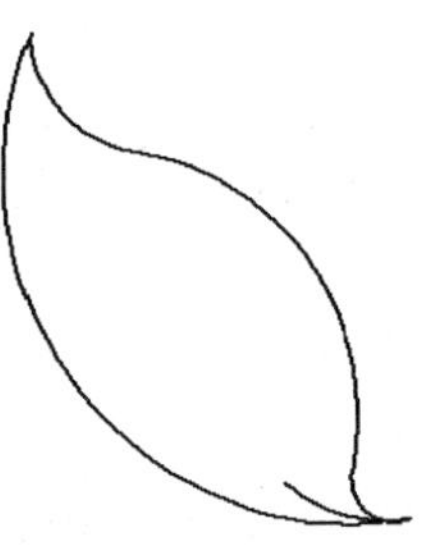

图 3-28 花瓣外框

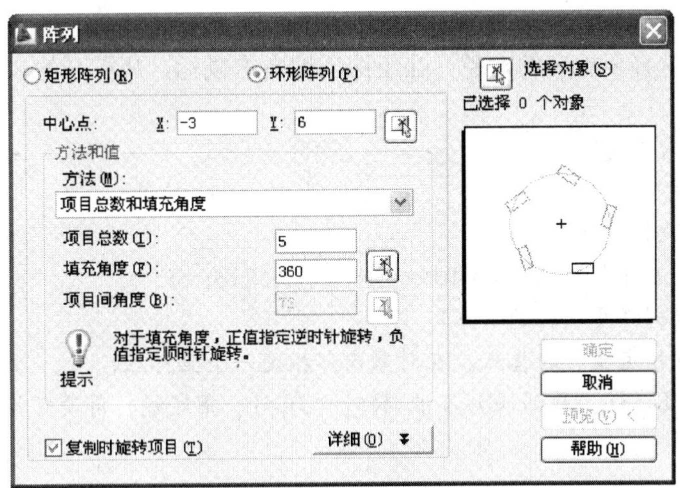

图 3-29 “阵列”对话框

3.3 改变位置类命令

这一类编辑命令的功能是按照指定要求改变当前图形或图形的某部分的位置，主要包括移动、旋转和缩放等命令。

3.3.1 移动命令

◆ 执行方式

命令行：MOVE

菜单：修改→移动

快捷菜单：选择要复制的对象，在绘图区域右击鼠标，从打开的快捷菜单上选择“移动”。

工具条：修改→移动

◆ 操作格式

命令：MOVE↙

选择对象：(选择对象)

用前面介绍的对象选择方法选择要移动的对象，用回车结束选择。系统继续提示：

指定基点或位移：(指定基点或移至点)

指定基点或［位移(D)］＜位移＞：(指定基点或位移)

指定第二个点或＜使用第一个点作为位移＞：

命令选项功能与“复制”命令类似。

在【例 3-5】中，如果感觉绘制的沙发位置不合适，可以利用“移动”命令将椅子的位置适当移动。

3.3.2 旋转命令

◆ 执行方式

命令行：ROTATE

菜单：修改→旋转

快捷菜单：选择要旋转的对象，在绘图区域右击鼠标，从打开的快捷菜单选择“旋转”。

工具条：修改→旋转

◆ 操作格式

命令：ROTATE↙

UCS 当前的正角方向：ANGDIR=逆时针　ANGBASE=0

选择对象：(选择要旋转的对象)

指定基点：(指定旋转的基点。在对象内部指定一个坐标点)

指定旋转角度，或［复制(C)/参照(R)］<0>：(指定旋转角度或其他选项)

◆ 选项说明

(1) 复制(C)

选择该项，旋转对象的同时，保留原对象。如图 3-30 所示。

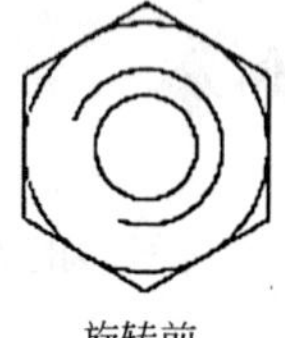
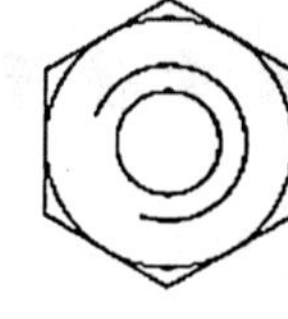
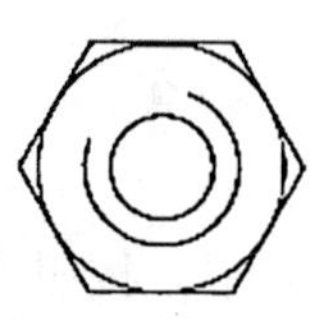

旋转前　旋转后

图 3-30　复制旋转

(2) 参照(R)

采用参考方式旋转对象时，系统提示：

指定参照角<0>：(指定要参考的角度，默认值为 0)

指定新角度：(输入旋转后的角度值)

操作完毕后，对象被旋转至指定的角度位置。

说明

可以用拖动鼠标的方法旋转对象。选择对象并指定基点后，从基点到当前光标位置会出现一条连线，移动鼠标选择的对象会动态地随着该连线与水平方向的夹角的变化而旋转，回车会确认旋转操作。如图 3-31 所示。

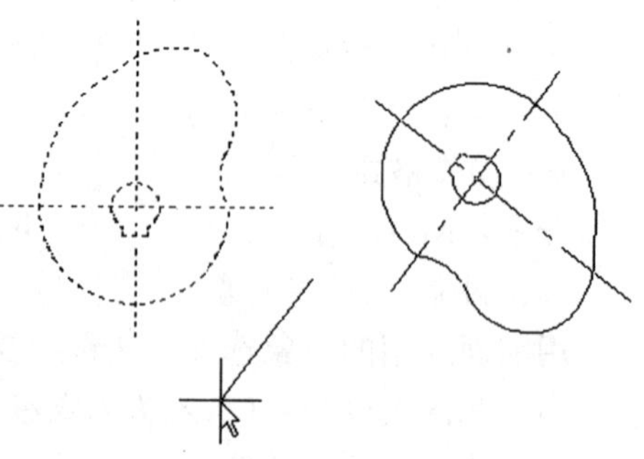

图 3-31　拖动鼠标旋转对象

3.3.3　缩放命令

◆ 执行方式

命令行：SCALE

菜单：修改→缩放

快捷菜单：选择要缩放的对象，在绘图区域右击鼠标，从打开的快捷菜单上选择“缩放”。

工具条：修改→缩放

◆　操作格式

命令：SCALE↙

选择对象：(选择要缩放的对象)

指定基点：(指定缩放操作的基点)

指定比例因子或［复制(C)/参照(R)］＜1.0000＞：

◆　选项说明

(1) 采用参考方向缩放对象时。系统提示：

指定参照长度＜1＞：(指定参考长度值)

指定新的长度或［点(P)］＜1.0000＞：(指定新长度值)

若新长度值大于参考长度值，则放大对象；否则，缩小对象。操作完毕后，系统以指定的基点按指定的比例因子缩放对象。如果选择“点(P)”选项，则指定两点来定义新的长度。

(2) 可以用拖动鼠标的方法缩放对象。选择对象并指定基点后，从基点到当前光标位置会出现一条连线，线段的长度即为比例大小。移动鼠标选择的对象会动态地随着该连线长度的变化而缩放，回车会确认缩放操作。

(3) 选择“复制(C)”选项时，可以复制缩放对象，即缩放对象时，保留原对象。如图3-32所示。

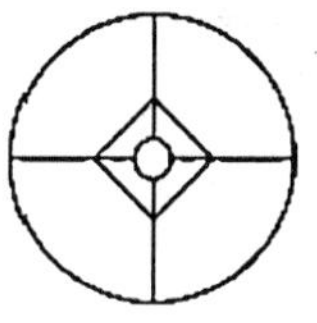

缩放前

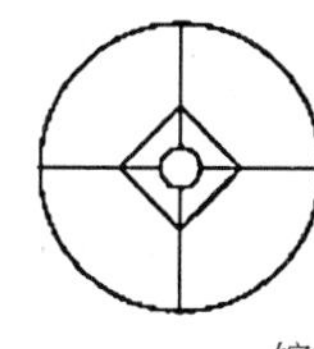

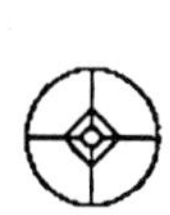

缩放后

图3-32　复制缩放

【例3-5】 绘制如图3-33所示的客厅沙发茶几图。

【绘制步骤】

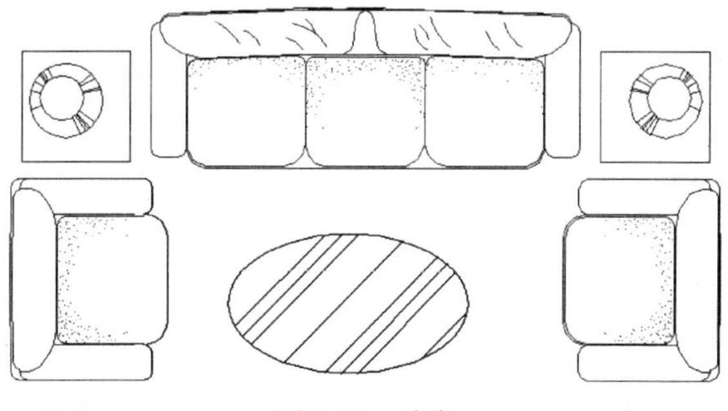

图3-33　沙发

(1) 利用“直线”命令绘制其中单个沙发造型。如图3-34所示。

说明

使用LINE命令绘制沙发面的四边，尺寸适当选取，注意其相对位置和长度的关系。

(2) 利用“圆弧”命令将沙发面四边连接起来，得到完整的沙发面。如图3-35所示。

(3) 利用“直线”命令绘制侧面扶手，如图3-36所示。

图 3-34 创建沙发面四边　　图 3-35 连接边角　　图 3-36 绘制扶手

(4) 利用"圆弧"命令绘制侧面扶手弧边线，如图 3-37 所示。

(5) 利用"镜像"命令镜像绘制另外一个方向的扶手轮廓。如图 3-38 所示。

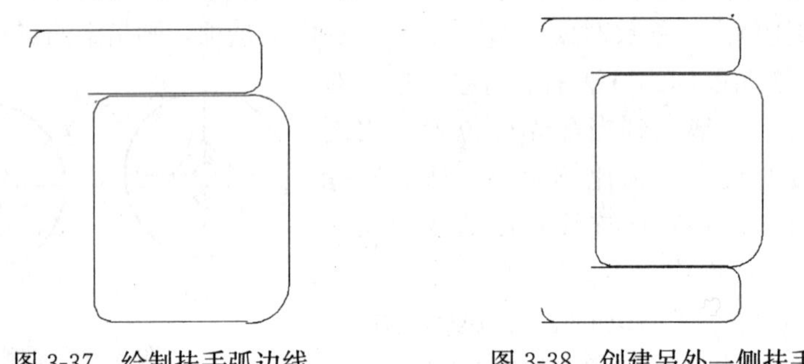

图 3-37 绘制扶手弧边线　　图 3-38 创建另外一侧扶手

说明

以中间的轴线位置作为镜像线进行镜像另外一个方向的扶手轮廓。

(6) 利用"圆弧"命令和"镜像"命令绘制沙发背部扶手轮廓。如图 3-39 所示。

(7) 利用"圆弧"命令、"直线"命令和"镜像"命令继续完善沙发背部扶手轮廓。如图 3-40 所示。

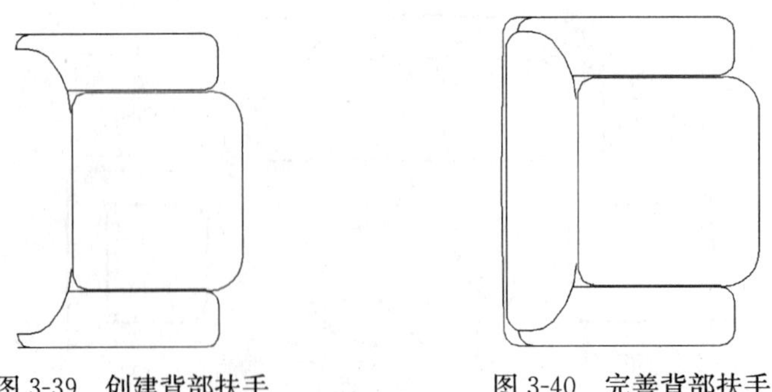

图 3-39 创建背部扶手　　图 3-40 完善背部扶手

(8) 利用"偏移"命令对沙发面造型进行修改，使其更为形象。如图 3-41 所示。

(9) 利用"点"命令在沙发座面上绘制点，细化沙发面造型。如图 3-42 所示。

命令：POINT(输入画点命令)

当前点模式：PDMODE=99　PDSIZE=25.0000(系统变量的 PDMODE、PDSIZE 设置数值)

指定点：(使用鼠标在屏幕上直接指定点的位置，或直接输入点的坐标)

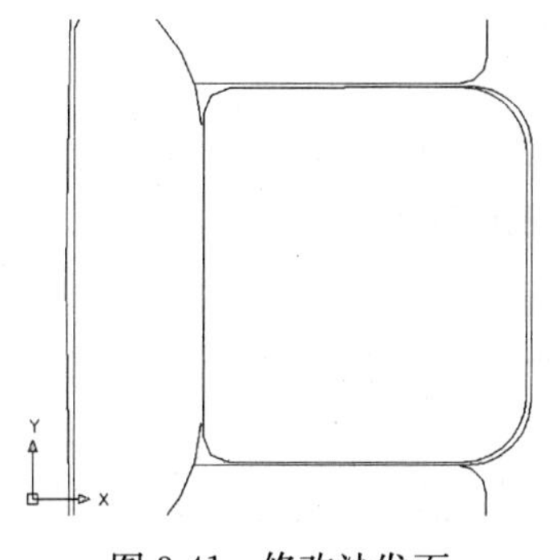

图 3-41　修改沙发面

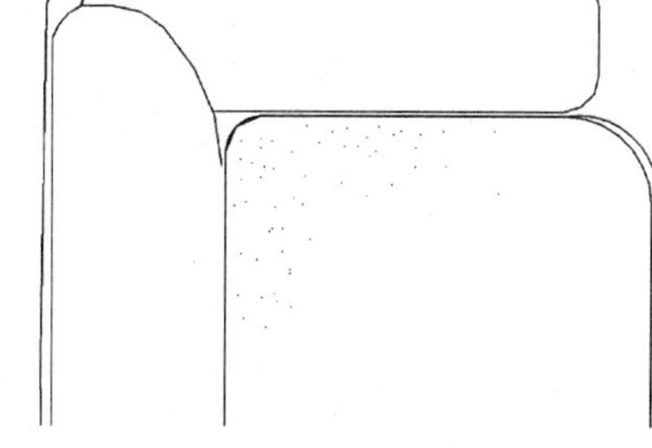

图 3-42　细化沙发面

(10) 利用“镜像”命令 进一步细化沙发面造型，使其更为形象。如图 3-43 所示。

(11) 采用相同的方法，绘制 3 人座的沙发造型。如图 3-44 所示。

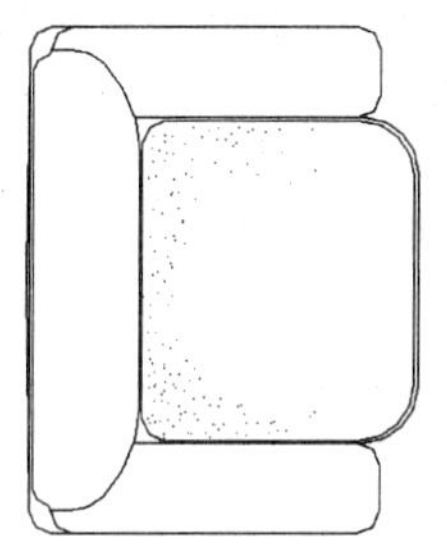

图 3-43　完善沙发面

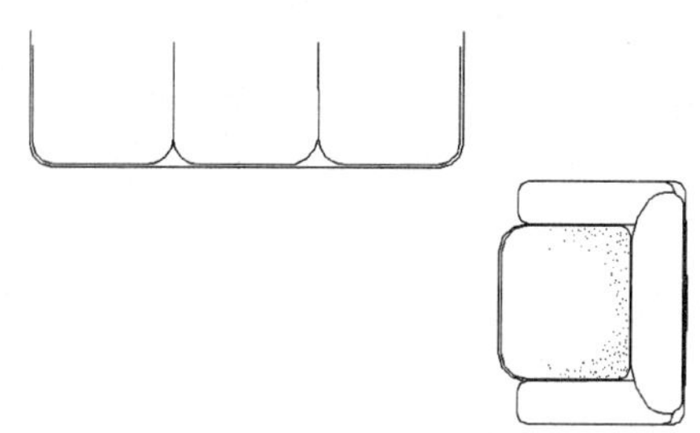

图 3-44　绘制 3 人座沙发

说明

先绘制沙发面造型。

(12) 利用“直线”命令 、“圆弧”命令 和“镜像”命令 绘制扶手造型。如图 3-45 所示。

(13) 利用“圆弧”命令 和“直线”命令 绘制 3 人座沙发背部造型。如图 3-46 所示。

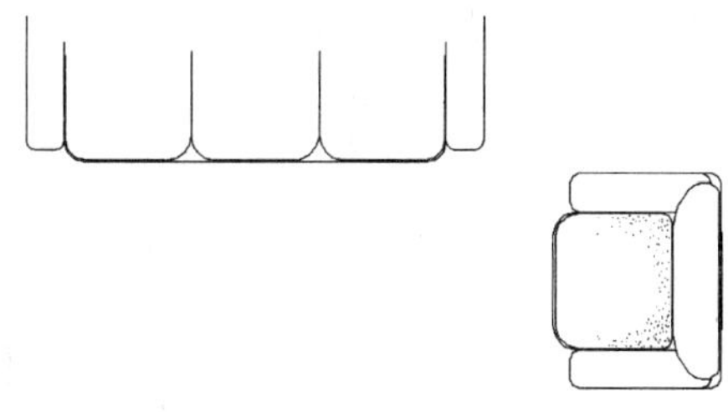

图 3-45　绘制 4 人座沙发扶手

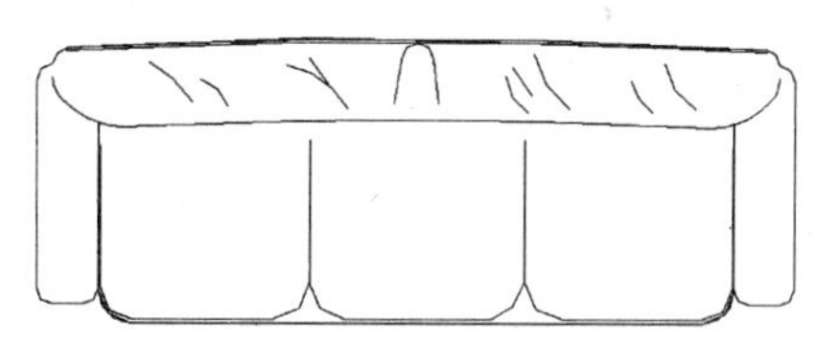

图 3-46　建立 3 人座背部造型

(14) 利用“点”命令 对 3 人座沙发面造型进行细化。如图 3-47 所示。

(15) 调整 2 个沙发造型的位置。命令行提示与操作如下：

命令：MOVE(移动命令)

选择对象：找到 1 个

选择对象：找到 105 个，总计 106 个……
选择对象：(回车)
指定基点或［位移(D)］＜位移＞：(指定移动基点位置)
指定第二个点或＜使用第一个点作为位移＞：(指定移动位置)
结果如图 3-48 所示。

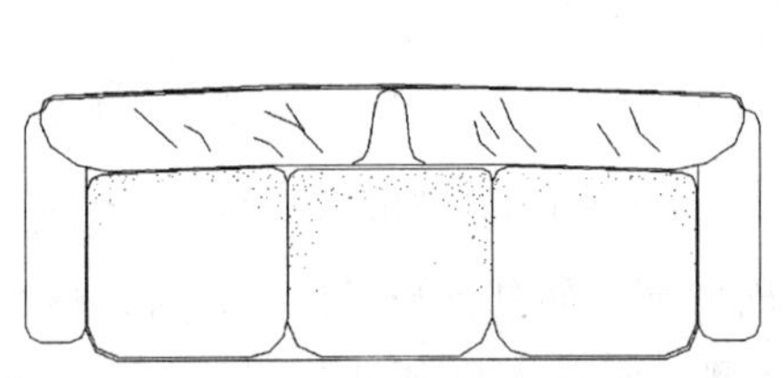

图 3-47 细化 3 人座沙发面

图 3-48 调整沙发位置

(16) 利用“镜像”命令对单个沙发进行镜像，得到沙发组造型。如图 3-49 所示。

(17) 利用“椭圆”命令绘制 1 个椭圆形，建立椭圆形的茶几造型。如图 3-50 所示。

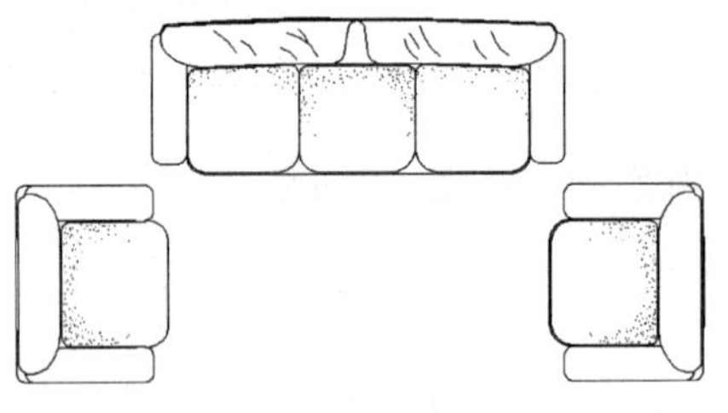

图 3-49 沙发组

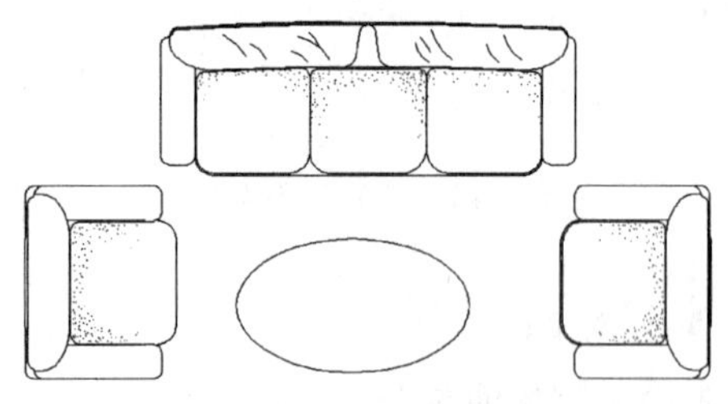

图 3-50 建立椭圆形茶几

说明

可以绘制其他形式的茶几造型。

(18) 利用“图案填充”命令对茶几进行填充图案。如图 3-51 所示。

(19) 利用“正多边形”命令绘制沙发之间的桌面灯造型。如图 3-52 所示。

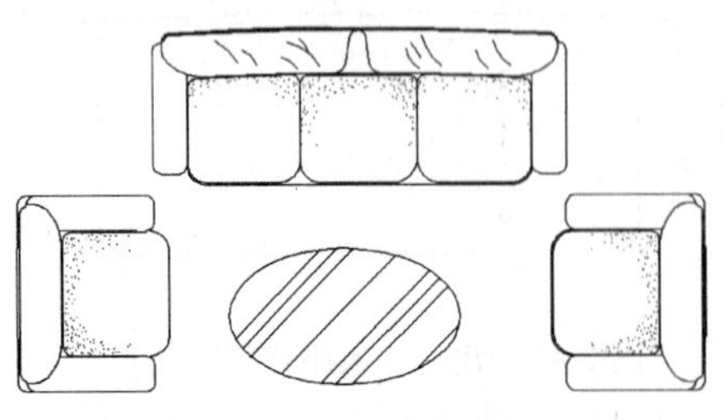

图 3-51 填充茶几图案

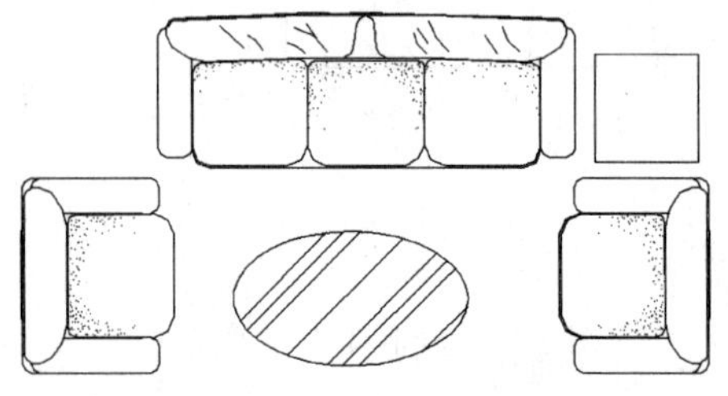

图 3-52 绘制一个正方形

说明

先绘制一个正方形作为桌面。

(20) 利用“圆”命令绘制 2 个大小和圆心位置不同的圆形，如图 3-53 所示。

（21）利用“直线”命令 绘制随机斜线形成灯罩效果，如图3-54所示。

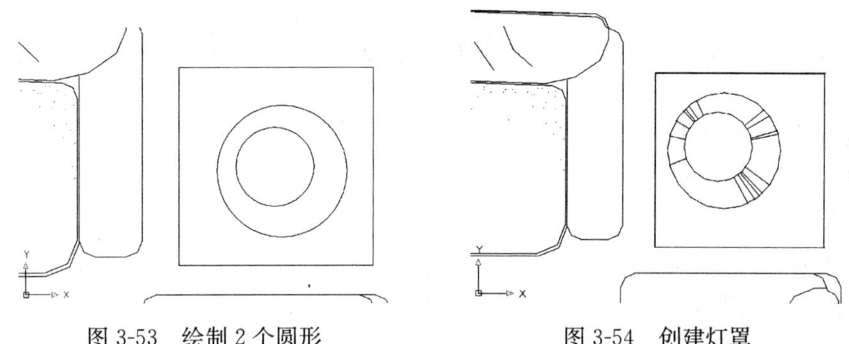

图3-53 绘制2个圆形　　　　图3-54 创建灯罩

（22）利用“镜像”命令 进行镜像得到2个沙发桌面灯造型，如图3-55所示。

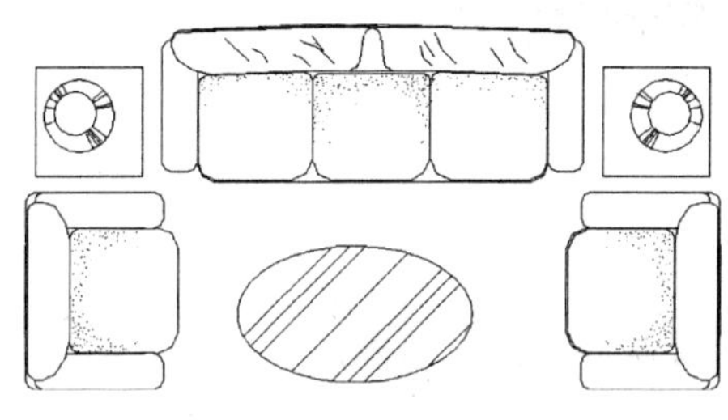

图3-55 创建另外一侧造型

3.4 删除及恢复类命令

这一类命令主要用于删除图形的某部分或对已被删除的部分进行恢复。包括删除、回退、重做、清除等命令。

3.4.1 删除命令

如果所绘制的图形不符合要求或不小心绘错了图形，可以使用删除命令ERASE把它删除。

◆ 执行方式

命令行：ERASE

菜单：修改→删除

快捷菜单：选择要删除的对象，在绘图区域右击鼠标，从打开的快捷菜单上选择“删除”。

工具栏：修改→删除

◆ 操作格式

可以先选择对象后调用删除命令，也可以先调用删除命令然后再选择对象。选择对象时，可以使用前面介绍的对象选择的各种方法。

当选择多个对象时，多个对象都被删除；若选择的对象属于某个对象组，则该对象组的所有对象都被删除。

3.4.2 恢复命令

若不小心误删除了图形，可以使用恢复命令 OOPS 恢复误删除的对象。

◆ 执行方式

命令行：OOPS 或 U

工具栏："标准" → "放弃"

快捷键：Ctrl+Z

◆ 操作格式

在命令窗口的提示行上输入 OOPS，回车。

3.4.3 清除命令

此命令与删除命令功能完全相同。

◆ 执行方式

菜单：修改→清除

快捷键：DEL

◆ 操作格式

用菜单或快捷键输入上述命令后，系统提示：

选择对象：(选择要清除的对象，按回车键执行清除命令)

3.5 改变几何特性类命令

这一类编辑命令在对指定对象进行编辑后，使编辑对象的几何特性发生改变。包括倒斜角、倒圆角、断开、修剪、延长、加长、伸展等命令。

3.5.1 剪切命令

◆ 执行方式

命令行：TRIM

菜单：修改→修剪

工具条：修改→修剪

◆ 操作格式

命令：TRIM↙

当前设置：投影=UCS，边=无

选择剪切边...

选择对象或<全部选择>：(选择用作修剪边界的对象)

回车结束对象选择，系统提示：

选择要修剪的对象，或按住 Shift 键选择要延伸的对象，或 [栏选(F)/窗交(C)/投影(P)/边(E)/删除(R)/放弃(U)]：

◆ 选项说明

(1) 在选择对象时，如果按住 Shift 键，系统就自动将"修剪"命令转换成"延伸"

命令，“延伸”命令将在下节介绍。

(2) 选择“边”选项时，可以选择对象的修剪方式。

(3) 延伸(E)：延伸边界进行修剪。在此方式下，如果剪切边没有与要修剪的对象相交，系统会延伸剪切边直至与对象相交，然后再修剪。如图 3-56 所示。

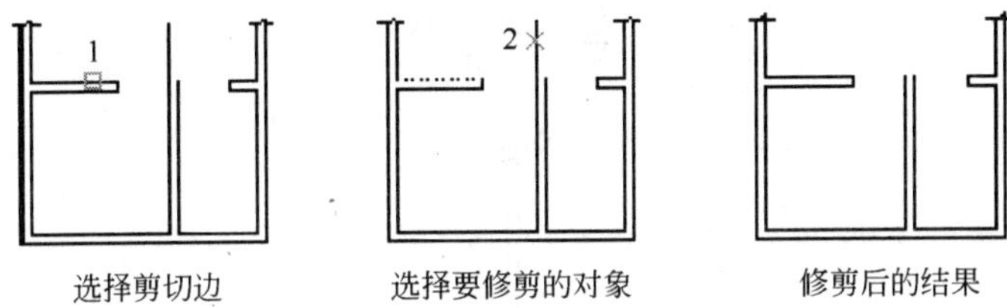

图 3-56 延伸方式修剪对象

(4) 不延伸(N)：不延伸边界修剪对象。只修剪与剪切边相交的对象。

(5) 选择“栏选(F)”选项时，系统以栏选的方式选择被修剪对象。如图 3-57 所示。

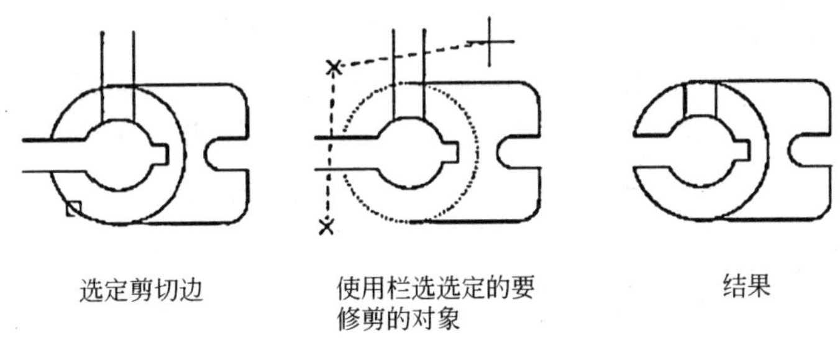

图 3-57 栏选修剪对象

(6) 选择“窗交(C)”选项时，系统以栏选的方式选择被修剪对象。如图 3-58 所示。

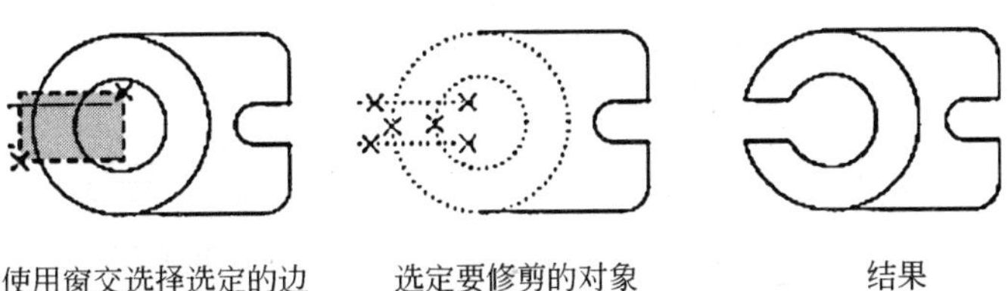

图 3-58 窗交选择修剪对象

(7) 被选择的对象可以互为边界和被修剪对象，此时系统会在选择的对象中自动判断边界，如图 3-58 所示。

【例 3-6】 绘制如图 3-59 所示的客厅灯具。

【绘制步骤】

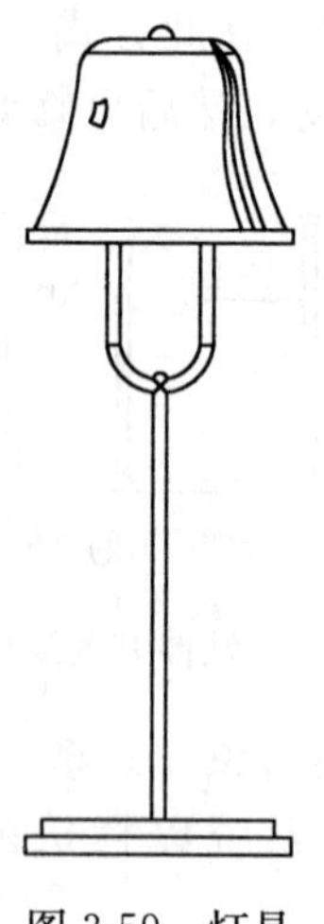

图 3-59 灯具

(1) 利用“矩形”命令绘制轮廓线。用“镜像”命令使轮廓线左右对称，如图 3-60 所示。

(2) 利用“圆弧”和“偏移”命令绘制两条圆弧，端点分别捕捉到矩形的角点，其中绘制的下面的圆弧中间一点捕捉到中间矩形上边的中点，如图 3-61 所示。

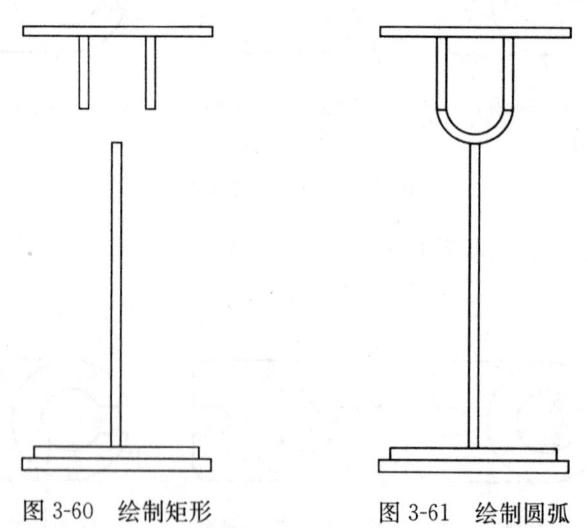

图 3-60 绘制矩形　　　图 3-61 绘制圆弧

(3) 利用“圆弧”和“直线”命令绘制灯柱上的结合点，如图 3-62 所示的轮廓线。

(4) 利用“修剪”命令修剪多余图线。单击“修改”工具栏中的“修剪”命令按钮或运行其他“修剪”命令执行方式后，根据命令行提示进行操作：

命令：_ trim↙

当前设置：投影＝UCS，边＝延伸

选择修剪边...

选择对象或＜全部选择＞：(选择修剪边界对象)↙

选择对象：(选择修剪边界对象)↙

选择对象：↙

选择要修剪的对象，或按住<Shift>键选择要延伸的对象，或［投影(P)/边(E)/放弃(U)］：(选择修剪对象)↙

修剪结果如图 3-63 所示。

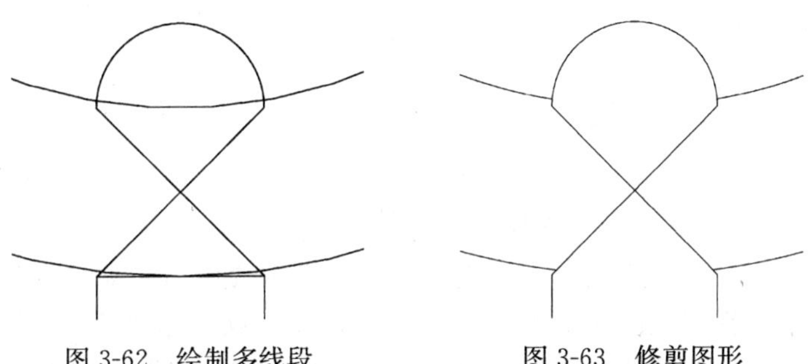

图 3-62　绘制多线段　　　　图 3-63　修剪图形

(5) 利用“样条曲线”和“镜像”命令绘制灯罩轮廓线，如图 3-64 所示。

(6) 利用“直线”命令补齐灯罩轮廓线，直线端点捕捉对应样条曲线端点，如图 3-65 所示。

(7) 利用“圆弧”命令绘制灯罩顶端的突起，如图 3-66 所示。

(8) 利用“样条曲线”命令绘制灯罩上的装饰线，最终结果如图 3-59 所示。

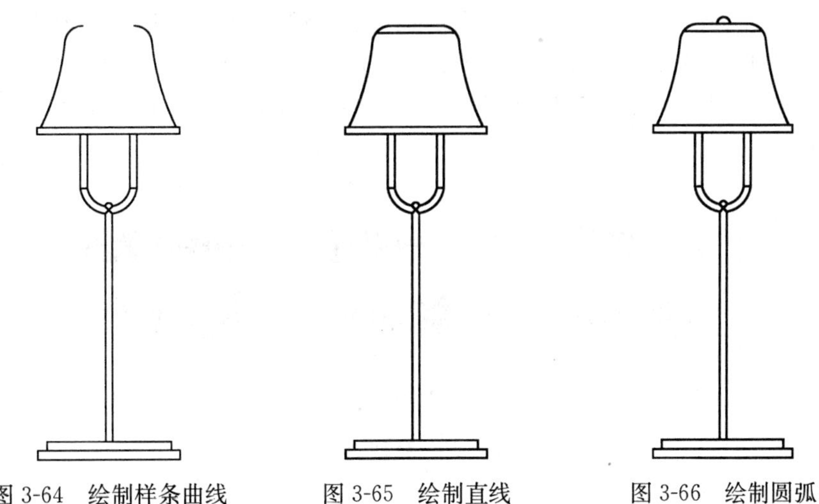

图 3-64　绘制样条曲线　　图 3-65　绘制直线　　图 3-66　绘制圆弧

3.5.2　延伸命令

延伸对象是指延伸对象直至到另一个对象的边界线。如图 3-67 所示。

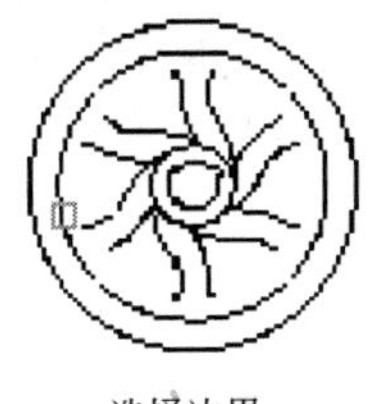

选择边界

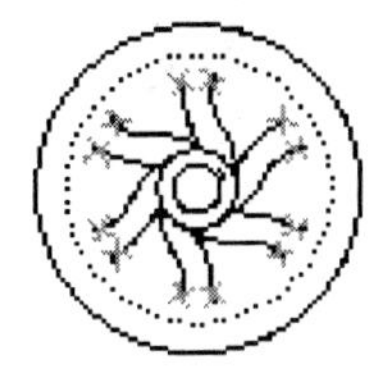

选择要延伸的对象

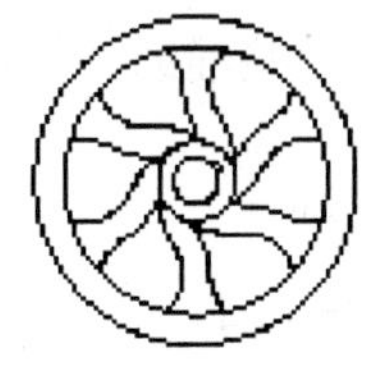

执行结果

图 3-67　延伸对象

◆ 执行方式

命令行：EXTEND

菜单：修改→延伸

工具条：修改→延伸

◆ 操作格式

命令：EXTEND↙

当前设置：投影=UCS，边=无

选择边界的边...

选择对象或<全部选择>：(选择边界对象)

此时可以选择对象来定义边界。若直接回车，则选择所有对象作为可能的边界对象。系统规定可以用作边界对象的对象有：直线段，射线，双向无限长线，圆弧，圆，椭圆，二维和三维多段线，样条曲线，文本，浮动的视口，区域。如果选择二维多段线作边界对象，系统会忽略其宽度而把对象延伸至多段线的中心线。

选择边界对象后，系统继续提示：

选择要延伸的对象，或按住 Shift 键选择要修剪的对象，或［栏选(F)/窗交(C)/投影(P)/边(E)/放弃(U)］：

◆ 选项说明

(1) 如果要延伸的对象是适配样条多段线，则延伸后会在多段线的控制框上增加新节点。如果要延伸的对象是锥形的多段线，系统会修正延伸端的宽度，使多段线从起始端平滑地延伸至新终止端。如果延伸操作导致终止端宽度可能为负值，则取宽度值为 0。如图 3-68 所示。

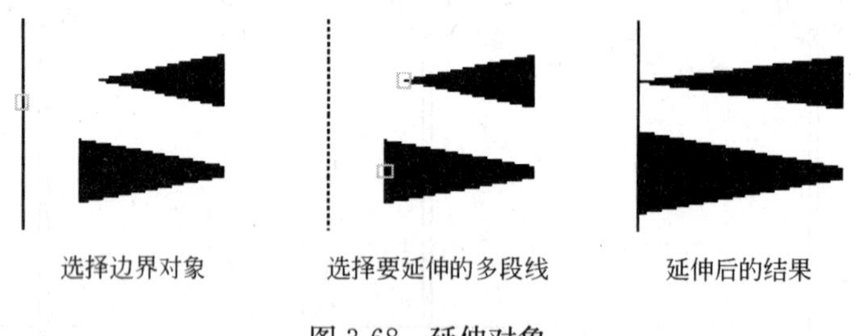

图 3-68 延伸对象

(2) 选择对象时，如果按住 Shift 键，系统就自动将“延伸”命令转换成“修剪”命令。

3.5.3 拉伸命令

拉伸对象是指拖拉选择的对象，且对象的形状发生改变。拉伸对象时应指定拉伸的基点和移置点。利用一些辅助工具(如捕捉、钳夹功能及相对坐标等)可以提高拉伸的精度。如图 3-69 所示。

◆ 执行方式

命令行：STRETCH

菜单：修改→拉伸

工具栏：修改→拉伸

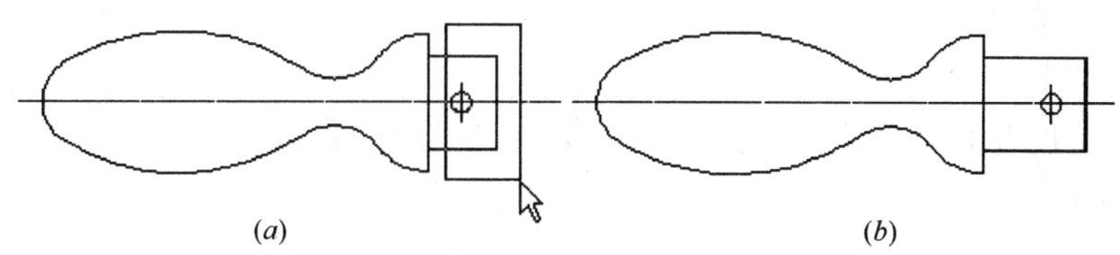

图 3-69　拉伸
(a)选取对象；(b)拉伸后

◆　操作格式

命令：STRETCH↙

以交叉窗口或交叉多边形选择要拉伸的对象...

选择对象：C↙

指定第一个角点：指定对角点：找到 2 个(采用交叉窗口的方式选择要拉伸的对象)

指定基点或［位移(D)］<位移>：(指定拉伸的基点)

指定第二个点或<使用第一个点作为位移>：(指定拉伸的移至点)

此时，若指定第二个点，系统将根据这两点决定矢量拉伸对象。若直接回车，系统会把第一个点作为 X 和 Y 轴的分量值。

STRETCH 移动完全包含在交叉窗口内的顶点和端点。部分包含在交叉选择窗口内的对象将被拉伸。如图 3-36 所示。

 **说明**

用交叉窗口选择拉伸对象后，落在交叉窗口内的端点被拉伸，落在外部的端点保持不动。

3.5.4　拉长命令

◆　执行方式

命令行：LENGTHEN

菜单：修改→拉长

◆　操作格式

命令：LENGTHEN↙

选择对象或［增量(DE)/百分数(P)/全部(T)/动态(DY)］：(选定对象)

当前长度：30.5001(给出选定对象的长度，如果选择圆弧则还将给出圆弧的包含角)

选择对象或［增量(DE)/百分数(P)/全部(T)/动态(DY)］：DE↙　(选择拉长或缩短的方式。如选择“增量(DE)”方式)

输入长度增量或［角度(A)］<0.0000>：10↙　(输入长度增量数值。如果选择圆弧段，则可输入选项“A”给定角度增量)

选择要修改的对象或［放弃(U)］：(选定要修改的对象，进行拉长操作)

选择要修改的对象或［放弃(U)］：(继续选择，回车结束命令)

◆　选项说明

(1) 增量(DE)

用指定增加量的方法改变对象的长度或角度。

(2) 百分数(P)

用指定占总长度的百分比的方法改变圆弧或直线段的长度。

(3) 全部(T)

用指定新的总长度或总角度值的方法来改变对象的长度或角度。

(4) 动态(DY)

打开动态拖拉模式。在这种模式下，可以使用拖拉鼠标的方法来动态地改变对象的长度或角度。

3.5.5 圆角命令

圆角是指用指定的半径决定的一段平滑的圆弧连接两个对象。系统规定可以圆滑连接一对直线段、非圆弧的多段线段、样条曲线、双向无限长线、射线、圆、圆弧和真椭圆。可以在任何时刻圆滑连接多段线的每个节点。

◆ 执行方式

命令行：FILLET

菜单：修改→圆角

工具栏：修改→圆角

◆ 操作格式

命令：FILLET↙

当前设置：模式＝修剪，半径＝0.0000

选择第一个对象或［放弃(U)/多段线(P)/半径(R)/修剪(T)/多个(M)］：(选择第一个对象或别的选项)

选择第二个对象，或按住 Shift 键选择要应用角点的对象：(选择第二个对象)

◆ 选项说明

(1) 多段线(P)

在一条二维多段线的两段直线段的节点处插入圆滑的弧。选择多段线后，系统会根据指定的圆弧半径，把多段线各顶点用圆滑的弧连接起来。

(2) 修剪(T)

决定在圆滑连接两条边时，是否修剪这两条边。如图 3-70 所示。

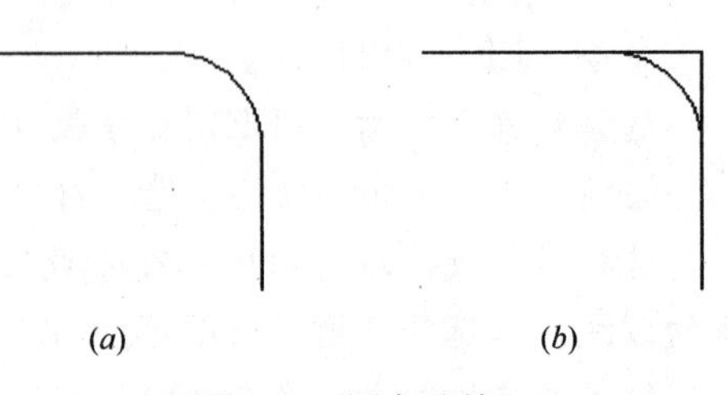

图 3-70 圆角连接

(a)修剪方式；(b)不修剪方式

(3) 多个(M)

同时对多个对象进行圆角编辑，而不必重新启用命令。

(4) 按住 SHIFT 键并选择两条直线，可以快速创建零距离倒角或零半径圆角。

【例 3-7】 绘制如图 3-71 所示的沙发。

【绘制步骤】

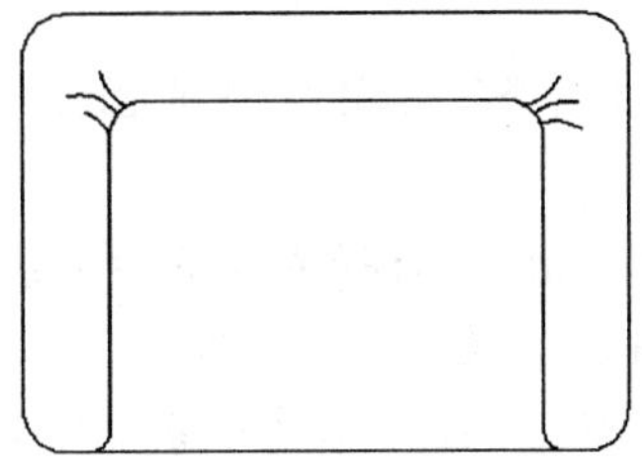

图 3-71 沙发

(1) 利用“矩形”命令绘制圆角为 10，第一角点坐标(20，20)，长度、宽度分别为 140，100 的矩形为沙发的外框。

(2) 利用 LINE 命令，绘制连续线段，坐标分别为(40，20)、(@0，80)、(@100，0)、(@0，−80)，绘制结果如图 3-72 所示。

(3) 利用“分解”命令(在 3.5.9 节中详细讲述)、“倒圆”命令(在 3.5.6 节中详细讲述)、“延伸”命令和“剪切”绘制沙发的大体轮廓。

命令：EXPLODE↙

选择对象：(选择外面倒圆矩形)

选择对象：↙

命令：FILLET↙

当前设置：模式＝修剪，半径＝6.0000

选择第一个对象或［放弃(U)/多段线(P)/半径(R)/修剪(T)/多个(M)］：(选择内部四边形左边)

选择第二个对象，或按住 Shift 键选择要应用角点的对象：(选择内部四边形上边)

选择第一个对象或［放弃(U)/多段线(P)/半径(R)/修剪(T)/多个(M)］：(选择内部四边形右边)

选择第二个对象，或按住 Shift 键选择要应用角点的对象：(选择内部四边形上边)

选择第一个对象或［放弃(U)/多段线(P)/半径(R)/修剪(T)/多个(M)］：↙

同样方法执行 FILLET 命令，或单击下拉菜单“修改”→“圆角”，或者单击修剪工具栏命令图标□，选择内部四边形左边和外部矩形下边左端为对象，如图 3-73 所示，进行圆角处理。

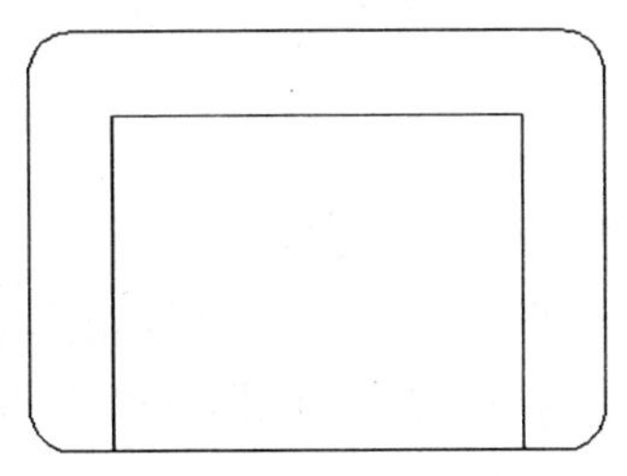

图 3-72 绘制初步轮廓

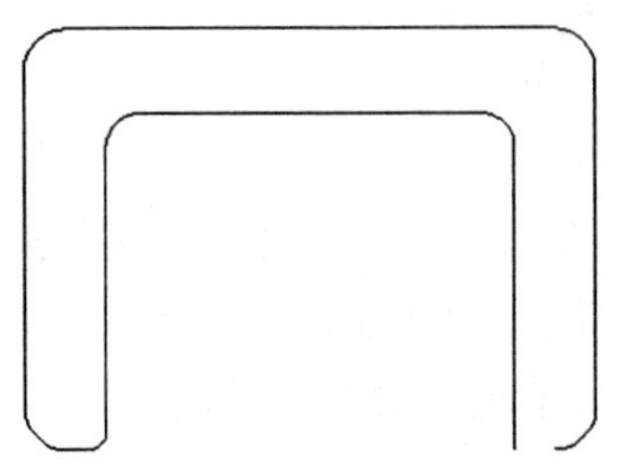

图 3-73 绘制倒圆

命令：EXTEND↙

当前设置：投影=UCS，边=无

选择边界的边...

选择对象或<全部选择>：（选择图 3-62 右下角圆弧）

选择对象：↙

选择要延伸的对象，或按住 Shift 键选择要修剪的对象，或［栏选(F)/窗交(C)/投影(P)/边(E)/放弃(U)］：（选择图 3-73 左端短水平线）

选择要延伸的对象，或按住 Shift 键选择要修剪的对象，或［栏选(F)/窗交(C)/投影(P)/边(E)/放弃(U)］：↙

执行 FILLET 命令，或单击下拉菜单“修改”→“圆角”，或者单击修剪工具栏命令图标，选择内部四边形右边和外部矩形下边右端为对象，进行圆角处理。

执行 TRIM 命令，或单击下拉菜单“修改”→“修剪”，或单击修剪工具栏命令图标，以刚倒出的圆角圆弧为边界，对内部四边形右边下端进行修剪，绘制结果如图 3-74 所示。

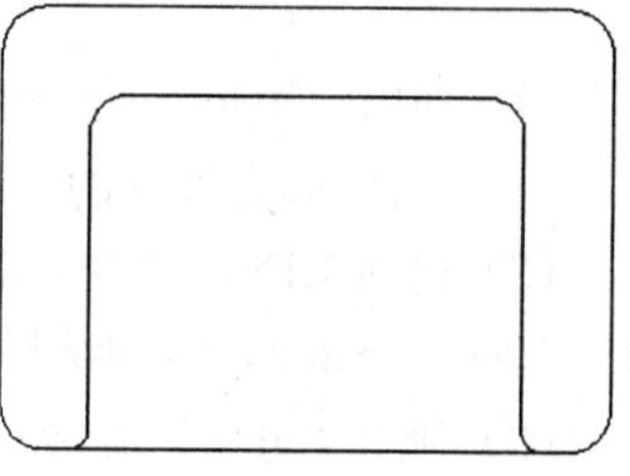

图 3-74　完成倒圆角

(4) 利用“圆弧”命令绘制沙发皱纹。在沙发拐角位置绘制六条圆弧，结果如图 3-71 所示。

3.5.6　倒角命令

倒角是指用斜线连接两个不平行的线型对象。可以用斜线连接直线段、双向无限长线、射线和多段线。

◆　执行方式

命令行：CHAMFER

菜单：修改→倒角

工具栏：修改→倒角

◆　操作格式

命令：CHAMFER↙

（“不修剪”模式）当前倒角距离 1=0.0000，距离 2=0.0000

选择第一条直线或［放弃(U)/多段线(P)/距离(D)/角度(A)/修剪(T)/方式(E)/多个(M)］：（选择第一条直线或别的选项）

选择第二条直线，或按住 Shift 键选择要应用角点的直线：（选择第二条直线）

◆　选项说明

(1) 距离(D)

选择倒角的两个斜线距离。斜线距离是指从被连接的对象与斜线的交点到被连接的两对象的可能的交点之间的距离，如图 3-75 所示。这两个斜线距离可以相同或不相同，若两者均为 0，则系统不绘制连接的斜线，而是把两个对象延伸至相交并修剪超出的部分。

(2) 角度(A)

选择第一条直线的斜线距离和第一条直线的倒角角度。采用这种方法斜线连接对象时，需要输入两个参数：斜线与一个对象的斜线距离和斜线与该对象的夹角。如图 3-76 所示。

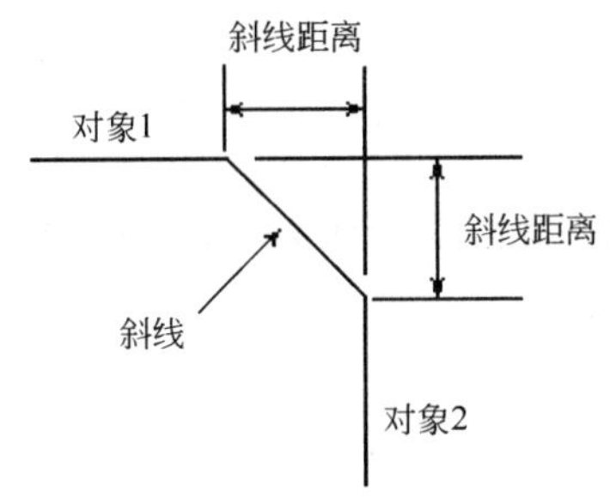

图 3-75　斜线距离

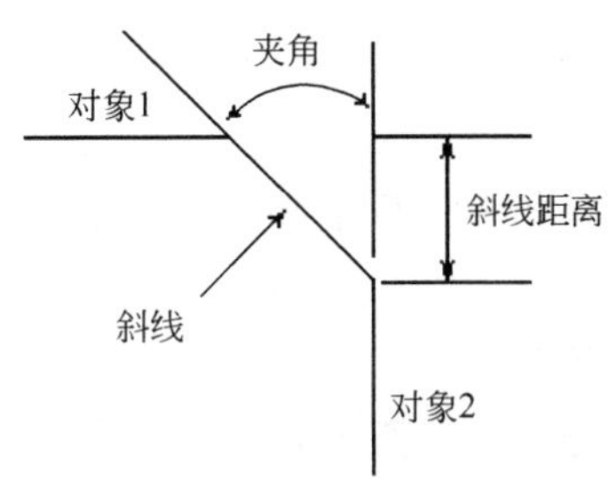

图 3-76　斜线距离与夹角

(3) 多段线(P)

对多段线的各个交叉点倒斜角。为了得到最好的连接效果，一般设置斜线是相等的值。系统根据指定的斜线距离把多段线的每个交叉点都作斜线连接，连接的斜线成为多段线新添加的构成部分。如图 3-77 所示。

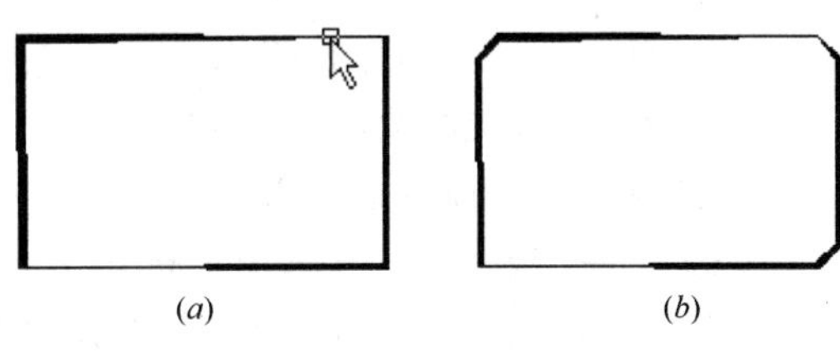

(a)　(b)

图 3-77　斜线连接多段线

(a)选择多段线；(b)倒斜角结果

(4) 修剪(T)

与圆角连接命令 FILLET 相同，该选项决定连接对象后是否剪切原对象。

(5) 方式(M)

决定采用“距离”方式还是“角度”方式来倒斜角。

(6) 多个(U)

同时对多个对象进行倒斜角编辑。

 **说明**

有时用户在执行圆角和斜角命令时，发现命令不执行或执行没什么变化，那是因为系统默认圆角半径和斜角距离均为 0。如果不事先设定圆角半径或斜角距离，系统就以默认值执行命令，所以看起来好像没有执行命令。

3.5.7　打断命令

◆　执行方式

命令行：BREAK

菜单：修改→打断

工具栏：修改→打断

◆　操作格式

命令：BREAK↙

选择对象：(选择要打断的对象)

指定第二个打断点或［第一点(F)］：(指定第二个断开点或键入 F)

◆ 选项说明

如果选择“第一点(F)”，系统将丢弃前面的第一个选择点，重新提示用户指定两个断开点。

3.5.8 打断于点

打断于点是指在对象上指定一点从而把对象在此点拆分成两部分。此命令与打断命令类似。

◆ 执行方式

工具栏：修改→打断于点

◆ 操作格式

工具栏：修改→打断于点

输入此命令后，命令行提示：

选择对象：(选择要打断的对象)

指定第二个打断点或［第一点(F)］：_f(系统自动执行“第一点(F)”选项)

指定第一个打断点：(选择打断点)

指定第二个打断点：@(系统自动忽略此提示)

3.5.9 分解命令

◆ 执行方式

命令行：EXPLODE

菜单：修改→分解

工具栏：修改→分解

◆ 操作格式

命令：EXPLODE↙

选择对象：(选择要分解的对象)

选择一个对象后，该对象会被分解。系统继续提示该行信息，允许分解多个对象。

3.5.10 合并命令

可以将直线、圆、椭圆弧和样条曲线等独立的线段合并为一个对象。如图 3-78 所示。

◆ 执行方式

命令行：JOIN

菜单：修改→合并

工具栏：修改→合并

◆ 操作格式

命令：JOIN↙

选择源对象：(选择一个对象)

选择要合并到源的直线：(选择另一个对象)

找到 1 个

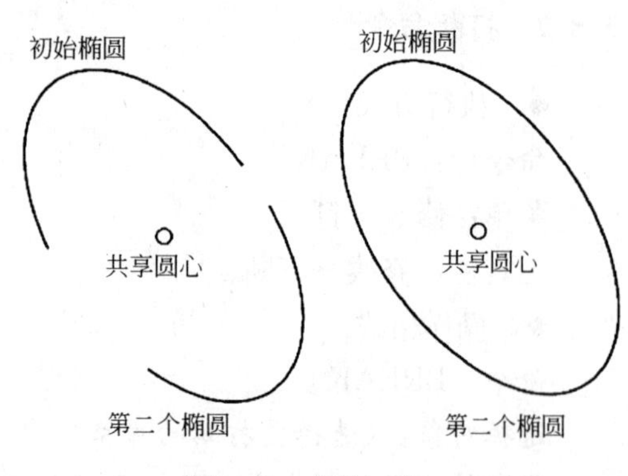

图 3-78 合并对象

选择要合并到源的直线：↙
已将 1 条直线合并到源

3.6　对　象　编　辑

在对图形进行编辑时，还可以对图形对象本身的某些特性进行编辑，从而方便地进行图形绘制。

3.6.1　钳夹功能

利用钳夹功能可以快速方便地编辑对象。AutoCAD 在图形对象上定义了一些特殊点，称为夹持点。利用夹持点可以灵活地控制对象，如图 3-79 所示。

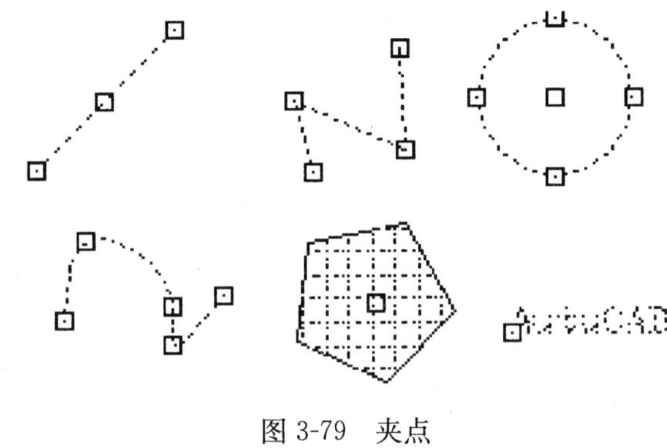

图 3-79　夹点

要使用钳夹功能编辑对象必须先打开钳夹功能，打开方法是：菜单：工具→选项→选择。

在“选项”对话框的“选择集”选项卡中，打开“启用夹点”复选框。在该选项卡中还可以设置代表夹点的小方格的尺寸和颜色。

也可以通过 GRIPS 系统变量控制是否打开钳夹功能，1 代表打开，0 代表关闭。

打开了钳夹功能后，应该在编辑对象之前先选择对象。夹点表示了对象的控制位置。

使用夹点编辑对象，要选择一个夹点作为基点，称为基准夹点。然后，选择一种编辑操作：镜像、移动、旋转、拉伸和缩放。可以用空格键、回车键或键盘上的快捷键循环选择这些功能。

下面仅就其中的拉伸对象操作为例进行讲述，其他操作类似。

在图形上拾取一个夹点，该夹点改变颜色，此点为夹点编辑的基准点。这时系统提示：

** 拉伸 **

指定拉伸点或［基点(B)/复制(C)/放弃(U)/退出(X)］：

在上述拉伸编辑提示下输入移动命令或右击鼠标在右键快捷菜单中选择“移动”命令，如图 3-80 所示。

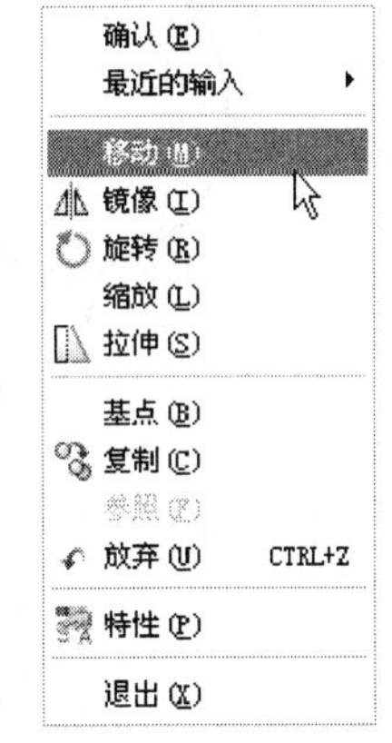

图 3-80　夹持点快捷菜单

系统就会转换为“移动”操作，其他操作类似。

3.6.2 修改对象属性

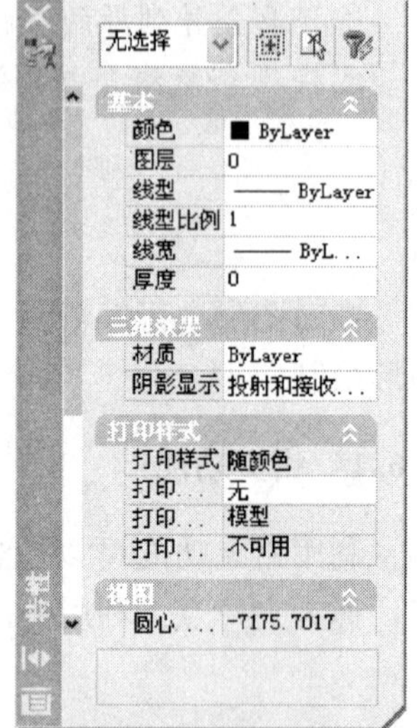

图 3-81 特性工具板

◆ 执行方式

命令行：DDMODIFY 或 PROPERTIES

菜单：修改→特性或工具→选项板→特性

工具条：标准→特性

◆ 操作格式

命令：DDMODIFY↙

AutoCAD 打开特性工具板，如图 3-81 所示。利用它可以方便地设置或修改对象的各种属性。

不同的对象属性种类和值不同，修改属性值则对象改变为新的属性。

3.6.3 特性匹配

利用特性匹配功能可以将目标对象的属性与源对象的属性进行匹配，使目标对象变为与源对象相同。利用特性匹配功能可以方便快捷地修改对象属性，并保持不同对象的属性相同。

◆ 执行方式

命令行：MATCHPROP

菜单：修改→特性匹配

◆ 操作格式

命令：MATCHPROP↙

选择源对象：(选择源对象)

选择目标对象或［设置(S)］：(选择目标对象)

图 3-82(*a*)为两个不同属性的对象，以左边的圆为源对象，对右边的矩形进行属性匹配，结果如图 3-82(*b*)所示。

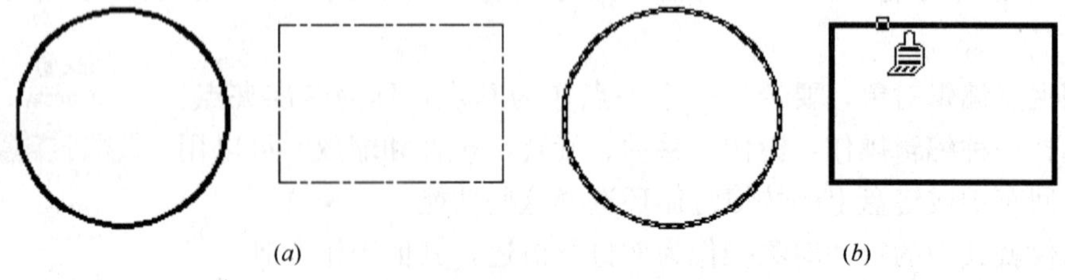

(*a*) (*b*)

图 3-82 特性匹配

(*a*)原图；(*b*)结果

第 4 章 辅助绘图工具

内容提要

为了快捷准确地绘制图形，AutoCAD 提供了多种必要的和辅助的绘图工具，如工具条、对象选择工具、对象捕捉工具、栅格和正交模式等。利用这些工具，可以方便、迅速、准确地实现图形的绘制和编辑，不仅可提高工作效率，而且能更好地保证图形的质量。本章主要内容包括捕捉、栅格、正交、对象捕捉、对象追踪、极轴、动态输入图形的缩放、平移以及布局和模型等知识。

本章重点

- 图层设置
- 精确定位工具
- 对象捕捉
- 对象追踪
- 图形的缩放
- 平移
- 模型与布局

4.1 精确定位工具

精确定位工具是指能够帮助用户快速准确地定位某些特殊点(如端点、中点、圆心等)和特殊位置(如水平位置、垂直位置)的工具，包括捕捉、栅格、正交、对象捕捉、对象追踪、极轴、动态输入等工具。这些工具主要集中在状态栏上，如图 4-1 所示。

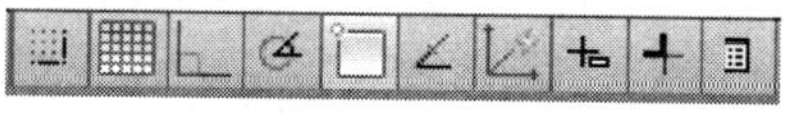

图 4-1 状态栏按钮

4.1.1 正交模式

在用 AutoCAD 绘图的过程当中，经常需要绘制水平直线和垂直直线，但是用鼠标拾取线段的端点时很难保证两个点严格沿水平或垂直方向，为此 AutoCAD 提供了正交功能。当启用正交模式时，画线或移动对象时只能沿水平方向或垂直方向移动光标，因此只能画平行于坐标轴的正交线段。

◆ 执行方式

命令行：ORTHO

状态栏：正交

快捷键：F8

◆ 操作格式

命令：ORTHO↙

输入模式［开(ON)/关(OFF)］<开>：(设置开或关)

4.1.2 栅格工具

用户可以应用显示栅格工具使绘图区域上出现可见的网格，它是一个形象的画图工具，就像传统的坐标纸一样。本节介绍控制栅格的显示及设置栅格参数的方法。

◆ 执行方式

菜单：工具→草图设置

状态栏：栅格(仅限于打开与关闭)

快捷键：F7(仅限于打开与关闭)

◆ 操作格式

按上述操作打开“草图设置”对话框，单击“捕捉与栅格”标签，如图 4-2 所示。

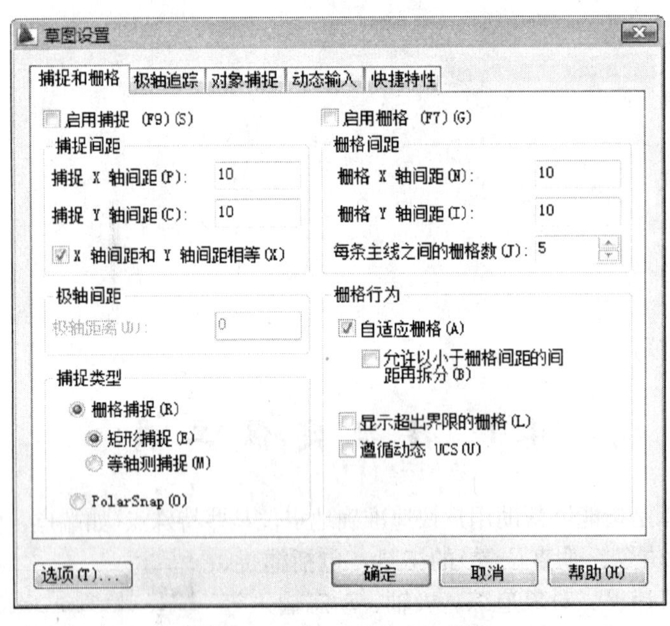

图 4-2 “草图设置”对话框

利用图 4-2 所示的“草图设置”对话框中的“捕捉与栅格”选项卡来设置，其中的“启用栅格”复选框控制是否显示栅格，“栅格 X 轴间距”和“栅格 Y 轴间距”文本框用来设置栅格在水平与垂直方向的间距。如果“栅格 X 轴间距”和“栅格 Y 轴间距”设置为 0，则 AutoCAD 会自动将捕捉栅格间距应用于栅格，且其原点和角度总是和捕捉栅格的原点和角度相同。还通过 GRID 命令在命令行设置栅格间距。不再赘述。

 **说明**

在“栅格 X 轴间距”和“栅格 Y 轴间距”文本框中输入数值时，若在“栅格 X 轴间

距”文本框中输入一个数值后回车，则 AutoCAD 自动传送这个值给“栅格 Y 轴间距”，这样可减少工作量。

4.1.3　捕捉工具

为了准确地在屏幕上捕捉点，AutoCAD 提供了捕捉工具，可以在屏幕上生成一个隐含的栅格(捕捉栅格)。这个栅格能够捕捉光标，约束它只能落在栅格的某一个节点上，使用户能够高精确度地捕捉和选择这个栅格上的点。本节介绍捕捉栅格的参数设置方法。

◆　执行方式

菜单：工具→草图设置

状态栏：捕捉(仅限于打开与关闭)

快捷键：F9(仅限于打开与关闭)

◆　操作格式

按上述操作打开“草图设置”对话框，打开其中“捕捉与栅格”标签，如图 4-2 所示。

◆　选项说明

(1)“启用捕捉”复选框

控制捕捉功能的开关，与 F9 快捷键或状态栏上的“捕捉”客观功能相同。

(2)“捕捉间距”选项组

设置捕捉各参数。其中“捕捉 X 轴间距”与“捕捉 Y 轴间距”确定捕捉栅格点在水平和垂直两个方向上的间距。“角度”、“X 基点”和“Y 基点”使捕捉栅格绕指定的一点旋转给定的角度。

(3)“捕捉类型和样式”选项组

确定捕捉类型和样式。AutoCAD 提供了两种捕捉栅格的方式“栅格捕捉”和“极轴捕捉”。“栅格捕捉”是指按正交位置捕捉位置点，而“极轴捕捉”则可以根据设置的任意极轴角捕捉位置点。

“栅格捕捉”又分为“矩形捕捉”和“等轴测捕捉”两种方式。在“矩形捕捉”方式下捕捉栅格是标准的矩形，在“等轴测捕捉”方式下捕捉栅格和光标十字线不再互相垂直，而是成绘制等轴测图时的特定角度，这种方式对于绘制等轴测图是十分方便的。

(4)“极轴间距”选项组

该选项组只有在“极轴捕捉”类型时才可用。可在“极轴距离”文本框中输入距离值。

也可以通过命令行命令 SNAP 设置捕捉有关参数。

4.2　对象捕捉

在利用 AutoCAD 画图时经常要用到一些特殊的点，例如圆心、切点、线段或圆弧的端点、中点等等。但是如果用鼠标拾取，要准确地找到这些点是十分困难的。为此，AutoCAD 提供了一些识别这些点的工具，通过这些工具可容易构造新的几何体，使创建的对象精确地画出来，其结果比传统手工绘图更精确更容易维护。在 AutoCAD 中，这种功能称之为对象捕捉功能。

4.2.1 特殊位置点捕捉

在绘制 AutoCAD 图形时，有时需要指定一些特殊位置的点，比如圆心、端点、中点、平行线上的点等，这些点如表 4-1 所示。可以通过对象捕捉功能来捕捉这些点。

特殊位置点捕捉　　表 4-1

捕捉模式	功　能
临时追踪点	建立临时追踪点
两点之间的中点	捕捉两个独立点之间的中点
自	建立一个临时参考点，作为指出后继点的基点
点过滤器	由坐标选择点
端点	线段或圆弧的端点
中点	线段或圆弧的中点
交点	线、圆弧或圆等的交点
外观交点	图形对象在视图平面上的交点
延长线	指定对象的延伸线
圆心	圆或圆弧的圆心
象限点	距光标最近的圆或圆弧上可见部分的象限点，即圆周上 0°、90°、180°、270°位置上的点
切点	最后生成的一个点到选中的圆或圆弧上引切线的切点位置
垂足	在线段、圆、圆弧或它们的延长线上捕捉一个点，使之与最后生成的点的连线与该线段、圆或圆弧正交
平行线	绘制与指定对象平行的图形对象
节点	捕捉用 POINT 或 DIVIDE 等命令生成的点
插入点	文本对象和图块的插入点
最近点	离拾取点最近的线段、圆、圆弧等对象上的点
无	关闭对象捕捉模式
对象捕捉设置	设置对象捕捉

AutoCAD 提供了命令行、工具栏和右键快捷菜单三种执行特殊点对象捕捉的方法。

1. 命令方式

绘图时，当在命令行中提示输入一点时，输入相应特殊位置点命令，如表 4-1 所示，然后根据提示操作即可。

2. 工具栏方式

使用图 4-3 所示的“对象捕捉”工具栏，可以使用户更方便地实现捕捉点的目的。当命令行提示输入一点时，从“对象捕捉”工具栏上单击相应的按钮。当把鼠标放在某一图标上时，会显示出该图标功能的提示，然后根据提示操作即可。

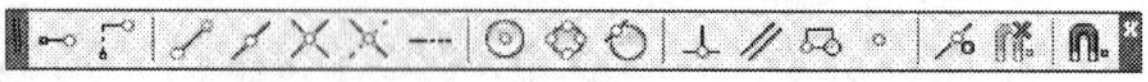

图 4-3 “对象捕捉”工具栏

3. 快捷菜单方式

快捷菜单可通过同时按下 Shift 键和鼠标右键来激活，菜单中列出了 AutoCAD 提供的对象捕捉模式，如图 4-4 所示。操作方法与工具栏相似，只要在 AutoCAD 提示输入点时单击快捷菜单上相应的菜单项，然后按提示操作即可。

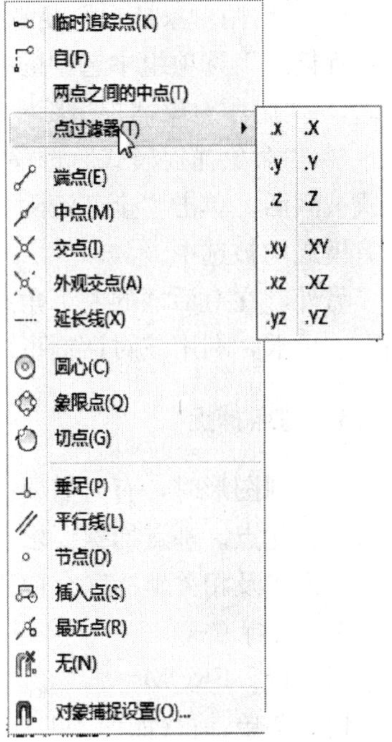

图 4-4　对象捕捉快捷菜单

4.2.2　对象捕捉设置

在用 AutoCAD 绘图之前，可以根据需要事先设置运行一些对象捕捉模式，绘图时 AutoCAD 能自动捕捉这些特殊点，从而加快绘图速度，提高绘图质量。

◆　执行方式

命令行：DDOSNAP

菜单：工具→草图设置

工具栏：对象捕捉→对象捕捉设置。

状态栏：对象捕捉(功能仅限于打开与关闭)

快捷键：F3(功能仅限于打开与关闭)

快捷菜单：对象捕捉设置(如图 4-5 所示)

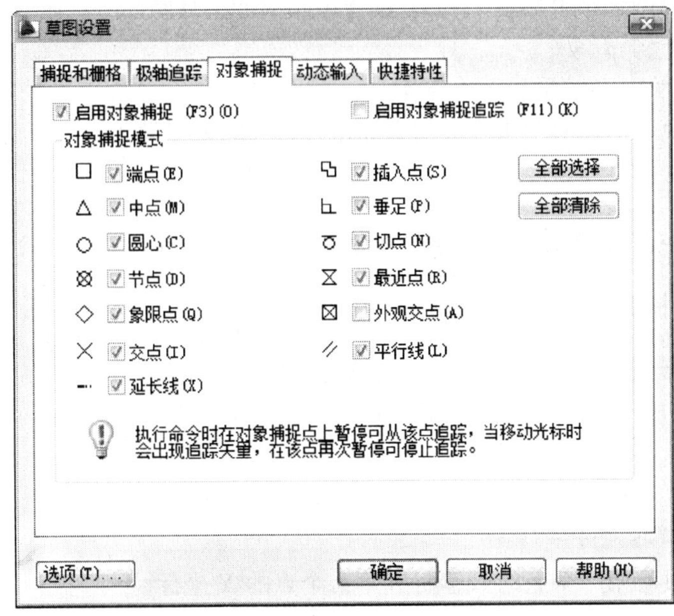

图 4-5　“草图设置”对话框“对象捕捉”选项卡

◆　操作格式

命令：DDOSNAP↙

系统打开“草图设置”对话框，在该对话框中，单击“对象捕捉”标签打开“对象捕捉”选项卡，如图 4-5 所示。利用此对话框可以对对象捕捉方式进行设置。

◆ 选项说明

（1）“启用对象捕捉”复选框打开或关闭对象捕捉方式。当选中此复选框时，在“对象捕捉模式”选项组中选中的捕捉模式处于激活状态。

（2）“启用对象捕捉追踪”复选框打开或关闭自动追踪功能。

（3）“对象捕捉模式”选项组，此选项组中列出各种捕捉模式的单选按钮，选中则该模式被激活。单击“全部清除”按钮，则所有模式均被清除；单击“全部选择”按钮，则所有模式均被选中。

另外，在对话框的左下角有一个“选项”按钮，单击它可打开“选项”对话框的“草图”选项卡，利用该对话框可决定捕捉模式的各项设置。

4.2.3 基点捕捉

在绘制图形时，有时需要指定以某个点为基点的一个点。这时，可以利用基点捕捉功能来捕捉此点。基点捕捉要求确定一个临时参考点作为指定后继点的基点，通常与其他对象捕捉模式及相关坐标联合使用。

◆ 执行方式

命令行：FROM

快捷菜单：自（如图 4-4 所示）

◆ 操作格式

当在输入一点的提示下输入 From，或单击相应的工具图标时，命令行提示：

基点：（指定一个基点）

<偏移>：（输入相对于基点的偏移量）

则得到一个点，这个点与基点之间坐标差为指定的偏移量。

 **说明**

在“<偏移>：”提示后输入的坐标必须是相对坐标，如（@10，15）等。

4.2.4 点过滤器捕捉

利用点过滤器捕捉，可以由一个点的 X 坐标和另一点的 Y 坐标确定一个新点。在“指定下一点或［放弃（U）］：”提示下选择此项（在快捷菜单中选取，如图 4-5 所示），AutoCAD 提示：

.X 于：（指定一个点）

（需要 YZ）：（指定另一个点）

则新建的点具有第一个点的 X 坐标和第二个点的 Y 坐标。

4.3 对 象 追 踪

对象追踪是指按指定角度或与其他对象的指定关系绘制对象。可以结合对象捕捉功能进行自动追踪，也可以指定临时点进行临时追踪。

4.3.1 自动追踪

利用自动追踪功能，可以对齐路径，有助于以精确的位置和角度创建对象。自动追踪包括两种追踪选项："极轴追踪"和"对象捕捉追踪"。"极轴追踪"是指按指定的极轴角或极轴角的倍数对齐要指定点的路径；"对象捕捉追踪"是指以捕捉到的特殊位置点为基点，按指定的极轴角或极轴角的倍数对齐要指定点的路径。

"极轴追踪"必须配合"极轴"功能和"对象追踪"功能一起使用，即同时打开状态栏上的"极轴"开关和"对象追踪"开关；"对象捕捉追踪"必须配合"对象捕捉"功能和"对象追踪"功能一起使用，即同时打开状态栏上的"对象捕捉"开关和"对象追踪"开关。

1. 对象捕捉追踪设置

◆ 执行方式

命令行：DDOSNAP

菜单：工具→草图设置

工具栏：对象捕捉→对象捕捉设置

状态栏：对象捕捉＋对象追踪

快捷键：F11

快捷菜单：对象捕捉设置(如图 4-5 所示)

◆ 操作格式

按照上面执行方式操作或者在"对象捕捉"开关或"对象追踪"开关单击鼠标右键，在快捷菜单中选择"设置"命令，系统打开图 4-5 所示"草图设置"对话框的"对象捕捉"选项卡。选中"启用对象捕捉追踪"复选框，即完成了对象捕捉追踪设置。

2. 极轴追踪设置

◆ 执行方式

命令行：DDOSNAP

菜单：工具→草图设置

工具栏：对象捕捉→对象捕捉设置

状态栏：对象捕捉＋极轴

快捷键：F10

快捷菜单：对象捕捉设置(如图 4-4 所示)

◆ 操作格式

按照上面执行方式操作或者在"极轴"开关单击鼠标右键，在快捷菜单中选择"设置"命令，系统打开图 4-6 所示"草图设置"对话框的"极轴追踪"选项卡。

◆ 选项说明

(1)"启用极轴追踪"复选框：选中该复选框，即启用极轴追踪功能。

(2)"极轴角设置"选项组：设置极轴角的值。可以在"增量角"下拉列表框中选择一种角度值。也可选中"附加角"复选框，单击"新建"按钮设置任意附加角。系统在进行极轴追踪时，同时追踪增量角和附加角，可以设置多个附加角。

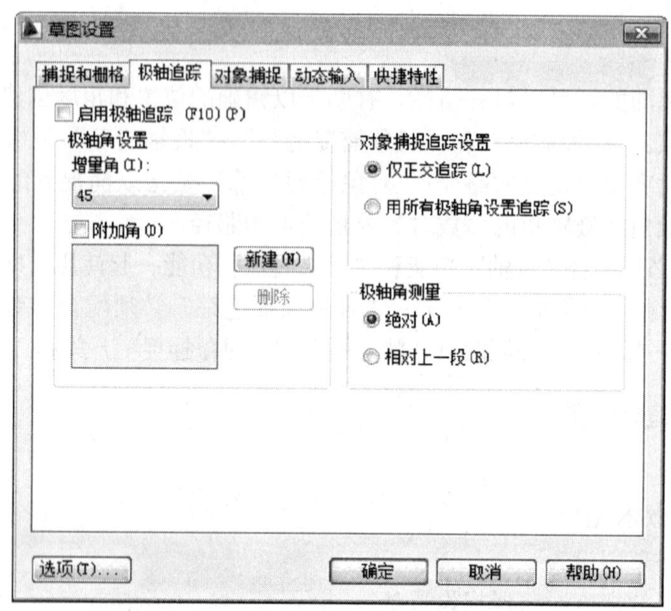

图 4-6 “草图设置”对话框“极轴追踪”选项卡

(3)“对象捕捉追踪设置”和“极轴角测量”选项组：按界面提示设置相应单选选项。

4.3.2 临时追踪

绘制图形对象时，除了可以进行自动追踪外，还可以指定临时点作为基点进行临时追踪。

在提示输入点时，输入 tt，或打开右键快捷菜单，如图 4-5 所示，选择其中的“临时追踪点”命令，然后指定一个临时追踪点。该点上将出现一个小的加号(＋)。移动光标时，将相对于这个临时点显示自动追踪对齐路径。要删除此点，请将光标移回到加号(＋)上面。

4.4 设置图层

图层的概念类似投影片，将不同属性的对象分别画在不同的投影片(图层)上，例如将图形的主要线段、中心线、尺寸标注等分别画在不同的图层上，每个图层可设定不同的线型、线条颜色，然后把不同的图层堆栈在一起，成为一张完整的视图。这样可使视图层次分明、有条理，方便图形对象的编辑与管理。一个完整的图形就是它所包含的所有图层上的对象叠加在一起，如图 4-7 所示。

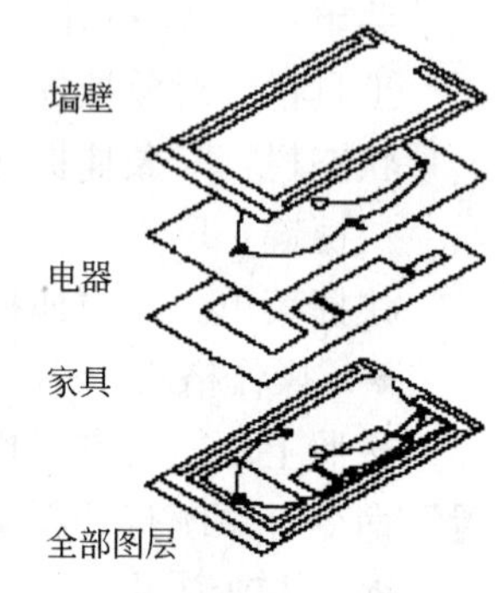

图 4-7 图层效果

在用图层功能绘图之前，首先要对图层的各项特性进行设置，包括建立和命名图层、设置当前图层、设置图层的颜色和线型、图层是否关闭、是否冻结、是否锁定以及图层删除等。本节主要对图层的这些相关操作进行介绍。

4.4.1 利用对话框设置图层

AutoCAD 提供了详细、直观的“图层特性管理器”对话框，用户可以方便地通过对该对话框中的各选项及其二级对话框进行设置，从而实现建立新图层、设置图层颜色及线型等各种操作。

◆　执行方式

命令行：LAYER

菜单：格式→图层

工具栏：图层→图层特性管理器

◆　操作格式

命令：LAYER↙

系统打开图 4-8 所示的“图层特性管理器”对话框。

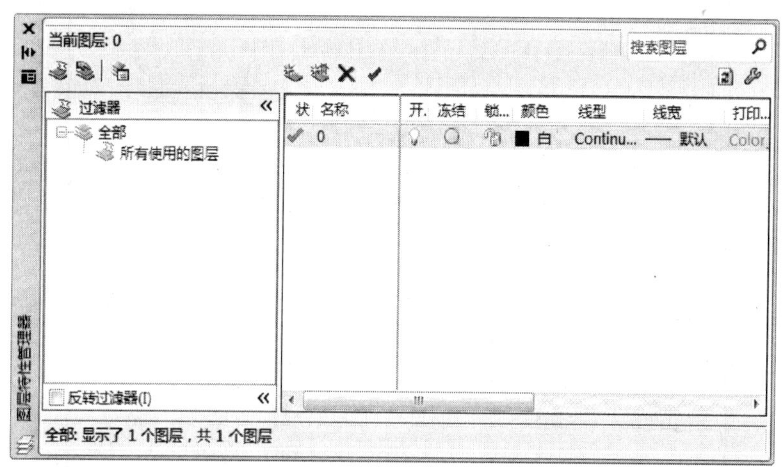

图 4-8　“图层特性管理器”对话框

◆　选项说明

(1)“新特性过滤器”按钮

显示“图层过滤器特性”对话框，如图 4-9 所示。从中可以基于一个或多个图层特性创建图层过滤器。

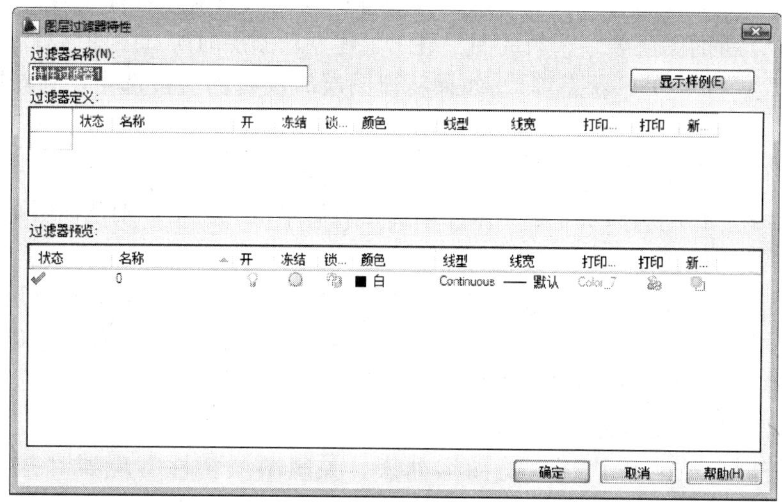

图 4-9　“图层过滤器特性”对话框

(2)“新建组过滤器”按钮

创建一个图层过滤器，其中包含用户选定并添加到该过滤器的图层。

(3)“图层状态管理器”按钮

显示“图层状态管理器”对话框，如图 4-10 所示。从中可以将图层的当前特性设置保存到命名图层状态中，以后可以再恢复这些设置。

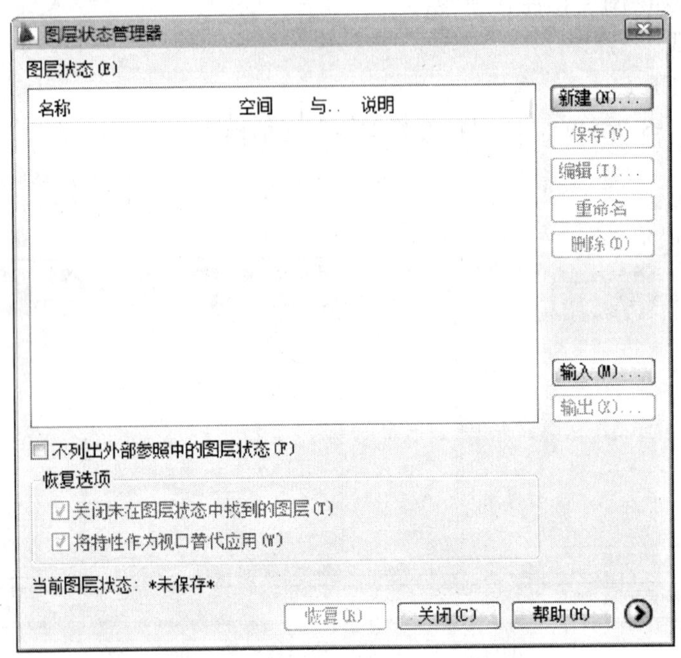

图 4-10 “图层状态管理器”对话框

(4)“新建图层”按钮

建立新图层。单击此按钮，图层列表中出现一个新的图层名字“图层 1”，用户可使用此名字，也可改名。要想同时产生多个图层，可选中一个图层名后，输入多个名字，各名字之间以逗号分隔。图层的名字可以包含字母、数字、空格和特殊符号，AutoCAD 支持长达 255 个字符的图层名字。新的图层继承了建立新图层时所选中的已有图层的所有特性(颜色、线型、ON/OFF 状态等)。如果新建图层时没有图层被选中，则新图层具有默认的设置。

(5)“删除图层”按钮

删除所选层。在图层列表中选中某一图层，然后单击此按钮，则把该层删除。

(6)“置为当前”按钮

设置当前图层。在图层列表中选中某一图层，然后单击此按钮，则把该层设置为当前层，并在“当前图层”一栏中显示其名字。当前层的名字存储在系统变量 CLAYER 中。另外，双击图层名也可把该层设置为当前层。

(7)“搜索图层”文本框

输入字符时，按名称快速过滤图层列表。关闭图层特性管理器时并不保存此过滤器。

(8)“反向过滤器”复选框

打开此复选框，显示所有不满足选定图层特性过滤器中条件的图层。

(9)“指示正在使用的图层”复选框：在列表视图中显示图标以指示图层是否处于使用状态。在具有多个图层的图形中，清除此选项可提高性能。

(10)“设置”按钮：显示“图层设置”对话框，如图 4-11 所示。包括新图层通知设置和对话框设置。

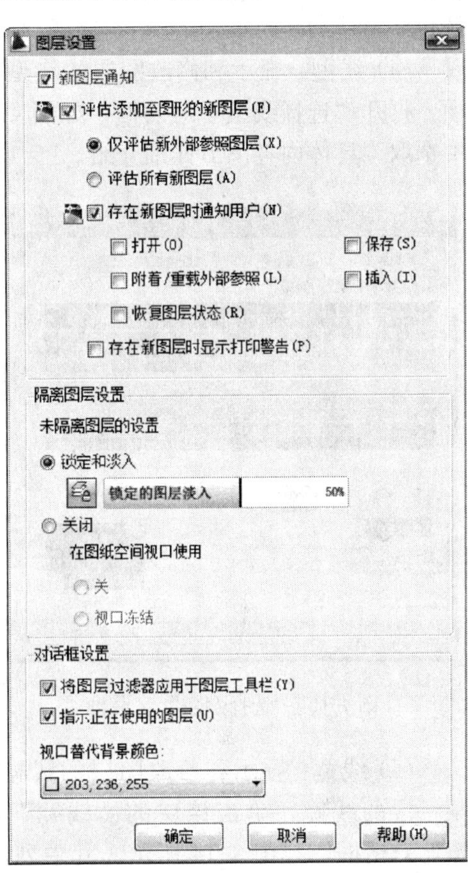

图 4-11 “图层设置”对话框

◆ 图层列表区

显示已有的图层及其特性。要修改某一图层的某一特性，单击它所对应的图标即可。右击空白区域或利用快捷菜单，可快速选中所有图层。列表区中各列的含义如下：

(1) 名称：显示满足条件的图层的名字。如果要对某层进行修改，首先要选中该层，使其逆反显示。

(2) 状态转换图标：在“图层特性管理器”窗口的名称栏分别有一列图标，移动指针到图标上单击鼠标左键可以打开或关闭该图标所代表的功能，或从详细数据区中勾选或取消勾选关闭(/)、锁定(/)、在所有视口内冻结(/)及不打印(/)等项目，各图标功能说明如表 4-2。

图层列表区图标说明 **表 4-2**

图 示	名 称	功 能 说 明
/	打开/关闭	将图层设定为打开或关闭状态，当呈现关闭状态时，该图层上的所有对象将隐藏不显示，只有打开状态的图层会在屏幕上显示或由打印机中打印出来。因此，绘制复杂的视图时，先将不编辑的图层暂时关闭，可降低图形的复杂性
/	解冻/冻结	将图层设定为解冻或冻结状态。当图层呈现冻结状态时，该图层上的对象均不会显示在屏幕或由打印机打出，而且不会执行重生(REGEN)、缩放(ROOM)、平移(PAN)等命令的操作，因此若将视图中不编辑的图层暂时冻结，可加快执行绘图编辑的速度。而/(打开/关闭)功能只是单纯将对象隐藏，因此并不会加快执行速度
/	解锁/锁定	将图层设定为解锁或锁定状态。被锁定的图层，仍然显示在画面上，但不能以编辑命令修改被锁定的对象，只能绘制新的对象，如此可防止重要的图形被修改
/	打印/不打印	设定该图层是否可以打印图形

（3）颜色：显示和改变图层的颜色。如果要改变某一层的颜色，单击其对应的颜色图标，AutoCAD 打开图 4-12 所示的“选择颜色”对话框，用户可从中选取需要的颜色。

（4）线型：显示和修改图层的线型。如果要修改某一层的线型，单击该层的“线型”项，打开“选择线型”对话框，如图 4-13 所示。其中列出了当前可用的线型，用户可从中选取。具体内容下节详细介绍。

图 4-12 “选择颜色”对话框

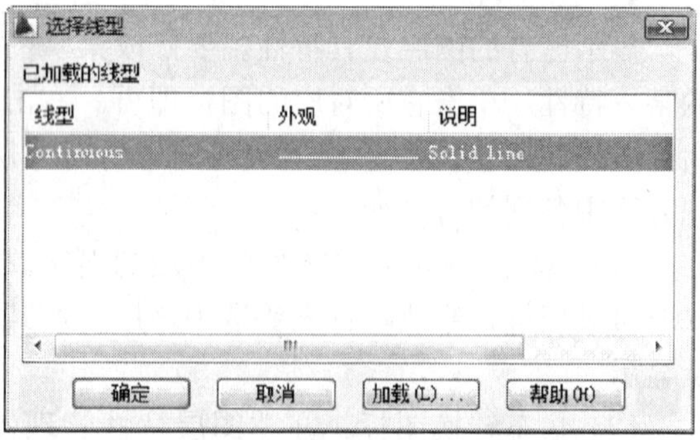

图 4-13 “选择线型”对话框

（5）线宽：显示和修改图层的线宽。如果要修改某一层的线宽，单击该层的“线宽”项，打开“线宽”对话框，如图 4-14 所示。其中列出了 AutoCAD 设定的线宽，用户可从中选取。其中“线宽”列表框显示可以选用的线宽值，包括一些绘图中经常用到线宽，用户可从中选取需要的线宽。“旧的”显示行显示前面赋予图层的线宽。当建立一个新图层时，采用默认线宽(其值为 0.01 英寸即 0.25mm)，默认线宽的值由系统变量 LWDEFAULT 设置。“新的”显示行显示赋予图层的新线宽。

图 4-14 “线宽”对话框

（6）打印样式：修改图层的打印样式，所谓打印样式是指打印图形时各项属性的设置。

4.4.2 利用工具栏设置图层

AutoCAD 提供了一个“特性”工具栏，如图 4-15 所示。用户能够控制和使用工具栏上的工具图标快速地察看和改变所选对象的图层、颜色、线型和线宽等特性。“特性”工具栏上的图层颜色、线型、线宽和打印样式的控制增强了察看和编辑对象属性的命令。在绘图屏幕上，选择任何对象都将在工具栏上自动显示它所在图层、颜色、线型等属性。下面把“特性”工具栏各部分的功能简单说明一下：

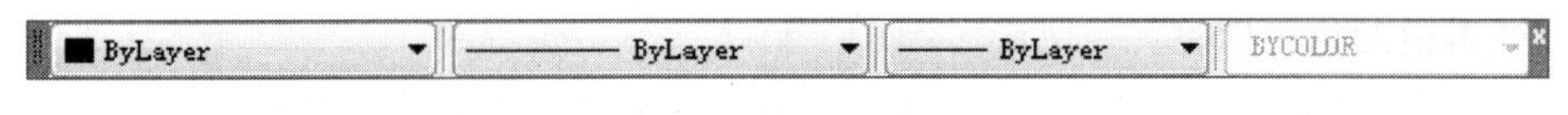

图 4-15　“特性”工具栏

1.“颜色控制”下拉列表框

单击右侧的向下箭头，弹出一下拉列表，用户可从中选择使之成为当前颜色。如果选择“选择颜色”选项，AutoCAD 打开“选择颜色”对话框以选择其他颜色。修改当前颜色之后，不论在哪个图层上绘图都采用这种颜色，但对各个图层的颜色没有影响。

2.“线型控制”下拉列表框

单击右侧的向下箭头，弹出一下拉列表，用户可从中选择某一线型使之成为当前线型。修改当前线型之后，不论在哪个图层上绘图都采用这种线型，但对各个图层的线型设置没有影响。

3.“线宽”下拉列表框

单击右侧的向下箭头，弹出一下拉列表，用户可从中选择一个线宽使之成为当前线宽。修改当前线宽之后，不论在哪个图层上绘图都采用这种线宽，但对各个图层的线宽设置没有影响。

4.“打印类型控制”下拉列表框

单击右侧的向下箭头，弹出一下拉列表，用户可从中选择一种打印样式使之成为当前打印样式。

4.5　颜色的设置

AutoCAD 绘制的图形对象都具有一定的颜色，为使绘制的图形清晰明了，可把同一类的图形对象用相同的颜色绘制，而使不同类的对象具有不同的颜色以示区分。为此，需要适当地对颜色进行设置。AutoCAD 允许用户为图层设置颜色，为新建的图形对象设置当前颜色，还可以改变已有图形对象的颜色。

◆　执行方式

命令行：COLOR

菜单：格式→颜色

◆　操作格式

命令：COLOR↙

单击相应的菜单项或在命令行输入 COLOR 命令后回车，AutoCAD 打开图 4-12 所示的“选择颜色”对话框。也可在图层操作中打开此对话框，具体方法上节已讲述。

4.5.1 “索引颜色”标签

打开此标签，可以在系统所提供的 255 色索引表中选择所需要的颜色，如图 4-12 所示。

1. “颜色索引”列表框

依次列出了 255 种索引色。可在此选择所需要的颜色。

2. “颜色”文本框

所选择的颜色的代号值显示在“颜色”文本框中，也可以直接在该文本框中输入自己设定的代号值来选择颜色。

3. ByLayer 和 ByBlock 按钮

选择这两个按钮，颜色分别按图层和图块设置。这两个按钮只有在设定了图层颜色和图块颜色后才可以利用。

4.5.2 “真彩色”标签

打开此标签，可以选择需要的任意颜色，如图 4-16 所示。可以拖动调色板中的颜色指示光标和“亮度”滑块选择颜色及亮度。也可以通过“色调”、“饱和度”和“亮度”调节钮来选择需要的颜色。所选择的颜色的红、绿、蓝值显示在下面的“颜色”文本框中，也可以直接在该文本框中输入自己设定的红、绿、蓝值来选择颜色。

在此标签的右边，有一个“颜色模式”下拉列表框，默认的颜色模式为 HSL 模式，即图 4-16 所示的模式。如果选择 RGB 模式，则如图 4-17 所示。在该模式下选择颜色方式与 HSL 模式下类似。

图 4-16 “真彩色”标签

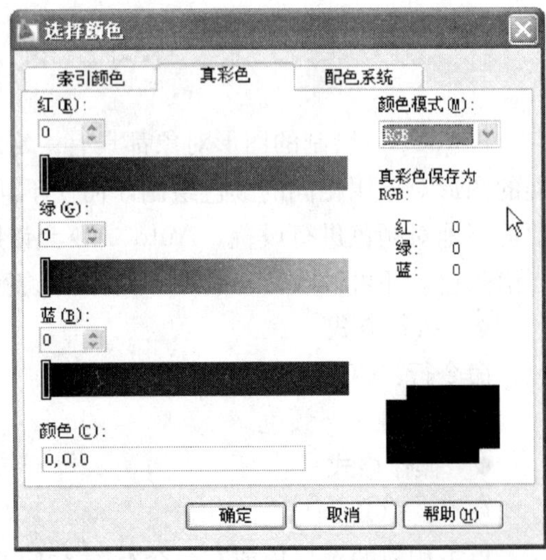

图 4-17 RGB 模式

4.5.3 “配色系统”标签

打开此标签，可以从标准配色系统(比如，Pantone)中选择预定义的颜色，如图 4-18 所示。可以在“配色系统”下拉列表框中选择需要的系统，然后拖动右边的滑块来选择具体的颜色，所选择的颜色编号显示在下面的“颜色”文本框中，也可以直接在该文本框中输入编号值来选择颜色。

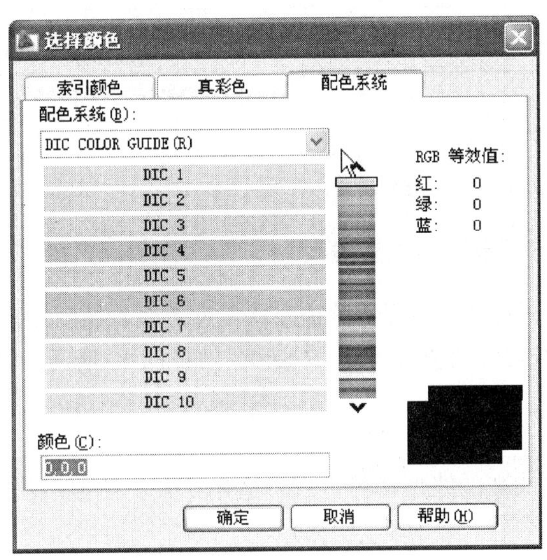

图 4-18 “配色系统”标签

4.6 图层的线型

在国家标准中，对图样中使用的各种图线的名称、线型、线宽以及在图样中的应用作了规定，如表 4-3 所示。其中常用的图线有四种，即：粗实线、细实线、虚线、细点画线。图线分为粗、细两种，粗线的宽度 b 应按图样的大小和图形的复杂程度，在 0.5～2mm 之间选择，细线的宽度约为 $b/3$。

图线的形式及应用　　表 4-3

名称		线型	线宽	适用范围
实线	粗	━━━━	b	建筑平面图、剖面图、构造详图的被剖切截面的轮廓线；建筑立面图、室内立面图外轮廓线；图框线
	中	────	$0.5b$	室内设计图中被剖切的次要构件的轮廓线；室内平面图、顶棚图、立面图、家具三视图中构配件的轮廓线等
	细	────	$0.25b$	尺寸线、图例线、索引符号、地面材料线及其他细部刻画用线

续表

名 称	线 型		线 宽	适 用 范 围
虚 线	中		0.5b	主要用于构造详图中不可见的实物轮廓
	细		0.25b	其他不可见的次要实物轮廓线
点画线	细		0.25b	轴线、构配件的中心线、对称线等
折断线	细		0.25b	省画图样时的断开界限
波浪线	细		0.25b	构造层次的断开界线，有时也表示省略画出时的断开界限

说明

标准实线宽度 b=0.4～0.8mm。

4.6.1 在“图层特性管理器”中设置线型

按照上节讲述方法，打开“图层特性管理器”对话框，如图 4-8 所示。在图层列表的线型项下单击线型名，系统打开“选择线型”对话框，如图 4-13 所示。对话框中选项含义如下：

1. “已加载的线型”列表框

显示在当前绘图中加载的线型，可供用户选用，其右侧显示出线型的形式。

2. “加载”按钮

单击此按钮，打开“加载或重载线型”对话框，如图 4-19 所示。用户可通过此对话框加载线型并把它添加到线型列表中，不过加载的线型必须在线型库(LIN)文件中定义过。标准线型都保存在 acad.lin 文件中。

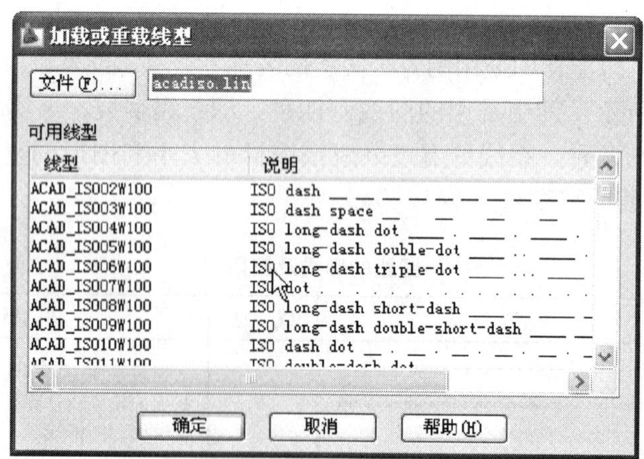

图 4-19 “加载或重载线型”对话框

4.6.2 直接设置线型

◆ 执行方式

命令行：LINETYPE

在命令行输入上述命令后，系统打开“线型管理器”对话框，如图 4-20 所示。该对话框与前面讲述的相关知识相同，不再赘述。

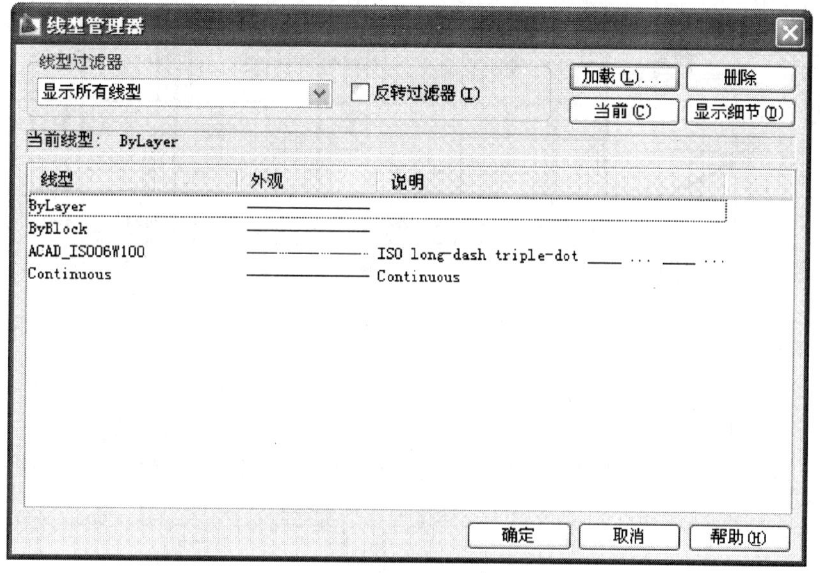

图 4-20　“线型管理器”对话框

4.7　图形的缩放

改变视图最一般的方法就是利用缩放和平移命令。用它们可以在绘图区域放大或缩小图像显示，或者改变观察位置。

4.7.1　实时缩放

有了实时缩放，用户就可以通过垂直向上或向下移动光标来放大或缩小图形。利用实时平移(下节介绍)，能点击和移动光标重新放置图形。

在实时缩放命令下，可以通过垂直向上或向下移动光标来放大或缩小图形。

◆　执行方式

命令行：Zoom

菜单：视图→缩放→实时

工具栏：标准→实时缩放

◆　操作格式

按住选择钮垂直向上或向下移动。从图形的中点向顶端垂直地移动光标就可以放大图形一倍，向底部垂直地移动光标就可以缩小图形一倍。

4.7.2　放大和缩小

放大和缩小是两个基本缩放命令。放大图像能观察细节称之为“放大”，缩小图像能看到大部分的图形称之为“缩小”。如图 4-21 所示。

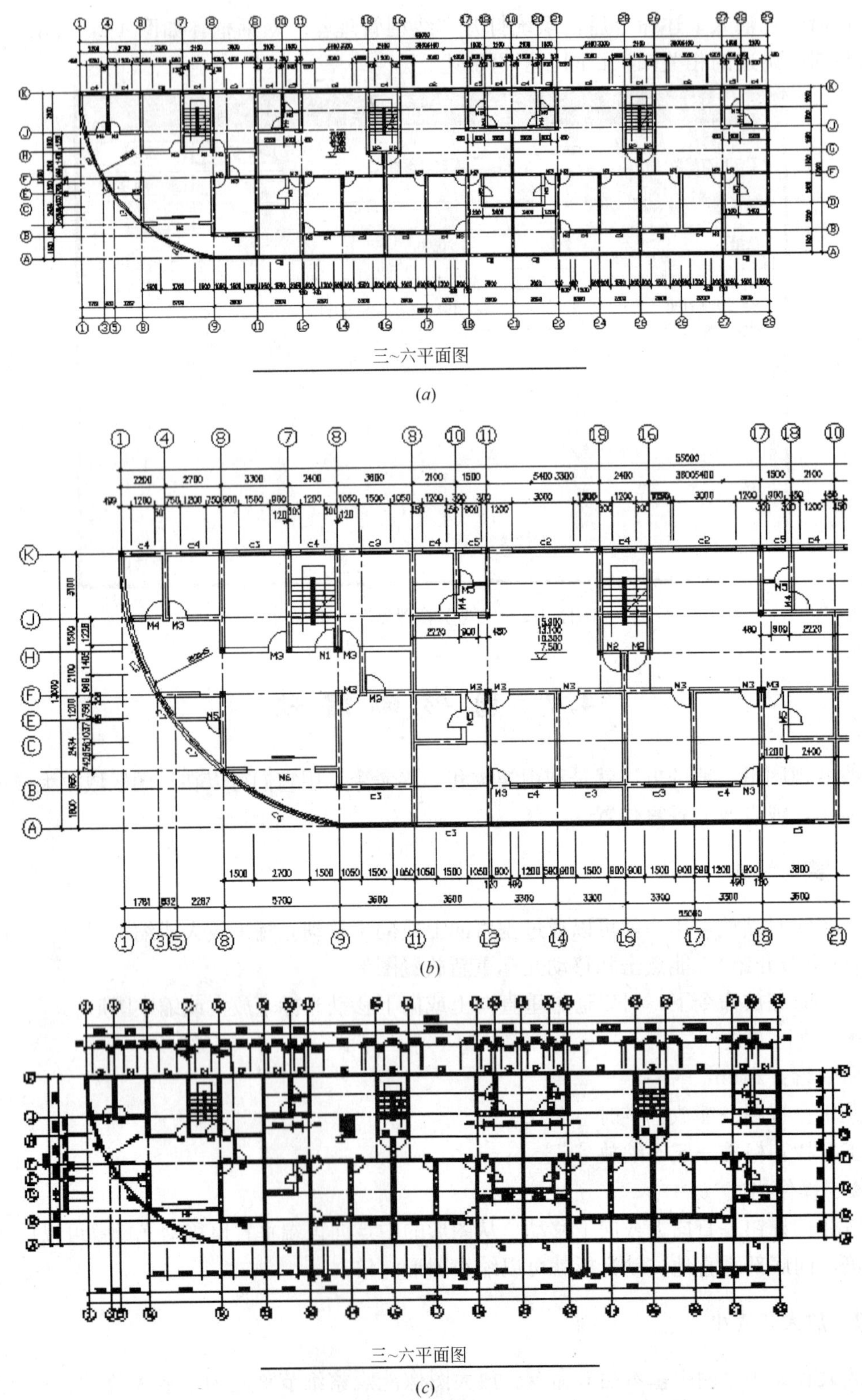

三~六平面图

(a)

(b)

三~六平面图

(c)

图 4-21 缩放视图

(a)原图；(b)放大；(c)缩小

◆　执行方式

菜单：视图→缩放→放大(缩小)

◆　操作格式

选取菜单中的“放大(缩小)”，当前图形相应地自动进行放大或缩小一倍。

4.7.3　动态缩放

可以用动态缩放改变画面显示而不产生重新生成的效果。动态缩放会在当前视区中显示图形的全部。

◆　执行方式

命令行：ZOOM

菜单：视图→缩放→动态

◆　操作格式

命令：ZOOM↙

指定窗口角点，输入比例因子(nX 或 nXP)，或［全部(A)/中心点(C)/动态(D)/范围(E)/上一个(P)/比例(S)/窗口(W)］<实时>：D↙

执行上述命令后，系统弹出一个图框。选取动态缩放前的画面呈绿色点线。如果要动态缩放的图形显示范围与选取动态缩放前的范围相同，则此框与白线重合而不可见。重生成区域的四周有一个蓝色虚线框，用以标记虚拟屏幕。

这时，如果线框中有一个×出现，如图 4-22(*a*)所示，就可以拖动线框而把它平移到另外一个区域。如果要放大图形到不同的放大倍数，按下选择钮，×就会变成一个箭头，如图 4-12(*b*)。这时，左右拖动边界线就可以重新确定视区的大小。缩放后的图形如图 4-22(*c*)所示。

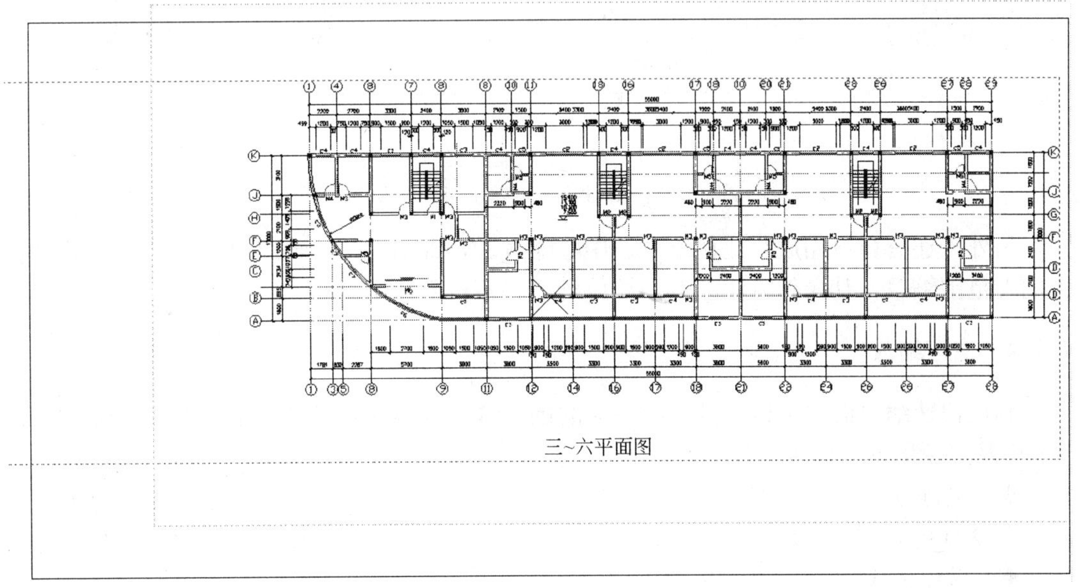

(*a*)

图 4-22　动态缩放(一)

(*a*)带×的视框

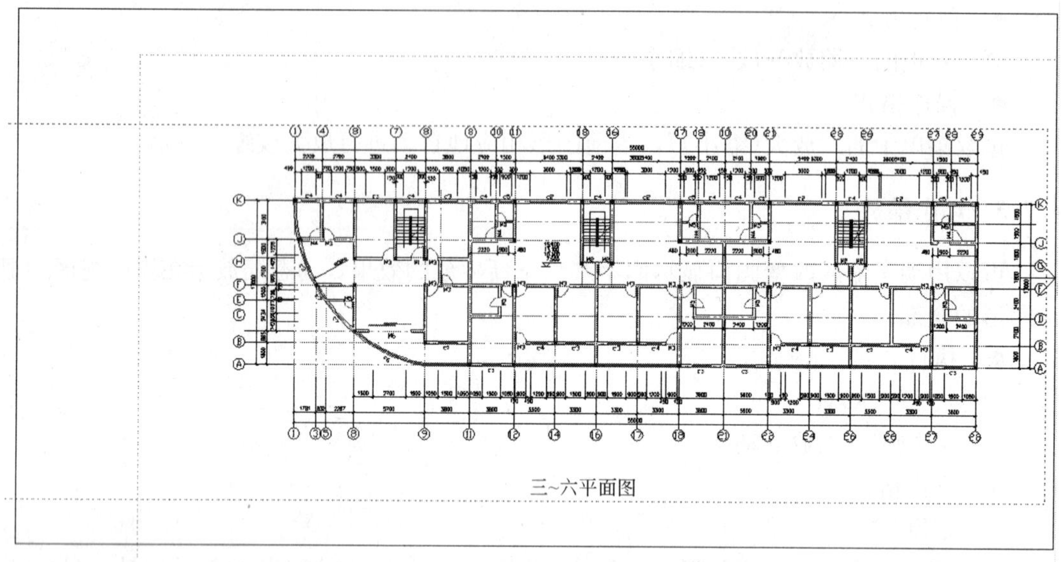

(b)

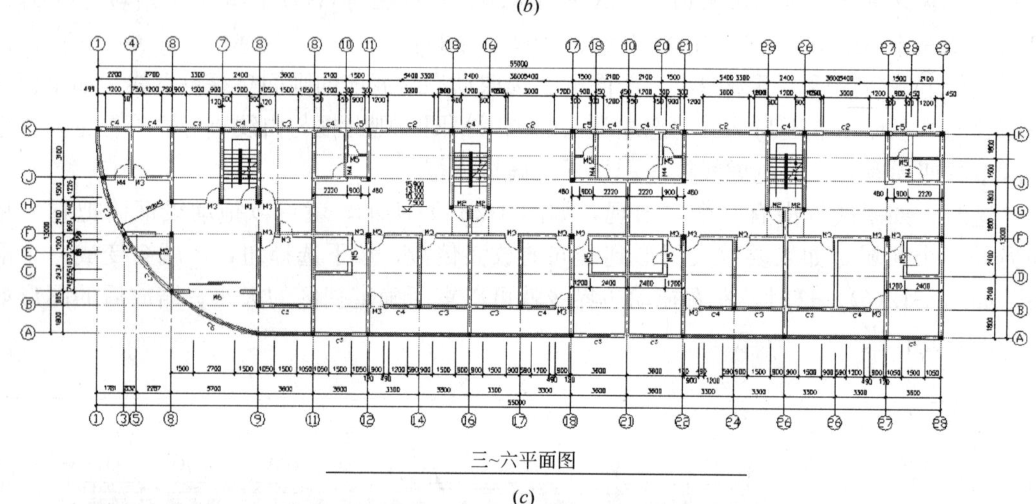

(c)

图 4-22　动态缩放(二)

(b)带箭头的视框；(c)缩放后的图形

另外，还有窗口缩放、比例缩放、中心缩放、全部缩放、对象缩放、缩放上一个和最大图形范围缩放，其操作方法与动态缩放类似，不再赘述。

4.7.4　快速缩放

利用快速缩放命令可以打开一个很大的虚屏幕，虚屏幕定义了显示命令(Zoom，Pan，View)及更新屏幕的区域。

◆　执行方式

命令行：VIEWRES

◆　操作格式

命令：VIEWRES↙

是否需要快速缩放？［是(Y)/否(N)］<Y>：

输入圆的缩放百分比（1-20000）＜100＞：

在命令提示下输入 Y 就打开快速缩放模式；相反，输入 N 就关闭快速缩放模式。快速缩放的缺省状态为打开。如果快速缩放为打开状态，最大的虚屏幕显示尽量多的图形而不必强制完全重新生成屏幕；如果快速缩放设置为关闭，那么虚屏幕就关闭，同时实时平移和实时缩放也关闭。

“圆的缩放百分比”表示系统的图形扫描精度，值越大，精度越高。形象的理解就是，当扫描精度低时，系统以多边形的边表示圆弧，如图 4-23 所示。

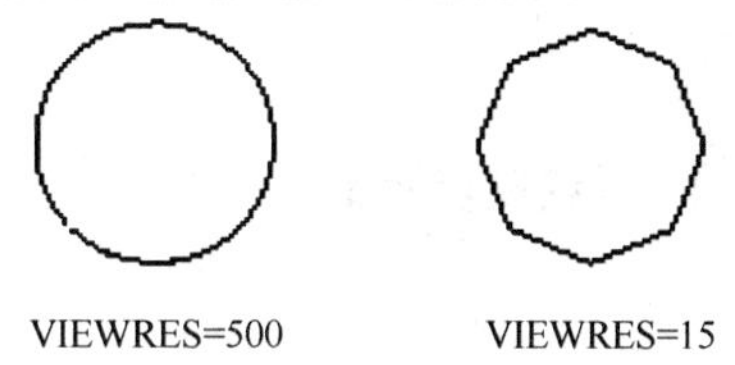

图 4-23　扫描精度

4.8　平　　移

4.8.1　实时平移

◆　执行方式

命令：PAN

菜单：视图→平移→实时

工具栏：标准→实时平移

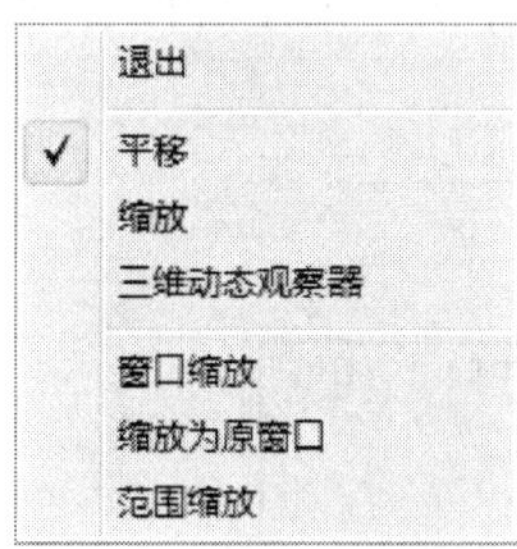

图 4-24　右键快捷菜单

◆　操作格式

执行上述命令后，用鼠标按下选择钮，然后移动手形光标就平移图形了。当移动到图形的边沿时，光标就变成一个三角形显示。

另外，为显示控制命令设置了一个右键快捷菜单，如图 4-24 所示。在该菜单中，用户可以在显示命令执行的过程中，透明地进行切换。

4.8.2　定点平移和方向平移

除了最常用的实时平移外，也常用到定点平移。

◆　执行方式

命令：-PAN

菜单：视图→平移→定点（如图 4-25 所示）

◆　操作格式

命令：-PAN↙

指定基点或位移：（指定基点位置或输入位移值）

指定第二点：（指定第二点确定位移和方向）

执行上述命令后，当前图形按指定的位移和方向进行平移。另外，在“平移”子菜单中，还有“左”、“右”、“上”、“下”四个平移命令。选择这些命令时，图形按指定的方向平移一定的距离。

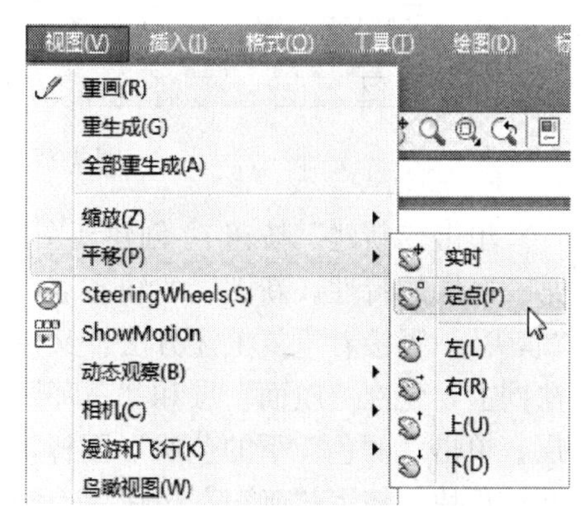

图 4-25　“平移”子菜单

【例 4-1】 绘制如图 4-26 所示的三环旗。

【绘制步骤】

图 4-26 三环旗

(1) 建立四个图层

命令：LAYER↙ （或者单击下拉菜单“格式”→“图层”，或者单击图层工具栏命令图标，下同）

回车后，出现“图层特性管理器”对话框(或者单击标准工具栏中的“图层特性管理器”图标也可)，如图 4-27 所示。

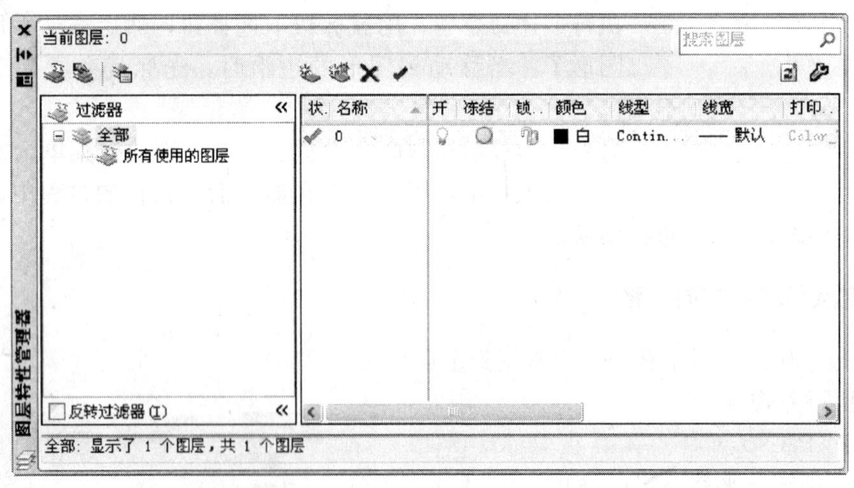

图 4-27 “图层特性管理器”对话框

单击“新建”按钮创建新图层，新图层的特性将继承 0 层的特性或继承已选择的某一图层的特性。新图层的缺省名为“图层 1”，显示在中间的图层列表中，将其更名为“旗尖”。紧接着重复上述方法，又建立了一个新图层“图层 2”，将其更名为“旗杆”，方法同上，建立“旗面”层和“三环”层。这样就建立了四个新图层。此时，选中“旗尖”层，单击“颜色”下的色块形图标，将弹出“选择颜色”对话框，如图 4-28 所示。单击灰色色块，按下“确定”按钮后，回到“图层特性管理器”对话框。这时，“旗尖”层的颜色变为灰色。

选中“旗杆”层，用同样的方法将颜色改为红色。单击“线宽”下的线宽值，将弹出“线宽”对话框，如图4-29所示。单击“0.40毫米”的线宽，按下“确定”按钮后，回到“图层特性管理器”对话框。用同样的方法将“旗面”层的颜色设置为黑色，线宽设置为默认值，将“三环”层的颜色设置为蓝色。整体设置如下：

图4-28　“选择颜色”对话框

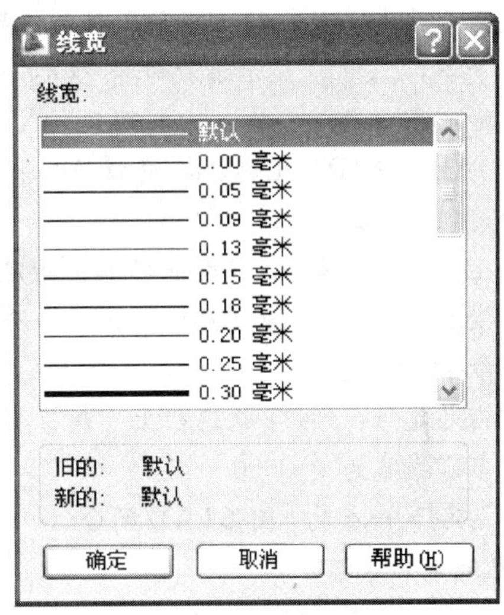

图4-29　“线宽”对话框

旗尖层：线型为CONTINOUS，颜色为灰色，线宽为默认值。

旗杆层：线型为CONTINOUS，颜色为红色，线宽为0.4mm。

旗面层：线型为CONTINOUS，颜色为黑色，线宽为默认值。

三环层：线型为CONTINOUS，颜色为蓝色，线宽为缺省值。

设置完成的“图层特性管理器”对话框，如图4-30所示。

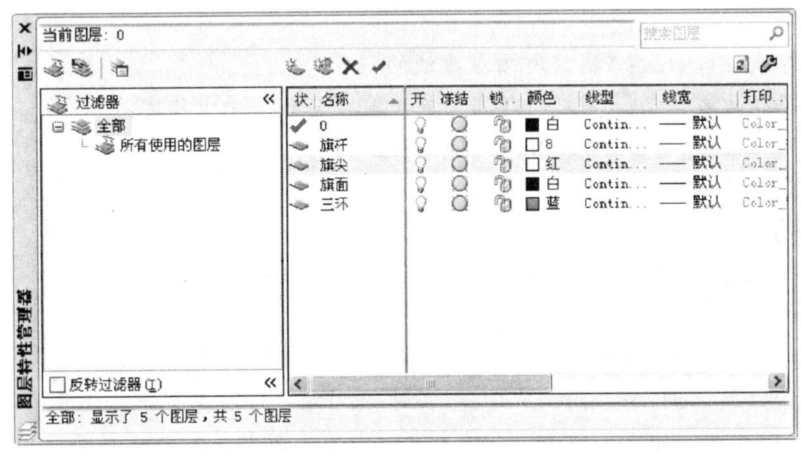

图4-30　“图层特性管理器”对话框

(2) 绘制辅助作图线

命令：L↙　(LINE命令的缩写)

指定第一点：(用鼠标左键在绘图窗口中单击，指定一点)

指定下一点或[放弃(U)]：(拖动鼠标到合适位置，单击指定另一点，画出一条倾斜

直线，作为辅助线）

指定下一点或［放弃(U)］：↙

(3) 绘制灰色的旗尖

命令：LA↙ （图层命令 LAYER 的缩写名。在弹出的“图层特性管理器”对话框中选择“旗尖”层，按“当前”按钮，即把它设置为当前层）

命令：Z↙ （显示缩放命令 ZOOM 的缩写名）

指定窗口角点，输入比例因子(nX 或 nXP)，或［全部(A)/中心点(C)/动态(D)/范围(E)/上一个(P)/比例(S)/窗口(W)］<实时>：W↙ （指定一个窗口，把窗口内的图形放大到全屏）

指定第一个角点：(用鼠标单击指定窗口的左上角点)

指定对角点：(拖动鼠标，出现一个动态窗口，单击指定窗口的右下角点)

命令：PL↙

指定起点：(按下状态栏上“对象捕捉”按钮，将光标移至直线上，单击一点)

当前线宽为 0.0000

指定下一点或［圆弧(A)/闭合(C)/半宽(H)/长度(L)/放弃(U)/宽度(W)］：W↙ (设置线宽)

指定起始宽度<0.0000>：

指定终止宽度<0.0000>：8↙

指定下一点或［圆弧(A)/闭合(C)/半宽(H)/长度(L)/放弃(U)/宽度(W)］：(捕捉直线上另一点)

指定下一点或［圆弧(A)/闭合(C)/半宽(H)/长度(L)/放弃(U)/宽度(W)］：↙

命令：MI↙ （镜像命令 MIRROR 的缩写名）

选择对象：(选择所画的多段线)

选择对象：↙

指定镜像线的第一点：(捕捉所画多段线的端点)

指定镜像线的第二点：(用鼠标单击，在垂直于直线方向上指定第二点)

要删除源对象？［是(Y)/否(N)］<N>：↙

结果如图 4-31 所示。

(4) 绘制红色的旗杆

命令：LA↙ （方法同上，将“旗杆”层设置为当前层）

命令：Z↙

指定窗口角点，输入比例因子(nX 或 nXP)，或［全部(A)/中心点(C)/动态(D)/范围(E)/上一个(P)/比例(S)/窗口(W)］<实时>：P↙ （恢复前一次显示）

命令：<Lineweight On>(按下状态栏上“线宽”按钮，打开线宽显示功能)

命令：L↙

指定第一点：(捕捉所画旗尖的端点)

指定下一点或［放弃(U)］：(将光标移至直线上，单击一点)

指定下一点或［放弃(U)］：↙

绘制完此步后的图形如图 4-32 所示。

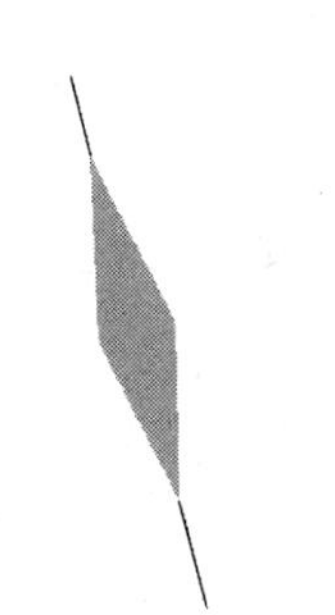

图 4-31　灰色的旗尖　　　　图 4-32　绘制红色的旗杆后的图形

(5) 绘制黑色的旗面

命令：LA↙　(方法同上，将“旗面”层设置为当前层)

命令：PL↙

指定起点：(捕捉所画旗杆的端点)

当前线宽为 0.0000

指定下一点或 [圆弧(A)/闭合(C)/半宽(H)/长度(L)/放弃(U)/宽度(W)]：A↙

指定圆弧的端点或 [角度(A)/圆心(CE)/闭合(CL)/方向(D)/半宽(H)/直线(L)/半径(R)/第二点(S)/放弃(U)/宽度(W)]：S↙

指定圆弧的第二点：(用鼠标左键单击一点，指定圆弧的第二点)

指定圆弧的端点：(用鼠标左键单击一点，指定圆弧的端点)

指定圆弧的端点或 [角度(A)/圆心(CE)/闭合(CL)/方向(D)/半宽(H)/直线(L)/半径(R)/第二点(S)/放弃(U)/宽度(W)]：(用鼠标左键单击一点，指定圆弧的端点)

指定圆弧的端点或 [角度(A)/圆心(CE)/闭合(CL)/方向(D)/半宽(H)/直线(L)/半径(R)/第二点(S)/放弃(U)/宽度(W)]：↙

利用“复制”命令绘制另一条旗面边线。

命令：L↙

指定第一点：(捕捉所画旗面上边的端点)

指定下一点或 [放弃(U)]：(捕捉所画旗面下边的端点)

指定下一点或 [放弃(U)]：↙

绘制完此步后的图形如图 4-33 所示。

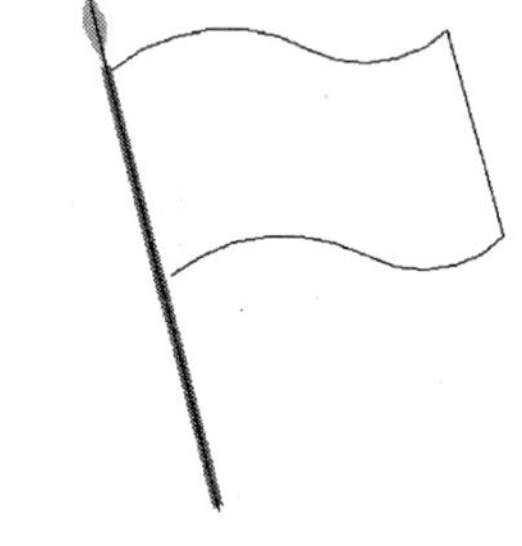

图 4-33　绘制红色的旗面后的图形

(6) 绘制三个蓝色的圆环

命令：LA↙　(方法同上，将“三环”层设置为当前层)

命令：DO↙　(画圆环命令 DONUT 的缩写名)

指定圆环的内径<10.0000>：30↙

指定圆环的外径<20.0000>：40↙

指定圆环的中心点<退出>：(用鼠标左键在旗面内单击一点，确定第一个圆环中心坐标值)

指定圆环的中心点<退出>：(用鼠标左键在旗面内单击一点，确定第二个圆环中心坐标值)

…………

（用同样的方法确定剩余 2 个圆环的圆心，使所画出的三个圆环排列为一个三环形状）

指定圆环的中心点<退出>：↙

（7）将绘制的三个圆环分别修改为三种不同的颜色。用鼠标左键单击第二个圆环。

命令：DDMODIFY↙ （或者单击标准工具栏中的图标，下同）

回车后，系统打开“特性”对话框，如图 4-34 所示。其中列出了该圆环所在的图层、颜色、线型、线宽等基本特性及其几何特性。单击“颜色”选项，在表示颜色的色块后出现一个按钮，单击此按钮，出现颜色选项，从中选择洋红色，如图 4-35 所示。连续按两次 Esc 键，退出。用同样的方法，将另一个圆环的颜色修改为绿色。

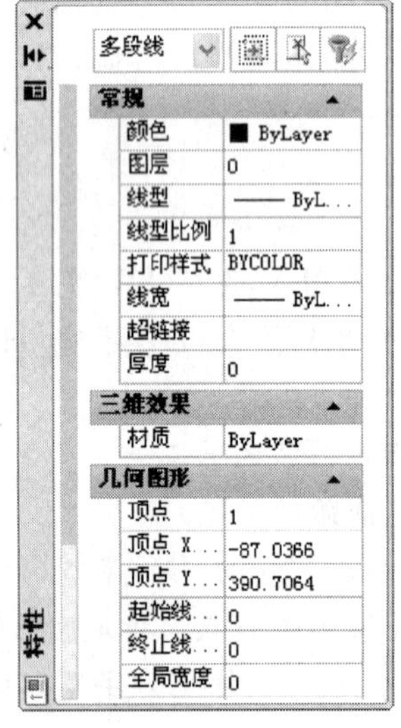

图 4-34 “特性”对话框

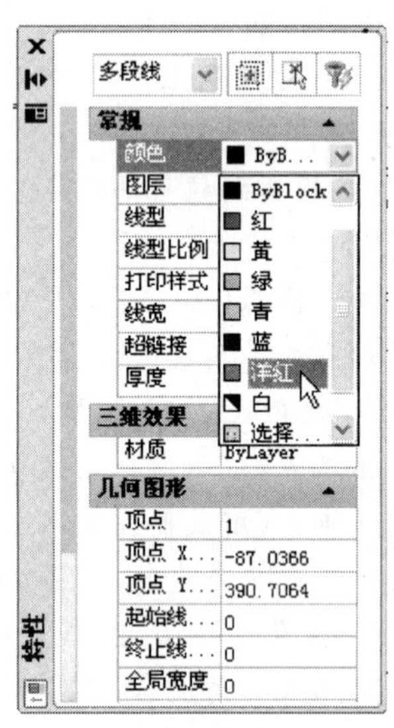

图 4-35 单击“颜色”选项

（8）删除辅助线。命令行提示与操作如下：

命令：E↙ （ERASE 命令的缩写）

选择对象：（用鼠标左键单击绘图辅助线）

选择对象：↙

最终绘制的结果如图 4-1 所示。

4.9 模型与布局

AutoCAD 窗口提供了两个并行的工作环境，即“模型”选项卡和“布局”选项卡。在“模型”选项卡上工作时，可以绘制主题的模型，我们通常称其为模型空间。在布局选项卡上，可以布置模型的多个“快照”。一个布局代表一张可以使用各种比例显示一个或多个模型视图的图纸。可以按下“模型”选项卡或“布局”选项卡来实现模型空间和布局空间的转换。

无论是模型空间还是布局空间，都以各种视口来表示图形。视口是图形屏幕上用于显示图形的一个矩形区域。缺省时，系统把整个作图区域作为单一的视口，用户可以通过其绘制和显示图形。此外，用户也可根据需要把作图屏幕设置成多个视口，每个视口显示图形的不同部分，这样可以更清楚地描述物体的形状。但同一时间仅有一个是当前视区，这个当前视口便是工作区。系统在工作区周围显示粗的边框，以便用户知道哪一个视口是工作区。本节内容的菜单命令主要集中在“视图”菜单。而本章内容的工具栏命令主要集中在“视口”和“布局”两个工具栏中，如图 4-36 所示。

图 4-36　“视口”和“布局”工具栏

4.9.1　模型空间

在模型空间中，屏幕上的作图区域可以被划分为多个相邻的非重叠视区。用户可以用 VPORTS 或 VIEWPORTS 命令建立视口，每个视口又可以再进行分区。在每个视口中可以进行平移和缩放操作，也可以进行三维视图设置与三维动态观察，如图 4-37 所示。

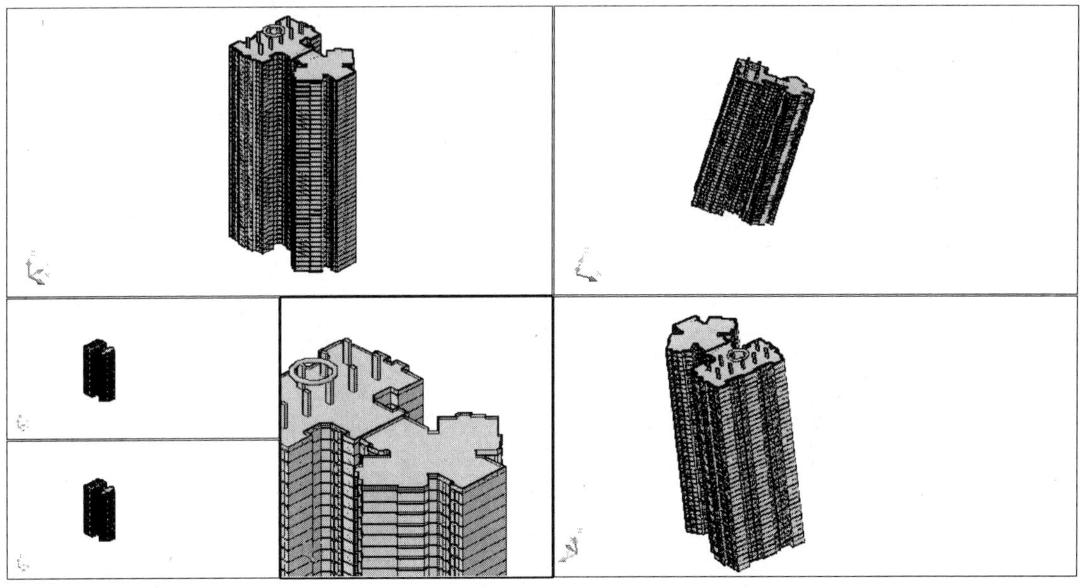

图 4-37　模型空间视图

1. 新建视口

◆　执行方式

命令行：VPORTS

菜单：视图→视口→新建视口

工具栏：视口→显示“视口”对话框

◆　操作格式

执行上面操作后，系统打开如图 4-38“视口”对话框的“新建视口”选项卡，该选项卡显示出一个标准视区配置列表并可用来创建层叠视区。图 4-39 为按图 4-38 设置建立的一个图形的视口，可以在多视口的一个视口中再建立多视口。

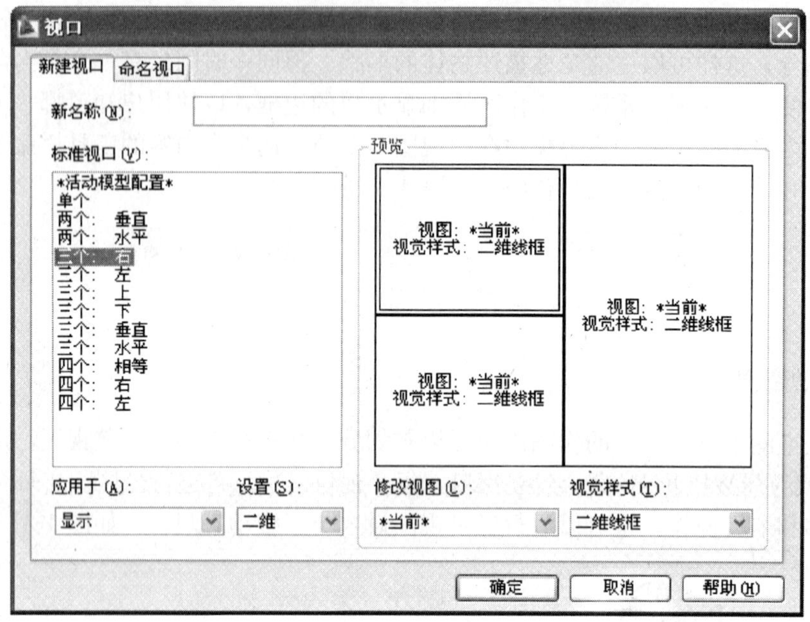

图 4-38 “视口”对话框的“新建视口”选项卡

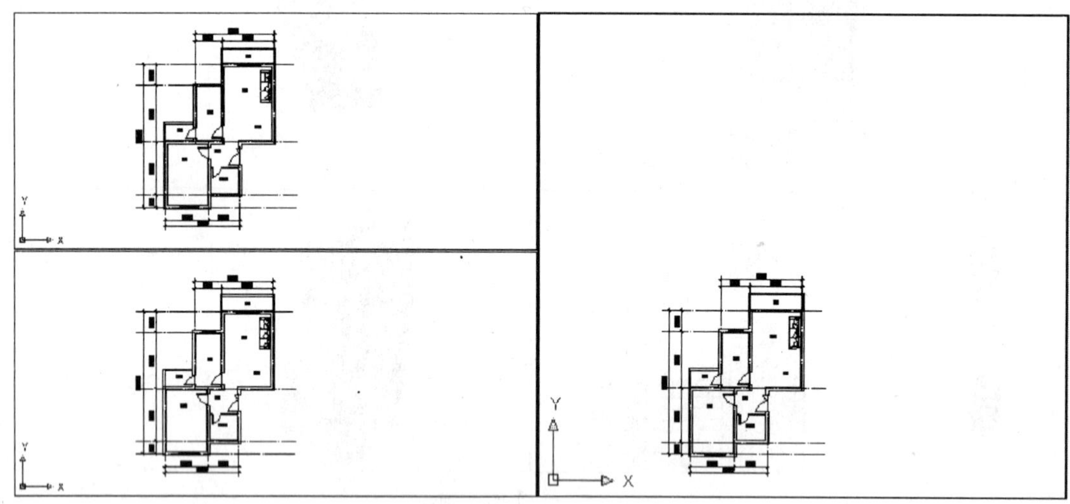

图 4-39 建立的视口

2. 命名视口

◆ 执行方式

命令行：VPORTS

菜单：视图→视口→命名视口

工具栏：视口→显示“视口”对话框

◆ 操作格式

执行上述操作后，系统打开如图 4-40 所示“视口”对话框的“命名视口”选项卡，该选项卡用来显示保存在图形文件中的视区配置。其中，“当前名称”提示行显示当前视口名；“命名视口”列表框用来显示保存的视口配置；“预览”显示框用来预览被选择的视区配置。

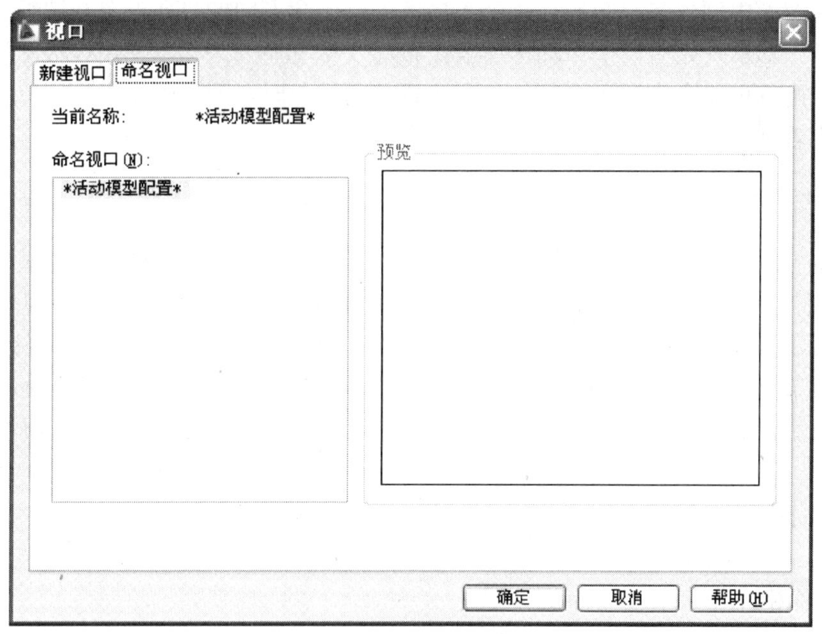

图 4-40 命名视口配置显示

4.9.2 图纸空间

在布局中可以创建并放置视口，还可以添加标注、标题栏或其他几何图形。视口显示图形的模型空间对象，即在“模型”选项卡上创建的对象。每个视口都能以指定比例显示模型空间对象。使用布局视口的好处之一是：可以在每个视口中有选择地冻结图层。因此，可以查看每个视口中的不同对象。通过在每个视口中平移和缩放，还可以显示不同的视图。

此时，各视区作为一个整体，用户可以对其执行诸如 COPY、SCALE、ERASE 这样的编辑操作，使视区可以任意大小、能放置在图纸空间中的任何位置。此外，各视区间还可以相互邻接、重叠或分开。图 4-41 为将图 4-37 所示的视区转化成图纸空间中的视区，各视区间相互分开安排，上下视区大小不等。

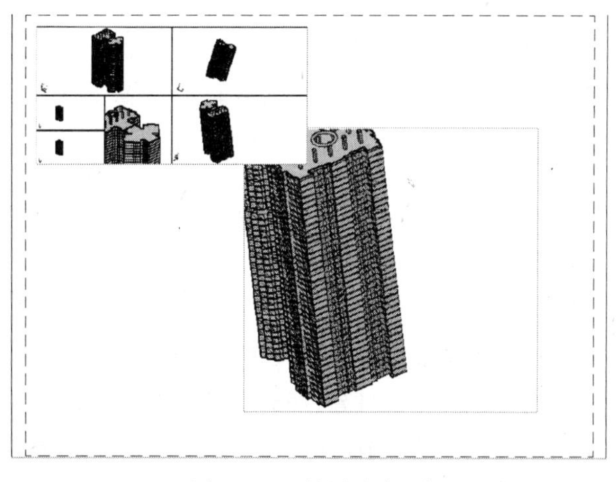

图 4-41 图纸空间视图

可以在图形中创建多个布局，每个布局都可以包含不同的打印设置和图纸尺寸。默认情况下，新图形最开始有两个布局选项卡，布局 1 和布局 2。如果使用样板图形，图形中的默认布局配置可能会有所不同。创建和放置布局视口时，附着到布局的所有打印样式表都将自动附着到用户创建的布局视口上。

1. 建立浮动视口

在布局空间中，可以使用 MVIEW 命令在图纸空间创建图纸空间浮动视口并打开现有图纸空间浮动视口。MVIEW 可以打开一个或多个视口，在图纸空间中观察模型空间创建的实体。图纸空间浮动视口比一般视口具有更大的灵活性，它不仅可以自由移到并且可以重新规定尺寸，甚至相互之间可以进行交叉层叠。在图纸空间中，可以根据需要创建任意多的视口，但只能看其中的 15 个。可以使用 ON 和 OFF 选项控制视口的显示。

◆ 执行方式

命令行：MVIEW

◆ 操作格式

命令：MVIEW↙

指定视口的角点或［开(ON)/关(OFF)/布满(F)/着色打印(S)/锁定(L)/对象(O)/多边形(P)/恢复(R)/2/3/4-］<布满>：

通过相关选项，可以进行对应的操作。

2. 布局操作

布局模拟图纸页面，并提供直观的打印设置。在布局中可以创建并放置视口对象，还可以添加标题栏或其他对象和几何图形。可以在图形中创建多个布局以显示不同视图，每个布局可以使用不同的打印比例和图纸尺寸。

◆ 执行方式

命令行：LAYOUT

菜单：插入→布局→新建布局(来自样板的布局)

◆ 操作格式

命令：LAYOUT↙

输入布局选项［复制(C)/删除(D)/新建(N)/样板(T)/重命名(R)/另存为(SA)/设置(S)/?］<设置>：

◆ 选项说明

(1) 复制(C)

复制指定的布局。

(2) 样板(T)

从样板图选择一个样板文件建立布局。选择该项，系统打开“从文件选择样板”对话框。选择样板文件后，系统按该样板文件建立布局。这种方法有一个很明显的优点就是可以利用有些样板进行绘图的基本工作。比如，绘制图纸边框和标题栏等。图 4-42 即为一种样板文件布局。本选项与菜单命令：“插入→布局→来自样板的布局”效果相同。

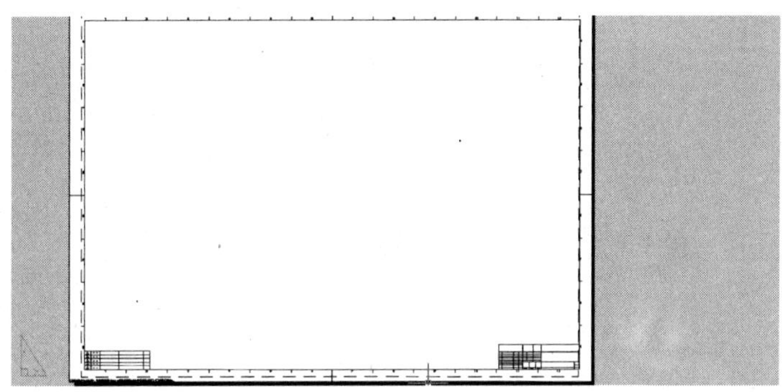

图 4-42　一种样板文件布局

(3) <设置>

对布局进行页面设置，选择该项系统自动对布局进行设置。

3. 通过向导建立布局

可以通过向导来建立布局，相对命令行方式，这种方式更直观。

◆ 执行方式

命令行：LAYOUTWIZARD

菜单：插入→布局→创建布局向导

◆ 操作格式

命令：LAYOUTWIZARD↙

系统打开“创建布局-开始”向导对话框，如图 4-43 所示。输入新建布局名，单击“下一步”按钮，然后按照对话框提示逐步操作，包括打印机、图纸尺寸、方向、标题栏、定义视口、拾取位置等参数的设置。最终达到创建一个新的布局。

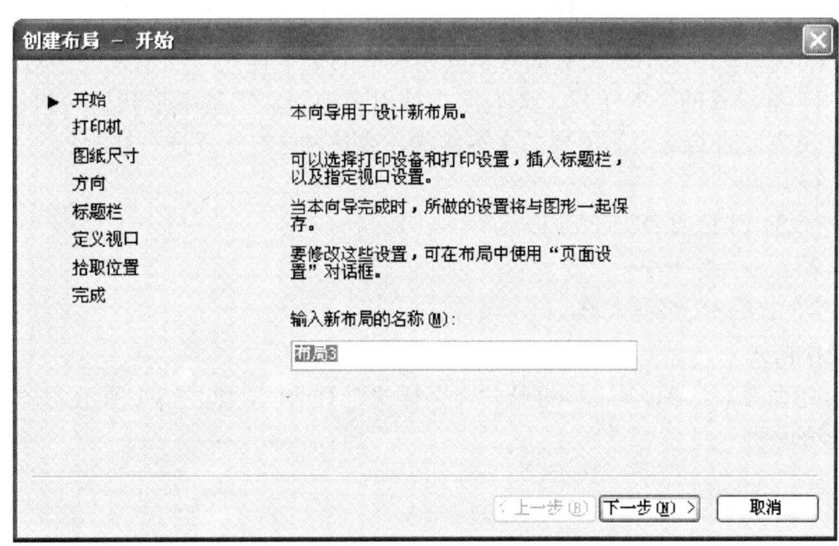

图 4-43　“创建布局-开始”向导对话框

第 5 章　文字与表格

内容提要

文字注释是图形中很重要的一部分内容，进行各种设计时，通常不仅要绘出图形，还要在图形中标注一些文字，如技术要求、注释说明等，对图形对象加以解释。AutoCAD 提供了多种写入文字的方法，本章将介绍文本的注释和编辑功能。图表在 AutoCAD 图形中也有大量的应用，如明细表、参数表和标题栏等。本章主要内容包括，介绍文字与图表的有关内容。

本章重点

- 文本样式
- 文本标注
- 文本编辑
- 表格

5.1 文本样式

所有 AutoCAD 图形中的文字都有和其相对应的文本样式。当输入文字对象时，AutoCAD 使用当前设置的文本样式。文本样式是用来控制文字基本形状的一组设置。通过这个对话框可方便直观地定制需要的文本样式，或是对已有样式进行修改。

◆ 执行方式

命令行：STYLE 或 DDSTYLE

菜单：格式→文字样式

工具栏：文字→文字样式

◆ 操作格式

执行上述命令后，AutoCAD 打开“文字样式”对话框，如图 5-1 所示。

◆ 选项说明

1.“样式”选项组

该选项组主要用于命名新样式名或对已有样式名进行相关操作。单击“新建”按钮，AutoCAD 打开图 5-2 所示“新建文字样式”对话框。在“新建文字样式”对话框中，可以为新建的样式输入名字。从文本样式列表框中选中要改名的文本样式，

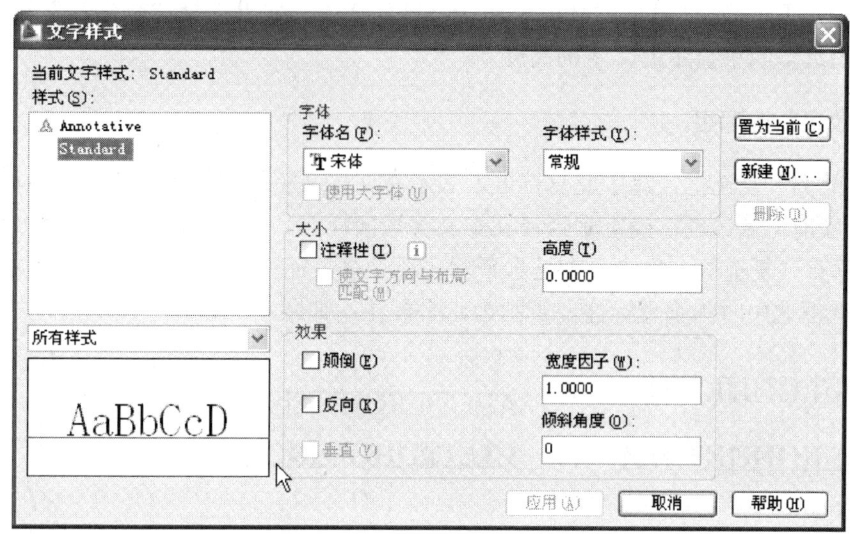

图 5-1　“文字样式”对话框

2.“字体”选项组

确定字体式样。文字的字体确定字符的形状，在 AutoCAD 中，除了它固有的 SHX 形状字体文件外，还可以使用 TrueType 字体(如宋体、楷体、italley 等)。一种字体可以设置不同的效果，从而被多种文本样式使用。例如，图 5-3 就是同一种字体(宋体)的不同样式。

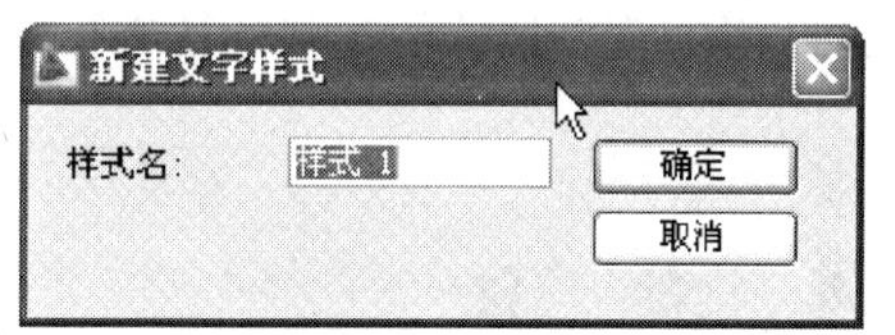

图 5-2　“新建文字样式”对话框

建筑设计建筑设计

建筑设计建筑设计

建筑设计建筑设计

<u>建筑设计建筑设计</u>

建筑设计建筑设计

图 5-3　同一字体的不同样式

“字体”选项组用来确定文本样式使用的字体文件、字体风格及字高等。其中如果在此文本框中输入一个数值，则作为创建文字时的固定字高。在用 TEXT 命令输入文字时，AutoCAD 不再提示输入字高参数。如果在此文本框中设置字高为 0，AutoCAD 则会在每一次创建文字时提示输入字高。所以，如果不想固定字高，就可以把它在样式中设置为 0。

3.“大小”选项组

(1)“注释性”复选框：指定文字为注释性文字。

(2)“使文字方向与布局匹配”复选框：指定图纸空间视口中的文字方向与布局方向匹配。如果清除“注释性”选项，则该选项不可用。

(3)高度：设置文字高度。如果输入 0.0，则每次用该样式输入文字时，文字默认值为 0.2 高度。输入大于 0.0 的高度值，则为该样式设置固定的文字高度。在相同的高度设置下，TrueType 字体显示的高度要小于 SHX 字体。如果选择“注释性”选项，则将设置要在图纸空间中显示的文字的高度。

4. “效果”选项组

（1）“颠倒”复选框：选中此复选框，表示将文本文字倒置标注，如图 5-4(*a*)所示。

（2）“反向”复选框：确定是否将文本文字反向标注。图 5-4(*b*)给出了这种标注效果。

（3）垂直“复选框：确定文本是水平标注还是垂直标注。

此复选框选中时为垂直标注，否则为水平标注，如图 5-5 所示。

ABCDEFGHIJKLMN

(*a*)

ABCDEFGHIJKLMN

(*b*)

图 5-4　文字倒置标注与反向标注

abcd

a
b
c
d

图 5-5　垂直标注文字

说明

本复选框只有在 SHX 字体下才可用。

（4）宽度比例：设置宽度系数，确定文本字符的宽高比。当比例系数为 1 时，表示将按字体文件中定义的宽高比标注文字；当此系数小于 1 时，字会变窄，反之变宽。

（5）倾斜角度：用于确定文字的倾斜角度。角度为 0 时不倾斜，为正时向右倾斜，为负时向左倾斜。

5. “应用”按钮

确认对文本样式的设置。当建立新的样式或者对现有样式的某些特征进行修改后，都需按此按钮，AutoCAD 将确认所做的改动。

5.2 文本标注

在制图过程中文字传递了很多设计信息，它可能是一个很长很复杂的说明，也可能是一个简短的文字信息。当需要标注的文本不太长时，可以利用 TEXT 命令创建单行文本。当需要标注很长、很复杂的文字信息时，用户可以用 MTEXT 命令创建多行文本。

5.2.1 单行文本标注

◆ 执行方式

命令行：TEXT

菜单：绘图→文字→单行文字

工具栏：文字→单行文字 AI

◆ 操作格式

命令：TEXT↙

选择相应的菜单项或在命令行输入 TEXT 命令后回车，AutoCAD 提示：

当前文字样式：Standard 当前文字高度：0.2000

指定文字的起点或［对正(J)/样式(S)］：

◆ 选项说明

(1) 指定文字的起点

在此提示下直接在作图屏幕上点取一点作为文本的起始点，AutoCAD 提示：

指定高度<0.2000>：(确定字符的高度)

指定文字的旋转角度<0>：(确定文本行的倾斜角度)

输入文字：(输入文本)

在此提示下输入一行文本后回车，AutoCAD 继续显示“输入文字：”提示，可继续输入文本，待全部输入完后在此提示下直接回车，则退出 TEXT 命令。可见，由 TEXT 命令也可创建多行文本，只是这种多行文本每一行是一个对象，不能对多行文本同时进行操作。

说明

只有当前文本样式中设置的字符高度为 0 时，在使用 TEXT 命令时 AutoCAD 才出现要求用户确定字符高度的提示。

AutoCAD 允许将文本行倾斜排列，如图 5-6 所示为倾斜角度分别是 0 度、45 度和－45 度时的排列效果。在“指定文字的旋转角度<0>：”提示下输入文本行的倾斜角度或在屏幕上拉出一条直线来指定倾斜角度。

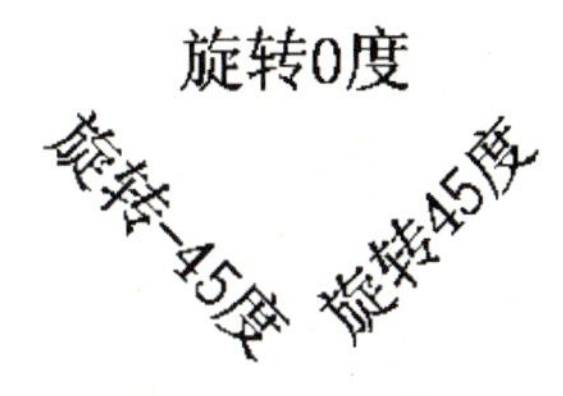

图 5-6 文本行倾斜排列的效果

(2) 对正(J)

在上面的提示下键入 J，用来确定文本的对齐方式，对齐方式决定文本的哪一部分与所选的插入点对齐。执行此选项，AutoCAD 提示：

输入选项［对齐(A)/调整(F)/中心(C)/中间(M)/右®/左上(TL)/中上(TC)/右上(TR)/左中(ML)/正中(MC)/右中(MR)/左下(BL)/中下(BC)/右下(BR)］：

在此提示下选择一个选项作为文本的对齐方式。当文本串水平排列时，AutoCAD 为标注文本串定义了图 5-7 所示的顶线、中线、基线和底线，各种对齐方式如图 5-8 所示，图中大写字母对应上述提示中各命令。下面以“对齐”为例进行简要说明。

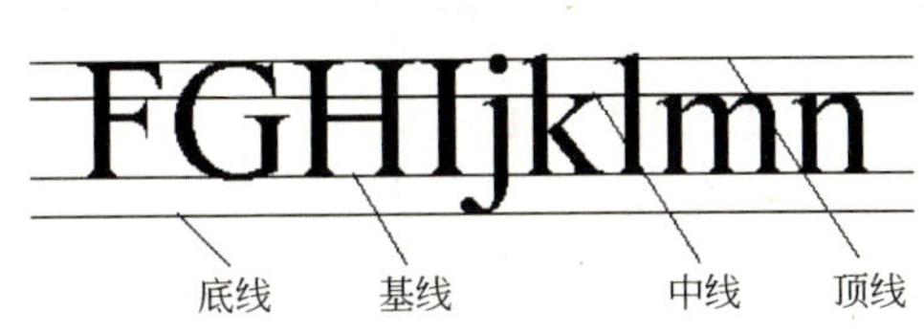

图 5-7 文本行的底线、基线、中线和顶线

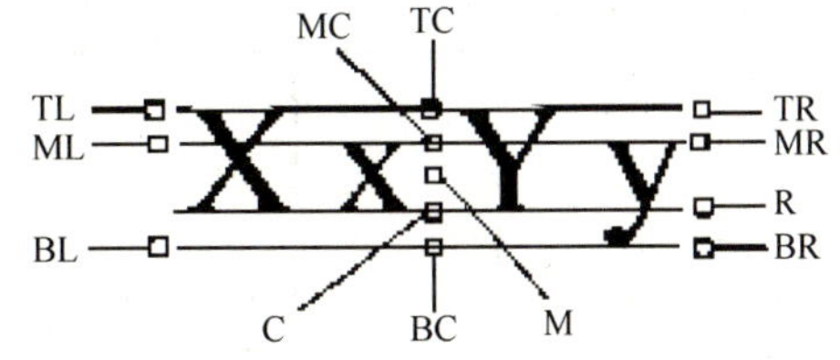

图 5-8 文本的对齐方式

对齐(A)：选择此选项，要求用户指定文本行基线的起始点与终止点的位置，AutoCAD 提示：

指定文字基线的第一个端点：(指定文本行基线的起点位置)

指定文字基线的第二个端点：(指定文本行基线的终点位置)

输入文字:(输入一行文本后回车)

输入文字:(继续输入文本或直接回车结束命令)

执行结果：所输入的文本字符均匀地分布于指定的两点之间，如果两点间的连线不水平，则文本行倾斜放置，倾斜角度由两点间的连线与X轴夹角确定；字高、字宽根据两点间的距离、字符的多少以及文本样式中设置的宽度系数自动确定。指定了两点之后，每行输入的字符越多，字宽和字高越小。

其他选项与“对齐”类似，不再赘述。

实际绘图时，有时需要标注一些特殊字符，例如直径符号、上画线或下画线、温度符号等。由于这些符号不能直接从键盘上输入，AutoCAD提供了一些控制码，用来实现这些要求。控制码用两个百分号(%%)加一个字符构成，常用的控制码如表5-1所示。

AutoCAD常用控制码 **表5-1**

符号	功能	符号	功能
%%O	上画线	\u+0278	电相位
%%U	下画线	\u+E101	流线
%%D	“度”符号	\u+2261	标识
%%P	正负符号	\u+E102	界碑线
%%C	直径符号	\u+2260	不相等
%%%	百分号%	\u+2126	欧姆
\u+2248	几乎相等	\u+03A9	欧米加
\u+2220	角度	\u+214A	低界线
\u+E100	边界线	\u+2082	下标2
\u+2104	中心线	\u+00B2	上标2
\u+0394	差值		

其中，%%O和%%U分别是上画线和下画线的开关，第一次出现此符号开始画上画线和下画线，第二次出现此符号上画线和下画线终止。例如在“Text:”提示后输入“I want to %%U go to Beijing%%U.”，则得到图5-9(*a*)所示的文本行，输入“50%%D+%%C75%%P12”，则得到图5-9(*b*)所示的文本行。

I want to <u>go to Beijing</u>.　a

50°+ø75±12　b

图5-9　文本行

用TEXT命令可以创建一个或若干个单行文本，也就是说用此命令可以标注多行文本。在“输入文本:”提示下输入一行文本后回车，AutoCAD继续提示“输入文本:”，用户可输入第二行文本，以此类推，直到文本全部输完。再在此提示下直接回车，结束文本输入命令。每一次回车就结束一个单行文本的输入，每一个单行文本是一个对象，可以单独修改其文本样式、字高、旋转角度和对齐方式等。

用 TEXT 命令创建文本时，在命令行输入的文字同时显示在屏幕上，而且在创建过程中可以随时改变文本的位置。只要将光标移到新的位置按点取键，则当前行结束，随后输入的文本在新的位置出现。用这种方法可以把多行文本标注到屏幕的任何地方。

5.2.2 多行文本标注

◆ 执行方式

命令行：MTEXT

菜单：绘图→文字→多行文字

工具栏：绘图→多行文字 A 或文字→多行文字 A

◆ 操作格式

命令：MTEXT↙

选择相应的菜单项或工具条图标，或在命令行输入 MTEXT 命令后回车，系统提示：

当前文字样式："Standard" 当前文字高度：1.9122

指定第一角点：(指定矩形框的第一个角点)

指定对角点或 [高度(H)/对正(J)/行距(L)/旋转(R)/样式(S)/宽度(W)/栏(C)]：

◆ 选项说明

(1) 指定对角点

直接在屏幕上点取一个点作为矩形框的第二个角点，AutoCAD 以这两个点为对角点形成一个矩形区域，其宽度作为将来要标注的多行文本的宽度，而且第一个点作为第一行文本顶线的起点。响应后，AutoCAD 打开图 5-10 所示的多行文字编辑器，可利用此对话框与编辑器输入多行文本并对其格式进行设置。关于对话框中各项的含义与编辑器功能，稍后再详细介绍。

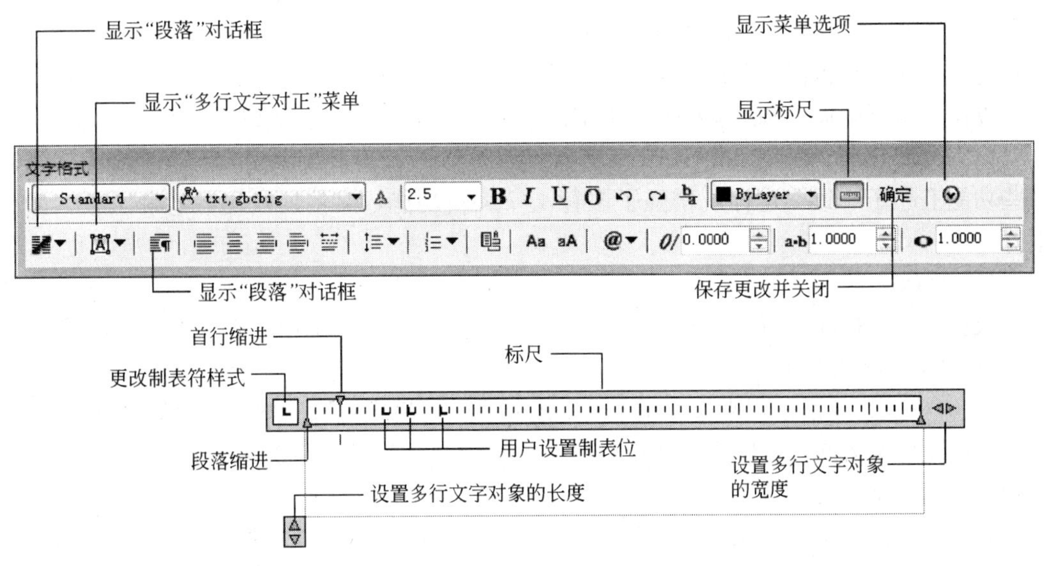

图 5-10 多行文字编辑器

(2) 对正(J)

确定所标注文本的对齐方式。选取此选项，AutoCAD 提示：

输入对正方式［左上(TL)/中上(TC)/右上(TR)/左中(ML)/正中(MC)/右中(MR)/左下(BL)/中下(BC)/右下(BR)］<左上(TL)>：

这些对齐方式与 TEXT 命令中的各对齐方式相同，不再重复。选取一种对齐方式后回车，AutoCAD 回到上一级提示。

(3) 行距(L)

确定多行文本的行间距，这里所说的行间距是指相邻两文本行的基线之间的垂直距离。执行此选项，AutoCAD 提示：

输入行距类型［至少(A)/精确(E)］<至少(A)>：

在此提示下有两种方式确定行间距，“至少”方式和“精确”方式。“至少”方式下 AutoCAD 根据每行文本中最大的字符自动调整行间距，“精确”方式下 AutoCAD 给多行文本赋予一个固定的行间距。可以直接输入一个确切的间距值，也可以输入“nx”的形式，其中 n 是一个具体数，表示行间距设置为单行文本高度的 n 倍，而单行文本高度是本行文本字符高度的 1.66 倍。

(4) 旋转(R)

确定文本行的倾斜角度。执行此选项，AutoCAD 提示：

指定旋转角度<0>：(输入倾斜角度)

输入角度值后回车，AutoCAD 返回到“指定对角点或［高度(H)/对正(J)/行距(L)/旋转®/样式(S)/宽度(W)］：”提示。

(5) 样式(S)

确定当前的文本样式。

(6) 宽度(W)

指定多行文本的宽度。可在屏幕上选取一点与前面确定的第一个角点组成的矩形框的宽作为多行文本的宽度。也可以输入一个数值，精确设置多行文本的宽度。

在创建多行文本时，只要给定了文本行的起始点和宽度后，AutoCAD 就会打开图 5-10 所示的多行文字编辑器，该编辑器包含一个“文字格式”对话框和一个右键快捷菜单。用户可以在编辑器中输入和编辑多行文本，包括设置字高、文本样式以及倾斜角度等。

该编辑器与 Microsoft 的 Word 编辑器界面类似，事实上该编辑器与 Word 编辑器在某些功能上趋于一致。这样既增强了多行文字编辑功能，又使用户更熟悉和方便，效果很好。

(7) 栏(C)

根据栏宽，栏间距宽度和栏高组成矩形框，打开图 5-10 所示的多行文字编辑器。

(8)“文字格式”工具栏

“文字格式”对话框用来控制文本的显示特性。可以在输入文本之前设置文本的特性，也可以改变已输入文本的特性。要改变已有文本的显示特性，首先应选择要修改的文本，选择文本有以下三种方法：

将光标定位到文本开始处，按下鼠标左键，将光标拖到文本末尾。

双击某一个字，则该字被选中。

三击鼠标则选全部内容。

下面把多行文字编辑器中的部分选项的功能介绍一下：

（1）“高度”下拉列表框：该下拉列表框用来确定文本的字符高度，可在文本编辑框中直接输入新的字符高度，也可从下拉列表中选择已设定过的高度。

（2）“B”和“I”按钮：这两个按钮用来设置黑体或斜体效果，只对 TrueType 字体有效。

（3）“下划线” U 与“上划线” Ō 按钮：该按钮用于设置或取消上(下)画线。

（4）“堆叠”按钮：该按钮为层叠/非层叠文本按钮，用于层叠所选的文本，也就是创建分数形式。当文本中某处出现“/”或“^”或“#”这三种层叠符号之一时可层叠文本，方法是选中需层叠的文字，然后单击此按钮，则符号左边文字作为分子，右边文字作为分母。AutoCAD 提供了三种分数形式，如选中“abcd/efgh”后单击此按钮，得到如图 5-11(*a*)所示的分数形式。如果选中“abcd^efgh”后单击此按钮，则得到图 5-11(*b*)所示的形式。此形式多用于标注极限偏差，如果选中“abcd # efgh”后单击此按钮，则创建斜排的分数形式，如图 5-11(*c*)所示。如果选中已经层叠的文本对象后单击此按钮，则恢复到非层叠形式。

（5）“倾斜角度”下拉列表框 0/：设置文字的倾斜角度。

说明

倾斜角度与斜体效果是两个不同概念，前者可以设置任意倾斜角度，后者是在任意倾斜角度的基础上设置斜体效果，如图 5-12 所示。第一行倾斜角度为 0°，非斜体；第二行倾斜角度为 12°，斜体；第三行倾斜角度为 12°。

$\frac{abcd}{efgh}$	abcd efgh	abcd/efgh
(*a*)	(*b*)	(*c*)

图 5-11 文本层叠

(*a*)“/”堆叠；(*b*)“^”堆叠；(*c*)“#”堆叠

建筑设计

建筑设计

建筑设计

图 5-12 倾斜角度与斜体效果

（6）“符号”按钮 @：用于输入各种符号。单击该按钮，系统打开符号列表，如图 5-13 所示。可以从中选择符号输入到文本中。

（7）“插入字段”按钮：插入一些常用或预设字段。单击该命令，系统打开“字段”对话框，如图 5-14 所示。用户可以从中选择字段插入到标注文本中。

（8）“追踪”下拉列表框 a•b：增大或减小选定字符之间的空间。1.0 设置是常规间距。设置为大于 1.0 可增大间距，设置为小于 1.0 可减小间距。

（9）“栏”下拉列表：显示栏弹出菜单，该菜单提供三个栏选项：“不分栏”、“静态栏”和“动态栏”。

（10）“多行文字对齐”下拉列表 A：显示“多行文字对正”菜单，并且有九个对齐选项可用。“左上”为默认。

（11）“宽度”下拉列表框：扩展或收缩选定字符。1.0 设置代表此字体中字母的常规宽度，可以增大该宽度或减小该宽度。

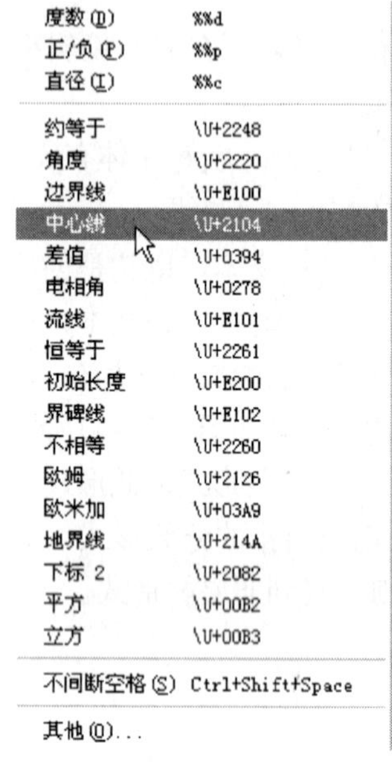

图 5-13 符号列表

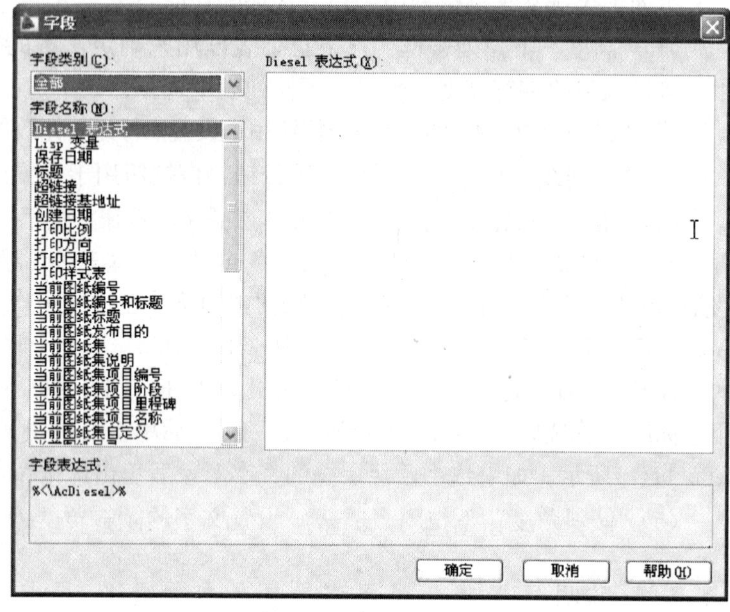

图 5-14 “字段”对话框

“选项”菜单

在“文字格式”工具栏上单击“选项”按钮⊙，系统打开“选项”菜单，如图 5-15 所示。其中许多选项与 Word 中相关选项类似，只对其中比较特殊的选项简单介绍如下：

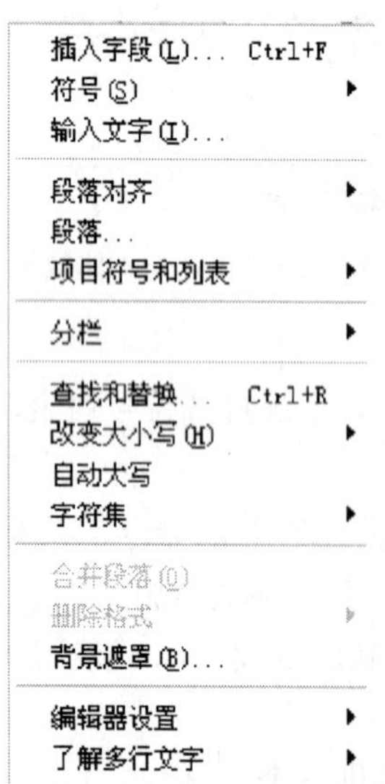

图 5-15 “选项”菜单

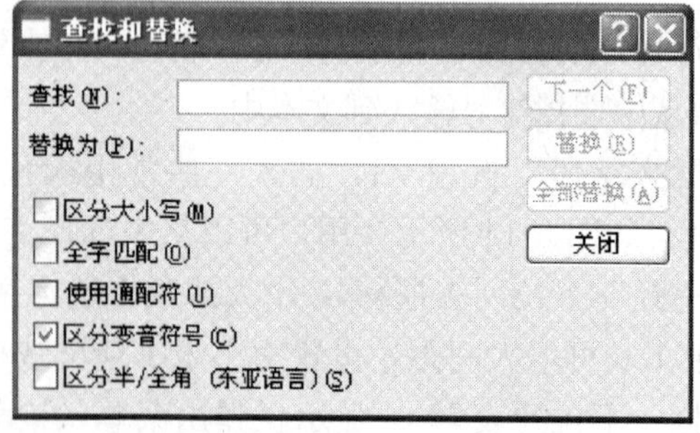

图 5-16 “替换”对话框

（1）查找和替换：显示“查找和替换”对话框，如图 5-16 所示。在该对话框中可以进行替换操作，操作方式与 Word 编辑器中替换操作类似，不再赘述。

（2）改变大小写：改变选定文字的大小写。可以选择“大写”或“小写”。

(3) 自动大写：将所有新输入的文字转换成大写。自动大写不影响已有的文字。要改变已有文字的大小写，请选择文字，单击右键，然后在快捷菜单上单击"改变大小写"。

(4) 删除格式：清除选定文字的粗体、斜体或下画线格式。

(5) 合并段落：将选定的段落合并为一段，并用空格替换每段的回车。

(6) 符号：在光标位置插入列出的符号或不间断空格，也可以手动插入符号。

(7) 输入文字：显示"选择文件"对话框，如图 5-17 所示。选择任意 ASCII 或 RTF 格式的文件。输入的文字保留原始字符格式和样式特性，但可以在多行文字编辑器中编辑和格式化输入的文字。选择要输入的文本文件后，可以替换选定的文字或全部文字，或在文字边界内将插入的文字附加到选定的文字中。输入文字的文件必须小于 32K。

(8) 背景遮罩：用设定的背景对标注的文字进行遮罩。单击该命令，系统打开"背景遮罩"对话框，如图 5-18 所示。

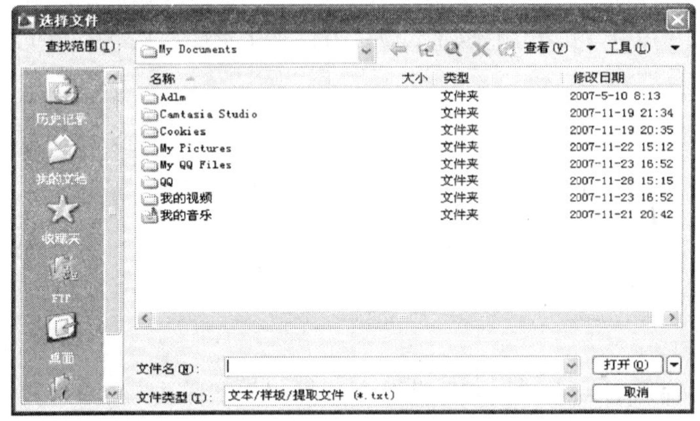

图 5-17 "选择文件"对话框

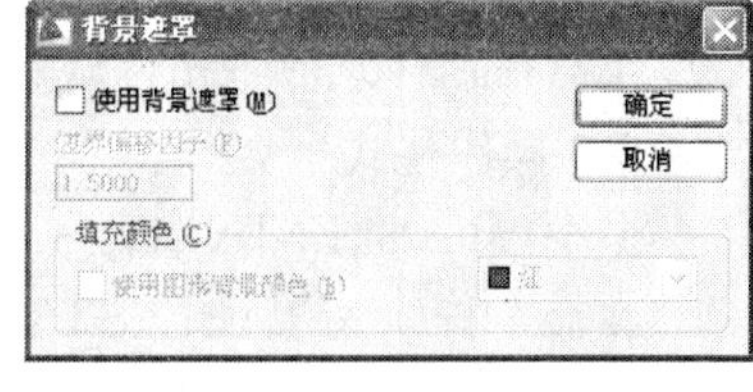

图 5-18 "背景遮罩"对话框

(9) 字符集：显示代码页菜单。选择一个代码页并将其应用到选定的文字。

5.3 文本编辑

◆ 执行方式

命令行：DDEDIT

菜单：修改→对象→文字→编辑

工具栏：文字→编辑 A/

快捷菜单："修改多行文字"或"编辑文字"

◆ 操作格式

选择相应的菜单项，或在命令行输入 DDEDIT 命令后回车，AutoCAD 提示：

命令：DDEDIT↙

选择注释对象或[放弃(U)]：

要求选择想要修改的文本，同时光标变为拾取框。用拾取框点击对象，如果选取的文本是用 TEXT 命令创建的单行文本，则深显该文本，可对其进行修改。如果选取的文本是用 MTEXT 命令创建的多行文本，选取后则打开多行文字编辑器(如图 5-10 所示)，可根据前面的介绍对各项设置或内容进行修改。

5.4 表　　格

在以前的版本中，要绘制表格必须采用绘制图线或者图线结合偏移或复制等编辑命令来完成。这样的操作过程繁琐而复杂，不利于提高绘图效率。从 AutoCAD 2005 开始，新增加了一个“表格”绘图功能，有了该功能，创建表格就变得非常容易，用户可以直接插入设置好样式的表格，而不用绘制由单独的图线组成的栅格。

5.4.1 定义表格样式

和文字样式一样，所有 AutoCAD 图形中的表格都有和其相对应的表格样式。当插入表格对象时，AutoCAD 使用当前设置的表格样式。表格样式是用来控制表格基本形状和间距的一组设置。模板文件 ACAD. DWT 和 ACADISO. DWT 中定义了名叫 STANDARD 的默认表格样式。

◆ 执行方式

命令行：TABLESTYLE

菜单：格式→表格样式

工具栏：样式→表格样式管理器

◆ 操作格式

命令：TABLESTYLE↙

在命令行输入 TABLESTYLE 命令，或在“格式”菜单中选择“文字样式”命令，或者在“样式”工具栏中单击“表格样式管理器”按钮，AutoCAD 打开“表格样式”对话框，如图 5-19 所示。

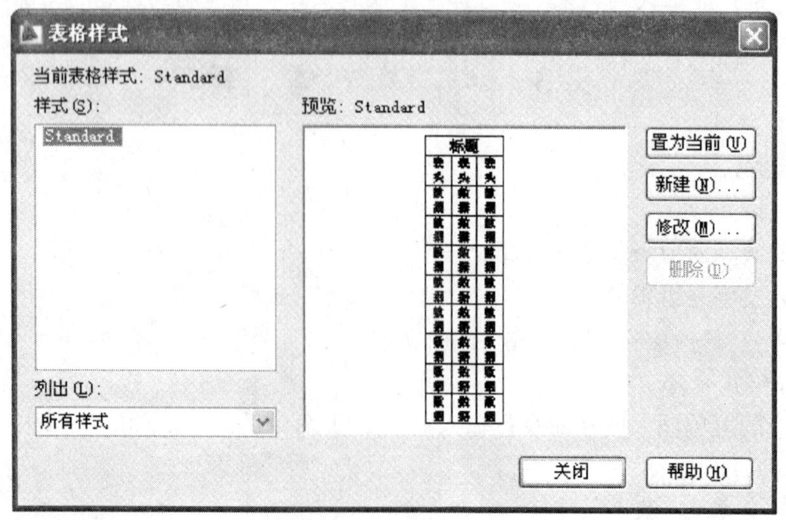

图 5-19 “表格样式”对话框

◆　选项说明

（1）新建

单击该按钮，系统打开“创建新的表格样式”对话框，如图 5-20 所示。输入新的表格样式名后，单击“继续”按钮，系统打开“创建新的表格样式”对话框，如图 5-21 所示。从中可以定义新的表样式。

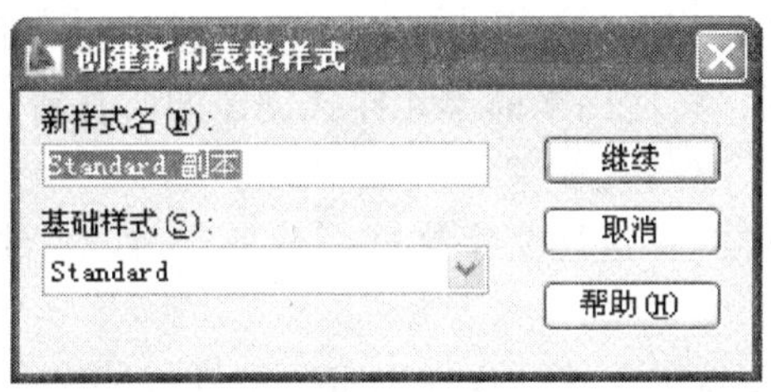

图 5-20　“创建新的表格样式”对话框

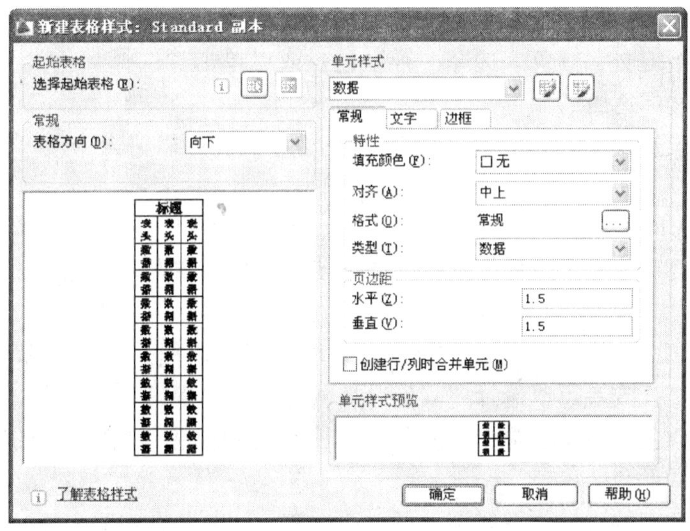

图 5-21　“新建表格样式”对话框

①“起始表格”选项组

选择起始表格：可以在图形中选择一个要应用新表格样式设置的表格。

②“基本”选项组

表格方向：包括“向下”或“向上”选项。选择“向上”选项，是指创建由下而上读取的表格；标题行和列标题行都在表格的底部。选择“向下”选项，是指创建由上而下读取的表格；标题行和列标题行都在表格的顶部。

③“单元样式”选项组

单元样式：选择要应用到表格的单元样式，或通过单击该下拉列表右侧的按钮，创建一个新单元样式。

④“基本”选项卡

填充颜色：指定填充颜色。选择“无”或选择一种背景色，或者单击“选择颜色”，在弹出的“选择颜色”对话框中选择适当的颜色。

对齐：为单元内容指定一种对齐方式。“中心”指水平对齐，“中间”指垂直对齐。

格式：设置表格中各行的数据类型和格式。单击“...”按钮弹出“表格单元格式”对话框，从中可以进一步定义格式选项。

类型：将单元样式指定为标签或数据，在包含起始表格的表格样式中插入默认文字时使用。也用于在工具选项板上创建表格工具的情况。

页边距-水平：设置单元中的文字或块与左右单元边界之间的距离。

页边距-垂直：设置单元中的文字或块与上下单元边界之间的距离。

创建行/列时合并单元：将使用当前单元样式创建的所有新行或列合并到一个单元中。

⑤“文字”选项卡

文字样式：指定文字样式。选择文字样式，或单击“...”按钮弹出“文字样式”对话框并创建新的文字样式。

文字高度：指定文字高度。此选项仅在选定文字样式的文字高度为 0 时适用(默认文字样式 STANDARD 文字高度为 0)。如果选定的文字样式指定了固定的文字高度，则此选项不可用。

文字颜色：指定文字颜色。选择一种颜色，或者单击“选择颜色”，在弹出的“选择颜色”对话框种选择适当的颜色。

文字角度：设置文字角度，默认的文字角度为 0°。可以输入 －359°～＋359°之间的任何角度。

⑥“边框”选项卡

线宽：设置要用于显示边界的线宽。如果使用加粗的线宽，可能必须修改单元边距才能看到文字。

线型：通过单击边框按钮，设置线型以应用于指定边框。将显示标准线型“随块”、“随层”和“连续”，或者可以选择“其他”加载自定义线型。

颜色：指定颜色以应用于显示的边界。单击“选择颜色”，在弹出的“选择颜色”对话框中选择适当的颜色。

双线：指定选定的边框为双线型。可以通过在“间距”框中输入值来更改行距。

边框显示按钮：应用选定的边框选项。单击按钮可以将选定的边框选项应用到所有的单元边框、外部边框、内部边框、底部边框、左边框、顶部边框、右边框或无边框。对话框中的预览将更新以显示设置后的效果。

(2) 修改

对当前表格样式进行修改，方式与新建表格样式相同。

5.4.2 创建表格

在设置好表格样式后，用户可以利用 TABLE 命令创建表格。

◆ 执行方式

命令行：TABLE

菜单：绘图→表格

工具栏：绘图→表格

◆ 操作格式

命令：TABLE↙

在命令行输入 TABLE 命令，或在“绘图”菜单中选择“表格”命令，或者在“绘图”工具栏中单击“表格”按钮，AutoCAD 打开“插入表格”对话框，如图 5-22 所示。

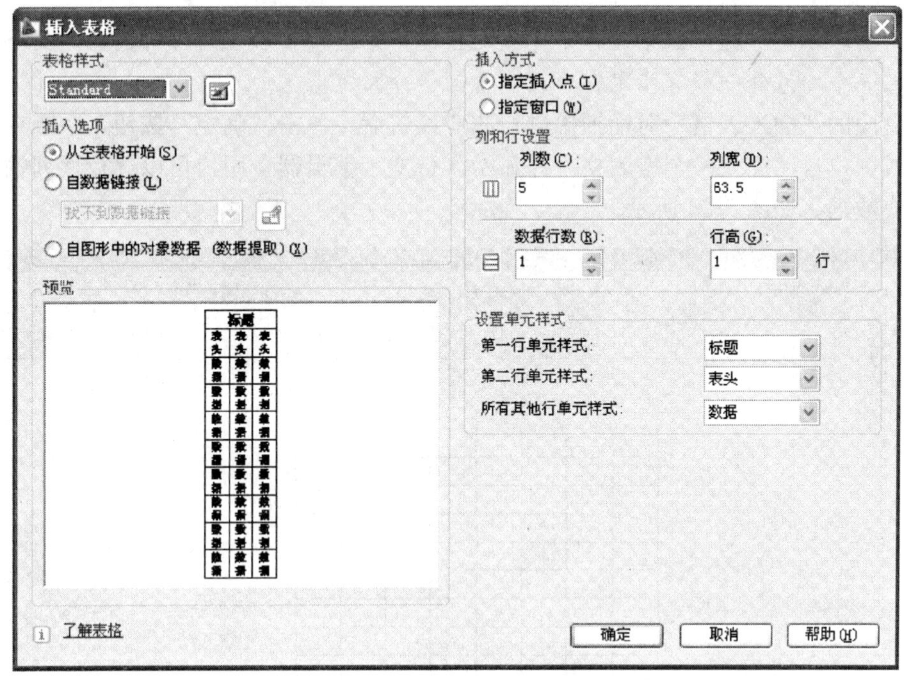

图 5-22　“插入表格”对话框

◆　选项说明

(1)“表格样式”选项组

可以在“表格样式名称”下拉列表框中选择一种表格样式，也可以单击后面的“...”按钮新建或修改表格样式。

(2)“插入选项”选项组

①“从空表格开始”单选按钮：创建可以手动填充数据的空表格。

②“自数据连接”单选按钮：通过启动数据连接管理器数据连接部电子表格中的数据来创建表格。

③“自图形中的对象数据”单选按钮：启动“数据提取”向导来创建表格。

(3)“插入方式”选项组

①“指定插入点”单选按钮

指定表左上角的位置。可以使用定点设备，也可以在命令行输入坐标值。如果表样式将表的方向设置为由下而上读取，则插入点位于表的左下角。

②“指定窗口”单选按钮

指定表的大小和位置。可以使用定点设备，也可以在命令行输入坐标值。选定此选项时，行数、列数、列宽和行高取决于窗口的大小以及列和行设置。

(4)“列和行的设置”选项组

指定列和行的数目以及列宽与行高。

(5)“设置单元样式”选项组

指定第一行、第二行和所有其他行单元样式为标题、标头或者数据样式。

说明

在“插入方式”选项组中选择了“指定窗口”单选按钮后，列与行设置的两个参数中只能指定一个，另外一个有指定窗口大小自动等分指定。

在上面的“插入表格”对话框中进行相应设置后，单击“确定”按钮，系统在指定的插入点或窗口自动插入一个空表格，并显示多行文字编辑器，用户可以逐行逐列输入相应的文字或数据，如图 5-23 所示。

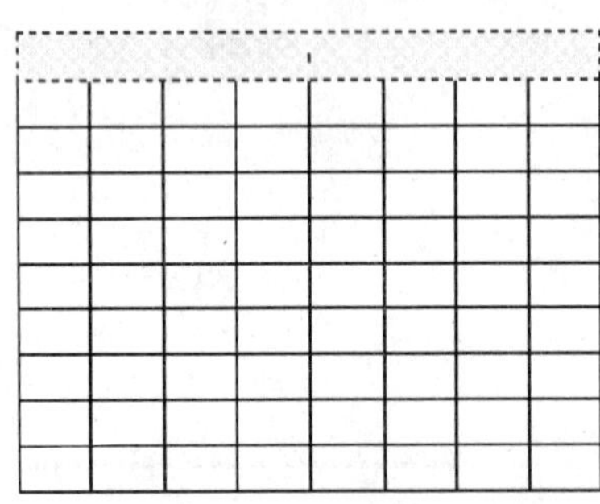

图 5-23　多行文字编辑器

说明

在插入后的表格中选择某一个单元格，单击后出现钳夹点，通过移动钳夹点可以改变单元格的大小。如图 5-24 所示。

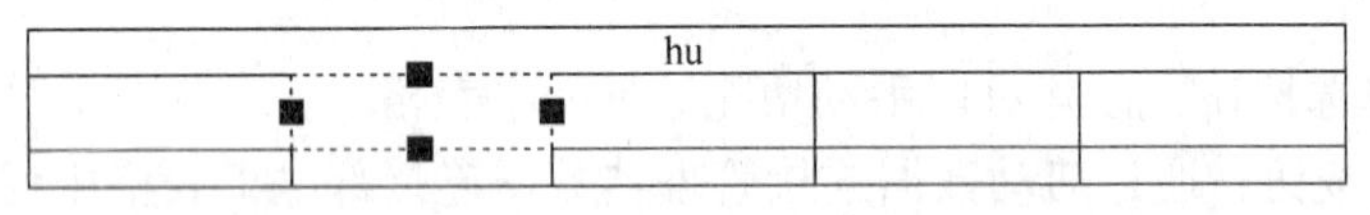

图 5-24　改变单元格大小

5.4.3　表格文字编辑

◆　执行方式

命令行：TABLEDIT

快捷菜单：选定表和一个或多个单元后，单击右键并单击快捷菜单上的“编辑文字”（如图 5-25 所示）

定点设备：在表单元内双击

◆　操作格式

命令：TABLEDIT↙

系统打开图 5-10 所示的多行文字编辑器，用户可以对指定表格单元的文字进行编辑。

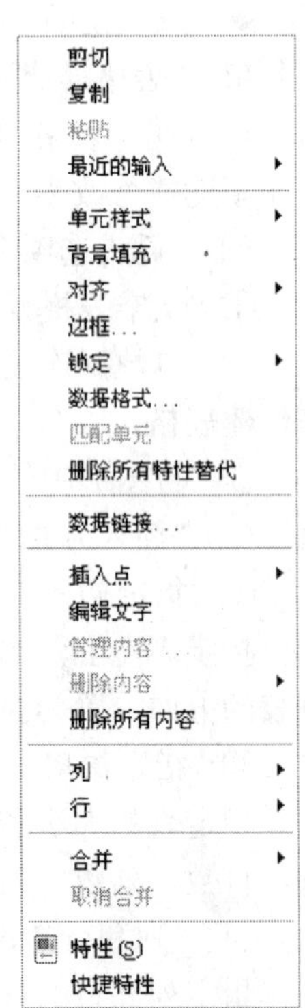

图 5-25　快捷菜单

【例 5-1】 绘制图 5-26 所示的建筑制图 A3 样板图。

【绘制步骤】

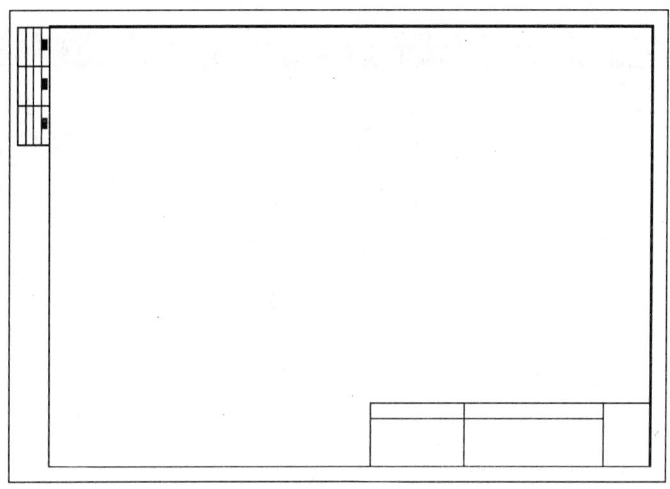

图 5-26 A3 样板图

(1) 绘制图框。

利用“矩形”命令绘制一个矩形，指定矩形两个角点的坐标分别为(25, 10)和(410, 287)，如图 5-27 所示。

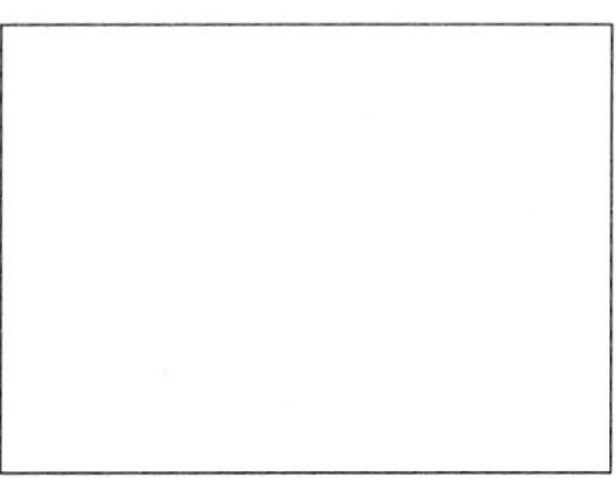

图 5-27 绘制矩形

注意

国家标准规定，A3 图纸的幅面大小是 420×297，这里留出了带装订边的图框到纸面边界的距离。

(2) 绘制标题栏

标题栏结构如图 5-18 所示，由于分隔线并不整齐，所以可以先绘制一个 9×4(每个单元格的尺寸是 10×10)的标准表格，然后在此基础上编辑合并单元格，形成图 5-28 所示形式。

① 单击菜单命令：“格式”→“表格样式”，打开“表格样式”对话框，如图 5-29 所示。

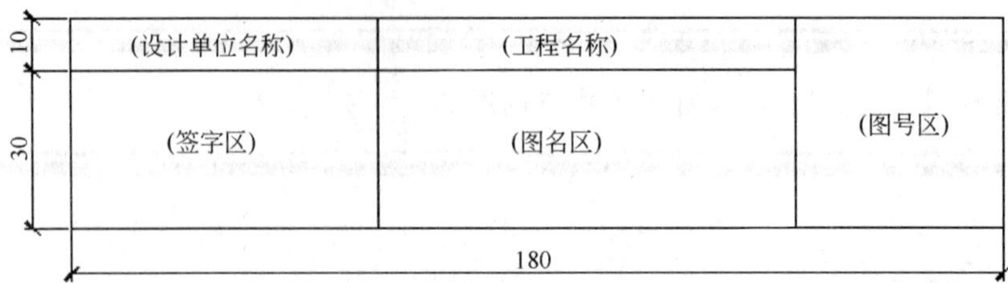

图 5-28　标题栏示意图

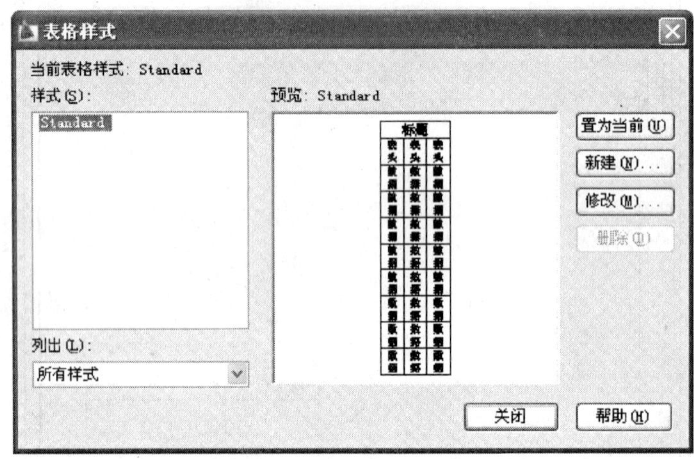

图 5-29　“表格样式”对话框

② 单击“修改”按钮，系统打开“修改表格样式”对话框，在“单元样式”下拉列表框中选择“数据”选项，在下面的“文字”选项卡中将文字高度设置为 8，如图 5-30 所示。再打开“基本”选项卡，将“页边距”选项组中的“水平”和“垂直”都设置成 1.5，如图 5-31 所示。

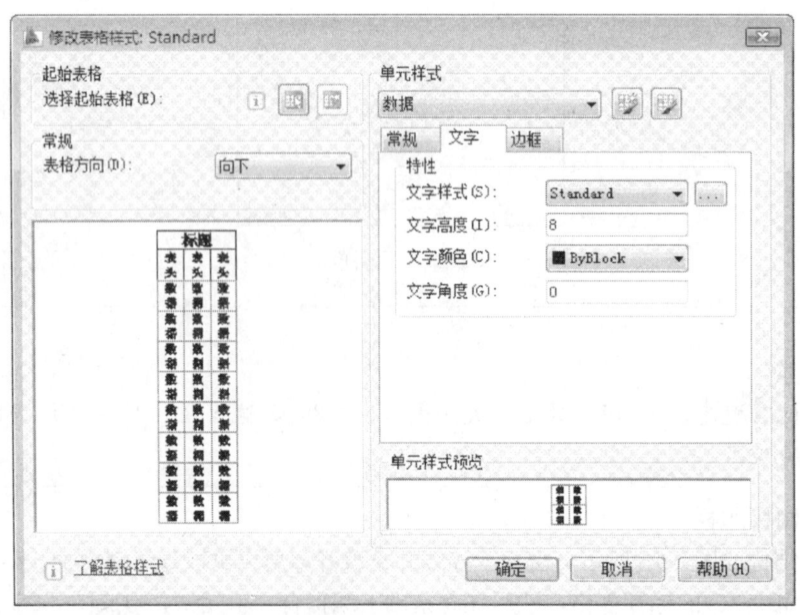

图 5-30　“修改表格样式”对话框

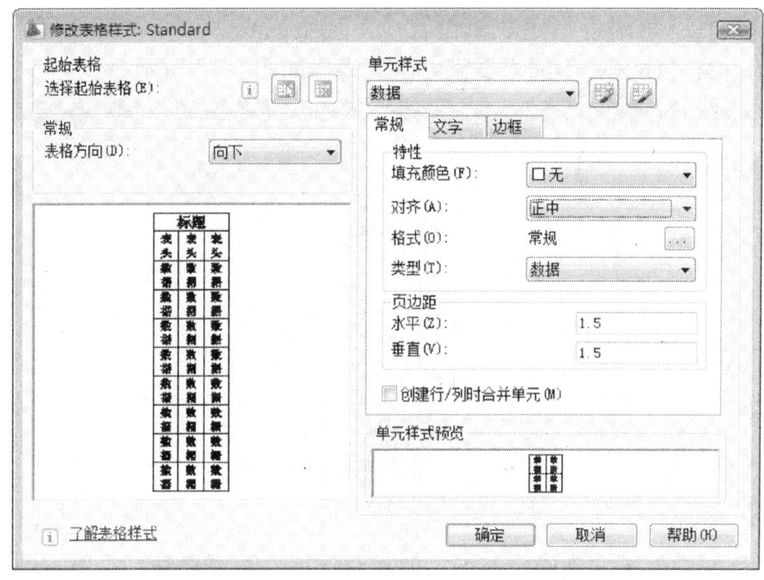

图 5-31 设置“基本”选项卡

说明

表格的行高=文字高度+2×垂直页边距，此处设置为 8+2×1=10。

③ 系统回到“表格样式”对话框，单击“关闭”按钮退出。

④ 执行“表格”命令，系统打开“插入表格”对话框，如图 5-32 所示，在“列和行设置”选项组中将“列数”设置为 9，将“列宽”设置为 20，将“数据行数”设置为 2(加上标题行和表头行共 4 行)，将“行高”设置为 1 行(即为 10)；在“设置单元样式”选项组中，将“第一行单元样式”与“第二行单元样式”和“第三行单元样式”都设置为“数据”。

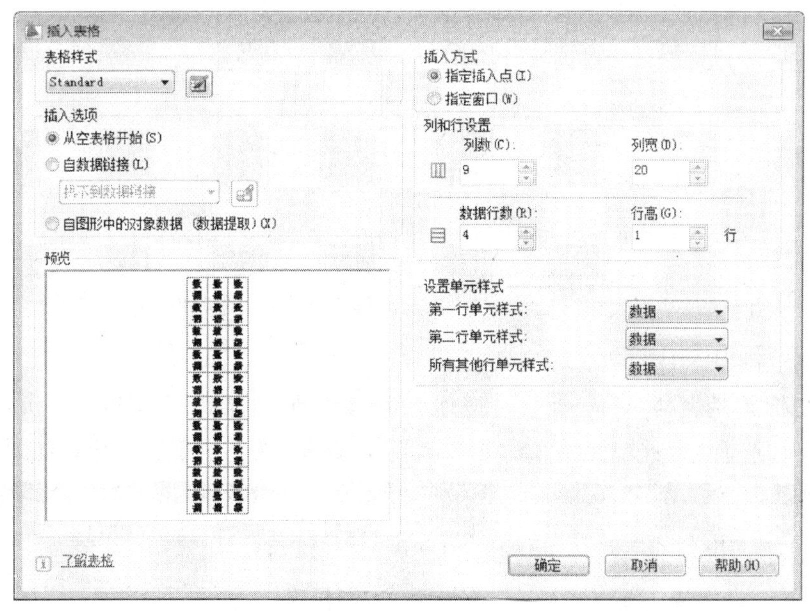

图 5-32 “插入表格”对话框

⑤ 在图框线右下角附近指定表格位置，系统生成表格，同时打开多行文字编辑器，如图 5-33 所示。直接回车，不输入文字，生成表格如图 5-34 所示。

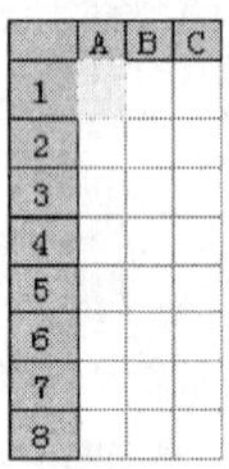

图 5-33　表格和文字编辑器

（3）移动标题栏

刚生成的标题栏无法准确确定与图框的相对位置，需要移动。这里，先调用一个目前还没有讲述的命令“移动”（下一章详细讲述），命令行提示和操作如下：

命令：move↙

选择对象：（选择刚绘制的表格）

选择对象：↙

指定基点或［位移(D)］＜位移＞：（捕捉表格的右下角点）

指定第二个点或＜使用第一个点作为位移＞：（捕捉图框的右下角点）

这样，就将表格准确放置在图框的右下角，如图 5-35 所示。

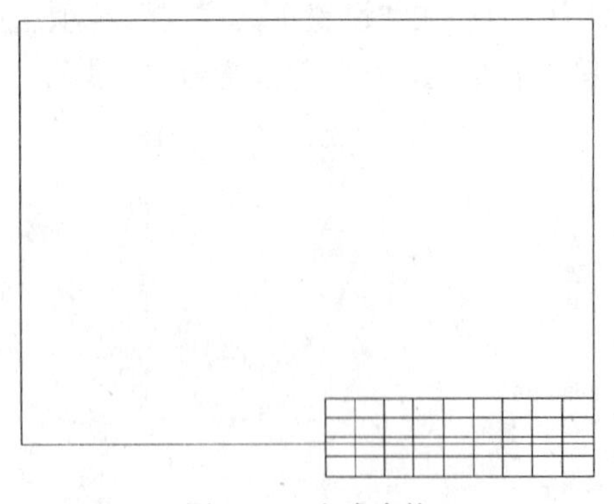

图 5-34　生成表格

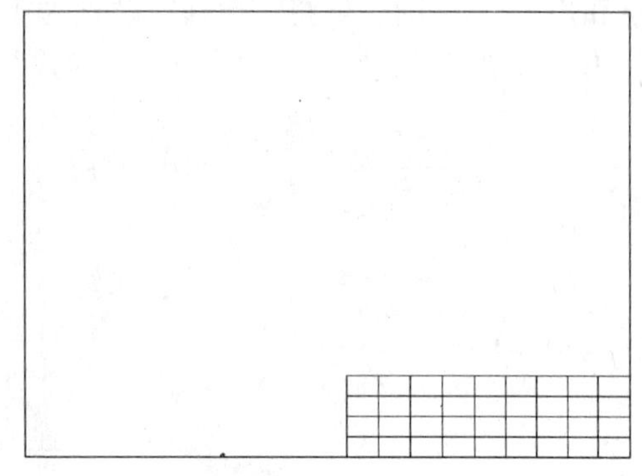

图 5-35　移动表格

（4）编辑标题栏表格

① 单击标题栏表格 A1 单元格，按住 Shift 键，同时选择 B1 和 C1 单元格，在“表格”编辑器中选择“合并单元格”命令下拉菜单中的“全部”命令，如图 5-36 所示。

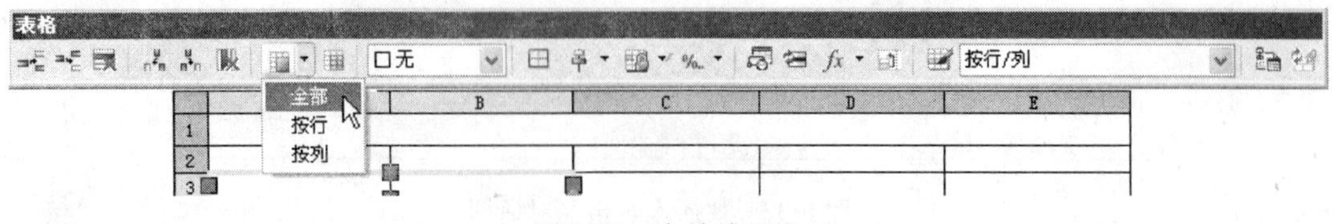

图 5-36　合并单元格

② 同样方法对其他单元格进行合并，结果如图 5-37 所示。

(5) 绘制会签栏

会签栏具体大小和样式如图 5-38 所示，采取和标题栏相同的绘制方法。

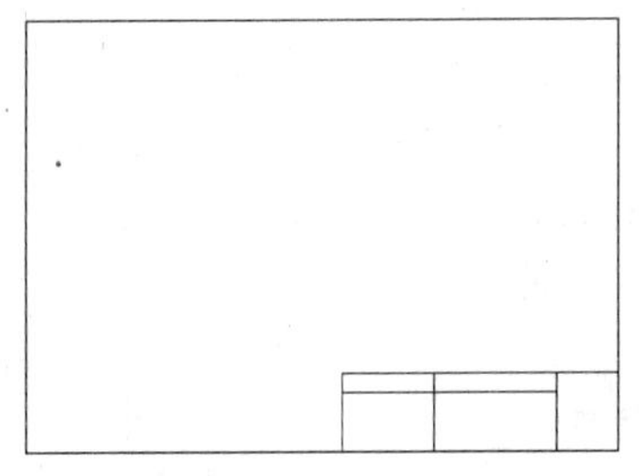

图 5-37　完成标题栏单元格编辑

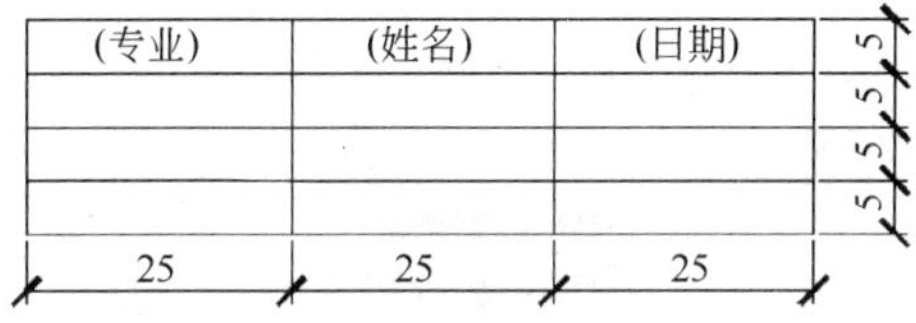

图 5-38　会签栏示意图

① 设置表格样式中“文字”选项卡中将文字高度设置为 4，如图 5-39 所示；再设置“基本”选项卡中“页边距”选项组的“水平”和“垂直”都为 0.5。

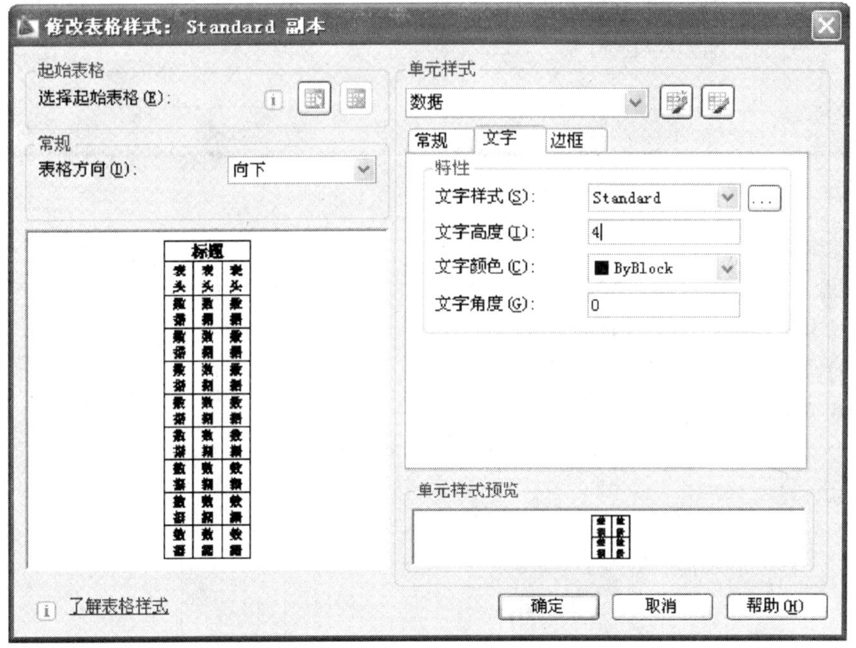

图 5-39　设置表格样式

② 执行“表格”命令，系统打开“插入表格”对话框，在“列和行设置”选项组中将“列”设置为 3，将“列宽”设置为 25，将“数据行”设置为 2，将“行高”设置为 1 行；在“设置单元样式”选项组中将“第一行单元样式”与“第二行单元样式”和“第三行单元样式”都设置为“数据”，如图 5-40 所示。

③ 在表格中输入文字，结果如图 5-41 所示。

(6) 旋转和移动会签栏

① 旋转会签栏。这里，先调用一个目前还没有讲述的命令“旋转”（下一章详细讲述），命令行提示和操作如下：

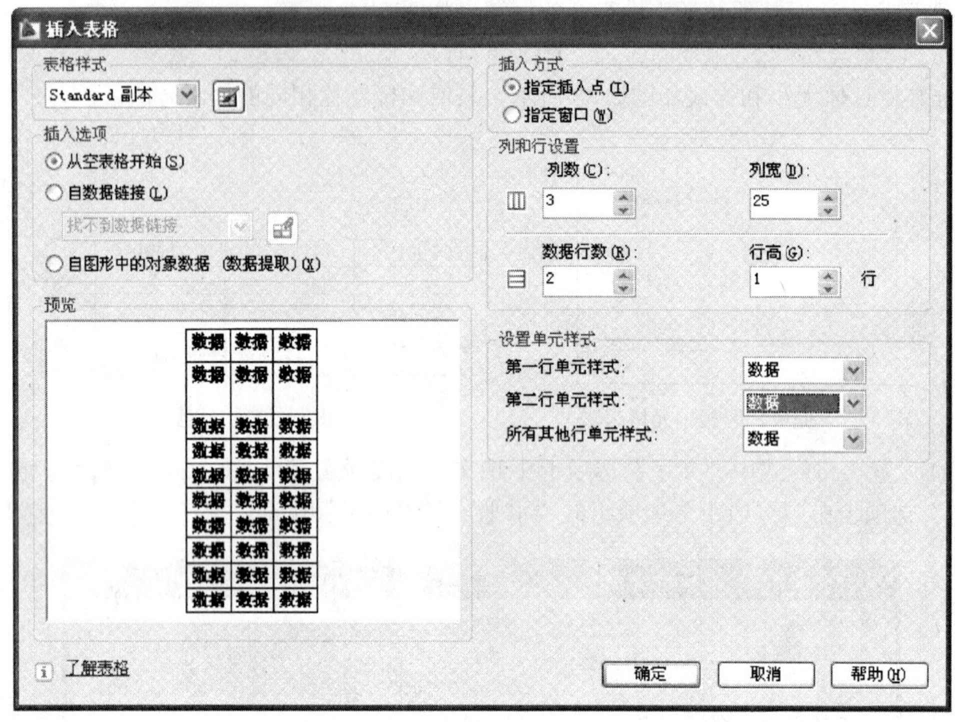

图 5-40　设指标格行和列

命令：rotate↙

UCS 当前的正角方向：ANGDIR=逆时针　ANGBASE=0

选择对象：(选择刚绘制好的会签栏)

选择对象：↙

指定基点：(捕捉会签栏左上角)

指定旋转角度，或［复制(C)/参照(R)］<0>：-90↙

结果如图 5-42 所示。

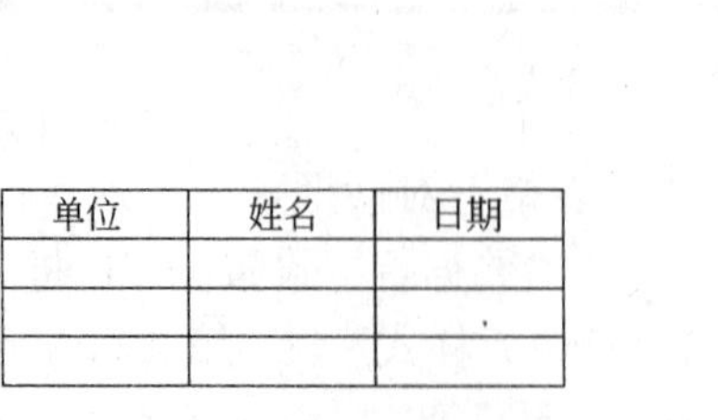

图 5-41　会签栏的绘制

图 5-42　旋转会签栏

② 按第 3 步相同方法将会签栏移动到图框左上角，结果如图 5-43 所示。

(7) 保存样板图

选择“文件”→“另存为…”命令，打开“图形另存为”对话框，将图形保存为 DWT 格式文件即可，如图 5-44 所示。

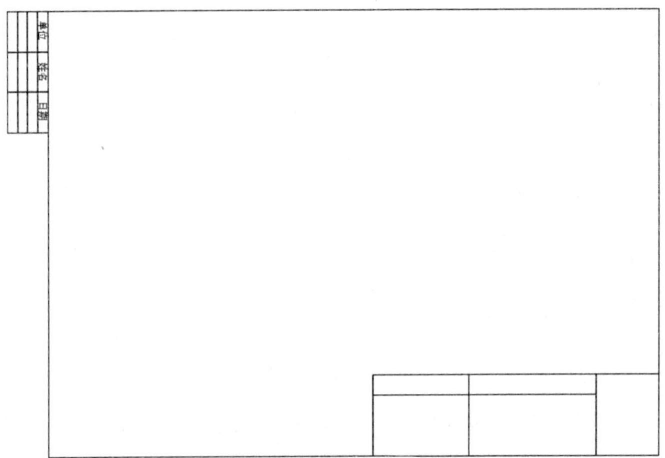

图 5-43　绘制完成的样板图

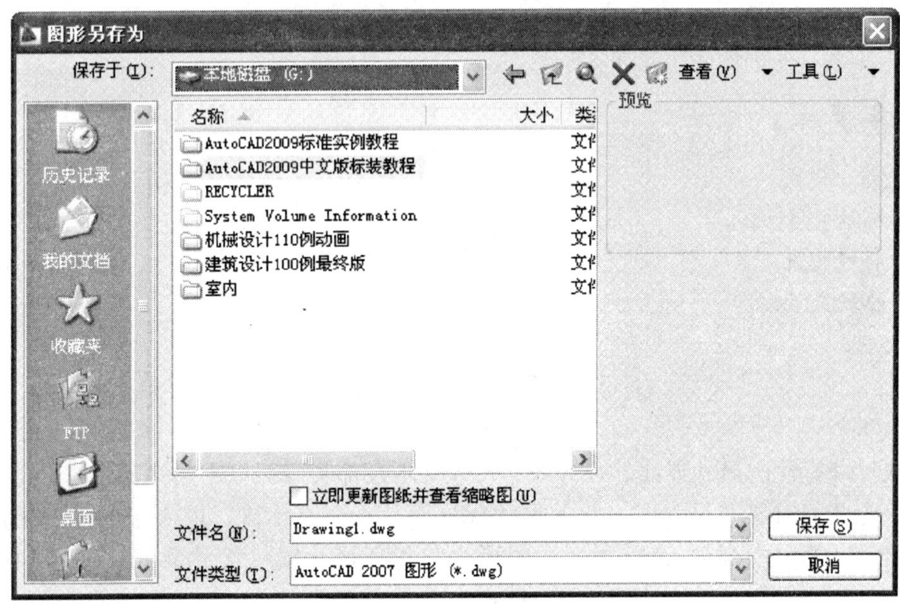

图 5-44　“图形另存为”对话框

第 6 章　尺寸标注

内容提要

尺寸标注是绘图设计过程当中相当重要的一个环节。因为图形的主要作用是表达物体的形状，而物体各部分的真实大小和各部分之间的确切位置只能通过尺寸标注来表达。因此，没有正确的尺寸标注，绘制出的图纸对于加工制造就没什么意义。本章介绍 AutoCAD 的尺寸标注功能，本章主要内容包括：尺寸标注的规则与组成、尺寸样式、尺寸标注、引线标注、尺寸标注编辑等知识。

本章重点

- 尺寸样式
- 标注尺寸
- 引线标注
- 编辑尺寸标注

6.1　尺　寸　样　式

组成尺寸标注的尺寸界线、尺寸线、尺寸文本及箭头等可以采用多种多样的形式，实际标注一个几何对象的尺寸时，它的尺寸标注以什么形态出现，取决于当前所采用的尺寸标注样式。标注样式决定尺寸标注的形式，包括尺寸线、尺寸界线、箭头和中心标记的形式，以及尺寸文本的位置、特性等。在 AutoCAD 2009 中，用户可以利用“标注样式管理器”对话框方便地设置自己需要的尺寸标注样式。下面介绍如何定制尺寸标注样式。

6.1.1　新建或修改尺寸样式

在进行尺寸标注之前，要建立尺寸标注的样式。如果用户不建立尺寸样式而直接进行标注，系统使用默认的名称为 STANDARD 的样式。用户如果认为使用的标注样式有某些设置不合适，也可以修改标注样式。

◆　执行方式

命令行：DIMSTYLE

菜单：“格式”→“标注样式”或“标注”→标注“样式”

工具栏：“标注”→“标注样式”

◆　操作格式

命令：DIMSTYLE↙

AutoCAD 打开“标注样式管理器”对话框，如图 6-1 所示。利用此对话框可方便直观地设置和浏览尺寸标注样式，包括建立新的标注样式、修改已存在的样式、设置当前尺寸标注样式、样式重命名以及删除一个已存在的样式等。

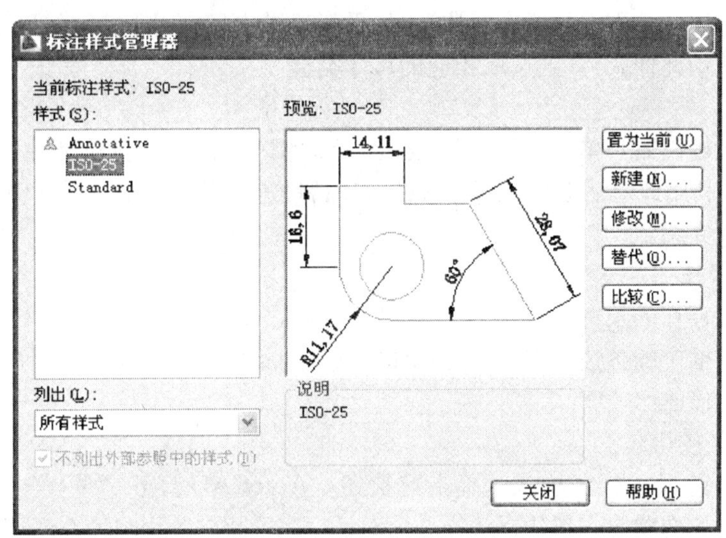

图 6-1　“标注样式管理器”对话框

◆　选项说明

（1）“置为当前”按钮

单击此按钮，把在“样式”列表框中选中的样式设置为当前样式。

（2）“新建”按钮

定义一个新的尺寸标注样式。单击此按钮，AutoCAD 打开“创建新标注样式”对话框，如图 6-2 所示，利用此对话框可创建一个新的尺寸标注样式。下面介绍其中各选项的功能。

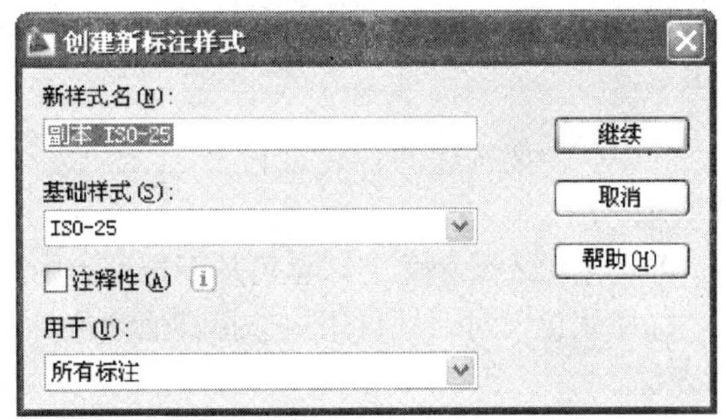

图 6-2　“创建新标注样式”对话框

① 新样式名

给新的尺寸标注样式命名。

② 基础样式

选取创建新样式所基于的标注样式。单击右侧的下三角按钮，出现当前已有的样式列表，从中选取一个作为定义新样式的基础，新的样式是在这个样式的基础上修改一些特性得到的。

③ 用于

指定新样式应用的尺寸类型。单击右侧的下三角按钮，出现尺寸类型列表，如果新建样式应用于所有尺寸，则选“所有标注”；如果新建样式只应用于特定的尺寸标注(例如只在标注直径时使用此样式)，则选取相应的尺寸类型。

④ 继续

各选项设置好以后，单击“继续”按钮，AutoCAD 打开“新建标注样式”对话框，如图 6-3 所示，利用此对话框可对新样式的各项特性进行设置。该对话框中各部分的含义和功能将在后面介绍。

(3)“修改”按钮

修改一个已存在的尺寸标注样式。单击此按钮，AutoCAD 将弹出“修改标注样式”对话框，该对话框中的各选项与“新建标注样式”对话框中完全相同，用户可以在此对已有标注样式进行修改。

(4)“替代”按钮

设置临时覆盖尺寸标注样式。单击此按钮，AutoCAD 打开“替代当前样式”对话框。该对话框中各选项与“新建标注样式”对话框完全相同，用户可改变选项的设置覆盖原来的设置，但这种修改只对指定的尺寸标注起作用，而不影响当前尺寸变量的设置。

(5)“比较”按钮

比较两个尺寸标注样式在参数上的区别，或浏览一个尺寸标注样式的参数设置。单击此按钮，AutoCAD 打开“比较标注样式”对话框，如图 6-4 所示。可以把比较结果复制到剪贴板上，然后再粘贴到其他的 Windows 应用软件上。

6.1.2 线

在“新建标注样式”对话框中，第 1 个选项卡就是“线”，如图 6-3 所示。该选项卡用于设置尺寸线、尺寸界线的形式和特性。现分别进行说明。

1.“尺寸线”选项组

设置尺寸线的特性。其中，主要选项的含义如下：

(1)“颜色”下拉列表框

设置尺寸线的颜色。可直接输入颜色名字，也可从下拉列表中选择。如果选取“选择颜色”，AutoCAD 打开“选择颜色”对话框供用户选择其他颜色。

(2)“线宽”下拉列表框

设置尺寸线的线宽，下拉列表中列出了各种线宽的名字和宽度。AutoCAD 把设置值保存在 DIMLWD 变量中。

(3)“超出标记”微调框

当尺寸箭头设置为短斜线、短波浪线或尺寸线上无箭头时，可利用此微调框设置尺寸线超出尺寸界线的距离。其相应的尺寸变量是 DIMDLE。

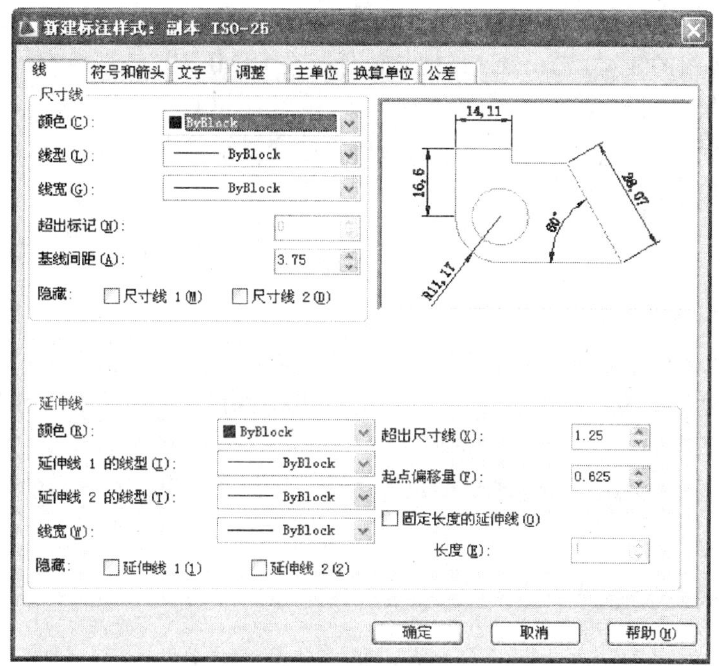

图 6-3 “新建标注样式”对话框

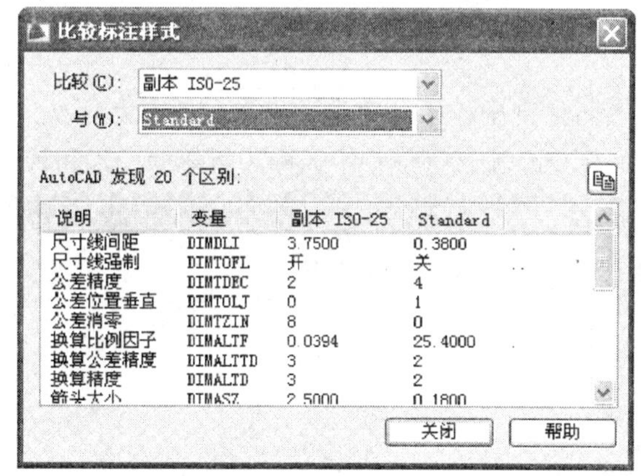

图 6-4 “比较标注样式”对话框

(4)“基线间距”微调框

设置以基线方式标注尺寸时，相邻两尺寸线之间的距离，相应的尺寸变量是 DIMDLI。

(5)“隐藏”复选框组

确定是否隐藏尺寸线及相应的箭头。选中“尺寸线 1”复选框表示隐藏第一段尺寸线，选中“尺寸线 2”复选框表示隐藏第二段尺寸线。相应的尺寸变量为 DIMSD1 和 DIMSD2。

2.“尺寸界线”选项组

该选项组用于确定尺寸界线的形式。其中，主要选项的含义如下：

(1)“颜色”下拉列表框

设置尺寸界线的颜色。

(2)“线宽”下拉列表框

设置尺寸界线的线宽，AutoCAD 把其值保存在 DIMLWE 变量中。

(3)“超出尺寸线”微调框

确定尺寸界线超出尺寸线的距离，相应的尺寸变量是 DIMEXE。

(4)“起点偏移量”微调框

确定尺寸界线的实际起始点相对于指定的尺寸界线的起始点的偏移量，相应的尺寸变量是 DIMEXO。

(5)“隐藏”复选框组

确定是否隐藏尺寸界线。选中“尺寸界线 1”复选框表示隐藏第一段尺寸界线，选中“尺寸界线 2”复选框表示隐藏第二段尺寸界线。相应的尺寸变量为 DIMSE1 和 DIMSE2。

(6)“固定长度的尺寸界线”复选框

选中该复选框，系统以固定长度的尺寸界线标注尺寸。可以在下面的“长度”微调框中输入长度值。

3. 尺寸样式显示框

在“新建标注样式”对话框的右上方，是一个尺寸样式显示框，该框以样例的形式显示用户设置的尺寸样式。

6.1.3 符号和箭头

在“新建标注样式”对话框中，第 2 个选项卡是“符号和箭头”，如图 6-5 所示。该选项卡用于设置箭头、圆心标记、弧长符号和半径标注折弯的形式和特性。现分别进行说明。

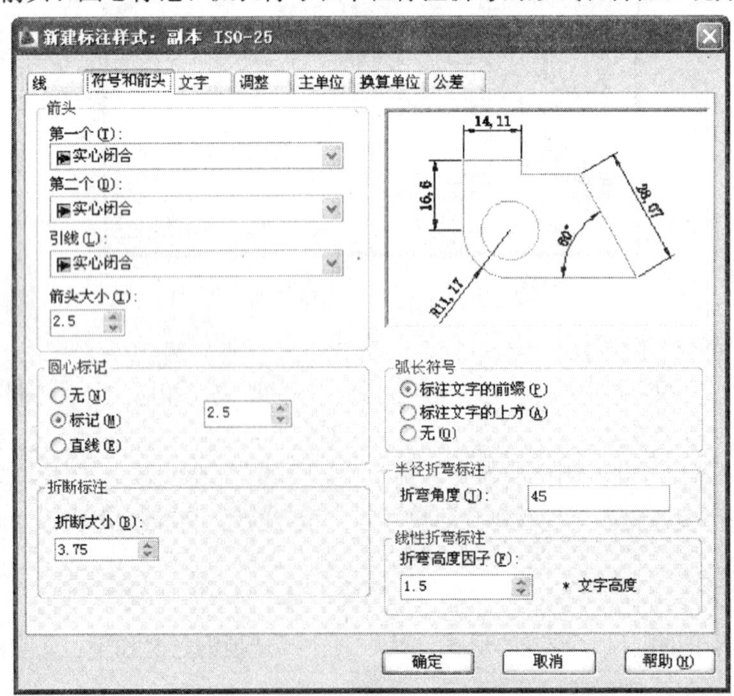

图 6-5 “符号和箭头”选项卡

1. “箭头”选项组

设置尺寸箭头的形式，AutoCAD 提供了多种多样的箭头形状，列在“第一项”和“第二个”下拉列表框中。另外，还允许采用用户自定义的箭头形状。两个尺寸箭头可以采用相同的形式，也可以采用不同的形式。

(1)“第一项”下拉列表框

用于设置第一个尺寸箭头的形式。可在下拉列表框中选择，其中列出了各种箭头形式的名字以及各类箭头的形状。一旦确定了第一个箭头的类型，第二个箭头则自动与其匹配。要想第二个箭头取不同的形状，可在“第二个”下拉列表框中设定。AutoCAD 把第一个箭头类型名存放在尺寸变量 DIMBLK1 中。

(2)“第二个”下拉列表框

确定第二个尺寸箭头的形式，可与第一个箭头不同。AutoCAD 把第二个箭头的名字存在尺寸变量 DIMBLK2 中。

(3)“引线”下拉列表框

确定引线箭头的形式，与“第一项”设置类似。

(4)“箭头大小”微调框

设置箭头的大小，相应的尺寸变量是 DIMASZ。

2. “圆心标记”选项组

设置半径标注、直径标注和中心标注中的中心标记和中心线的形式。相应的尺寸变量是 DIMCEN。其中，各项的含义如下：

(1) 无

既不产生中心标记，也不产生中心线。这时 DIMCEN 的值为 0。

(2) 标记

中心标记为一个记号。AutoCAD 将标记大小以一个正值存在 DIMCEN 中。

(3) 直线

中心标记采用中心线的形式。AutoCAD 将中心线的大小以一个负的值存在 DIMCEN 中。

(4)“大小”微调框

设置中心标记和中心线的大小和粗细。

3. “弧长符号”选项组

控制弧长标注中圆弧符号的显示。有三个单选按钮：

(1) 标注文字的前面

将弧长符号放在标注文字的前面，如图 6-6(a)所示。

(2) 标注文字的上方

将弧长符号放在标注文字的上方，如图 6-6(b)所示。

(3) 无

不显示弧长符号，如图 6-6(c)所示。

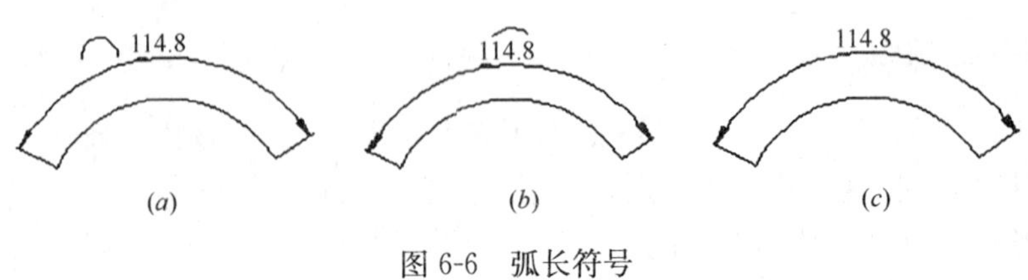

图 6-6　弧长符号

6.1.4　文本

在“新建标注样式”对话框中，第三个选项卡是“文字”选项卡，如图 6-7 所示。该选项卡用于设置尺寸文本的形式、位置和对齐方式等。

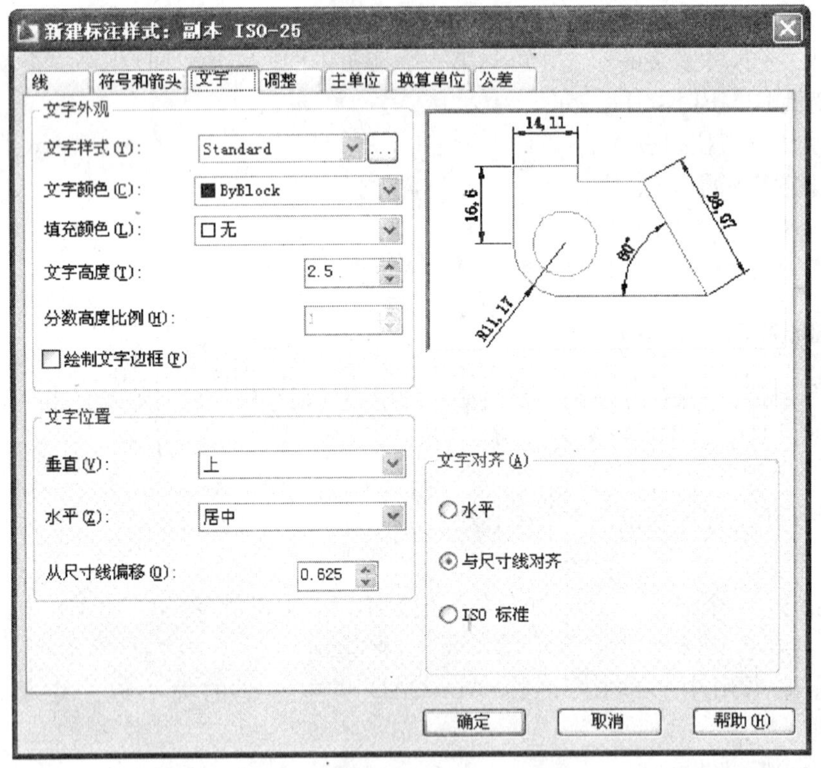

图 6-7　“新建标注样式”对话框的“文字”选项卡

1. “文字外观”选项组

(1)“文字样式”下拉列表框

选择当前尺寸文本采用的文本样式。可在下拉列表中选取一个样式，也可单击右侧的 [...] 按钮，打开“文字样式”对话框，以创建新的文字样式或对文字样式进行修改。AutoCAD 将当前文字样式保存在 DIMTXSTY 系统变量中。

(2)“文字颜色”下拉列表框

设置尺寸文本的颜色，其操作方法与设置尺寸线颜色的方法相同。与其对应的尺寸变量是 DIMCLRT。

(3)“文字高度”微调框

设置尺寸文本的字高，相应的尺寸变量是 DIMTXT。如果选用的文字样式中已设置了具体的字高(不是 0)，则此处的设置无效；如果文字样式中设置的字高为 0，才以此处的设置为准。

(4)“分数高度比例”微调框

确定尺寸文本的比例系数，相应的尺寸变量是 DIMTFAC。

(5)“绘制文字边框”复选框

选中此复选框，AutoCAD 将在尺寸文本的周围加上边框。

2. “文字位置”选项组

(1)“垂直”下拉列表框

确定尺寸文本相对于尺寸线在垂直方向的对齐方式，相应的尺寸变量是 DIMTAD。在该下拉列表框中可选择的对齐方式有以下四种：

① 置中：将尺寸文本放在尺寸线的中间，此时 DIMTAD=0。

② 上方：将尺寸文本放在尺寸线的上方，此时 DIMTAD=1。

③ 外部：将尺寸文本放在远离第一条尺寸界线起点的位置，即和所标注的对象分列于尺寸线的两侧，此时 DIMTAD=2。

④ JIS：使尺寸文本的放置符合 JIS(日本工业标准)规则，此时 DIMTAD=3。

上面这几种文本布置方式如图 6-8 所示。

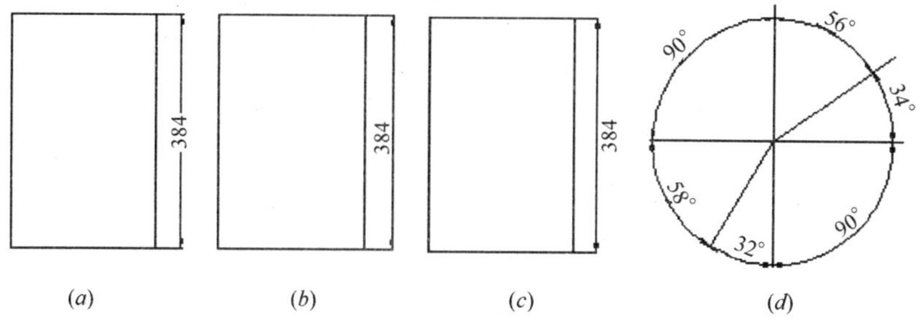

图 6-8　尺寸文本在垂直方向的放置

(*a*)置中；(*b*) 上方；(*c*)外部；(*d*) JIS

(2)“水平”下拉列表框

用来确定尺寸文本相对于尺寸线和尺寸界线在水平方向的对齐方式，相应的尺寸变量是 DIMJUST。在下拉列表框中可选择的对齐方式有以下五种：置中、第一条尺寸界线、第二条尺寸界线、第一条尺寸界线上方、第二条尺寸界线上方，如图 6-9(*a*)～(*e*)所示。

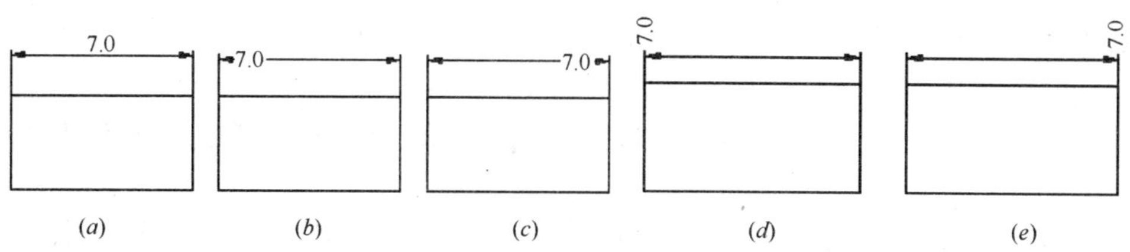

图 6-9　尺寸文本在水平方向的放置

（3）“从尺寸线偏移”微调框

当尺寸文本放在断开的尺寸线中间时，此微调框用来设置尺寸文本与尺寸线之间的距离（尺寸文本间隙），这个值保存在尺寸变量 DIMGAP 中。

3. “文字对齐”选项组

用来控制尺寸文本排列的方向。当尺寸文本在尺寸界线之内时，与其对应的尺寸变量是 DIMTIH；当尺寸文本在尺寸界线之外时，与其对应的尺寸变量是 DIMTOH。

（1）“水平”单选按钮

尺寸文本沿水平方向放置。不论标注什么方向的尺寸，尺寸文本总保持水平。

（2）“与尺寸线对齐”单选按钮

尺寸文本沿尺寸线方向放置。

（3）“ISO 标准”单选按钮

当尺寸文本在尺寸界线之间时，沿尺寸线方向放置；在尺寸界线之外时，沿水平方向放置。

6.2 标 注 尺 寸

正确地进行尺寸标注是设计绘图工作中非常重要的一个环节，AutoCAD 2009 提供了方便快捷的尺寸标注方法，可通过执行命令实现，也可利用菜单或工具图标实现。本节重点介绍如何对各种类型的尺寸进行标注。

6.2.1 线性标注

◆ 执行方式

命令行：DIMLINEAR（缩写名 DIMLIN）

菜单：“标注”→“线性”

工具栏：“标注”→“线性标注”

◆ 操作格式

命令：DIMLIN↙

指定第一条尺寸界线原点或<选择对象>：

◆ 选项说明

在此提示下有两种选择，直接回车选择要标注的对象或确定尺寸界线的起始点。

（1）直接回车

光标变为拾取框，并且在命令行提示：

选择标注对象：

用拾取框点取要标注尺寸的线段，AutoCAD 提示：

指定尺寸线位置或［多行文字(M)/文字(T)/角度(A)/水平(H)/垂直(V)/旋转(R)］：

各项的含义如下：

① 指定尺寸线位置：确定尺寸线的位置。用户可移动鼠标选择合适的尺寸线位置，然后回车或单击鼠标左键，AutoCAD 将自动测量所标注线段的长度并标注出相应的尺寸。

② 多行文字(M)：用多行文字编辑器确定尺寸文本。

③ 文字(T)：在命令行提示下输入或编辑尺寸文本。选择此选项后，AutoCAD 提示：

输入标注文字<默认值>：

其中的默认值是 AutoCAD 自动测量得到的被标注线段的长度，直接回车即可采用此长度值，也可输入其他数值代替默认值。当尺寸文本中包含默认值时，可使用尖括号“<>”表示默认值。

④角度(A)：确定尺寸文本的倾斜角度。

⑤ 水平(H)：水平标注尺寸，不论标注什么方向的线段，尺寸线均水平放置。

⑥ 垂直(V)：垂直标注尺寸，不论被标注线段沿什么方向，尺寸线总保持垂直。

⑦ 旋转(R)：输入尺寸线旋转的角度值，旋转标注尺寸。

(2) 指定第一条尺寸界线原点

指定第一条与第二条尺寸界线的起始点。

6.2.2 对齐标注

◆ 执行方式

命令行：DIMALIGNED

菜单：“标注”→“对齐”

工具栏：“标注”→“对齐标注”

◆ 操作格式

命令：DIMALIGNED↙

指定第一条尺寸界线原点或<选择对象>：

这种命令标注的尺寸线与所标注轮廓线平行，标注的是起始点到终点之间的距离尺寸。

6.2.3 基线标注

基线标注用于产生一系列基于同一条尺寸界线的尺寸标注，适用于长度尺寸标注、角度标注和坐标标注等。在使用基线标注方式之前，应该先标注出一个相关的尺寸。

◆ 执行方式

命令行：DIMBASELINE

菜单：“标注”→“基线”

工具栏：“标注”→“基线标注”

◆ 操作格式

命令：DIMBASELINE↙

指定第二条尺寸界线原点或 [放弃(U)/选择(S)] <选择>：

◆ 选项说明

(1)指定第二条尺寸界线原点

直接确定另一个尺寸的第二条尺寸界线的起点，AutoCAD 以上次标注的尺寸为基准标注出相应尺寸。

(2) ＜选择＞

在上述提示下直接回车，AutoCAD 提示：

选择基准标注：(选取作为基准的尺寸标注)

6.2.4 连续标注

连续标注又叫尺寸链标注，用于产生一系列连续的尺寸标注，后一个尺寸标注均把前一个标注的第二条尺寸界线作为它的第一条尺寸界线。适用于长度尺寸标注、角度标注和坐标标注等。在使用连续标注方式之前，应该先标注出一个相关的尺寸。

◆ 执行方式

命令行：DIMCONTINUE

菜单："标注" → "连续"

工具栏："标注" → "连续标注"

◆ 操作格式

命令：DIMCONTINUE↙

指定第二条尺寸界线原点或［放弃(U)/选择(S)］＜选择＞：

在此提示下的各选项与基线标注中完全相同，不再赘述。

6.2.5 半径标注

◆ 执行方式

命令行：DIMRADIUS

菜单：标注→直径标注

工具栏：标注→直径标注

◆ 操作格式

命令：DIMRADIUS↙

选择圆弧或圆：(选择要标注半径的圆或圆弧)

指定尺寸线位置或［多行文字(M)/文字(T)/角度(A)］：(确定尺寸线的位置或选某一选项)

用户可以选择"多行文字(M)"项、"文字(T)"项或"角度(A)"项来输入、编辑尺寸文本或确定尺寸文本的倾斜角度，也可以直接确定尺寸线的位置，标注出指定圆或圆弧的半径。

其他还有直径标注、圆心标记和中心线标注、角度标注、快速标注等标注，这里不再赘述。

6.3 引线标注

AutoCAD 提供了引线标注功能，利用该功能不仅可以标注特定的尺寸，如圆角、倒角等，还可以在图中添加多行旁注、说明。在引线标注中，指引线可以是折线，也可以是曲线；指引线端部可以有箭头，也可以没有箭头。

6.3.1　利用 LEADER 命令进行引线标注

LEADER 命令可以创建灵活多样的引线标注形式，用户可根据需要把指引线设置为折线或曲线；指引线可带箭头，或不带箭头；注释文本可以是多行文本，也可以是形位公差，或是从图形其他部位复制的部分图形，还可以是一个图块。

◆　执行方式

命令行：LEADER

◆　操作格式

命令：LEADER↙

指定引线起点：（输入指引线的起始点）

指定下一点：（输入指引线的另一点）

AutoCAD 由上面两点画出指引线并继续提示：

指定下一点或［注释(A)/格式(F)/放弃(U)］＜注释＞：

◆　选项说明

(1) 指定下一点

直接输入一点，AutoCAD 根据前面的点画出折线作为指引线。

(2) ＜注释＞

输入注释文本，为默认项。在上面提示下直接回车，AutoCAD 提示：

输入注释文字的第一行或＜选项＞：

① 输入注释文本

在此提示下输入第一行文本后回车，用户可继续输入第二行文本，如此反复执行，直到输入全部注释文本。然后，在此提示下直接回车，AutoCAD 会在指引线终端标注出所输入的多行文本，并结束 LEADER 命令。

② 直接回车

如果在上面的提示下直接回车，AutoCAD 提示：

输入注释选项［公差(T)/副本(C)/块(B)/无(N)/多行文字(M)］＜多行文字＞：

在此提示下选择一个注释选项或直接回车，即选择“多行文字”选项。

(3) 格式(F)

确定指引线的形式。选择该项，AutoCAD 提示：

输入引线格式选项［样条曲线(S)/直线(ST)/箭头(A)/无(N)］＜退出＞：（选择指引线形式，或直接回车回到上一级提示）

① 样条曲线(S)：设置指引线为样条曲线。

② 直线(ST)：设置指引线为折线。

③ 箭头(A)：在指引线的起始位置画箭头。

④ 无(N)：在指引线的起始位置不画箭头。

⑤ ＜退出＞：此项为默认选项，选取该项退出“格式”选项。

6.3.2　利用 QLEADER 命令进行引线标注

利用 QLEADER 命令可快速生成指引线及注释，而且可以通过命令行优化对话框进行用户自定义，由此可以消除不必要的命令行提示，取得最高的工作效率。

◆ 执行方式

命令行：QLEADER

◆ 操作格式

命令：QLEADER↙

指定第一个引线点或［设置(S)］<设置>：

◆ 选项说明

(1) 指定第一个引线点

在上面的提示下确定一点作为指引线的第一点，AutoCAD 提示：

指定下一点：(输入指引线的第二点)

指定下一点：(输入指引线的第三点)

AutoCAD 提示用户输入的点的数目，由“引线设置”对话框(如图 6-10)确定。输入完指引线的点后 AutoCAD 提示：

指定文字宽度<0.0000>：(输入多行文本的宽度)

输入注释文字的第一行<多行文字(M)>：

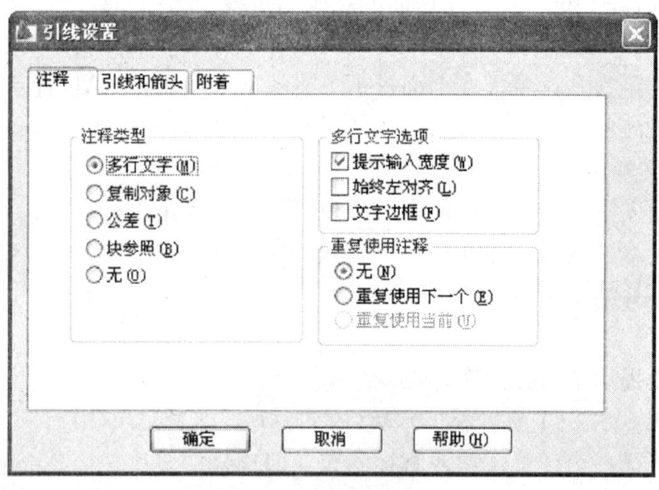

图 6-10 “引线设置”对话框

此时，有两种命令输入选择。

① 输入注释文字的第一行

在命令行输入第一行文本。系统继续提示：

输入注释文字的下一行：(输入另一行文本)

输入注释文字的下一行：(输入另一行文本或回车)

② <多行文字(M)>

打开多行文字编辑器，输入、编辑多行文字。输入全部注释文本后，在此提示下直接回车，AutoCAD 结束 QLEADER 命令并把多行文本标注在指引线的末端附近。

(2) <设置>

在上面提示下直接回车或键入 S，AutoCAD 将打开图 6-10 所示的“引线设置”对话框，允许对引线标注进行设置。该对话框包含“注释”、“引线和箭头”、“附着”三个选项卡，下面分别进行介绍。

①“注释”选项卡(如图 6-10 所示)

用于设置引线标注中注释文本的类型、多行文本的格式并确定注释文本是否多次使用。

②“引线和箭头”选项卡(见图 6-11)

图 6-11 “引线和箭头”选项卡

用来设置引线标注中指引线和箭头的形式。其中，“点数”选项组设置执行 QLEADER 命令时 AutoCAD 提示用户输入的点的数目。例如，设置点数为 3，执行 QLEADER 命令时当用户在提示下指定 3 个点后，AutoCAD 自动提示用户输入注释文本。注意，设置的点数要比用户希望的指引线的段数多 1。可利用微调框进行设置，如果选中“无限制”复选框，AutoCAD 会一直提示用户输入点直到连续回车两次为止。“角度约束”选项组设置第一段和第二段指引线的角度约束。

③“附着”选项卡(如图 6-12 所示)

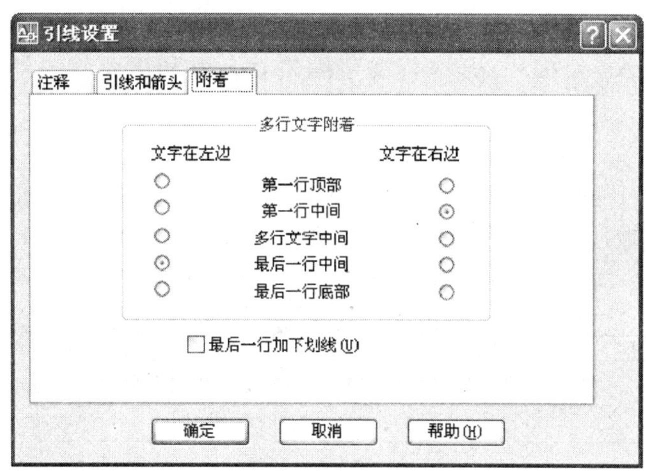

图 6-12 “附着”选项卡

设置注释文本和指引线的相对位置。如果最后一段指引线指向右边，AutoCAD 自动把注释文本放在右侧；如果最后一段指引线指向左边，AutoCAD 自动把注释文本放在左侧。利用该选项卡中左侧和右侧的单选按钮，分别设置位于左侧和右侧的注释文本与最后一段指引线的相对位置，两者可相同也可不同。

6.4 编辑尺寸标注

AutoCAD 允许用户对已经创建好的尺寸标注进行编辑修改，包括修改尺寸文本的内容、改变其位置、使尺寸文本倾斜一定的角度等，还可以对尺寸界线进行编辑。

6.4.1 利用 DIMEDIT 命令编辑尺寸标注

通过 DIMEDIT 命令，用户可以修改已有尺寸标注的文本内容、把尺寸文本倾斜一定的角度，还可以对尺寸界线进行修改。使其旋转一定角度，从而标注一线段在某一方向上的投影的尺寸。DIMEDIT 命令可以同时对多个尺寸标注进行编辑。

◆ 执行方式

命令行：DIMEDIT

菜单："标注" → "对齐文字" → "默认"

工具栏："标注" → "编辑标注"

◆ 操作格式

命令：DIMEDIT↙

输入标注编辑类型 [默认(H)/新建(N)/旋转(R)/倾斜(O)] <默认>：

◆ 选项说明

(1) <默认>

按尺寸标注样式中设置的默认位置和方向放置尺寸文本，如图 6-13(*a*)所示。选择此选项，AutoCAD 提示：

选择对象：(选择要编辑的尺寸标注)

(2) 新建(N)

选择此选项，AutoCAD 打开多行文字编辑器，可利用此编辑器对尺寸文本进行修改。

(3) 旋转(R)

改变尺寸文本行的倾斜角度。尺寸文本的中心点不变，使文本沿给定的角度方向倾斜排列，如图 6-13(*b*)所示。若输入角度为 0，则按"新建标注样式"对话框的"文字"选项卡中设置的默认方向排列。

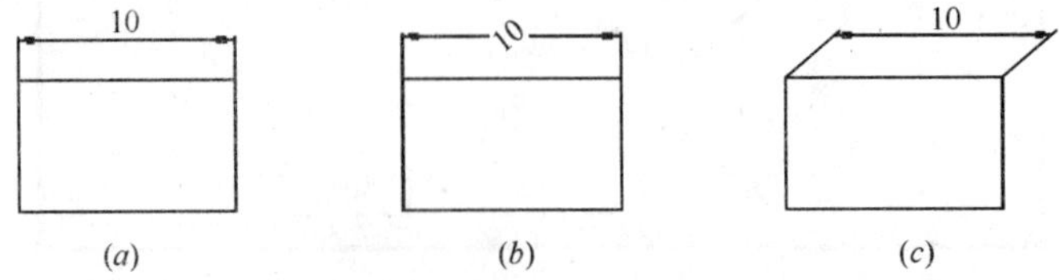

图 6-13 用 DIMEDIT 命令编辑尺寸标注

(4) 倾斜(O)

修改长度型尺寸标注的尺寸界线，使其倾斜一定角度，与尺寸线不垂直，如图6-13(*c*)所示。

6.4.2 利用DIMTEDIT命令编辑尺寸标注

通过DIMTEDIT命令可以改变尺寸文本的位置，使其位于尺寸线上面左端、右端或中间，而且可使文本倾斜一定的角度。

◆ 执行方式

命令：DIMTEDIT

菜单："标注"→"对齐文字"→(除"默认"命令外其他命令)

工具栏："标注"→"编辑标注文字"

◆ 操作格式

命令：DIMTEDIT↙

选择标注：(选择一个尺寸标注)

指定标注文字的新位置或[左(L)/右(R)/中心(C)/默认(H)/角度(A)]：

◆ 选项说明

(1) 指定标注文字的新位置

更新尺寸文本的位置。用鼠标把文本拖动到新的位置，这时系统变量DIMSHO为ON。

(2) 左(L)/右(R)

使尺寸文本沿尺寸线左(右)对齐，如图6-14(*a*)和(*b*)所示。此选项只对长度型、半径型、直径型尺寸标注起作用。

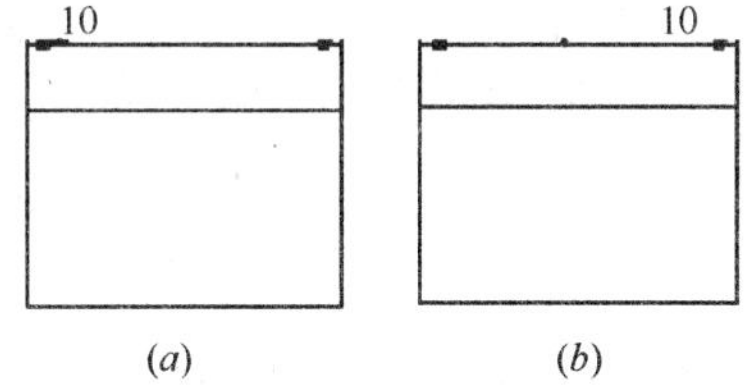

图6-14 用DIMTEDIT命令编辑尺寸标注

(3)中心(C)

把尺寸文本放在尺寸线上的中间位置如图6-13(*a*)。

(4) 默认(H)

把尺寸文本按默认位置放置。

(5) 角度(A)

改变尺寸文本行的倾斜角度。

【例6-1】 绘制图6-15所示的平面图标尺寸。

【绘制步骤】

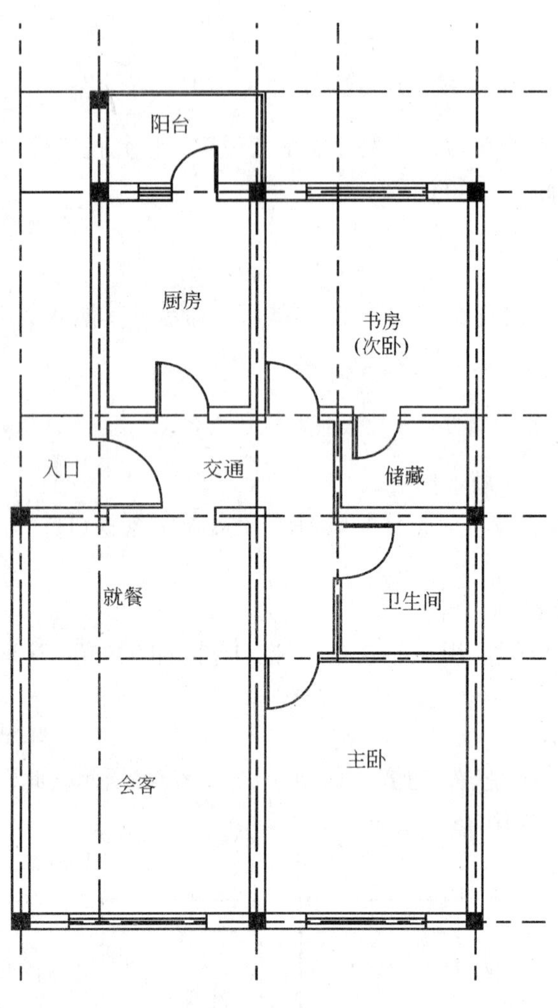

图 6-15　平面图

（1）建立“尺寸”图层，参数如图 6-16 所示，并置为当前层。

尺寸　绿　Contin...　—— 默认　Color_3

图 6-16　尺寸图层参数

（2）标注样式设置

标注样式的设置应该跟绘图比例相匹配。如前所述，该平面图以实际尺寸绘制，并以 1∶100 的比例输出，现在对标注样式进行如下设置。

① 点击菜单栏“格式”下拉式菜单中的“标注样式”命令，打开“标注样式管理器”，新建一个标注样式，命名为“建筑”，点击“继续”，如图 6-17 所示。

② 将“建筑”样式中的参数按如图 6-18～图 6-21 所示逐项进行设置。点击“确定”后回到“标注样式管理器”，将“建筑”样式设为当前，如图 6-22 所示。

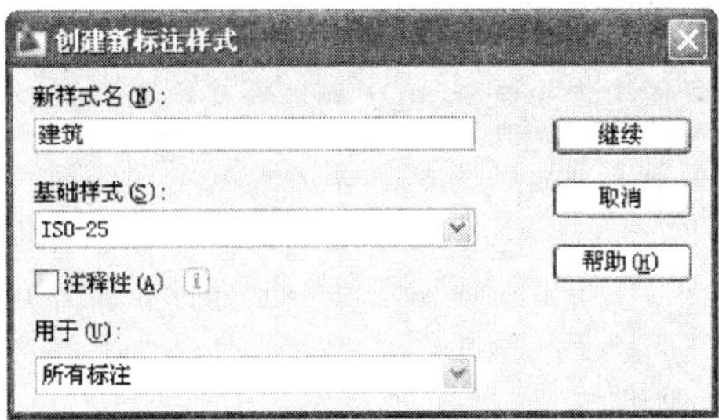

图 6-17　新建标注样式

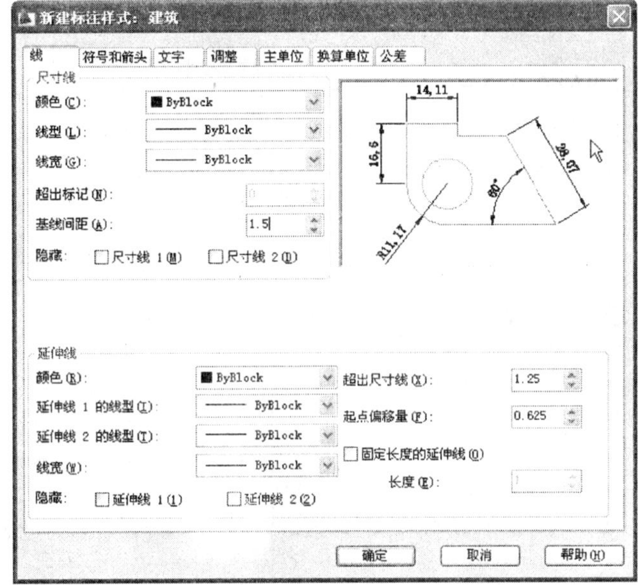

图 6-18　设置参数 1

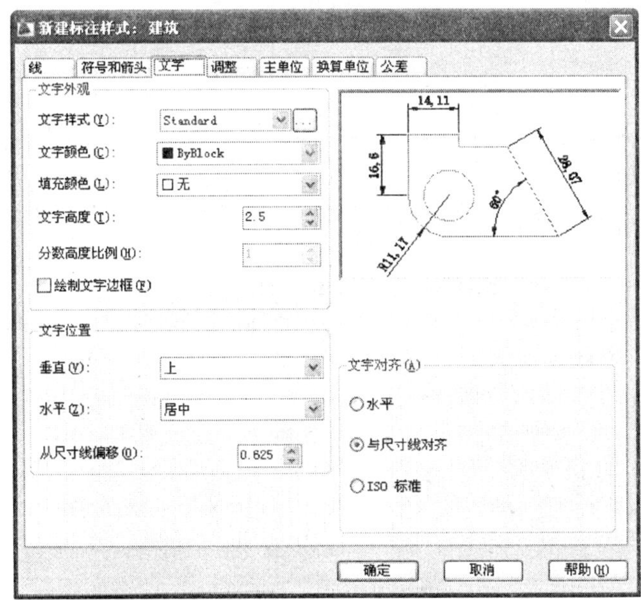

图 6-19　设置参数 2

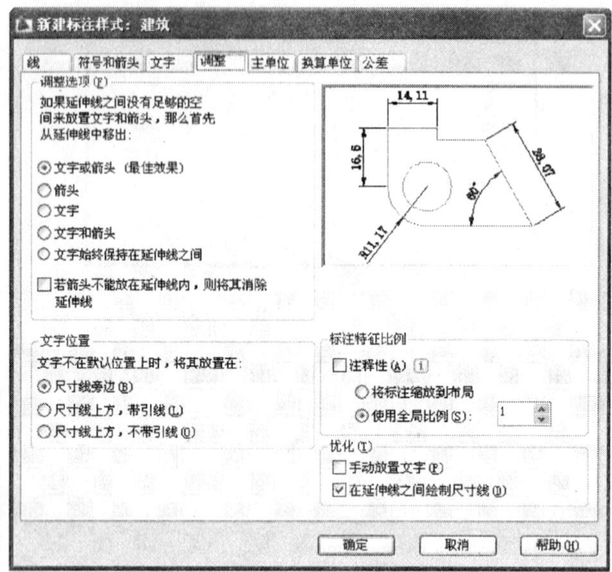

图 6-20 设置参数 3

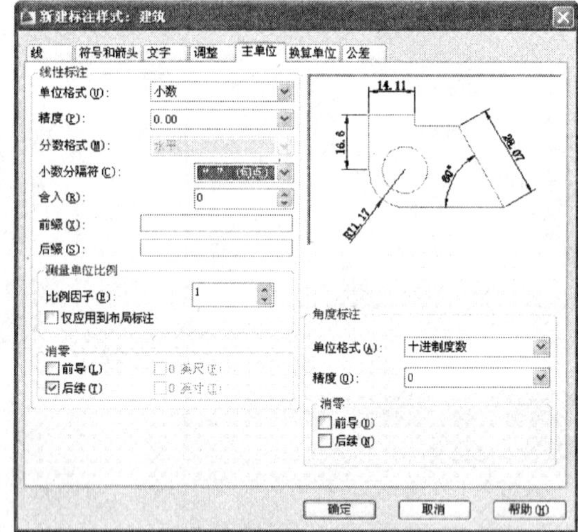

图 6-21 设置参数 4

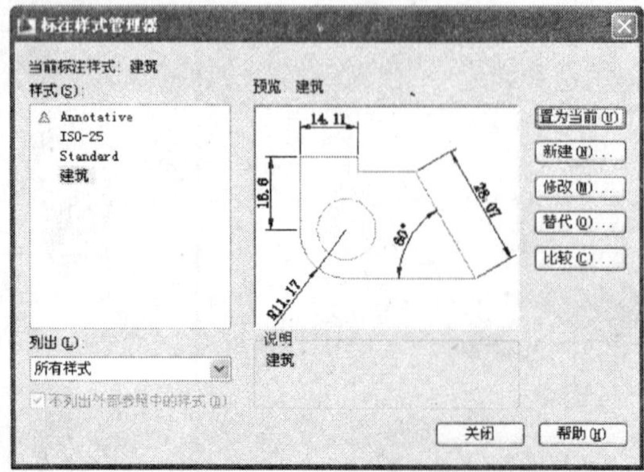

图 6-22 将“建筑”样式置为当前

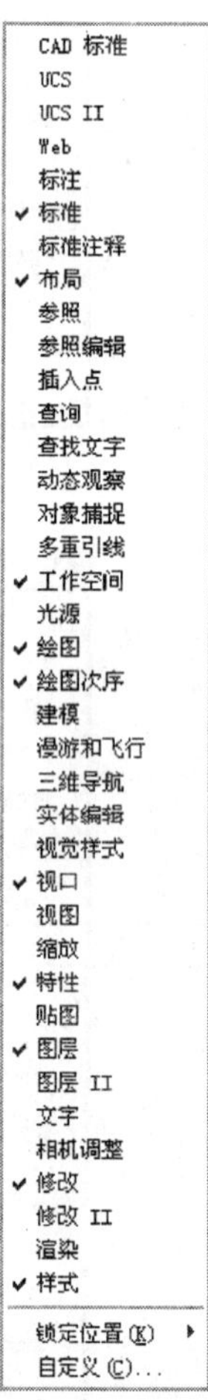

图 6-23 显示“标注”工具栏

(3) 尺寸标注

以图 6-15 底部的尺寸标注为例。该部分尺寸分为三道，第一道为墙体宽度及门窗宽度，第二道为轴线间距，第三道为总尺寸。

① 在任意工具栏的空白处单击右键，在弹出快捷菜单上选择“标注”项，如图 6-23 所示，将“标注”工具栏显示在屏幕上，以便使用。

② 第一道尺寸线绘制。点击“标注”工具栏“线性标注”按钮，如图 6-24 所示，按命令行提示进行操作：

命令：_ dimlinear

指定第一条尺寸界线原点或<选择对象>：(利用“对象捕捉”点击图 6-25 中的 A 点)

指定第二条尺寸界线原点：(捕捉 B 点)

指定尺寸线位置或 [多行文字(M)/文字(T)/角度(A)/水平(H)/垂直(V)/旋转(R)]：@0，−1200 (回车)

图 6-24　“标注”工具栏

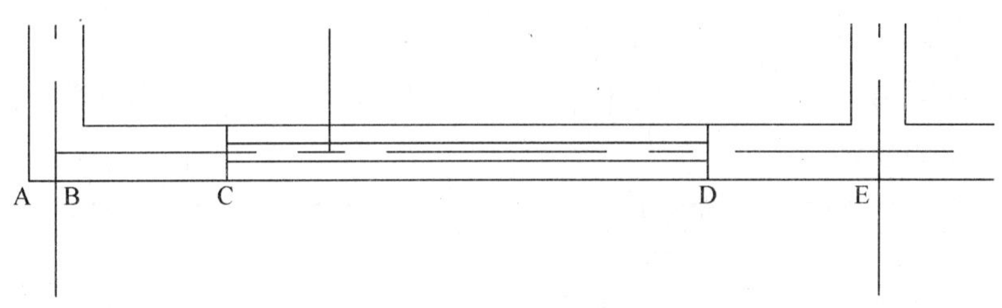

图 6-25　捕捉点示意

结果如图 6-26 所示。上述操作也可以在点取 A、B 两点后，直接向外拖动鼠标确定尺寸线的放置位置。

重复上述命令，按命令行提示进行操作：

命令：_ dimlinear

指定第一条尺寸界线原点或<选择对象>：(点击图中的 B 点)

指定第二条尺寸界线原点：(捕捉 C 点)

指定尺寸线位置或 [多行文字(M)/文字(T)/角度(A)/水平(H)/垂直(V)/旋转(R)]：@0，−1200 (回车，也可以直接捕捉上一道尺寸线位置)

结果如图 6-27 所示。

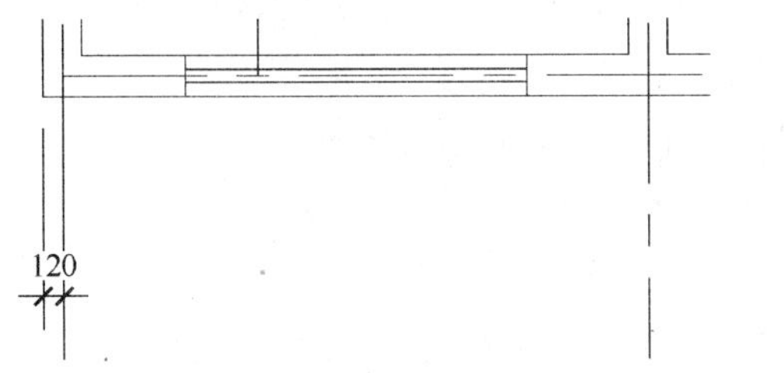

图 6-26　尺寸 1

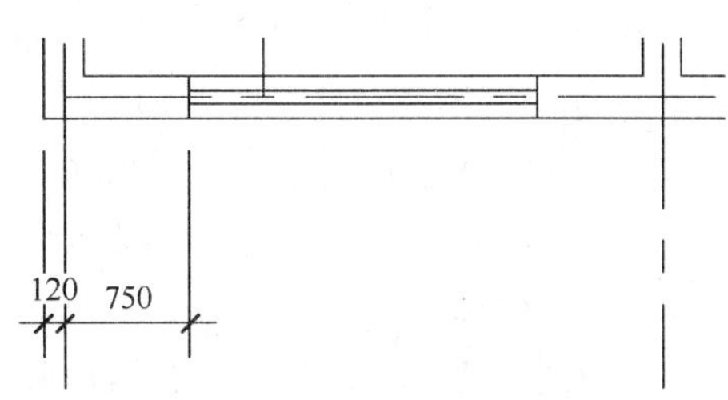

图 6-27　尺寸 2

采用同样的方法依次绘出全部第一道尺寸，结果如图 6-28。

此时发现，图 6-29 中的尺寸“120”跟“750”字样出现重叠，现在将它移开。用鼠标点击“120”，该尺寸处于选中状态；再用鼠标点中中间的蓝色方块标记，将“120”字样移至外侧适当位置后单击“确定”。采用同样的办法处理右侧的“120”字样，结果如图 6-29 所示。

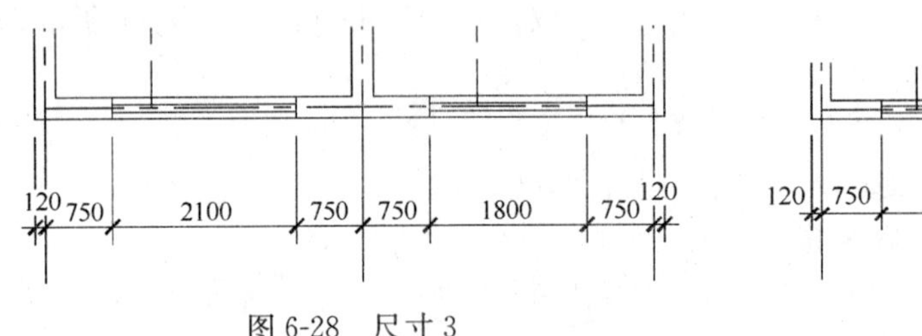

图 6-28　尺寸 3

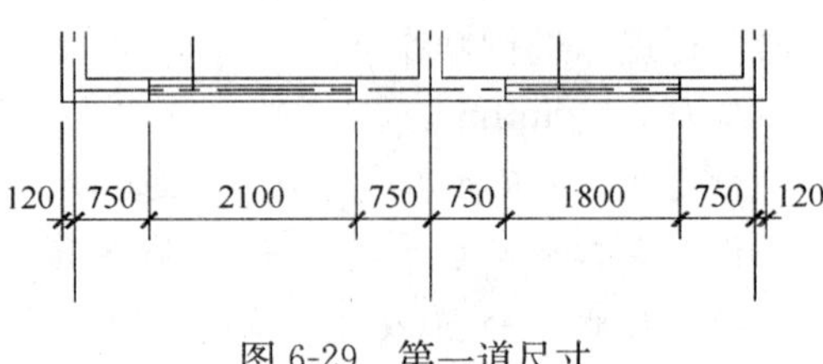

图 6-29　第一道尺寸

说明

处理字样重叠的问题，亦可以在标注样式中进行相关设置，这样电脑会自动处理，但处理效果有时不太理想，也可以点击“标注”工具栏“编辑标注文字”按钮来调整文字位置，读者可以试一试。

③ 第二道尺寸绘制。点击“线性标注”按钮，按命令行提示进行操作：

命令：_ dimlinear

指定第一条尺寸界线原点或<选择对象>：(捕捉如图 6-30 所示中的 A 点)

指定第二条尺寸界线原点：(捕捉 B 点)

指定尺寸线位置或

[多行文字(M)/文字(T)/角度(A)/水平(H)/垂直(V)/旋转(R)]：@0，－800 (回车)

结果如图 6-31 所示。

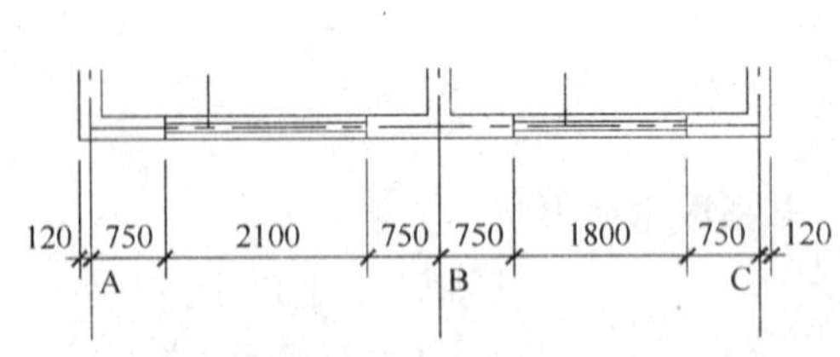

图 6-30　捕捉点示意

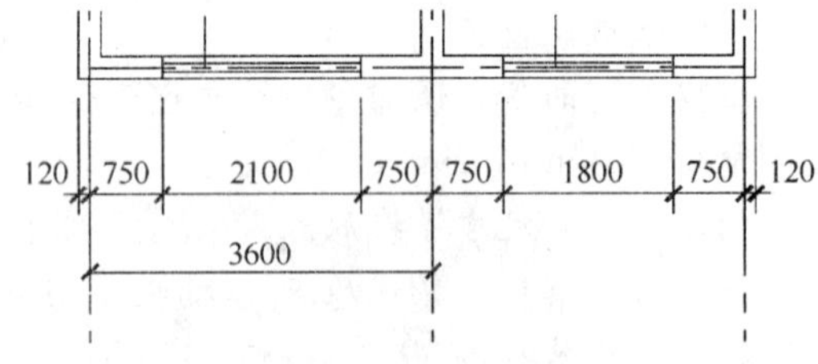

图 6-31　轴线尺寸 1

重复上述命令，分别捕捉 B、C 点，完成第二道尺寸，结果如图 6-32 所示。

④ 第三道尺寸绘制。点击“线性标注”按钮，按命令行提示进行操作：

命令：_ dimlinear

指定第一条尺寸界线原点或<选择对象>：(捕捉左下角外墙角点)

指定第二条尺寸界线原点：(捕捉右下角外墙角点)

指定尺寸线位置或

[多行文字(M)/文字(T)/角度(A)/水平(H)/垂直(V)/旋转(R)]：@0，－2800 (回车)

结果如图 6-33 所示。

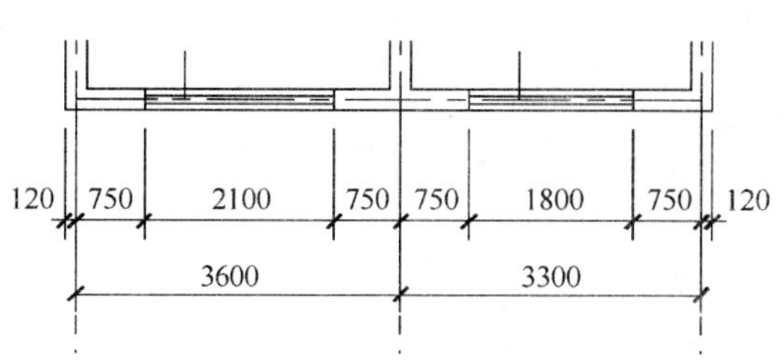

图 6-32 第二道尺寸

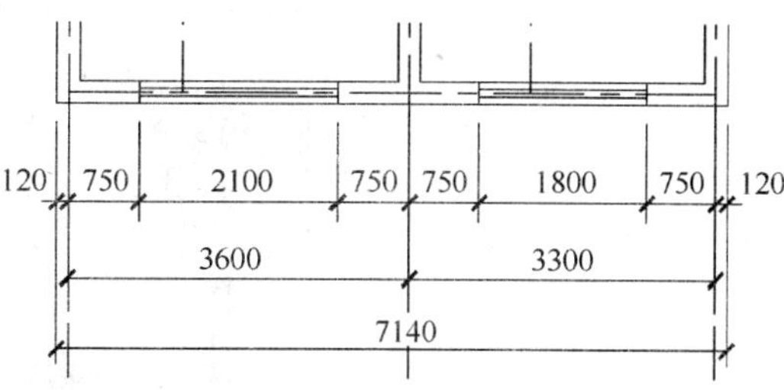

图 6-33 第三道尺寸

(4) 轴号标注

根据规范要求，横向轴号一般用阿拉伯数字 1、2、3…标注，纵向轴号用字母 A、B、C…标注。

在轴线端绘制一个直径为 800 的圆，在圆的中央标注一个数字“1”，字高 300，如图 6-34 所示。将该轴号图例复制到其他轴线端头，并修改圈内的数字。

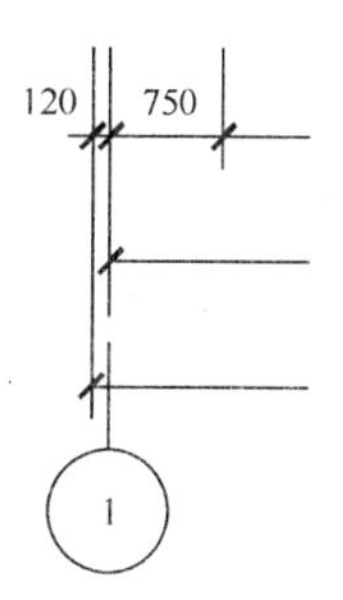

图 6-34 轴号 1

双击数字，打开“文字编辑器”对话框，如图 6-35 所示。输入修改的数字，点击“确定”。

图 6-35 编辑文字

轴号标注结束后，如图 6-36 所示。

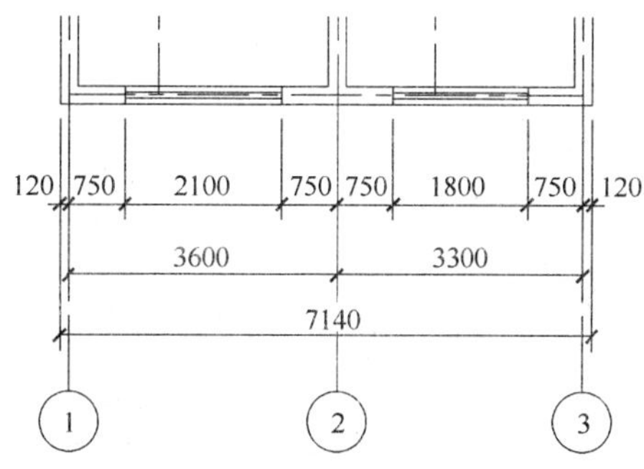

图 6-36 下方尺寸标注结果

采用上述整套尺寸标注方法，将其他方向的尺寸标注完成，结果如图 6-37 所示。

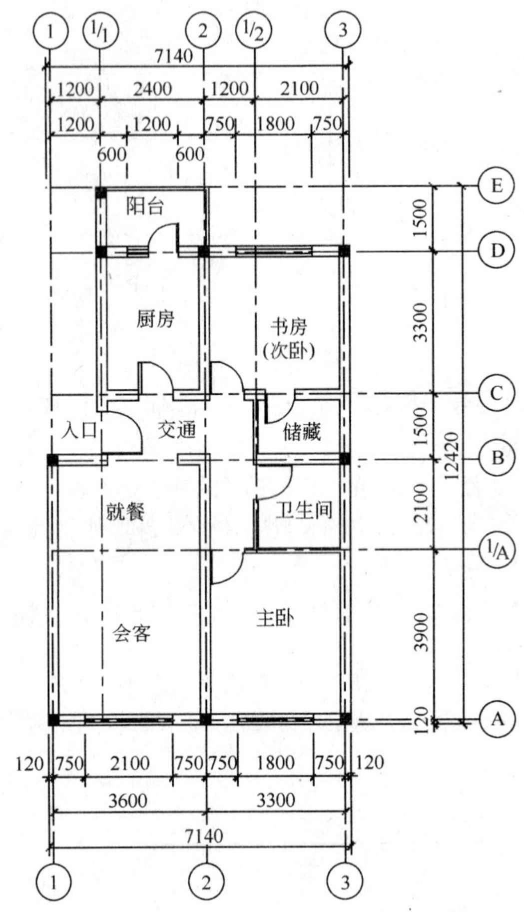

阳台
厨房
书房
(次卧)
入口
交通
储藏
就餐
卫生间
会客
主卧
7140
1200
2400
2100
750
1800
600
3600
3300
1500
3900
12420
120

图 6-37　尺寸标注结束

第 7 章　图块与设计中心

内容提要

在设计绘图过程中经常会遇到一些重复出现的图形(例如建筑设计中的桌椅、门窗等)，如果每次都重新绘制这些图形，不仅造成大量的重复工作，而且存储这些图形及其信息要占据相当大的磁盘空间。图块、设计中心，提出了模块化作图的问题，这样不仅避免了大量的重复工作，提高绘图速度和工作效率，而且可大大节省磁盘空间。

本章重点

- 图块操作
- 图块的属性
- 观察设计信息
- 向图形添加内容
- 工具选项板

7.1　图　块　操　作

图块也叫块，它是由一组图形对象组成的集合。一组对象一旦被定义为图块，它们将成为一个整体，拾取图块中任意一个图形对象即可选中构成图块的所有对象。AutoCAD把一个图块作为一个对象进行编辑修改等操作，用户可根据绘图需要把图块插入到图中任意指定的位置，而且在插入时还可以指定不同的缩放比例和旋转角度。如果需要对组成图块的单个图形对象进行修改，还可以利用“分解”命令把图块炸开，分解成若干个对象。图块还可以重新定义，一旦被重新定义，整个图中基于该块的对象都将随之改变。

7.1.1　定义图块

◆　执行方式

命令行：BLOCK

菜单：绘图→块→创建

工具栏：绘图→创建块

◆　操作格式

命令：BLOCK↙

选择相应的菜单命令或单击相应的工具栏图标，或在命令行输入 BLOCK 后回车，AutoCAD 打开图 7-1 所示的“块定义”对话框，利用该对话框可定义图块并为之命名。

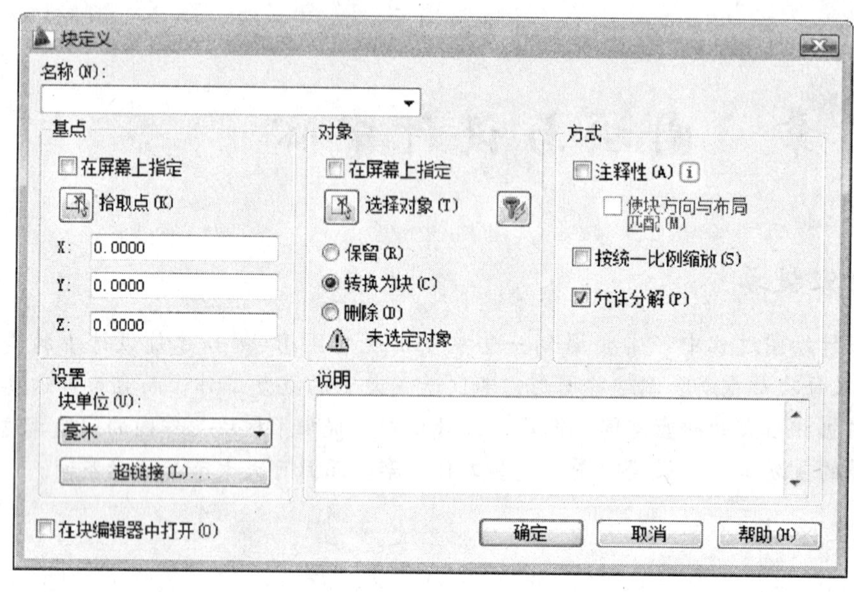

图 7-1 “块定义”对话框

◆ 选项说明

(1)“基点”选项组

确定图块的基点，默认值是(0，0，0)。也可以在下面的 X、Y、Z 文本框中输入块的基点坐标值。单击“拾取点”按钮，AutoCAD 临时切换到作图屏幕，用鼠标在图形中拾取一点后，返回“块定义”对话框，把所拾取的点作为图块的基点。

(2)“对象”选项组

该选项组用于选择制作图块的对象以及对象的相关属性。

如图 7-2 所示，把图(a)中的正五边形定义为图块，图(b)为选中“删除”单选按钮的结果，图(c)为选中“保留”单选按钮的结果。

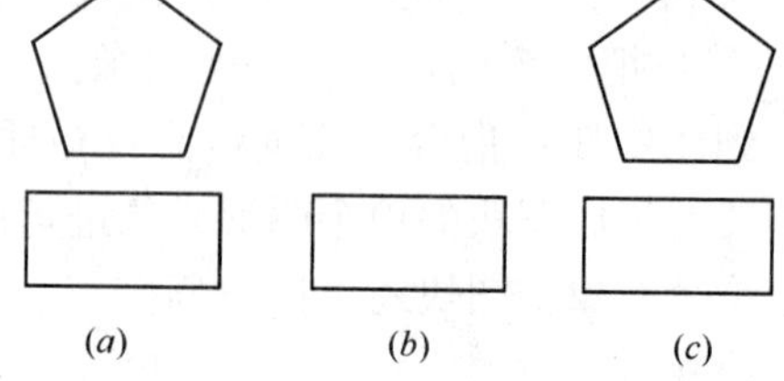

图 7-2 删除图形对象

(3)“设置”选项组

指定从 AutoCAD 设计中心拖动图块时用于测量图块的单位，以及缩放、分解和超链接等设置。

(4)“方式”选项组

①“注释性”复选框：指定块为注释性。

②“使块方向与布局匹配”复选框：指定在图纸空间视口中的块参照的方向与布局的方向匹配。如果未选择“注释性”选项，则该选项不可用。

③“按统一比例缩放”复选框：指定是否阻止块参照不按统一比例缩放。

④“允许分解”复选框：指定块参照是否可以被分解。

(5)“在块编辑器中打开”复选框

选中此复选框，系统打开块编辑器，可以定义动态块。后面将详细讲述。

7.1.2　图块的存盘

用 BLOCK 命令定义的图块保存在其所属的图形当中，该图块只能在该图中插入，而不能插入到其他的图中，但是有些图块在许多图中要经常用到，这时可以用 WBLOCK 命令把图块以图形文件的形式(后缀为 .DWG)写入磁盘，图形文件可以在任意图形中用 INSERT命令插入。

◆　执行方式

命令行：WBLOCK

◆　操作格式

命令：WBLOCK↙

在命令行输入 WBLOCK 后回车，AutoCAD 打开“写块”对话框，如图 7-3 所示。利用此对话框，可把图形对象保存为图形文件或把图块转换成图形文件。

图 7-3　“写块”对话框

◆　选项说明

(1)“源”选项组

确定要保存为图形文件的图块或图形对象。其中，选中“块”单选按钮，单击右侧的向下箭头，在下拉列表框中选择一个图块，将其保存为图形文件。选中“整个图形”单选按钮，则把当前的整个图形保存为图形文件。选中“对象”单选按钮，则把不属于图块的图形对象保存为图形文件。对象的选取通过“对象”选项组来完成。

(2)“目标”选项组

用于指定图形文件的名字、保存路径和插入单位等。

7.1.3　图块的插入

在用 AutoCAD 绘图的过程当中，可根据需要随时把已经定义好的图块或图形文件插入到当前图形的任意位置。在插入的同时还可以改变图块的大小、旋转一定角度或把图块炸开等。插入图块的方法有多种，本节逐一进行介绍。

◆ 执行方式

命令行：INSERT

菜单：插入→块

工具栏：插入点→插入块 或绘图→插入块

◆ 操作格式

命令：INSERT↙

AutoCAD 打开“插入”对话框，如图 7-4 所示，可以指定要插入的图块及插入位置。

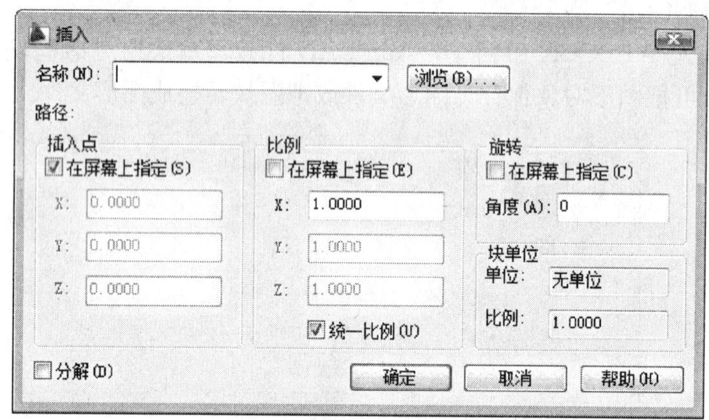

图 7-4 “插入”对话框

◆ 选项说明

(1)“名称”文本框

指定插入图块的名称。

(2)“插入点”选项组

指定插入点，插入图块时该点与图块的基点重合。可以在屏幕上指定该点，也可以通过下面的文本框输入该点坐标值。

(3)“缩放比例”选项组

确定插入图块时的缩放比例。图块被插入到当前图形中的时候，可以以任意比例放大或缩小，如图 7-5 所示。(*a*)图是被插入的图块；(*b*)图取比例系数为 1.5 插入该图块的结果；(*c*)图是取比例系数为 0.5 的结果，X 轴方向和 Y 轴方向的比例系数也可以取不同；如(*d*)图所示，X 轴方向的比例系数为 1，Y 轴方向的比例系数为 1.5。另外，比例系数还可以是一个负数，当为负数时表示插入图块的镜像，其效果如图 7-6 所示。

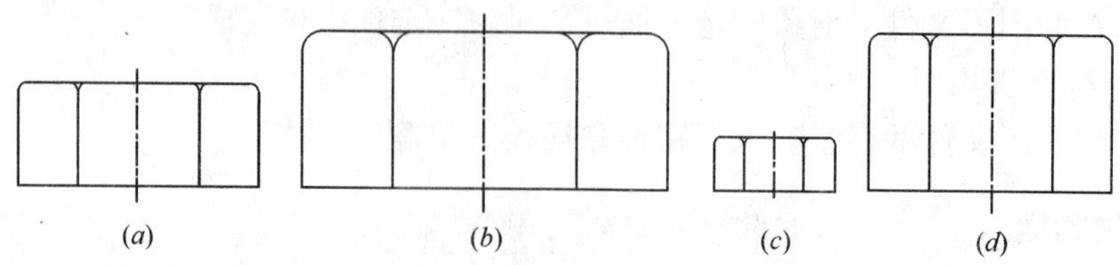

图 7-5 取不同比例系数插入图块的效果

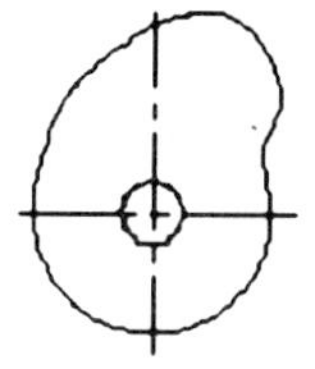
X比例=1, Y比例=1

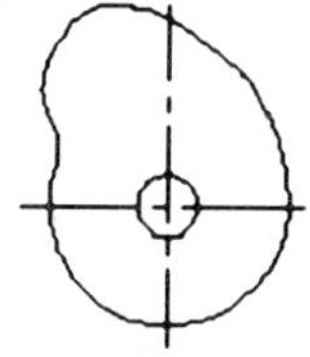
X比例=−1, Y比例=1

X比例=1, Y比例=−1

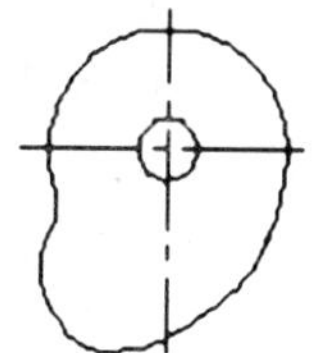
X比例=−1, Y比例=−1

图 7-6　取比例系数为负值插入图块的效果

(4)“旋转”选项组

指定插入图块时的旋转角度。图块被插入到当前图形中的时候，可以绕其基点旋转一定的角度，角度可以是正数(表示沿逆时针方向旋转)，也可以是负数(表示沿顺时针方向旋转)。图 7-7(*b*)是图 7-7(*a*)所示的图块旋转 30°插入的效果，图 7-7(*c*)是旋转－30°插入的效果。

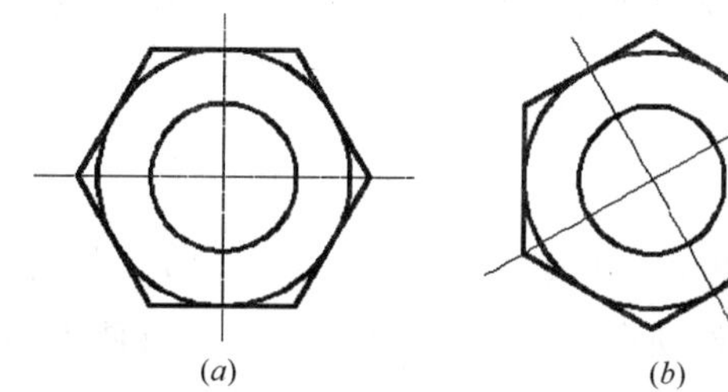
(*a*)　(*b*)

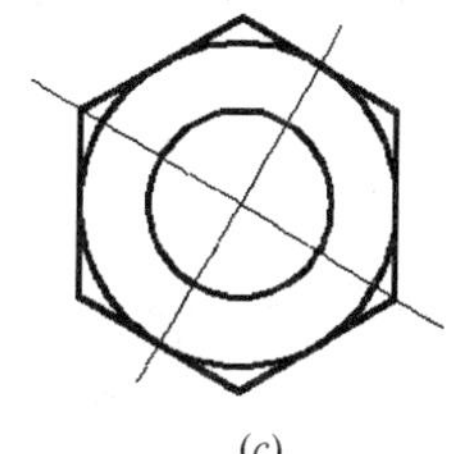
(*c*)

图 7-7　以不同旋转角度插入图块的效果

如果选中“在屏幕上指定”复选框，系统切换到作图屏幕，在屏幕上拾取一点，AutoCAD自动测量插入点与该点连线和 X 轴正方向之间的夹角，并把它作为块的旋转角。也可以在“角度”文本框直接输入插入图块时的旋转角度。

(5)“分解”复选框

选中此复选框，则在插入块的同时把其炸开，插入到图形中的组成块的对象不再是一个整体，可对每个对象单独进行编辑操作。

7.1.4　以矩形阵列的形式插入图块

AutoCAD 允许将图块以矩形阵列的形式插入到当前图形中，而且插入时也允许指定比例系数和旋转角度。如图 7-8(*b*)所示，把图 7-8(*a*)建立成图块后，以 3×3 矩形阵列的形式插入到图形中，本小节着重介绍这种插入方式。

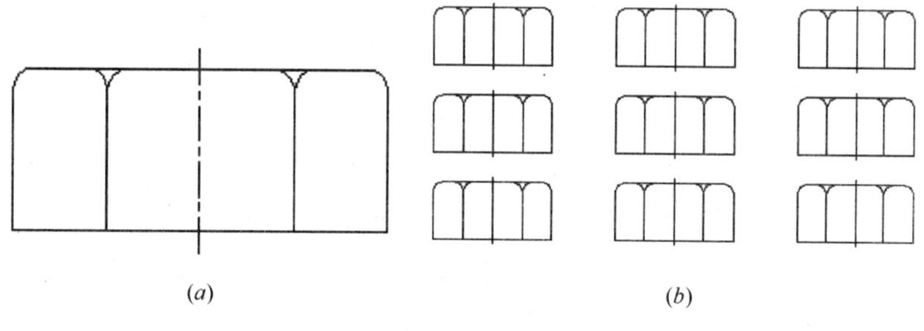
(*a*)　(*b*)

图 7-8　以矩形阵列形式插入图块

◆ 执行方式

命令行：MINSERT

◆ 操作格式

命令：MINSERT↙

输入块名或［?］<hu3>：(输入要插入的图块名)

指定插入点或［比例(S)/X/Y/Z/旋转(R)/预览比例(PS)/PX/PY/PZ/预览旋转(PR)］：

在此提示下确定图块的插入点、比例系数、旋转角度等，各项的含义和设置方法与 INSERT 命令相同。确定了图块插入点之后，AutoCAD 继续提示：

输入行数（－－－）<1>：(输入矩形阵列的行数)

输入列数（|||）<1>：(输入矩形阵列的列数)

输入行间距或指定单位单元（－－－）：(输入行间距)

指定列间距（|||）：(输入列间距)

所选图块按照指定的比例系数和旋转角度以指定的行数、列数和间距插入到指定的位置。

7.1.5 动态块

动态块具有灵活性和智能性。用户在操作时，可以轻松地更改图形中的动态块参照。可以通过自定义夹点或自定义特性来操作动态块参照中的几何图形。这使得用户可以根据需要在位调整块，而不用搜索另一个块以插入或重定义现有的块。

例如，如果在图形中插入一个门块参照，编辑图形时可能需要更改门的大小。如果该块是动态的，并且定义为可调整大小，那么只需拖动自定义夹点或在“特性”选项板中指定不同的大小就可以修改门的大小。如图 7-9 所示。用户可能还需要修改门的打开角度，如图 7-10 所示。该门块还可能会包含对齐夹点，使用对齐夹点可以轻松地将门块参照与图形中的其他几何图形对齐，如图 7-11 所示。

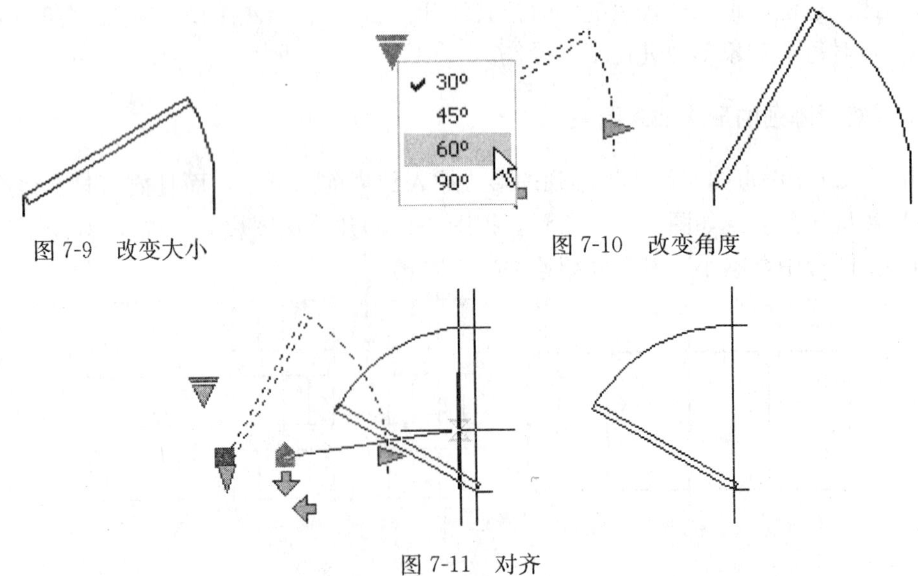

图 7-9 改变大小

图 7-10 改变角度

图 7-11 对齐

可以使用块编辑器创建动态块。块编辑器是一个专门的编写区域，用于添加能够使块成为动态块的元素。用户可以从头创建块，也可以向现有的块定义中添加动态行为。也可以像在绘图区域中一样创建几何图形。

◆　执行方式

命令行：BEDIT

菜单：工具→块编辑器

工具栏：标准→块编辑器

快捷菜单：选择一个块参照。在绘图区域中单击鼠标右键，选择“块编辑器”项。

◆　操作格式

命令：BEDIT↙

系统打开“编辑块定义”对话框，如图 7-12 所示，在“要创建或编辑的块”文本框中输入块名或在列表框中选择已定义的块或当前图形。确认后，系统打开块编写选项板和“块编辑器”工具栏，如图 7-13 所示。

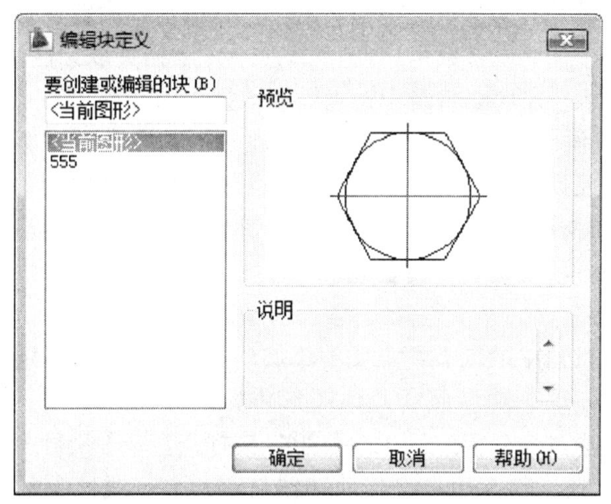

图 7-12　“编辑块定义”对话框

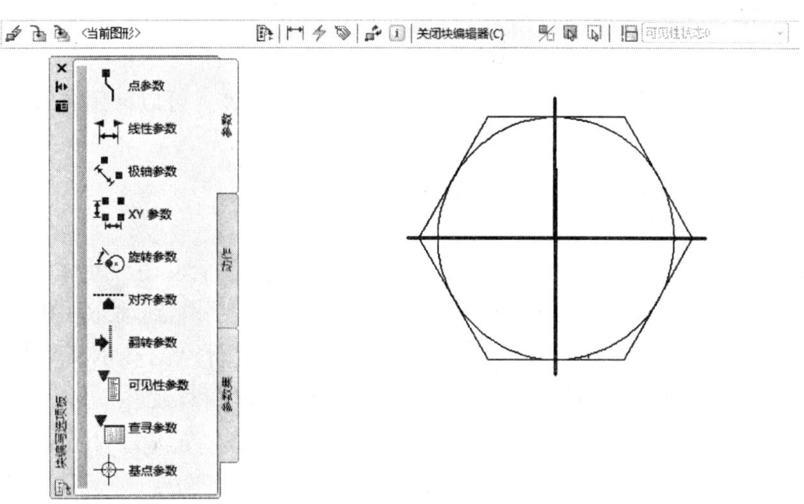

图 7-13　块编辑状态绘图平面

◆ 选项说明

(1) 块编写选项板

该选项板有三个选项卡：

①“参数”选项卡：提供用于向块编辑器中的动态块定义中添加参数的工具。参数用于指定几何图形在块参照中的位置、距离和角度。将参数添加到动态块定义中时，该参数将定义块的一个或多个自定义特性。此选项卡也可以通过命令 BPARAMETER 来打开。

② 点参数：此操作将向动态块定义中添加一个点参数，并定义块参照的自定义 X 和 Y 特性。点参数定义图形中的 X 和 Y 位置。在块编辑器中，点参数类似于一个坐标标注。

③ 可见性参数：此操作将向动态块定义中添加一个可见性参数，并定义块参照的自定义可见性特性。可见性参数允许用户创建可见性状态并控制对象在块中的可见性。可见性参数总是应用于整个块，并且无需与任何动作相关联。在图形中单击夹点，可以显示块参照中所有可见性状态的列表。在块编辑器中，可见性参数显示为带有关联夹点的文字。

④ 查寻参数：此操作将向动态块定义中添加一个查寻参数，并定义块参照的自定义查寻特性。查寻参数用于定义自定义特性，用户可以指定或设置该特性，以便从定义的列表或表格中计算出某个值。该参数可以与单个查寻夹点相关联。在块参照中单击该夹点，可以显示可用值的列表。在块编辑器中，查寻参数显示为文字。

⑤ 基点参数：此操作将向动态块定义中添加一个基点参数。基点参数用于定义动态块参照相对于块中的几何图形的基点。基点参数无法与任何动作相关联，但可以属于某个动作的选择集。在块编辑器中，基点参数显示为带有十字光标的圆。

其他参数与上面各项类似，不再赘述。

(2)“动作”选项卡

提供用于向块编辑器中的动态块定义中添加动作的工具。动作定义了在图形中操作块参照的自定义特性时，动态块参照的几何图形将如何移动或变化。应将动作与参数相关联，此选项卡也可以通过命令 BACTIONTOOL 来打开。

① 移动动作：此操作将在用户将移动动作与点参数、线性参数、极轴参数或 XY 参数关联时，将该动作添加到动态块定义中。移动动作类似于 MOVE 命令。在动态块参照中，移动动作将使对象移动指定的距离和角度。

② 查寻动作：此操作将向动态块定义中添加一个查寻动作。将查寻动作添加到动态块定义中并将其与查寻参数相关联时，它将创建一个查寻表。可以使用查寻表指定动态块的自定义特性和值。

其他动作与上面各项类似，不再赘述。

(3)“参数集”选项卡

提供用于在块编辑器中向动态块定义中添加一个参数和至少一个动作的工具。将参数集添加到动态块中时，动作将自动与参数相关联。将参数集添加到动态块中后，请双击黄色警示图标(或使用 BACTIONSET 命令)，然后按照命令行上的提示将动作与几何图形选择集相关联。此选项卡也可以通过命令 BPARAMETER 来打开。

① 点移动：此操作将向动态块定义中添加一个点参数。系统会自动添加与该点参数相关联的移动动作。

② 线性移动：此操作将向动态块定义中添加一个线性参数。系统会自动添加与该线

性参数的端点相关联的移动动作。

③ 可见性集：此操作将向动态块定义中添加一个可见性参数并允许定义可见性状态。无需添加与可见性参数相关联的动作。

④ 查寻集：此操作将向动态块定义中添加一个查寻参数。系统会自动添加与该查寻参数相关联的查寻动作。

其他参数集与上面各项类似，不再赘述。

(4)“块编辑器”工具栏

该工具栏提供了在块编辑器中使用、创建动态块以及设置可见性状态的工具。

① 定义属性：显示“属性定义”对话框。

② 更新参数和动作文字大小：此操作将在块编辑器中重生成显示，并更新参数和动作的文字、箭头、图标以及夹点大小。在块编辑器中进行缩放时，文字、箭头、图标和夹点大小将根据缩放比例发生相应的变化。在块编辑器中重生成显示时，文字、箭头、图标和夹点将按指定的值显示。如图 7-14 所示。

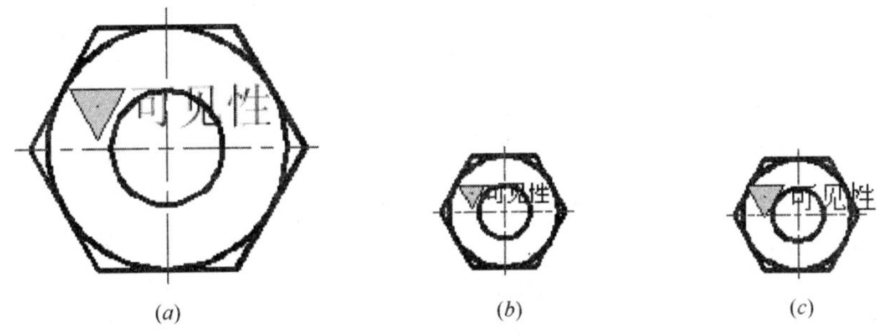

图 7-14　更新参数和动作文字大小

(a)原始图形；(b)缩小显示；(c)更新参数和动作文字大小后情形

③ 可见性模式：设置 BVMODE 系统变量，此操作可以使在当前可见性状态中不可见的对象变暗或隐藏。

④ 管理可见性状态：显示“可见性状态”对话框，如图 7-15 所示。从中可以创建、删除、重命名和设置当前可见性状态。在列表框中选择一种状态，右键单击，选择快捷菜单中“新状态”项，打开“新建可见性状态”对话框，如图 7-16 所示，可以设置可见性状态。

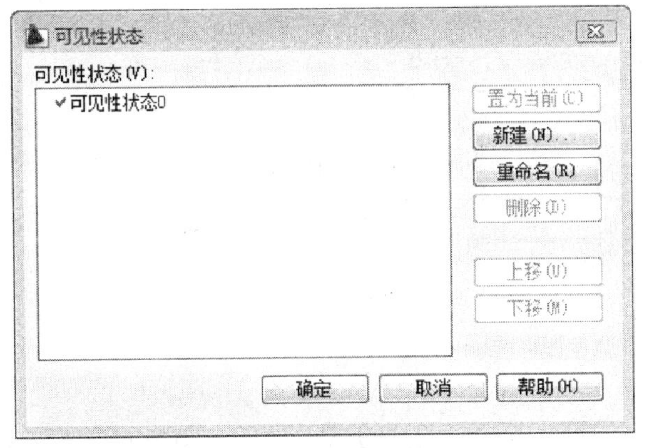

图 7-15　“可见性状态”对话框

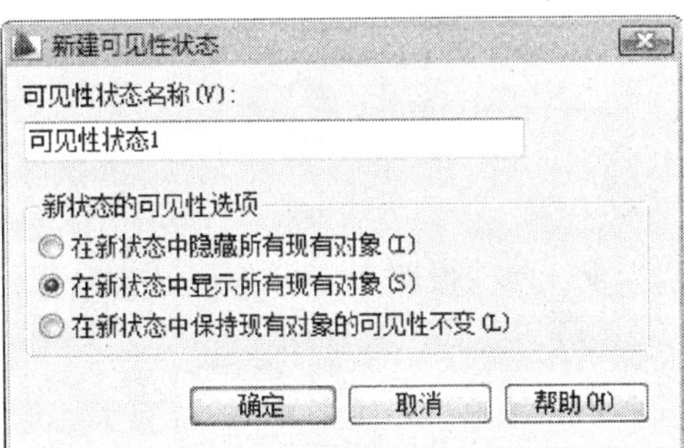

图 7-16　“新建可见性状态”对话框

其他工具项与块编写选项板中相关选项类似，不再赘述。

7.2 图块的属性

图块除了包含图形对象以外，还可以具有非图形信息，例如把一个椅子的图形定义为图块后，还可把椅子的号码、材料、重量、价格以及说明等文本信息一并加入到图块当中。图块的这些非图形信息，叫做图块的属性。它是图块的一个组成部分，与图形对象一起构成一个整体。在插入图块时，AutoCAD 把图形对象连同属性一起插入到图形中。

7.2.1 定义图块属性

◆ 执行方式

命令行：ATTDEF

菜单：绘图→块→定义属性

◆ 操作格式

命令：ATTDEF↙

选取相应的菜单项或在命令行输入 ATTDEF 回车，打开“属性定义”对话框，如图 7-17 所示。

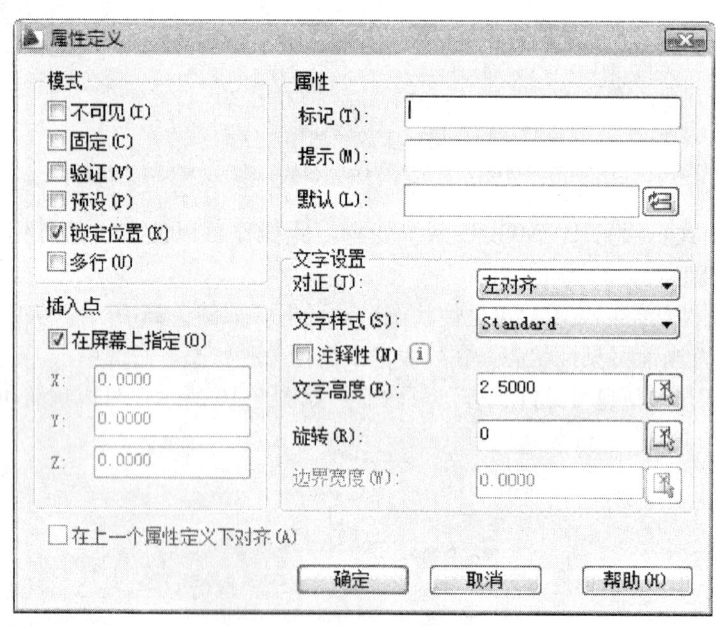

图 7-17 “属性定义”对话框

◆ 选项说明

（1）“模式”选项组

确定属性的模式。

①“不可见”复选框：选中此复选框则属性为不可见显示方式，即插入图块并输入属性值后，属性值在图中并不显示出来。

②"固定"复选框：选中此复选框则属性值为常量，即属性值在属性定义时给定，在插入图块时 AutoCAD 不再提示输入属性值。

③"验证"复选框：选中此复选框，当插入图块时 AutoCAD 重新显示属性值让用户验证该值是否正确。

④"预设"复选框：选中此复选框，当插入图块时 AutoCAD 自动把事先设置好的默认值赋予属性，而不再提示输入属性值。

⑤"锁定位置"复选框：选中此复选框，当插入图块时 AutoCAD 锁定块参照中属性的位置。解锁后，属性可以相对于使用夹点编辑的块的其他部分移动，并且可以调整多行属性的大小。

⑥"多行"复选框：指定属性值可以包含多行文字。选中此复选框后，可以指定属性的边界宽度。

(2)"属性"选项组

用于设置属性值。在每个文本框中 AutoCAD 允许输入不超过 256 个字符。

①"标记"文本框：输入属性标签。属性标签可由除空格和感叹号以外的所有字符组成，AutoCAD 自动把小写字母改为大写字母。

②"提示"文本框：输入属性提示。属性提示是插入图块时 AutoCAD 要求输入属性值的提示。如果不在此文本框内输入文本，则以属性标签作为提示；如果在"模式"选项组选中"固定"复选框，即设置属性为常量，则不需设置属性提示。

③"默认"文本框：设置默认的属性值。可把使用次数较多的属性值作为默认值，也可不设默认值。

(3)"插入点"选项组

确定属性文本的位置。可以在插入时由用户在图形中确定属性文本的位置，也可在 X、Y、Z 文本框中直接输入属性文本的位置坐标。

(4)"文字设置"选项组

设置属性文本的对齐方式、文本样式、字高和旋转角度。

(5)"在上一个属性定义下对齐"复选框

选中此复选框表示把属性标签直接放在前一个属性的下面，而且该属性继承前一个属性的文本样式、字高和倾斜角度等特性。

(6)"缩定块中的位置"复选框

锁定块参照中属性的位置。

说明

在动态块中，由于属性的位置包括在动作的选择集中，因此必须将其锁定。

7.2.2　修改属性的定义

在定义图块之前，可以对属性的定义加以修改，不仅可以修改属性标签，还可以修改属性提示和属性默认值。

◆　执行方式

命令行：DDEDIT

菜单：修改→对象→文字→编辑

◆ 操作格式

命令：DDEDIT↙

选择注释对象或[放弃(U)]：

在此提示下选择要修改的属性定义，AutoCAD 打开“编辑属性定义”对话框，如图 7-18 所示。该对话框表示要修改的属性的标记为“文字”，提示为“数值”，无默认值，可在各文本框中对各项进行修改。

编辑属性定义	
标记：	文字
提示：	数值
默认：	
确定	取消 帮助(H)

图 7-18 “编辑属性定义”对话框

7.2.3 图块属性编辑

当属性被定义到图块当中，甚至图块被插入到图形当中之后，用户还可以对属性进行编辑。利用 ATTEDIT 命令可以通过对话框对指定图块的属性值进行修改，利用 ATTEDIT 命令不仅可以修改属性值，而且可以对属性的位置、文本等其他设置进行编辑。

◆ 执行方式

命令行：ATTEDIT

菜单：修改→对象→属性→单个

工具栏：修改Ⅱ→编辑属性

◆ 操作格式

命令：ATTEDIT↙

选择块参照：

同时光标变为拾取框，选择要修改属性的图块，则 AutoCAD 打开图 7-19 所示的“编辑属性”对话框，对话框中显示出所选图块中包含的前八个属性的值，用户可对这些属性值进行修改。如果该图块中还有其他的属性，可单击“上一个”和“下一个”按钮对它们进行观察和修改。

当用户通过菜单执行上述命令时，系统打开“增强属性编辑器”对话框，如图 7-20 所示。该对话框不仅可以编辑属性值，还可以编辑属性的文字选项和图层、线型、颜色等特性值。

另外，还可以通过“块属性管理器”对话框来编辑属性，方法是：工具栏：修改Ⅱ→块属性管理器。执行此命令后，系统打开“块属性管理器”对话框，如图 7-21 所示。单击“编辑”按钮，系统打开“编辑属性”对话框，如图 7-22 所示。可以通过该对话框编辑属性。

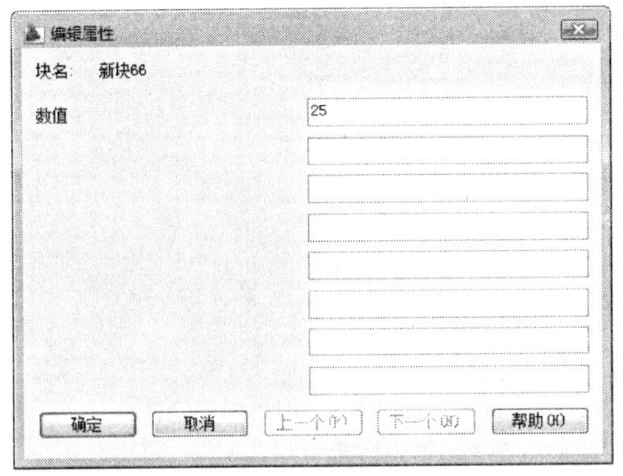

图 7-19　“编辑属性”对话框

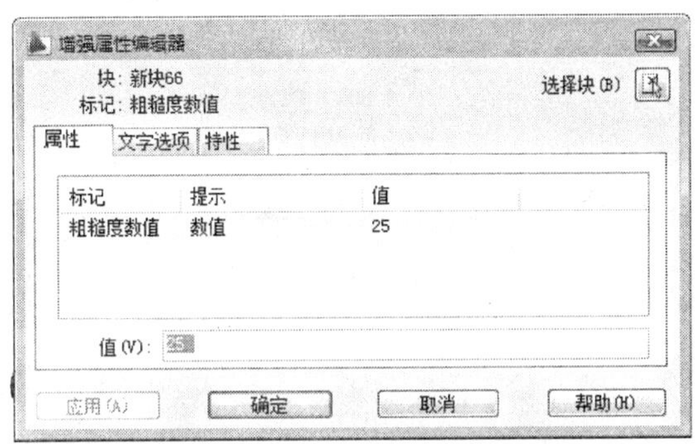

图 7-20　“增强属性编辑器”对话框

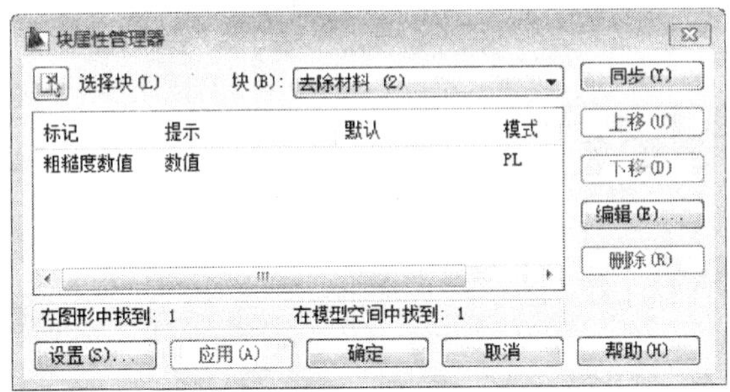

图 7-21　“块属性管理器”对话框

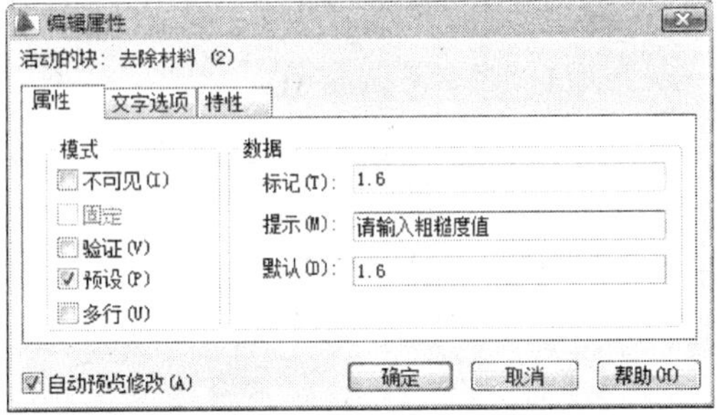

图 7-22　“编辑属性”对话框

7.2.4　提取属性数据

提取属性信息可以方便地直接从图形数据中生成日程表或 BOM 表。新的向导使得此过程更加简单。

◆　执行方式

命令行：EATTEXT

◆　操作格式

执行上述命令后，系统打开“数据提取—开始”对话框，如图 7-23 所示。单击“下一步”按钮，依次打开“数据提取—定义数据源”（如图 7-24 所示）、“数据提取—选择对象”（如图 7-25 所示）、“数据提取—选择特性”（如图 7-26 所示）、“数据提取—优化数据”（如图 7-27 所示）、“数据提取—选择输出”（如图 7-28 所示）、“数据提取—表格样式”（如图 7-29 所示）和“数据提取—完成”对话框（如图 7-30 所示），依次在各对话框中对提取属性的各选项进行设置，其中在“数据提取—表格样式”（如图 7-29 所示）对话框中可以设置或更改表格样式。设置完成后，系统生成包含提取数据的 BOM 表。

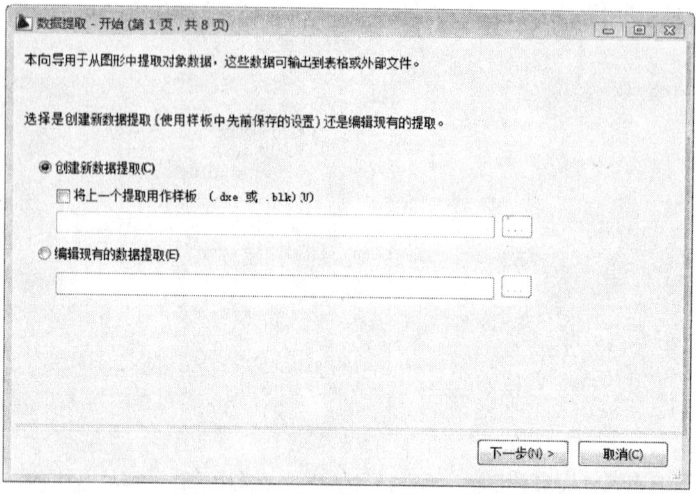

图 7-23 “数据提取—开始”对话框

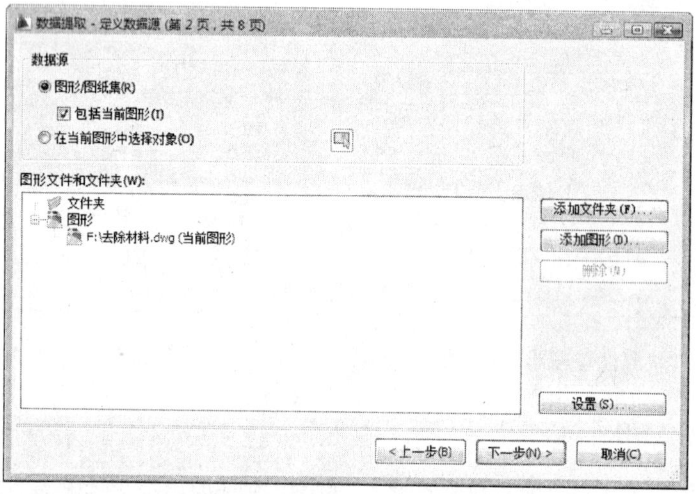

图 7-24 “数据提取—定义数据源”对话框

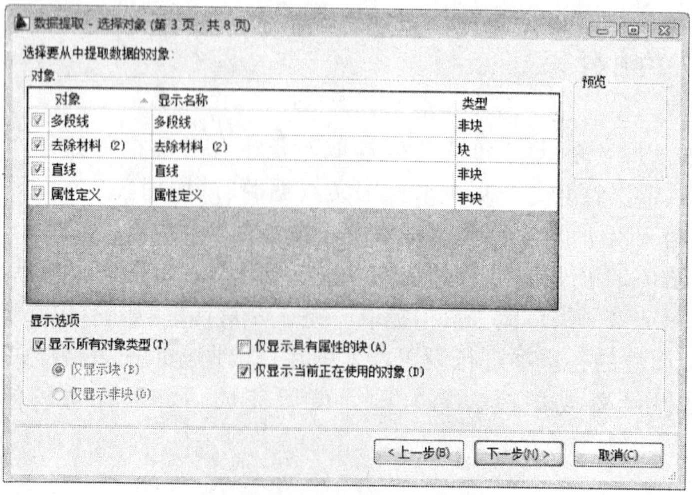

图 7-25 “数据提取—选择对象”对话框

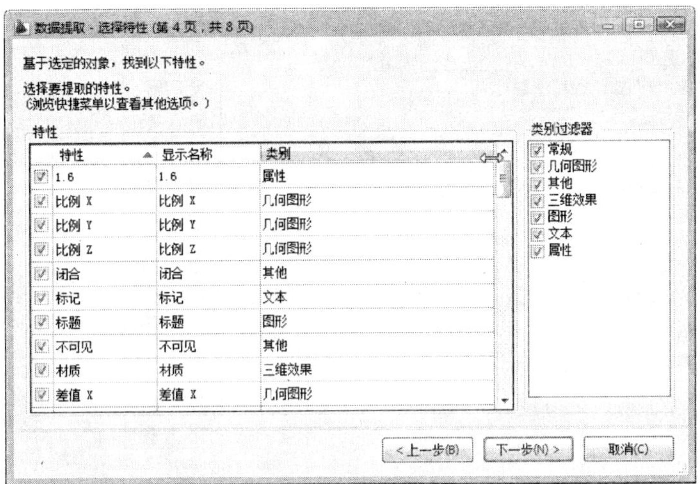

图 7-26　“数据提取—选择特性”对话框

图 7-27　“数据提取—优化数据”对话框

数据提取 - 选择输出 (第 6 页，共 8 页)
输出选项
为该提取选择输出类型:
将数据提取处理表插入图形(I)
将数据输出至外部文件 (.xls .csv .mdb .txt)(O)
< 上一步(B)　下一步(N) >　取消(C)

图 7-28　“数据提取—选择输出”对话框

数据提取 - 表格样式 (第 7 页，共 8 页)

表格样式
选择要用于已插入表格的表格样式(S):
Standard

格式和结构
将表格样式中的表格用于标签行(U)
手动设置表格(M)
输入表格的标题(E):
<标题>
标题单元样式(T): 标题
表头单元样式(H): 数据
数据单元样式(D): 数据
将特性名称用作其他列标题(P)

<标题>	
数据	数据
数据	数据
数据	数据
数据	数据
数据	数据
数据	数据

< 上一步(B)　下一步(N) >　取消(C)

图 7-29 “数据提取—表格样式”对话框

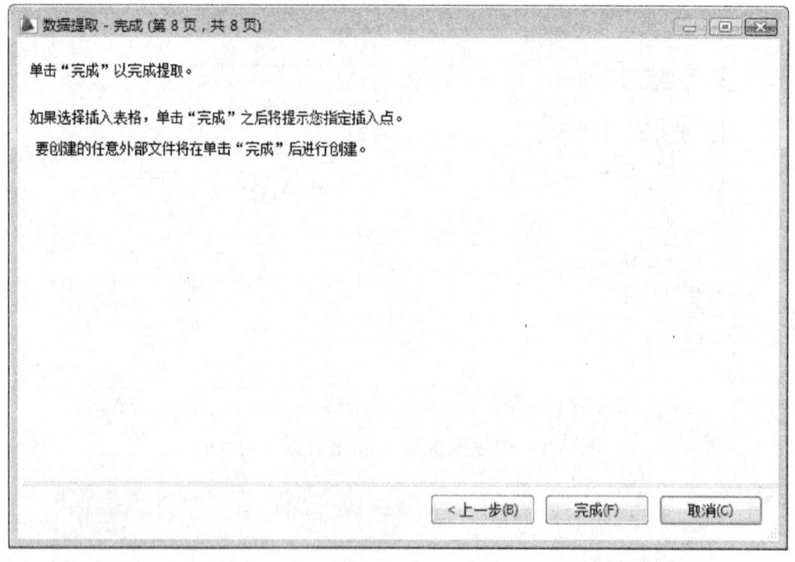

图 7-30 “数据提取—完成”对话框

7.3 设计中心

使用 AutoCAD 设计中心可以很容易地组织设计内容，并把它们拖动到自己的图形中。可以使用 AutoCAD 设计中心窗口的内容显示框，来观察用 AutoCAD 设计中心的资源管理器所浏览资源的细目，如图 7-31 所示。在图 7-31 中，左边方框为 AutoCAD 设计中心的资源管理器，右边方框为 AutoCAD 设计中心窗口的内容显示框。其中，上面窗口为文件显示框，中间窗口为图形预览显示框，下面窗口为说明文本显示框。

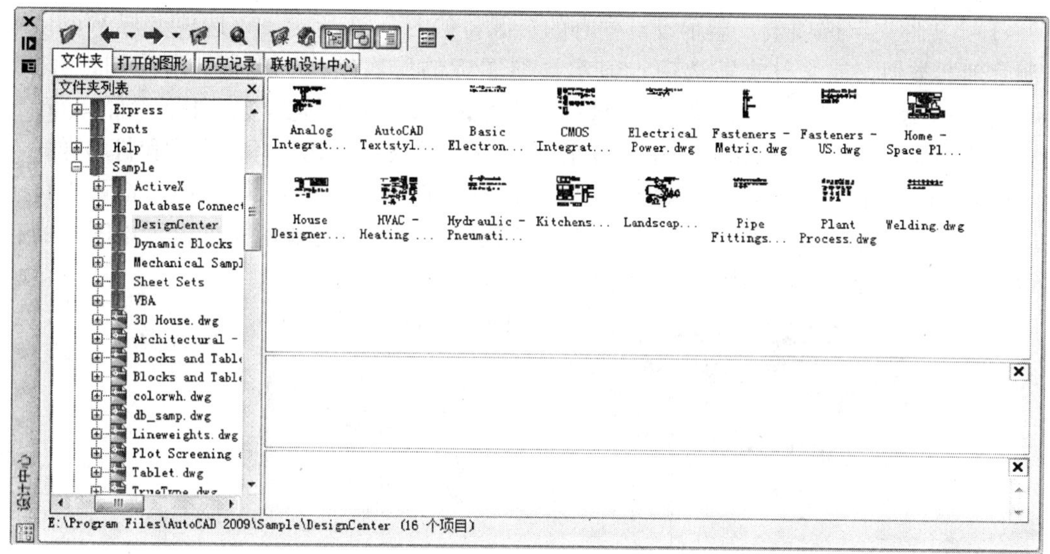

图 7-31　AutoCAD 设计中心的资源管理器和内容显示区

7.3.1　启动设计中心

◆　执行方式

命令行：ADCENTER

菜单：工具→选项板→设计中心

工具栏：标准→设计中心

快捷键：CTRL+2

◆　操作格式

命令：ADCENTER↙

系统打开设计中心。第一次启动设计中心时，它的默认打开的选项卡为“文件夹”。内容显示区采用大图标显示，左边的资源管理器采用 treeview 显示方式显示系统的树形结构。浏览资源的同时，在内容显示区显示所浏览资源的有关细目或内容，如图 7-31 所示。

可以依靠鼠标拖动边框来改变 AutoCAD 设计中心资源管理器和内容显示区以及 AutoCAD绘图区的大小，但内容显示区的最小尺寸应能显示两列大图标。

如果要改变 AutoCAD 设计中心的位置，可在设计中心工具条的上部用鼠标拖动它。松开鼠标后，AutoCAD 设计中心便处于当前位置。到新位置后，仍可以用鼠标改变改变各窗口的大小。也可以通过设计中心边框左边下方的“自动隐藏”按钮来自动隐藏设计中心。

7.3.2　显示图形信息

在 AutoCAD 设计中心中，可以通过“选项卡”和“工具栏”两种方式显示图形信息。现分别做简要介绍：

1. 选项卡

如图 7-31 所示，AutoCAD 设计中心有以下四个选项卡：

(1)“文件夹”选项卡：显示设计中心的资源，如图 7-31 所示。该选项卡与 Windows 资源管理器类似。“文件夹”选项卡显示导航图标的层次结构，包括：网络和计算机、Web 地址(URL)、计算机驱动器、文件夹、图形和相关的支持文件、外部参照、布局、填充样式和命名对象，包括图形中的块、图层、线型、文字样式、标注样式和打印样式。

(2)“打开的图形”选项卡：显示在当前环境中打开的所有图形，其中包括最小化了的图形，如图 7-32 所示。此时选择某个文件，就可以在右边的显示框中显示该图形的有关设置，如标注样式、布局块、图层外部参照等。

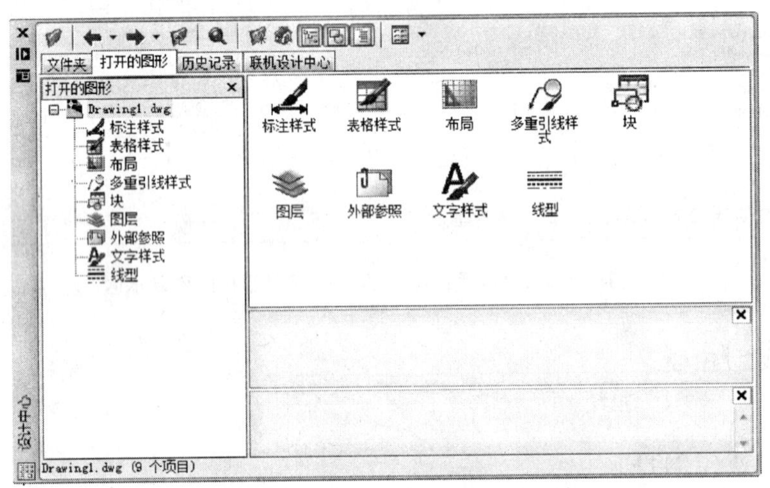

图 7-32 “打开的图形”选项卡

(3)“历史记录”选项卡：显示用户最近访问过的文件，包括这些文件的具体路径，如图 7-33 所示。双击列表中的某个图形文件，可以在“文件夹”选项卡的树状视图中定位此图形文件，并将其内容加载到内容区域中。

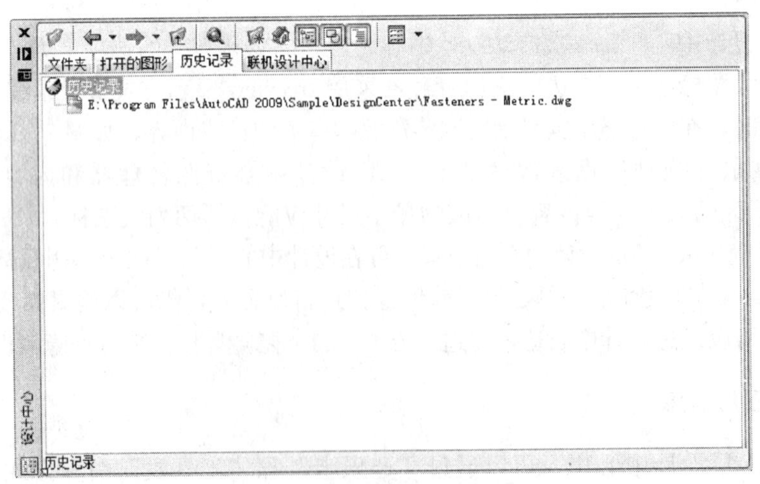

图 7-33 “历史记录”选项卡

(4)“联机设计中心”选项卡：通过联机设计中心，用户可以访问数以万计的预先绘制的符号、制造商信息以及集成商站点。当然，前提是用户的计算机必须与网络连接。如图 7-34 所示。

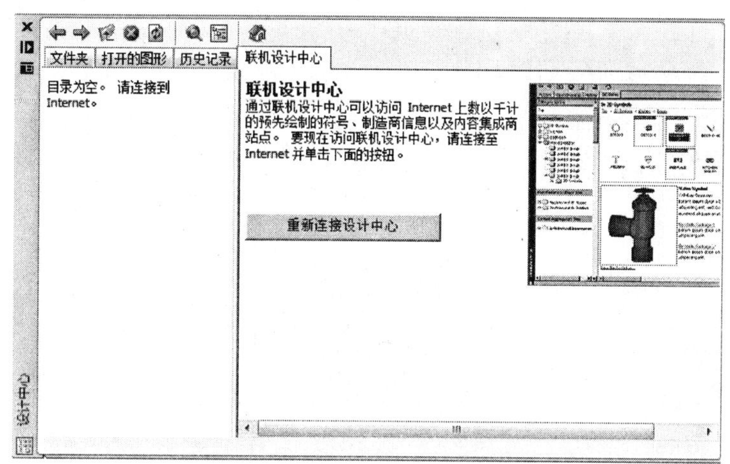

图 7-34 “联机设计中心”选项卡

2. 工具栏

设计中心窗口顶部有一系列的工具栏，包括：“加载”、“上一页(下一页或上一级)”、“搜索”、“收藏夹”、“主页”、“树状图切换”、“预览”、“说明”和“视图”等按钮：

(1)“加载”按钮：打开“加载”对话框，用户可以利用该对话框从 Windows 桌面、收藏夹或 Internet 网加载文件。

(2)“搜索”按钮：查找对象。单击该按钮，打开“搜索”对话框，如图 7-35 所示。

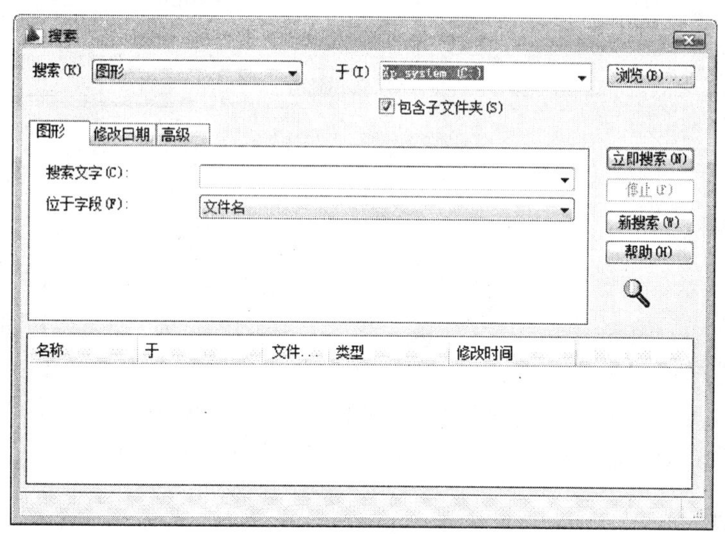

图 7-35 “搜索”对话框

(3)“收藏夹”按钮：在“文件夹列表”中显示 Favorites/Autodesk 文件夹中的内容，用户可以通过收藏夹来标记存放在本地磁盘、网络驱动器或 Internet 网页上的内容。如图 7-36 所示。

(4)“主页”按钮：快速定位到设计中心文件夹中，该文件夹位于\AutoCAD 2009\Sample 下，如图 7-37 所示。

图 7-36 “收藏夹”按钮

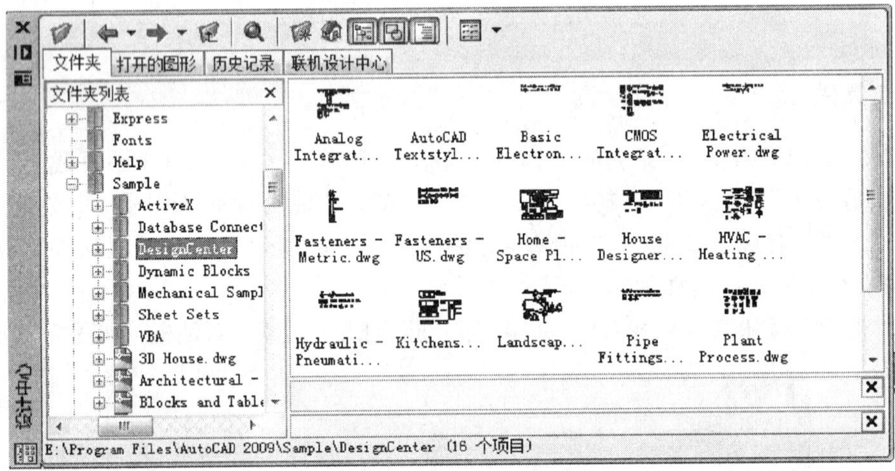

图 7-37 “主页”按钮

7.3.3 查找内容

如图 7-35 所示，可以单击“搜索”按钮寻找图形和其他的内容，在设计中心可以查找的内容有：图形、填充图案、填充图案文件、图层、块、图形和块、外部参照、文字样式、线型、标注样式和布局等。

在“搜索”对话框中有三个选项卡，分别给出三种搜索方式：通过“图形”信息搜索、通过“修改日期”信息搜索、通过“高级”信息搜索。

7.3.4 插入图块

可以将图块插入到图形当中。当将一个图块插入到图形当中的时候，块定义就被拷贝到图形数据库当中。在一个图块被插入图形之后，如果原来的图块被修改，则插入到图形当中的图块也随之改变。

当其他命令正在执行时，不能插入图块到图形当中。例如，如果在插入块时，在提示行正在执行一个命令，此时光标变成一个带斜线的圆，提示操作无效。另外，一次只能插入一个图块。

系统根据鼠标拉出的线段的长度与角度确定比例与旋转角度。插入图块的步骤如下：

(1) 从文件夹列表或查找结果列表选择要插入的图块，按住鼠标左键，将其拖动到打开的图形。

松开鼠标左键，此时，被选择的对象被插入到当前被打开的图形当中。利用当前设置的捕捉方式，可以将对象插入到任何存在的图形当中。

(2) 按下鼠标左键，指定一点作为插入点，移动鼠标，鼠标位置点与插入点之间距离为缩放比例。按下鼠标左键确定比例。同样方法移动鼠标，鼠标指定位置与插入点连线与水平线角度为旋转角度。被选择的对象就根据鼠标指定的比例和角度插入到图形当中。

7.3.5　图形复制

1. 在图形之间拷贝图块

利用 AutoCAD 设计中心可以浏览和装载需要拷贝的图块，然后将图块拷贝到剪贴板，利用剪贴板将图块粘贴到图形当中。具体方法如下：

(1) 在控制板选择需要拷贝的图块，右击打开快捷菜单，选择“复制”命令。

(2) 将图块复制到剪贴板上，然后通过“粘贴”命令粘贴到当前图形上。

2. 在图形之间拷贝图层

利用 AutoCAD 设计中心可以从任何一个图形拷贝图层到其他图形。例如，如果已经绘制了一个包括设计所需的所有图层的图形，在绘制另外的新的图形的时候，可以新建一个图形，并通过 AutoCAD 设计中心将已有的图层拷贝的新的图形当中，这样可以节省时间，并保证图形间的一致性。

(1) 拖动图层到已打开的图形：确认要拷贝图层的目标图形文件被打开，并且是当前的图形文件。在控制板或查找结果列表框选择要拷贝的一个或多个图层。拖动图层到打开的图形文件。松开鼠标后，被选择的图层被拷贝到打开的图形当中。

(2) 拷贝或粘贴图层到打开的图形：确认要拷贝的图层的图形文件被打开，并且是当前的图形文件。在控制板或查找结果列表框选择要拷贝的一个或多个图层。右击打开快捷菜单，在快捷菜单中选择“复制到粘贴板”命令。如果要粘贴图层，确认粘贴的目标图形文件被打开，并为当前文件。右击打开快捷菜单，在快捷菜单选择“粘贴”命令。

7.4　工具选项板

工具选项板，提供组织、共享和放置块及填充图案的有效方法。工具选项板还可以包含由第三方开发人员提供的自定义工具。

7.4.1　打开工具选项板

◆ 执行方式

命令行：TOOLPALETTES

菜单：工具→选项板→工具选项板窗口

工具栏：标准→工具选项板

快捷键：CRTL+3

◆　操作格式

命令：TOOLPALETTES↙

系统自动打开工具选项板窗口，如图 7-38 所示。

◆　选项说明

在工具选项板中，系统设置了一些常用图形选项卡，这些常用图形可以方便用户绘图。

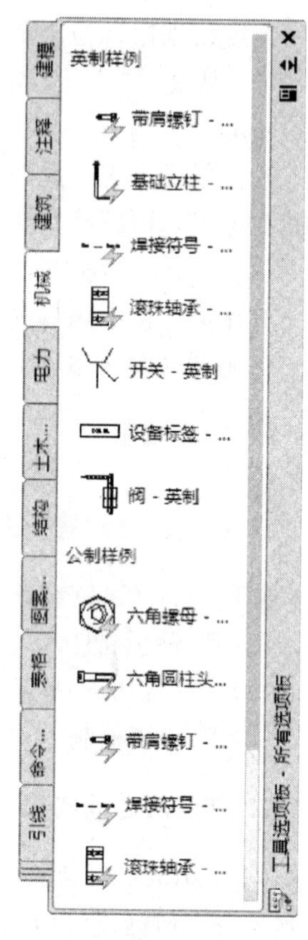

图 7-38　工具选项板窗口

7.4.2　工具选项板的显示控制

1. 移动和缩放工具选项板窗口

用户可以用鼠标按住工具选项板窗口深色边框，拖动鼠标即可移动工具选项板窗口。将鼠标指向工具选项板窗口边缘，出现双向伸缩箭头，按住鼠标左键拖动即可缩放工具选项板窗口。

2. 自动隐藏

在工具选项板窗口深色边框下面有一个“自动隐藏”按钮，单击该按钮就可自动隐藏工具选项板窗口，再次单击则自动打开工具选项板窗口。

3. “透明度”控制

在工具选项板窗口深色边框下面有一个“特性”按钮，单击该按钮，打开快捷菜单，如图 7-39 所示。选择“透明”命令，系统打开“透明度”对话框，如图 7-40 所示。通过调节“透明-不透明”按钮，可以调节工具选项板窗口的透明度。

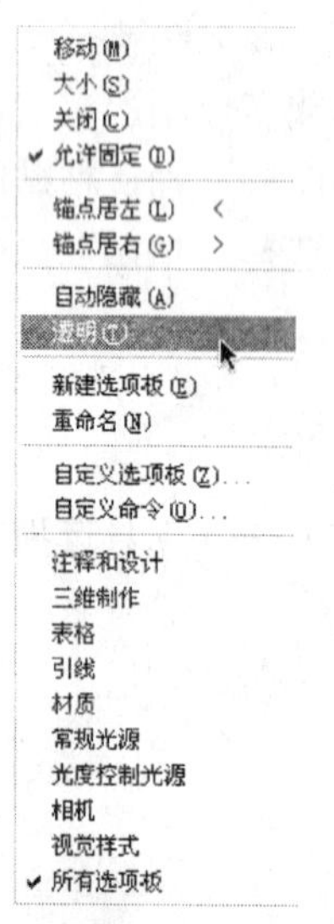

图 7-39　快捷菜单

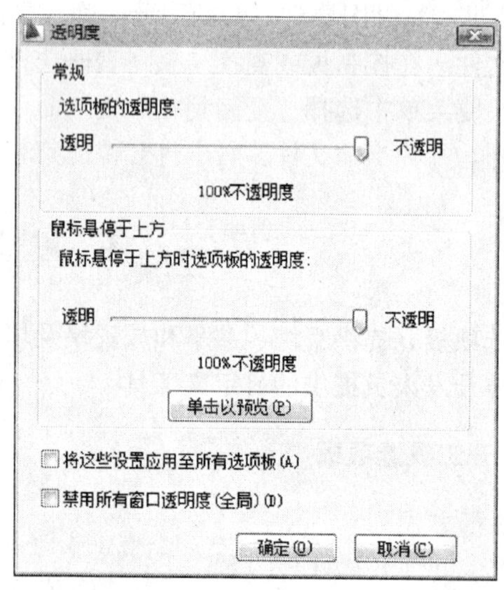

图 7-40　“透明”对话框

7.4.3 新建工具选项板

用户可以建立新工具板，这样有利于个性化作图。也能够满足特殊作图需要。

◆ 执行方式

命令行：CUSTOMIZE

菜单：工具→自定义→工具选项板

快捷菜单：在任意工具栏上单击右键，然后选择“自定义”。

工具选项板：“特性”按钮→自定义(或新建选项板)

◆ 操作格式

命令：CUSTOMIZE↙

系统打开“自定义”对话框，如图 7-41 所示。在“选项板”列表框中单击鼠标右键，打开快捷菜单，如图 7-42 所示。选择“新建选项板”项，在对话框可以为新建的工具选项板命名。确定后，工具选项板中就增加了一个新的选项卡，如图 7-43 所示。

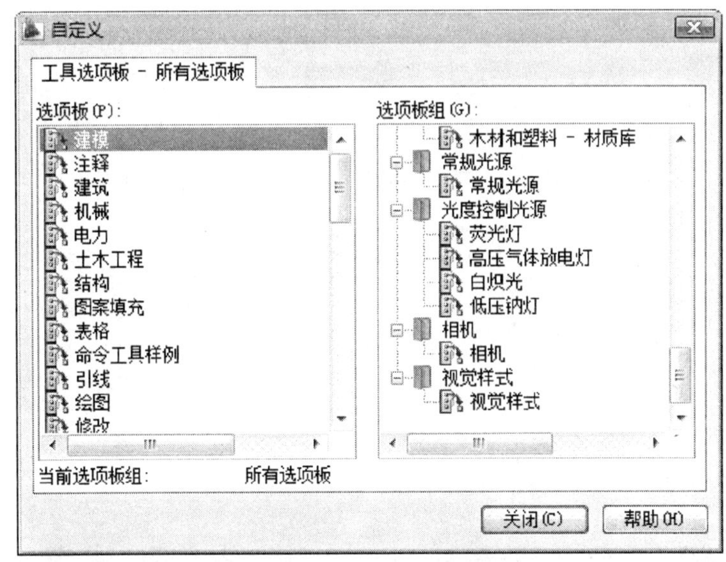

图 7-41 “自定义”对话框

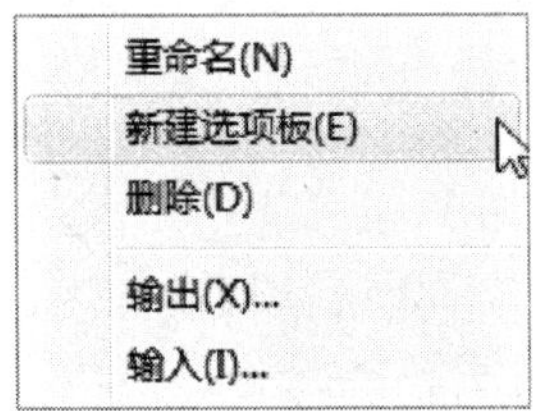

图 7-42 “新建工具选项板”对话框

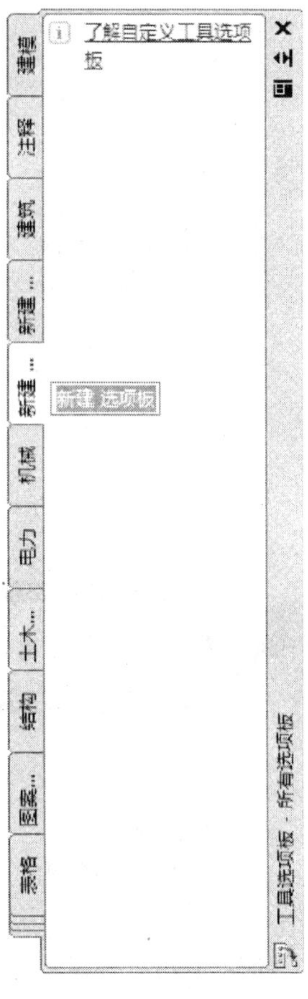

图 7-43 新增选项卡

7.4.4 向工具选项板添加内容

1. 将图形、块和图案填充从设计中心拖动到工具选项板上

例如，在 DesignCenter 文件夹上右击鼠标，系统打开右键快捷菜单，从中选择“创建块的工具选项板”命令，如图 7-44(*a*)所示。设计中心中储存的图元就出现在工具选项板中新建的 DesignCenter 选项卡上，如图 7-44(*b*)所示。这样就可以将设计中心与工具选项板结合起来，建立一个快捷、方便的工具选项板。将工具选项板中的图形拖动到另一个图形中时，图形将作为块插入。

2. 使用“剪切”、“复制”和“粘贴”将一个工具选项板中的工具移动或复制到另一个工具选项板中

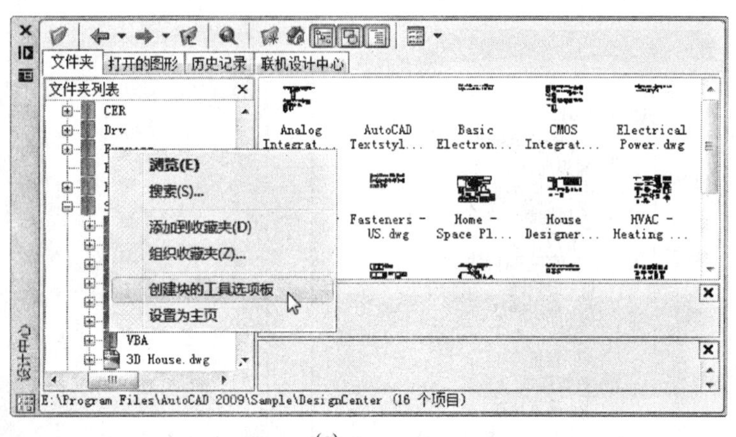

(*a*)

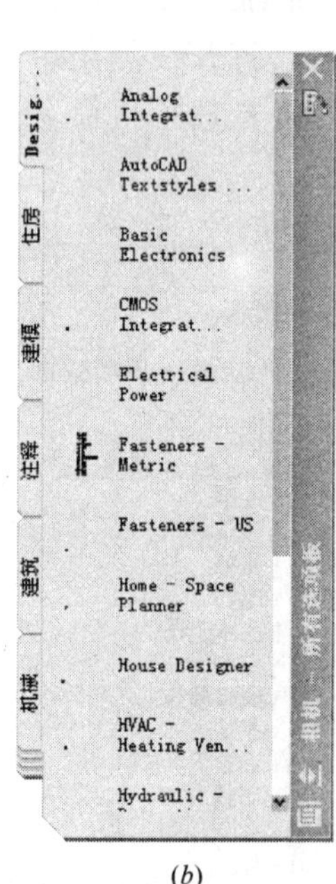

(*b*)

图 7-44 将储存图元创建成“设计中心”工具选项板

【例 7-1】 绘制图 7-45 所示的居室布置平面图。

【绘制步骤】

(1) 利用以前学过的绘图命令与编辑命令绘制住房结构截面图。其中，进门为餐厅，左手为厨房，右手为卫生间，正对为客厅，客厅左边为寝室。

(2) 单击“标准”工具栏的“工具选项板”按钮，打开工具选项板。在工具选项板菜单中选择“新建工具选项板”命令，建立新的工具选项板选项卡。在新建工具栏名称栏中输入“住房”，按 ENTER 键新建“住房”选项卡。

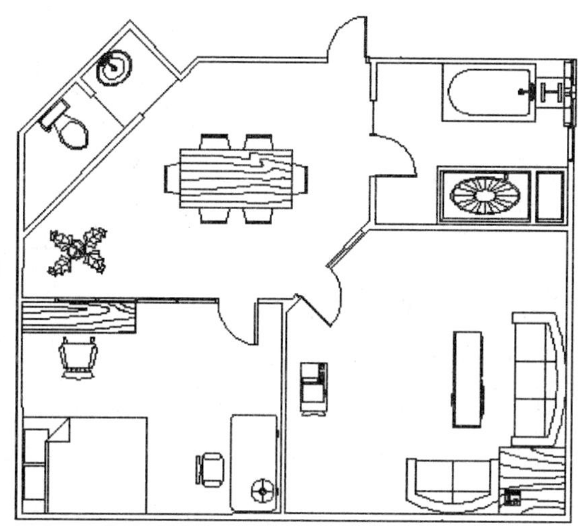

图 7-45　居室布置平面图

（3）单击“标准”工具栏的“设计中心”按钮，打开设计中心，将设计中心中的 kitchens、house designer、home space planner 图块拖动到工具选项板的“住房”选项卡，如图 7-46 所示。

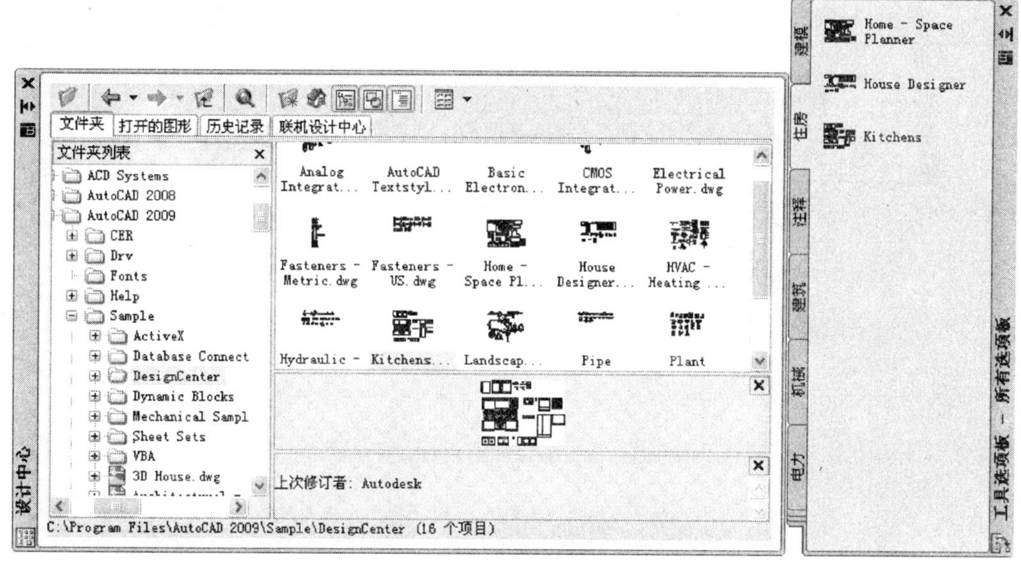

图 7-46　向工具选项板插入设计中心图块

（4）布置餐厅。将工具选项板中的 home space planner 图块拖动到当前图形中，利用缩放命令调整所插入的图块与当前图形的相对大小，如图 7-47 所示。对该图块进行分解操作，将 home space planner 图块分解成单独的小图块集。将图块集中的“饭桌”和“植物”图块拖动到餐厅适当位置，如图 7-48 所示。

（5）同样方法布置居室其他房间。

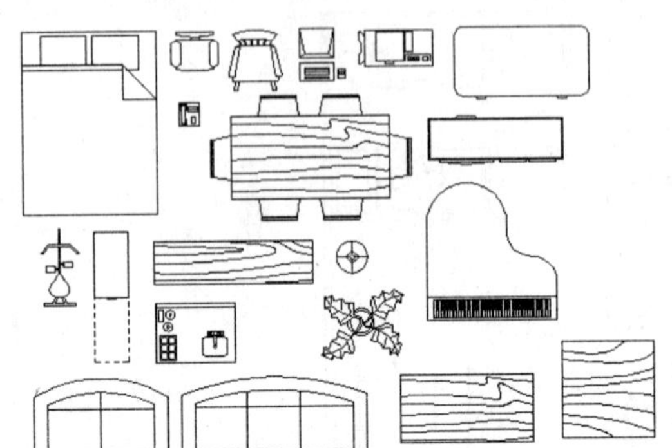

图 7-47　将 home space planner 图块拖动到当前图形

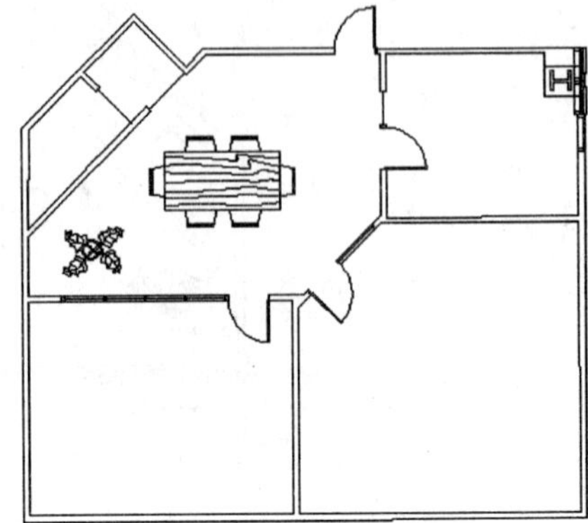

图 7-48　布置饭厅

本篇将结合电气工程的相关制图标准，系统地介绍建筑电气工程制图的基本知识及要点，通过独栋别墅电气工程CAD案例，深化叙述电气工程专业AutoCAD制图的具体操作手段及应用技巧。

通过本篇的学习，读者将掌握电气工程制图理论及其相应的AutoCAD制图技巧。

第2篇 建筑电气篇

- 学习建筑电气工程制图的基本知识
- 了解建筑电气工程CAD制图的特点
- 掌握建筑电气工程CAD制图的基本操作
- 深化建筑电气工程CAD制图的操作技巧

第 8 章　建筑电气工程基础

内容提要

本章将结合电气工程专业的浅要专业知识，介绍建筑电气工程图的相关理论基础知识，以及在 AutoCAD 中进行建筑电气设计的一些基础知识。通过本章的概要性叙述，帮助读者建立一种将专业知识与工程制图技巧相联系的思维模式，初步掌握建筑电气 CAD 的一些基础知识。

本章重点

- 认识建筑电气工程的基本知识
- 了解建筑电气工程图纸的分类
- 学习建筑电气工程制图的基本规定
- 了解建筑电气工程制图的特点
- 了解相关职业法规的常识性知识
- 掌握建筑电气工程 CAD 相关基础知识

8.1　概　　述

现代工业与民用建筑中，为满足一定的生产生活需求，都要安装许多各种不同功能的电气设施，如照明灯具、电源插座、电视、电话、消防控制装置、各种工业与民用的动力装置、控制设备、智能系统、娱乐电气设施及避雷装置等。电气工程或设施，都要经过专业人员专门设计表达在图纸上，这些相关图纸就可称为电气施工图(也可称电气安装图)。在建筑施工图中，它与给排水施工图、采暖通风施工图一起，统一列称为设备施工图。其中，电气施工图按“电施”编号。

各种电气设施需表达在图纸中，其主要涉及内容：一是供电、配电线路的规格与敷设方式；二是各类电气设备与配件的选型、规格与安装方式。而导线、各种电气设备及配件等本身在图纸中多数并不是采用其投影制图，而是用国际或国内统一规定的图例、符号及文字表示。可参见相关标准规程的图例说明，亦可于图纸中予以详细说明，并标绘在按比例绘制的建筑结构的各种投影图中(系统图除外)，这也是电气施工图的一个特点。

8.1.1　建筑电气工程施工图纸的分类

依据建筑电气工程项目的规模大小、功能不同，其图纸的数量、类别是有差异的。一套完整优秀的施工图应非常方便施工人员的阅读识图，并注意每套图纸中各类图纸的排放顺序。

常用的建筑电气工程图大致可分为以下几类：

1. 目录、设计说明、图例、设备材料明细表

图纸目录应表达有关序号、图纸名称、图纸编号、图纸张数、篇幅、设计单位等。

设计说明(施工说明)主要阐述电气工程的设计基本概况，如设计的依据、工程的要求和施工原则、建筑功能特点、电气安装标准、安装方法、工程等级、工艺要求及有关设计的补充说明等。

图例即为各种电气装置为便于表达简化而成的图形符号，通常只列出本套图纸中涉及的一些图形符号。一些常见的标准通用图例可省略，相关图形符号可参见《电气图用图形符号》GB 4728 有关解释。

设备材料明细表则应列出了该项电气工程所需要的各种设备和材料的名称、型号、规格和数量，可供进一步设计概算和施工预算时参考。

2. 电气系统图

电气系统图是用于表达该项电气工程的供电方式及途径、电力输送、分配及控制关系和设备运转等情况的图纸。从电气系统图应可看出该电气工程的概况。电气系统图又包括变配电系统图、动力系统图、照明系统图、弱电系统图等子项。

3. 电气平面图

电气平面图是表示电气设备、相关装置及各种管线线路平面布置位置关系的图纸，是进行电气安装施工的依据。电气平面图以建筑总平面图为依据，在建筑图上绘出电气设备、相关装置及各种线路的安装位置、敷设方法等。常用的电气平面图有：变配电所平面图、动力平面图、照明平面图、防雷平面图、接地平面图、弱电平面图。

4. 设备布置图

设备布置图是表达各种电气设备或器件的平面与空间的位置、安装方式及其相互关系的图纸，通常由平面图、立面图、剖面图及各种构件详图等组成。设备布置图是按三视图原理绘制的，类似于建筑结构制图方法。

5. 安装接线图

安装接线图又可称安装配线图，是用来表示电气设备、电器元件和线路的安装位置、配线方式、接线方法、配线场所特征等的图纸。

6. 电气原理图

电气原理图是表达某一电气设备或系统的工作原理的图纸，它是按照各个部分的动作原理采用展开法来绘制的。通过分析电气原理图，可以清楚地看出整个系统的动作顺序。电气原理图可以用来指导电气设备和器件的安装、接线、调试、使用与维修。

7. 详图

详图是表达电气工程中设备的某一部分、某一节点的具体安装要求和工艺的图纸，可参照标准图集或作单独制图予以表达。

工程人员的识图阅读顺序一般应按如下顺序进行：

标题栏及图纸说明⟶总说明⟶系统图⟶（电路图与接线图）⟶平面图⟶详图⟶设备材料明细表。

8.1.2　建筑电气工程项目的分类

建筑电气工程满足不同的生产生活以及安全等方便的功能，这些功能的实现又涉及多项更详细、具体的功能项目，这些项目环节共同组建，以满足整个建筑电气的整体功能。如某建筑电气工程一般可包括以下一些项目：

1. 外线工程

室外电源供电线路、室外通信线路等，涉及强电和弱电，如电力线路和电缆线路。

2. 变配电工程

由变压器、高低压配电柜、母线、电缆、继电保护与电气计量等设备组成的变配电所。

3. 室内配线工程

主要有线管配线、桥架线槽配线、瓷瓶配线、瓷夹配线、钢索配线等。

4. 电力工程

各种风机、水泵、电梯、机床、起重机以及其他工业与民用、人防等动力设备(电动机)和控制器与动力配电箱。

5. 照明工程

照明电器、开关按钮、插座和照明配电箱等相关设备。

6. 接地工程

各种电气设施的工作接地、保护接地系统。

7. 防雷工程

建筑物、电气装置和其他构筑物、设备的防雷设施，一般需经由有关气象部门防雷中心检测。

8. 发电工程

各种发电动力装置，如风力发电装置、柴油发电机设备。

9. 弱电工程

智能网络系统、通信系统(广播、电话、闭路电视系统)、消防报警系统、安保检测系统等。

8.1.3 建筑电气工程图的基本规定

工业与民用建筑的各个环节均离不开图纸的表达，建筑设计单位设计、绘制图纸，建筑施工单位按图纸组织工程施工，图纸成为双方信息表达交换的载体，所以图纸必须有设计和施工等部门共同遵守的一定的格式及标准。这些规定包括建筑电气工程自身的规定，另外也需涉及建筑制图、机械制图等相关工程方面的一些规定。

建筑电气制图一般可参见《房屋建筑制图统一标准》GB/T 50001—2001 及《电气工程 CAD 制图规则》GB/T 18135—2000 等。

电气制图中涉及的图例、符号、文字符号及项目代号可参照标准《电气图用图形符号》GB 4728、《电气设备用图形符号》GB/T 5465.2—2008、《电气技术中的项目代号》GB/T 5094—1985 等。

同时，对于电气工程中的一些常用术语应认识理解，方便识图。同时，我国的相关行业标准，国际上通用的“IEC”标准，都比较严格地规定了电气图的有关名词术语概念。这些名词术语是电气工程图制图及阅读所必需的。读者若有所需，可查阅一些相关文献资料，详细认识了解。

8.1.4 建筑电气工程图的特点

建筑电气工程图的内容主要通过如下图纸表达，即系统图、位置图(平面图)、电路图(控制原理图)、接线图、端子接线图、设备材料表等。建筑电气工程图不同于机械图、建筑图，掌握了解建筑电气工程图的特点，对建筑电气工程制图及识图将会提供很多方便。它有如下一些特点：

(1) 建筑电气工程图大多是在建筑图上采用统一的图形符号，并加注文字符号绘制出来的。绘制和阅读建筑电气工程图，首先就必须明确和熟悉这些图形符号、文字符号及项目代号所代表的内容和物理意义，以及它们之间的相互关系，关于图形符号、文字符号及项目代号可查阅相关标准的解释，如《电气简图用图形符号》GB 4728、《电气技术中的项目代号》GB/T 5094—1985。

(2) 任何电路均为闭合回路，一个合理的闭合回路一定包括四个基本元素，即：电源、用电设备、导线和开关控制设备。正确读懂图纸，还必须了解各种设备的基本结构、工作原理、工作程序、主要性能和用途，便于对设备安装及运行的了解。

(3) 电路中的电气设备、元件等，彼此之间都是通过导线将其连接起来，构成一个整体。识图时，可将各有关的图纸联系起来，相互参照，应通过系统图、电路图联系，通过布置图、接线图找位置，交叉查阅，可达到事半功倍的效果。

(4) 建筑电气工程施工通常是与土建工程及其他设备安装工程(给排水管道、工艺管道、采暖通风管道、通信线路、消防系统及机械设备等设备安装工程)施工相互配合进行的。故识读建筑电气工程图时应与有关的土建工程图、管道工程图等对应、参照起来阅读，仔细研究电气工程的各施工流程，提高施工效率。

(5) 有效识读电气工程图也是编制工程预算和施工方案必须具备的一个基本能力，能有效指导施工、指导设备的维修和管理。同时我们在识图时，还应熟悉有关规范、规程及标准的要求，才能真正读懂、读通图纸。

8.2　电气工程施工图的设计深度

该部分为摘录住房和城乡建设部颁发的文件《建筑工程设计文件编制深度规定》(2008 年版)中电气工程部分施工图设计的有关内容，供读者学习参考。

8.2.1　总则

1. 民用建筑工程一般应分为方案设计、初步设计和施工图设计三个阶段；对于技术要求简单的民用建筑工程，经有关主管部门同意，并且合同中有不做初步设计的约定，可在方案设计审批后直接进入施工图设计。

2. 各阶段设计文件编制深度应按以下原则进行：

(1) 方案设计文件，应满足编制初步设计文件的需要；

注意

对于投标方案，设计文件深度应满足标书要求；若标书无明确要求，设计文件深度可参照本规定的有关条款。

(2) 初步设计文件，应满足编制施工图设计文件的需要。

(3) 施工图设计文件，应满足设备材料采购、非标准设备制作和施工的需要。对于将项目分别发包给几个设计单位或实施设计分包的情况，设计文件相互关联处的深度应当满足各承包或分包单位设计的需要。

8.2.2　方案设计

建筑电气设计说明：

(1) 设计范围

本工程拟设置的电气系统。

(2) 变、配电系统

① 确定负荷级别：1、2、3 级负荷的主要内容。

② 负荷估算。

③ 电源：根据负荷性质和负荷量，要求外供电源的回路数、容量、电压等级。

④ 变、配电所：位置、数量、容量。

(3) 应急电源系统：确定备用电源和应急电源形式。

(4) 照明、防雷、接地、智能建筑设计的相关系统内容。

8.2.3　初步设计

1. 初步设计阶段

建筑电气专业设计文件应包括设计说明书、设计图纸、主要电气设备表、计算书。

2. 设计说明书

(1) 设计依据

① 工程概况：应说明建筑类别、性质、结构类型、面积、层数、高度等；

② 相关专业提供给本专业的工程设计资料；

③ 建设单位提供的有关部门(如供电部门、消防部门、通信部门、公安部门等)认定的工程设计资料，建设单位设计任务书及设计要求；

④ 设计所执行的主要法规和所采用的主要标准(包括标准的名称、编号和版本号)；

⑤ 上一阶段设计文件的批复意见。

(2) 设计范围

① 根据设计任务书和有关设计资料说明本专业的设计内容，以及与相关专业的设计分工与分工界面；

② 拟设置的建筑电气系统。

(3) 变、配、发电系统

① 确定负荷等级和各级别负荷容量；

② 确定供电电源及电压等级，要求电源容量及回路数、专用线或非专用线、线路路由及敷设方式、近远期发展情况；

③ 备用电源和应急电源容量确定原则及性能要求；有自备发电机时，说明启动方式及与市电网关系；

④ 高、低压供电系统接线型式及运行方式：正常工作电源与备用电源之间的关系；母线联络开关运行和切换方式；变压器之间低压侧联络方式；重要负荷的供电方式；

⑤ 变、配、发电站的位置、数量、容量(包括设备安装容量，计算有功、无功、视在容量，变压器、发电机的台数、容量)及型式(户内、户外或混合)，设备技术条件和选型要求，电气设备的环境特点；

⑥ 继电保护装置的设置；

⑦ 电能计量装置：采用高压或低压；专用柜或非专用柜(满足供电部门要求和建设单位内部核算要求)；监测仪表的配置情况；

⑧ 功率因数补偿方式：说明功率因数是否达到供用电规则的要求，应补偿容量和采取的补偿方式和补偿前后的结果；

⑨ 谐波：说明谐波治理措施；

⑩ 操作电源和信号：说明高、低压设备的操作电源、控制电源，以及运行信号装置配置情况；

⑪ 工程供电：高、低压进出线路的型号及敷设方式；

⑫ 选用导线、电缆、母干线的材质和型号，敷设方式；

⑬ 开关、插座、配电箱、控制箱等配电设备选型及安装方式；

⑭ 电动机启动及控制方式的选择。

(4) 照明系统

① 照明种类及照度标准、主要场所照明功率密度值；

② 光源、灯具及附件的选择，照明灯具的安装及控制方式；

③ 室外照明的种类(如路灯、庭园灯、草坪灯、地灯、泛光照明、水下照明等)、电压等级、光源选择及控制方法等；

④ 照明线路的选择及敷设方式(包括室外照明线路的选择和接地方式)；若设置应急照明，应说明应急照明的照度值、电源型式、灯具配置、线路选择及敷设方式、控制方式、持续时间等。

(5) 电气节能和环保

① 拟采用的节能和环保措施；

② 表述节能产品的应用情况。

(6) 防雷

① 确定建筑物防雷类别、建筑物电子信息系统雷电防护等级；

② 防直接雷击、防侧击雷、防雷击电磁脉冲、防高电位侵入的措施；

③ 当利用建筑物、构筑物混凝土内钢筋做接闪器、引下线、接地装置时，应说明采取的措施和要求。

(7) 接地及安全措施

① 各系统要求接地的种类及接地电阻要求；

② 总等电位、局部等电位的设置要求；

③ 接地装置要求，当接地装置需做特殊处理时应说明采取的措施、方法等；

④ 安全接地及特殊接地的措施。

(8) 火灾自动报警系统

① 按建筑性质确定保护等级及系统组成；

② 确定消防控制室的位置；

③ 火灾探测器、报警控制器、手动报警按钮、控制台(柜)等设备的选择；

④ 火灾报警与消防联动控制要求，控制逻辑关系及控制显示要求；

⑤ 概述火灾应急广播、火灾警报装置及消防通信；

⑥ 概述电气火灾报警；

⑦ 消防主电源、备用电源供给方式，接地及接地电阻要求；

⑧ 传输、控制线缆选择及敷设要求；

⑨ 当有智能化系统集成要求时，应说明火灾自动报警系统与其他子系统的接口方式及联动关系；

⑩ 应急照明的联动控制方式等。

(9) 安全技术防范系统

① 根据建设工程的性质、规模，确定风险等级、系统组成和功能；

② 确定安全防范区域及防护区域的划分；

③ 确定视频监控、入侵报警、出入口管理设置地点、数量及监视范围；

④ 访客对讲、车库管理、电子巡查等系统的设置要求；

⑤ 确定机房位置、系统组成；

⑥ 传输线缆选择及敷设要求。

(10) 有线电视和卫星电视接收系统

① 确定系统规模、网络组成、用户输出口电平值；

② 节目源选择；

③ 确定机房位置、前端设备配置；

④ 用户分配网络、传输线缆选择及敷设方式，确定用户终端数量；

⑤ 若设置闭路应用电视，应说明电视制作系统组成及主要设备选择。

(11) 广播、扩声与会议系统

① 系统组成及功能要求；

② 会议扩声、投影、同声传译及视频会议系统传输方式；

③ 同声传译模式；

④ 确定机房位置、设备规格；

⑤ 传输线缆选择及敷设要求。

(12) 呼应信号及信息显示系统

① 系统组成及功能要求(包括有线或无线)；

② 显示装置、时钟等安装部位、种类；

③ 设备规格；

④ 传输线缆选择及敷设方式。

(13) 建筑设备监控系统

① 系统组成及控制功能；

② 确定机房位置、设备规格；

③ 传输线缆选择及敷设要求。

(14) 计算机网络系统

① 系统组成及网络结构；

② 确定机房位置、网络连接部件配置；

③ 网络操作系统，网络应用及安全；

④ 传输线缆选择及敷设要求。

(15) 通信网络系统

① 根据工程性质、功能和近远期用户需求，确定电话系统的组成、电话配线形式、配线设备的规格；

② 当设置电话交换总机时，确定电话机房的位置、电话中继线数量及各专业技术要求；

③ 传输线缆选择及敷设要求；

④ 确定市话中继线路的设计分工、中继线路敷设和引入位置；

⑤ 防雷接地、工作接地方式及接地电阻要求。

(16) 综合布线系统

① 根据建设工程项目的性质、功能和近期需求、远期发展，确定综合布线的组成以及设置标准；

② 确定综合布线系统交换、配线设备规格；

③ 传输电缆的选择和敷设要求。

(17) 智能化系统集成

① 集成形式及要求；

② 设备选择。

(18) 其他建筑电气系统

① 系统组成及功能要求；

② 确定机房位置、设备规格；

③ 传输线缆选择及敷设要求。

(19) 需提请在设计审批时解决或确定的主要问题

3. 设计图纸

(1) 电气总平面图(仅有单体设计时，可无此项内容)

① 标示建筑物、构筑物名称、容量，高低压线路及其他系统线路走向、回路编号，导线及电缆型号规格，架空线、路灯、庭园灯的杆位(路灯、庭园灯可不绘线路)，重复接地点等；

② 变、配、发电站位置、编号；

③ 比例、指北针。

(2) 变、配电系统

① 高、低压供电系统图：注明开关柜编号、型号及回路编号、一次回路设备型号、设备容量、计算电流、补偿容量、导体型号规格、用户名称、二次回路方案编号；

② 平面布置图：应包括高低压开关柜、变压器、母干线、发电机、控制屏、直流电源及信号屏等设备平面布置和主要尺寸，图纸应有比例；

③ 标示房间层高、地沟位置、标高(相对标高)。

(3) 配电系统(一般只绘制内部作业草图，不对外出图)

包括主要干线平面布置图、竖向干线系统图(包括配电及照明干线、变配电站的配出回路及回路编号)。

(4) 照明系统

对于特殊建筑，如大型体育场馆、大型影剧院等，应绘制照明平面图。该平面图应包括灯位(含应急照明灯)、灯具规格，配电箱(或控制箱)位置，不需连接。

(5) 火灾自动报警系统

① 火灾自动报警系统图；

② 消防控制室设备布置平面图。

(6) 通信网络系统

① 电话系统图；

② 电话机房设备布置图。

(7) 防雷系统、接地系统

一般不出图纸，特殊工程只出顶视平面图、接地平面图。

(8) 其他系统

① 各系统所属系统图；

② 各控制室设备平面布置图(若在相应系统图中说明清楚时，可不出此图)。

4. 主要电气设备表

注明设备名称、型号、规格、单位、数量。

5. 计算书

① 用电设备负荷计算；
② 变压器选型计算；
③ 电缆选型计算；
④ 系统短路电流计算；
⑤ 防雷类别的选取或计算，避雷针保护范围计算；
⑥ 照度值和照明功率密度值计算；
⑦ 各系统计算结果尚应标示在设计说明或相应图纸中；
⑧ 因条件不具备不能进行计算的内容，应在初步设计中说明，并应在施工图设计时补算。

8.2.4 施工图设计

1. 施工图设计阶段

建筑电气专业设计文件应包括图纸目录、施工设计说明、设计图、主要设备表、计算书。

2. 图纸目录

应按图纸序号排列，先列新绘制图纸，后列选用的重复利用图和标准图。

3. 建筑电气设计说明

(1) 工程概况。应将经初步(或方案)设计审批定案的主要指标录入；
(2) 设计依据、设计范围、设计内容，建筑电气系统的主要指标；
(3) 各系统的施工要求和注意事项(包括布线、设备安装等)；
(4) 设备主要技术要求(亦可附在相应图纸上)；
(5) 防雷及接地保护等其他系统有关内容(亦可附在相应图纸上)；
(6) 电气节能及环保措施；
(7) 与相关专业的技术接口要求；
(8) 对承包商深化设计图纸的审核要求。

4. 图例符号

5. 电气总平面图(仅有单体设计时，可无此项内容)

(1) 标注建筑物、构筑物名称或编号、层数或标高、道路、地形等高线和用户的安装容量。

(2) 标注变、配电站位置、编号；变压器台数、容量；发电机台数、容量；室外配电箱的编号、型号；室外照明灯具的规格、型号、容量。

(3) 架空线路应标注：线路规格及走向、回路编号、杆位编号，挡数、挡距、杆高、拉线、重复接地、避雷器等(附标准图集选择表)。

(4) 电缆线路应标注：线路走向、回路编号、敷设方式、人(手)孔型号、位置。

(5) 比例、指北针。

(6) 图中未表达清楚的内容可附图作统一说明。

6. 变、配电站设计图

(1) 高、低压配电系统图(一次线路图)。图中应标明母线的型号、规格；变压器、发电机的型号、规格；开关、断路器、互感器、继电器、电工仪表(包括计量仪表)等的型号、规格、整定值。

图下方表格标注：开关柜编号、开关柜型号、回路编号、设备容量、计算电流、导体型号及规格、敷设方法、用户名称、二次原理图方案号(当选用分格式开关柜时，可增加小室高度或模数等相应栏目)。

(2) 平、剖面图。按比例绘制变压器、发电机、开关柜、控制柜、直流及信号柜、补偿柜、支架、地沟、接地装置等平面布置、安装尺寸等，以及变、配电站的典型剖面。当选用标准图时，应标注标准图编号、页次，进出线回路编号、敷设安装方法。图纸应有比例。

(3) 继电保护及信号原理图。继电保护及信号二次原理方案号，宜选用标准图、通用图。当需要对所选用标准图或通用图进行修改时，只需绘制修改部分并说明修改要求。

控制柜、直流电源及信号柜、操作电源均应选用企业标准产品，图中标示相关产品型号、规格和要求。

(4) 竖向配电系统图。以建筑物、构筑物为单位，自电源点开始至终端配电箱止，按设备所处相应楼层绘制，应包括变、配电站变压器台数、容量、发电机台数、容量、各处终端配电箱编号，自电源点引出回路编号(与系统图一致)。

(5) 相应图纸说明。图中表达不清楚的内容，可随图作相应说明。

7. 配电、照明设计图

(1) 配电箱(或控制箱)系统图，应标注配电箱编号、型号，进线回路编号；标注各元器件型号、规格、整定值；配出回路编号、导线型号规格、负荷名称等(对于单相负荷应标明相别)；对有控制要求的回路应提供控制原理图或控制要求；对重要负荷供电回路宜标明用户名称。上述配电箱(或控制箱)系统内容在平面图上标注完整的，可不单独出配电箱(或控制箱)系统图。

(2) 配电平面图应包括建筑门窗、墙体、轴线、主要尺寸、工艺设备编号及容量；布置配电箱、控制箱，并注明编号；绘制线路始、终位置(包括控制线路)，标注回路规格、编号、敷设方式；凡需专项设计场所，其配电和控制设计图随专项设计，但配电平面图上应相应标注预留的配电箱，并标注预备容量；图纸应有比例。

(3) 照明平面图应包括建筑门窗、墙体、轴线、主要尺寸、标注房间名称、绘制配电箱、灯具、开关、插座、线路等平面布置，标明配电箱编号，干线、分支线回路编号；凡需二次装修部位，其照明平面图由二次装修设计，但配电或照明平面图上应相应标注预留的照明配电箱，并标注预留容量；有代表性的场所的设计照度值和设计功率密度值；图纸应有比例。

（4）图中表达不清楚的，可随图作相应说明。

8. 火灾自动报警系统设计图

（1）火灾自动报警及消防联动控制系统图、施工说明、报警及联动控制要求。

（2）各层平面图，应包括设备及器件布点、连接，线路型号、规格及敷设要求。

（3）电气火灾报警系统，应绘制系统图，以及各监测点名称、位置等。

9. 建筑设备监控系统及系统集成设计图

（1）监控系统方框图，绘至 DDC 站止。

（2）随图说明相关建筑设备监控(测)要求、点数，DDC 站位置。

（3）配合承包方了解建筑设备情况及要求，对承包方提供的深化设计图纸审查其内容。

（4）热工检测及自动调节系统。

① 普通工程宜选定型产品，仅列出工艺要求；

② 需专项设计的自控系统需绘制：热工检测及自动调节原理系统图、自动调节方框图、仪表盘及台面布置图、端子排接线图、仪表盘配电系统图、仪表管路系统图、锅炉房仪表平面图、主要设备材料表、设计说明。

10. 防雷、接地及安全设计图

（1）绘制建筑物顶层平面，应有主要轴线号、尺寸、标高、标注避雷针、避雷带、引下线位置。注明材料型号规格、所涉及的标准图编号、页次，图纸应标注比例。

（2）绘制接地平面图(可与防雷顶层平面重合)；绘制接地线、接地极、测试点、断接卡等的平面位置，标明材料型号、规格、相对尺寸及涉及的标准图编号、页次(当利用自然接地装置时，可不出此图)，图纸应标注比例。

（3）当利用建筑物(或构筑物)钢筋混凝土内的钢筋作为防雷接闪器、引下线、接地装置时，应标注连接点、接地电阻测试点、预埋件位置及敷设方式，注明所涉及的标准图编号、页次。

（4）随图说明可包括：防雷类别和采取的防雷措施(包括防侧击雷、防雷击电磁脉冲、防高电位引入)；接地装置型式、接地极材料要求、敷设要求、接地电阻值要求；当利用桩基、基础内钢筋作接地极时，应采取的措施。

（5）除防雷接地外的其他电气系统的工作或安全接地的要求(如电源接地型式，直流接地，局部等电位、总等电位接地等)；如果采用共用接地装置，应在接地平面图中叙述清楚，交待不清楚的应绘制相应图纸(如局部等电位平面图等)。

11. 其他系统设计图

（1）各系统的系统框图。

（2）说明各设备定位安装、线路型号规格及敷设要求。

（3）配合系统承包方了解相应系统的情况及要求，对承包方提供的深化设计图纸审查其内容。

12. 主要设备表

注明主要设备名称、型号、规格、单位、数量。

13. 计算书

施工图设计阶段的计算书，只补充初步设计阶段时应进行计算而未进行计算的部分，修改因初步设计文件审查变更后，需重新进行计算的部分。

8.2.5 职业法规及规范标准

规范或标准是工程设计的依据，一名合格的专业人员应首先熟悉专业规范的各相关条文，规范或标准贯穿于整体工程设计过程。本节归纳列出一些建筑电气工程设计中的常用规范标准，读者可选用查询。

电气工程设计人员在设计过程中严格执行相关条文，保证工程设计的合理安全，符合相关质量要求，特别是对于一些强制性条文，更应提高警惕，严格遵守，职业工作中应注意以下几点：

（1）掌握我国电气工程设计中法律法规强制执行的概念；

（2）了解电气工程设计中强制执行法律法规文件的名称；

（3）了解我国电气工程设计相关法律法规的归口管理、编制、颁布、等级、分类、版本的基本概念；

（4）了解我国电气工程中工程管理、工程经济、环境保护、监理、咨询、招标、施工、验收、试运行、达标投产、交付运行等环节执行有关法律法规的基本要求；

（5）了解 IEC、IEEE、ISO 的基本概念和在我国电气工程勘察设计中的使用条件及与我国各种法律法规的关系。

表 8-1 列出了电气工程设计中的常用法律法规及标准规范目录，读者可自行查阅，便于工程设计之用。其中涉及了建设法规、高压供配电、低压配电、建筑物电气装置、职能建筑与自动化、公共部分、电厂与电网等相关法规及各类规范标准。包含了全国勘察设计注册电气工程师复习推荐用法律、规程、规范。

电气相关法规及标准　　表 8-1

序号	文件编号	文件名称
1	GB 50062—92	电力装置的继电保护和自动装置设计规范
2	GB 50217—2007	电力工程电缆设计规范
3	GB 50058—92	爆炸和火灾危险环境电力装置设计规范
4	GB 50016—2006	建筑设计防火规范
5	GB 50045—95(2001 年版)	高层民用建筑设计防火规范
6	GB/T 50314—2000	智能建筑设计标准
7	GB 50311—2007	综合布线系统工程设计规范
8	GB 50052—95	供配电系统设计规范

续表

序号	文件编号	文件名称
9	GB 50053—94	10kV 及以下变电所设计规范
10	GB 50054—95	低压配电设计规范
11	GB 50227—95	并联电容器装置设计规范
12	GB 50060—92	3～110kV 高压配电装置设计规范
13	GB 50055—93	通用用电设备配电设计规范
14	GB 50057—94(2000 年版)	建筑物防雷设计规范
15	JGJ 16—2008	民用建筑电气设计规范
16	GB 50260—96	电力设施抗震设计规范
17	GB 4064—83	电气设备安全设计导则
18	GB 50150—2006	电气设备交接试验标准
19	DL/T 5035—2004	火力发电厂采暖通风与空气调节设计技术规程
20	DL 5000—2000	火力发电厂设计技术规程
21	GB 50116—98	火灾自动报警系统设计规范
22	GB 50174—93	电子计算机机房设计规范
23	GB 50038—2005	人民防空地下室设计规范
24	GB 50034—2004	建筑照明设计标准
25	GB 50200—94	有线电视系统工程技术规范
26	GB 4728	电气简图用图形符号
27	GB/T 5465.1～2—1996	电气设备用图形符号
28	GB/T 6988	电气技术用文件的编制
29	GB/T 16571—1996	文物系统博物馆安全防范工程设计规范
30	GB/T 16676—1996	银行营业场所安全防范工程设计规范
31	GB 50056—93	电热设备电力装置设计规范
32	GBJ 147～149 GB 50168～50171 GB 50173 GB 50182 GB 50254 GB 50256～50258	电气装置安装工程施工及验收规范
33	GB/T 19000—ISO 9000	中华人民共和国质量管理体系标准
34	GB 12501.2	电工和电子设备按防电击保护的分类——第二部分：对电击防护要求的导则
35	GB 16895.1	建筑物电气装置——第一部分：范围、目的和基本原则
36	GB 14821.1	建筑物电气装置——电击保护
37	GB 16895.2	建筑物电气装置——第四部分：安全防护　第 42 章：热效应保护
38	GB 16895.5	建筑物电气装置——第四部分：安全防护　第 43 章：过电流保护

续表

序号	文件编号	文件名称
39	GB 16895.6	建筑物电气装置——第五部分：电气设备的选择和安装　第 52 章：布线系统
40	GB 16895.4	建筑物电气装置——第五部分：电气设备的选择和安装　第 53 章：开关设备和控制设备
41	GB 16895.3	建筑物电气装置——第五部分：电气设备的选择和安装　第 54 章：接地配置和保护导体
42	GB 16895.8	建筑物电气装置——第七部分：特殊装置或场所的要求　第 706 节：狭窄的可导电场所
43	GB/T 16895.9	建筑物电气装置——第七部分：特殊装置或场所的要求　第 707 节：数据处理设备用电气装置的接地要求
44	GB/T 18379	建筑物电气装置的电压区段
45	GB/T 13869	安全用电导则
46	GB 14050	系统接地的形式和安全技术要求
47	GB 13955	漏电保护安装和运行
48	GB/T 13870.1	电流通过人体的效应——第一部分：常用部分
49	GB/T 13870.2	电流通过人体的效应——第二部分：特殊情况
50	JGJ 38—99	图书馆建筑设计规范
51	JGJ 57—2000	剧场建筑设计规范
52	JGJ 60—99	汽车客运站建筑设计规范
53	CESC 31：91	钢制电缆桥架工程设计规范
54	DBJ 01—601—99	北京市住宅区及住宅楼房电信设施设计技术规定
55	DBJ 01—608—2002	北京市住宅区及住宅安全防范设计标准
56	GB 50222—95(2001 年版)	建筑内部装修设计防火规范
57	GB 50263—2007	气体灭火系统施工及验收规范
58	GBJ 39—90	村镇建筑设计防火规范
59	GE 50067—97	汽车库、修车库、停车场设计防火规范
60	GB 50098—98(2001 年版)	人民防空工程设计防火规范
61	GA/T 269—2001	黑白可视对讲系统
62	GB 50166—92	火灾自动报警系统施工及验收规范
63	GB 50284—98	飞机库设计防火规范
64	GB 50328—2001	建设工程文件归档整理规范
65	GB/T 50001—2001	房屋建筑制图统一标准
66	GBJ 99—86	中小学校建筑设计规范
67	GB 50198—94	民用闭路监视电视系统工程技术规范
68	GB 50096—1999(2003 年版)	住宅设计规范

续表

序号	文件编号	文件名称
69	GB 50059—92	35～110kV 变电所设计规范
70	GB 50061—97	66kV 及以下架空电力线路设计规范
71	GB/T 12501—90	电工电子设备防触电保护分类
72	GB 50303—2002	建筑电气工程施工质量验收规范
73	DBJ 01—606—2000	北京市住宅区及住宅建筑有线广播电视设施设计规定
74	GBJ 143—90	架空电力线路、变电所对电视差转台、转播台无线电干扰防护间距标准
75	GB/T 50063—2008	电力装置的电测量仪表装置设计规范
76	GB 50073—2001	洁净厂房设计规范
77	GB 50300—2001	建筑工程施工质量验收统一标准
78	GB 50156—2002	汽车加油加气站设计与施工规范
79	GA/T 308—2001	安全防范系统验收规则
80	GA/T 367—2001	视频安防监控系统技术要求
81	GA/T 368—2001	入侵报警系统技术要求
82	YDJ 9—90	市内通信全塑电缆线路工程设计规范
83	YD/T 2008—93	城市住宅区和办公楼电话通信设施设计规范
84	YD 5010—95	城市居住区建筑电话通信设计安装图集
85	YD 5032—97	会议电视系统工程设计规范
86	YD 5040—97	通信电源设备安装设计规范
87	CECS 45：92	地下建筑照明设计标准
88	CESC 37：91	工业企业通信工程设计图形及文字符号标准
89	CESC 115：2001	干式电力变压器选用、验收、运行及维护规程
90	GB 50333—2002	医院洁净手术部建筑技术规程
91	JGJ 49—1988	综合医院建筑设计规范
92	GB 17945—2000	消防应急灯具
93	GB/T 14549—93	电能质量　公用电网谐波

8.3 建筑电气工程 CAD 制图基础

建筑电气工程的 CAD 制图必须遵循我国颁布的相关制图标准，涉及《房屋建筑制图统一标准》GB/T 50001—2001、《电气简图用图形符号》GB 4728、《电气技术用文件的编制》GB/T 6988、《电气技术中的文字符号制订通则》GB/T 7159—1987、《房屋建筑 CAD 制图统一规则》GB/T 18112—2000、《电气工程 CAD 制图规则》GB/T 18135—2000 等多项制图标准。

本节主要以 AutoCAD 2009 应用软件为背景，针对建筑电气工程 CAD 制图过程中一些 AutoCAD 2009 制图操作过程，详细介绍 CAD 在建筑电气工程制图方面的一些知识及技巧，以帮助读者迅速提高 CAD 制图能力。

8.3.1　图纸

建筑电气工程中对图纸的幅面和样式进行了规定。

1. 图纸的幅面规格

根据建筑电气工程规模的大小、类别等，可适当选用 A0、A1、A2、A3、A4 五种规格图纸，不同幅面图纸大小成 1/2 倍数的尺寸关系。建筑电气施工图纸规格的选用通常与建筑平面图图纸规格一致，以保证建筑电气设施的清晰表达。

图纸幅面的选择，应保证制图紧凑、清晰及使用便携，在标准规定的几种幅面中选取。

2. 图纸样式

图纸的使用可分为立式与横式，图纸以短边作为垂直边称为横式，以短边作为水平边称为立式。一般 A0～A3 图纸宜横式使用，必要时也可立式使用。图纸的标题栏、会签栏及装订边的位置都有一定的规定。一般不同的建筑设计院都制有自己的标准图纸模板，对本设计单位的图框进行设计，统一使用，其标题栏、会签栏往往都会带有鲜明的本院特色风格，以达到良好醒目的效果，便于交流宣传本设计单位形象。

以下介绍立式与横式布置的图框，供读者参考学习。

图 8-1 为 A0～A3 横式图纸样式。

图 8-2 为 A4 横式图纸样式。

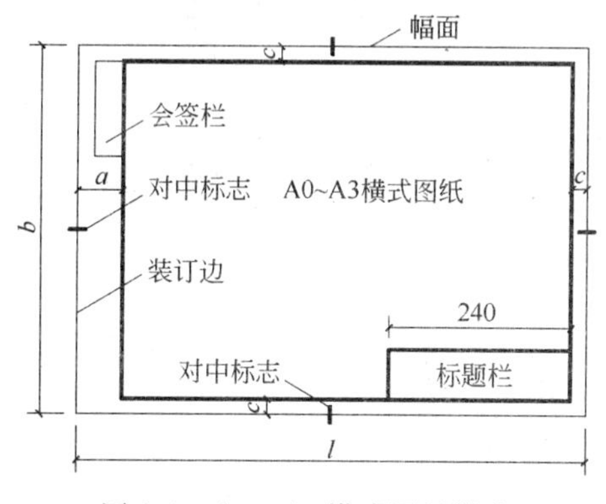

图 8-1　A0～A3 横式图纸样式

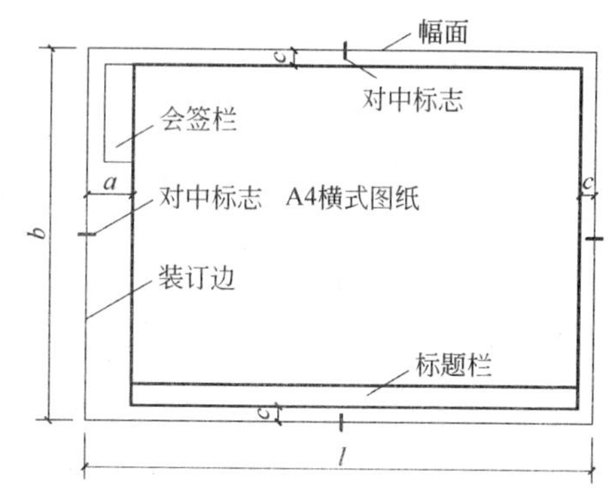

图 8-2　A4 横式图纸样式

图 8-3 为 A0～A3、A4 立式图纸样式。

图 8-3 中所示的 *a*、*b*、*c* 尺寸读者可查阅相关制图标准，以及会签栏与标题栏的详细格式、尺寸要求，这里不另行说明。

幅面尺寸共计上述的 A0～A4 五种。某些情况下，可能因特殊工程需要，工程制图尺寸过于狭长，则会对图纸加长。一般 A0～A2 不得加长，A3、A4 号图纸则可因需要，沿短边的倍数加长。如幅面代号为 A4×3，其中 A4 图的尺寸宽×长＝210×297，则按短边 3 倍加长为宽×长＝297×630，其他依次类推。

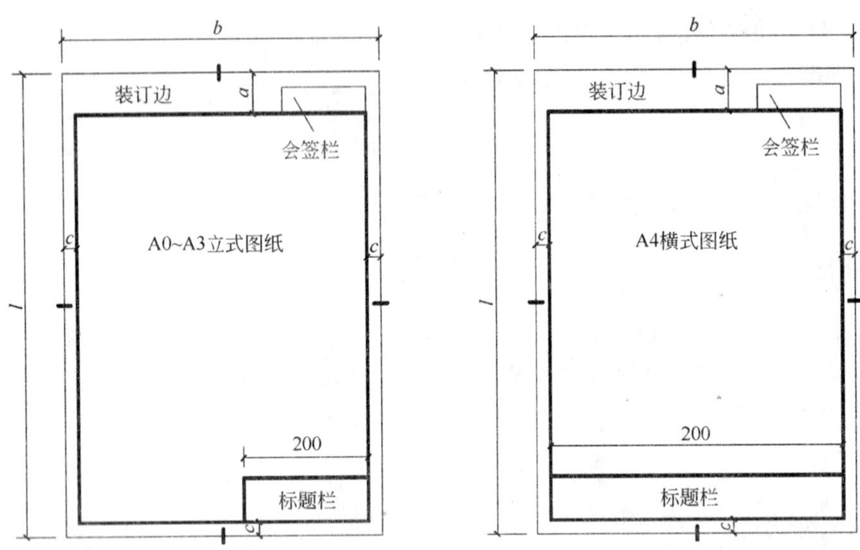

图 8-3 A4 立式图纸样式

制图人员对于图框的使用，一般设计院都已设计好本单位的标准图框，可直接从 AutoCAD“设计中心”调用，方便使用。另外，AutoCAD 2009 安装目录下 Template 文件下也有一些中文和英制图框的模板文件等。对于一些涉外工程，读者可参考学习使用。具体方法按如下操作：

单击如图 8-4 所示“标准”工具条中的“新建”按钮，弹出图 8-5 所示的“选择样板”对话框。

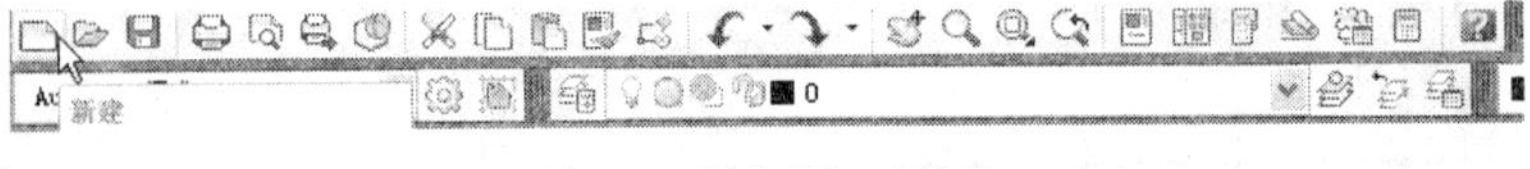

图 8-4 “标准”工具条

图 8-5 “选择样板”对话框

其中位于“Template”文件夹列表内的文件均为模板文件，文件名以 GB_为开头的模板(Template 文件，即模板文件，其保存格式后缀为 dwt)为“国标”的意思。其他如 ISO 则为国际标准的意思，为英制；ANSI 则为美国国家标准学会；IEC 则为国际电工委员会等等。读者也可打开其他模板，认识了解一下相关模板的设置，后续章节也将重点讲述关于模板(DWT)文件的应用。

8.3.2　比例

《房屋建筑制图统一标准》GB/T 50001—2001 对建筑制图的比例作了详细的说明。但电气图是采用图形符号绘制表达的，表现的是示意图(如其电路图、系统图等)，不必按比例绘制。但电气工程平面图一般是在建筑平面图基础上表示相关电气设备位置关系的图纸，故位置图一般采用与建筑平面图同比例绘制，其缩小比例可取如下几种：1∶10、1∶20、1∶50、1∶100、1∶200、1∶500 等。

其他与“建筑图”无直接联系的电气工程施工图，可任选比例或不按比例，画示意图，也可按机械制图中的相关比例取用。

AutoCAD 制图中关于比例的概念很重要，如何画比例缩小模型图，其有区别于传统的手绘使用比例尺的绘图方法。传统手绘比例方法常常需要将工程的实际尺寸按制图比例倒算为模型尺寸，有很多琐碎的计算问题，而在 CAD 中则可以通过一个简单的“缩放”命令(位于如图 8-6 所示的“修改”工具条)，即按原尺寸模型绘制图样，然后统一实现制图模型的大小。命令行操作格式如下：

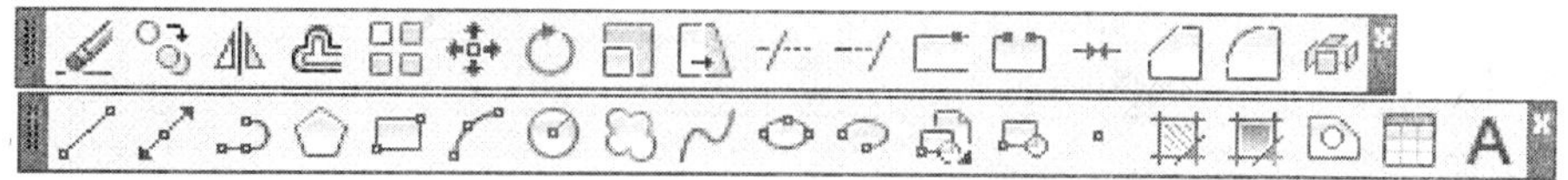

图 8-6　“修改”工具条

命令：scale↙
选择对象：(选择需要缩放的对象)
选择对象：↙
指定基点：(指定一点)
指定比例因子或［复制(C)/参照(R)］<1.0000>：100↙　(放大 100 倍)

比例因子，即按制图所需的比例实现，如上述输入的 100，则制图比例即为 1∶100。

小技巧

为获得制图比例图纸，一般绘图是先插入按 1∶1 尺寸的标准图框，再按“SCALE”按钮，利用图样与图框的数值关系，将图框按“制图比例的倒数”进行缩放，则可绘制 1∶1的图形，而不必通过缩放图形的方法来实现。实际工程制图中，也多为此法，如果通过缩放图形的方法来实现，往往会对“标注”尺寸带来影响。每个公司都有不同的图幅规格的图框。在制作图框时，大多都会按照 1∶1 的比例绘制 A0、A1、A2、A3、A4 图框。其中，A1 和 A2 图幅的还经常用到立式图框。另外，如果需要用到加长图框，应该在图框的长边方向，按照图框长边 1/4 的倍数增加。把不同大小的图框按照应出图的比例放大，将图框“套”住图样即可。

8.3.3 线型

制图中的各种建筑、设备等多数图样是通过不同式样的线条来表示实现的，以线条的形式来传递相应的表达信息，不同的线条即代表的不同的含义。通过对线条的调整设置，包括线型及线宽等的设置，以及诸如填充图案样式等的灵活运用，可以使图样清晰、表达信息明确、制图快捷。

《房屋建筑制图统一标准》GB/T 50001—2001 中对线条作了详细的解释，建筑电气工程涉及建筑制图方面的线条规定，应严格执行。另外，还有电气专业在制图方面关于线条表达的一些规定，应将两者结合，共同处理，完成建筑电气工程制图。

表 8-2 列出建筑电气工程中线型的一些表达规则。

一般线型的表达规则　　表 8-2

线型	线宽	一般应用	电气工程制图应用
实线	b	基本线，简图主要内容用线，可见轮廓线，可见导线	电路中的主回线
	0.5b		交流配电线路
	0.35b		建筑物的轮廓线
虚线	0.35b	辅助线、屏蔽线、机械连接线、不可见轮廓线、不可见导线、计划扩展内容用线	事故照明线、直线配电线路、钢索或屏蔽等，以虚线的长短区分用途
点划线	0.35b	分界线、结构围线、功能围框线、分组围框线	控制及信号线
双点划线	0.35b	辅组围框线	50V 及以下的电力、照明线路

图线的宽度 b，一般取以下系列：2.0mm、1.4mm、1.0mm、0.7mm、0.5mm、0.35mm，每个图样应根据复杂程度，在保证表达清晰下，选定基本线宽。

对于线型的选用及制图时应注意的细节，读者可参考有关制图标准及教科书，这里不作赘述。如相互平行的图线，其间隙不宜小于其中的粗线宽度，且不宜小于 0.7mm；图线不得与文字、数字、符号等重叠、混淆，不可避免时应首先保证文字等信息的清晰；同一张图纸中，相同比例的图样，应选用相同的线宽组等等。

在 AutoCAD 中，线型的设置与加载可以通过“特性”工具条实现的，操作步骤如下：

1. 在“线型”颜色设置下列表中设置图线的颜色，如图 8-7 所示。

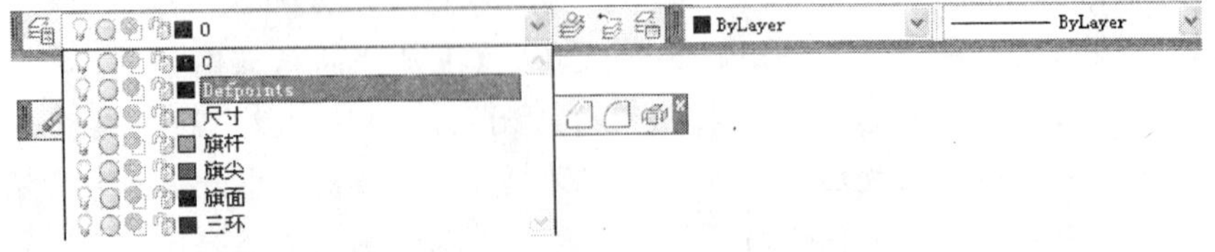

图 8-7 “线型”颜色设置下拉列表

2. 在“线型”线条样式设置下拉列表设置线型，如图 8-8 所示。

对于一些常见线型，读者可点击“其他”项，弹出“线型管理器”对话框，进行加载选取，如图 8-9 所示。

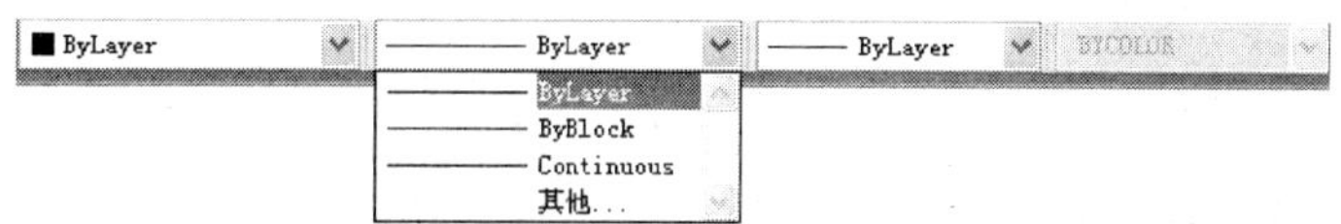

图 8-8　“线型”线条样式设置下拉列表

图 8-9　“线型管理器”设置对话框

单击“加载”按钮，进行加载，如图 8-10 所示。

图 8-10　“加载或重载线型”对话框

对于不同专业的一些特殊线型，读者可以根据需要自己制作，保存为后缀“lin”文件，存入 AutoCAD 相应文件夹，即可方便以后加载使用，这里不细述。

注意

通过全局修改或单个修改每个对象的线型比例因子，可以以不同的比例使用同一个线型。

默认情况下，全局线型和单个线型比例均设置为 1.0。比例越小，每个绘图单位中生成的重复图案就越多。例如，设置为 0.5 时，每一个图形单位在线型定义中显示重复两次的同一图案。不能显示完整线型图案的短线段显示为连续线。对于太短，甚至不能显示一个虚线小段的线段，可以使用更小的线型比例。

3. 在“线宽值设置”下拉列表中设置线宽，如图 8-11 所示。

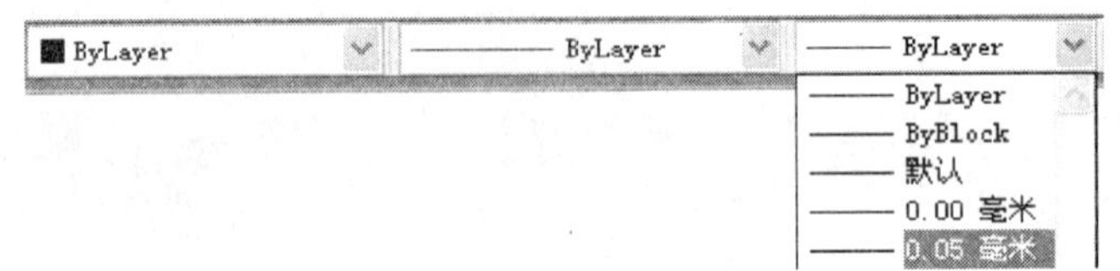

图 8-11 “线宽值设置”下拉列表

设置好线宽后，为了便于更直观地在图中显示，将状态栏中“线宽”按钮按下，则相应显示宽度差异；若无明显区别，可右击“线宽”按钮，弹出“线宽设置”对话框，进行参数调整显示。如图 8-12 所示。

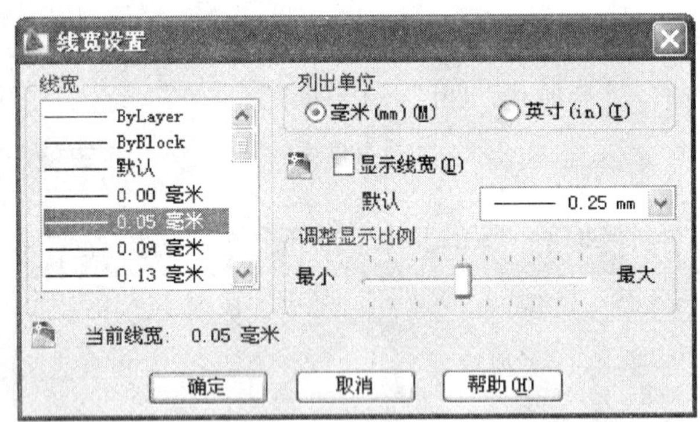

图 8-12 “线宽设置”对话框

拖动滑动块可用于调整显示比例，其值越大，线宽显示越粗。

8.3.4 字体

制图中的文字包括了数字、字母、中英文文字。

相关制图标准或书籍对字体的格式都作了叙述，包括了文字的字高、字的高宽比、字体、排列格式、倾斜度、有关单位制的格式等等。此处不作重复说明，读者请自行查阅。

工程制图对字体的高度有要求，字体的号数，按字体高度值，分为 20mm、14mm、10mm、7mm、5mm、3.5mm、2.5mm 共计七种，字体宽度约为字体高度的 2/3，汉字笔画宽度约为字体高度的 1/5，而数字和字母的笔画宽度约为字体高度的 1/10。因汉字的笔画较多，不宜采用 2.5 号字。

图纸上的字体大小，从识读及图纸晒图、复印、缩微等方面考虑，一般字体的最小高度如表 8-3 所示，供读者参考。

图纸字体最小高度值(mm)　　　　**表 8-3**

图　幅	A0	A1	A2	A3	A4
字体最小高度	5	3.5	2.5	2.5	2.5

1. 设置字体

AutoCAD 中关于字体的设置如下：

单击“格式”→“文字样式”，如图 8-13 所示，弹出“文字样式”对话框；也可点击“样式”工具栏里的“文字样式”按钮，如图 8-14 所示，弹出文字样式对话框，如图 8-15 所示。在“文字样式”对话框中，设置各所需字体形式，包括字体、高度、高宽比(建筑制图常取 2/3=0.7)、倾斜文字的倾斜角度；文字的效果。某一幅图纸中，通常为达到醒目、易于辨识的效果，设置两种以上的字体样式。

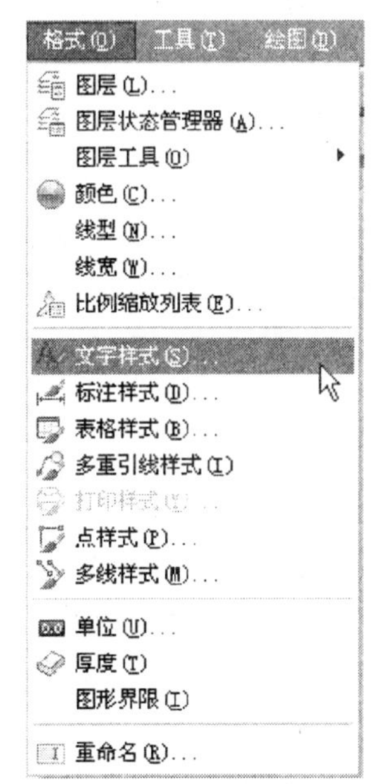

图 8-13　文字样式命令

图 8-14　“文字样式”按钮

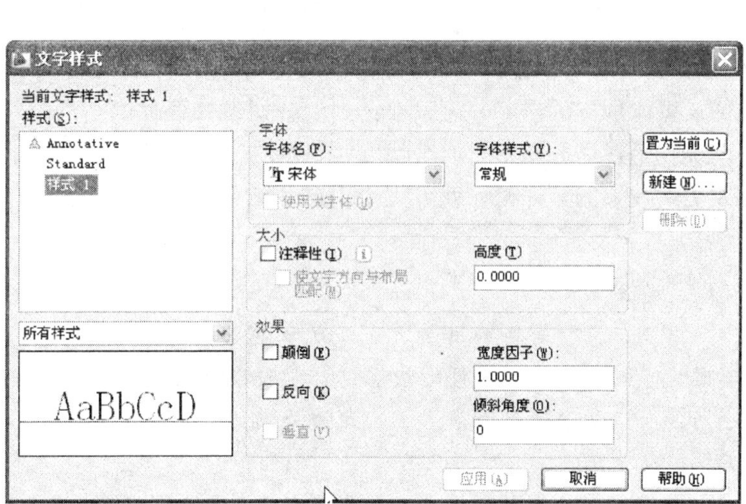

图 8-15　“文字样式”设置对话框

2. 字体库

AutoCAD 软件中，可以利用的字库有两类。第一类是存放在 AutoCAD 目录下的 Fonts 文件夹中，字库的后缀名为 shx，这一类是 CAD 的专有字库；第二类是存放在 WINNT 或 WINXP 等(看系统采用何种操作系统)目录下的 Fonts 文件夹中，字库的后缀名为 ttf，如图 8-16 所示。这一类是 windows 系统的通用字库。除了 CAD 以外，其他如 Word、Excel 等软件，也都是采用的这个字库。其中，汉字字库都已包含了英文字母。

图 8-16　TTF 字体图标形式

设置使用 TTF 字体时并不需要点选“使用大字体”项，这样即可在“字体名”列表下直接选择 Windows 下的所有 TTF 字体。

在 CAD 中定义字体时，两种字库都可以采用，但它们分别有各自的特点，要区别使用。后缀名为 shx 的字库，如图 8-17 所示，这一类字库最大的特点就在于占用系统资源少。因此，一般情况下，都推荐使用这类字库。如 sceic. shx、sceie. shx、sceist01. shx 三个字库，强烈建议，某公司的图纸，除特殊情况外，全都采用 sceic. shx、sceie. shx、sceist01. shx 这三个字库文件，这样图纸才能统一化、格式化。

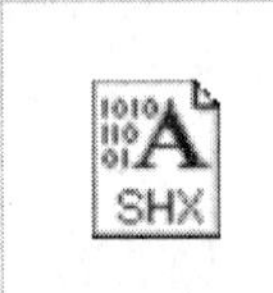

图 8-17　“shx”字体图标形式

后缀名为 ttf 的字库有两种情况采用：一是图纸文件要与其他公司交流，这样，采用宋体、黑体这样的字库，可以保证其他公司在打开你的文件时，不会发生任何问题；第二种情况就是在做方案、封面等情况时。因为这一类的字库文件非常多，各种样式都有，在需要美观效果的字样时，就可以采用这一类字库。

注意

首先，同样是在够用情况下，越少越好的原则。这一点，应该适用于 CAD 中所有的设置。不管什么类型的设置，都是越多就会造成 CAD 文件越大，在运行软件时，也可能会给运算速度带来影响。更为关键的是，设置越多越容易在图元的归类上发生错误。

另外，在使用 CAD 时，除了默认的 Standard 字体外，一般只有两种字体定义。一种是常规定义，字体宽度为 0.75。一般所有的汉字、英文字都采用这种字体；第二种字体定义采用与第一种同样的字库，但是字体宽度为 0.5。这一种字体，是我在尺寸标注时所采用的专用字体。因为，在大多数施工图中，有很多细小的尺寸挤在一起。这时候，采用较窄的字体，标注就会减少很多相互重叠的情况发生。

注意

不要选择前面带“@”的字体，如 8-18 所示。因为带“@”的字体本来就是侧倒的。

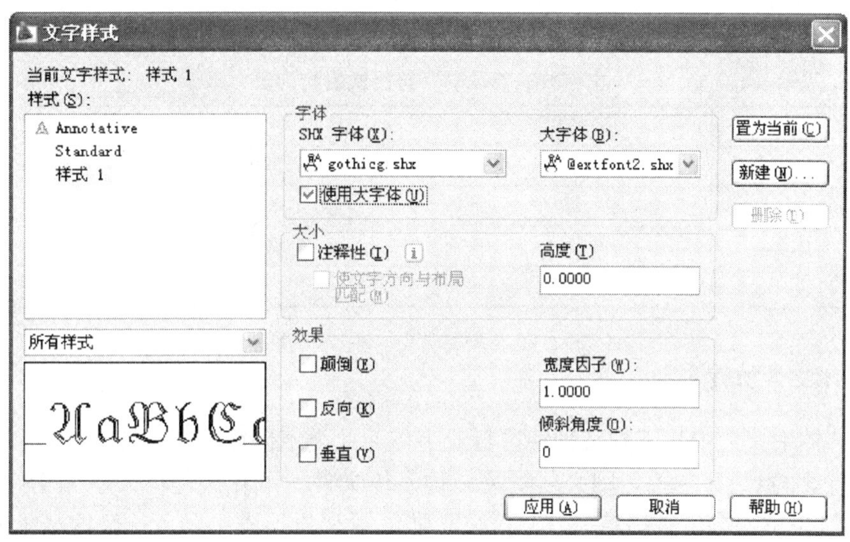

图 8-18 “大字体”复选栏的“@”字体形式

3. 使用大字体

在“文字样式”对话框打开复选栏“使用大字体”，如图 8-18 所示，即可激活大字体文件。可以选择两种字体，左侧是选择西文，右侧是选择中文，而且两种字体都必须为 .shx 字体。如果不使用大字体，则只能选择一种字体，该字体可以是 .shx 字体，也可以是 .ttf 字体。建筑制图推荐使用 txt.shx+hztxt.shx 两种大字体结合。

注意

可以直接使用 Windows 的 TTF 中文字体，但是 TTF 字体影响图形的显示速度，还是尽量避免使用它们。

4. 设置替换字体

图纸是用来交流的，不同的单位使用的字体可能会不同。对于图纸中的文字，如果不是专门用于印刷出版，不一定必须要找回原来的字体显示。只要能看懂其中文字所要说明的内容就够了。所以，找不到的字体首先考虑的是使用其他的字体来替换，而不是到处查找字体。

在图形打开时 AutoCAD 在碰到没有的字体时会提示用户指定替换字体，但每次打开都进行这样操作未免有些繁琐。这里介绍一种一次性操作，免除以后的烦恼。

方法如下：复制要替换的字库为将被替换的字库名。如打开一幅图，提示找不到 jd.shx 字库，想用 hztxt.shx 替换它，那么可以把 hztxt.shx 复制一份，命名为 jd.shx，就可以解决了。不过这种办法的缺点显而易见，太占用磁盘空间。

5. 修改文字样式

修改多行文字对象的文字样式时，已更新的设置将应用到整个对象中，单个字符的某些格式可能不会被保留。下表描述了文字样式修改对字符格式的影响，读者应清楚了解哪些样式设置会被保留。如表 8-4。

文字样式修改对字符格式影响列表 **表 8-4**

格　式	是否保留	格　式	是否保留
粗　体	否	斜　体	否
颜　色	是	堆　叠	是
字　体	否	下 画 线	是
高　度	否		

6. 字体文件加载

若在字体下拉栏中找不到某种特殊行业字体，此类字体往往含有特殊的行业符号，大大方便了行业的 CAD 制图，则必须安装该种字体文件。可直接拷贝某字体文件至 AutoCAD 安装目录下，然后重新启动 AutoCAD 则可顺利找到该字体。一般网络上有多种字体可供下载安装，读者可自行试一试。

8.3.5 图层

图层是图形中使用的主要组织工具。可以使用图层将信息按功能编组，以及执行线型、颜色及其他标准。

通过创建图层，可以将类型相似的对象指定给同一个图层使其相关联。例如，可以将构造线、文字、标注和标题栏置于不同的图层上。然后可以控制：

(1) 图层上的对象是否在任何视口中都可见；

(2) 是否打印对象以及如何打印对象；

(3) 为图层上的所有对象指定何种颜色；

(4) 为图层上的所有对象指定何种默认线型和线宽；

(5) 图层上的对象是否可以修改。

每个图形都包括名为“0”的图层，不能删除或重命名图层“0”。该图层有两个用途：

(1) 确保每个图形至少包括一个图层；

(2) 提供与块中的控制颜色相关的特殊图层。

注意

建议创建几个新图层来组织图形，而不是将整个图形均创建在图层“0”上。

图层是 AutoCAD 中很重要的一个组成部分。很难想像如果没有图层格式，AutoCAD 将会是怎样的。但对于初学者，往往把图层的重要性给忽略了。在图层管理器的对话中，图层的各种格式一目了然，对于 AutoCAD 本身提供的模板，图层只有一个“0”图层，它的各种设置都是默认值。

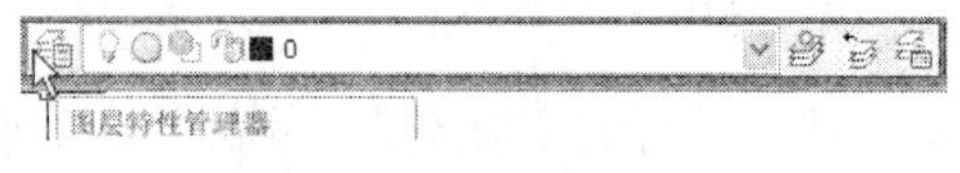

图 8-19 “图层”工具栏

执行 LAYER 命令行命令或单击：“格式”→“图层”菜单命令或单击“图层”工具栏上的“图层特性管理器”按钮（如图 8-19 所示），打开

“图层特性管理器”对话框，如图 8-20 所示。用户可以方便地通过对该对话框中的各选项及其二级对话框进行设置，从而实现建立新图层、设置图层颜色及线型等各种操作。

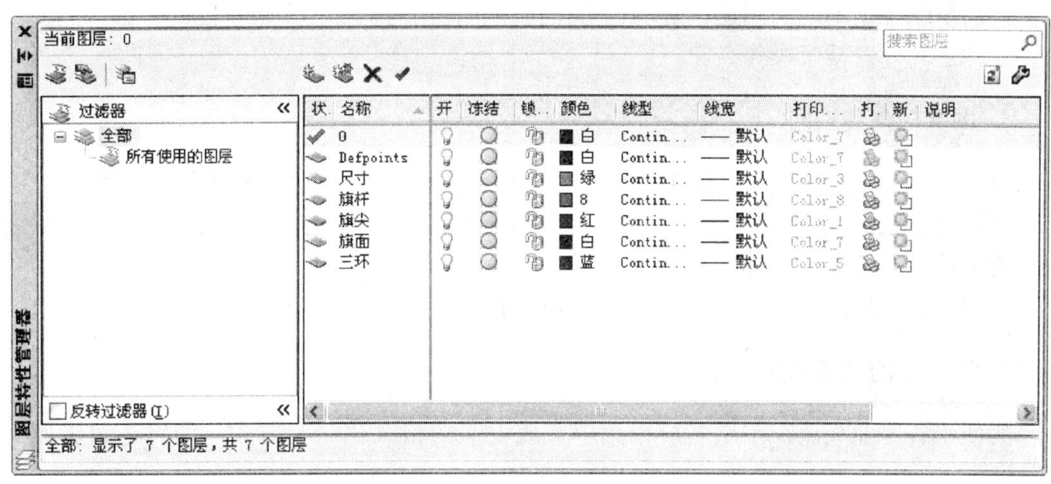

图 8-20 “图层特性管理器”对话框

利用图层特性管理器，可以对图层进行编辑，包括：过滤、新建、删除、置为当前等等功能。

图层是显示图形中的图层的列表及其特性。可以添加、删除和重命名图层，修改其特性或添加说明。图层过滤器控制将在列表中显示的图层，也可以用于同时更改多个图层。

注意

如果绘制的是共享工程中的图形或是基于一组图层标准的图形，删除图层时要小心。

小技巧

1. 在绘图时，所有的图元的各种属性都尽量跟层走。尽量保持图元的属性和图层的一致，也就是说尽可能地图元属性都是 Bylayer，这样有助于图面的清晰、准确和效率的提高。

2. 图层设置的几个原则：

(1) 图层设置的第一原则是在够用的基础上越少越好。图层太多，则会给绘制过程造成不便。

(2) 一般不在 0 层上绘制图线。

(3) 不同的图层一般采用不同的颜色，这样可利用在颜色对图层进行区分。

8.3.6 房屋建筑制图 CAD 统一规则(GB/T 18112—2000)

1. 图层

图层是在 CAD 数据文件中存放一组相关实体的一种数据结构。采用图层的目的是用于组织、管理、交换 CAD 图形的实体数据以及控制实体的屏幕显示和打印输出。图层具有颜色、线型、状态等属性。

2. 图层的组织原则

图层组织根据不同的用途、阶段、实体属性和使用对象等可采取不同的方法，但应具有一定的逻辑性，便于操作。

3. 图层的命名规则

在 CAD 系统中，在共享范围内图层名应唯一，且中、英文命名格式不得混用。

图层名不宜超过 31 个字符，可由字母、数字、连接符、汉字及下画线组成。图层名应具有可读性，便于记忆和检索。

图层名宜采用国内外通用信息分类的编码标准。

4. 图层名的命名格式

为便于各专业交流，图层名应采用中文或西文的格式化命名方式，编码之间用西文“-”连接。

(1) 中文命名格式

中文图层名格式应采用以下四种，如图 8-21 所示。

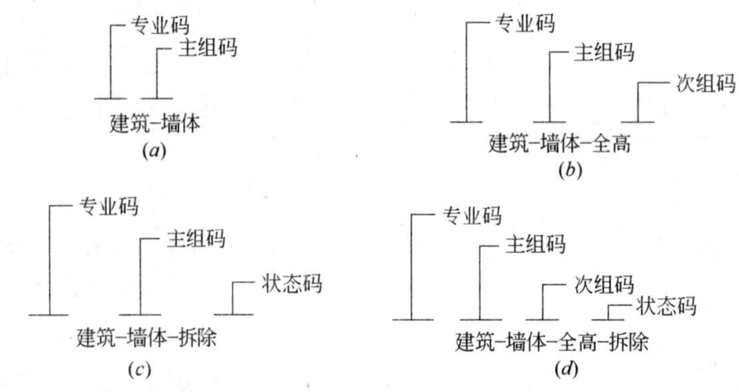

图 8-21 中文命名格式

(a)专业码和主组码；(b)专业码、主组码和次组码；
(c)专业码、主组码和状态码；(d)专业码、主组码、次组码和状态码

其中：

专业码——由两个汉字组成，用于说明专业类别(如建筑、结构等)；

主组码——由两个汉字组成，用于详细说明专业特征，可以和任意专业码组合(如墙体)；

次组码——由两个汉字组成，用于进一步区分主组码类型，是可选项；用户可以自定义次组码(如全高)，次组码可以和不同主组码组合；

状态码——由两个汉字组成，用于区分改建、加固房屋中该层实体的状态(如新建、拆迁、保留和临时等)，是可选项。

(2) 西文命名格式

西文图层名格式应采用以下四种，如图 8-22 所示。

专业码由一个字符组成，主组码、次组码、状态码由四个字符组成。

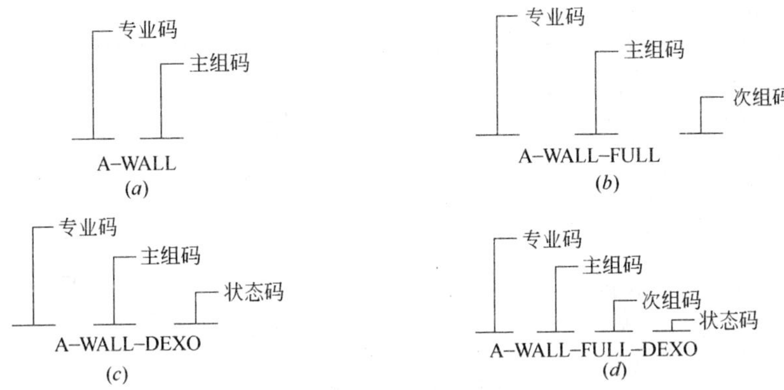

图 8-22 西文命名格式

(*a*)专业码和主组码；(*b*)专业码、主组码和次组码；
(*c*)专业码、主组码和状态码；(*d*)专业码、主组码、次组码和状态码

5. 图层的基本操作

图层可以设置、修改颜色和线型，并具有建立、打开、关闭、冻结、解冻、加锁、解锁等基本操作。

6. 图形文件交换格式

不同系统间图形交换应采用《工业自动化系统和集成——产品数据表达与交换》GB/T 16656 系列标准或 CAD 软件的中性文件格式。

7. 图层名举例

图层名详见表 8-5 所示。

图层名举例说明 **表 8-5**

专业码		
专业号码中文名	英文名	解　　释
建筑	A	建筑 Architectural
电气	E	电气 Electrical
总图	G	总图 General plan
室内	I	室内 Interiors
暖通	M	暖通 HVAC
给排	P	给水排水 Plumbing
设备	Q	设备 Equipment
结构	S	结构 Structural
通信	T	通信 Telecommunications
其他	X	其他 Other disciplines
状态码		
状态码中文名	英文名	解　　释
新建	NEWW	新建 New work
保留	EXST	保留 Existing to remain

续表

状态码		
状态码中文名	英文名	解　释
拆除	DEMO	拆除 Existing to demolish
拟建	RUTR	拟建 Future work
临时	TEMP	临时 Temporary work
搬迁	MOVE	搬迁 Items to be moved
改建	RELO	改建 Relocated items
契外	NICN	契外 Not in contract
阶段	PHS1-9	阶段 Phase in numbers

8.3.7 模板的应用

图形样板文件包含标准设置，可以提供一种初始设计标准，其文件名是*.dwt，默认路径是\Autocad…\Template。其优点是：

(1) 制图标准化。可以方便快捷地依据各专业的国家标准(ISO、ANSI、IEC、DIN等)事先订制各种图纸样板文件，也可以将各设计公司标准的图纸要求定制在其中，从而统一设计公司的风格等。

(2) 提高制图效率。一次定制，多次重复使用，而不是每次启动时都指定惯例及默认设置，这样可以节省很多时间。

(3) 简化绘图。因已预先定制好线型、标注样式、绘图比例等CAD制图方面标准，故可大量节约机械性操作，使绘图更加快捷。

需要创建使用相同惯例和默认设置的多个图形时，通过创建或自定义样板文件而不是每次启动时都指定惯例和默认设置可以节省很多时间。通常存储在样板文件中的惯例和设置包括：

(1) 单位类型和精度；

(2) 标题栏、边框和徽标；

(3) 图层名；

(4) 捕捉、栅格和正交设置；

(5) 栅格界限；

(6) 标注样式；

(7) 文字样式；

(8) 线型。

1. 使用已有的图形样板文件

创建新文件时，系统打开“选择文件”对话框，如图8-23所示，可以从中选择需要的样板文件。

2. 从现有图形创建图形样板文件

(1) 依次单击“文件”→“打开”菜单命令，在打开的“选择文件”对话框中，选择要用作样板的文件。单击“确定”按钮打开一个样板文件。

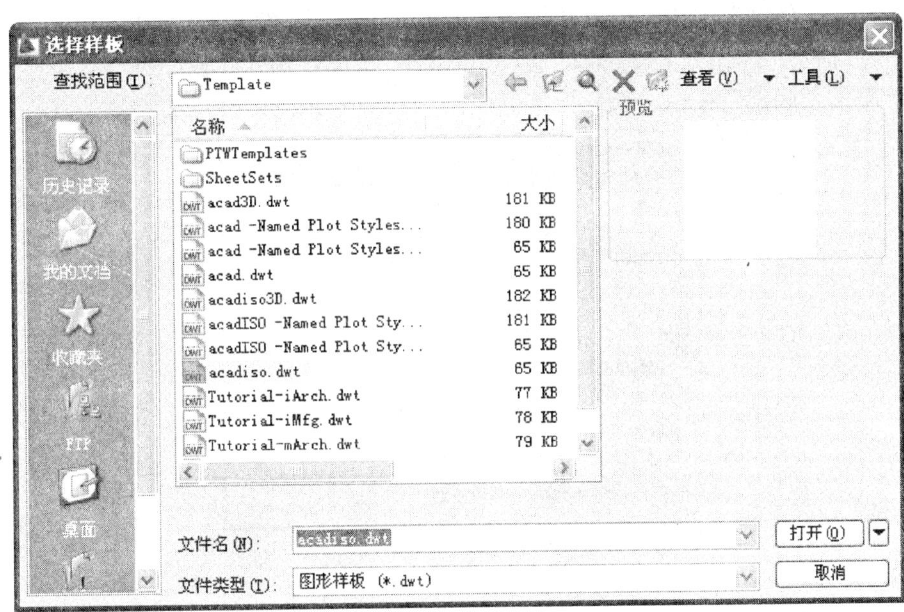

图 8-23 “选择样板”对话框

(2) 对打开的文件进行一定的操作，比如删除或更改某些图线或设置。

(3) 单击“文件”→“另存为”菜单命令。在“图形另存为”对话框的“文件类型”下，选择“图形样板”文件类型，如图 8-24 所示。

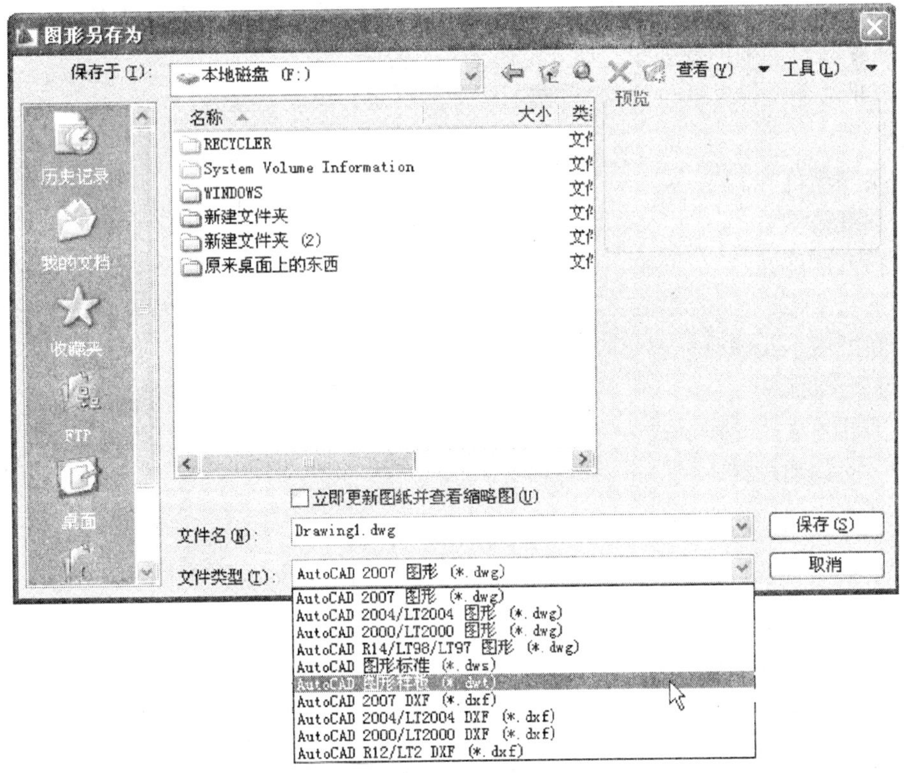

图 8-24 “图形另存为”对话框

(4) 在“文件名”框中，输入此样板的名称，单击“保存”按钮。

(5) 系统打开“样板选项”对话框，如图 8-25 所示，输入样板说明。

(6) 单击“确定”按钮，新样板将保存在 template 文件夹中。

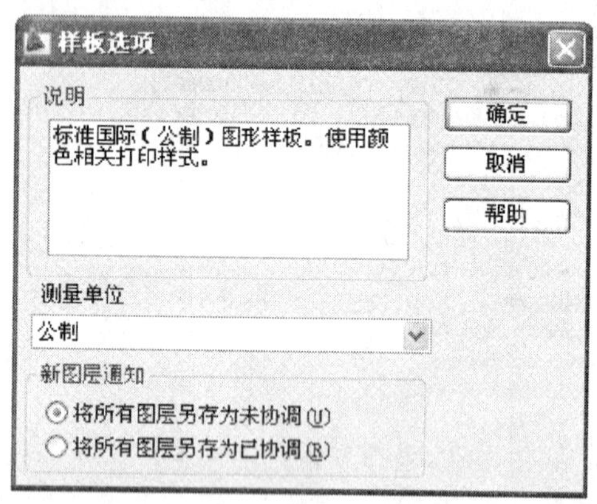

图 8-25 “样板选项”对话框

8.3.8 图纸的编排

图纸的编排应遵循以下基本原则：

1. 工程图纸应按专业顺序编排。一般应为图纸目录、总图、建筑图、结构图、给水排水图、暖通空调图、电气图等。

2. 各专业的图纸，应该按图纸内容的主次关系、逻辑关系，有序排列。编排时各利用简写加罗马数字来进行规序，如“电施—1、电施—2、…”。

以下是某建筑设计单位的 CAD 制图标准的目录，供读者参考：

目录：

1. 制图规范
2. 图纸目录
3. 图纸深度
4. 图纸字体
5. 图纸版本及修改标志
6. 图纸幅面
7. 图层及文件交换格式
8. 门窗表和材料表
9. 补充说明

第 9 章　独立别墅电气照明工程图实例

内容提要

建筑电气照明图是建筑设计单位提供给施工单位、使用单位予以其从事电气设备、安装和电气设备维护管理的电气图，是电气施工图中的最重要图样之一。电气照明工程图描述表达的对象是照明设备及其供电线路，电气照明图纸一般包括电气照明平面图及电气照明系统图。

本章将以实际建筑电气工程设计实例为背景，重点介绍某别墅的电气照明工程图的AutoCAD制图全过程，由浅及深，从制图理论至相关电气专业知识，尽可能全面、详细地描述该工程的制图流程。

本章重点

- 了解建筑电气照明工程图的专业知识
- 学习运用 AutoCAD 的操作技巧
- 熟悉电气照明工程图的制图特点
- 熟练电气照明工程图的制图流程

9.1　电气照明平面图基础

本节将简要介绍电气照明平面图的一些基本的理论知识。

9.1.1　电气照明平面图概述

1. 电气照明平面图表示的主要内容

电气照明平面图一般包含以下内容：

(1) 照明配电箱的型号、数量、安装位置、安装标高、配电箱的电气系统；

(2) 照明线路的配线方式、敷设位置、线路的走向，导线的型号、规格及根数，导线的连接方法；

(3) 灯具的类型、功率、安装位置、安装方式及安装标高；

(4) 开关的类型、安装位置、离地高度、控制方式；

(5) 插座及其他电器的类型、容量、安装位置、安装高度等。

2. 图形符号及文字符号的应用

电气照明施工平面图是简图，它采用图形符号和文字符号来描述图中的各项内容。电气照明线路、相关的电气设备的图形符号及其相关标注的文字符号所表征的意义，将于后续文字中作相关介绍。

3. 照明线路及设备位置的确定方法

照明线路及其设备一般采用图形符号和标注文字相结合的方式来表示，在电气照明施工平面图中不表示线路及设备本身的尺寸、形状，但必须确定其敷设和安装的位置。其平面位置是根据建筑平面图的定位轴线和某些构筑物的平面位置来确定照明线路和设备布置的位置，而垂直位置即安装高度，一般采用标高、文字符号等方式来表示。

4. 电气照明图的绘制步骤

电气照明平面图绘制步骤如下：

（1）画房屋平面(外墙、门窗、房间、楼梯等)；

（2）电气工程 CAD 制图中，对于新建结构往往会由建筑专业提供建筑施工图，对于改建改造建筑则需重新绘制其建筑施工图；

（3）画配电箱、开关及电力设备；

（4）画各种灯具、插座、吊扇等；

（5）画进户线及各电气设备、开关、灯具间的连接线；

（6）对线路、设备等附加文字标注；

（7）附加必要的文字说明。

9.1.2 常用照明线路分析

照明控制接线图包括原理接线图和安装接线图。原理接线图比较清楚地表明了开关、灯具的连接与控制关系，但不具体表示照明设备与线路的实际位置。在照明平面图上表示的照明设备连接关系图是安装接线图。照明平面图应清楚地表示灯具、开关、插座、线路的具体位置和安装方法，但对同一方向、同一档次的导线只用一根线表示。灯具和插座都是并联于电源进线的两端，相线必须经过开关后再进入灯座。零线直接接到灯座，保护接地线与灯具的金属外壳相连接。在一个建筑物内，有许多灯具和插座，一般有两种连接方法，一种是直接接线法，灯具、插座、开关直接从电源干线上引接，导线中间允许有接头，如：瓷夹配线、瓷柱配线等；一种是共头接线法，导线的连接只能在开关盒、灯头盒、接线盒引线，导线中间不允许有接头。这种接线法耗用导线多，但接线可靠，是目前工程广泛应用的安装接线方法，如：线管配线、塑料护套配线等。当灯具和开关的位置改变、进线方向改变时，都会使导线根数变化。所以，要真正看懂照明平面图，就必须了解导线数的变化规律，掌握照明线路设计的基本知识。

1. 开关与灯具的控制关系

（1）一个开关控制一盏灯

一个开关控制一盏灯是最简单的照明平面布置，这种一个开关控制一盏灯的配线方式，可采用共头接线法或直接接线法，如图 9-1 所示的接线图，图中所采用的导线根数是与实际接线的导线根数是一致的。

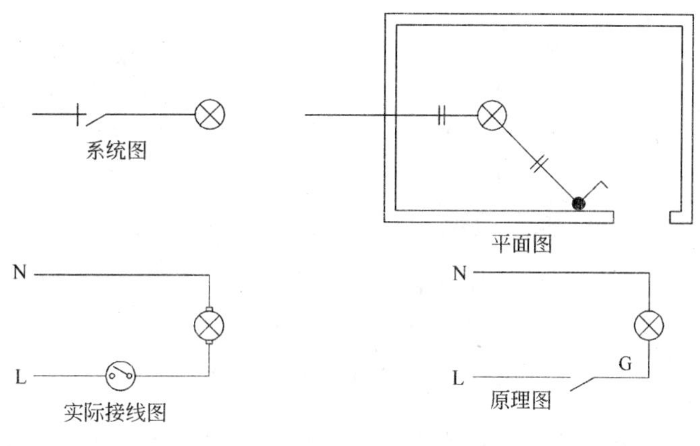

图 9-1 一个开关控制一盏灯

(2) 多个开关控制多盏灯

如图 9-2 所示，图中有 1 个照明配电箱、3 盏灯、1 个单控双联开关和 1 个单控单联开关，其采用线管配线，共头接线法。

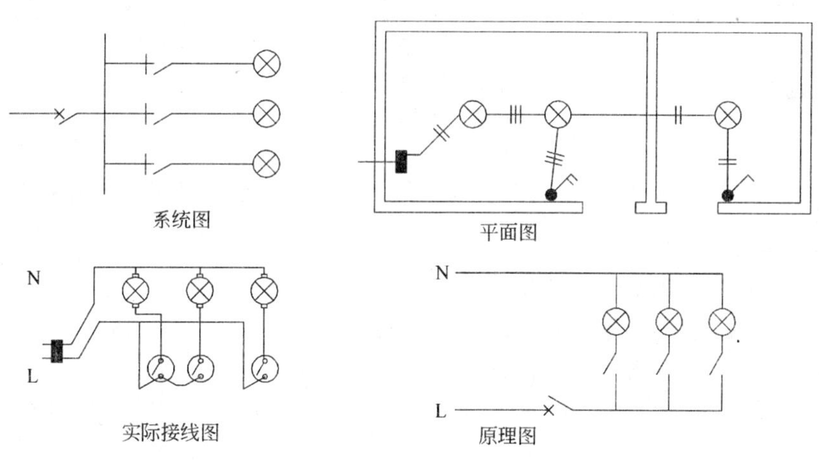

图 9-2 多个开关控制多盏灯

(3) 两个开关控制一盏灯

如图 9-3 所示，图中两只双控开关在两处控制一盏灯，这种控制模式通常用于楼梯灯——楼上、楼下分别控制，走廊灯——走廊两端进行控制。

2. 插座的接线

(1) 单相两极暗插

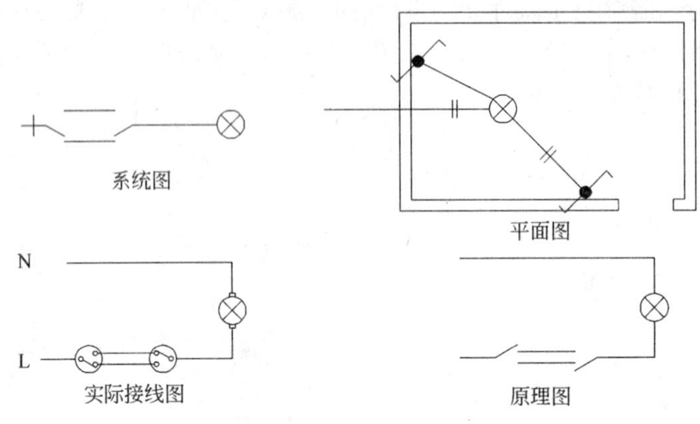

图 9-3　两个开关控制一盏灯

如图 9-4 所示为单相两极暗插座的平面图及接线示意图。由该图可以看出，左插孔接零线 N，右插孔则接相线 L。

(2) 单相三级暗插座

如图 9-5 所示为单相三极暗插座的平面图及接线示意图。由该接线图可以看出，上插孔接保护地线 PE，左插孔接零线 N，右插孔则接相线 L。

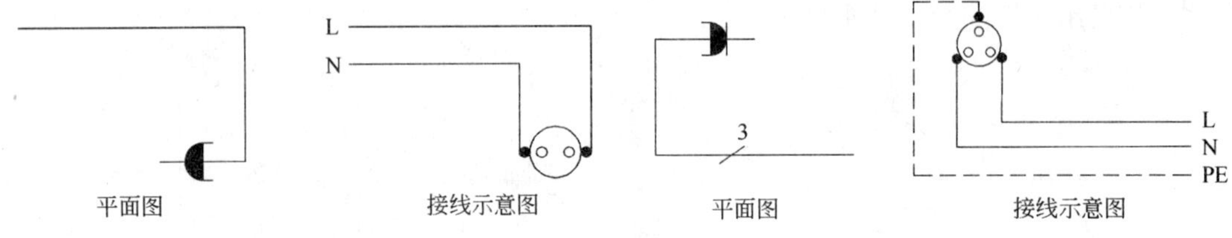

图 9-4　单相两极暗插　　　　图 9-5　单相三级暗插座

(3) 三相四极暗插座

如图 9-6 所示为三相四极暗插座的平面图及接线示意图。从接线图中可以看出，上插接零线 N，其余接三根相线 (L1、L2、L3)，保护接地线 PE 接电气设备的外壳及控制器。

关于电气的接线方式及控制知识，读者可查阅电气专业的相关书籍。

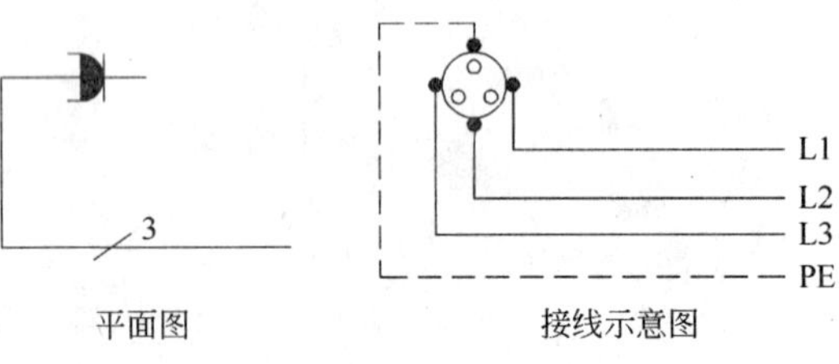

图 9-6　三相四极暗插座

9.1.3 文字标注及相关必要的说明

建筑电气施工图的表达，一般采用图形符号与文字标注符号相结合的方法。文字标注包括相关尺寸、线路的文字标注、用电设备的文字标注、开关与熔断器的文字标注、照明变压器的文字标注、照明灯具的文字标注等等，以及相关的文字特别说明等，所有的文字标注均应按相关标准要求，做到文字表达规范、清晰明了。

以下为读者简要介绍导线、电缆、配电箱、照明灯具、开关等电气设备的文字标注表示方法。电气专业书籍中也有叙述，本节主要是将其与 AutoCAD 制图相结合统一介绍。

1. 绝缘导线与电缆的表示

(1) 绝缘导线

低压供电线路及电气设备的连接线，多采用绝缘导线。按绝缘材料分有橡皮绝缘导线与塑料绝缘导线等。按线芯材料分为铜芯和铝芯，其中还有单芯和多芯的区别。导线的标准截面面积有 0.2mm²、0.3mm²、0.4mm²、0.5mm²……等。

表 9-1 列出了常见绝缘导线的型号、名称、用途。

常用绝缘导线型号、名称、用途 **表 9-1**

型号	名称	用途
BXF(BLXF)	氯丁橡皮铜(铝)芯线	适用于交流 500V 及以下，直流 1000V 及以下的电气设备和照明设备之用
BX(BLX)	橡胶皮铜(铝)芯线	
BXR	铜芯橡皮软线	
BV(BLV)	聚氯乙烯铜(铝)芯线	适用于各种设备、动力、照明的线路固定敷设
BVR	聚氯乙烯铜芯软线	
BVV(BLVV)	铜(铝)芯聚氯乙烯绝缘和护套线	
RVB	铜芯聚氯乙烯平行软线	适用于各种交直流电器、电工仪器、小型电动工具、家用电器装置的连接
RVS	铜芯聚氯乙烯绞型软线	
RV	铜芯聚氯乙烯软线	
RX，RXS	铜芯\橡皮棉纱编织软线	

表中：B—绝缘电线，平行；R 软线；V—聚氯乙烯绝缘，聚氯乙烯护套；X—橡皮绝缘；L—铝芯(铜芯不表示)；S—双绞；XF—氯丁橡皮绝缘。

(2) 电缆

电缆按用途分有电力电缆、通用(专用)电缆、通信电缆、控制电缆、信号电缆等。按绝缘材料可分为纸绝缘电缆、橡皮绝缘电缆、塑料绝缘电缆等。电缆的结构主要有三个部分，即线芯、绝缘层和保护层，保护层又分为内保护层和外保护层。

电缆的型号表示，应表达出电缆的结构、特点及用途。表 9-2 所列包括了电缆型号字母含义，表 9-3 表示电缆外护层数字代号含义。

电缆型号字母代号 **表 9-2**

类别	绝缘种类	线芯材料	内护层	其他特征	外护层
电力电缆(不表示)	Z-纸绝缘	T-铜	Q-铅套	D-不滴流	2 个数字，见下表代号
K-控制电缆	X-橡皮绝缘	(不表示)	L-铝套	F-分相护套	
P-信号电缆	V-聚氯乙烯		H-橡套	P-屏蔽	
Y-移动式软电缆	Y-聚乙烯	L-铝	V-聚氯乙烯套	C-重型	
H-市内电话电缆	YJ-交联聚乙烯		Y-聚乙烯套		

电缆外护层数字代号 **表 9-3**

第一数字		第二个数字	
代号	铠装层类型	代号	外被层类型
0	无	0	无
1	—	1	纤维绕包
2	双钢带	2	聚氯乙烯护套
3	细圆钢丝	3	聚乙烯护套
4	粗圆钢丝	4	—

例如：

（1）VV—10000－3×50＋2×25 表示聚氯乙烯绝缘，聚氯乙烯护套电力电缆，额定电压为 10000V，3 根 $50mm^2$ 铜芯线及 2 根 $25mm^2$ 铜芯线。

（2）YJV22—3×75＋1×35 表示交联聚乙烯绝缘，聚氯乙烯护套内钢带铠装，3 根 $75mm^2$ 铜芯线及 1 根 $35mm^2$ 铜芯线。

2. 线路文字标注

动力及照明线路在平面图上均用图线表示。而且只要走向相同，无论导线根数的多少，都可用一条图线(单线法)，同时在图线上打上短斜线或标以数字，用以说明导线的根数。另外，在图线旁标注必要的文字符号，用以说明线路的用途、导线型号、规格、根数、线路敷设方式及敷设部位等。这种标注方式习惯称为直接标注。

其标注基本格式为：

$$a-b(c\times d)e-f$$

其中 a——线路编号或线路用途的符号；

b——导线型号；

c——导线根数；

d——导线截面，mm^2；

e——保护管直径，mm；

f——线路敷设方式和敷设部位。

《电气简图用图形符号》GB 4728 和《电气制图》GB/T 6988 未对线路用途符号及线路敷设方式和敷设部位用文字符号做统一规定，但仍一般习惯使用原来以汉语拼音字母为标注的方法，专业人士推荐使用以相关专业英语字母表征其相关说明。

例如：

（1）WP1—BLV—(3×50＋1×35)—K—WE

表示 1 号电力线路，导线型号为 BLV(铝芯聚氯乙烯绝缘电线)，共有 4 根导线。其中，3 根截面分别为 $50mm^2$，1 根截面为 $35mm^2$，采用瓷瓶配线，沿墙明敷设。

（2）BLX—(3×4)G15—WC

表示 3 根截面分别为 $4mm^2$ 的铝芯橡皮配绝缘电线，穿直线 15mm 的水煤气钢管沿墙暗敷设。

注意

当线路用途明确时，可以不标注线路的用途。

标注的相关符号所代表的含义如表 9-4、表 9-5、表 9-6 所示。

标注线路用文字符号 **表 9-4**

序号	中文名称	英文名称	常用文字符号		
			单字母	双字母	三字母
1	控制线路	Control line	W	WC	
2	直流线路	Direct current line		WD	
3	应急照明线路	Emergency lighting line		WE	WEL
4	电话线路	Telephone line		WF	
5	照明线路	Illuminating line		WL	
6	电力设备	Power line		WP	
7	声道(广播)线路	Sound gate line		WS	
8	电视线路	TV. line		WV	
9	插座线路	Socket line		WX	

线路敷设方式文字符号 **表 9-5**

序号	中文名称	英文名称	旧符号	新符号
1	暗敷	Concealed	A	C
2	明敷	Exposed	M	E
3	铝皮线卡	Aluminum clip	QD	AL
4	电缆桥架	Cable tray		CT
5	金属软管	Flexible metalic conduit		F
6	水煤气管	Gas tube	G	G
7	瓷绝缘子	Porcelain insulator	CP	K
8	钢索敷设	Supported by messenger wire	S	MR
9	金属线槽	metallic raceway		MR
10	电线管	Electrial metallic tubing	DG	T
11	塑料管	Plastic conduit	SG	P
12	塑料线卡	Plastic clip	VJ	PL
13	塑料线槽	Plastic raceway		PR
14	钢管	Steel conduit	GG	S

线路敷设部位文字符号 **表 9-6**

序号	中文名称	英文名称	旧符号	新符号
1	梁	Beam	L	B
2	顶棚	Ceiling	P	CE
3	柱	Column	Z	C

续表

序号	中文名称	英文名称	旧符号	新符号
4	地面(楼板)	Floor	D	F
5	构架	Rack		R
6	吊顶	Suspended ceiling		SC
7	墙	Wall	Q	W

3. 动力、照明配电设备的文字标注

动力和照明配电设备应采用《电气简图用图形符号》(GB 4728)所规定的图形符号绘制，并应在图形符号旁加注文字标注，其文字标注格式一般可为 $a\dfrac{b}{c}$ 或 $a-b-c$，当需要标注引入线的规格时，则标注为：

$$a\frac{b-c}{d(e\times f)-g}$$

其中 a——设备编号；

b——设备型号；

c——设备功率，kW；

d——导线型号；

e——导线根数；

f——导线截面，mm^2；

g——导线敷设方式及敷设部位。

例如：

(1) $A_3\dfrac{\text{XL-3-2}}{40.5}$，即表示为 3 号动力配电箱，其型号为 XL-3-2 型，功率为 40.5kW；

(2) $A_3\dfrac{\text{XL-3-2-40.5}}{\text{BLV-3}\times\text{35G50-CE}}$，即表示为 3 号动力配电箱，型号为 XL-3-2 型。功率为 40.5kW，配电箱进线为 3 根铝芯聚氯乙烯绝缘电线，其截面为 $35mm^2$，穿直径 40mm 的水煤气钢管，沿柱子明敷。

4. 用电设备的文字标注

用电设备应按国家标准规定的图形符号表示，并在图形符号旁用文字标注说明其性能和特点，如编号、规格、安装高度等，其标注格式为：

$$\frac{a}{b} \quad 或 \quad \frac{a}{c}+\frac{b}{d}$$

其中 a——设备的编号；

b——额定功率，kW；

c——线路首端熔断片或自动开关释放器的电流，A；

d——安装标高，m。

5. 开关及熔断器的文字标注

开关及熔断器的表示，亦为图形符号加文字标注。

其文字标注格式一般为：

$$a\frac{b-c/i}{d(e\times f)-g} \quad 或 \quad a\frac{b}{c/i} \quad 或 \quad a-b-c/i,$$

当需要标注引入线时，则其标注格式为：

$$a\frac{b-c/i}{d(e\times f)-g}$$

其中　a——设备编号；

b——设备型号；

c——额定电流，A；

i——整定电流，A；

d——导线型号；

e——导线根数；

f——导线截面，mm^2；

g——导线敷设方式及敷设部位。

例如：

（1）$Q_5\frac{HH_3\text{-}100/3}{100/80}$，即表示 2 号开关设备，型号为 HH_3-100/3 型，即额定电流为 100A 的三级铁壳开关，开关内熔断器所配用的熔体额定电流则为 80A；

（2）$Q_2\frac{HH_3\text{-}100/3\text{-}100/80}{BLX\text{-}3\times35G40\text{-}FC}$，即表示 2 号开关设备，型号为 HH_3-100/3，即额定电流为 100A 的三级铁壳开关，开关内熔断器所配用的熔体额定电流为 80A，开关的进线采用 3 根截面分别为 $35mm^2$ 的铝芯橡皮绝缘线，导线穿直径为 40mm 的水煤气钢管埋地暗敷；

（3）$Q_5\frac{DZ10\text{-}100/3}{100/80}$，即表示 5 号开关设备，型号为 DZ10-100/3，即为装置式 3 极低压空气断路器，俗称自动空气开关。额定电流为 100A，整定电流为 80A。

6. 照明灯具的文字标注

照明灯具种类多样，图形符号也各有不同。

其文字标注方式一般为：

$$a-b\frac{c\times d\times L}{e}f$$

当灯具安装方式为吸顶安装时，则标注应为：

$$a-b\frac{c\times d\times L}{—}f$$

其中　a——灯具的数量；

b——灯具的型号或编号或代号；

c——每盏灯具的灯泡总数；

d——每个灯泡的容量，W；

e——灯泡安装高度，m；

f——灯具安装方式；

g——光源的种类(常省略此项)。

f 灯具的安装方式代号如表 9-7 所示。

照明灯具安装方式及文字符号 **表 9-7**

中文名称	英文名称	旧符号	新符号	备　注
链　吊	Chain Pendant	L	C	
管　吊	Pipe(conduit)erected	G	P	
线　吊	Wire(cord)pendant	X	WP	
吸　顶	Ceiling mounted(Absorbed)			
嵌　入	Recessed in		R	
壁　装	Wall mounted	B	WP	图形能区别时可不注

注：当灯具安装方式为吸顶安装时，可在标注方案安装高处改为一横线，而不必标注符号。

常用的光源种类有：白炽灯(IN)、荧光灯(FL)、汞灯(Hg)、钠灯(Na)、碘灯(I)、氙灯(Xe)、氖灯(Ne)等。

例如：

(1) 10-YG2-2 $\frac{2\times40\times\mathrm{FL}}{3}C$，则表示有 10 盏型号为 YG2-2 型的荧光灯，每盏灯有 2 个 40W 灯管，安装高度为 3m，采用链吊安装；

(2) 5-DBB306 $\frac{4\times60\times\mathrm{IN}}{—}C$，即表示有 5 盏型号为 DBB306 型的圆口方罩吸顶灯，每盏灯有 4 个白炽灯泡，灯泡功率为 60W，吸顶安装。

7. 照明变压器的文字标注

照明变压器也是使用图形符号附加文字标注的方式来表示，其文字标注的格式一般为：

$$a/b-c$$

其中　*a*——次电压，V；

b——二次电压，V；

c——额定容量，V·A。

例如：

380/36-500，即表示该照明变压器一次额定电压为 380V，二次额定电压为 36V，其容量为 500V·A。

9.2　电气工程平面图 CAD 基本设置

本例的电气设计对象为某私人别墅，两层砖混结构，要求按现行规范标准对其进行强电及弱电系统的电气设计。

9.2.1　绘制环境设置

1. 图层设置

在“图层”工具栏上，点击“图层特性管理器”按钮，弹出其设置窗口，如图 9-7 所示。

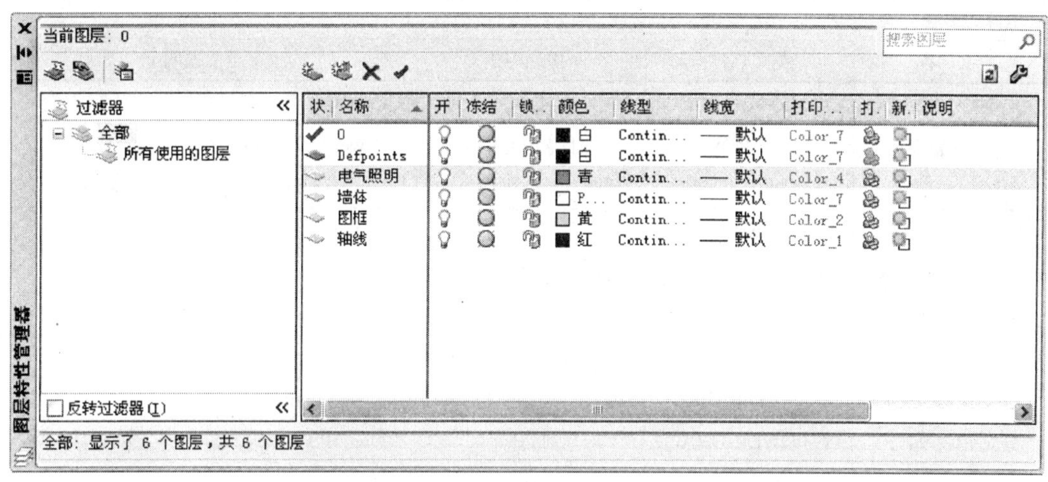

图 9-7　“图层特性管理器”命令按钮

最常用的图层管理命令为新建、删除、置为当前，当前图层的标记为其图层名前有项，各图层应可分别设置：开、冻结、锁、颜色、线型、线宽、打印样式、打印、冻结及说明。一般情况下，新建图纸时只需设置名称、颜色及线型三项，其余主要用于制图时的图层管理操作。

根据《房屋建筑 CAD 制图统一规则》，电气工程的图层代号如表 9-8 所示。

电气工程照明图层名称代号　　表 9-8

照明的图层			
中文名称	英文名称	中文说明	英文说明
电气-照明	E-LITE	照明	Lighting
电气-照明-特殊	E-LITE-SPCL	特殊照明	Special lighting
电气-照明-应急	E-LITE-EMER	应急照明	Emergency lighting
电气-照明-出口	E-LITE-EXIT	出口照明	Exit lighting
电气-照明-顶灯	E-LITE-CLHG	吸顶灯	Ceiling-mounted lighting
电气-照明-壁灯	E-LITE-WALL	壁灯	Wall-mounted lighting
电气-照明-楼层	E-LITE-FLOR	楼层照明(灯具)	Floor-mounted lighting
电气-照明-简图	E-LITE-OTLN	背景照明简图	Lighting outline for background(optional)
电气-照明-室内	E-LITE-ROOF	室内照明	Roof lighting
电气-照明-户外	E-LITE-SITE	户外照明	Site lighting
电气-照明-开关	E-LITE-SWCH	照明开关	Lighting switches

续表

照明的图层			
中文名称	英文名称	中文说明	英文说明
电气-照明-线路	E-LITE-CIRC	照明线路	Lighting circuits
电气-照明-编号	E-LITE-NUMB	照明回路编号	Luminaries identification and texts
电气-照明-线盒	E-LITE-JBOX	接线盒	Junction box
电源的图层			
中文名称	英文名称	中文说明	英文说明
电气-电源	E-POWER	电源	Power
电气-电源-墙座	E-POWER-WALL	墙上电源与插座	Power wall outlets and receptacles
电气-电源-顶棚	E-POWER-CLNG	顶棚电源插座与装置	Power ceiling receptacles and devices
电气-电源-电盘	E-POWER-PANL	配电盒	Power panels
电气-电源-设备	E-POWER-EQPM	电源设备	Power equipment
电气-电源-电柜	E-POWER-SWBD	配电柜	Power switchboard
电气-电源-线号	E-POWER-NUMB	电路编号	Power circuit numbers
电气-电源-电路	E-POWER-CIRC	电路	Power circuits
电气-电源-暗管	E-POWER-URAC	暗管	Underfloor raceways
电气-电源-总线	E-POWER-BUSW	总线	Busways
电气-电源-户外	E-POWER-SITE	户外电源	Site power
电气-电源-户内	E-POWER-ROOF	户内电源	Roof power
电气-电源-简图	E-POWER-OTLN	电源简图	Power outline for background
电气-电源-线盒	E-POWER-JBOX	电源接线盒	Junction box

根据本电气工程 CAD 制图需要，作如图 9-8 所示的图层设置。

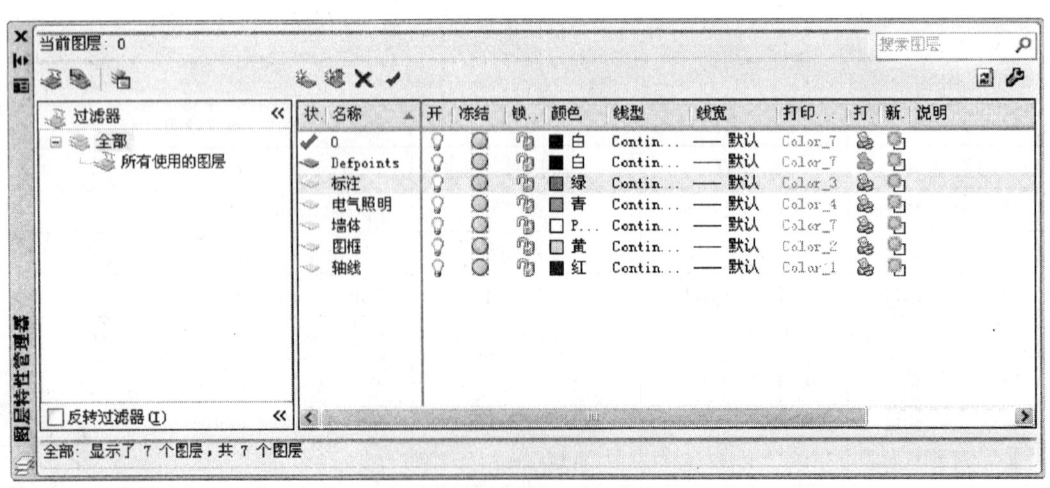

图 9-8 “图层特性管理器”参数设置

新建图层：单击“新建” 按钮，即会在图层栏中产生一个新的图层，并提示输入图层名，依次进行颜色及线型的设置。

用户可根据需要单击各项的按钮图标，来进行各状态的修改，如冻结、颜色、线型、线宽等等。若在当前图层绘图时，所有图元将归类于该图层进行管理。

注意

(1) 各图层设置不同颜色、线宽、状态等；

(2) 0 层不作任何设置，也不应在 0 层绘制图样。

小技巧

工具条添加方法：

(1) 右击任意工具条空白处，即可弹出工具条列表，只需单击相应所需的工具条名称，使其名称前出现“勾选”标记，表示选中。

(2) 菜单：视图→工具栏→工具自定义窗口，进行自定义工具的设置。

2. 文字样式

单击菜单：格式→文字样式，也可以在命令行中输入 style 命令。弹出“文字样式”对话框，设置如图 9-9 所示。

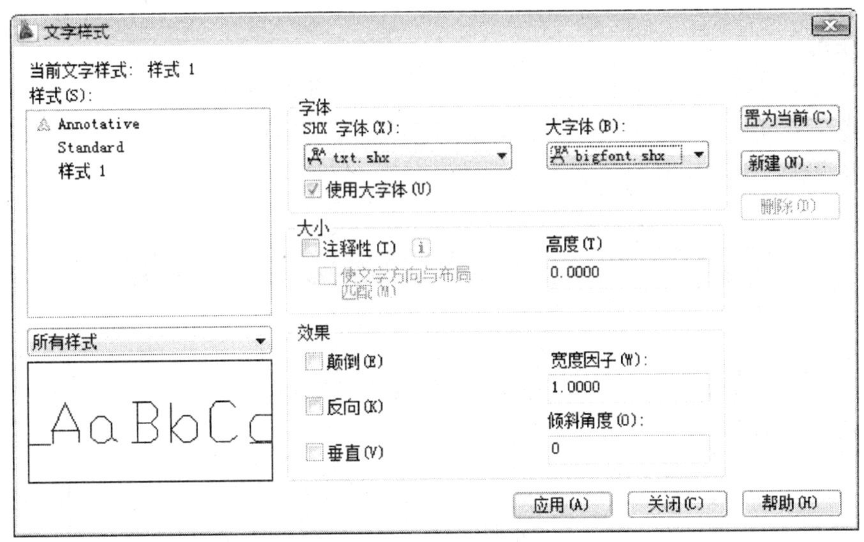

图 9-9 “文字样式”对话框

字体采用大字体，为“txt.shx+hztxt.shx”的组合(建筑制图中一般选用大字体，没有该类字体的用户可于互联网上下载安装)，高宽比设置为 0.7，此处暂不设置文字高度，样式名为默认的 Standard。若用户想另建其他样式的字体，则需点击“新建”即可，并输入样式名，进行新的字体样式组合及样式设置。同时，左下角还提供了当前窗口字体设置的效果预览小窗口，以方便用户对字体样式的直观确认。右下角的“帮助”项可给用户提供快捷的各项参数的解释说明。

小技巧

多数情况下，同一幅图中的文字可能是同一种字体，但文字高度是不统一的，如标注的文字、标题文字、说明文字等文字高度是不一致的。若在文字样式中文字高度缺省为0，则每次用该样式输入文字时，系统都将提示输入文字高度。输入大于0.0的高度值则为该样式的字体设置了固定的文字高度，使用该字体时，其文字高度是不允许改变的。

3. 标注样式

点击“标注”工具栏上的标注样式设置按钮，如图9-10所示或执行菜单：格式→标注样式或在命令行中输入dimstyle命令。

图9-10 “标注样式”按钮

弹出“标注样式管理器”对话框，如图9-11所示。点击“修改”按钮，弹出“修改标注样式”对话框，如图9-12所示，即可进行标注样式的调整设置(用户可以选择“置为当前、新建、修改、替代、比较”等按钮，来完成标注样式的设置)。

注意

建筑制图中标注尺寸线的起始及结束均以斜45°短线为标记，故在“符号和箭头”项中，均在下拉符号列表中选择“建筑标记”斜短线。其他各项用户均可参照相关建筑制图标准或教科书进行设置。

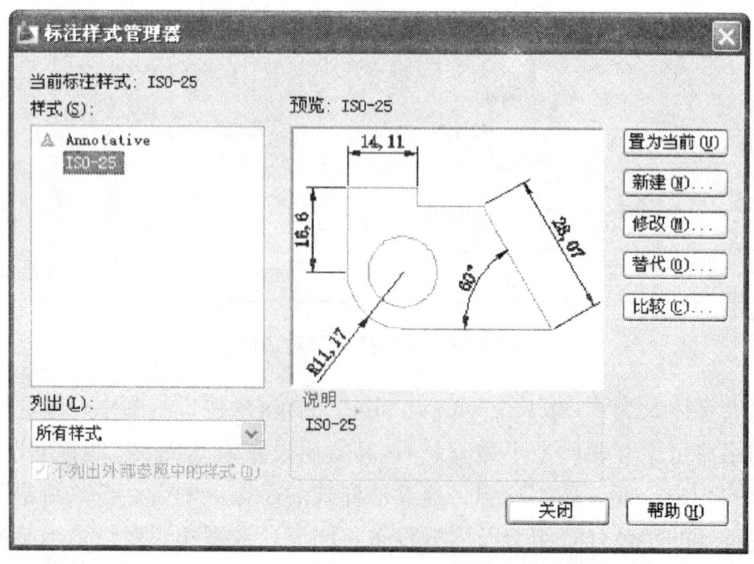

图9-11 “标注样式管理器”对话框

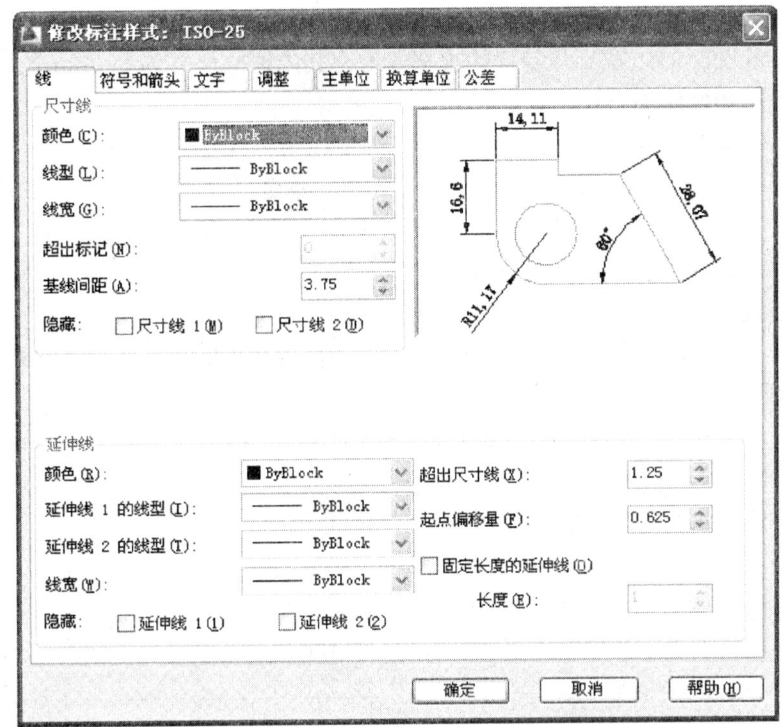

图 9-12　“修改标注样式”对话框

用户可按《房屋建筑制图统一标准》的要求，对标注样式进行设置，包括“文字、单位、箭头”等等，此处应注意各项涉及的各种尺寸大小值的，其都应为以实际图纸上的表现尺寸乘以制图比例的倒数(如制图比例为 1∶100，其即为 100)，假定需要在 A4 图纸上看到 3.5mm 单位的字，则于 AutoCAD 中的字高应设为 350，此方法类于“图框”的相对缩放概念。

一般一幅工程图中可能涉及几种不同的标注样式，此时读者可建立不同的标注样式，进行“新建”或“修改”或“替代”，然后使用某标注样式时，可直接单击选用“样式名”的下拉列表中的样式。用户对于标注样式设置的各细节有不理解的地方，可随时调用帮助(F1)文档进行学习。

小技巧

用户可以根据需要，从已完成的图纸中导入该图纸中所使用的标注样式，然后直接应用于新的图纸绘制中。

9.2.2　绘制图框

步骤如下：

(1) 新建“图框”图层，并将当前图层设置为“图框”。其操作方式为：点击“图层”工具条的图层下拉列表，单击“图框”层即可，如图 9-13 所示。

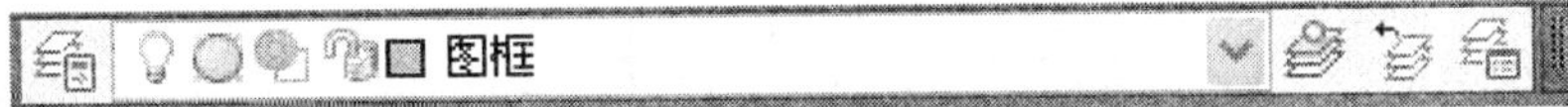

图 9-13　当前图层为“图框”

(2) 在 AutoCAD 绘图区按 1∶1 比例，即原尺寸绘制图框，图纸矩形尺寸为 210mm×297mm，再扣除图纸的边宽 c 及装订侧边宽 a 后，其内框的尺寸为 200mm×267mm。

命令行提示和操作如下：

命令：_rectang(绘制外框)

指定第一个角点或［倒角(C)/标高(E)/圆角(F)/厚度(T)/宽度(W)］：(任意指定一点)

指定另一个角点或［面积(A)/尺寸(D)/旋转(R)］：d

指定矩形的长度＜10.0000＞：297

指定矩形的宽度＜10.0000＞：210

指定另一个角点或［面积(A)/尺寸(D)/旋转(R)］：(指定一点，结果如图 9-14 所示)

命令：RECTANG(绘制内框)

指定第一个角点或［倒角(C)/标高(E)/圆角(F)/厚度(T)/宽度(W)］：(以外框的左上角顶点为基点)

指定另一个角点或［面积(A)/尺寸(D)/旋转(R)］：d

指定矩形的长度＜297.0000＞：267

指定矩形的宽度＜210.0000＞：200

指定另一个角点或［面积(A)/尺寸(D)/旋转(R)］：(指定一点，如图 9-15 所示)

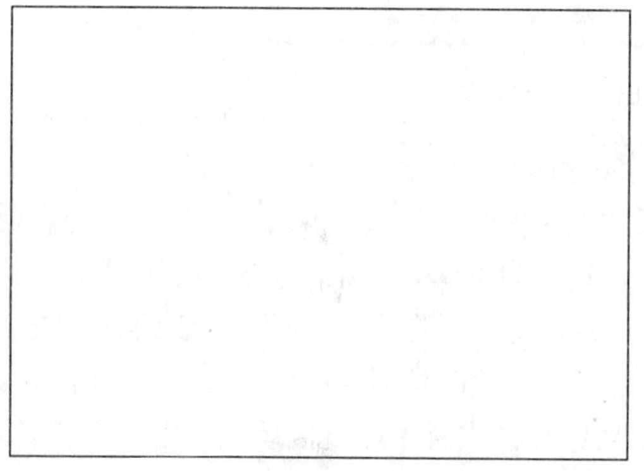
图 9-14　绘制外框

图 9-15　绘制内框

命令：MOVE(将内框向右下移动，水平 25，竖向-5)

选择对象：指定对角点：找到 1 个(选中内框)

选择对象：↙(回车)

指定基点或位移：(任意指定一点)

指定位移的第二点或＜用第一点作位移＞：@25，－5(@表示相对距离，结果如图 9-16 所示)

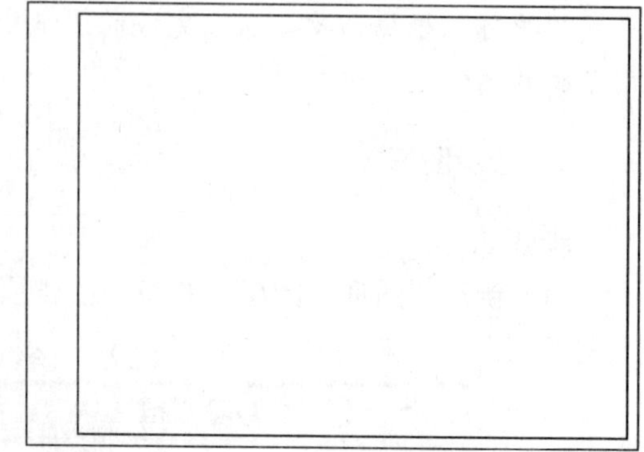
图 9-16　移动内框

根据本工程建筑制图比例 1∶100，因为此比例为缩小比例，故只需将图框相对放大 100，随后图样即可按 1∶1 原尺寸绘制，从而获得 1∶100 相对的缩小比例图纸。缩放命令的命令行操作如下：

命令：_scale
选择对象：指定对角点：找到 6 个(选中图框)
选择对象：↙
指定基点：(指定缩放的中心点)
指定比例因子或 [复制(C)/参照(R)] <1.0000>：100(放大 100 倍)

小技巧

SCALE(缩放)命令可以将所选择对象的真实尺寸按照指定的尺寸比例放大或缩小，执行后键入“r”参数即可进入参照模式，然后指定参照长度和新长度即可。参照模式适用于不直接输入比例因子或比例因子不明确的情况。

9.3　绘制照明平面图

首先是建筑施工图的绘制，在建筑电气工程制图中，对于新建建筑往往会由建筑单位提供电子版建筑施工图；对于改建改造建筑，若没有原电子版建筑施工图，则需根据原档案所存的图纸，进行建筑施工图的 AutoCAD 绘制。关于建筑施工图的 AutoCAD 的制图流程，用户可查阅相关文献中的建筑专业施工图的绘制方法。因本例为建筑电气工程制图，为满足电气图样的表达需要，根据制图标准要求，将所有建筑图样的线宽，均统一设置成“细线”(0.25b)。关于电气工程制图中各线型、线宽设置的要求，读者可参见前述章节。

此处简述建筑专业图的绘制流程。建筑电气工程中的建筑图，主要是指建筑平面图中的轮廓线，绘制步骤如下：

(1) 画基准线，即按尺寸画出房屋的纵横向定位轴线；
(2) 画主要的墙和柱的轮廓线；
(3) 画门窗和次要结构；
(4) 画细部构造及标注尺寸等。

9.3.1　绘制定位轴线、轴号

根据建筑制图标准，轴号的圆圈在物理图纸上的表现应为 8mm 直径的圆，因此处的制图比例为 1∶100，故 AutoCAD 制图时轴圈的直径应为 800mm(8 乘以比例的倒数 100)，再利用单行文字功能将轴号插入到圆圈中。

1. 绘制轴线

注意

定位轴线线型为点画线，线型设置如前述。

(1) 将当前图层设置为“轴线”层。执行方式如下：可以从“图层特性管理器”中设置，即勾选“轴线”层，也可从“图层”工具条中的下栏中点击选中“轴线”图层。如图 9-17 所示。

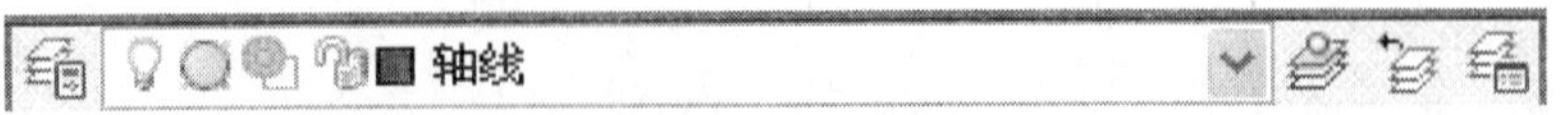

图 9-17　当前图层

（2）绘制两条正交轴线，轴线长度略大于轴网尺寸即可，如图 9-18 所示。绘制正交直线时，可按下按钮，即可在正交模式绘制线条。

小技巧

使用“直线”line 命令时，若为正交直线，可单击按下“正交”按钮，根据正交方向提示，直接输入下一点的距离即可，而不需要输入@符号；若为斜线，则可单击按下“极轴”按钮，右击“极轴”按钮，弹出窗口，可设置斜线的捕捉角度。此时，图形即进入了自动捕捉所需角度的状态，可大大提高制图时输入直线长度的效率。如图 9-19 所示。

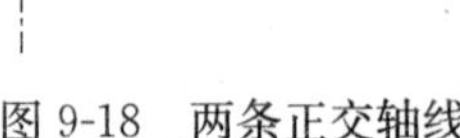

图 9-18　两条正交轴线

同时，右击“对象捕捉”开关，在打开的快捷菜单中选择“设置”命令，如图 9-20 所示。弹出“草图设置”对话框，如图 9-21 所示。进行对象捕捉设置，绘图时只需按下“对象捕捉”按钮，程序会自动进行某些点的捕捉，如端点、中点、圆切点、等线等等，“捕捉对象”功能的应用可以极大提高制图速度。使用对象捕捉可指定对象上的精确位置，例如，使用对象捕捉可以绘制到圆心或多段线中点的直线。

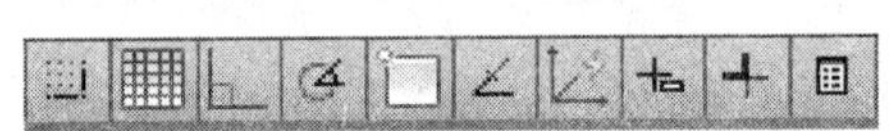

图 9-19　“状态栏”命令按钮

图 9-20　右键快捷菜单

图 9-21　“对象捕捉”模式选择

若某命令下提示输入某一点(如起始点或中心点或基准点等)，都可以指定对象捕捉。默认情况下，当光标移到对象的对象捕捉位置时，将显示标记和工具栏提示。此功能称为 AutoSnap(自动捕捉)，其提供了视觉提示，指示哪些对象捕捉正在使用。

(3) 利用“偏移”命令分别偏移这两条轴线，依次偏移，形成轴网。命令行操作如下：

命令：offset↙

当前设置：删除源=否 图层=源 OFFSETGAPTYPE=0

指定偏移距离或[通过(T)/删除(E)/图层(L)]＜通过＞：5400(偏移的轴网间距)

选择要偏移的对象，或[退出(E)/放弃(U)]＜退出＞：(指定左边轴线)

指定要偏移的那一侧上的点，或[退出(E)/多个(M)/放弃(U)]＜退出＞：(指定右侧)

选择要偏移的对象，或[退出(E)/放弃(U)]＜退出＞：↙

同理，依次以上一次偏移形成的轴线为对象，将竖直轴线分别向右偏移 2400、3600；将水平轴线分别向下偏移 1500、1800、1500、2400、1800、1500、1500、1500、3000，结果如图 9-22 所示。

(4) 利用修剪命令，对轴线进行适当修剪，即形成如图 9-23 所示的轴网。

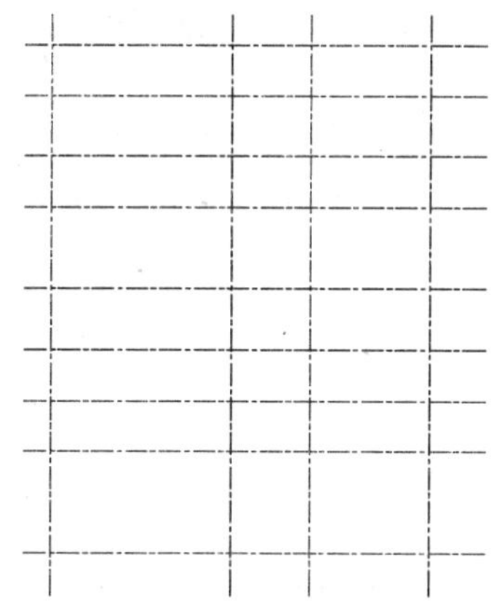

图 9-22 偏移轴线

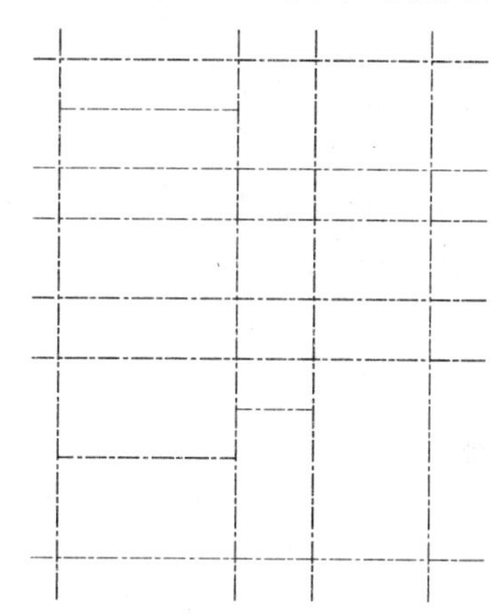

图 9-23 修剪轴线

2. 绘制轴号

下面来命名轴线。轴线命名从左至右依次为阿拉伯数字，即 1、2、3…，从下向上依次为英文字母序，即 A、B、C…。

(1) 利用圆命令绘制轴圈，命令行操作如下：

命令：_circle

指定圆的圆心或[三点(3P)/两点(2P)/相切、相切、半径(T)]：2p

指定圆直径的第一个端点：(指定最左边轴线上端点)

指定圆直径的第二个端点：800(将鼠标指向第一个端点的正上方，直接输入数字。)

注意

打印图纸中轴圈直径为 8mm，由于是 1∶100 比例制图，故轴圈尺寸得相对放大 100 倍。

小技巧

使用上面这种绘制圆的方法可以保证圆刚好位于轴线的顶端，不需要再重新对正，快速简捷。

(2) 利用单行文字输入，于轴圈中插入轴号。命令行操作如下：

命令：_dtext

当前文字样式：Standard 当前文字高度：2.5000

指定文字的起点或 [对正(J)/样式(S)]：(插入文字的左下角点为文字的插入点或起点，此处插入点应为圆内的左下角)

指定高度＜2.5000＞：600↙(此时文字的图纸物理高度为 6mm)

指定文字的旋转角度＜0＞：↙(不旋转，直接回车)

输入文字，输入结束后单击回车键。

注意

如果文字位置不正，可以利用"移动"命令将文字进行适当移动，以保持文字位置大约在圆圈中央。

(3) 多重复制轴号至各轴线末端，并双击轴号值即可进行轴号值更改。命令行操作如下：

命令：COPY↙

选择对象：指定对角点：找到 2 个(选中轴圈及轴号)

选择对象：(单击鼠标右键，其表示选择完毕)

指定基点或 [位移(D)] ＜位移＞：(选择复制的插入点，根据轴号编排，选择轴圈的最上下左右四分点作为插入点)

指定第二个点或＜使用第一个点作为位移＞：(移动选中的对象，指定到相应的位置为各轴线的端点为目标点)

最终结果如图 9-24 所示。

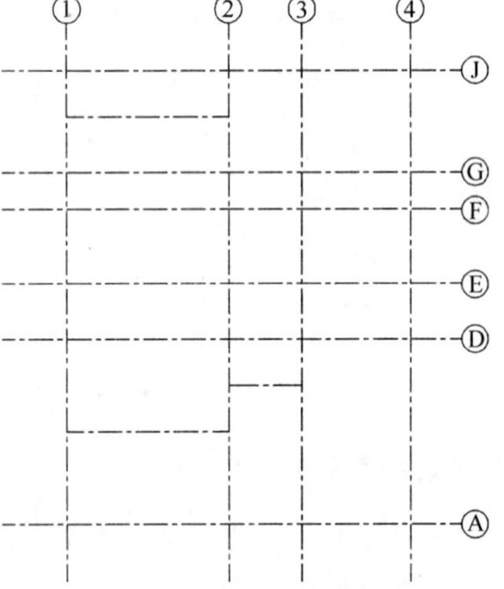

图 9-24　绘制定位轴线图

小技巧

修改轴圈内的文字时，只需双击文字(命令：ddedit)，即弹出闪烁的文字编辑符(同 Word)，此模式下用户即可输入新的文字。

9.3.2　绘制墙线、门窗洞口和柱

1. 绘制墙线

(1) 将当前图层由"轴线"更改为"墙体"。如图 9-25 所示。选定当前图层后，"特

性”工具条将显示该图层的颜色及线型特性，如图 9-26 所示。

图 9-25　当前图层

图 9-26　当前图层特性

(2) 指定多线样式。单击菜单：格式→多线样式命令，打开“多线样式”对话框，如图 9-27 所示。单击“新建”按钮，打开“创建新的多线样式”对话框，输入新样式名“墙 1”，如图 9-28 所示。单击“继续”按钮，打开“新建多线样式：墙 1”对话框，在“封口”选项组的“直线”项后勾选“起点”和“端点”复选框，如图 9-29 所示。单击“确定”按钮，回到“多线样式”对话框，在“样式”列表框中选择“墙 1”样式，如图 9-30 所示。单击“置为当前”按钮，再单击“确定”按钮，完成多线样式设置和指定。

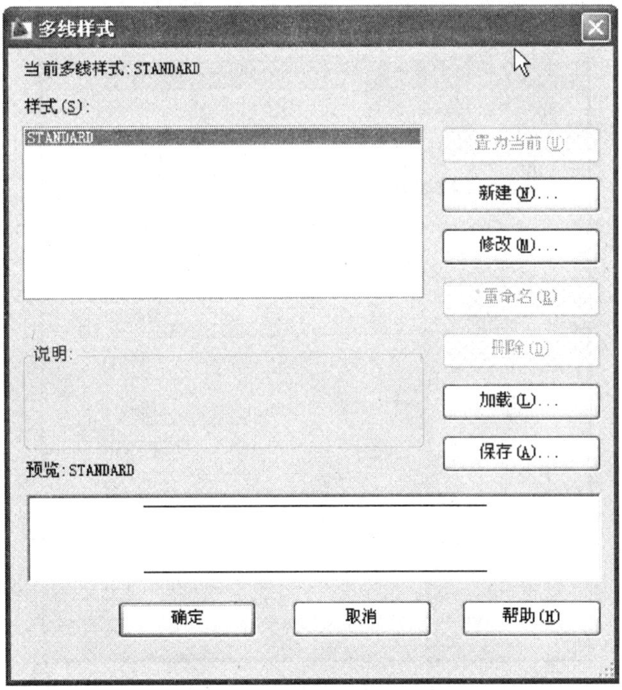

图 9-27　“多线样式”对话框

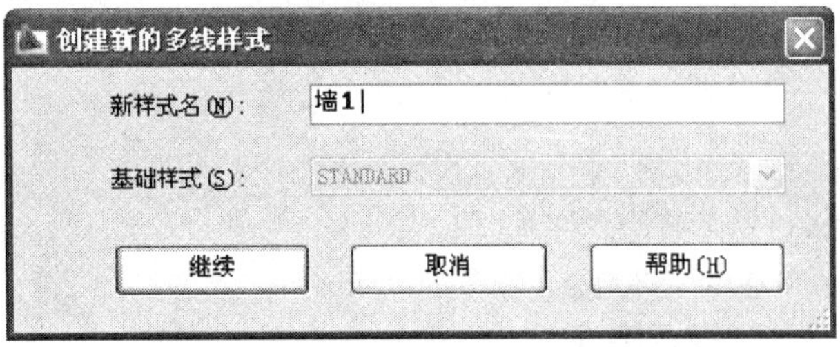

图 9-28　“创建新的多线样式”对话框

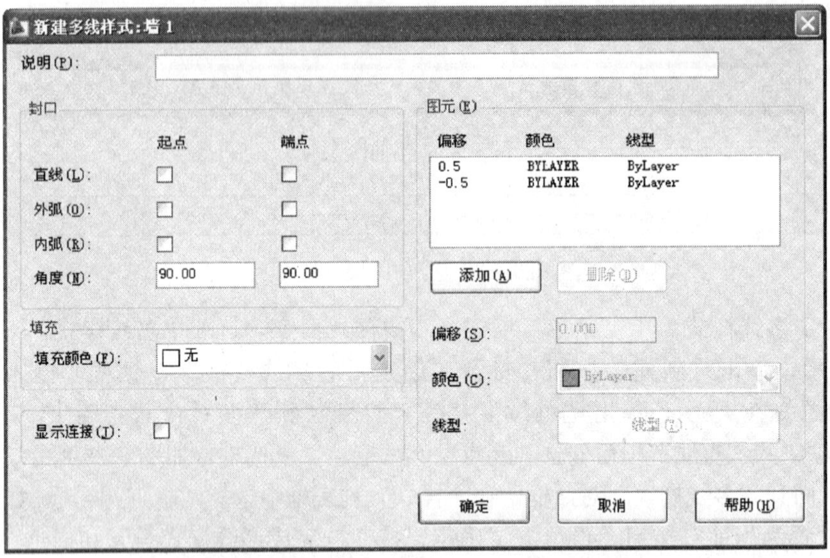

图 9-29 “新建多线样式：墙 1”对话框

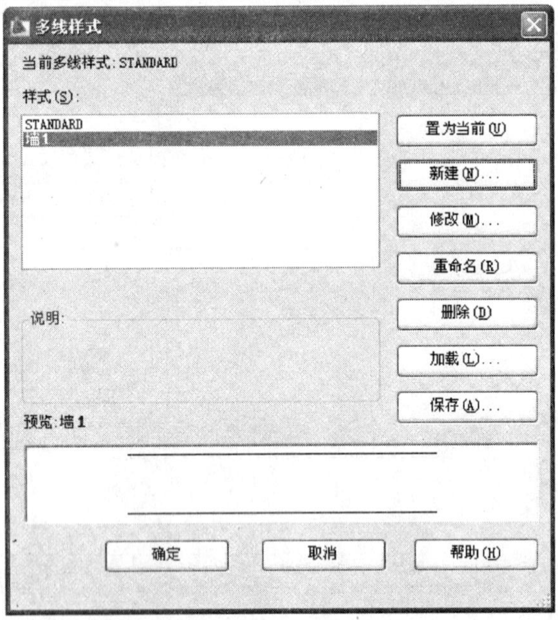

图 9-30 指定多线样式

(3) 单击菜单：“绘图”→“多线”命令，绘制墙线。根据墙体的分布布置情况，连续绘制墙线，命令行操作如下：

命令：_mline

当前设置：对正＝上，比例＝20.00，样式＝STANDARD

指定起点或[对正(J)/比例(S)/样式(ST)]：s↙

输入多线比例<20.00>：300↙(墙厚 300mm)

当前设置：对正＝上，比例＝300.00，样式＝STANDARD

指定起点或[对正(J)/比例(S)/样式(ST)]：j↙

输入对正类型［上(T)/无(Z)/下(B)］<上>：z↙

指定起点或［对正(J)/比例(S)/样式(ST)］：(指定轴线左上交点)(默认对正方式为多线中心)

指定下一点：(依次指定下一点)

指定下一点或［放弃(U)］：↙(回击结束绘制)

同样方法绘制其他多线，如图 9-31 所示。

(4) 利用多线编辑工具对墙线进行细部修改。执行菜单：修改→对象→多线命令，弹出“多线编辑工具”对话框，如图 9-32 所示，分别选择不同的编辑方式和需要编辑的多线进行编辑，结果如图 9-33 所示。

(5) 利用“修剪”命令 将多余的轴线进行修剪，结果如图 9-34 所示。

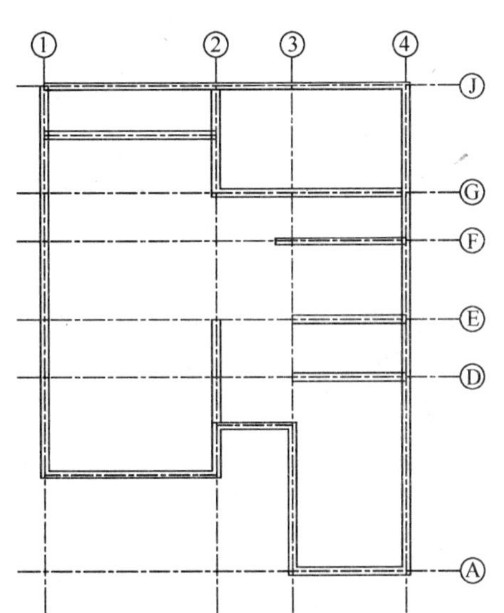

图 9-31　绘制墙线及柱的定位

图 9-32　多线编辑工具

图 9-33　多线编辑结果

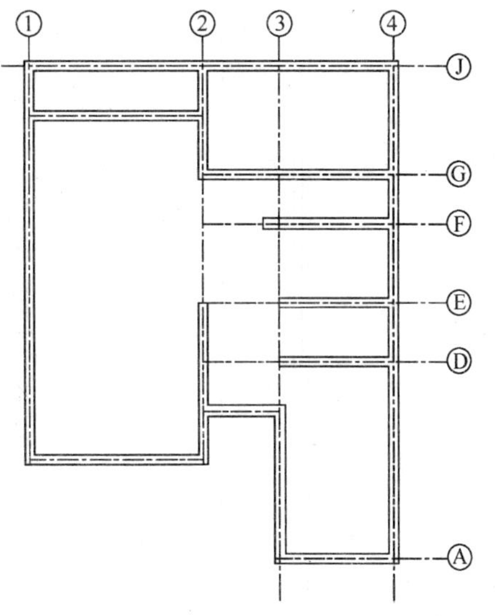

图 9-34　修剪轴线

(6) 执行“修改”工具栏中的“分解”命令，将多线墙体线进行分解，命令行操作如下：

命令：_explode

选择对象：(选择所有的图形对象)

这样，所有的多线对象被分解为线段，为后面的墙体修剪做准备。

2. 绘制门窗洞口

(1) 执行“修改”工具栏中的“偏移”命令，将最左边墙线向右偏移 1700，结果如图 9-35 所示。

(2) 执行“修改”工具栏中的“延伸”命令，将刚偏移的直线上端延伸到最上墙线，命令行操作如下：

命令：_extend

当前设置：投影=UCS，边=无

选择边界的边...

选择对象或<全部选择>：(选择最上墙线)

选择对象：↙

选择要延伸的对象，或按住 Shift 键选择要修剪的对象，或 [栏选(F)/窗交(C)/投影(P)/边(E)/放弃(U)]：(选择刚偏移的直线)

选择要延伸的对象，或按住 Shift 键选择要修剪的对象，或 [栏选(F)/窗交(C)/投影(P)/边(E)/放弃(U)]：↙

结果如图 9-36 所示。

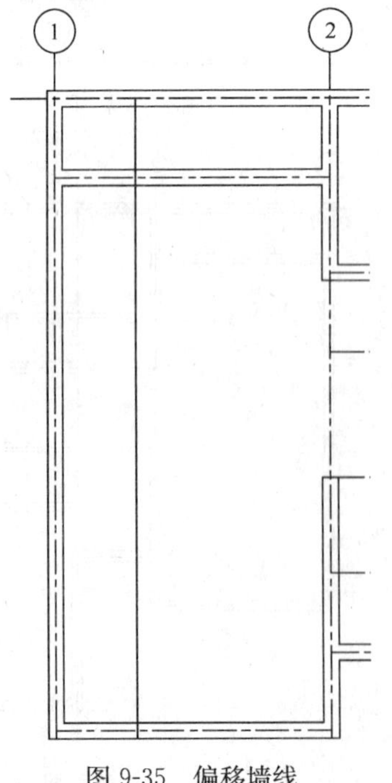

图 9-35　偏移墙线

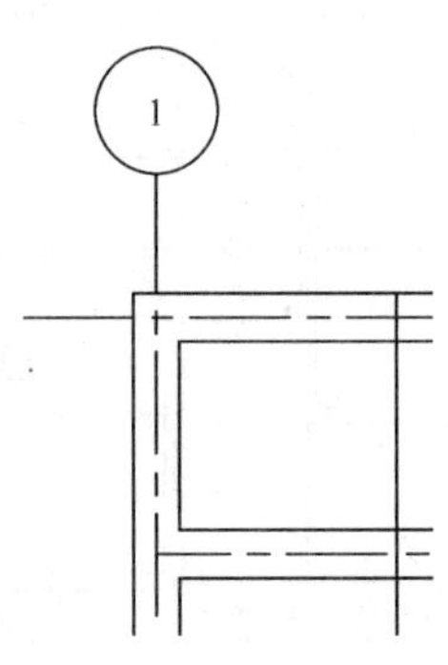

图 9-36　延伸墙线

(3) 再次执行“修改”工具栏中的“偏移”命令，将刚延伸的直线向右偏移 2400，结果如图 9-37 所示。

(4) 利用“修剪”命令将墙线进行修剪，结果如图 9-38 所示。

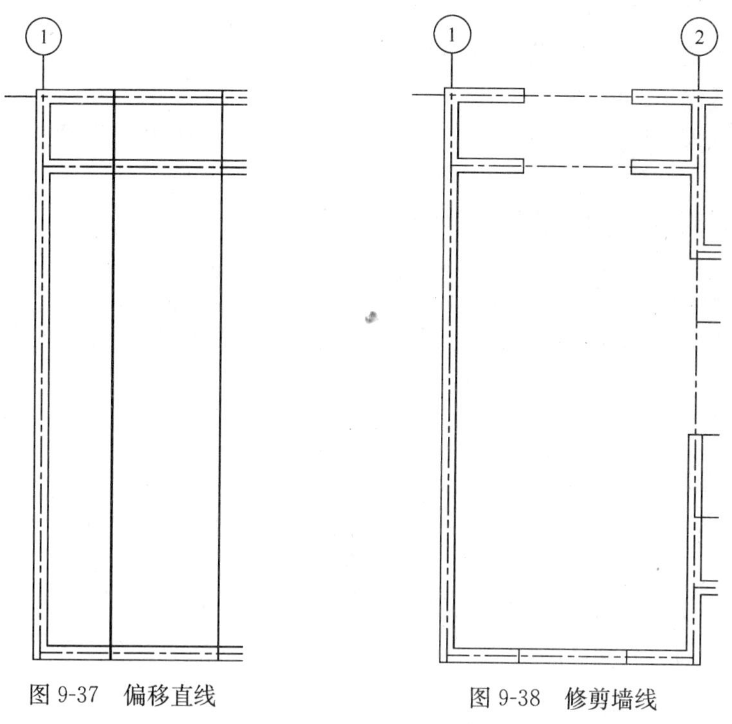

图 9-37　偏移直线　　图 9-38　修剪墙线

(5) 利用“偏移”命令将图 9-38 标示两竖线分别向外偏移 600，将最下墙线向外偏移 100。如图 9-39 所示。

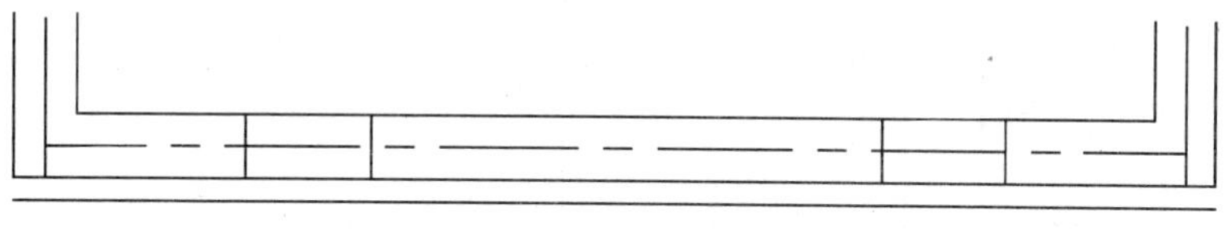

图 9-39　偏移直线

(6) 利用“延伸”命令将图 9-39 中两竖线延伸到最下直线。如图 9-40 所示。

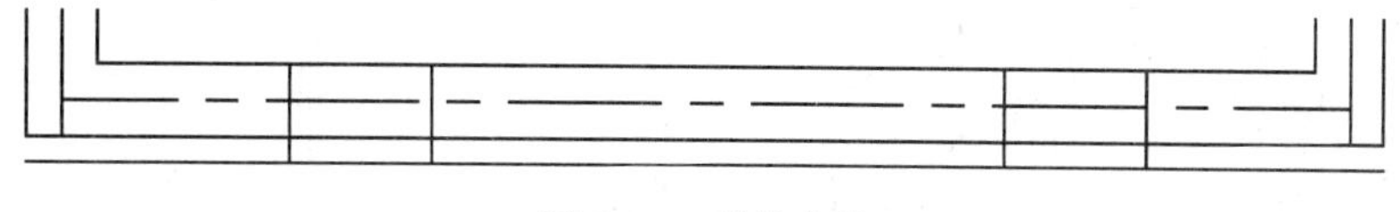

图 9-40　延伸直线

(7) 利用“修剪”命令将相关图线进行修剪。如图 9-41 所示。

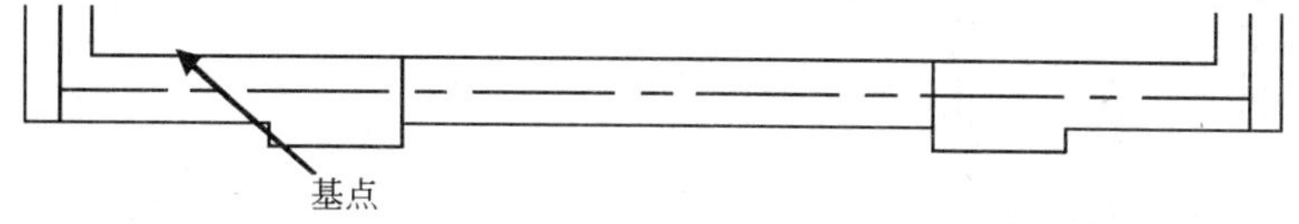

图 9-41　修剪直线

(8) 利用“直线”命令 ╱ 绘制玻璃图线。命令行操作如下：

命令：_line

指定第一点：from↙

基点：<偏移>：(指定内墙线与左窗框线交点，如图 9-41 所示)

指定下一点或 [放弃(U)]：(向下移动鼠标指定直线下一点方向)100↙(100 表示直线的起点距离基点 100mm)

指定下一点或 [放弃(U)]：(打开“正交”开关和“对象捕捉”开关，捕捉右窗框线上一点)

同样方法绘制另一条玻璃图线，如图 9-42 所示。

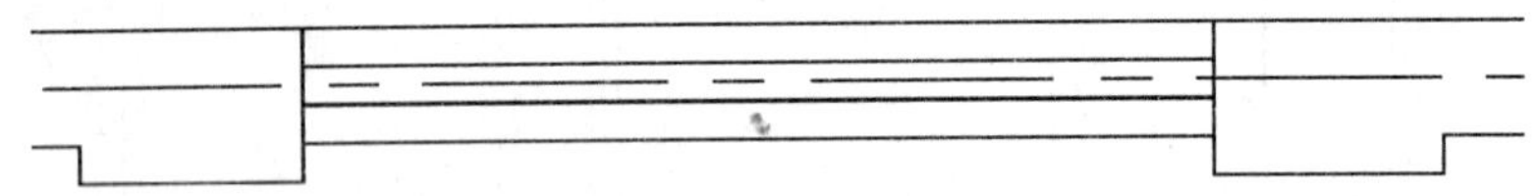

图 9-42　绘制玻璃图线

小技巧

采用上面讲述的“基点偏移”方法确定直线绘制起点的方法有时能给绘图带来方便，请读者仔细体会。

(9) 继续利用上面讲述的各种绘图和编辑命令绘制室内墙线和窗户及门洞，具体尺寸参照图 9-43。绘制结果如图 9-44 所示。

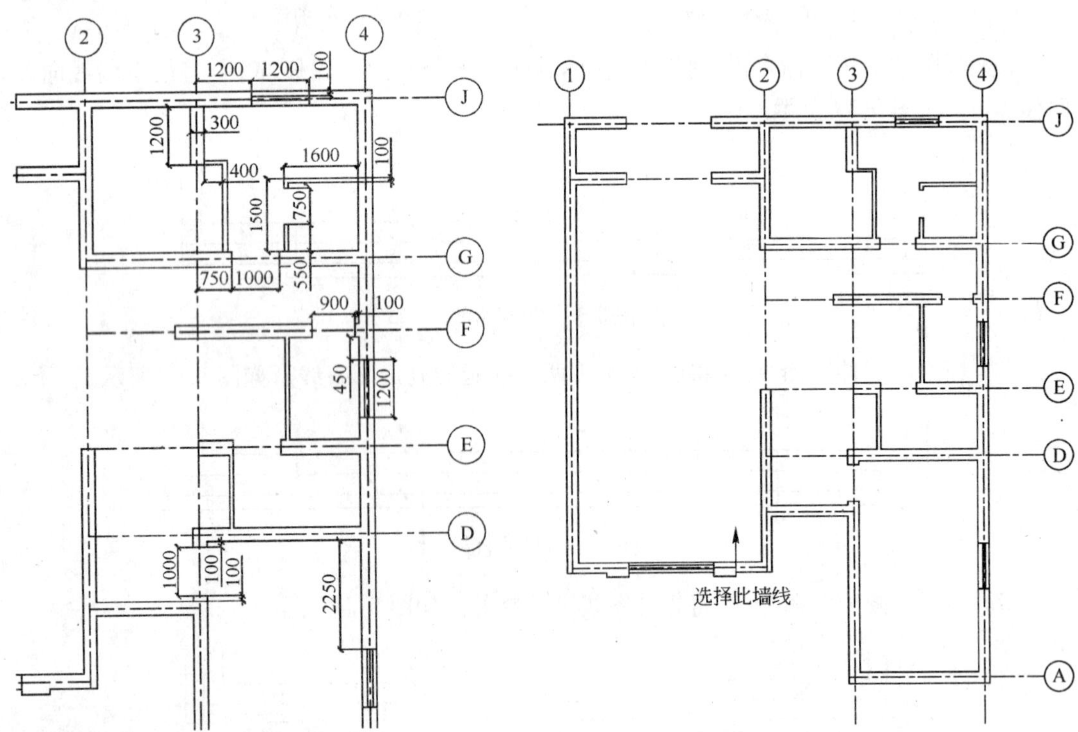

图 9-43　绘制室内墙线和窗户及门洞　　　　图 9-44　绘制结果

(10) 利用“偏移”和“直线”命令绘制大门台阶，尺寸如图 9-45 所示。

(11) 继续利用“直线”、“偏移”、“修剪”等命令绘制门洞和厕所窗户，尺寸如图 9-46 所示。

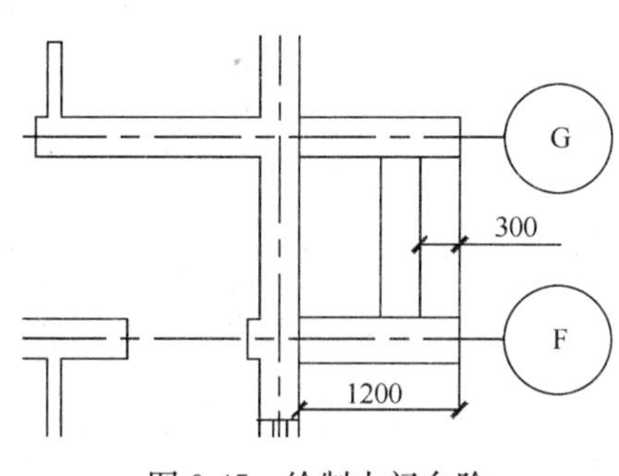

图 9-45　绘制大门台阶

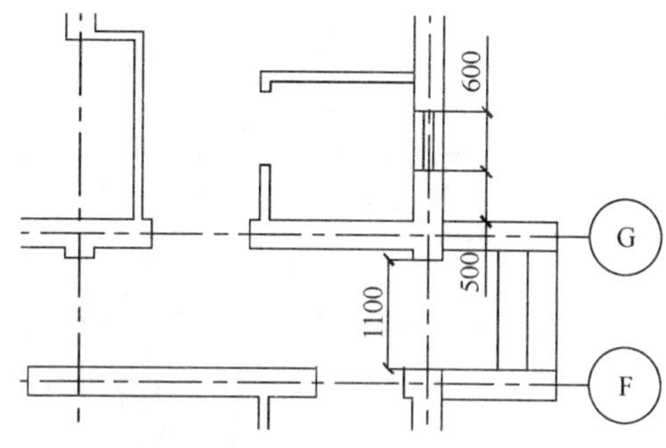

图 9-46　绘制门洞和厕所窗户

(12) 利用“偏移”命令将图 9-44 中标示的墙线向下偏移 2100，并利用“延伸”命令将其左边的墙线延伸，如图 9-47 所示。

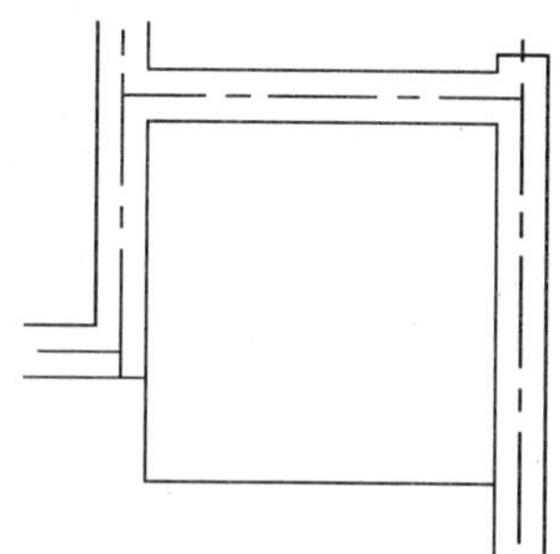
图 9-47　偏移和延伸墙线

(13) 执行“修改”工具栏中的“圆角”命令，将刚延伸的两直线进行圆角处理，命令行操作如下：

命令：_fillet

当前设置：模式＝修剪，半径＝0.0000

选择第一个对象或 [放弃(U)/多段线(P)/半径(R)/修剪(T)/多个(M)]：R↙

指定圆角半径<0.0000>：150↙

选择第一个对象或 [放弃(U)/多段线(P)/半径(R)/修剪(T)/多个(M)]：(选择一条直线)

选择第二个对象，或按住 Shift 键选择要应用角点的对象：(选择相交的一条直线)

结果如图 9-48 所示。

(14) 利用“偏移”命令将刚绘制的直线和对应的圆角同时向外偏移 300，相同方法，再次将偏移得到的图线向外偏移 300，并利用“修剪”命令进行修剪，结果如图 9-49 所示。

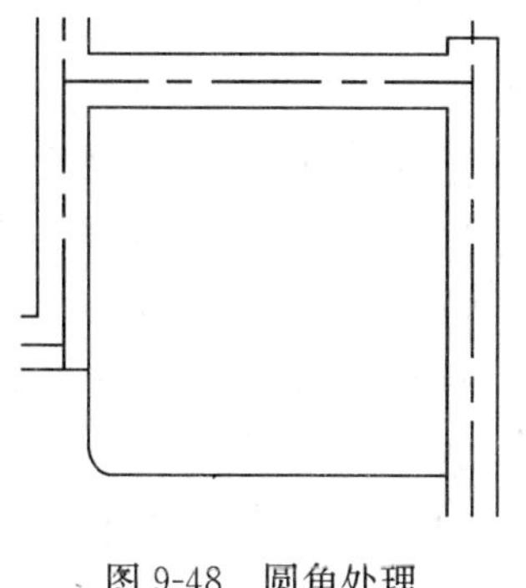
图 9-48　圆角处理

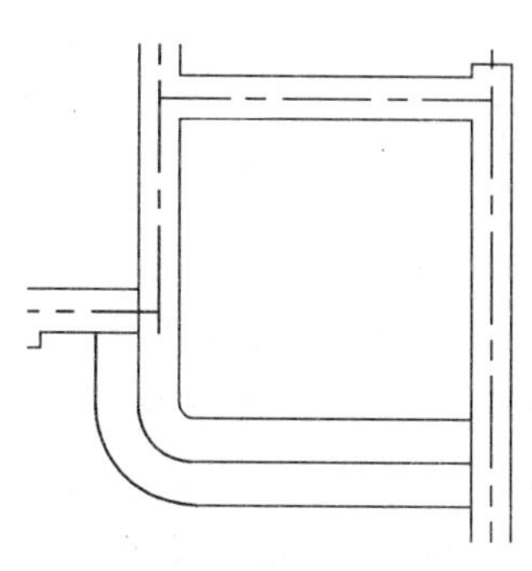
图 9-49　偏移处理

完成台阶面绘制的图形如图 9-50 所示。

(15) 将最外墙线向外偏移 450，并利用“直线”、“延伸”、“修剪”等命令绘制散水线，如图 9-51 所示。

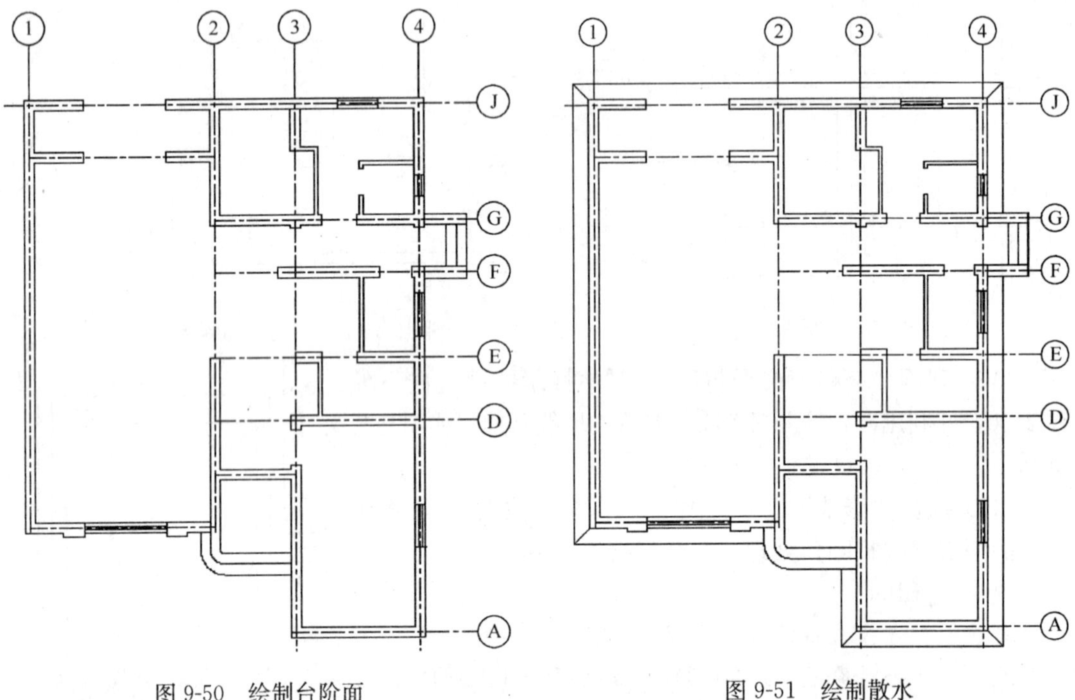

图 9-50 绘制台阶面　　图 9-51 绘制散水

3. 绘制柱

(1) 使用“矩形”命令绘制柱的截面，形成柱网。命令行操作如下：

命令：_rectang

指定第一个角点或 [倒角(C)/标高(E)/圆角(F)/厚度(T)/宽度(W)]：(指定多线一个角点)

指定另一个角点或 [面积(A)/尺寸(D)/旋转(R)]：d(绘制矩形有多种模式，本处选用定尺寸绘制)

指定矩形的长度<10.0000>：300

指定矩形的宽度<10.0000>：300

指定另一个角点或 [面积(A)/尺寸(D)/旋转(R)]：

(2) 执行“图案填充”命令，弹出“图案填充和渐变色”对话框，如图 9-52 所示。单击“图案”选项后面的按钮，打开“填充图案选项板”对话框，选择 SOLID 图案，如图 9-53 所示。单击“确定”按钮，回到“图案填充和渐变色”对话框，单击“添加：拾取点”按钮，切换到绘图屏幕，拾取刚绘制的矩形中的任意一点，系统回到“图案填充和渐变色”对话框。单击“确定”按钮，完成柱截面填充。

(3) 利用“复制”命令将填充完的混凝土柱截面逐一“复制”到轴线相交的位置。绘制的平面图如图 9-54 所示。

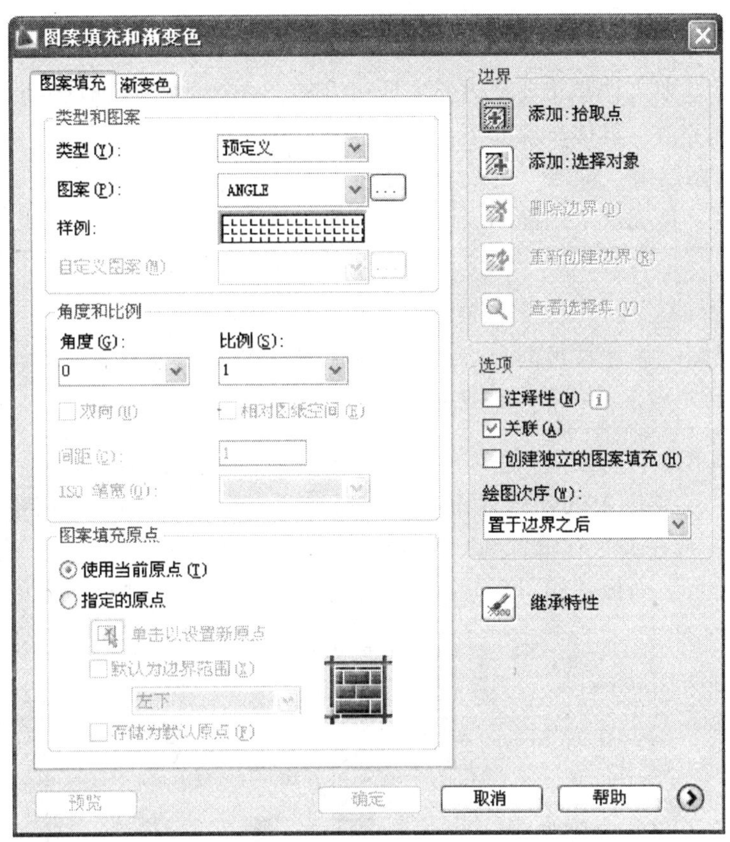

图 9-52 “图案填充和渐变色”对话框

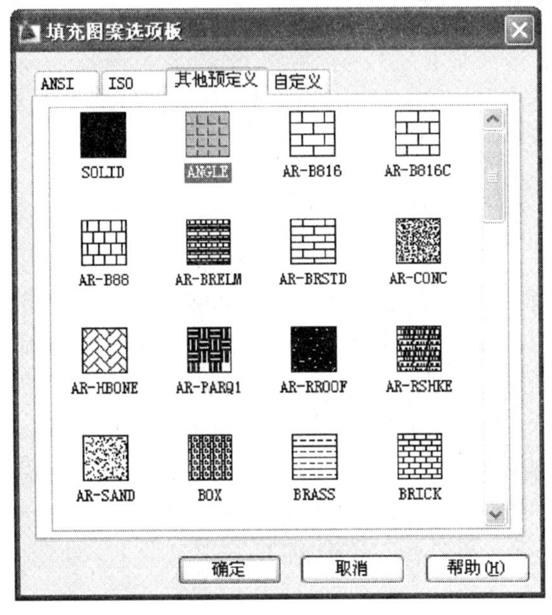

图 9-53 “填充图案选项板”对话框

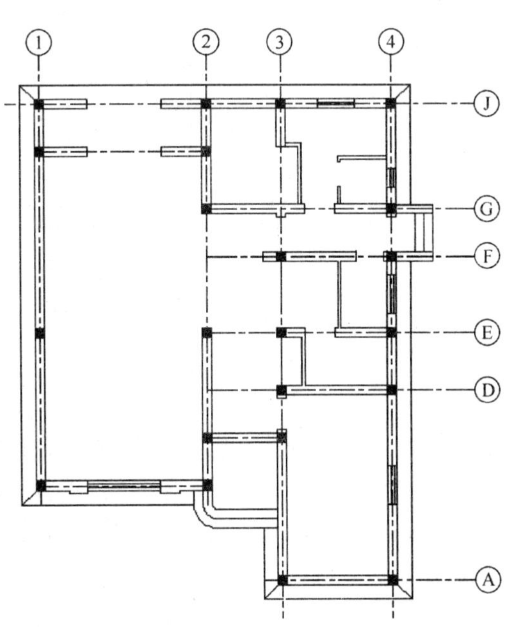

图 9-54 绘制墙、柱

9.3.3 室内布局

室内布局的主要工作是布置室内的家具和门窗。一般情况下可以通过调用已有的设计单元图块来快速完成。具体步骤如下：

(1) 将当前图层由“轴线”更改为“建筑”，只需单击“图层”工具条的下拉列表中的“建筑”图层，即完成了当前图层设置。设置好颜色，线宽=0.25b，此处取0.18mm。

注意

建筑制图时，常会应用到一些标准图块，如卫浴具、桌椅等，此时用户可以从AutoCAD设计中心直接调用一些建筑图块。

(2) 执行菜单命令：工具→选项板→设计中心，或单击“标准”工具栏中的“设计中心”按钮，如图9-55所示。或在命令行输入adcenter命令，系统打开“设计中心”面板，如图9-56所示。

图9-55 “标准”工具栏

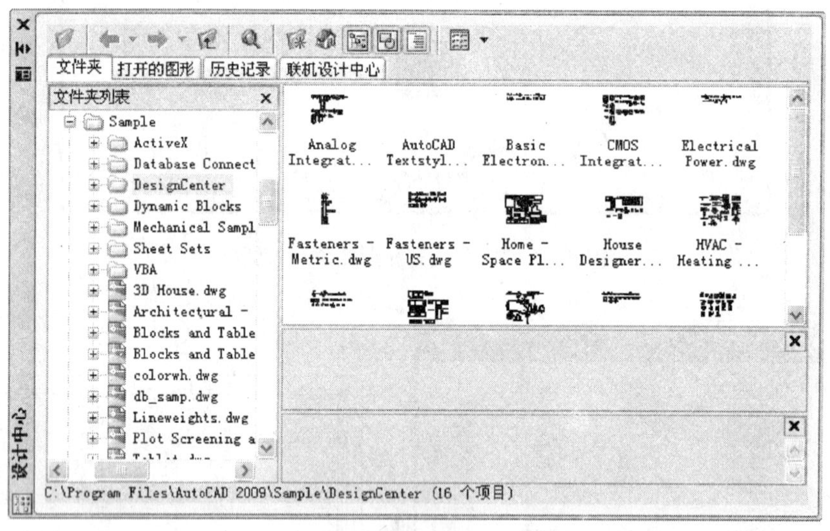

图9-56 设计中心

(3) 选中某个图块，按住鼠标左键不放，将选中的图块直接拖入CAD模型空间，再根据所需尺寸对其进行比例缩放(SCALE)即可。或右击某图块，打开右键快捷菜单，选择“插入块”命令，如图9-57所示。以插入块的形式，添加至模型空间，系统打开“插入”对话框，如图9-58所示。此时用户可根据窗口提示，进行相关参数的设置，如插入点、比例等。

若在图9-57所示的快捷菜单中选择“块编辑器”命令，则AutoCAD会自动转入动态块编辑模式，此时用户即可根据需要量身定制或修改模块。对于低版本的AutoCAD，一般用户也可以利用“分解”命令将图块分解后，再进行二次编辑。

小技巧

通过设计中心，用户可以组织对图形、块、图案填充和其他图形内容的访问；可以将

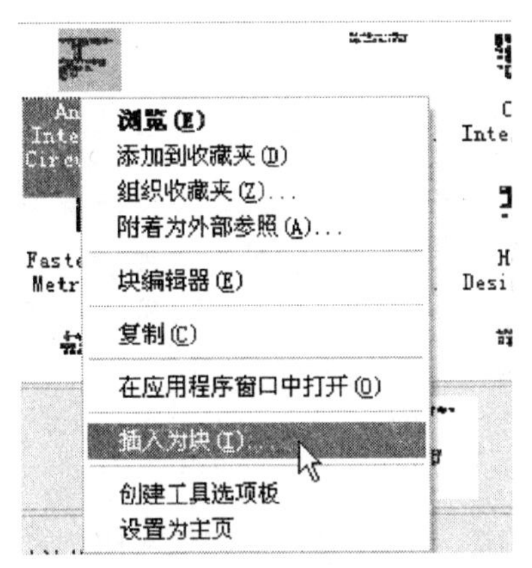

图 9-57　插入块

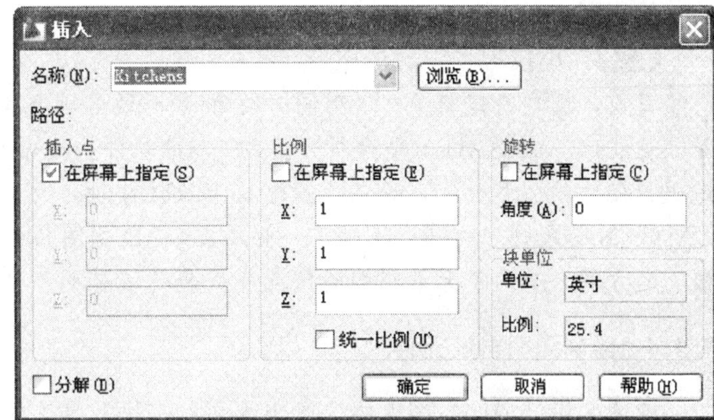

图 9-58　“插入”对话框

源图形中的任何内容拖动到当前图形中；可以将图形、块和填充拖动到工具选项板上。源图形可以位于用户的计算机上、网络位置或网站上。另外，如果打开了多个图形，则可以通过设计中心在图形之间复制和粘贴其他内容(如图层定义、布局和文字样式)来简化绘图过程。AutoCAD 制图人员一定利用好设计中心的优势。

绘制完基本建筑图样后，即需要对所绘图样进行大量的修改。关于墙线的编辑及室内基本家具设施平面绘制，均涉及大量的基本操作，本节不再赘述，请读者结合随书光盘中提供的图块自行练习。修改完成即可形成如图 9-59 的一层建筑平面图。

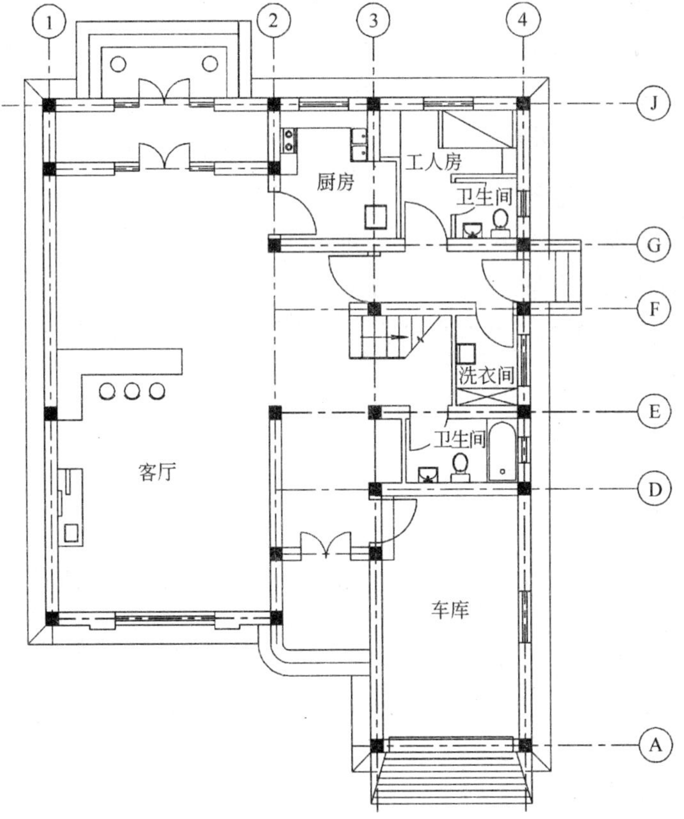

图 9-59　一层建筑平面图

小技巧

目前，国内对建筑CAD制图开发了多套适合我国规范的专业软件，如天正、广厦等。这些以AutoCAD为平台所开发的CAD软件，通常根据建筑制图的特点，对许多图形进行模块化、参数化，故在使用这些专业软件时，大大提高了CAD制图的速度，而且CAD制图格式规范统一，降低了一些单靠CAD制图易出现的小错误，给制图人员带来了极大的方便，节约了大量制图时间。感兴趣的读者也可对相关软件试一试。

9.3.4 绘制照明电气元件

前述的设计说明、图例中应画出各图例符号及其表征的电气元件名称，此处对图例符号的绘制作简要介绍。图层定义为电气-照明，设置好颜色，线条为中粗实线，设置好线宽0.5*b*，此处取0.35mm。

具体步骤如下：

注意

在建筑平面图的相应位置，电气设备布置应满足生产生活功能、使用合理及施工方便，按国家标准图形符号画出全部的配电箱、灯具、开关、插座等电气配件。在配电箱旁应标出其编号及型号，必要时还应标注其进线。在照明灯具旁应用文字符号标出灯具的数量、型号、灯泡功率、安装高度、安装方式等。相关的电气标准中均提供了诸多电气元件的标准图例，读者应多学习，熟练掌握各电气元件的图例特征。

1. 绘制单极暗装开关图例

(1) 将当前图层由“建筑”改设置为“电气-照明”。

(2) 利用“圆”命令⊙绘制半径为250mm的圆。

(3) 利用“直线”命令绘制水平长度$L=4r=1000$mm长的直线段。

(4) 利用“直线”命令在水平直线段末端画$L=2r$的竖直线段。

注意

正交模式下绘制定长度的直线，可直接输入线段的长度。

(5) 按下“极轴”按钮，右击在快捷菜单中选择“设置”命令，弹出“草图设置”窗口。选中“极轴追踪”栏，设置45°捕捉，在下拉列表中选择45°数值，如图9-60所示。

(6) 利用“旋转”命令，将两直线段绕圆心逆时针旋转45°即可。

命令：_rotate

UCS 当前的正角方向：ANGDIR=逆时针　ANGBASE=0

选择对象：(选择两条直线)

指定对角点：找到 2 个

选择对象：(鼠标右击，结束对象选择)

指定基点：(指定旋转的中心点，即圆心，此时打开对象捕捉功能，捕捉圆心)
指定旋转角度，或［复制(C)/参照(R)］＜315＞：45(直接输入度数)

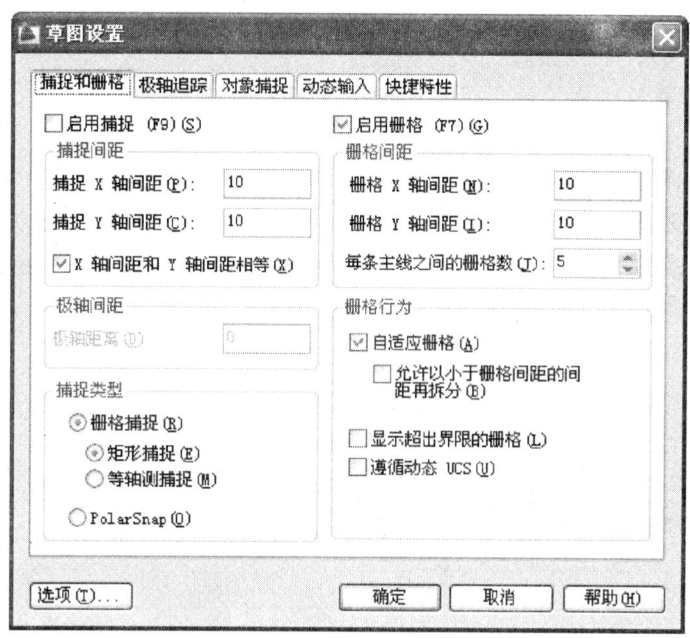

图 9-60　“极轴追踪”设置

注意

角度的旋转方向以逆时针为正！

(7) 利用“图案填充”命令，弹出“图案填充与渐变色”对话框，选择填充样式，在其图案——图案填充选项板窗口中，选择图案为实心(即 SOLID)，选择圆作为填充对象(用户需明白选择填充范围时拾取点与选择对象的区别，灵活运用)，单击“确定”按钮即可将圆填充成为黑色实心圆。

图例的整个绘制流程如图 9-61 所示。

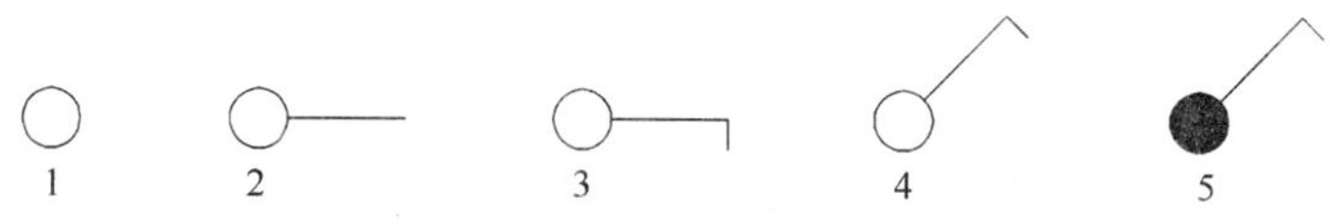

图 9-61　单级暗装开关绘制过程

2. 排气扇图例绘制

(1) 利用“圆”命令绘制直径为 350mm 的圆。

(2) 利用“直线”命令绘制圆的竖直直径。

(3) 利用“旋转”命令将该直径绕圆心逆时针旋转 45°。

(4) 使用“镜像”命令，将该斜线以竖直方向为对称线，将其镜像得到另一条直径，命令行操作如下：

命令：_mirror

选择对象：找到 1 个

选择对象：(鼠标右击，结束对象选择)

指定镜像线的第一点：(指定圆的上端点)

指定镜像线的第二点：(指定圆的下端点)

要删除源对象吗？[是(Y)/否(N)] <N>：n(不删除选中的源对象)

(5) 打开“对象捕捉”“对象追踪”捕捉到圆心，绘制直径为 100mm 的同心圆。

注意

也可使用“偏移”命令获得同心圆。

(6) 利用“修剪”命令剪切掉较小同心圆内的直线，使其完全空心，命令行操作如下：

命令：_trim

当前设置：投影=UCS，边=延伸

选择剪切边...

选择对象或<全部选择>：(选择小圆)

选择对象：(鼠标右击，结束对象选择)

选择要修剪的对象，或按住 Shift 键选择要延伸的对象，或 [栏选(F)/窗交(C)/投影(P)/边(E)/删除(R)/放弃(U)]：(鼠标左击指定需要剪去的线段)

小技巧

以上各 AutoCAD 基本命令，虽为基本操作，但若能灵活运用，掌握其诸多使用技巧，实际 AutoCAD 制图时可以达到事半功倍的效果。

该图例的整个制图流程，如图 9-62 所示。

图 9-62 排气扇绘制流程

其他图例请读者自行操作练习，基本操作方法如上所述。同时在 AutoCAD 设计中心中也提供了一些标准电气元件图例，读者可自行尝试，并利用好 AutoCAD 的帮助文档，多加探索及学习。

将绘制好的图例，通过“复制”、“移动”等基本命令，按设计意图，将灯具、开关、配电箱等电气元件的图例，一一对应复制到相应位置，灯具位置根据功能要求一般置于房间的中心位置，配电箱、开关、壁灯、贴着门洞的墙壁设置。如图 9-63所示。

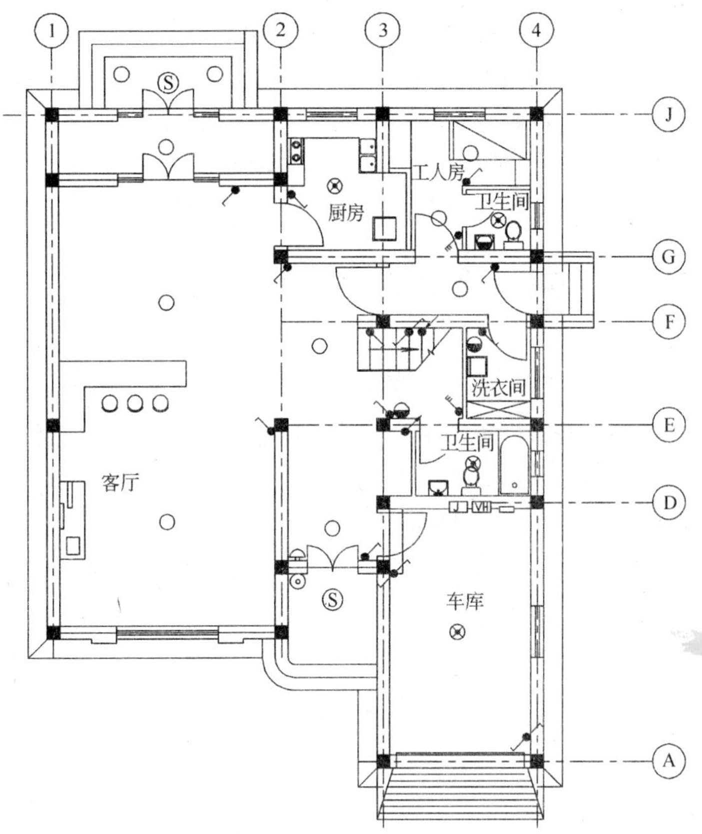

图 9-63　布置电器元件

注意

复制时，电器元件的平面定位，可利用辅助线的方式定位，复制完成后再将辅助线删除即可。同时，在使用“复制”命令时一定要注意选择合适的基点(即基准点)，以方便电器图例的准确定位。

9.3.5　绘制线路

将当前图层由“照明”改为“线路”。

在图纸上绘制完配电箱和各种电气设备符号后，就可以绘制线路了(将各电气元件通过导线合理的连接起来)。下面介绍一下绘制线路的注意事项：

(1) 在绘制线路前应按室内配线的敷线方式，规划出较为理想的线路布局。绘制线路时，应用中粗实线绘制干线、支线的位置及走向，连接好配电箱至各灯具、插座及所有用电设备和器具以构成回路，并将开关至灯具的导线一并绘出。当灯具采用开关集中控制时，连接开关的线路应绘制在最近且较为合理灯具位置处。最后，在单线条上画出细斜面用来表示线路的导线根数，并在线路的上侧或下侧，用文字符号标注出干线、支线编号、导线型号及根数、截面、敷设部位和敷设方式等。当导线采用穿管敷设时，还要标明穿管的品种和管径。

(2) 导线绘制可以采用“多段线”命令 或“直线”命令 。采用“多段线”命令时，注意设置线宽 W。多段线是作为单个对象创建的相互连接的序列线段，可以创建直线段、弧线段或两者的组合线段。故编辑多段线时，多段线是一个整体，而不是各线段。

(3) 线路的布置涉及线路走向，故 CAD 绘制时宜按下“状态栏”的“对象捕捉”按钮，并按下“正交”按钮，以便于绘制直线，如图 9-64 所示。

图 9-64　对象捕捉与追踪

(4) 鼠标右击“对象捕捉”按钮，弹出“草图设置”窗口，选中其中的“对象捕捉”，点击右侧的“全部选择”按钮即可选中所有的对象捕捉模式。当线路复杂时，为避免自动捕捉干扰制图，用户仅勾选其中的几项即可。捕捉开启的快捷键为 F9。

(5) 线路的连接应遵循电气元件的控制原理，比如一个开关控制一只灯的线路连接方式与一个开关控制两点灯的线路连接方式是不同的。读者在电气专业课学习时，应掌握电气制图时的相关电气知识或理论。

图 9-65 所示即为线路绘制完毕后的图纸，读者可通过该线路图，理解一下各开关所控制的电器是否合理。

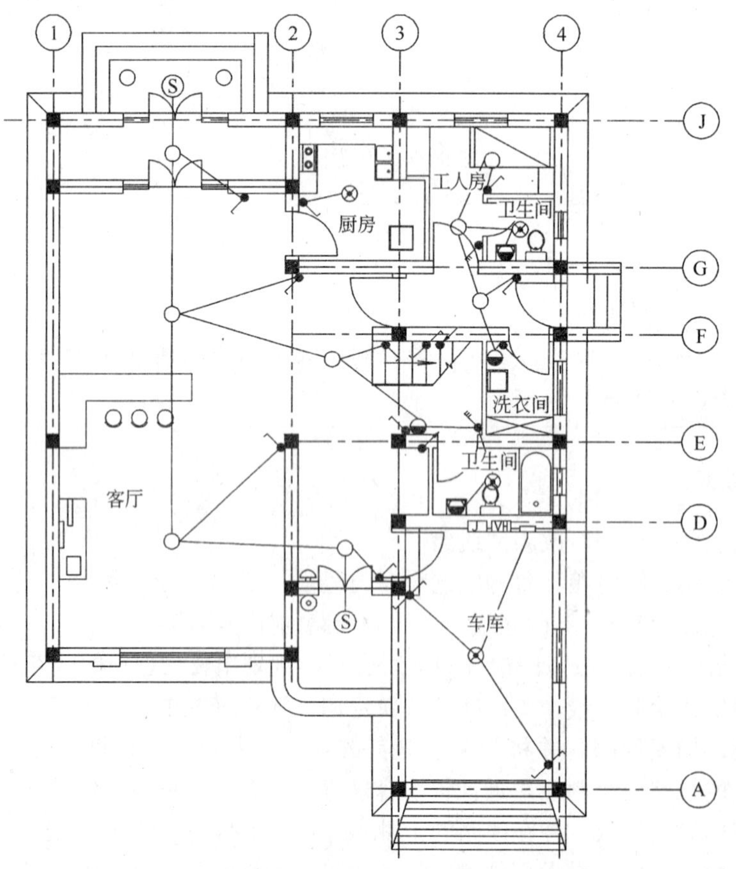

图 9-65　绘制电器连接导线

9.3.6　尺寸标注

将当前图层设置为“标注”。

尺寸标注主要为建筑平面尺寸、标高以及详图尺寸的标注。AutoCAD 提供了尺寸“标注”工具栏，如图 9-66 所示。

图 9-66　“标注”工具栏

单击“标注”工具栏“标注样式”按钮，打开“标注样式管理器”对话框，如图 9-67 所示。单击“修改”按钮，打开“修改标注样式”对话框，在“标注样式”对话框中进行样式设置，如图 9-68 所示。

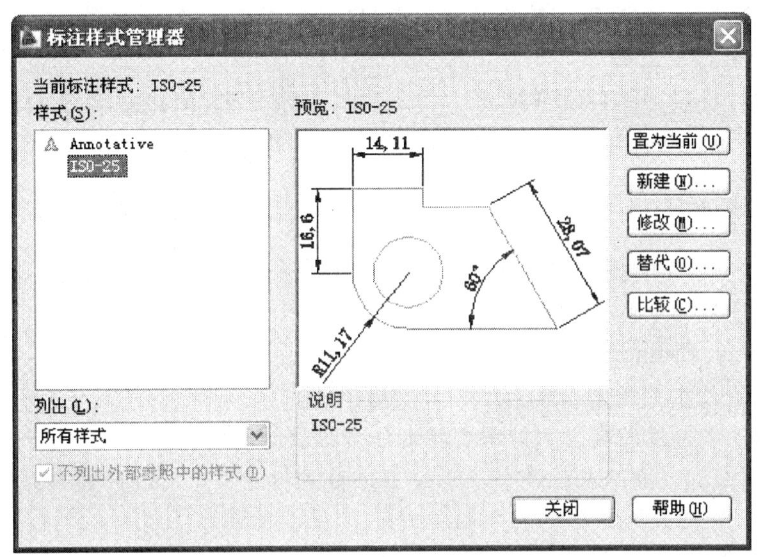

图 9-67　“标注样式管理器”对话框

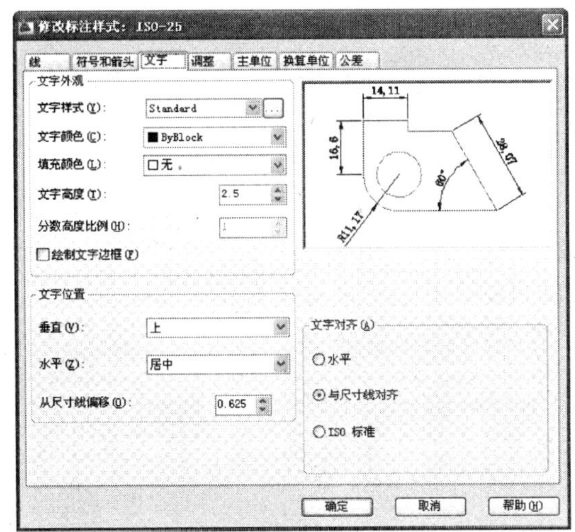

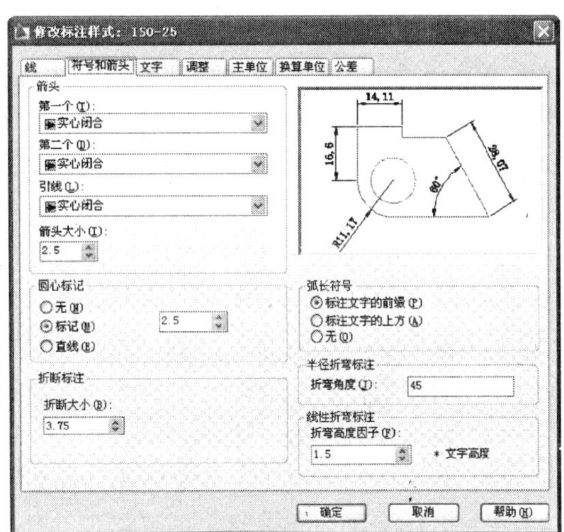

图 9-68　文字大小及符号箭头设置

箭头的大小由制图比例确定，如图纸中需表现2mm大小的箭头，制图比例为1∶50，则箭头大小设置为2×50＝100mm，如图9-68所示。

1. 利用线性标注

线性标注 可以水平、垂直或对齐放置。使用对齐标注时，尺寸线将平行于两尺寸延伸线原点之间的直线(想象或实际)。基线(或平行)和连续(或链)标注是一系列基于线性标注的连续标注。命令行操作如下：

命令：_dimlinear

指定第一条尺寸界线原点或＜选择对象＞：

指定第二条尺寸界线原点：

指定尺寸线位置或

[多行文字(M)/文字(T)/角度(A)/水平(H)/垂直(V)/旋转(R)]：

标注文字＝6000

此标注方式提供了多种文字编辑方式，如“多行文字(M)/文字(T)/角度(A)/水平(H)/垂直(V)/旋转(R)”；对于一些特殊标注方式，此项是极为有用的。

2. 利用连续标注

连续标注 是首尾相连的多个标注。在创建基线或连续标注之前，必须创建线性、对齐或角度标注。命令行操作如下：

命令：_dimcontinue

指定第二条尺寸界线原点或[放弃(U)/选择(S)]＜选择＞：(回车表示利用上一次标注的末点作为连续标注的起点，若需要指定任意标注的起定，则输入S进行选择)

标注文字＝1800(要结束此命令，请按Esc键或按两次ENTER键可结束命令)

小技巧

连续标注与线性标注的区别：连续标注只需在第一次标注时指定标注的起点，下次标注自动以上次标注的末点作为起点；因此连续标注时只需连续指定标注的末点；而线性标注需要每标注一次都要指定标注的起点及末点，其相对于连续标注效率较低。连续标注常用于建筑轴网的尺寸标注，一般连续标注前都先采用线性标注进行定位。

3. 指北针的绘制

指北针的图纸尺寸为14mm直径的圆，指针底部宽为3mm，因此图为1∶100比例，故应在AutoCAD中画1400mm直径的圆，其步骤如下：

(1) 绘制1400mm直径的圆；

(2) 绘制指针的一边；

(3) 镜像指针的另一边；

(4) 利用“图案填充”命令将指针涂黑；

(5) 单行文字标注指向文字“北”。

流程如图9-69所示。

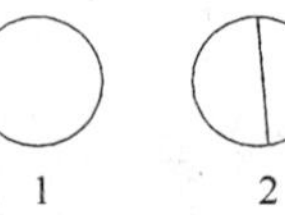

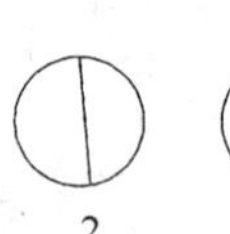

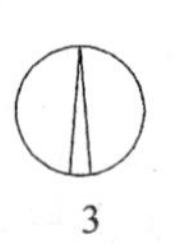

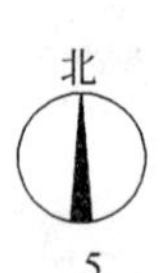

图9-69 指北针绘制流程

小技巧

有用户在将 AutoCAD 中的图形粘贴或插入到 Word 或其他软件中时，发现圆变成了正多边形，图样变形了。此时，只需用一下 VIEWRES 命令，将它设得大一些，可改变图形质量。

命令：VIEWRES

是否需要快速缩放？[是(Y)/否(N)]<Y>：

输入圆的缩放百分比(1-20000)<1000>：5000

正在重生成模型。

VIEWRES 使用短矢量控制圆、圆弧、椭圆和样条曲线的外观。矢量数目越大，圆或圆弧的外观越平滑。例如，如果创建了一个很小的圆，然后将其放大，它可能显示为一个多边形。使用 VIEWRES 增大缩放百分比并重生成图形，可以更新圆的外观并使其平滑。减小缩放百分比会有相反的效果。

上述操作也可执行如下路径实现：菜单→工具→选项→显示→显示精度。如图 9-70 所示。

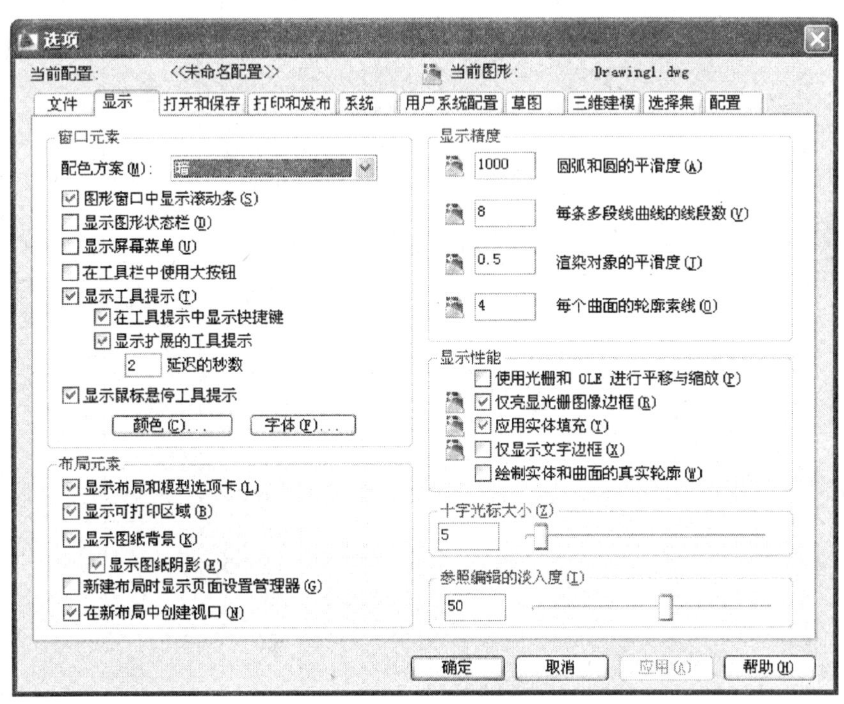

图 9-70　显示精度

利用“移动”命令将指北针移动到图纸的右上角处。各文字及尺寸标注完成后，结果如图 9-71 所示。

图中，WL2 表示照明线路 2(数值表示编号)；线路上的斜线加数值，表示导线的根数，如为 2，则导线根数共计 2 根；灯具标注的横线上方 40 表示功率 40W，横线下方 2.3 表示安装高度，横线右侧 W 字母表示灯具为壁装。读者可根据前述所讲的电气工程图文字标注说明，进行电气工程图识图。

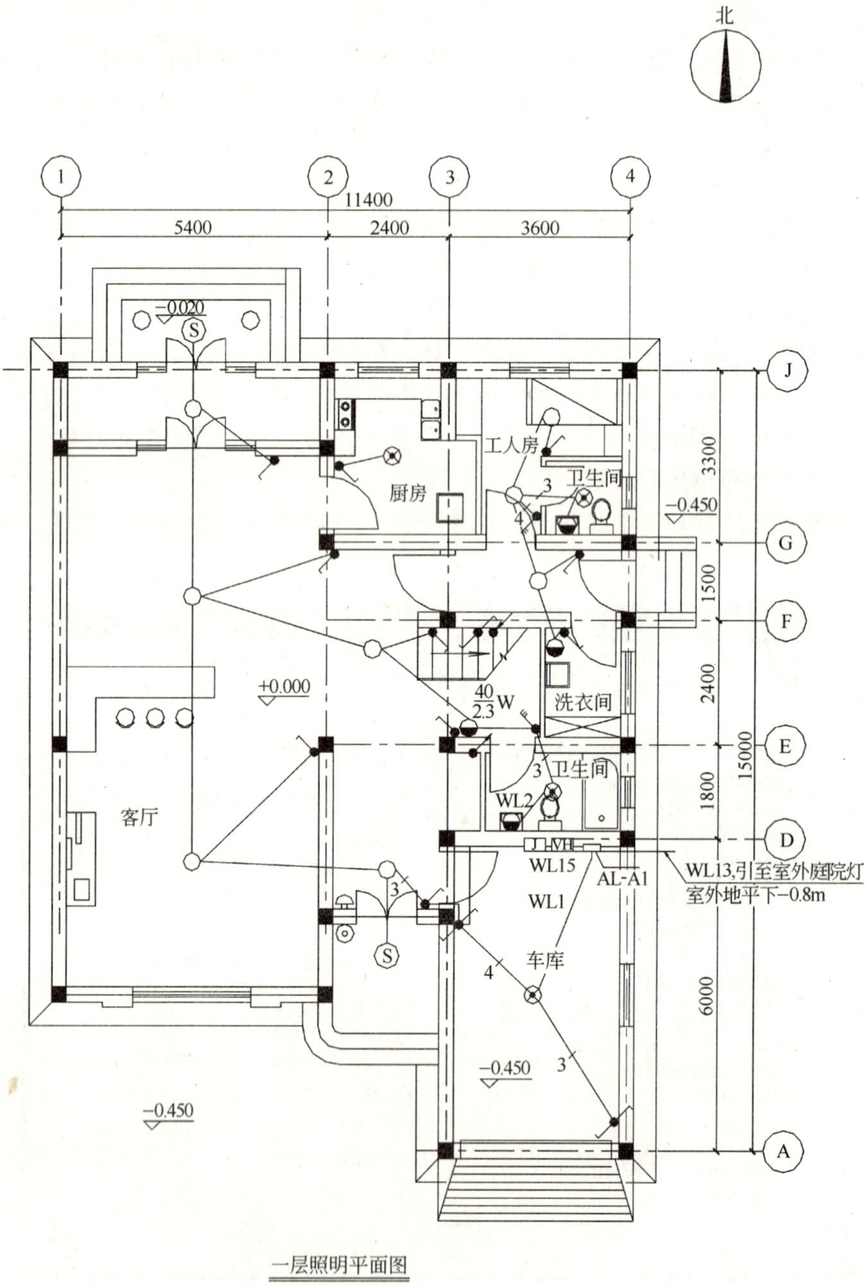

一层照明平面图

图 9-71　一层照明平面图

小技巧

用户可以将以上绘制的图例，创建为块，即将图例以块为单位进行保存，并归类于每一个文件夹内。以后再次需要利用此图例制图时，只需“插入”该图块即可，同时还可以对块进行属性赋值。图块的使用可以大大提高制图效率。

9.4　绘制插座平面图

一般建筑电气工程照明平面图应表达出插座等(非照明电气)电气设备，但有时可能因工程庞大，电气化设备布置的复杂，为求建筑照明平面图表达清晰，可将插座等一些电气设备归类，单独绘制(根据图纸深度，分类分层次)，以求清晰表达。

9.4.1　表达内容及绘制步骤

插座平面图主要应表达的内容：插座的平面布置、线路、插座的文字标注(种类、型号等)、管线等。

插座平面图的一般绘制步骤(基本同照明平面图的绘制)：

(1) 画房屋平面(外墙、门窗、房间、楼梯等)；

电气工程 CAD 制图中，对于新建结构往往会由建筑专业提供建筑图，对于改建、改造建筑则需进行建筑图绘制。

(2) 画配电箱、开关及电力设备；

(3) 画各种插座等；

(4) 画进户线及各电气设备的连接线；

(5) 对线路、设备等附加文字标注；

(6) 附加必有的文字说明。

9.4.2　插座平面图 CAD 实现

1. 图纸图框

图框仍采用前述的 A4 标准图框，其绘制过程可参考前面章节，比例仍同照明平面图为 1∶100。由于插座平面图只是照明平面图中的子部分，故其绘制过程基本上与电气照明平面图相同。

初学读者可在此处练习基本绘图命令，如直线、多线、矩形、快捷命令以及状态控制按钮“开”与“关”。

有一定 AutoCAD 应用基础的读者，可在此处练习一下有关 CAD 制图中 DWT 模板文件的制作及调用过程，从 DWT 文件的创建到直接利用 DWT 模板文件，练习并熟悉其保存及新建图纸的过程，以提高 CAD 制图速度。

2. 图层设置

同前述照明平面图设置过程，如图 9-72 所示。

小技巧

初学读者务必首先学会图层的灵活运用。图层分类合理，则图样的修改很方便，在改一个图层的时候可以把其他的图层都关闭。把图层的颜色设为不同，不会画错图层。要灵活使用冻结和关闭。

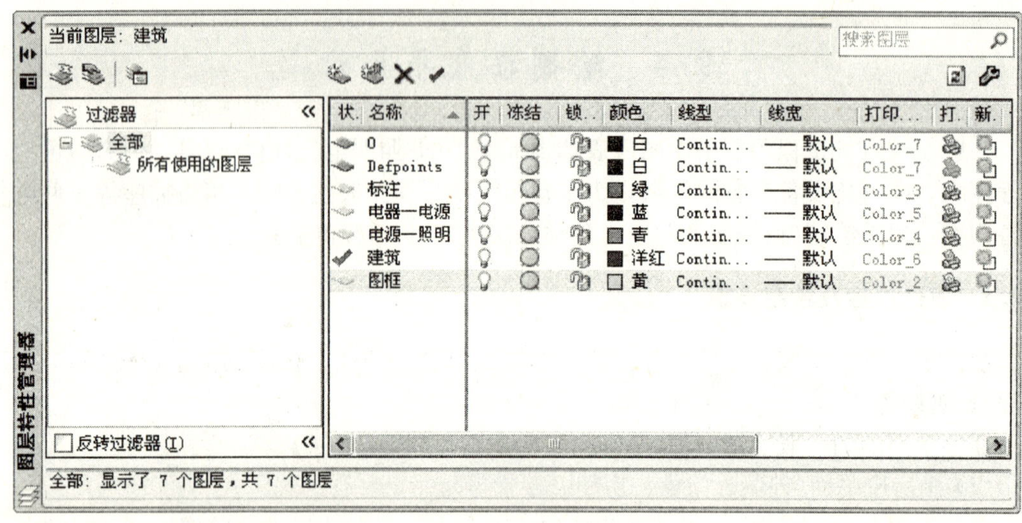

图 9-72 图层设置

3. 文字样式

此处文字样式设置可参考前述章节。

注意

(1) 如果改变现有文字样式的方向或字体文件，当图形重生成时所有具有该样式的文字对象都将使用新值。

(2) 在 AutoCAD 提供的 TrueType 字体中，大写字母可能不能正确反映指定的文字高度。只有在“字体名”中指定 SHX 文件，才能使用“大字体”。只有 SHX 文件可以创建“大字体”。

(3) 读者应学习掌握字体文件的加载方法，以及对乱码现象的解决途径。

小技巧

图样尺寸及文字标注时，一个好的制图习惯是首先设置完成文字样式，即先准备好写字的字体。

4. 标注样式

AutoCAD 关于标注样式设置窗口，较以前版本略为变动，就是多了“符号与箭头”选项卡。在其他版本中，此项往往位于“直线与箭头”选项卡。

小技巧

可利用 DWT 模板文件创建某专业 CAD 制图的统一文字及标注样式，方便下次制图直接调用，而不必重复设置样式。用户也可以从 CAD 设计中心查找所需的标注样式，直接导入新建的图纸中，即完成了对其的调用。

5. 建筑图绘制

同前述，限于篇幅不多述，建筑图的绘制涉及多项 AutoCAD 基本操作命令，读者应多加练习，熟能生巧。注意把建筑图置为“建筑”图层内。

本节直接利用上节已经绘制好的建筑图。

小技巧

建筑制图中有大量的标准图例，用户务必熟练掌握图块的特性及图块的绘制，这是一个 AutoCAD 制图高手必备的利器，图块应用时应注意到以下几点：

(1) 图块组成对象图层的继承性；

(2) 图块组成对象颜色、线型和线宽的继承性；

(3) bylaer 、byblock 的意义，即随层与随块的意义；

(4) 0 层的使用。

请读者自行练习体会。AutoCAD 20009 提供了“动态图块编辑器”，如图 9-73 所示。块编辑器是专门用于创建块定义并添加动态行为的编写区域。块编辑器提供了专门的编写选项板。通过这些选项板可以快速访问块编写工具。除了块编写选项板之外，块编辑器还提供了绘图区域，用户可以根据需要在程序的主绘图区域中绘制和编辑几何图形。用户可以指定块编辑器绘图区域的背景色。

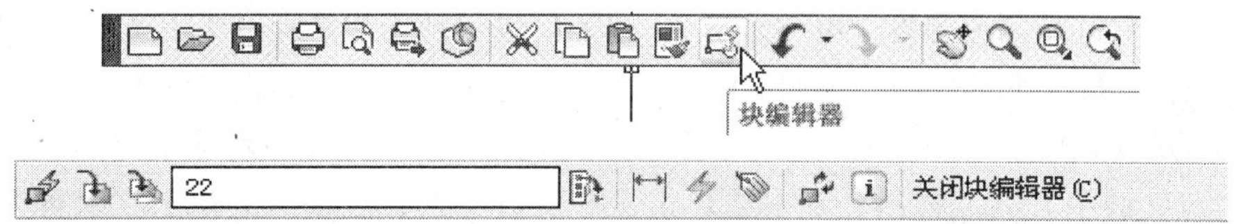

图 9-73　块编辑器

6. 插座与开关图例绘制

插座与开关都是照明电气系统中的常用设备。插座分为单相与三相，其安装方式分为明装与暗装。若不加说明，明装式一律距地面 1.8m，暗装式一律距地面 0.3m。开关分扳把开关、按钮开关、拉线开关，扳把开关分单连和多连。若不加说明，安装高度一律距地 1.4m。拉线式开关分普通式和防水式，安装高度距地 3m，或距顶 0.3m。各种类型插座及开关如图 9-74 所示。

插　座						开　关			
明　装			暗　装			拉　线　式		扳　把　式	
单相		三相	单相		三相				
普通	有地线	有地线	普通	有地线	有地线	普通	防水	单连	多连

图 9-74　各种插座及开关图例

以暗装三相有地线插座为例，其 AutoCAD 制图步骤如下：

(1) 利用“圆”命令绘制直径 350mm 的圆(制图比例为 1∶100，A4 图纸上实际尺寸为 3.5mm)；

(2) 利用“直线”命令绘制直径；

(3) 利用“修剪”命令剪去下半圆；

(4) 利用“直线”命令绘制表示连接线的短线；

(5) 利用“镜像”命令，以半圆竖直半径作为镜像线得到左边的短线；

(6) 利用“图案填充”命令，选择 SOLID 图案，将半圆填充为阴影。

图 9-75 所示即为其绘制的全步骤。

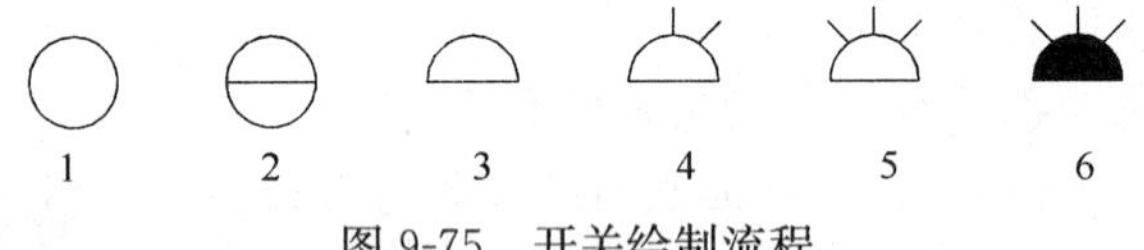

图 9-75　开关绘制流程

对于各种图例，可以统一制作成为标准图块，统一归类管理，使用时直接调用，大大提高制图效率。也可利用 DWT 模板文件，在 0 层绘制常用图块，方便使用。

还可以灵活利用 CAD 设计中心，其库中预制了许多各专业的标准设计单元，这些设计中对标注样式、表格样式、布局、块、图层、外部参照、文字样式、线型等都作了专业的标准绘制。用户使用这些时，可通过设计中心来直接调用，快捷键为 CTRL+2。

重复利用和共享图形内容是有效管理 AutoCAD 电子制图的基础。使用 AutoCAD 设计中心可以管理块参照、外部参照、光栅图像以及来自其他源文件或应用程序的内容。不仅如此，如果同时打开多个图形，还可以在图形之间复制和粘贴内容(如图层定义)来简化绘图过程。

在内容区域中，通过拖动、双击或单击鼠标右键并选择“插入为块”、“附着为外部参照”或“复制”，可以在图形中插入块、填充图案或附着外部参照；可以通过拖动或单击鼠标右键向图形中添加其他内容(例如图层、标注样式和布局)；可以从设计中心将块和填充图案拖动到工具选项板中。如图 9-76 所示。

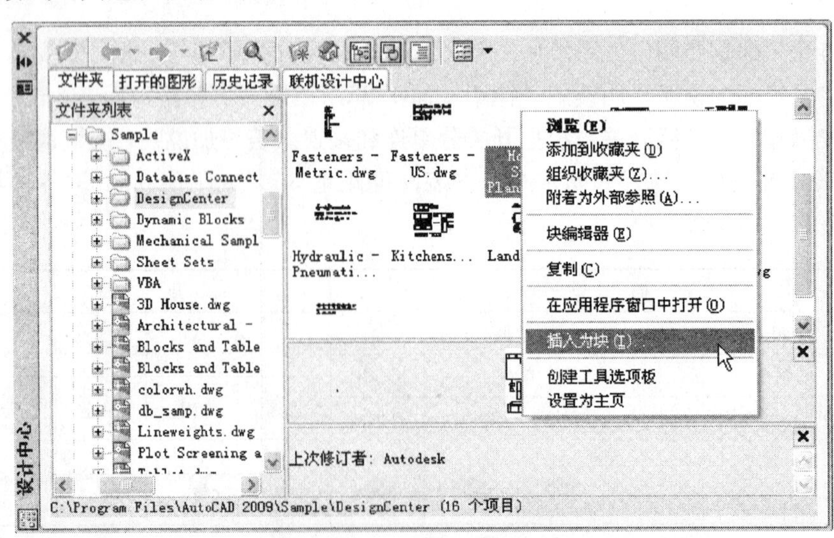

图 9-76　设计中心模块

7. 图形符号的平面定位布置

当前图层指定为“电源—照明(插座)”图层。

将绘制好的图例，通过“复制”等基本命令，按设计意图将插座、配电箱等，一一对应地复制到相应位置。插座的定位与房间的使用要求有关，配电箱、插座等贴着门洞的墙壁设置。如图 9-77 所示。

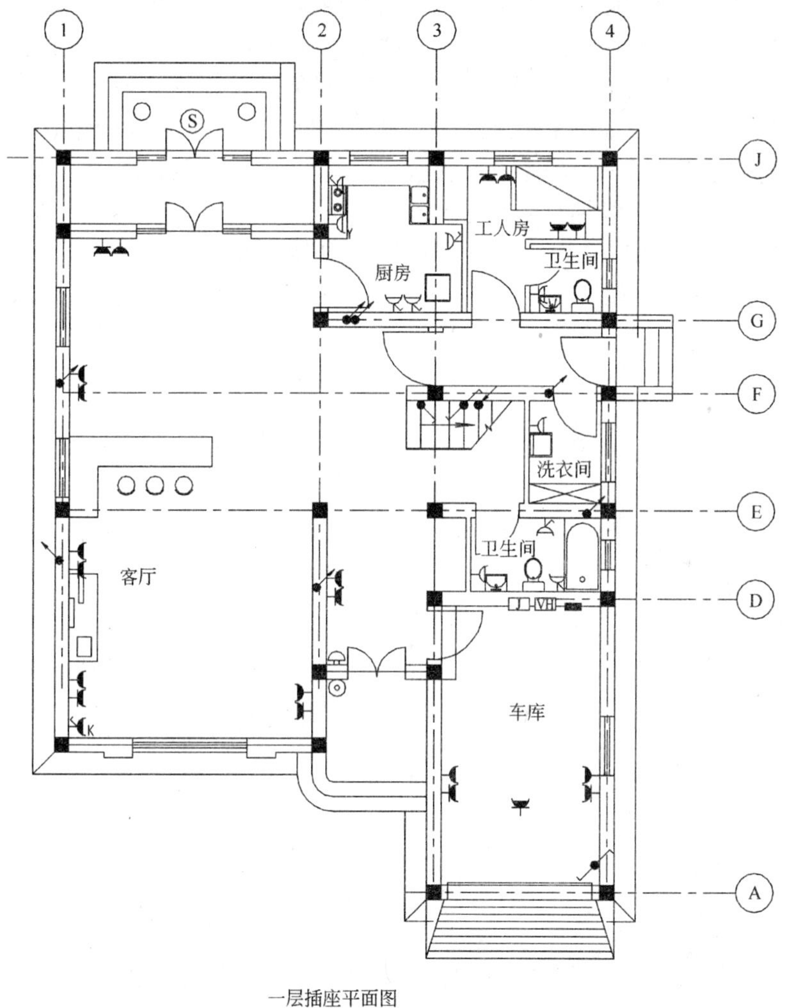

图 9-77　一层插座布置

小技巧

正确选择“复制”的基点，对于图形定位是非常重要的。第二点的选择定位，用户可打开捕捉及极轴状态开关，利用自动捕捉有关点自动定位。节点是我们在 AutoCAD 中常用来做定位、标注以及移动、复制等复杂操作的关键点，节点有效捕捉很关键。

在实际应用中我们会发现，有的时候我们选择了稍微复杂一点的图形并不出现节点，给我们的图形操作带来了一点麻烦。解决这个问题有个小窍门：当选择的图形不出现节点的时候，使用复制的快捷键 Ctrl+C，节点就会在选择的图形中显示出来。

8. 绘制线路

将当前图层设置为“线路”。点击图层工具条中图层下拉列表，单击选中“线路”图层即可。也可以从图层特性管理器窗口进行设置。

在图纸上绘制完配电箱和各种电气设备符号后，就可以绘制线路了。线路的连接应符合电气工程原理并充分考虑设计意图。在绘制线路前应按室内配线的敷线方式，规划出较为理想的线路布局。绘制线路时应用中粗实线，绘制干线、支线的位置及走向，连接好配电箱至各灯具、插座及所有用电设备和器具的构成回路，并将开关至灯具的连线一并绘出。在单线条上画出细斜面用来表示线路的导线根数，并在线路的上侧或下侧，用文字符号标注出干线、支线编号、导线型号及根数、截面、敷设部位和敷设方式等。当导线采用穿管敷设时，还要标明穿管的品种和管径。

线路绘制完成，如图 9-78 所示。读者可识读该图的线路控制关系。

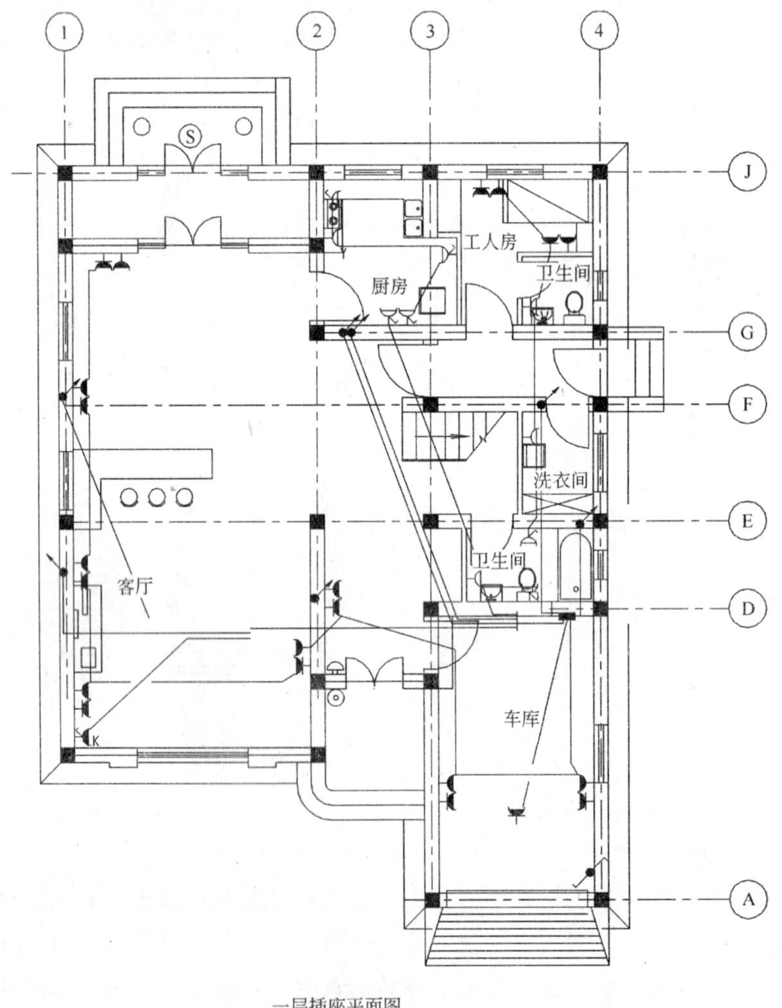

图 9-78　一层插座平面布置图

小技巧

AutoCAD 将操作环境和某些命令的值存储在系统变量中。可以通过直接在命令提示下输入系统变量名来检查任意系统变量和修改任意可写的系统变量，也可以通过使用 SETVAR 命令或 AutoLISP®getvar 和 setvar 函数来实现。许多系统变量还可以通过对话框选项访问。要访问系统变量列表，请在“帮助”窗口的“目录”选项卡上，单击“系统变量”旁边的“+”号。

用户应对 AutoCAD 某些系统变量的设置意义有所了解，CAD 的某些特殊功能，往往是需要修改系统变量来实现的。AutoCAD 中共有上百个系统变量，通过改变其数值，可以提升制图效率。

9. 标注、附加说明

当前图层设置为“标注”图层。

文字标注的代码符号前面已经讲述，读者自行学习。尺寸标注前面也已经讲述，用户应熟悉标注样式设置的各环节。

注意

作为电气工程制图可能会涉及诸多特殊符号，特殊符号的输入在单行文本输入与多行文本输入是有很大不同的，以及对于字体文件的选择特别重要。多行文字中插入符号或特殊字符的步骤如下：

（1）双击多行文字对象，打开在位文字编辑器。

（2）在展开的工具栏上单击“符号”，如图 9-79 所示。

（3）单击符号列表上的某符号，或单击“其它”显示“字符映射表”对话框，如图 9-80 所示。在“字符映射表”对话框中，选择一种字体，然后选择一种字符，并使用以下方法之一：

A——要插入单个字符，请将选定字符拖动到编辑器中；

B——要插入多个字符，请单击“选定”，将所有字符都添加到“复制字符”框中。选择了所有所需的字符后，单击“复制”。在编辑器中单击鼠标右键，单击“粘贴”。

关于特殊符号的运用，用户可以适当记住一些常用符号的 ASCII 代码，同时也可以试从软键盘中输入，即右击输入法工具条，弹出相关字符的输入，如图 9-81 所示。

小技巧

在使用 AutoCAD 时，中、西文字高不等，一直困扰着设计人员，并影响图面质量和美观，若分成几段文字编辑又比较麻烦。通过对 AutoCAD 字体文件的修改，使中、西文字体协调、扩展了字体功能，并提供了对于道路、桥梁、建筑等专业有用的特殊字符，提供了上、下标文字及部分希腊字母的输入。此问题可通过选用大字体，调整字体组合来得到，如 gbenor. shx 与 gbcbig. shx 组合，即可得到中英文字一样高的文本，其他组合用户可根据各专业需要，自行调整字体组合。

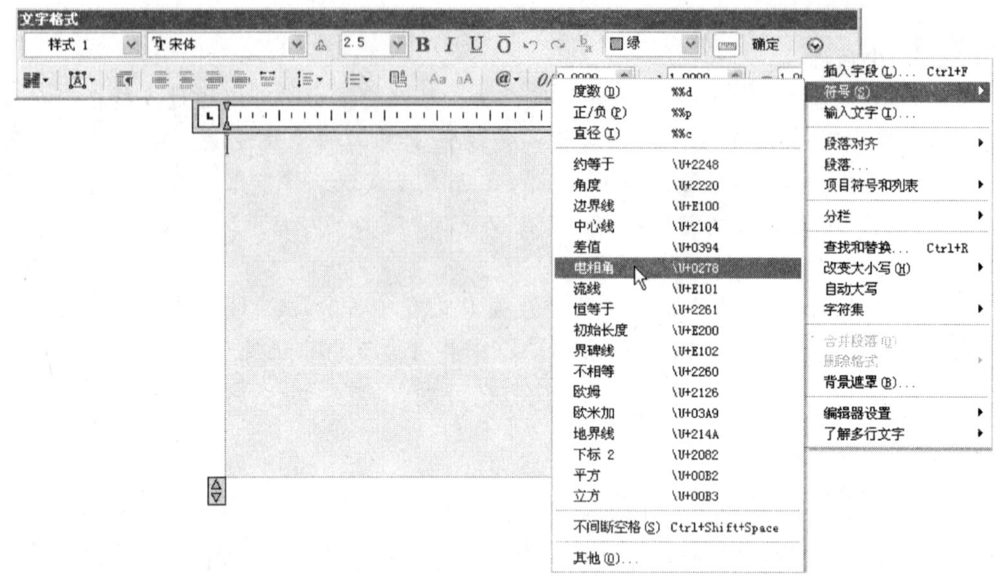

图 9-79 “符号”命令按钮

图 9-80 “字符映射表”对话框

P C 键盘	标点符号
希腊字母	数字序号
俄文字母	数学符号
注音符号	单位符号
拼　音	制表符
日文平假名	特殊符号
日文片假名	

图 9-81 软键盘输入特殊字符

图 9-82 为完成标注后的插座平面图。

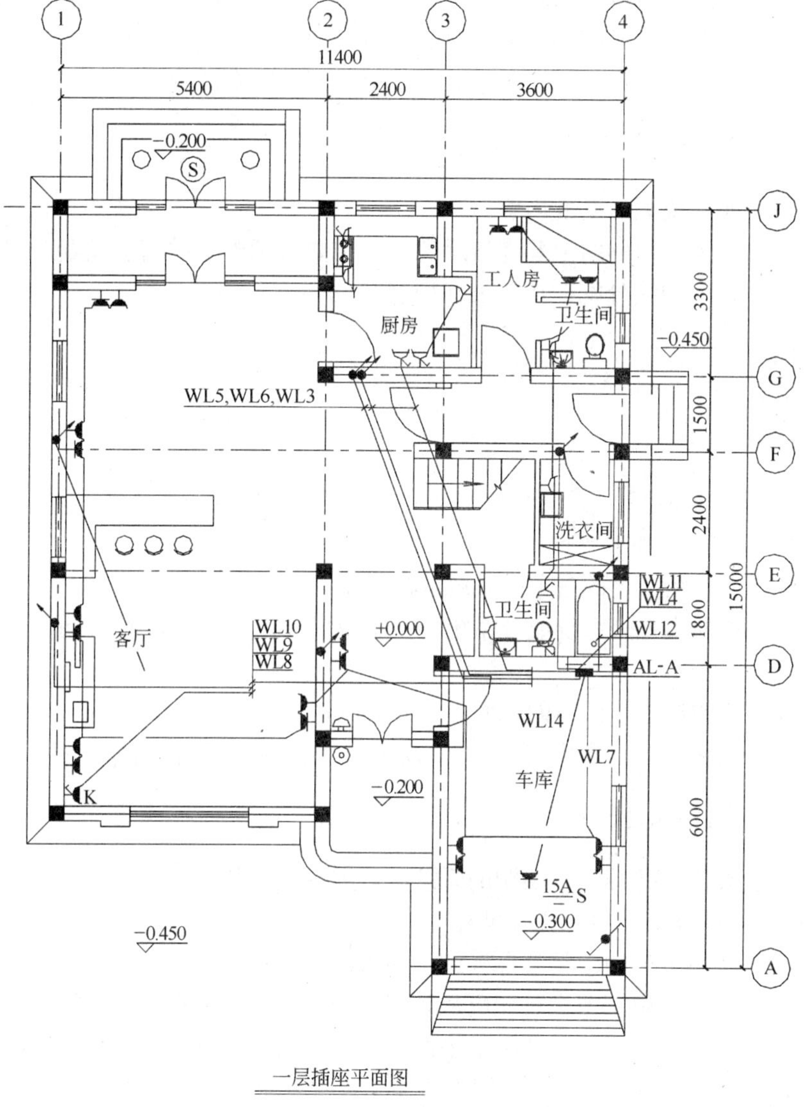

图 9-82　一层插座平面图

9.5　绘制照明系统图

《电气制图》GB/T 6988 对系统图的定义如下：

用符号或带注释的框图，概略地表示系统或分系统的基本组成、相互关系及其主要特征的一种简图。系统的组成有大有小，以某工厂为例，有总降压变电所系统图、车间动力系统图以及一台电动机的控制系统图和照明灯具的控制系统图等。

动力、照明工程设计是现代建筑电气工程最基本的内容，所以动力、照明工程图亦为电气工程图最基本的图纸。动力、照明工程图的主要内容包括：系统图、平面图、配电箱安装接线图等(注意图纸的编排顺序)。

动力、照明系统图是用图形符号、文字符号绘制的，用来概略表示该建筑内动力、照明系统或分系统的基本组成、相互关系及主要特征的一种简图。它具有电气系统图的基本特点，能集中反映动力及照明的安装容量、计算容量、计算电流、配电方式、导线或电缆的型号、规格、数量、敷设方式及穿管管径、开关及熔断器的规格、型号等。它和变电所的接线图属同一类型图纸，均为系统图，只是动力、照明系统图比变电所主接线图表示得更为详细、清晰。

室内电气照明系统图的主要内容：

建筑物内的配电系统的组成和连接示意图。主要表示电源的引进设置总配电箱、干线分布、分配电箱、各相线分配、计量表和控制开关等。

9.5.1 照明系统图概述

1. 系统图的特点

《电气制图》GB 6988 对系统图的定义，准确描述了系统图或框图的基本特点。

它表达了如下几个基本特点：

（1）系统图或框图描述的对象是系统或分系统；

（2）它所描述的内容是系统或分系统的基本组成和主要特征，而不是全部组成和全部特征；

（3）它对内容的描述是概略的，而不是详细的；

（4）用来表示系统或分系统基本组成的是图形符号和带注释的框。

2. 系统图或框图的功能意义

对于图样主要用带注释的框绘制的系统图，习惯上一般称其为框图。实际上从表达内容上看系统图与框图没有原则上的差异。

系统图和框图在电气图中整套电气施工图纸的编排是首位的，在整套图纸中占据的位置是重要的，阅读电气施工图也首先应从系统图起始。原因就在于系统图，往往是某一系统、某一装置、某一设备成套设计图纸中的第一张图纸。因为它是从总体上描述了电气系统或分系统的，它是系统或分系统设计的汇总，是依据系统或分系统功能依次分解的层次绘制的。有了系统图或框图，就为下一步编制更为详细的电气图或编制其他技术文件等提供了基本依据。根据系统图就可以从整体上确定该项电气工程的规模，进而可为设计其他电气图、编制其他技术文件以及进行有关的电气计算、选择导线及开关等设备、拟定配电装置的布置和安装位置等提供了主要依据，进而可为电气工程的工程概预算、施工方案文件的编制提供基本依据。

另外，电气系统图还是电气工程施工操作、技术培训及技术维修不可缺少的图纸，因为只有首先通过阅读系统图，对系统或分系统的总体情况有所了解认识后，才能在有所依据的前提下，进行电气操作或维修等。如一个系统或分系统发生故障时，维修人员即可借助系统图初步确定故障产生部位，进而阅读电路图和接线图来确定故障的具体位置。

在绘制成套的电气图纸时，用系统图来描述的对象，可对这类对象作适当划分，然后分别绘制详细的电气图，使得图样表达更为清晰、简练、准确。同时，这样可以缩小图纸幅面，以利保管、复制及缩微。

3. 系统图及框图的绘制方法

首先，系统图及框图的绘制必须遵守《电气制图》GB/T 6988、电气工程 CAD 制图等电气方面标准有关规定以及其他各国家标准或地方标准，个别地适当加以补充说明，应当尽量简化图纸、方便施工，既详细而又不琐碎地表示设计者的设计目的。图纸中各部分应主次分晰，表达清晰、准确。

（1）图形符号的使用

前述章节已介绍了许多关于电气工程制图中涉及的图形符号，另外读者也可参考电气工程各相关技规范标准等，进行深入学习。绘制系统图或框图应采用《电气图用图形符号》GB 4728 标准中规定的图形符号(包括方框符号)。由于系统图或框图描述的对象层次较高，因此多数情况下都采用带注释的框。框内的注释可以是文字，也可是有关符号，也可以同时文字加符号。而框的形式可以是实线框，也可以是点画框。有时也会用到一些表示元器件的图形符号，这些符号只是用来表示某一部分的功能，并非与实际的元器件一一对应。

（2）层次划分

对于较复杂的电气工程系统图，可根据技术深度及系统图原理，进行适当的层次划分，由表及里地绘制电气工程图。这样为了更好地描述对象(系统、成套装置、分系统、设备)的基本组成及其相互之间的关系和各部分的主要特征，往往需要在系统图或框图上反映出对象的层次。通常，对于一个比较复杂的对象，往往可以用逐级分解的方法来划分层次，按不同的层次单独绘制系统图或者框图。较高层次的系统图主要反映对象的概况，较低层次的系统图可将对象表达得较为详细。

（3）项目代号标注

项目代号的有关知识，前述章节也有所涉及，读者也可查阅相关资料，多加补充了解。系统图或框图中表示系统基本组成的各个框，原则上均应标注项目代号，因为系统图、框图和电路图、接线图是前呼后应的，标注项目代号为图纸的相互查找提供了方便。通常在较高层次的系统图上标注高层代号，在较低层次的系统图上一般只标注种类代号。通过标注项目代号，使图上的项目与实物之间建立起一一对应关系，并反映出项目的层次关系和从属关系。若不需要标注时，也可不标注。由于系统图或框图不具体表示项目的实际连接和安装位置，所以一般标注端子代号和位置代号。项目代号的构成、含义和标注方法可参见前述章节。

（4）布局

系统图和框图通常习惯采用功能布局法，必要时还可以加注位置信息。框图的布局合理，使材料、能量和控制信息流向表达得很清楚。

（5）连接线

在系统图和框图上，采用连接线来反映各部分之间的功能关系。连接线的线型有细实线和粗实线之分。一般电路连接线采用与图中图形符号相同的细实线，必要时，可将表示电源电路和主信号电路的连接线用粗实线表示。反映非电过程流向的连接线也采用比较明显的粗实线。

连接线一般绘到线框为止。当框内采用符号作注释时应穿越框线进入框内，此时被穿越的框线应采用点画线。在连接上可以标注各种必要的注释，如信号名称、电平、频率、波形等等。在输入与输出的连接线上，必要时可标注功能及去向。连接线上箭头的表示一般是用来开口箭头表示电信号流向，实心箭头表示非电过程和信息的流向。

4. 室内电气照明系统图的主要内容

室内电气照明系统图描述的主要内容为：其建筑物内的配电系统的组成和连接示意图。主要表示对象为电源的引进设置总配电箱、干线分布、分配电箱、各相线分配、计量表和控制开关等。

5. 照明和动力系统图常识

配电系统图的设计应根据具体的工程规模、负荷性质、用电容量来确定。低压配电系统一般采用 380V/220V 中性点直接接地系统，照明和动力回路宜分开设置。单相用电设备应均匀地分配到三相线路中。由单相负荷不平衡引起的中性线电流，对 Y/Y0 接线的三相变压器，中性线电流不得超过低压绕组额定电流的 25%。其任一相电流在满载时不得超过额定电流值。

9.5.2 常用动力配电系统

1. 放射式配电系统

图 9-83 所示即为放射式配电系统，此类型的配电系统可靠性较高。配电线路故障互不影响，配电设备集中，检修比较方便，缺点是系统灵活性较差，线路投资较大。一般适用于容量大、负荷集中或重要的用电设备(或集中控制设备)。

2. 树干式配电系统

图 9-84 所示即为树干式配电系统图，该类型配电系统线路投资较少，系统灵活，缺点是配电干线发生故障时影响范围大，一般适用于用电设备布置较均匀、容量不大又没有特殊要求的配电系统。

3. 链式配电系统

图 9-85 所示即为链式配电系统图。该类型配电系统的特点与树干式相似，适用于距配电屏距离较远，而彼此相距较近的小容量用电设备，链接的设备一般不超过三台或四台，容量不大于 10kW，其中一台不超过 5kW。

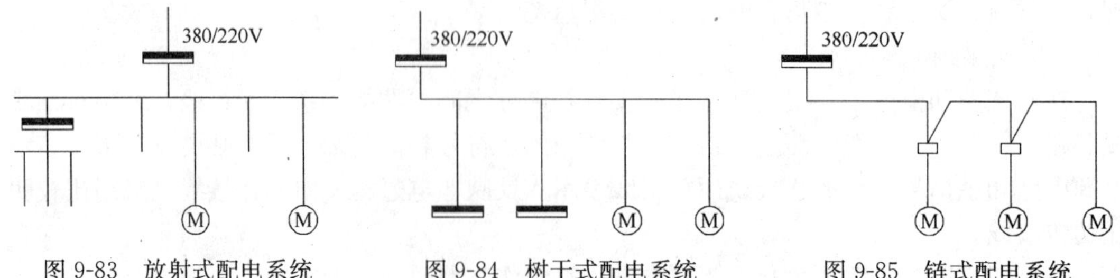

图 9-83 放射式配电系统　　图 9-84 树干式配电系统　　图 9-85 链式配电系统

动力系统图一般采用单线图绘制，但有时也用多线绘制。

9.5.3 照明配电系统图

照明配电系统常用的有三相四线制、三相五线制和单相两线制，一般都采用单线图绘制，根据照明类别的不同可分为以下几种类型：

1. 单电源照明配电系统

如图9-86所示，照明线路与电力线路在母线上分开供电，事故照明线路与正常照明线路分开。

2. 双电源照明配电系统

如图9-87所示，该系统中两段供电干线间设联络开关。当一路电源发生故障停电时，通过联络开关接到另一段干线上，事故照明由两段干线交叉供电。

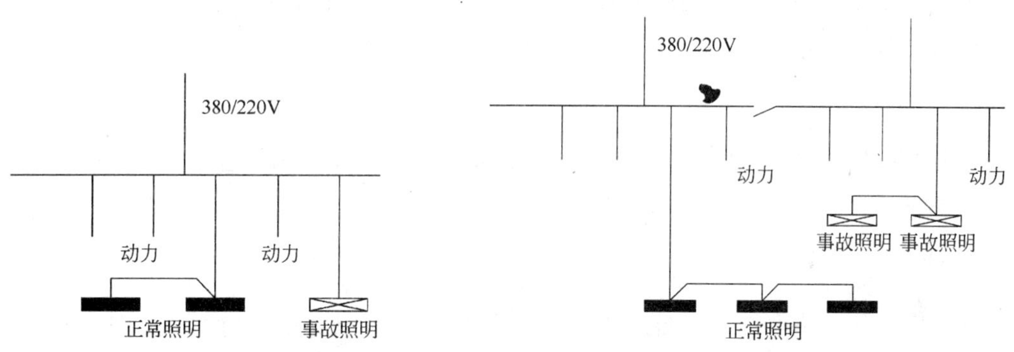

图9-86　单电源照明配电系统　　图9-87　双电源照明配电系统

3. 多高层建筑照明配电系统

如图9-88所示，在多高层建筑物内，一般可采用干线式供电，每层均设控制箱，总配电箱设在底层(设备层)。

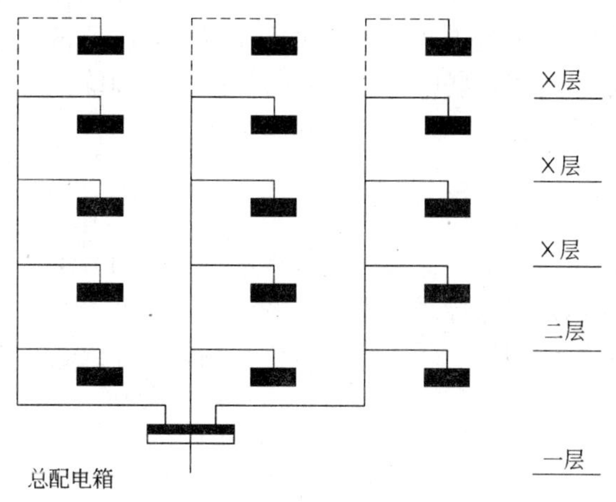

图9-88　多高层建筑照明配电系统

照明配电系统的设计应根据照明类别，结合供电方式统一考虑，一般照明分支线采用单相供电，照明干线采用三相五线制，并尽量保证配电系统的三相稳定。

9.5.4 室内照明供电系统的组成

室内照明供电系统一般由以下四部分组成：

1. 接户线和进户线

从室外的低压架空供电线路的电线杆上引至建筑物外墙的运河架，这段线路称其为接户线。它是室外供电线路的一部分；从外墙支架到室内配电盘这段线路称为进户线。进户点的位置就是建筑照明供电电源的引入点。进户位置距低压架空电杆应尽可能近一些，一般从建筑物的背面或侧面进户。多层建筑物采用架空线引入电源，一般由二层进户。

2. 配电箱

配电箱是接受和分配电能的装置。在配电箱里，一般装有空气开关、断路器、计量表、电源指示灯等。

3. 干线

从总配电箱引至分配电箱的一段供电线路称为干线。干线的布置方式有：放射式、树干式、混合式。

4. 支线

从分配电箱引至电灯等照明设备的一段供电线路称为支线，也称之为回路。

一般建筑物的照明供电线路主要是由进户线、总配电箱、计量箱、配电箱、配电线路以及开关插座、电气设备等用电器组成。

9.5.5 电气工程系统图的 CAD 实现

照明及动力系统图是用来表达照明及动力供配电的图纸，一般采用单线法绘制，图中应标出配电箱、开关、熔断器、导线和电缆的型号规格、保护管径与敷设方式、用电设备的名称、容量(额定指标)及配电方式等，相关标注表达方法可参见前述图形符号及文字符号等有关叙述，读者也可查阅一些图集资料进行阅图能力训练。

电路的表示方法有两种：

1. 多线表示法

多线表示法是每根导线在简图上都分别有一条线表示的方法。

一般使用细实线表示每一根导线，即一条图线代表一根导线，这种表示法表达清晰、细微；缺点就是对于复杂的图样，线条可能过于密集，而导致表达繁琐。这种表示方法一般用于控制原理图等。

2. 单线表示法

单线表示法是指两根或两根以上的导线，在简图上只用一条图线表示的方法。一般使用中粗实线来代表一束导线，这种表示方法比多线法简练，制图工作量较小，一般用于系统图的绘制等。

在同一图中，根据图样表达的需要，必要时也可以使用单线表示法与多线表示法组合共同使用。

照明与动力系统图的绘制步骤：

一般可按系统图表达的内容，由左及右绘制，大体遵循如下绘制顺序：

(1) 进户线；

(2) 总配电箱；

(3) 干线分布；

(4) 分配电箱；

(5) 各相线分配；

(6) 计量表和控制开关；

(7) 标注及相关说明。

9.5.6　电气系统图绘图设置

1. 图层设置

从“图层”工具栏(如图 9-89 所示)打开“图层特性管理器”窗口，如图 9-90 所示，完成如下图层设置。

图 9-89　打开图层特性管理器

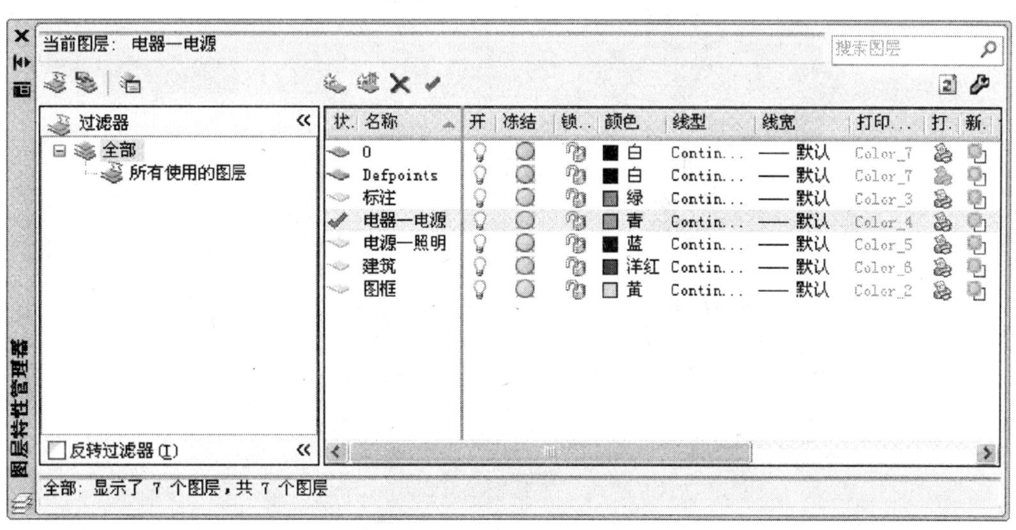

图 9-90　图层特性管理器

设置各图层的相关状态，如颜色、线型、线宽等，这些状态用于控制不同图层上相应的图样，以利于区别显示。

注意

读者应练习使用图层过滤器。图层过滤器可限制图层特性管理器和“图层”工具栏上的“图层”控件中显示的图层名。在大型图形中，利用图层过滤器，可以仅显示要处理的图层。

有两种图层过滤器：

图层特性过滤器：包括名称或其他特性相同的图层。例如，可以定义一个过滤器，其中包括图层颜色为红色，并且名称包括字符 mech 的所有图层。

图层组过滤器：包括在定义时放入过滤器的图层，而不考虑其名称或特性。

小技巧

为什么有些图层不能删除？

若欲删除的图层是正在使用中(即当前图层)，或是 0 层、拥有对象等特殊图层，这些图层都是不能删除的。若要删除当前层，请把它切换到非当前层，即把其他层置为当前层，然后删除该层即可。

如何删除顽固图层？

当要删除的图层可能含有对象或是自动生成的块之类的东西，可试着冻结你要的图层然后删除掉剩下的东西，然后执行清理命令，这样可能会解决问题。清理命令可执行如下路径：菜单→文件→绘图实用程序→清理，如图 9-91 所示。

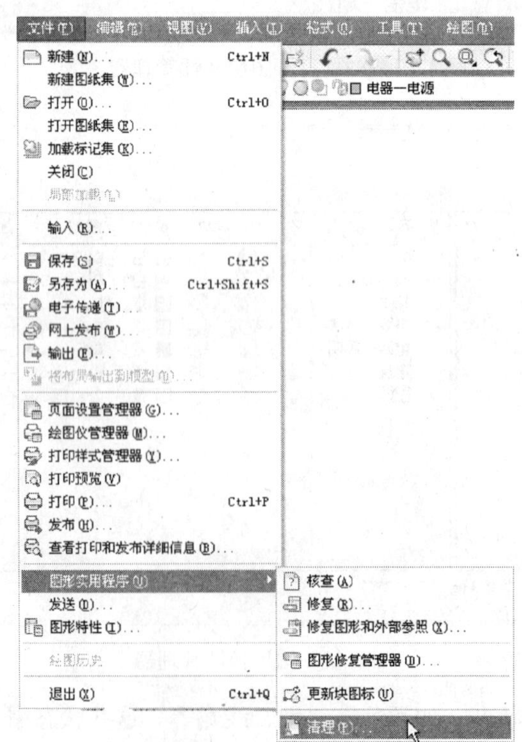

图 9-91 清理

2. 绘制图框

图框仍采用前述的 A4 标准图框，其绘制可参考前面章节。系统图的绘制采用单线法表示，不存在平面位置定位，故不要求比例的概念，只需根据工程规模，清晰准确表达设计内容就可以。此处根据前面图幅，仍然采用照明平面图比例 1∶100 的比例。

用户也可以直接从其他已绘制完成的电子图中复制、粘贴图框至新建图纸中，另外也可以从 CAD 设计中心中插入图框块。

3. 文字样式设置

文字样式，执行菜单命令：格式→文字样式，打开“文字样式”对话框，如图 9-92 所示。

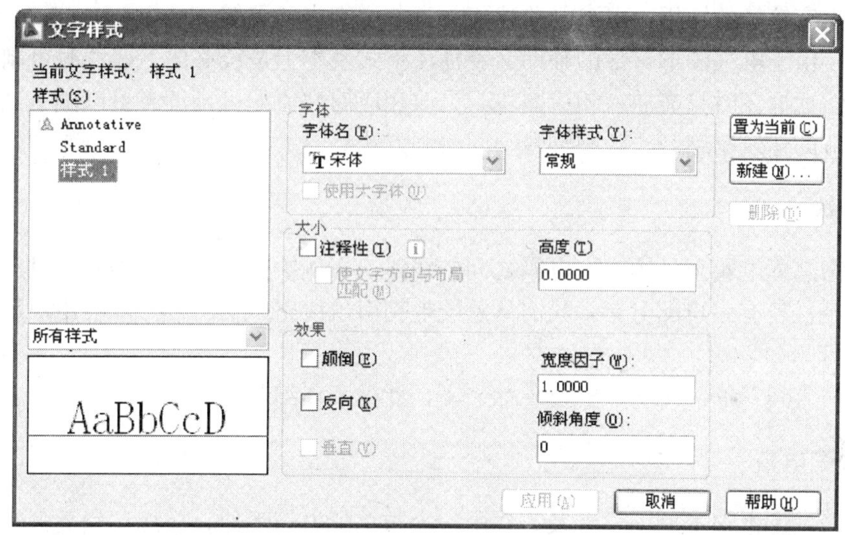

图 9-92 “文字样式”对话框

新建样式名为“系统图样式”。勾选使用大字体，并进行如下字体组合：TXT. SHX+HZTXT. SHX。

4. 标注样式

由于系统图不涉及平面尺寸的标注，故不设置标注样式。

9.5.7 电气照明系统图绘制

1. 进户线

由于此处别墅为独立住宅，故电气系统图较为简单。进户线由变电所设计确定。

2. 总配电箱

总配电箱绘制如图 9-93 所示。注意应在“电气—电源”图层下绘制。该图的绘制主要涉

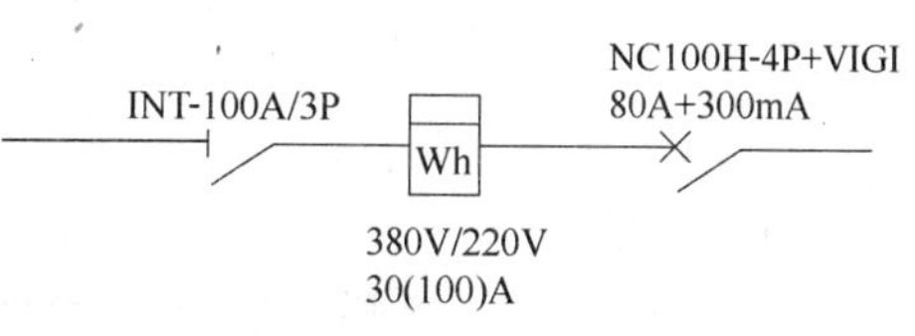

图 9-93 总配电箱

及的命令就是“直线”及“单行文字”，较简单，本书不作细节介绍，读者可自己练习。

配电箱所标注的文字说明如下：

(1) INT-100A/3P 表示隔离开关型号，即 INT 系列，可带负荷分断和接通线路，提供隔离保护功能开关的极数为 3 极，额定电流为 100A。

(2) 电度表 Wh380/220V—30(100)A：表示电度比参比电压为 380/220V，基本电流为 30(100)A。

(3) NC100H-4P+VIGI—80A+300mA 表示断路器型号，即 NC 系列，VIGI 表示漏电保护断路器，开关极数为 4 极，额定电流分别为 80A、300mA。

(4) 配电箱$\frac{\text{AL-A1}}{\text{35kW}}$，AL 表示照明配电箱，A1 为其编号，其额定功率为 35kW。

相关文字符号的应用，可参见前述相关章节详细查阅了解。

另外，由于电气图形符号的辅助文字标注格式基本上是统一的，标注时可制作带属性的图块，然后标注时只需插入相应图块，更改相应属性值即可，读者可以试一试。方法类似前述章节的建筑图绘制“圆圈轴号”的绘制方法。

3. 干线

干线指总配电箱至各用户配电箱之间的线路。本例中因为是独立别墅，没有再设置分用户配电箱；若有用户配电箱，只需从总配电箱引出线路(单线表示)至各用户配电箱以形成连接即可。

绘制“直线”命令或“多线”命令，此处不作细节描述。

4. 分配电箱

各用户的配电箱本例中不涉及，在画法上与总配电箱类似，应标注相关电气设备的型号、规格等，此处不赘述。

5. 各相线分配

各回路主要是设计该回路的开关、灯具、插座、线路等，并标注其编号、型号、规格等。图 9-94 所示为某回路。

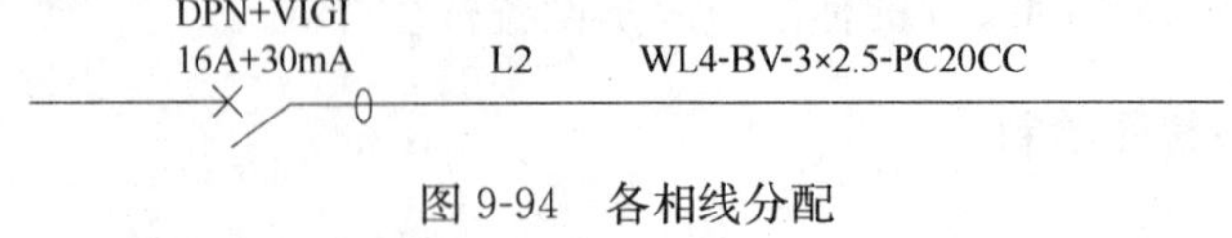

图 9-94　各相线分配

文字标注解释如下：

(1) 断路器为：DPN+VIGI 表示带漏电保护的型号为 DPN 的断路器，额定电流分别为 16A 与 30mA。

(2) 线路标注为：L2 表示编号为 2 的干线，WL4-BV-3×3.5-PC20CC，其中 WL4 表示第 4 条照明线路，BV 表示聚氯乙烯铜芯线，3×2.5 表示 3 根 2.5mm^2，PC20CC 表示采用直径为 20mm 的硬塑料管穿线，沿柱暗敷。

关于线路的标注方法，一般采用“单行文本”命令，注意标注时选择好文字样式及字体高度等。

另外，对于各线路文字的标注的含义，读者应多加理解记忆，熟能生巧。对于常见的标注方式应非常熟悉，这也是制图与识图必备的一些能力。

小技巧

在实际设计中，虽然组成图块的各对象都有自己的图层、颜色、线型和线宽等特性，但插入到图形中，图块各对象原有的图层、颜色、线型和线宽特性常常会发生变化。图块组成对象图层、颜色、线型和线宽的变化涉及图层特性(包括图层设置和图层状态)。图层设置是指在图层特性管理器中对图层的颜色、线型和线宽的设置。图层状态是指图层的打开与关闭状态、解冻与冻结状态、解锁与锁定状态和可打印与不可打印状态等。

用户首先应该学会使用 ByLayer(随层)与 ByBlock(随块)的应用。两者的运用涉及图块组成对象图层的继承性与图块组成对象颜色、线型和线宽的继承性。

ByLayer 设置就是在绘图时把当前颜色、当前线型或当前线宽设置为 ByLayer。如果当前颜色(当前线型或当前线宽)使用 ByLayer 设置，则所绘对象的颜色(线型或线宽)与所在图层的图层颜色(图层线型或图层线宽)一致，所以 ByLayer 设置也称为随层设置。

ByBlock 设置就是在绘图时把当前颜色、当前线型或当前线宽设置为 ByBlock。如果当前颜色使用 ByBlock 设置，则所绘对象的颜色为白色(White)；如果当前线型使用 ByBlock 设置，则所绘对象的线型为实线(Continuous)；如果当前线宽使用 ByBlock 设置，则所绘对象的线宽为默认线宽(Default)。一般默认线宽为 0.25mm，默认线宽也可以重新设置，ByBlock 设置也称为随块设置。如图 9-95 所示。

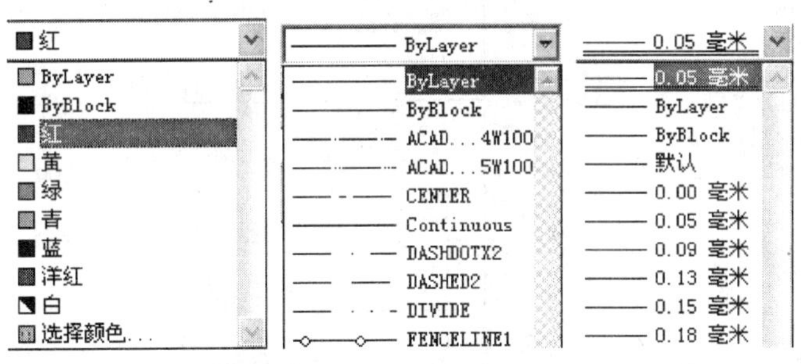

图 9-95　特性的随层与随块

“图块”还有内部图块与外部图块之分。内部图块是在一个文件内定义的图块，可以在该文件内部自由作用。内部图块一旦被定义，它就和文件同时被存储和打开。外部图块将“块”以主文件的形式写入磁盘，其他图形文件也可以使用它。要注意这是外部图块和内部图块的一个重要区别。

绘制某条相线的回路，包括断路器、线路标注及文字说明，直接利用“复制命令”或“阵列 进行等间距复制。最后，按各回路的设计要求修改各文字的标注。修改标注时，只需双击标注文字，则会发现文字出现背景色以及闪烁的文字编辑符，此时即可对所标注文字进行内容修改。

6. 相关文字标注说明

当前图层设置为“标注”。标注采用多行文字输入(注意特殊符号的应用)。

对配电系统的需要系数进行说明。需要系数是指同时系数和负荷系数的乘积。同时，系数考虑了电气设备同时使用的程度。负荷系数考虑了设备带负荷的程度。需要系数是小于 1 的数值，用 K_x 来表示，它的确定与电力系统、设备数目及设备效率有关。

各参数的含义如下：

P_s＝35kW 表示设备容量；

K_x＝0.9 表示需要系数；

P_{js}＝31.5kW 表示有功功率计算负荷；

$\cos\phi$＝0.9 表示负荷的平均功率因数；

I_{js}＝53.2A 表示计算电流。

各项完成后，利用“阵列”或“复制”命令进行类似图线的重复绘制，并进行适当修改，即可得到最后系统图，如图 9-96 所示。由图可见，“阵列”或“复制”命令的合理运用，极大地提高了 AutoCAD 的制图效率。

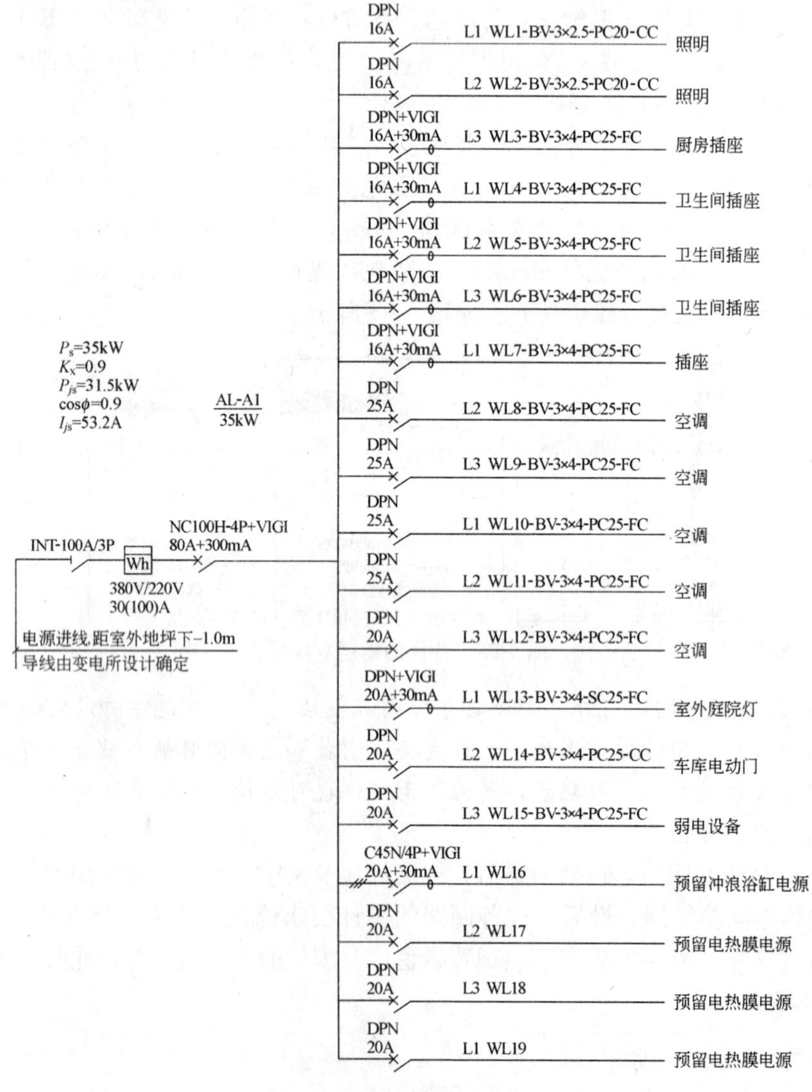

图 9-96 照明系统图

第 10 章　独立别墅防雷接地工程图实例

内容提要

建筑防雷与接地工程图包括防雷工程图和接地工程图。图纸包括防雷平面图、立面图、接地平面图，以及施工说明等。主要涉及的规范有《民用建筑电气设计规范》(JGJ 16—2008)和《建筑物防雷设计规范(2000 年版)》(GB 50057—94)。

本章将以实际建筑防雷与接地工程设计实例为背景，重点介绍某别墅的防雷与接地工程图的 AutoCAD 制图全过程，由浅及深，从制图理论至相关电气专业知识，尽可能全面、详细地描述该工程的制图流程。

本章重点

- 了解建筑电气照明工程图的专业知识
- 学习运用 AutoCAD 的操作技巧
- 熟悉电气照明工程图的制图特点
- 熟练掌握电气照明工程图的制图流程

10.1　建筑物的防雷保护

建筑物的防雷保护措施，其目是设法引导雷击时的雷电流按预先安排好的通道导入大地，从而避免雷电向被保护的建筑物放电，因而其设计主要是合理设置防雷设施。所谓防雷装置，即指接闪器、引下线、接地装置、过电压保护器及其他连接导体的总称。接闪器则指直接接受雷击的避雷针、避雷网、避雷环、避雷带(线)，以及用作接闪的金属屋面和其他金属构件等等，其作为直接接受雷击的部分，能将空中的雷电荷接收并引入大地。

10.1.1　防止直接雷

一般情况下，防止直接雷可以采取以下几种方法：

1. 接闪器

(1) 避雷针

附设在建筑物顶部或独立装设在地面上的针状金属杆。避雷针在地面上的保护半径约为避雷针高度的 1.5 倍，其保护范围一般可根据滚球法来确定，此法是根据反复的实验及长期的雷害经验总结而成的，有一定的局限性。

（2）避雷带

沿着建筑物的屋脊、檐帽、屋角及女儿墙等突出部位，易受雷击部位暗敷的带状金属线。一般采用截面 48mm²，厚度不小于 4mm 的镀锌扁钢或直径不小于 8mm 的镀锌圆钢制成。

（3）避雷网

对于较重要的建筑物及面积较大的屋面上，纵横敷设金属线组成矩形平面网格，或以建筑物外形成构成一个整体较密的金属大网笼，实行较全面的保护。

2. 引下线

引下线是连接接闪器与接地装置的金属导体。引下线的作用是把接闪器上的雷电流连接到接地装置并引入大地。引下线有明敷设和暗敷设两种。

引下线明敷设是指用镀锌圆钢制作，沿建筑物墙面敷设。

引下线暗敷设是利用建筑物结构混凝土柱内的钢筋，或在柱内敷设铜导体做防雷引下线。

3. 接地装置

将接闪器与大地做良好的电气连接的装置就是接地装置。它是引导雷电流泄入大地的导体，接地装置包括接地体和接地线两部分。接地体是埋入土壤中作为流散电流用的金属导体，既可采用建筑物内的基础钢筋，也可采用金属材料进行人工敷设。接地线是从引下线的断接卡或接线处至接地体的连接导体。

10.1.2 防止雷电感应及高电位反击

一级防雷保护措施要求防止雷电感应及高电位反击。目前普遍通用的做法都是采用总等电位连接，即将建筑物内各梁、板、柱、基础部分内的主筋相互焊接，连接成整体形成相互连接的电气通路。柱顶主筋与避雷带相连，所有变压器的中心点，电子设备的接地点，进入或引出建筑物的各种管道、电缆等线路的 PE 线都通过建筑物基础一点接地。

10.1.3 防止高电位从线路引入

为防止高电位从线路引入，一级防雷保护措施要求：

低压线路宜全线采用电缆直接埋地敷设，在入户端将电缆的金属外皮、钢管接到防雷电感应的接地装置上。当全线采用电缆有困难时，可采用架空线。在电缆与架空线连接处，还应装设避雷器。避雷器、电缆金属外皮、钢管和绝缘子铁脚、金具等应连接在一起接地，其冲击接地电阻不应大于 10Ω。

10.2 建筑物接地电气工程图

为了保障人和设备的安全，所有的电气设备都应该采取接地或接零措施。因此，电气接地工程图是建筑电气工程图纸的重要一部分。它描述了电力接地系统的构成，以及接地装置的布置及其技术要求等。

10.2.1　接地和接零

这里有两个基本概念：

● 地线：连接电力装置与接地体，且正常情况下不载流的导体(包括不载流的零线)称为地线。

● 零线：与变压器或发电机直接接地的中性点进行连接的中性线，或者支流回路中的接地中性线称为零线。

1. 接地

通常有以下几种类型：

(1) 工作接地(功能)

在电气设备中，为使电气设备正常工作及消除故障，常把电路中的某一点进行接地，叫做工作接地。工作接地可直接接地，也可通过消弧线圈或击穿保险器等阀门装置与大地相连接。工作接地保证了电力系统的正常运行，如三相交流系统中发电机和变压器中性点接地、双极直流输电系统的中性点接地等。

(2) 保护接地(安全接地)

为了保证人身和设备安全，将电气设备的金属外壳、底座、配电装置的金属框架和输电线路杆等外露导电部分接地，防止一旦绝缘损坏或产生漏电，人员触及发生电击。当有在电气设备发生故障时，保护接地才起作用。可采用与接地体连接的接地方式，也可用与电源零线连接的接零方式。

(3) 屏蔽接地

金属屏蔽在电场作用下会产生感应电荷，将金属屏蔽产生的静电荷导入大地的接地叫做屏蔽接地，如油罐接地。

(4) 防雷接地

防雷接地既是功能接地，又具有保护接地效果。防雷接地是防雷装置中不可缺少的组成部分，它可将雷电导入大地，减少雷电流引起的电流，防止雷电流对人身及财产造成伤害。

(5) 重复接地

在中性点接地系统中，将零线上的一点或者多点与大地进行再次的连接，叫做重复接地。重复接地可以确保接零的安全、可靠。例如建筑物在低压电源进线处所做的接地。

2. 接零

接电气设备的绝缘金属外壳或构架，与中性点接地的系统中的零线进行连接，叫做接零。

10.2.2　接地形式

在低压配电系统中，接地的形式有三种，即 TN 系统、TT 系统、IT 系统。

1. TN 系统

电力系统中有一点直接接地，受电设备的外露可导电部分通过保护线与接地点连接，这种接地形式系统称为 TN 系统。

按中性线与保护线不同组合，TN 系统又可分为以下三种形式：

TN—S 系统：整个系统的中性线 N 与保护线 PE 是分开的；

TN—C 系统：整个系统的中性线 N 与保护线 PE 是合一的；

TN—C—S 系统：系统部分线路的中性线 N 和保护线 PE 是合一的。

2. IT 系统

电力系统的带电部分与大地间无直接连接，受电设备的外露可导电部分通过保护线接接地极，此接地形式称之为 IT 系统。

3. TT 系统

电力系统中，有一点直接接地，受电设备的外露可导电部分通过保护线接至与电力系统接地点无直接关联的接地极，此接地形式称为 TT 系统。

10.2.3 接地装置

接地装置包括接地体和接地线两部分。

1. 接地体

埋入地中并直接与大地接触的金属导体称为接地体，其可以把电流导入大地。自然接地体，是指兼作接地体用的埋于地下的金属物体。在建筑物中，可选用钢筋混凝土基础内的钢筋作为自然接地体。为达到接地的目的，人为地埋入地中的金属件，如钢管、角钢、圆钢等称为人工接地体；作接地体用的直接与大地接触的各种金属构件、金属井管、钢筋混凝土建筑物的基础，金属管道和设备等成都称为自然接地体。它分为垂直埋设和水平埋设两种。在使用自然、人工两种接地体时，应设测试点和断接卡，便于分开测量两种接地体。

2. 接地线

电力设备或线杆等到的接地螺栓与接地体或零线连接用的金属导体，称为接地线。接地线应尽量采用钢质材料。如建筑物的金属结构，如结构内的钢筋、钢构件等。生产用的金属构件，如吊车轨道、配线钢管、电缆的金属外皮、金属管道等，但应保证上述材料有良好的电气通路。有时接地线应连接多台设备，而被分为两段，与接地体直接连接的称为接地母线，与设备连接的一段称为接地线。

防雷接地工程图常用图例符号，如图 10-1 所示。

<table>
<tr><th>序号</th><th colspan="2">名　称</th><th>图　例</th><th>备　注</th></tr>
<tr><td>1</td><td colspan="2">避雷针</td><td>●</td><td></td></tr>
<tr><td>2</td><td colspan="2">避雷带（线）</td><td>—×——×—</td><td></td></tr>
<tr><td rowspan="2">3</td><td rowspan="2">实验室用接地端子板</td><td>明　装</td><td>#</td><td rowspan="2">1. 一般面板底距地面 1.2m，以图上注明优先
2. # 为端子数，以阿拉伯数字 1，2，3…表示</td></tr>
<tr><td>暗　装</td><td>#</td></tr>
<tr><td rowspan="2">4</td><td rowspan="2">接地装置</td><td>有接地极</td><td></td><td></td></tr>
<tr><td>无接地极</td><td></td><td></td></tr>
<tr><td>5</td><td colspan="2">一般接地符号</td><td></td><td>如表示接地状况或作用不够明显，可补充说明</td></tr>
<tr><td>6</td><td colspan="2">无噪声（抗干扰）接地</td><td></td><td></td></tr>
<tr><td>7</td><td colspan="2">保护接地</td><td></td><td>本图例可用于代替序号 5 的图例，以表示具有保护作用，例如在故障情况下防止触电的接地</td></tr>
<tr><td>8</td><td colspan="2">接机壳或底板</td><td></td><td></td></tr>
<tr><td>9</td><td colspan="2">等电位</td><td></td><td></td></tr>
<tr><td>10</td><td colspan="2">端子</td><td>○</td><td></td></tr>
<tr><td>11</td><td colspan="2">端子板</td><td></td><td>可加端子标志</td></tr>
<tr><td rowspan="2">12</td><td rowspan="2">易爆房间的等级符号</td><td>含有气体或蒸汽爆炸性混合物</td><td>0区 1区 2区</td><td></td></tr>
<tr><td>含有粉尘或纤维爆炸性混合物</td><td>10区 11区</td><td></td></tr>
<tr><td>13</td><td colspan="2">等电位连接</td><td></td><td></td></tr>
<tr><td>14</td><td colspan="2">易燃房间的等级符号</td><td>21区 22区 23区</td><td></td></tr>
</table>

图 10-1　防雷接地工程常用图例

10.3　防雷平面图的 CAD 实现

建筑防雷平面图一般是指建筑物屋顶设置避雷带或避雷网，利用基础内的钢筋作为防雷的引下线，埋设人工接地体的方式。其绘制相对于其他电气图较为简单些。

防雷平面图内容表达顺序：

（1）屋顶建筑平面图；

（2）避雷带或避雷网的绘制；

（3）相关图例符号的标注；

（4）尺寸及文字标注说明；

（5）个别详图的绘制，如避雷针的安装图等。

10.3.1　绘图准备

1. 文字样式设置

单击菜单：格式→文字样式，也可以在命令行中输入 style 命令。弹出“文字样式”对话框，设置如图 10-2 所示。

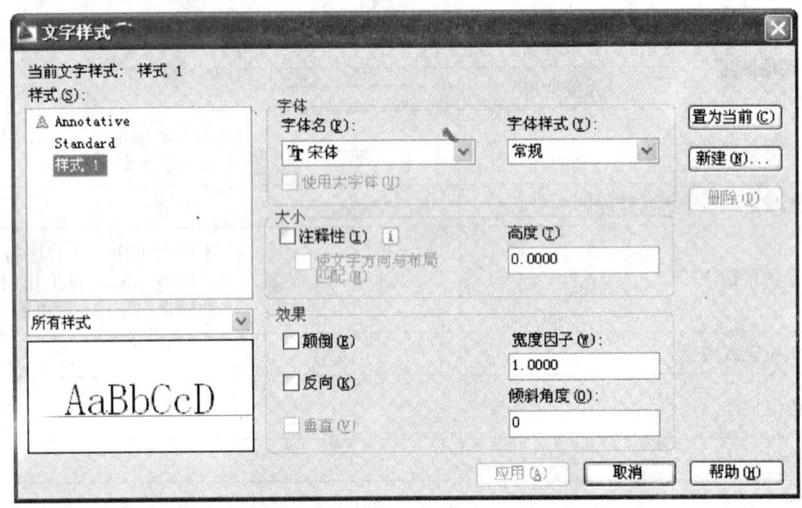

图 10-2　“文字样式”设置

字体的选择(一般选用大字体)、高宽比、效果等，文字高度设为默认 0 值，字体组合大字体 TXT+HZTXT。

2. 标注样式设置

单击“标注”工具栏“标注样式”按钮，打开“标注样式管理器”对话框，如图 10-3 所示。单击“修改”按钮，打开“修改标注样式”对话框，在“标注样式”对话框中

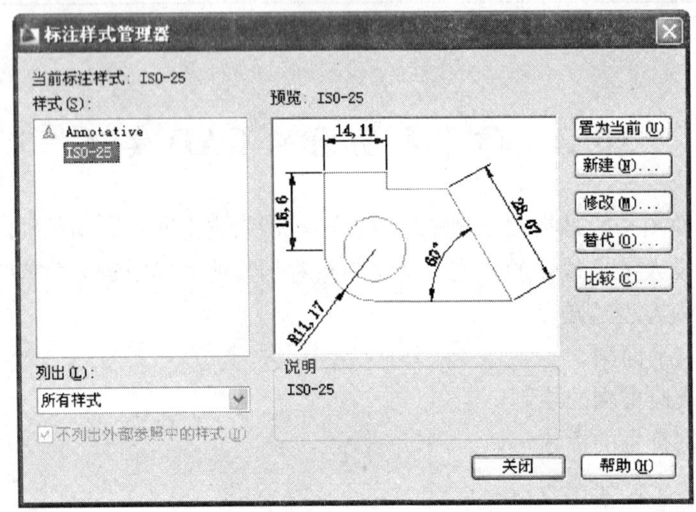

图 10-3　“标注样式管理器”对话框

进行样式设置，标注样式设置包括了文字样式的选择、字高、建筑标记、尺寸线的长短、颜色、比例、单位等，如图 10-4 所示。

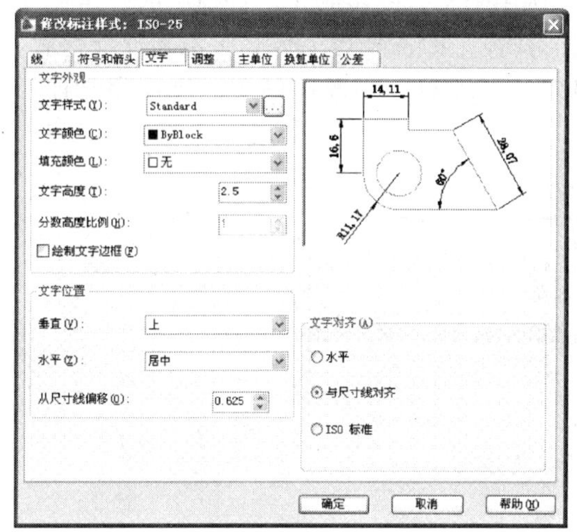

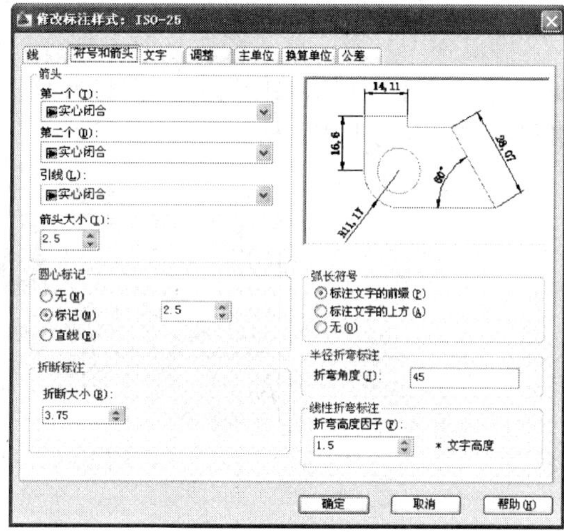

图 10-4　文字大小及符号箭头设置

3. 图层设置

在“图层”工具栏上，点击“图层特性管理器”按钮，弹出“图层特性管理器”对话框，设置图层名称(电气-防雷)、颜色、线型、线宽、状态(开、冻结、打印等)，如图 10-5 所示。

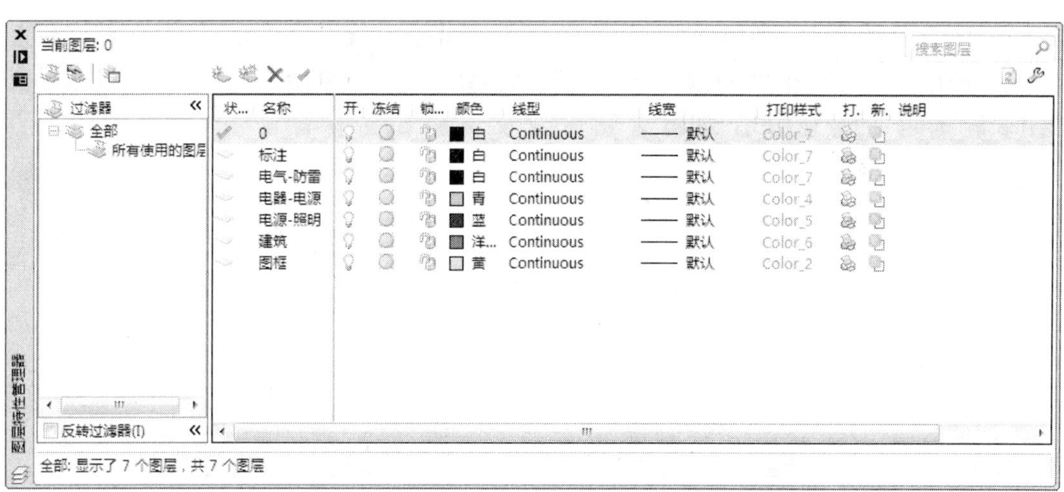

图 10-5　图层设置

4. 图框及比例

将当前图层设为“图框”。

图框仍采用前述的 A4 标准图框，其绘制过程可参考前面章节。因涉及平面位置关系，故一般采用与建筑平面图相同的比例 1：100，也可先将绘制好的图框定义为图块，然后通过“插入块”命令来调用，再通过“缩放”命令来进行图例比例设置。

以上设置均可通过定制 DWT 模板文件，并调用来实现一步到位，快捷省时。定制模板文件过程中只需注意文件保存时，保存为图形样板，即选择以 DWT 后缀为保存格式，如图 10-6 所示。再次绘图时，只需打开该 DWT 模板文件，但绘图结束时则应将其保存格式还原保存为 DWG 格式文件。

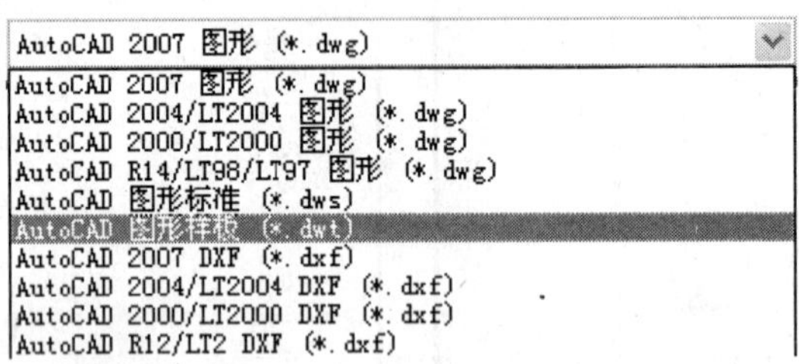

图 10-6　DWT 文件格式

10.3.2　建筑物顶层屋面平面图

顶层屋面平面图的绘制内容较为简单，主要是屋顶轮廓线的绘制等等。对于设计院，一般用户可直接调用建筑专业提供的顶层 CAD 图，直接在其上绘制防雷平面图。

步骤如下：

1. 绘制定位轴线及轴号

（1）将当前图层设置为轴线层。注意轴线的线型为点画线。

（2）绘制初始轴线。利用“直线”命令绘制正交直线，绘制时，可按下状态栏上“正交”按钮，进而可以在正交方向直接输入直线长度。分别绘制长约 20000 的水平直线和长约 23000 的竖直直线，如图 10-7 所示。

（3）轴网的编辑。可以使用“偏移”命令，也可以利用“复制”命令来完成，指定偏移或复制的距离，如图 10-8 所示。

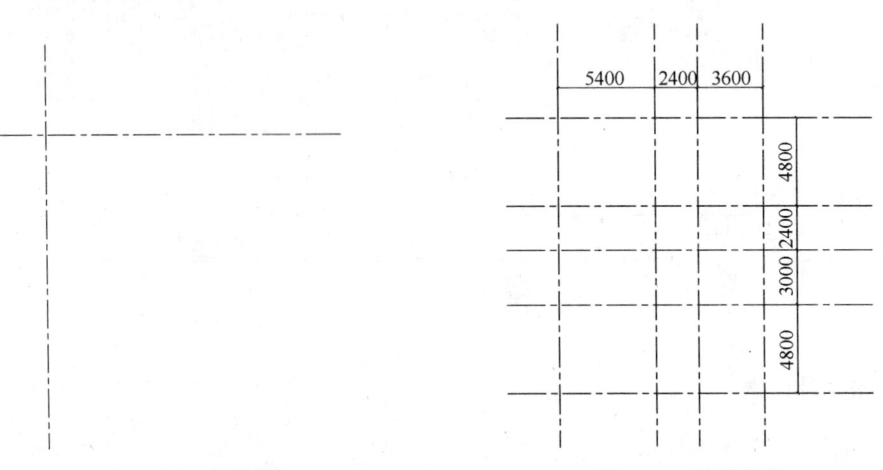

图 10-7　绘制初始轴线

图 10-8　轴线编辑

（4）轴线命名，轴号采用单行文字插入轴圈内，注意单行文字的起点为文字的左下角，然后将轴圈及轴号逐一复制至各轴线末端，双击轴圈内文字，逐一修改轴号。

轴网绘制结果如图 10-9 所示。

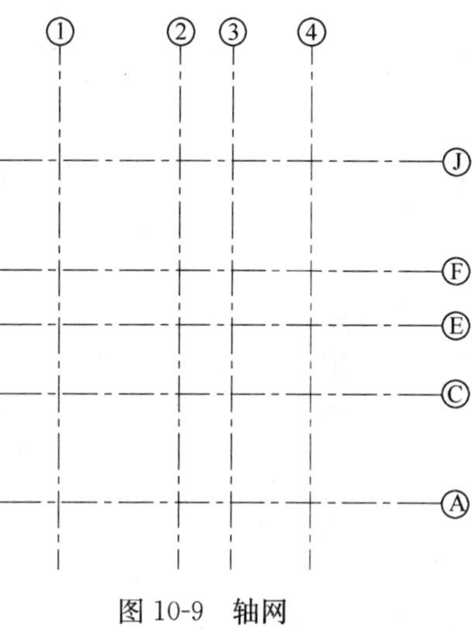

图 10-9　轴网

2. 绘制檐口轮廓线

（1）指定多线样式。单击菜单：格式→多线样式命令，打开“多线样式”对话框，如图 10-10 所示。单击“新建”按钮，打开“创建新的多线样式”对话框，输入新样式名“檐口轮廓线”，如图 10-11 所示。单击“继续”按钮，打开“新建多线样式：檐口轮廓线”对话框，在“封口”选项组的“直线”项后勾选“起点”和“端点”复选框，单击“图元”列表框中的图元，在下面的“偏移”文本框中分别将偏移值改为 1 和 0，如图 10-12 所示。单击“确定”按钮，回到“多线样式”对话框，在“样式”列表框中选择“檐口轮廓线”样式，如图 10-13 所示。单击“置为当前”按钮，再单击“确定”按钮，完成多线样式设置和指定。

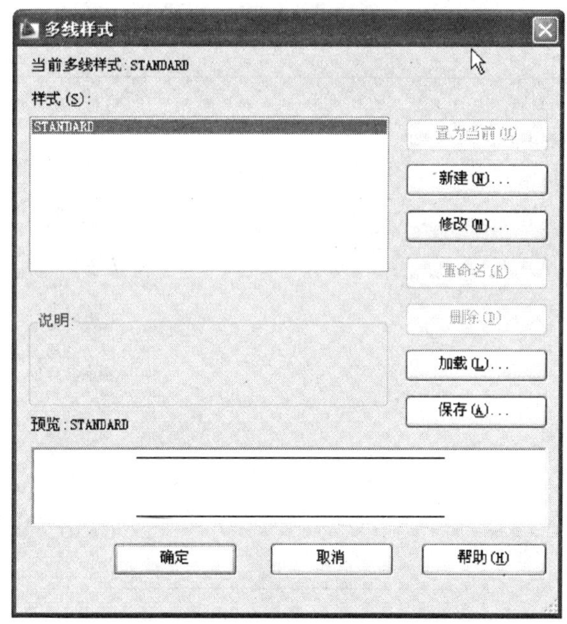

图 10-10　“多线样式”对话框

图 10-11　“创建新的多线样式”对话框

图 10-12 “新建多线样式：墙 1”对话框

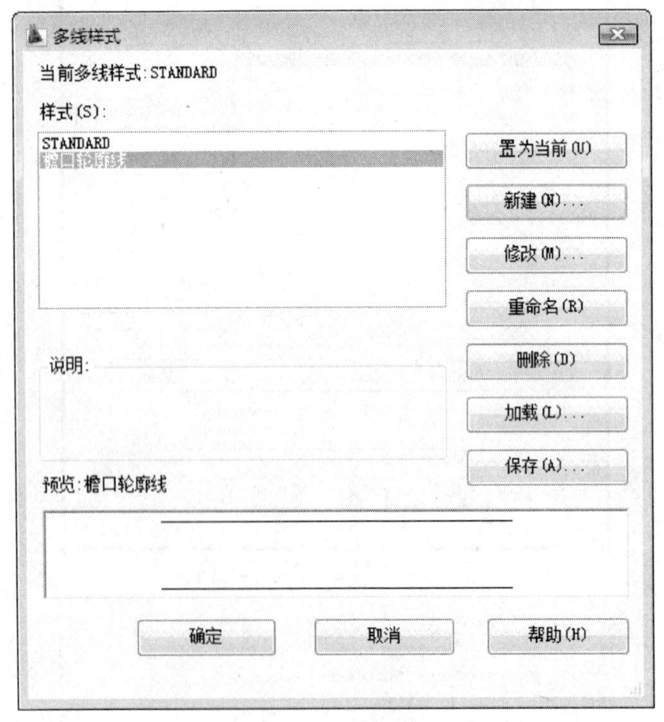

图 10-13 指定多线样式

（2）单击菜单：“绘图”→“多线”命令，绘制墙线。根据墙体的分布布置情况，连续绘制墙线，命令行操作如下：

命令：_mline

当前设置：对正=上，比例=20.00，样式=STANDARD

指定起点或［对正(J)/比例(S)/样式(ST)］：j↙

输入对正类型［上(T)/无(Z)/下(B)］<上>：z↙

当前设置：对正=无，比例=20.00，样式=STANDARD

指定起点或［对正(J)/比例(S)/样式(ST)］：s↙

输入多线比例<20.00>：500↙　（檐口宽 500mm）

指定下一点：（指定多线起点，打开捕捉方式，捕捉轴线交点）

指定下一点或［放弃(U)］：（回车结束绘制）

结果如图 10-14 所示。

小技巧

AutoCAD 2009 的工具栏并没有显示所有可用命令，在需要时用户要自己添加。例如“绘图”工具栏中默认没有多线命令(mline)，就要自己添加。可单击菜单命令：“视图”→“工具栏”，系统打开“自定义用户界面”对话框，如图 10-15 所示。选中“绘图”窗口显示相应命令，在列表中找到“多线”，点左键把它拖至 AutoCAD 绘图区。若不放到任何已有工具条中，则它以单独工具条出现；否则成为已有工具条一员。这时又发现刚拖出的“多线”命令没有图标，就要为其添加图标。方法如下：把命令拖出后，不要关闭自定义窗口，单击选中“多线”命令，并单击面板右下角的 ⊙ 图标，这时界面右侧会弹出一个面板，此时即可给“多线”命令选择或绘制相应的图标。可以发现，AutoCAD 允许我们给每个命令自定义图标。

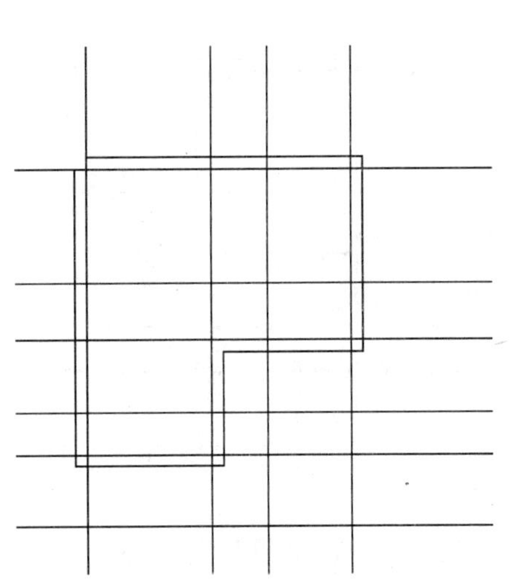

图 10-14　绘制多线

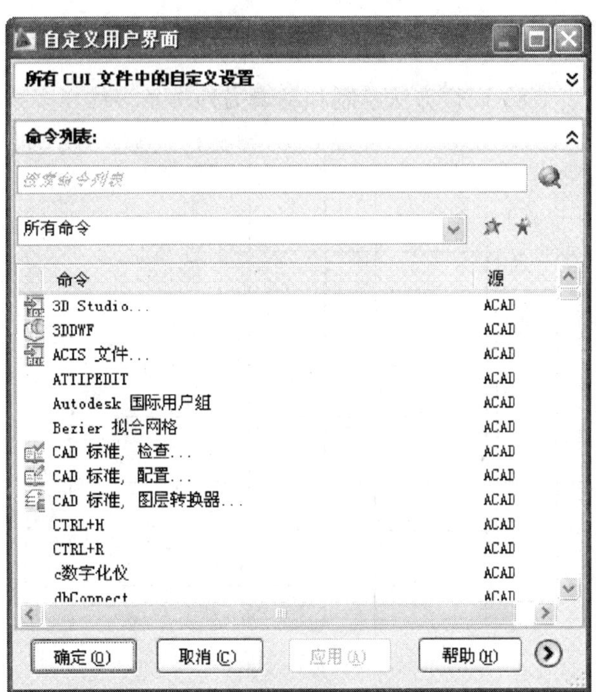

图 10-15　“自定义用户界面”对话框

(3) 利用多线编辑工具对墙线进行细部修改。执行菜单：修改→对象→多线，弹出多线编辑工具，如图 10-16 所示。分别选择不同的编辑方式和需要编辑的多线进行编辑，结果如图 10-17 所示。

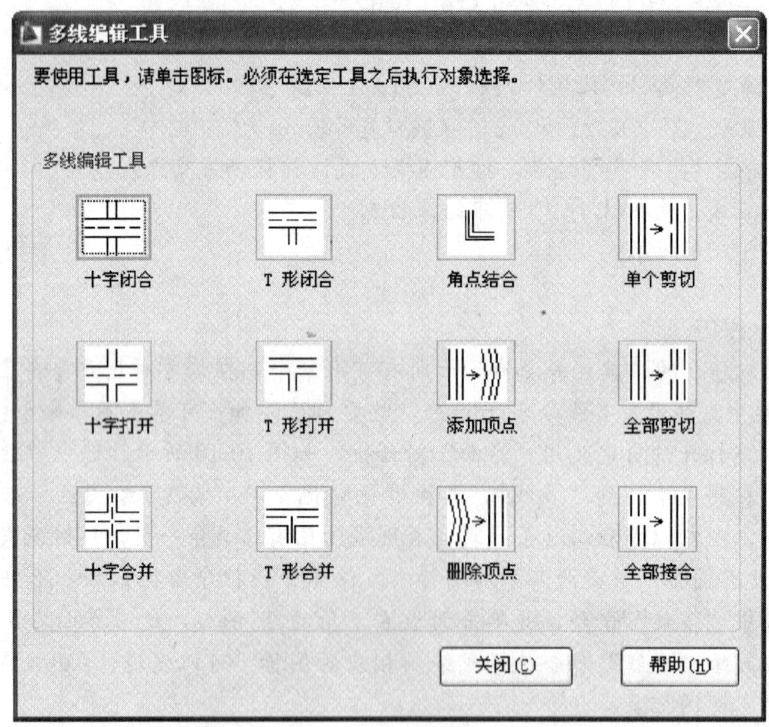

图 10-16 多线编辑工具

(4) 同样方法绘制和编辑另外一条多线，多线宽度设置为 200，结果如图 10-18 所示。

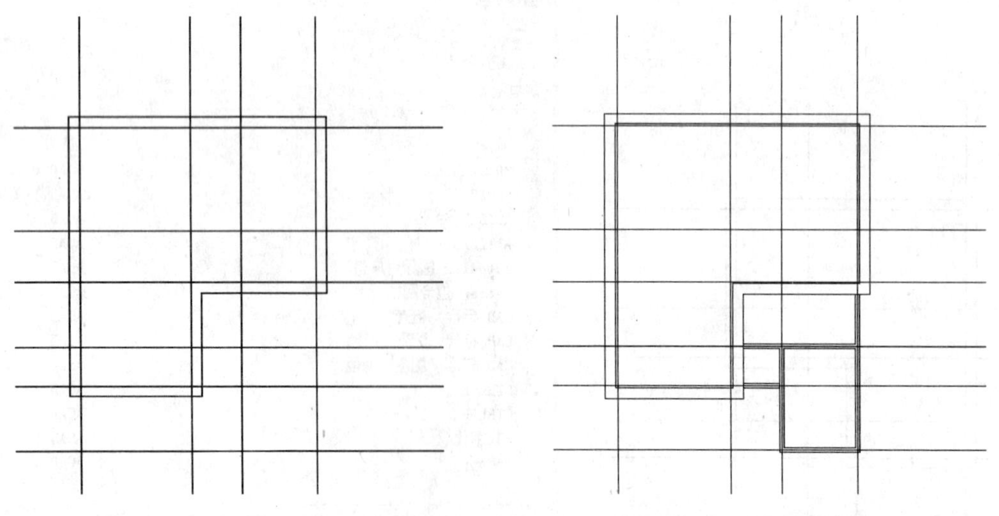

图 10-17 多线编辑　　图 10-18 绘制和编辑另一条多线

(5) 利用“圆”、“单行文字”、“复制”等命令绘制轴号，结果如图 10-19 所示。

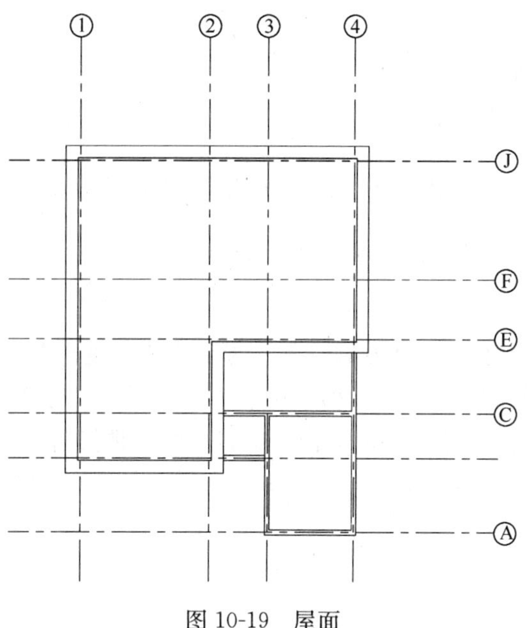

图 10-19 屋面

3. 绘制屋脊线

建筑制图要求可知，屋脊线为 45°斜线，此时，为得到 45°角，可打开状态栏“极轴”按钮。右击“极轴”按钮，弹出如图 10-20 所示的“草图设置”对话框，进行捕捉角度设置。勾选“启用极轴追踪”，并将“增量角”设置为 45°，此时在模型空间制图时，系统将自动提示 45°、90°、180°、235°…角。快捷键为 F10。

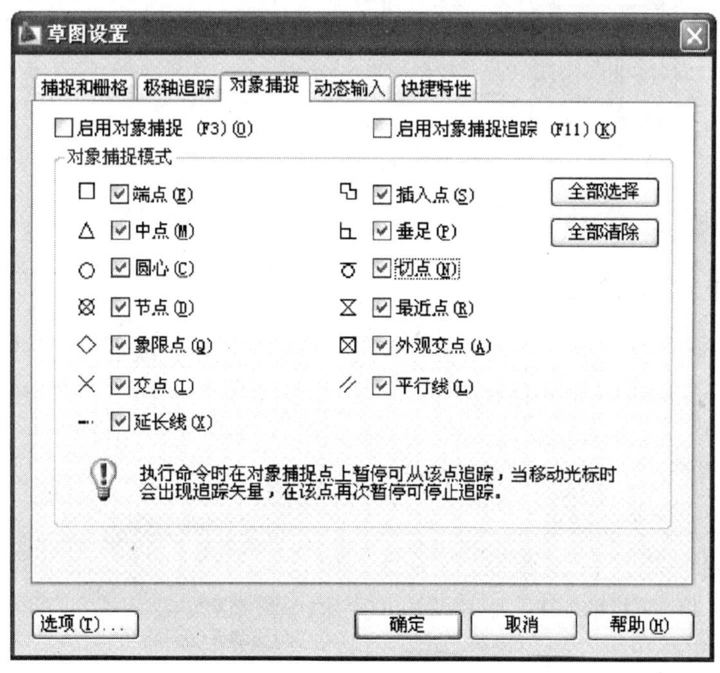

图 10-20 极轴角度设置

注意

勾选“启用极轴追踪”复选框。

利用“直线”命令绘制45°屋脊线，再将所有交点相连就得到平行的屋脊线，如图10-21所示。

4. 编辑各线段

主要是相关线段的“修剪”、“复制”等。逐一修剪线段交点处多余的线段，并修剪去不必要的表达线段，如轴线、墙线的修剪。对于“多线”对象的修剪．则要使用到图10-16所示的多线编辑工具，或利用“分解”命令，分解后再修剪，修剪后的图样如图10-22所示。

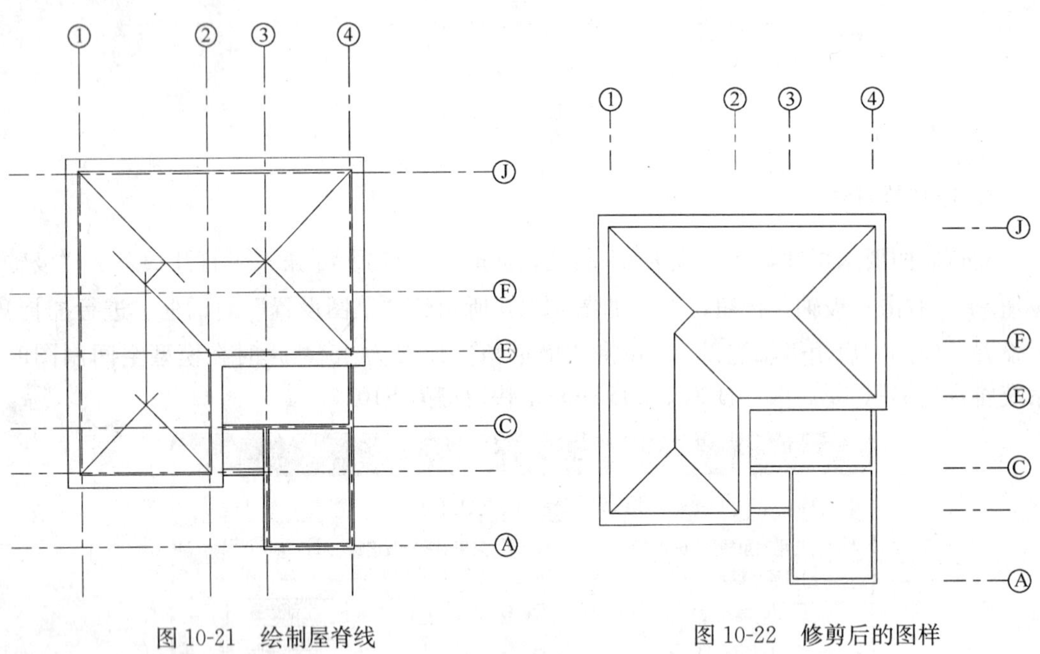

图10-21　绘制屋脊线　　　　图10-22　修剪后的图样

10.3.3　避雷带或避雷网的绘制

根据设计者的表达意图，一般沿屋脊线进行避雷带绘制，或进行避雷针的布置，避雷针及避雷带符号见图10-1所示图例。

1. 等分屋脊线

将当前图层设置为“防雷”。

执行“绘图”→“点”→“定距等分”命令，如图10-23所示。将屋脊线等分，距离为900。命令行操作如下：

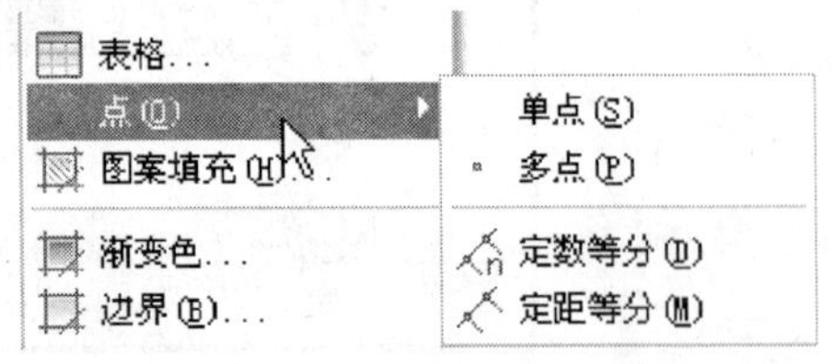

图10-23　点的绘制

命令：MEASURE↙

选择要定距等分的对象：(依次选择各屋脊线)

指定线段长度或［块(B)］：900↙

2. 绘制避雷带

绘制“——×——×——”避雷带时，对于“×”符号只需利用“修改”工具条中的“复制”命令进行其连续复制生成即可。打开自动捕捉开关，将避雷带符号逐一复制到定距等分得到的等分点。

房屋四角还应布接地线，接地线采用虚线加短斜线标记。同时，各角部配有避雷针，图 10-24 所示。

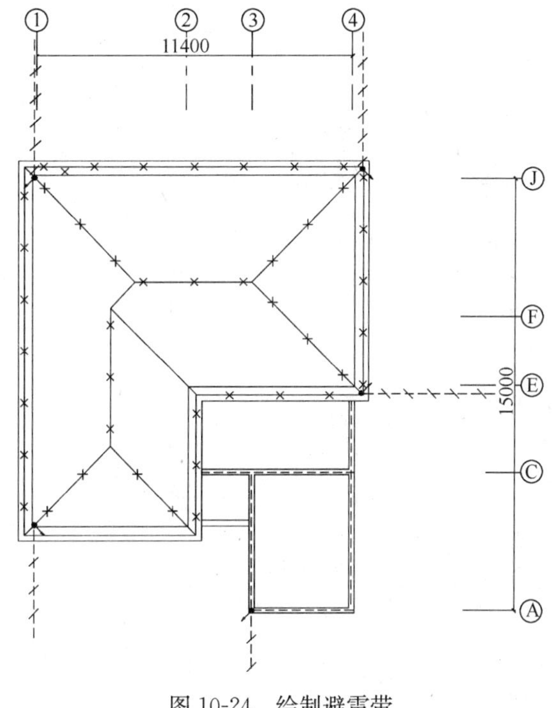

图 10-24　绘制避雷带

注意

由于避雷带符号布置规律均匀，也可将其视为一种线型，既然是一种线型，那就可以通过自义的方式定义该线型，再加载该线型，进而以线对象绘制避雷带。

关于避雷带的线型，读者也可以尝试自己制作该线型，然后添加至 CAD 线型文件内。

3. 相关图例符号绘制

采用基本的 AutoCAD 的绘制命令进行图例绘制，主要是一些接地符号、分区符号及引下线等的标注。也可创建标准的图例模块，然后利用“插入块”命令进行调用及修改。

AutoCAD 设计中心▦提供了一些相关图例符号或通过设计中心链接查找一些常用的标准图例(一般而言设计院均有本单位的图库)。

4. 尺寸及文字标注说明

主要是进行必要的一些标注有助图纸的清晰表达，以及一些特定说明。

尺寸标注应注意标注样式的设置、几个尺寸大小的确定。

该别墅防雷的顶层平面图如图 10-25 所示。由图可知：避雷带沿屋脊线形成避雷网格，角部利用柱内钢筋作为地下引下线。

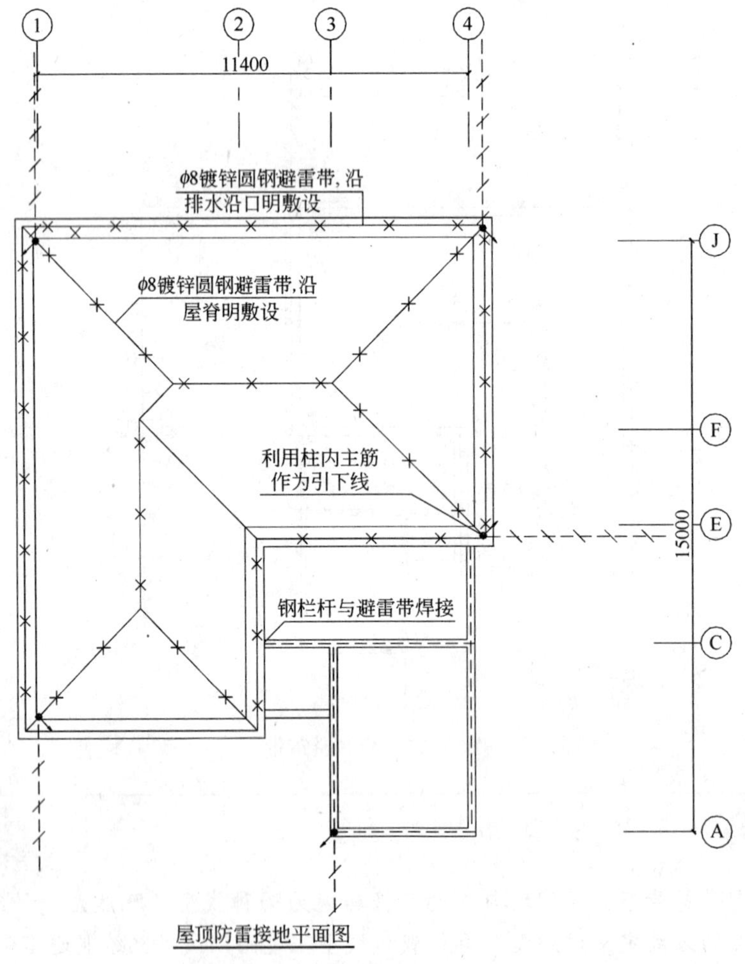

图 10-25　屋顶防雷接地平面图

第 11 章　独立别墅弱电工程图实例

内容提要

建筑弱电系统工程是一个复杂的集成的系统工程。建筑弱电系统涉及的各专业领域较广，其集成了多项电气技术、无线电技术、光电技术、计算机技术等，庞大而复杂。图纸包括弱电平面图、弱电系统图及框图等。

本章将以实际建筑弱电工程设计实例为背景，重点介绍某别墅弱电工程图的 AutoCAD 制图全过程，由浅及深，从制图理论至相关电气专业知识，尽可能全面、详细地描述该工程的制图流程。

本章重点

- 了解建筑弱电工程图的专业知识
- 学习运用 AutoCAD 的操作技巧
- 熟悉弱电工程图的制图特点
- 熟练掌握弱电工程图的制图流程

11.1　建筑弱电工程图概述

建筑弱电工程是建筑电气的重要组成部分。现代科学技术的发展支持了人类对于生活方式的改变，满足了社会发展的需求，建筑物的服务功能及其与外界交换信息的功能得到了扩展与提高，这很大一部分依赖了建筑弱电系统的革新。电子、计算机、通信、光纤、无线电等各种高科技手段促使了建筑弱电技术的迅速发展，智能电气系统为建筑功能的扩展提供了一个这样的平台。

弱电工程图与强电工程图相近，常见的图纸内容包括弱电平面图、弱电系统图及框图。弱电平面图是表达弱电设备、元件、线路等平面位置关系的图纸，并与照明平面图类似。它是指导弱电工程施工安装调试必需的图纸，是弱电设备布置安装、信号传输线路敷设的依据。弱电系统图是表示弱电系统中设备和元件的组成，以及元件和器件之间的连接关系，对指导安装施工有着重要的作用。弱电装置原理框图描述弱电设备的功能、作用及原理，其他主要用于系统调试。

弱电系统主要分为以下 7 类：

1. 火灾自动报警与灭火控制系统

以传感技术、计算机技术、电子通信技术等为基础的火灾报警控制系统，是一种集成的高科技应用技术，是现代消防自动化工程的核心内容之一。该系统既能对火灾发生进行早期探测和自动报警，又能根据火情位置，及时输出联动灭火信号，启动相应的消防设施，进行灭火。

火灾自动报警控制在智能建筑中通常作为智能三大体系中的BAS(建筑设备管理系统)的一个非常重要的独立的子系统。整个系统的运作，既能通过建筑物中智能系统的综合网络结构来实现，又可以在完全摆脱其他系统或网络的情况下独立工作。

火灾自动报警系统主要由火灾探测器和火灾报警控制器组成。火灾探测器将现场火灾信息(烟、温度、光)转换成电光信号，传送至自动报警控制器；火灾报警控制器将接收的火灾信号，经过芯片逻辑运算处理后认定火灾，输出指令信号。一方面启动火灾报警装置，如声、光报警等；另一方面启动灭火联动装置，用以驱动各种灭火设备；同时，也启动联锁减灾系统，用以驱动各种减灾设备。火灾探测器、火灾报警控制器、报警装置、联动装置、联锁装置等组成了一个实用的自动报警与灭火系统，联动控制器与火灾自动报警控制器配合，用于控制各类消防外控制设备，由联动控制器对不同的设备实施管理。

2. 电话通信系统

电话通信系统是各类建筑必然要配置的主要系统。社会发展已进入到全新的信息社会，电信通信系已成为建筑物内不可缺少的一个弱电工程。构成电话通信系统有三个组成部分：一是电信交换设备，二是传输系统，三是用户终端设备(收发设备)。

交换设备主要是电话交换机，它是接通电话之间通信线路的专用设备。电话交换机发展很快，它从人工电话交换机发展到自动电话交换机，又从机电式自动电话交换机发展到电子式自动电话交换机，以至最先进的数字程控电话交换机。程控电话交换是当今世界上电话交换技术发展的主要方向，在我国已普遍应用。

电话传输系统按传输媒介分为有线传输和无线传输。从建筑弱电工程出发主要采用有线传输方式。有线传输按传输信息工作方式又分为模拟传输和数字传输两种。模拟传输是将信息按数字编码 PCM 方式转换成数字信号进行传输，它具有抗干扰能力强、保密性强、电路易集成化。现在的程控电话交换采用数字传输各种信息。

用户终端设备，以前主要是指电话机，随着通信技术的迅速发展，现在可见到各种现代通信设备，如传真机、计算机终端设备等。

电话通信系统工程图主要有电话通信系统图、电话通信平面图。电话系统图是用来表述各电话平面之间的连接关系，以及整个电话系统基本构成的图纸。电话平面图主要用于表达电话的配线、穿管、敷设方式及相关设备的安装位置等，相对于照明平面图略为简单。电话通信系统图是工程施工的依据，因此，在读懂电话系统图后，还要将电话通信系统平面图读懂，弄清线路关系。

3. 广播音响系统

广播音响系统是建筑物内(一般指公共建筑如学校、商场、饭店、体育馆等)、企事业单位等企业内部的自有体系的有线广播系统。

广播音响系统工程图主要包括了广播音响系统图、广播音响配线平面图、广播音响设备布置图等图纸。系统图表述了整个系统的组成及功能，平面图则表述了设备的位置关系及线路关系。

4. 建筑安全防范系统

安全防范系统涉及多个技术系统，较复杂，一般可见到：防盗报警系统、电视监视系统、进出口控制系统、巡逻系统、停车库管理系统、访客对话系统等。

防盗报警系统，是在探测到防范区域有入侵者时能发出报警信号的专用电子系统，一般有探测器、传输系统和报警控制器组成。

出入口控制系统，实现人员出入控制，又称为门禁管制系统。

房客对话视频系统，用来提供对来访客人与住户之间提供双向通话或可视电话，并由住户操控防盗门的开关及向保安管理中心进行紧急报警的一种安全防范系统。

电子巡更系统，是对于复杂的大型楼宇中，人员流动复杂，需由专人进行人工巡逻查视，定时定点执行任务。该系统可满足巡逻人员按巡更路线及时间到达指定地点，不能更改路线及到达时间，并按下巡更信号箱的按钮，向控制中心报告，控制中心通过巡更信号箱上的指示灯了解巡更路线的情况。

5. 共用天线电视系统

共用天线电视(CATV)系统，即共用一套天线接收电视台电视信号，并通过同轴电缆传输、分配给许多电视机用户的系统。最初的 CATV 系统，主要是为了解决远离电视台的边远地区和城市中高层建筑密集地区难以收到信号的问题。随着社会的进步和技术发展，人们不仅要求接收电视台发送的节目，还要求接收卫星电视台节目和自办节目，甚至利用电视进行信息交流沟通等。传输电缆也不再局限于同轴电缆，而是扩展到了光缆等。于是，将通过同轴电缆、光缆或其组合来传输、分配和交换声音和图像信号的电视系统，称之为电缆电视系统，习惯称之为有线电视系统，这是因为它是以有线闭路形式传送电视信号，不向外界辐射电磁波，以区别于电视台的开路无线电视广播，并可节省设备费用，减少干扰，双向有线电视系统还可以上传用户信息到前端。有线电视系统是共用天线电视系统的发展趋势。

CATV 系统的工程图纸包括共用天线电视系统图、设备平面图、设备安装图等。共用天线电视系统图用于表述设备间相互关系及整个系统的形式及系统所需完成的功能。其平面图用于表述配线、穿管、线路敷设方式、设备位置及安装等。其设备安装详图则详细说明了各种设备的具体组成及安装做法等。

6. 楼宇自动化系统

楼宇自动化系统(BAS 或 BA)，是将建筑物内的电力、照明、空调、运输、防灾、保安、广播等设备以集中监视、控制和管理为目的而构成的一个综合系统。一般来说，它包括两个子系统，一是设备自动化管理系统，二是保安监控系统。设备自动化管理系统包括建筑物内所有电气设备、给水、排气设备、空调通风设备的测量、监视及控制。保安监控系统包括火灾报警、消防联动控制、消防广播、消防电话或巡更电话组成的火灾报警系统；防盗报警的红外、双鉴、声控报警与闭路电视监视及访问—对讲组成的保安系统。

7. 综合布线系统

一幢建筑物中弱电的传统布线相当复杂，有电话通信的铜芯双绞线，有保安监控的同轴电缆、控制用的屏蔽线缆，有计算机通信用的粗缆、细缆或屏蔽、非屏蔽型双绞线等，各种线路自成系统、独立设计、独立布线、互不兼容。在建筑物墙面、地面、吊顶内纵横交叉布满了种线路，而且每个系统的终端插件也各不相同。当建筑物内局部房间需要改变用途，而这些系统的设施也要变化时，那将是一件极为困难的事。因此，能支持语言、数据、图像等的综合布线应运而生。

综合布线系统(POS)，也称之为结构化布线系统(SCC)，于 1985 年由美国电话电报公司贝尔实验室首先推出，是一种模块化、高度灵活性的智能建筑布线网络，是用于建筑物和建筑群内进行话音、数据、图像信号传输的综合布线系统。它的出现彻底打破了数据传输的界限，使这两种不同的信号在一条线路中传输，从而为综合业务数据网络的实施提供了传输保证。综合布线的优越性在于它具有兼容性、开放性、灵活性、模块化、扩充性、经济性的特点。

11.2 弱电电气工程图的 CAD 实现

本例主要以前述的别墅工程为背景，介绍其室内弱电系统的设计及 AutoCAD 制图。该别墅的弱电工程包括了电话及计算机配线系统、有线电视系统。

图纸的编排顺序为：弱电电气设计说明、系统图、平面图。其中，弱电电气设计说明包括应交待设计依据、设计范围、系统的设计概况等。系统图包括弱电系统设备之间的关系及其功能。平面图包括弱电系统设备的平面位置关系及其线路敷设关系等。

11.2.1 弱电平面图

弱电平面图的绘制步骤如下：

1. 图框及比例关系

图框可以直接从其他已完成的 CAD 图中复制，也可以采用图块的形式插入。

CAD 建筑制图比例一般采用图样 1∶1 比例，而图框按反比例相对放大的形式获得比例图，如绘制 1∶150 的比例图，则应将 1∶1 原尺寸的图框放大至 150 倍才可。

2. 建筑平面图

建筑平面图的表达内容、制图要点及 CAD 实现读者可查阅前述章节，也可学习一些建筑制图书籍，这里直接利用前面章节完成绘制的建筑平面图，快捷方便。如图 11-1 所示。

3. 相关图例符号的定位布置

绘制各图例符号，并根据设计意图布置在相应的位置。对于图例的 CAD 绘制流程，下面以电视天线四分配器为例简要介绍其绘制过程，如图 11-2 所示。

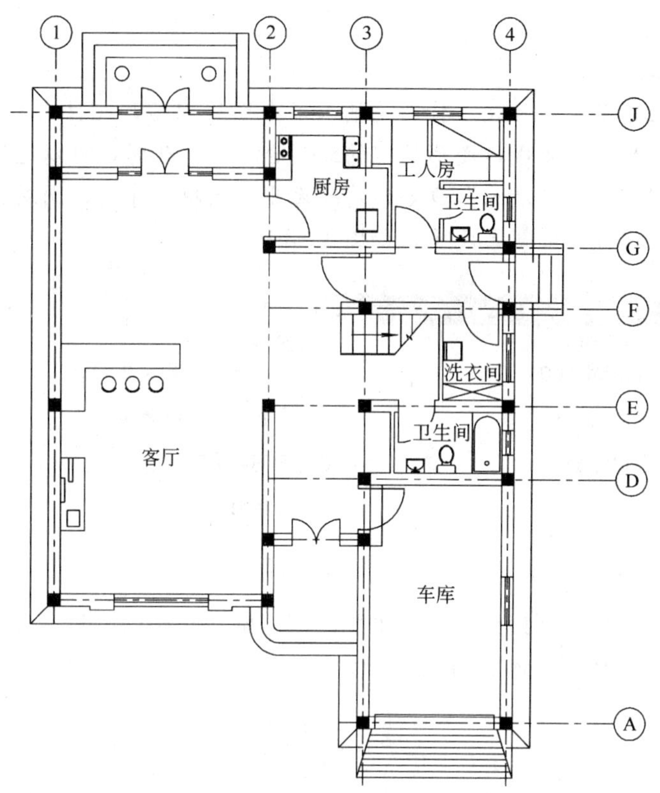

图 11-1　一层平面图

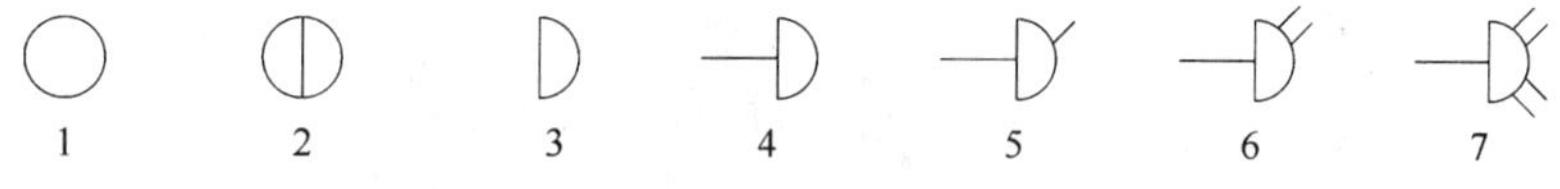

电视天线四分配器图例绘制过程

图 11-2　电视天线四分配器的绘制流程

步骤如下：

(1) 利用“圆”命令 绘制圆，半径大约为 350。

(2) 利用“直线”命令 绘制竖直直径。

(3) 利用“修剪”命令 将图形修剪为半圆。

(4) 利用“直线”命令 ，以圆心为端点以适当尺寸绘制水平直线。

(5) 利用“直线”命令 ，捕捉圆弧上一点为端点以适当尺寸绘制斜线(斜线绘制时应关闭“正交”状态按钮)。

(6) 利用“复制”命令 ，捕捉圆弧上的点为基点和目标点复制斜短线。

(7) 利用“镜像”命令 镜像斜短线。

注意

默认情况下，镜像文字、属性和属性定义时，它们在镜像图像中不会反转或倒置。文字的对齐和对正方式在镜像对象前后相同。

小技巧

当图形文件经过多次的修改，特别是插入多个图块以后，文件占有空间会越变越大，这时电脑运行的速度也会变慢，图形处理的速度也变慢。此时，可以通过选择“文件”菜单中的“绘图实用程序”→“清除”命令，清除无用的图块、字型、图层、标注形式、复线形式等，这样图形文件也会随之变小。如图 11-3 所示。

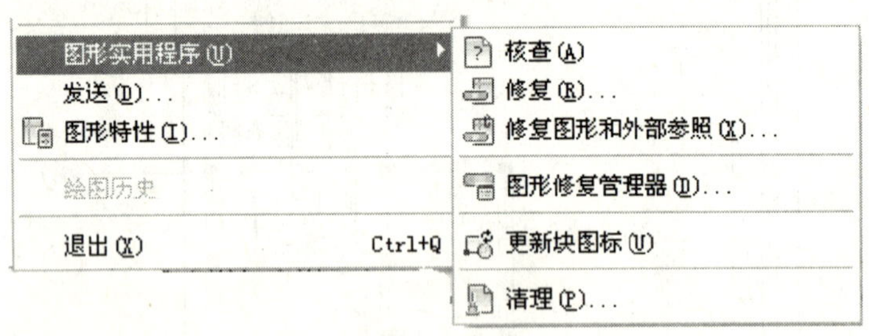

图 11-3　清理

将弱电设备的图例根据设计意图，采用复制、旋转、移动等基本命令，布置在建筑平面图的相应位置，其平面布置如图 11-4 所示。

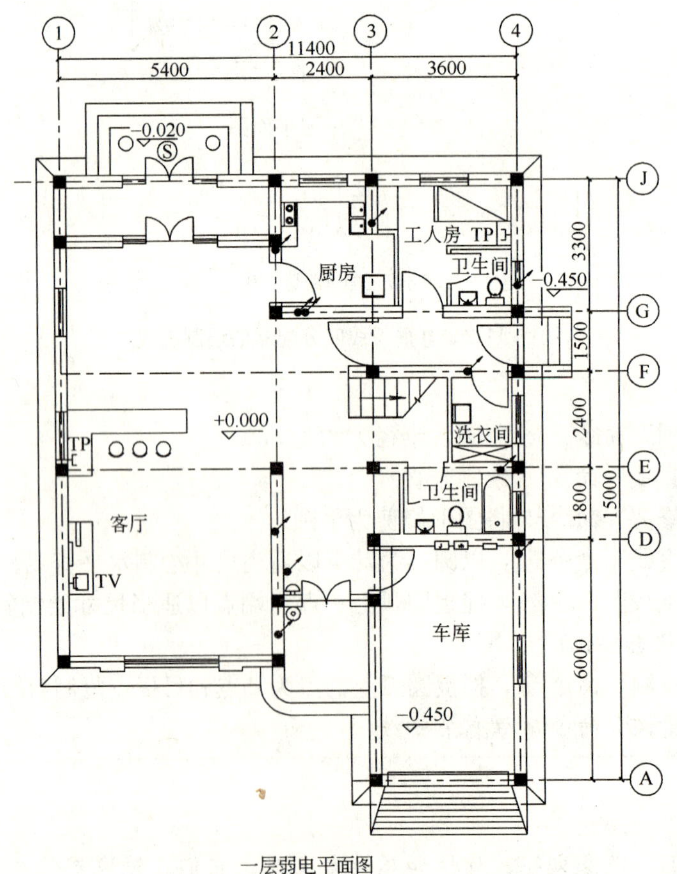

图 11-4　弱电设备布置图

4. 线路关系绘制

将当前图层设置为“线路”。

利用“直线”命令，将各设备之间连接起来(注意绘制时线型的选择与调整)。线路绘制完成后，如图 11-5 所示。

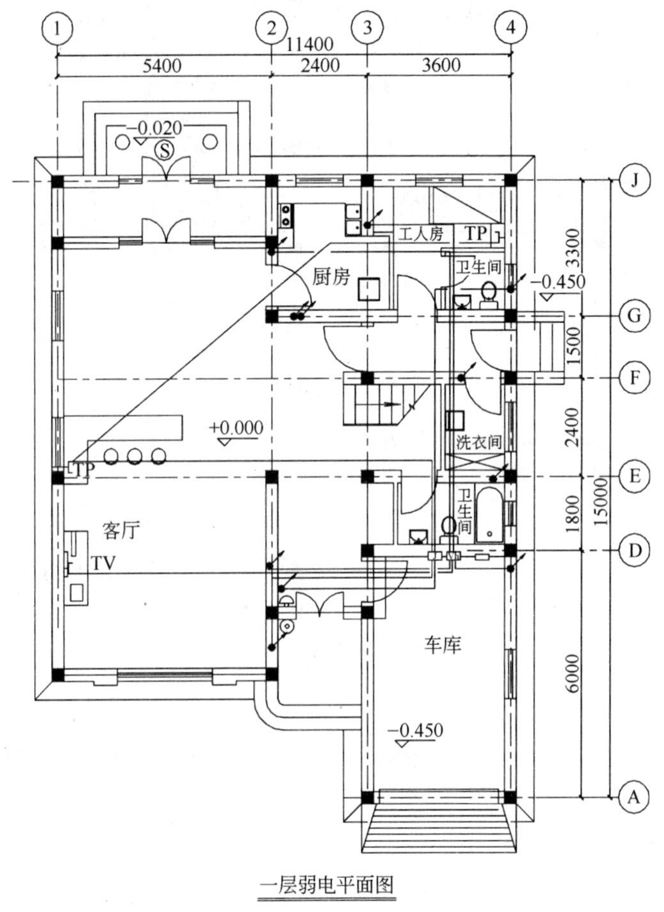

图 11-5　线路绘制

5. 尺寸及文字标注说明

将当前图层设置为“标注”。利用尺寸标注和文字标注相关命令进行适当的标注说明，使得设计者的设计意图表达更为清晰。

相关标注完毕，如图 11-6 所示。

小技巧

1. 有时在打开 dwg 文件时，系统弹出“AutoCAD Message”对话框提示“Drawing file is not valid ”，告诉用户文件不能打开。这种情况下你可以先退出打开操作，然后打开“文件”菜单，选择“绘图实用程序”→“修复”命令，或者在命令行直接用键盘输入“recover”，接着在“选择文件”对话框中输入要恢复的文件，确认后系统开始执行恢复文件操作。

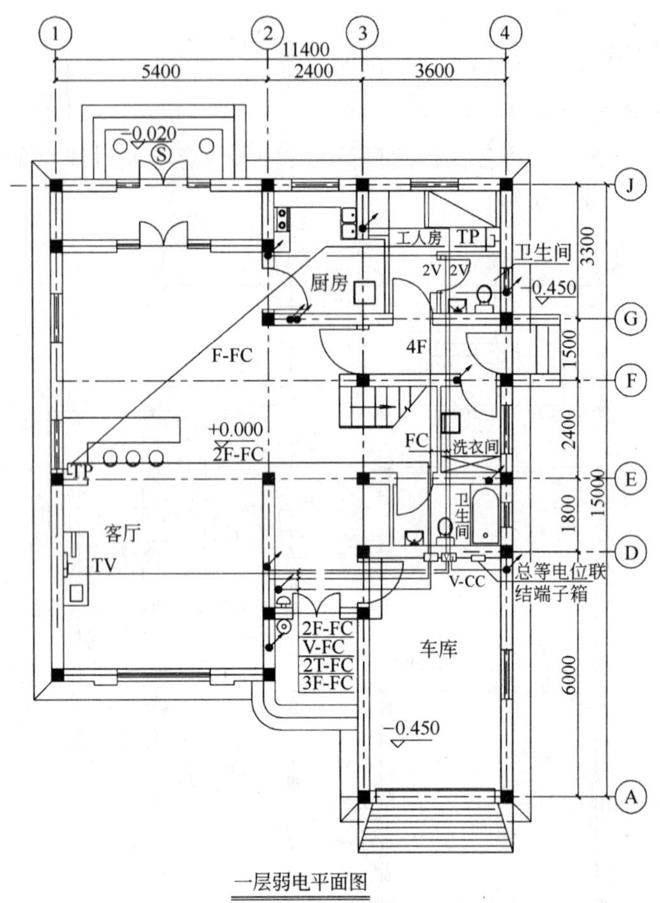

图 11-6　相关标注

2. 用 AutoCAD 打开一张旧图，有时会遇到异常错误而中断退出，这时首先使用上述介绍的方法进行修复。如果问题仍然存在，则可以新建一个图形文件，而把旧图用图块形式插入，问题可以解决。

11.2.2　有线电视系统图

有线电视系统图的绘制步骤如下：

1. 绘图准备工作

进行相关的文字样式、标注样式、图层结构、图框比例等的设置。与前面讲述方法相同，在此不再赘述。

2. 绘制进户线

(1) 当前图层设为“电气”。线宽设置为 b，即一个单位基本线宽，为粗实线。

(2) 利用“直线”命令 或“多段线”命令 绘制两条进户线，不用确定长度，因为系统图为示意图，没有尺寸大小的概念，只需将设计者意图表达清楚即可，选择适当的大小比例，保证图纸表达清晰。

为方便更直观地观察到线宽的大小，应当打开“状态栏”的“线宽”按钮。此时，即可清楚地看到不同线宽的直线。

注意

采用“多段线”绘制时要注意设置线段端点宽度。当 pline 线设置成宽度不为 0 时，打印时就按该线宽值打印。如果这个多段线的宽度太小，就打印不出宽度效果(粗细)。如以毫米为单位绘图，设置多段线宽度为 20，当你用 1∶100 的比例打印时，就是 0.2mm。所以多段线的宽度设置一定要考虑到打印比例才行。而若其宽度是 0 时，就可按对象特性来设置(与其他对象一样)。

(3) 采用“单行文本”命令进行文字标注。命令行操作如下：

命令：_dtext

当前文字样式：“系统图样式” 文字高度：2.5000 注释性：否

指定文字的起点或［对正(J)/样式(S)］：(指定直线上一点)

指定高度<2.5000>：350↙

指定文字的旋转角度<0>：0↙

系统弹出文字编辑框，输入文字“SKYV-75-12-2SC32”。

SKYV-75-12-2SC32 是弱电符号，表示聚乙烯藕状介质射频同轴电缆，绝缘外径是 12mm，特性阻抗 75，2 根钢管配线，钢管直径为 32mm。

(4) 利用“复制”命令复制单行文本至第二条线，双击标注文字，则会弹出文字编辑框，出现闪烁的文字编辑符，将文字修改为 AC220V 及 WL15。

AC220V，WL15 是强电符号，表示交流 220V 电源，第 15 条照明回路，结果如图 11-7 所示。

3. 绘制信号放大器(弱电进户线)

利用“正多边形”命令绘制信号放大器的三角形，如图 11-8 所示。

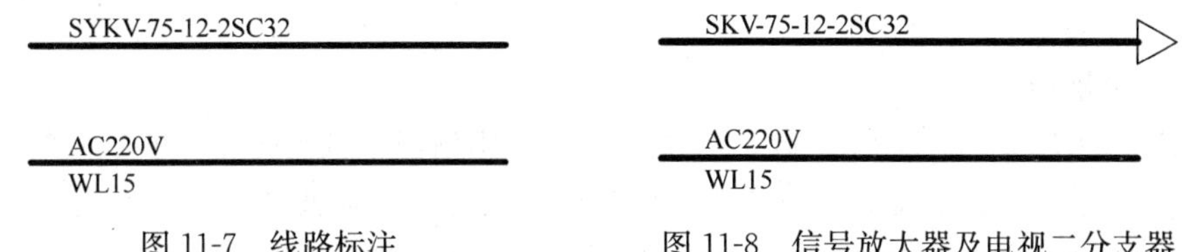

图 11-7　线路标注　　　图 11-8　信号放大器及电视二分支器

4. 绘制电视二分支器

利用“圆”命令与“直线”命令电视天线二分支器，尺寸适当指定，如图 11-9 所示。

5. 绘制负载电阻

利用“矩形”命令、“直线”命令和“多行文字”命令绘制负载电阻，尺寸适当指定，如图 11-10 所示。

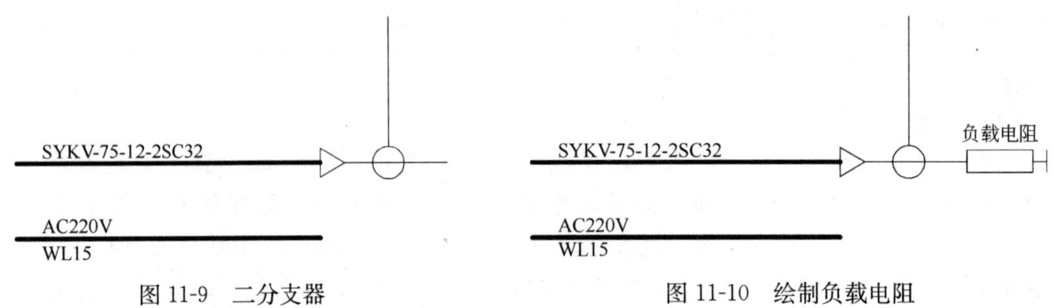

图 11-9　二分支器　　　　图 11-10　绘制负载电阻

注意

这里各图形的绘制均未涉及尺寸大小的问题，主要是示意图，尺寸适当就可！

6. 插座及熔断器(强电进户线)

(1) 利用“直线”命令、“圆”命令、“修剪”命令和“图案填充”命令等命令绘制插座。

(2) 利用“矩形”命令绘制熔断器。

(3) 对熔断器型号进行文字标注，只需复制其他文本，更改文字为 10/5A 即可。如图 11-11 所示。

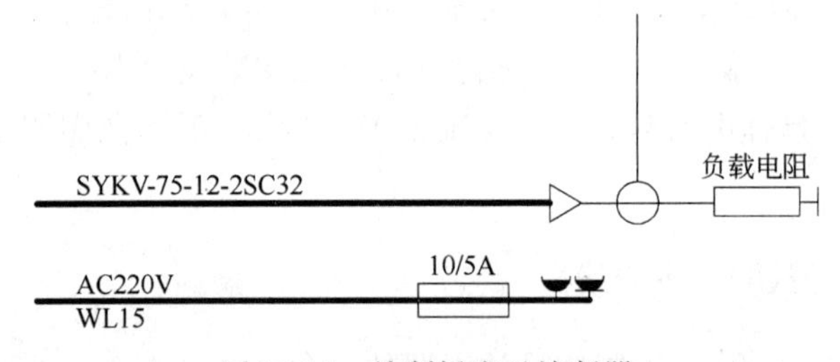

图 11-11　绘制插座及熔断器

小技巧

当使用“图案填充”命令时，所使用图案的比例因子值均为 1，即是原本定义时的真实样式。然而，随着界限定义的改变，比例因子应作相应的改变，否则会使填充图案过密或过疏，因此，在选择比例因子时可使用下列技巧进行操作：

(1) 当处理较小区域的图案时，可以减小图案的比例因子值；相反，当处理较大区域的图案填充时，则可以增加图案的比例因子值。

(2) 比例因子应恰当选择，比例因子的恰当选择要视具体的图形界限的大小而定。

(3) 当处理较大的填充区域时，要特别小心。如果选用的图案比例因子太小，则所产生的图案就像是使用 Solid 命令所得到的填充结果一样。这是因为在单位距离中有太多的线，不仅看起来不恰当，而且也增加了文件的长度。

(4) 比例因子的取值应遵循“宁大不小”。

7. 电视天线四分配器及电视出线口图符绘制

(1) 将当前图层设为“电气”。

(2) 按前面讲述方法绘制电视天线四分配器。

(3) 采用“单行文本”命令 A 进行文字标注，如图 11-12 所示。并将标注完的文字逐一复制到其他需要标注的位置，双击文字，可修改标注内容。

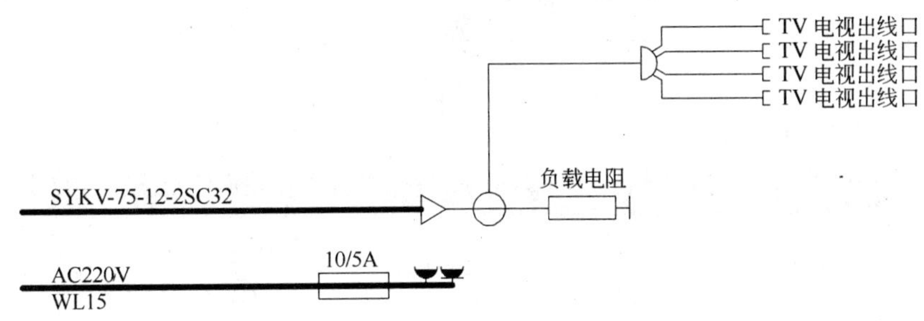

图 11-12　电视天线四分器及电视出线口

(4) 利用“镜像”命令 镜像另一个电视天线四分分配器及电视出线口模块，如图 11-13 所示。

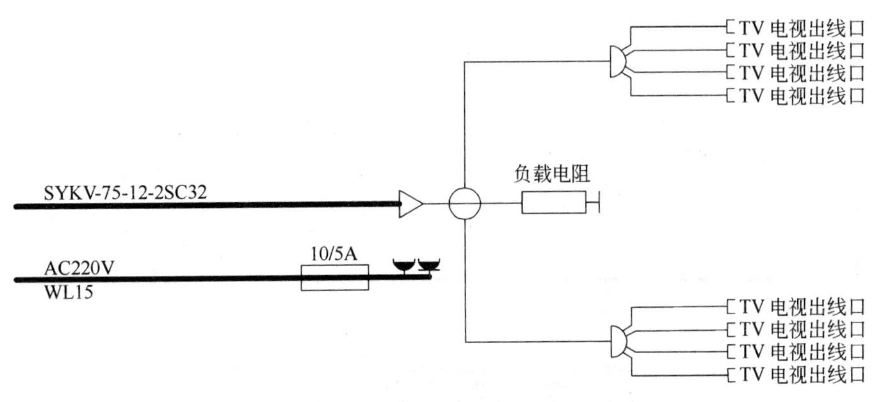

图 11-13　分配器模块

小技巧

1. 系统命令 mirrtext 控制 MIRROR 命令反映文字的方式。初始值为 0，其中：

0——保持文字方向；

1——镜像显示文字。

2. 系统命令 textfill 控制打印和渲染时 TrueType 字体的填充方式。初始值为 0，其中：

0——以轮廓线形式显示文字；

1——以填充图像形式显示文字。

8. 绘制电视前端箱虚线框，并标注

(1) 单击“特性”工具栏中“线型”下拉列表框中的“其他”项，如图 11-14 所示。系统打开“线型管理器”对话框，如图 11-15 所示。单击“加载”按钮，系统打开“加载

或重载线型”对话框，如图 11-16 所示。选择 ACAD_IS002W100 线型，单击“确定”按钮回到“线型管理器”对话框，在该对话框的“线型”列表中选择刚加载的 ACAD_IS002W100 线型，单击“确定”按钮，ACAD_IS002W100 线型就设置成当前线型。

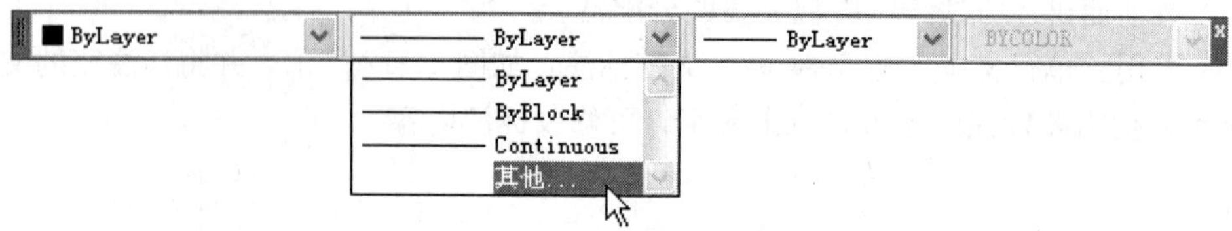

图 11-14 “特性”工具栏

图 11-15 “线型管理器”对话框

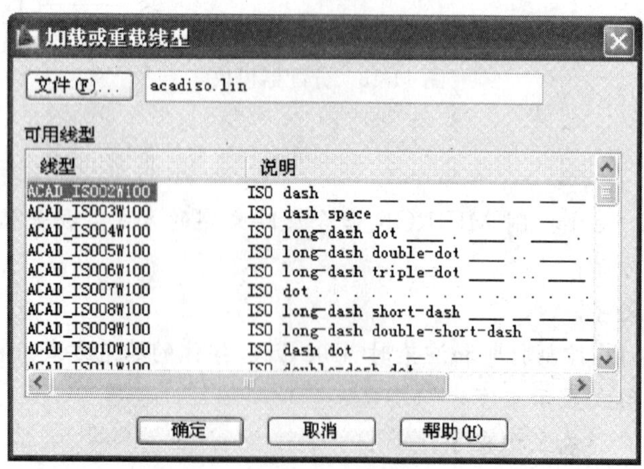

图 11-16 “加载或重载线型”对话框

（2）利用“矩形”命令绘制电视前端箱虚线框。

（3）利用“单行文本”命令标注前端箱：“VH”、“电视前端箱”和“400×600×

200”。结果如图 11-17 所示。

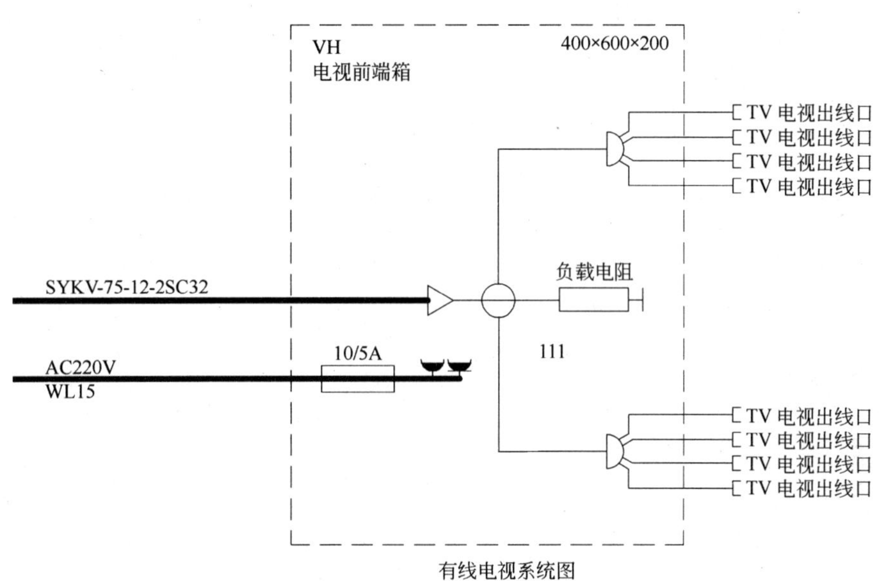

图 11-17　绘制虚线框

绘制完毕！如有相关特注说明，可利用多行文本继续进行标注。

本篇将全面系统地介绍建筑给水排水工程的相关知识及其制图的基本要求，并针对 AutoCAD 2009 软件，详细地说明其在建筑给水排水工程制图方面的应用操作方法及技巧。并以某综合办公楼的给水排水工程 CAD 设计制图过程为例，从工程实践的角度帮助读者深入掌握排水工程 AutoCAD 制图的基本方法与技巧。

通过本篇的学习，读者将较系统地接触到建筑给水排水工程制图知识要点，并学习到很多 AutoCAD 的基本操作及技巧。

第3篇 给水排水篇

- 认识建筑给水排水工程的基本知识
- 了解建筑给水排水工程图纸的分类
- 学习建筑给水排水工程制图的基本规定
- 了解建筑给水排水工程制图的特点
- 掌握建筑给水排水工程 AutoCAD 制图的基本方法

第 12 章　建筑给水排水工程图基本知识

内容提要

本章结合建筑给水排水工程的专业知识，介绍了建筑给水排水工程施工图的相关制图知识，以及在 AutoCAD 中实现的基本操作方法及技巧，叙述了工程制图中各绘图手法在 AutoCAD 中的具体操作步骤以及注意事项，以引导读者进入下章的实际案例学习。

通过本章的学习，帮助读者了解相关专业知识与 AutoCAD 给水排水工程制图基础，为后面具体学习建筑给水排水工程的 AutoCAD 制图的基本操作及技巧作铺垫。

本章重点

- 认识建筑给水排水工程的基本知识
- 了解建筑给水排水工程图纸的分类
- 学习建筑给水排水工程制图的基本规定
- 了解建筑给水排水工程制图的特点
- 掌握建筑给水排水工程 CAD 制图的基本知识

12.1　概　　述

建筑给水排水工程是现代城市基础设施的重要组成部分，在城市生活、生产及城市发展中的作用及意义重大。给水排水工程是指城市或工业单位从水源取水到最终处理的整个工业流程，一般包括了给水工程，即水源取水工程、净水工程(水质净化、净水输送、配水使用)；排水工程，即污水净化工程、污泥处理处置工程、污水最终处置工程等。整个给水排水工程由主要枢纽工程及给水排水管道网工程组成。

建筑给水排水工程制图涉及多方面的内容，包括了基本的工程制图方法、建筑施工图制图方法及建筑结构施工图制图方法等。在识读及绘制建筑给水排水工程制图前，读者应对上述的一些制图方法有所接触，重点学习《给水排水制图标准》GB/T 50106—2001。

12.2　给水排水施工图分类

给水排水施工图是建筑工程图的组成部分。按其内容和作用不同，给水排水施工图分为室内给水排水施工图和室外给水排水施工图。

室内给水排水施工图是表示房屋内给水排水管网的布置、用水设备以及附属配件的设置。

室外给水排水施工图是表示某一区整个城市的给水排水管网的布置以及各种取水、贮水、净水结构和水处理的设置。

给水排水施工图的主要图纸包括：室内给水排水平面图；室内给水排水系统图；室外给水排水平面图及有关详图。

12.3 给水排水施工图的表达特点及一般规定

本节简要介绍一下给水排水施工图的表达特点和一般规定。

12.3.1 表达特点

1. 给水排水施工图中的平面图、详图等图样采用正投影法绘制。

2. 给水排水系统图宜按 45°正面斜轴测投影法绘制。管道系统图的布图方向应与平面图一致，并宜按比例绘制；当局部管道按比例不易表示清楚时，可不按比例绘制。

3. 给水排水施工图中管道附件和设备等，一般采用标准(统一)图例表示。在绘制和阅读给水排水施工图前，应查阅和掌握与图纸有关的图例及其所表征的设备。

4. 给水及排水管道一般采用单线画表示，并以粗线绘制。而建筑与结构的图样及其他有关器材设备均采用中、细实线绘制。

5. 有关管道的连接配件，属于规格统一的定型工业产品，其在图中均可不予画出。

6. 给水排水施工图中，常用 J 作为给水系统和给水管的代号，用 P 作为排水系统和排水管的代号。

7. 给水排水施工图中管道设备的安装应与土建施工图相互配合，尤其在预留洞口、预埋件、管沟等方面对土建的要求，须在图纸上予以注明。

12.3.2 一般规定

给水排水施工图的绘制主要参照《房屋建筑制图统一标准》GB/T 50001—2001、《给水排水制图标准》GB/T 50106—2001、《暖通空调制图标准》GB/T 50114—2001 等标准，关于制图的图线、比例、标高、标注方法、管径编号、图例等标准中都作了详细的说明。

12.4 给水排水施工图的表达内容

本节介绍给水排水施工图的表达内容。

12.4.1 施工设计说明

给水排水施工图设计说明，是整个给水排水工程设计及施工中的指导性文字说明。应主要阐述以下内容：给水排水系统采用何种管材、设备型号及其施工安装中的要求和注意事项；消防设备的选型、阀门符号、系统防腐、保温作法及系统试压的要求以及其他未说明的各项施工要求；给水排水施工图尺寸单位的说明等。

12.4.2 室内给水施工图

1. 室内给水平面图的主要内容

室内给水平面图是室内给水系统平面布置图的简称，主要表示房屋内部给水设备的配置和管道的布置情况。其主要内容包括：

（1）建筑平面图；

（2）各用水设备的平面位置、类型；

（3）给水管网的各干管、立管和支管的平面位置、走向、立管编号和管道安装方式（明装或暗装）；

（4）管道器材设备（阀门、消火栓、地漏等）的平面位置；

（5）管道及设备安装预留洞位置、预埋件、管沟等方面对土建的要求。

2. 室内给水平面图的表示方法

（1）建筑平面图

室内给水平面图是在建筑平面图上，根据给水设备的配置和管道的布置情况绘出的，因此，建筑轮廓应与建筑平面图一致，一般只抄绘房屋的墙、柱、门窗洞、楼梯等主要构配件（不画建筑材料图例），房屋的细部、门窗代号等均可省略。

（2）卫生器具平面图

房屋卫生器具中的洗脸盆、大便器、小便器等都是工业产品，只需表示它们的类型和位置，按规定用图例画出。

（3）管道的平面布置

通常以单线条的粗实线表示水平管道（包括引入管和水平横管），并标注管径。以小圆圈表示立管，底层平面图中应画出给水引入管，并对其进行系统编号。一般给水管以每一引入管作为一个系统。

（4）图例说明

为使施工人员便于阅读图纸，无论是否采用标准图例，最好能附上各种管道及卫生设备的图例，并对施工要求和有关材料等用文字说明。

3. 室内给水系统图

给水系统图是给水系统轴测图的简称，主要表示给水管道的空间布置和连接情况。给水系统图和排水系统图应分别绘制。

（1）给水系统图的形成

管道系统的轴测图宜采用正面斜等轴测绘制。

(2) 给水系统图的图示方法

① 给水系统图与给水平面图采用相同的比例；

② 按平面图上的编号分别绘制管道图；

③ 轴向选择，通常将房屋的高度方向作为 Z 轴，以房屋的横向作为 X 轴，房屋的纵向作为 Y 轴；

④ 系统图中水平方向的长度尺寸可直接在平面图中量取，高度方向的尺寸可根据建筑物的层高和卫生器具的安装高度确定；

⑤ 在给水系统图中，管道用粗实线表示；

⑥ 在给水系统图中出现管道交叉时，要判别可见性，将后面的管道线断开。

(3) 给水系统图中的尺寸标注

12.4.3 室内排水施工图

1. 室内排水平面图的主要内容

室内排水平面图主要表示房屋内部的排水设备的配置和管道的平面布置情况。其主要内容包括：

(1) 建筑平面图；

(2) 室内排水横管、排水立管、排出管、通气管的平面布置；

(3) 卫生器具及管道器材设备的平面位置。

2. 室内排水平面图的表达方法

(1) 建筑平面图、卫生器具与配水设备平面图的表达方法，要求与给水管网平面布置图相同；

(2) 排水管道一般用单线条粗虚线表示，以小圆圈表示排水立管；

(3) 按系统对各种管道分别予以标志和编号；

(4) 图例及说明与室内给水平面图相似。

3. 室内排水系统图

(1) 室内排水系统图的图示方法

① 室内排水系统图仍选用正面斜等测，其图示方法与给水系统图基本一致；

② 排水系统图中的管道用粗线表示；

③ 排水系统图只需绘制管路及存水弯，卫生器具及用水设备可不必画出；

④ 排水横管上的坡度，因画图例小可忽略，按水平管道画出。

(2) 排水系统图中的尺寸标注

① 管径；

② 坡度；

③ 标高。

12.4.4　室外管网平面布置图

1. 室外管网平面布置图的主要内容

室外管网平面布置图：表明一个工程单位的(如小区、城市、工厂等)给水排水管网的布置情况。一般应包括以下内容：

(1) 该工程的建筑总平面图；

(2) 给排水管网干管位置等；

(3) 室外给水管网，需注明各给水管道的管径、消火栓位置等。

2. 室外管网平面布置图的表达方法

(1) 给水管道用粗实线表示；

(2) 在排水管的起端、两管相交点和转折点要设置检查井；在图上用 2～3mm 的圆圈表示检查井，两检查井之间的管道应是直线；

(3) 用汉语拼音字头表示管道类别；简单的管网布置可直接在布置图中标注管径、坡度、流向、管底标高等。

12.5　给水排水工程施工图的设计深度

该部分为摘录住房和城乡建设部颁发的文件《建筑工程设计文件编制深度规定》(2008 年版)中给水排水工程部分施工图设计的有关内容，供读者学习参考。

12.5.1　总则

1. 民用建筑工程一般应分为方案设计、初步设计和施工图设计三个阶段；对于技术要求简单的民用建筑工程，经有关主管部门同意，并且合同中有不做初步设计的约定，可在方案设计审批后直接进入施工图设计。

2. 各阶段设计文件编制深度应按以下原则进行：

(1) 方案设计文件，应满足编制初步设计文件的需要；

注意

对于投标方案，设计文件深度应满足标书要求；若标书无明确要求，设计文件深度可参照本规定的有关条款。

(2) 初步设计文件，应满足编制施工图设计文件的需要。

(3) 施工图设计文件，应满足设备材料采购、非标准设备制作和施工的需要。对于将项目分别发包给几个设计单位或实施设计分包的情况，设计文件相互关联处的深度应当满足各承包或分包单位设计的需要。

12.5.2　施工图设计

条文编排遵从原文件的序号，以便于读者进行查阅。

(1) 在施工图设计阶段，给水排水专业设计文件应包括图纸目录、施工图设计说明、设计图纸、主要设备器材表、计算书。

(2) 图纸目录：先列新绘制图纸，后列选用的标准图或重复利用图。

(3) 设计总说明

1) 设计总说明

① 设计依据简述。

② 工程概况。内容同初步设计；

③ 设计范围。同初步设计；

④ 给排水系统概况。主要的技术指标（如最高日用水量、平均时用水量、最大时用水量、最高日排水量、设计小时热水用水量及耗热量、循环冷却水量，各消防系统的设计参数及消防总用水量等）、控制方法：有大型的净化处理厂（站）或复杂的工艺流程时，还应有运转和操作说明；

⑤ 说明主要设备、器材、管材、阀门等的选型；

⑥ 说明管道敷设、设备、管道基础，管道支吊架及支座（滑动、固定），管道支墩、管道伸缩器、管道、设备的防腐蚀、防冻和防结露、保温，系统工作压力，管道、设备的试压和冲洗等；

⑦ 说明节水、节能、减排等技术要求；

⑧ 凡不能用图示表达的施工要求，均应以设计说明表述；

⑨ 有特殊需要说明的可分列在有关图纸上。

2) 图例。

(4) 建筑室外给水排水总平面图

1) 绘制各建筑物的外形、名称、位置、标高、道路及其主要控制点坐标、标高、坡向，指北针（或风玫瑰图）、比例。

2) 绘制全部给排水管网及构筑物的位置（或坐标、或定位尺寸）；构筑物的主要尺寸及详图索引号。

3) 对较复杂工程，应将给水、排水（雨水、污废水）总平面图分开绘制，以便于施工（简单工程可绘在一张图上）。

4) 给水管注明管径、埋设深度或敷设的标高，宜标注管道长度、并绘制节点图，注明节点结构、闸门井、消火栓井、消防水泵接合器井等尺寸、编号及引用详图（一般工程给水管线可不绘节点图）。

5) 排水管标注检查并编号和水流坡向，并标注管道接口处市政管网的位置、标高、管径、水流坡向。

(5) 室外排水管道高程表或纵断面图

1) 排水管道绘制高程表，将排水管道的检查井编号、井距、管径、坡度、设计地面标高、管内底标高、管道埋深等写在表内。

简单地工程，可将上述内容（管道埋深除外）直接标注在平面图上，不列表。

2) 对地形复杂的排水管道以及管道交叉较多的给排水管道，宜绘制管道纵断面图、图中应表示出检查井编号、井距、管径、坡度、设计地页标高、管道标高（给水管道标注管中心，排水管道标注管内底）、管道埋深、管材、接口型式、管道基础、管道平面示意，并标出交叉管的管径、位置、标高；纵断面图比例宜为竖向 1∶100（或 1∶50，1∶200），横向 1∶500（或与总平面图的比例一致）。

（6）水源取水工程总平面图。绘出地表水或地下水取水工程区域内的地形等高线、取水头部、取水管井（渗渠）、吸水管线（自流管）、集水井、取水泵房、栈桥、转换闸门及相应的辅助建筑物、道路的平面位置、尺寸、坐标、管道的管径、长度、方位等，并列出建筑物、构筑物一览表。

（7）水源取水工程工艺流程断面图（或剖面图）。一般工程可与总平面图合并绘在一张图上，较大且复杂的工程应单独绘制。图中标明工艺流程中各构筑物及其水位标高关系。

（8）水源取水头部（取水口）、取水管井（渗渠）平、剖面及详图。

1）绘制取水头部所在位置及相关河流、岸边的地形平面布置，图中标明河流、岸边与总体建筑物的坐标、标高、方位等。

2）绘出取水管井（渗渠）所在位置及组成形式，图中标明各建筑物、构筑物坐标、标高、方位等。

3）详图应详细标注各部分尺寸、构造、管径及引用详图等。

（9）水源取水泵房平、剖面及详图。绘出各种设备基础尺寸（包括地脚螺栓孔位置、尺寸），相应的管管、阀门、管件、附件、仪表、配电、起吊设备的相关位置、尺寸、标高等，列出主要设备器材表。

（10）其他建筑建筑物、构筑物平面、剖面及详图。内容包括集水井、计量设备、转换闸门井等。

（11）输水管线图。在带状地形图（或其他地形图）上绘制出管线及附属设备、闸门等的平面位置、尺寸，图中注明管径、管长、标高及坐标、方位。是否需要另绘管道纵断面图，视工程地形复杂程度而定。

（12）给水净化处理厂（站）总平面布置图及工艺流程断面图。

1）绘出各建筑物、构筑物的平面位置、道路、标高、坐标，连接各建筑物、构筑物之间的各种管道、管径、闸门井、检查井、堆放药物、滤料等堆放场的平面位置、尺寸。

2）工艺流程断面图，图中标明工艺流程中各构筑物及其水位标高关系。

（13）各净化建筑物、构筑物平、剖面及详图。分别绘制各建筑物、构筑物的平、剖面及详图，图中表示出工艺设备布置、各细部尺寸、标高、构造、管径及管道穿池壁预埋管管径或加套管的尺寸、位置、结构形式和引用详图。

（14）水泵房平面、剖面图。

注：一般指利用城市给水管网供水压力不足时设计的加压泵房，净水处理后的二次升压泵房或地下水取水泵房。

1）平面图。应绘出水泵基础外框及编号、管道位置，列出主要设备器材表，标出管径、阀件、起吊设备、计量设备等位置、尺寸。如需设真空泵或其他引水设备时，要绘出有关的管道系统和平面位置及排水设备。

2）剖面图。绘出水泵基础剖面尺寸、标高，水泵轴线、管道、阀门安装标高，防水套管位置及标高。简单的泵房，用系统轴测图能交待清楚时，可不绘剖面图。

（15）水塔（箱）、水池配管及详图。分别绘出水塔（箱）、水池的形状、工艺尺寸、进水、出水、泄水、溢水、透气、水位计、水位信号传输器等平面、剖面图或系统轴测图及详图，标注管径、标高、最高水位、最低水位、消防储备水位等及贮水容积。

（16）循环水构筑物的平面、剖面及系统图。有循环水系统时，应绘出循环冷却水系统的构筑物（包括用水设备、冷却塔等）、循环水泵房及各种循环管道的平面、剖面及系统图（或展开系统原理图）（当绘制系统轴测图时，可不绘制剖面图），并标注相关设计参数。

（17）污水处理。如有集中的污水处理或局部污水处理时，绘出污水处理站（间）平面、工艺流程断面图，并绘出各构筑物平、剖面及详图，其深度可参照给水部分的相应图纸内容。

（18）建筑室内给水排水图纸

1）平面图。

① 应绘出与给水排水、消防给水管道布置有关各层的平面，内容包括主要轴线编号、房间名称、用水点位置，注明各种管道系统编号（或图例）；

② 应绘出给水排水、消防给水管道平面布置、立管位置及编号，管道穿剪力墙处定位尺寸、标高、预留孔洞尺寸及其他必要的定位尺寸；

③ 当采用展开系统原理图时，应标注管道管径、标高；在给排水管道安装高度变化处，应在变化处用符号表示清楚，并分别标出标高（排水横管应标注管道坡度、起点或终点标高）；管道密集处应在该平面中画横断面图将管道布置定位表示清楚；

④ 底层（首层）平面应注明引入管、排出管、水泵接合器管道等与建筑物的定位尺寸、穿建筑外墙管道的管径、标高、防水套管形式等，还应绘出指北针；

⑤ 标出各楼层建筑平面标高（如卫生设备间平面标高有不同时，应另加注或用文字说明）和层数，灭火器放置地点（也可在总说明中交待清楚）；

⑥ 若管道种类较多，可分别绘制给排水平面图和消防给水平面图；

⑦ 对于给排水设备及管道较多处，如泵房、水池、水箱间、热交换器站、饮水间、卫生间、水处理间、游泳池、水景、冷却塔、热泵热水、太阳能和雨水利用设备间、报警阀组、管井、气体消防贮瓶间等，当上述平面不能交待清楚时，应绘出局部放大平面图；

⑧ 对气体灭火系统、压力（虹吸）流排水系统、游泳池循环系统、水处理系统、厨房、洗衣房等专项设计，需要再次深化设计时，应在平面图上注明位置、预留孔洞、设备与管道接口位置及技术参数。

2）系统图

① 系统轴测图。对于给水排水系统和消防给水系统，一般宜按比例分别绘出各种管道系统轴测图。图中标明管道走向、管径、仪表及阀门、伸缩节、固定支架、控制点标高和管道坡度（设计说明中已交待者，图中可不标注管道坡度）、各系统进出水管编号、各楼层卫生设备和工艺用水设备的连接点位置。如各层（或某几层）卫生设备及用水点接管（分支管段）情况完全相同时，在系统轴测图上可只绘一个有代表性楼层的接管图，其他各层注明同该层即可；复杂的连接点应局部放大绘制；在系统轴测图上，应注明建筑楼层标高、层数、室内外地面标高；引入管道应标注管道设计流量

和水压值；

② 展开系统原理图。对于用展开系统原理图将设计内容表达清楚的，可绘制展开系统原理图。图中标明立管和横管的管径、立管编号、楼层标高、层数、室内外地面标高、仪表及阀门、伸缩节、固定支架、各系统进出水管编号、各楼层卫生设备和工艺用水设备的连接，排水管还应标注立管检查口、通风帽等距地（板）高度及排水横管上的竖向转弯和清扫口等；如各层（或某几层）卫生设备及用水点接管（分支管段）情况完全相同时，在展开系统原理图上可只绘一个有代表性楼层的接管图，其他各层注明同该层即可。引入管还应标注管道设计流量和水压值；

③ 卫生间管道应绘制轴测图或展开系统原理图，当绘制展开系统原理图时，应按照本条第 1 款第 3 项要求绘制卫生间平面图；

④ 当自动喷水灭火系统在平面图中已将管道管径、标高、喷头间距和位置标注清楚时，可简化绘制从水流指示器至末端试水装置（试水阀）等阀件之间的管道和喷头；

⑤ 简单管段在平面上注明管径、坡度、走向、进出水管位置及标高，引入管设计流量和水压值，可不绘制系统图。

3）局部放大图。当建筑物内有水池、水泵房、热交换站、水箱间、水处理间、卫生间、游泳池、水景、冷却塔、热泵热水、太阳能、屋面雨水利用等设施时，可绘出其平面图、剖面图（或轴测图，卫生间管道也可绘制展开图），或注明引用的详图、标准图号。

4）详图。特殊管件无定型产品义无标准图可利用时，应绘制详图。

（19）主要设备器材表。主要设备、器材可在首页或相关图上列表表示，并标明名称、性能参数、计数单位、数量、备注使用运转说明。

（20）计算书。根据初步设计审批意见进行施工图阶段设计计算。

（21）当为合作设计时，应依据主设计方审批的初步设计文件，按所分工内容进行施工图设计。

12.6 职业法规及规范标准

规范或标准是工程设计的依据，规范或标准贯穿于整体工程设计过程。专业人员应首先熟悉专业规范的各相关条文，特别是一些强制条文。本节归纳列出一些建筑给排水工程设计中的常用规范标准，读者可选用查询。

给排水工程设计人员必须熟悉相关行业国家法律法规及行业标准规范，应在设计过程中严格执行相关条文，保证工程设计的合理安全，符合相关质量要求。特别是对于一些强制性条文，更应提高警惕，严格遵守，职业工作中应注意以下几点法律法规：

（1）我国有关基本建设、建筑、城市规划、环保、房地产方面的法律规范；

（2）工程设计人员的职业道德与行为准则。

表 12-1 列出了给排水工程设计中的常用法律法规及标准规范目录，读者可自行查阅，便于工程设计之用。其包含了全国勘察设计注册给水排水工程师复习推荐用法律、规程、规范。

相关职业法规及标准　　表 12-1

序号	文件编号	文　件　名　称
法律法规		
1		中华人民共和国城市房地产管理法
2		中华人民共和国城市规划法
3		中华人民共和国环境保护法
4		中华人民共和国建筑法
5		中华人民共和国合同法
6		中华人民共和国招标投标法
7		建设工程质量管理条例
8		建设工程勘察设计管理条例
9		中华人民共和国大气污染防治法
10		中华人民共和国水污染防治法
规范标准		
1	GB 50013—2006	室外给水设计规范
2	GB 50014—2006	室外排水设计规范
3	GB 50015—2003	建筑给水排水设计规范
4	GB 50016—2006	建筑设计防火规范
5	GB 50045—95(2005 年版)	高层民用建筑设计防火规范
6	GB 50084—2001(2005 年版)	自动喷水灭火系统设计规范
7	GB 50336—2002	建筑中水设计规范
8	CECS 14：2002	游泳池和水上游乐池给水排水设计规程
9	GB/T 50265—97	泵站设计规范
10	GB/T 50102—2003	工业循环水冷却设计规范
11	GB 50050—2007	工业循环冷却水处理设计规范
12	GB/T 50109—2006	工业用水软化水除盐设计规范
13	GB 50219—95	水喷雾灭火系统设计规范
14	GB 50067—97	汽车库、修车库、停车场设计防火规范
15	GB 50098—98(2001 年版)	人民防空工程设计防火规范
16	GB 50140—2005	建筑灭火器配置设计规范
17	GB 50096—1999(2003 年版)	住宅设计规范
18	GB 50038—2005	人民防空地下室设计规范
19	CECS 41：2004	建筑给水硬聚氯乙烯管管道工程技术规程
20	CJJ/T 29—98	建筑排水硬聚氯乙烯管道工程技术规程
21	GB 50268—2008	给水排水管道工程施工及验收规范
22	GB 50141—2008	给水排水构筑物工程施工及验收规范
23	GB 50242—2002	建筑给水排水及采暖工程施工质量验收规范
24	GB 50261—2005	自动喷水灭火系统施工及验收规范

续表

序号	文件编号	文　件　名　称
25	GB 50319—2000	建设工程监理规范
26	CJ 3020—93	生活饮用水水源水质标准
27	GB 5749—2006	生活饮用水卫生标准
28	CJ 94—2005	饮用净水水质标准
29	GB 3838—2002	地表水环境质量标准
设计手册		
1	严煦世等主编：《给水工程》（第四版）．中国建筑工业出版社，1999	
2	孙慧修主编：《排水工程　上册》（第四版）．中国建筑工业出版社，1999	
3	张自杰主编：《排水工程　下册》（第四版）．中国建筑工业出版社，2000	
4	王增长主编：《建筑给水排水工程》．中国建筑工业出版社，1998	
5	上海市政工程设计研究院主编：《给水排水设计手册（第 3 册）　城镇给水》（第二版）．中国建筑工业出版社，2003	
6	华东建筑设计院有限公司主编：《给水排水设计手册（第 4 册）　工业给水处理》（第二版）．中国建筑工业出版社，2000	
7	北京市市政设计研究总院主编：《给水排水设计手册（第 5 册）　城镇排水》（第二版）．中国建筑工业出版社，2003	
8	北京市市政设计研究总院主编：《给水排水设计手册（第 6 册）　工业排水》（第二版）．中国建筑工业出版社，2002	
9	中国建筑标准化研究所等编：《全国民用建筑工程设计技术措施（给水排水）》．中国计划出版社，2003	
10	严煦世主编：《给水排水工程快速设计手册（第 1 册）给水工程》．中国建筑工业出版社，1995	
11	于尔捷等主编：《给水排水工程快速设计手册（第 2 册）排水工程》．中国建筑工业出版社，1996	
12	陈耀宗等主编：《建筑给水排水设计手册》．中国建筑工业出版社，1992	
13	黄晓家等主编：《自动喷水灭火系统设计手册》．中国建筑工业出版社，2002	
14	聂梅生总主编：《水工业工程设计手册　建筑和小区给水排水》．中国建筑工业出版社，2000	
15	周玉文等著：《排水管网理论与计算》，中国建筑工业出版社，2000	

12.7　建筑给水排水工程 CAD 制图基础

建筑给水排水工程的 AutoCAD 制图必须遵循我国颁布的相关制图标准，主要涉及《房屋建筑制图统一标准》GB/T 50001—2001、《房屋建筑 CAD 制图统一规则》GB/T 18112—2000、《给水排水制图标准》GB/T 50106—2001 等多项制图标准。还有一些大型建筑设计单位内部的相关标准，读者可自行查阅，获得详细的相关条文解释，也可查阅相关建筑设备工程制图方面的教材或辅助读物进行参考学习。本节主要以 AutoCAD2009 应用软件为背景，针对建筑给水排水工程制图的各项基本规定，说明了其在 AutoCAD2009 中的制图操作过程，详细介绍了 AutoCAD 在建筑给水排水工程制图方面的一些知识及技巧，以帮助读者迅速提高 CAD 工程制图的能力。

12.7.1 图纸

关于图纸的标准包括图纸幅面、图框和标题栏等，下面简要介绍。

1. 图纸的幅面规格

根据建筑给排水工程规模的大小、类别等，可适当选用 A0、A1、A2、A3、A4 五种规格图纸，不同幅面图纸大小成 1/2 倍数的尺寸关系，建筑给排水施工图纸规格的选用通常与建筑平面图图纸规格一致，以保证建筑给排水设施的清晰表达。图纸的幅面尺寸见表 12-2。

图纸幅面规格(mm) **表 12-2**

幅面 / 尺寸	A0	A1	A2	A3	A4
$b \times l$	841×1189	594×841	420×594	297×420	210×297
c	10			5	
d	25				

若特殊情况需要时，也可采用加长图纸。图纸的短边一般不应加长，长边可加长，相关要求读者可查阅相关制图标准。

图纸幅面的选择，应保证制图紧凑、清晰及使用便携。用户也可以从 AutoCAD 默认板文件或页面设置中查看各幅面图纸的尺寸。

2. 图纸样式

图纸的使用可分为立式与横式，图纸以短边作为垂直边称为横式，以短边作为水平边称为立式。一般 A0～A3 图纸宜横式使用，必要时也可立式使用。上一篇已介绍立式与横式布置的图框，这里不再赘述。

图纸的标题栏、会签栏及装订边的位置都有一定的规定。一般不同的建筑设计院都制有自己的标准图纸样式，对本设计单位的图框进行标志设计，统一使用，其标题栏、会签栏往往都会带有鲜明的本院特色风格，以达到良好、醒目的效果，便于交流、宣传本设计单位形象。以下是某公司的标题栏样式，如图 12-1 所示。

XX XX 建筑设计有限公司				建筑工程设计 甲级证书 00xx00-xx		工程号	总设xx-xxx-xxxx
						图 别	给排水
审定人		专 业 负责人		工程名称	XX XX 饭店	图 号 水施一	
设计总 负责人		设计人		图 名	XX XX 平面图	版 号	A 版
校审人		制图人				日 期	2001.1

出图比例 1:100

图 12-1 图签

制图人员对于图框的使用，一般设计院都已设计好本单位的标准图框，可直接调用，方便快捷。另外，AutoCAD2009 安装目录下 Template 文件下也有一些中文和英制图框的模板文件等。对于一些涉外工程，读者可参考学习使用英制模板的格式。以下两幅图框即是从 Template 文件中调用的 GB_a1 及 GB_a4 建立的图框，如图 12-2 所示。

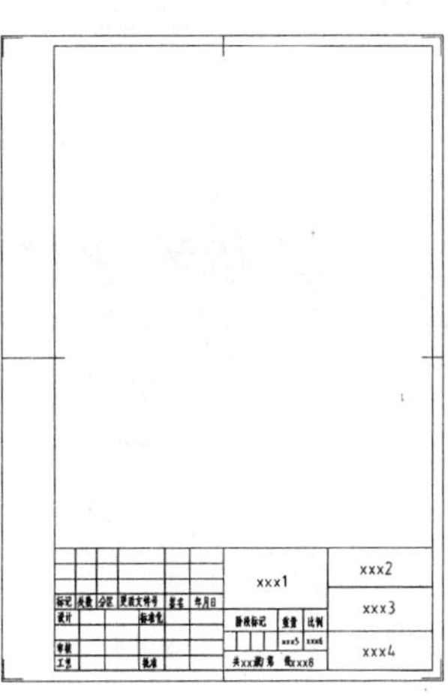

图 12-2 GB_a1 图框与 GB_a4 图框

位于“Template”文件夹列表内的的文件均为模板文件，文件名以 GB_为开头的模板为我国的“国标”的意思。其他如 ISO 为国际标准的意思，为英制；ANSI 则为美国国家标准学会；IEC 则为国际电工委员会等等。读者也可打开其他模板，认识了解一下相关模板的设置。

小技巧

样板文件的利用：

1. 样板图形存储图形的所有设置，还可能包含预定义的图层、标注样式和视图。样板图形通过文件扩展名“.dwt”区别于其他图形文件。它们通常保存在 template 目录中。

2. 如果根据现有的样板文件创建新图形，则新图形中的修改不会影响样板文件。可以使用随程序提供的一个样板文件，也可以创建自定义样板文件。

3. 图框的调用

图框的调用，可通过以下一些方法：

(1) 利用“剪切”、“复制”命令进行图框的调用，简单快捷。

注意

此处的“剪切”及“复制”是“编辑”菜单内的命令(其可在不同图纸内或同一张图纸内进行图样复制)，而不是“修改”菜单或工具栏的“复制”(其只能在同一张图纸内进行图样的复制)。

(2) 通过插入“块”的方法调用图框

可以将图框专门创建定义为“块”，随后执行“绘图”工具栏上的“插入块”命令，如图 12-3 所示。系统打开“插入”对话框，如图 12-4 所示。从“浏览”处选择“块”的保存位置，默认的位于 AutoCAD “Design Center” 即设计中心内。用户可根据制图比例指定插入块的比例。

图 12-3 “绘图”工具栏

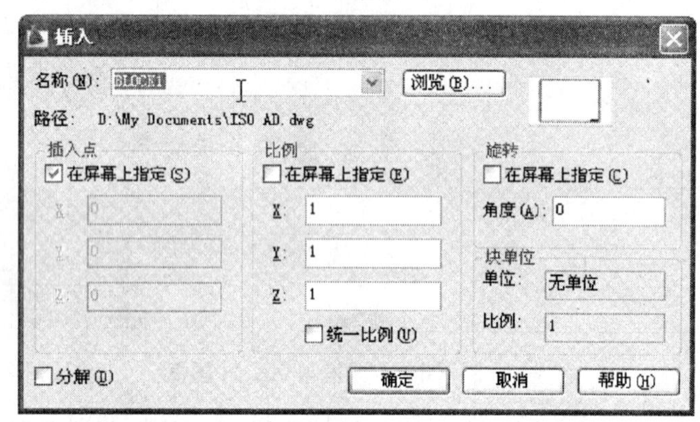

图 12-4 插入图块

(3) 使用“模板”

该方法是最高效的方法，用户只需直接打开某图框的模板文件，随后进行适当编辑修改，即可绘图。由于模板内的一些参数设置定型，风格统一，故省时快捷。

12.7.2 比例

《房屋建筑制图统一标准》GB/T 50001—2001 及《给水排水制图标准》GB/T 50106—2001 对建筑制图的比例、给水排水工程制图的比例作了详细的说明，比例大小的合理选择关系到图样表达的清晰程度及图纸的通用性。

给水排水专业的图纸种类繁多，包括了平面图、系统图、轴测图、剖面图、详图等。在不同的专业设计阶段，图纸要求表达的内容及深度是不同的。同时，工程的规模大小、工程的性质等也都关系到比例的合理选择。给水排水工程制图中的常见比例如表 12-3 所示。

图 纸 比 例 **表 12-3**

名　称	比　例
区域规划图	1∶10000、1∶25000、1∶50000
区域位置图	1∶2000、1∶5000
厂区总平面图	1∶300、1∶500、1∶1000
管道纵断面图	横向：1∶300、1∶500、1∶1000 纵向：1∶50、1∶100、1∶200
水处理厂平面图	1∶500、1∶200、1∶100
水处理高程图	可无比例

续表

名　　称	比　　例
水处理流程图	可无比例
水处理构筑物、设备间、泵房等	1∶30、1∶50、1∶100
建筑给水排水平面图	1∶100、1∶150、1∶200
建筑给水排水轴测图	1∶50、1∶100、1∶150
详图	2∶1、1∶1、1∶5、1∶10、1∶20、1∶50

其中，建筑给水排水平面图及轴测图宜与建筑专业图纸比例一致，以便于识图。另外，在管道纵断面图中，根据表达需要，在横向与纵向可采用不同的比例绘制。水处理的高程图和流程图及给水排水的系统原理图也可不按比例绘制。建筑给水排水的轴测图局部绘制表达困难时，也可不按比例绘制。

12.7.3　线型

制图中的各种建筑、设备等多数图样是通过不同式样的线条来表现的，以线条的形式来传递相应的表达信息，不同的线条即代表不同的含义。通过对线条的调整设置，包括线型及线宽等设置，以及诸如填充图案样式等的灵活运用，可以使图样表达得清晰，表达信息明确，制图快捷。

《房屋建筑制图统一标准》GB/T 50001—2001、《给水排水制图标准》GB/T 50106—2001 中对线条作了详细的解释，建筑给排水工程涉及建筑制图方面的线条规定，应严格执行。另外，还有给水排水专业在制图方面关于线条表达的一些规定，应将两者结合。

图线的宽度 b 的选择，主要考虑到图纸的类别、比例、表达内容与复杂程度，给水排水专业图纸中的基础线宽，一般取 1.0mm 及 0.7mm 两种。

表 12-4 列出了线型的一些表达规则。

线型的使用　　　　**表 12-4**

名称	线宽	表　达　用　途
粗实线	b	新设计的各种排水及其他重力流管线
粗虚线		新设计的各种排水及其他重力流管线不可见轮廓线
中粗实线	0.75b	新设计的各种给水和其他压力流管线 原有的各种排水及其他重力流管线
中粗虚线	0.75b	新设计的各种给水及其他压力流管线不可见轮廓线 原有的各种排水及其他重力流管线不可见轮廓线
中实线	0.5b	给水排水设备、零件的可见轮廓线 总图中新建建筑物和构筑物的可见轮廓线及原有的各种给水和其他压力流管线
虚实线	0.5b	给水排水设备、零件的不可见轮廓线
		总图中新建建筑物和构筑物的不可见轮廓线
		原有的各种给水和其他压力流管线的不可见轮廓线
细实线	0.25b	建筑的可见轮廓线，总图中原有建筑物和构筑物的可见轮廓线
细虚线	0.25b	建筑的不可见轮廓线，总图中原有建筑物和构筑物的不可见轮廓线

续表

名称	线宽	表 达 用 途
单点长画线	0.25b	中心线、定位轴线
折断线	0.25b	断开线
波浪线	0.25b	平面图中的水面线、局部构造层次范围线、保温范围示意线

对于线型的选用及制图时应注意的细节，读者可参考有关制图标准及教科书，这里不详细赘述。如相互平行的图线，其间隙不宜小于其中的粗线宽度，且不宜小于0.7mm；图线不得与文字、数字、符号等重叠、混淆；不可避免时，应首先保证文字等信息的清晰；同一张图纸中，相同比例的图样应选用相同的线宽组等等。

12.7.4 字体

制图中的文字包括了数字、字母、文字。

相关制图标准或书籍对字体的格式都作了叙述，包括了文字的字高、字的高宽比、字体、排列格式、倾斜度、有关单位制的格式等等。此处不作重复说明，读者请自行查阅。

图纸上的字体大小，从识读及图纸晒图、复印、缩微等方面考虑，一般字体最小高度的要求，见前述章节。

字体文件的选择还应注意宜使用通用的字体，以便于不同单位或个人间的图纸交流，生僻的字体很容易导致乱码现象。若用户找不到某种字体时，可以尝试到互联网上搜索下载，再安装至AutoCAD安装文件的根目录FONTS文件内。

图12-5所示为几种常见大字体的实际效果。

建筑给水排水工程制图 Hydraulic —— 仿宋体_GB2312

建筑给水排水工程制图 Hydraulic — gbenor.shx+gbcbig.shx

建筑给水排水工程制图 Hydraulic – Times new roman

建筑给水排水工程制图 Hydraulic — txt.shx+hztzt.shx

图12-5 不同文字样式的效果

小技巧

1. 在选用字体文件时尽量选用通用字体，以便于不同用户间的图纸交流，对于某些建筑设计院会使用一些个性特色字体，读者可以到一些官方网站下载，如www.autodesk.com。

2. 字体文件存于AutoCAD安装文件目录FONTS文件夹内。

12.7.5 图层

图层是AutoCAD制图使用的主要组织工具。可以使用图层将信息按功能编组，以及执行线型、颜色及其他标准。AutoCAD的层可以简单而形象地理解为：一层叠一层放置的透明的叠合电子纸。我们可以根据需要增加或删除某一层或多个层。在每一层上，都可以进行图形绘制，能够设置任意的线型与颜色。在图形绘制前，为了便于以后的使用，最好先创建层的组织结构。

在绘制施工图时，可以根据不同的构想和思路，用不同的层完成不同的设计，然后逐次打开每一个层比较效果，选择出最合理的层的组合，以实现设计制图的简洁、快速。在图形的输出过程中，不管是建筑图、管线图还是零件图，往往需要对图样的某一部分或每一类图样输出，此时可以通过改变层的状态(冻结或锁定或打印)，来获取不同的输出效果。

12.7.6　图层及交换文件

《房屋建筑制图 CAD 统一规则》GB/T 18112—2000 图层命名举例关于给水排水的部分如表 12-5 所示。

图层名举例(遵从原文件的编排序号)　　**表 12-5**

冷热

中文名	英文名	解　　释
给排-冷热	P-DOMW	生活冷热水系统 Domestic hot and cold water systems
给排-冷热-设备	P-DOMW-EQPH	生活冷热水设备 Domestic hot and cold water equipment
给排-冷热-热管	P-DOMW-HPIP	生活热水管线 Domestic hot water piping
给排-冷热-冷管	P-DOMW-CPIP	生活冷水管线 Domestic cold water piping

排水

中文名	英文名	解　　释
给排-排水	P-SANR	排水 Sanitary drainage
给排-排水-设备	P-SANR-EQPM	排水设备 Sanitary equipment
给排-排水-管线	P-SANR-PIPE	排水管线 Sanitary piping

雨水

中文名	英文名	解　　释
给排-雨水	P-STRM	雨水排水系统 Storm drainage system
给排-雨水-管线	P-STRM-PIPE	雨水排水管线 Storm drain piping
给排-排水-屋面	P-STRM-RFDR	屋面排水 Roof drains
给排-消防	P-HYDR	消防系统 Hydrant system

12.7.7　标注

建筑工程图形中的标注一般包括尺寸标注、标高标注和文字标注等，下面简要介绍。

1. 尺寸标注

工程制图需要对线段的长段、曲线的弧长、圆的半径、角的弧度、引线标注进行数值说明。尺寸标注首先需要进行的即是设置标注样式，用户根据制图的需要设置不同的标注样式，如建筑制图与机械制图的样式是不同的，不同比例的标注样式设置也是不同的。标注样式的设置应风格统一，以便阅读，达到图纸表达规范、清晰。

AutoCAD 的“标注”菜单和“标注”工具栏里的各标注工具，可以完成各种尺寸标注，读者可自行练习，掌握其使用方法，提高制图速度。

2. 标高标注

标高符号为一等腰直角三角形(其底边的高在图纸上约为 3mm)，并辅以相应的引出线，三角尖所指为实际高度线。长横线上下都可用来注写尺寸，尺寸单位为米，并注写到小数点后面三位数，总平面图上可只注到小数点后两位。关于标高符号的具体应用方法，详见各制图标准规范。

需要指出的是，标高方式视图纸类型而定，如总平面图、平面图、剖面图标注方式是有差异的；标高的性质是绝对标高还是相对标高等，制图时也应注意。

如图 12-6 所示，在平面图、系统图中，管道的标高采用以下方式进行标注。

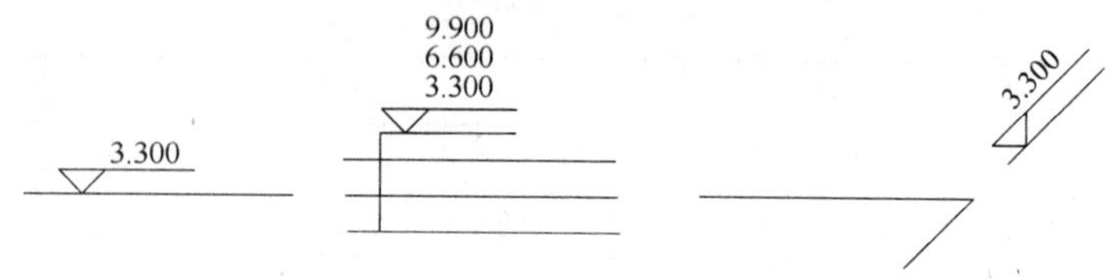

图 12-6　标高的标注方法

此处需要说明的是，AutoCAD 中并没有“标高三角符号”，用户只能自己绘制，或将标高符号创建为块，需用时可直接进行块的调用。也有一些以 AutoCAD 为平台开发的其他建筑软件，如天正、广厦等专业软件，提供了专门的标高标注块，使用相当方便，读者可以试一试。

3. 文字标注

文字标注主要涉及一些设计说明、注释、设备型号或编号等的文字说明，这些都是图纸清晰表达的重要环节。

文字标注时应注意字体样式、字体高度的设置，做到图纸风格统一、简约。

第 13 章　某综合办公楼给水排水设计实例

内容提要

本章将以某 4 层钢筋混凝土结构综合办公楼的给水排水工程设计实例为背景，重点介绍某楼的给水排水工程图的全过程 CAD 制图。试图从工程制图理论至相关给排水专业知识，详细描述该工程的制图流程。同时，本节还为读者介绍了大量的 CAD 制图的一些常用小技巧，这对 CAD 制图速度的提高是非常有帮助的。读者在吸收给水排水工程的制图知识及其 CAD 操作应用技巧的同时，也将会对给水排水工程设计及 CAD 制图有更深层次的认识。

本章重点

- 了解建筑给水排水工程的基本专业知识
- 学习运用 AutoCAD 的操作技巧
- 熟悉各给水排水工程制图特点
- 熟练各给水排水工程项目的制图流程

13.1　室内给水平面图

建筑室内给水平面图是在建筑平面图的基础上，根据建筑给排水制图的规定绘制出的用于反映给排水设备、管线的平面布置状况的图样，图中应标注各种管道、附件、卫生器具、用水设备和立管的平面位置以及标注管道规格、排水管道坡度等相关数值。通常制图时，是将各系统的管道绘制在同一张平面布置图上。根据工程规模，当管道及设备等复杂，在同一张图纸表达不清晰或管道局部布置复杂时，可分类(如卫生器具、其他用水设备、附件等)、分层(如底层、标准层、顶层)表达在不同的图纸上或绘制详图，以便于绘制及识读。建筑给水平面图是建筑给水排水施工图的重要组成部分，是绘制及识读其他给水排水施工图的基础。

13.1.1　室内给水平面图概述

1. 室内给水平面表达的主要内容

室内给水平面图即室内给水系统平面布置图，其主要表达了房屋内部给水设备的配置和管道的布置情况。其主要内容包括：

(1) 建筑平面图及相关给水设备在建筑平面图中的所在平面位置；

（2）各用水设备的平面位置、规格、类型等尺寸关系；

（3）给水管网的各干管、立管和支管的平面位置、走向、立管编号和管道安装方式（明装或暗装），管道的名称、规格、尺寸等；

（4）管道器材设备（阀门、消火栓、地漏等）、与给水系统相关的室内引入管、水表节点及加压装置的平面位置；

（5）屋顶给水平面图中应注明屋顶水箱的平面位置、水箱容量、进出水箱的各种管道的平面位置、设备支架及保温措施等内容；

（6）管道及设备安装预留洞位置、预埋件、管沟等方面对土建的要求。

2. 图例符号及文字符号的应用

建筑给水平面图的绘制涉及很多的设备图例及一些设备的简化表达方法，关于这些图形符号及标注的文字符号的表征意义，后续讲解中将具体介绍。

3. 管线位置的确定

管道设备一般采用图形符号和标注文字的方式来表示。在给排水平面图中，不表示线路及设备本身的尺寸大小形状，但必须确定其敷设和安装的位置。其中，平面位置是根据建筑平面图的定位轴线和某些构筑物来确定管道线路和设备布置的位置；而垂直位置即安装高度，一般采用标高、文字符号等方式来表示。

4. 建筑室内给水平面图的绘制步骤

（1）绘制房屋平面图（外墙、门窗、房间、楼梯等）；

室内给水工程 CAD 制图中，对于新建结构往往会由建筑专业提供建筑图，对于改建改造建筑则需进行建筑图绘制；

（2）绘制用水设备图例及其平面位置；

（3）绘制各给水管道的走向及位置；

（4）对管线、设备等进行尺寸及附加文字标注；

（5）附加必有的文字说明。

13.1.2 室内给水平面图 CAD 基本设置

AutoCAD 室内给水平面图绘制基本设置按：设置图幅、设置单位及精度、建立若干图层、设置对象样式的顺序依次展开。下面简要进行介绍。

1. 图纸与图框

采用 A1 图纸，幅面尺寸 $B\times L\times c\times a$＝594mm×841mm×10mm×25mm，$B$、$L$、$c$、$a$ 四个参数在图纸上所代表部位尺寸请参见前述章节。

按 1∶1 比例原尺寸绘制图框，图纸矩形尺寸为 594mm×841mm。图框矩形在扣除图纸的边宽及装订侧边宽后，其尺寸为 574mm×806mm。

（1）将图层设置为“图框”，线型设置为粗实线，线宽取 b＝0.7mm。

（2）利用“矩形”命令绘制图框，命令行操作如下：

命令：_ rectang

指定第一个角点或［倒角(C)/标高(E)/圆角(F)/厚度(T)/宽度(W)］：

指定另一个角点或［面积(A)/尺寸(D)/旋转(R)］：d↙

指定矩形的长度<10.0000>：841↙

指定矩形的宽度<10.0000>：594↙

指定另一个角点或［面积(A)/尺寸(D)/旋转(R)］：↙

命令：RECTANG

指定第一个角点或［倒角(C)/标高(E)/圆角(F)/厚度(T)/宽度(W)］：

指定另一个角点或［面积(A)/尺寸(D)/旋转(R)］：d↙

指定矩形的长度<210.0000>：806↙

指定矩形的宽度<297.0000>：574↙

指定另一个角点或［面积(A)/尺寸(D)/旋转(R)］：↙

(3) 利用“移动”命令，调整图框内框与外框间的边宽及装订侧边宽。利用“移动”命令时，注意“正交”模式的运用。绘制好的图框及图签如图 13-1 所示。

XX建筑设计院		XX公司综合办公楼	图 别	设施
			图 号	
制 图			比 例	1:125
审 核			日 期	2001.6

图 13-1　图框与图签

小技巧

使用“直线”命令时，若为正交轴网，可按下“正交”按钮，根据正交方向提示，直接输入下一点的距离即可，而不需要输入@符号；若为斜线，则可按下“极轴”按钮，设置斜线角度。此时，图形即进入了自动捕捉所需角度的状态，可大大提高制图时直线输入距离的速度。注意两者不能同时使用，如图 13-2 所示。

图 13-2　“状态栏”命令按钮

(4) 利用“缩放”命令对图框进行缩放。图框缩放的目的在于 AutoCAD 比例制图的概念，手工制图时是在 1∶1 的纸质图纸中绘制缩小比例的图样；而在 AutoCAD 电子制图中恰恰相反，即将图样按 1∶1 绘制，而将图框按放大比例绘制，也即相当于“放大了的标准图纸”。

根据本工程建筑制图比例 1∶125，因为此比例为缩小比例，故只需将图框相对放大 125，随后图样即可按 1∶1 原尺寸绘制，从而获得 1∶125 的比例图纸。给水排水平面图宜采用与建筑平面图同比例进行绘制，便于识读及各专业制图图纸规格一致。

2. 图层设置

用户可根据工程的性质、规模等进行合理设置各图层，以达到便于制图的目的，图层个数太少，绘制不便，图层太多也无必要。

图层的命令，根据《房屋建筑 CAD 制图统一规则》GB/T 18112—2000，建筑给水工程的图层代号如表 13－1 所示。

给水工程图层名称代号(冷热)　　　　表 13-1

中文名	英文名	解　　释
给排-冷热	P-DOMW	生活冷热水系统 Domestic hot and cold water systems
给排-冷热-设备	P-DOMW-EQPH	生活冷热水设备 Domestic hot and cold water equipment
给排-冷热-热管	P-DOMW-HPIP	生活热水管线 Domestic hot water piping
给排-冷热-冷管	P-DOMW-CPIP	生活冷水管线 Domestic cold water piping

具体设置过程如下：

在“图层”工具栏上，点击“图层特性管理器”按钮，如图 13-3 所示。打开“图层特性管理器”对话框进行图层设置。

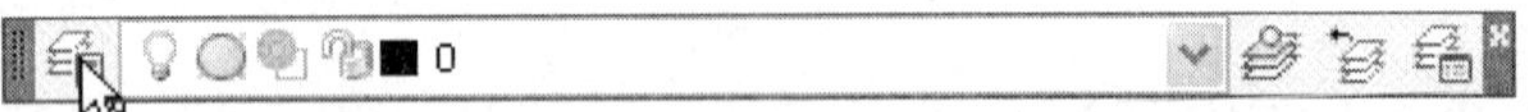

图 13-3 “图层特性管理器”命令按钮

关于 AutoCAD 图层的命名，用户可根据专业需要进行调整。根据本给水工程的设计需要及其 CAD 制图便捷性的需要，作如图 13-4 所示的图层设置。

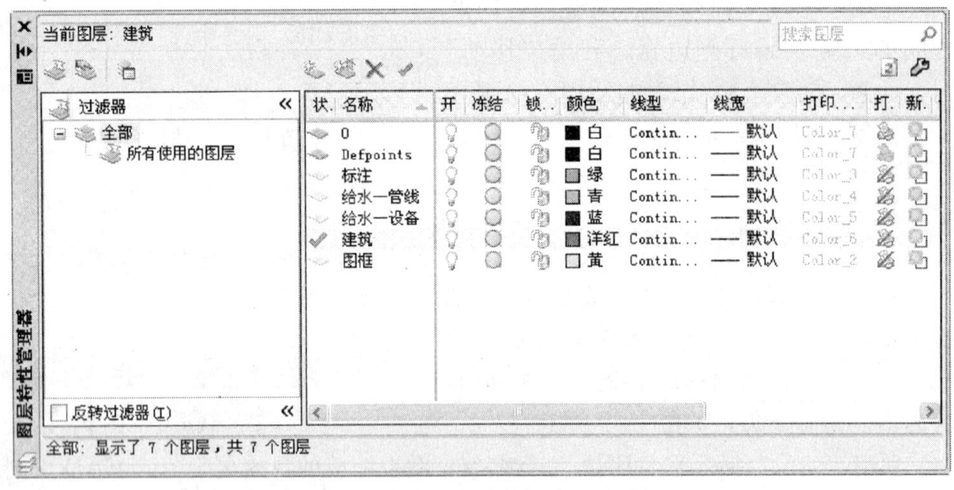

图 13-4 “图层特性管理器”参数设置窗口

注意

(1) 各图层的设置不同颜色、线宽、状态等；

(2) 0 层不作任何设置，也不应在 0 层绘制图样。

3. 文字样式

执行菜单命令：格式→文字样式，或点击“样式”工具条中的“文字样式”按钮，如图 13-5 所示。

在弹出的“文字样式”对话框中进行样式参数设置，如图 13-6 所示。主要包括以下几项：新建字体样式名称、字体组合、宽度因子。用户可于左下角的预览窗口看到所设置的字体样式效果。

图 13-5 “样式”工具栏

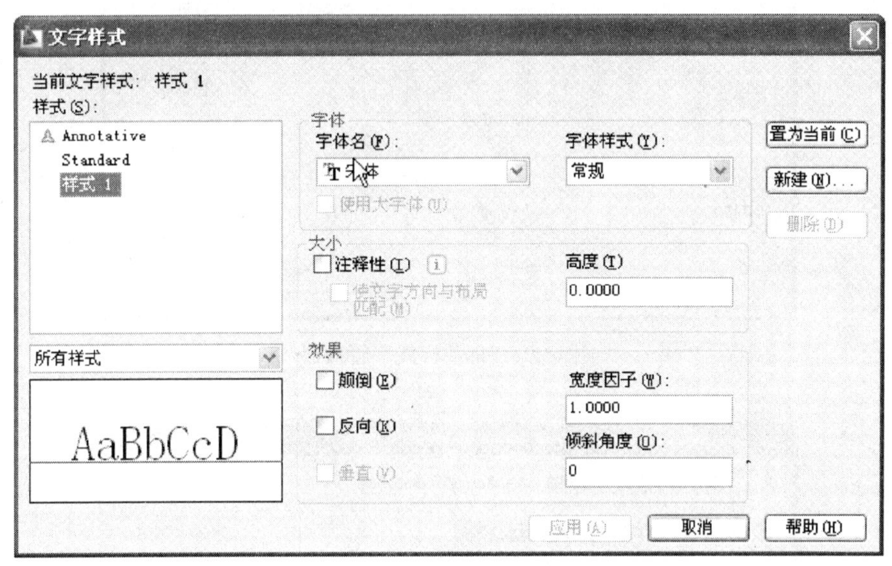

图 13-6 “文字样式”参数设置窗口

这里采用土木工程 CAD 制图中常用的大字体样式，字体组合为“txt. shx＋hztxt. shx”(若 CAD 字库中没有该字体，读者可从 CAD 有关字体网站中下载并安装即可)，高宽比设置为 0.7。此处暂不设置文字高度，其高度仍然为 0.000，样式名为默认的 Standard。读者若想另建其他样式的字体，则需点击“新建”按钮。在打开的“新建文字样式”对话框中输入样式名，进行新的字体样组合及样式设置，如图 13-7 所示。

图 13-7 “新建文字样式”对话框

4. 标注样式

执行菜单命令：格式→标注样式，或点击“标注”工具栏上的“标注样式设置”按钮，或点击“样式”工具栏或“标注”工具栏上的“标注样式”按钮，如图 13-8 所示。

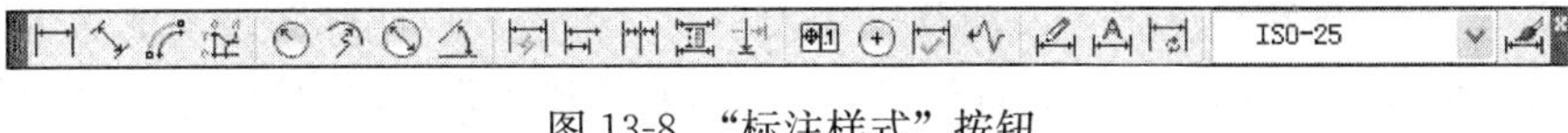

图 13-8 “标注样式”按钮

弹出“标注样式管理器”窗口，如图 13-9 所示。进行样式设置，用户可以选择“置为当前、新建、修改、替代、比较”方式来完成标注样式的设置。此处点击“修改”项，弹出如图 13-10 所示的“修改标注样式”对话框，进行各参数设置。

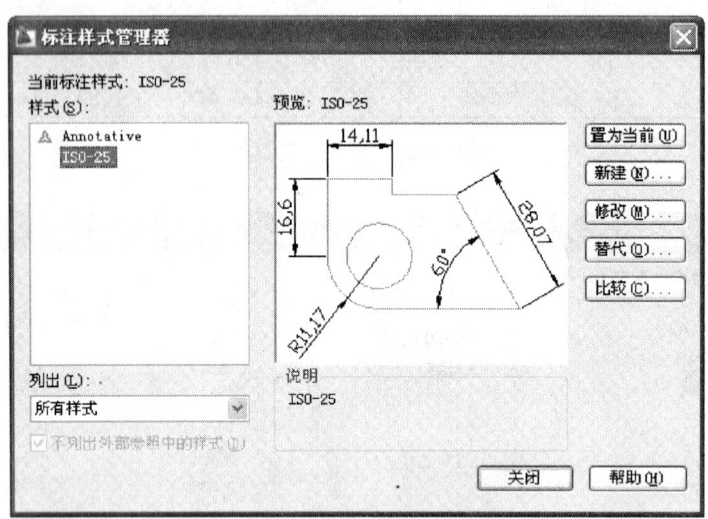

图 13-9 “标注样式”管理器

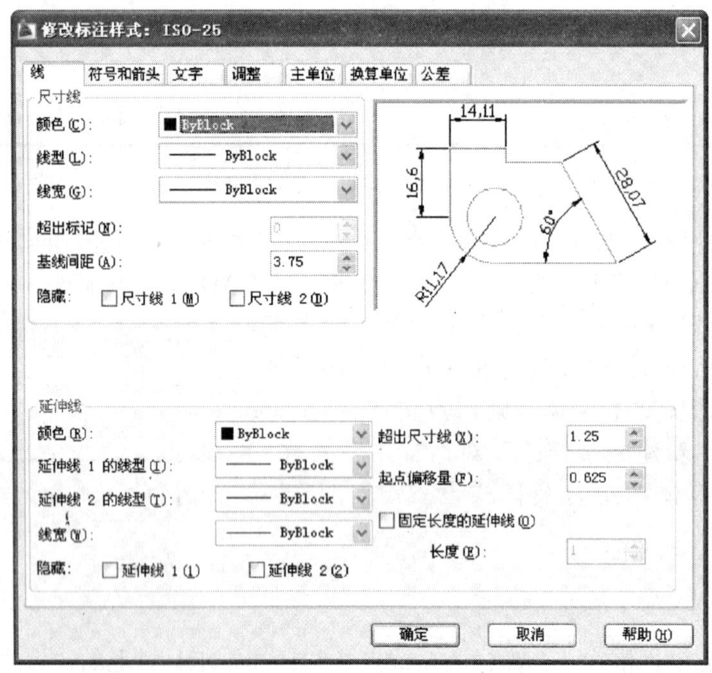

图 13-10 “修改标注样式”对话框

用户可按《房屋建筑制图统一标准》的要求，对标注样式进行设置，包括“文字、单位、箭头”等等，此处应注意各项涉及尺寸大小的，都应为以实际图纸上的表现尺寸乘以制图比例的倒数，即 100。如本例需要在 A4 图纸上看到 3.5mm 单位的字，则此处的字高应设为 350，此方法同图框的设置。各项设置如下：

“线”项：颜色、线型、线宽等均设置为“byLayer”，即随层设置，其属性与“标注”图层属性相同。

“符号和箭头”项：选择建筑标记、引线为实心闭合、箭头大小。

“文字”项：文字样式、颜色随层、高度及位置。

“调整”项：使用全局比例为 100。

“主单位”项：小数、精度、句点。

一幅图中可能涉及几种不同的标注样式，此时读者可建立不同标注样式，然后使用不同的标注样式。

13.1.3　室内给水平面图的 CAD 实现

在绘制给水平面图前，首先要绘制建筑平面图。给水排水工程制图中，对于新建结构，往往会由建筑专业提供建筑图；对于改建改造建筑，若没有原建筑图，则可根据原档案所存的图纸，进行建筑平面图的 CAD 绘制。

此处为建筑给排水工程制图，对于建筑图的线宽，统一设置成“细线”，即 0.25*b*。给水排水工程制图中各线型、线宽设置的要求，可参见《给水排水制图标准》GB/T 50106—2001 及前述相关章节。

此处，简述建筑专业图的绘制。建筑给排水工程中的建筑图，主要是指建筑平面图的轮廓线，绘制步骤如下：

1. 绘制定位轴线、轴号

(1) 将当前图层设置为“建筑”(用户也可以建立建筑-轴线图层)。

注意

定位轴线为点画线，线型设置如前述。

(2) 利用“直线”命令绘制两条轴线，分别为水平向及竖直向，长度分别为 80000 和 30000。绘制时使用“正交”状态按钮，结果如图 13-11 所示。

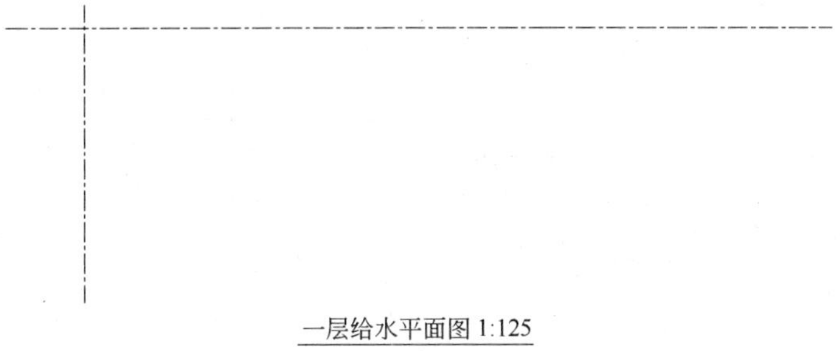

一层给水平面图 1:125

图 13-11　绘制轴线

(3) 利用“复制”、“偏移”、“阵列”等修改命令，绘制编辑出轴网，具体尺寸参照图 13-12。

(4) 利用“圆”命令绘制轴号圆圈，轴号的圆圈在图纸上应为 8mm 直径的圆，此处的制图比例为 1∶125，故其直径也应为 8mm×125=1000mm。

(5) 利用“单行文字”命令将轴线编号，插入圆圈中。

(6) 利用“复制”命令复制刚绘制的圆圈和轴线编号到轴网各个端点，并修改各轴线的轴号数字或字母值。修改时双击文字，出现闪烁的文字编辑符即进行编辑状态，轴号横向排列为数字，纵向排列为英文字母。

绘制好的轴网，如图 13-12 所示。

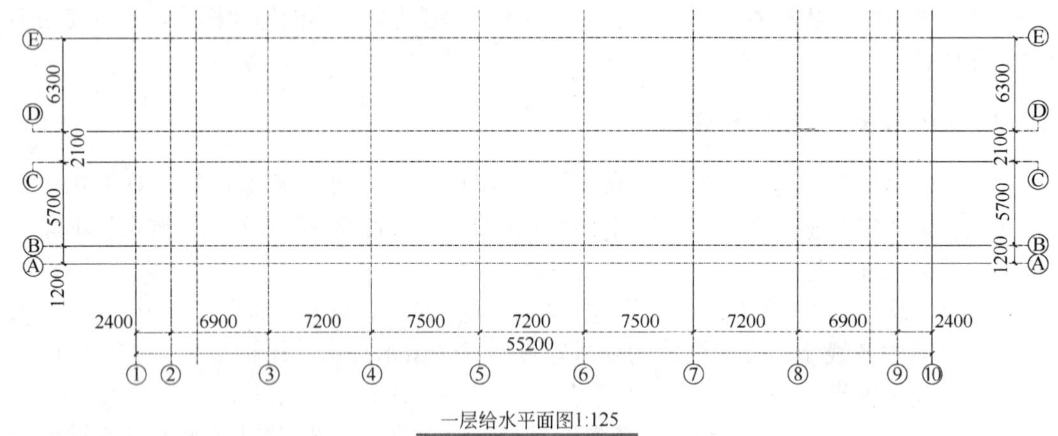

图 13-12　绘制定位轴线图

2. 绘制墙线、柱

(1) 更改当前图层为"墙线"(仍为建筑)。

(2) 利用"多线"命令，绘制墙线，具体位置和尺寸参照图 13-13。

(3) 利用"多线编辑工具"及"分解"、"修改"等命令对墙线进行细部修改，同时绘制柱的图截面形成柱网。

(4) 使用"矩形"命令 绘制柱子轮廓，使用"图案填充"命令 对柱子轮廓进行填充，结果如图 13-13 所示。

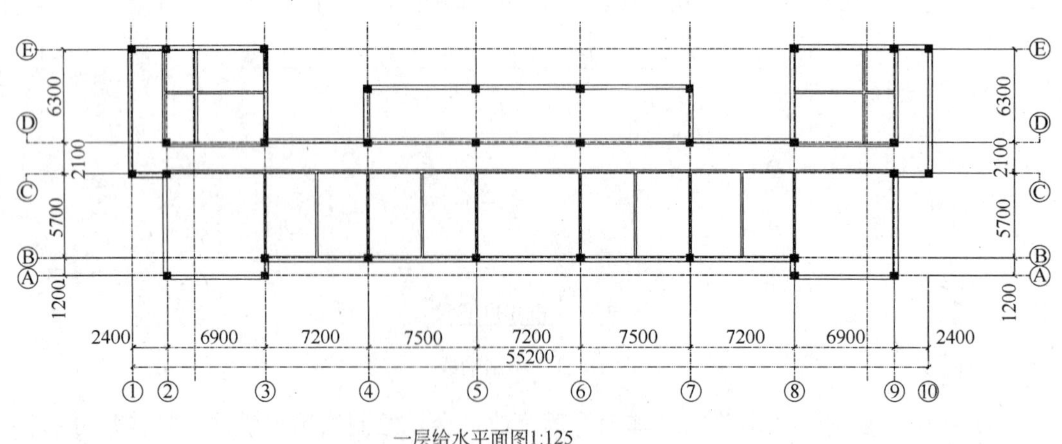

图 13-13　绘制墙线及柱的定位

小技巧

AutoCAD 提供点坐标(ID)、距离(Distance)、面积(area)的查询，给图形的分析带来了很大的方便。用户可以及时查询相关信息进行修改，用户可依次单击菜单“工具→查询→距离”等来执行上述命令。

3. 线条编辑、门窗开洞

(1) 更改当前图层为“建筑”。设置好颜色，线宽＝0.25b，此处取 0.15mm。

(2) 利用“剪切”、“延伸”、“倒角”、“阵列”、“创建块”、“插入块”等命令对建筑图进行修改。

其中，墙线(多线)的编辑应使用“多线编辑”工具，多线的编辑不支持普通线条的修改。若需使用常规的修改命令，则必须先将使用“分解”命令将其分解，转化为普通线段才可以进行修改编辑。

另外，室内基本布局设施的平面位置的绘制，如一些办公桌、椅子等图例或块，可以从 CAD 设计中心里查找并调用，以提高 CAD 制图速度，读者也可以自行创建此类的块以便调用。

最终修改的结果如图 13-14 所示。

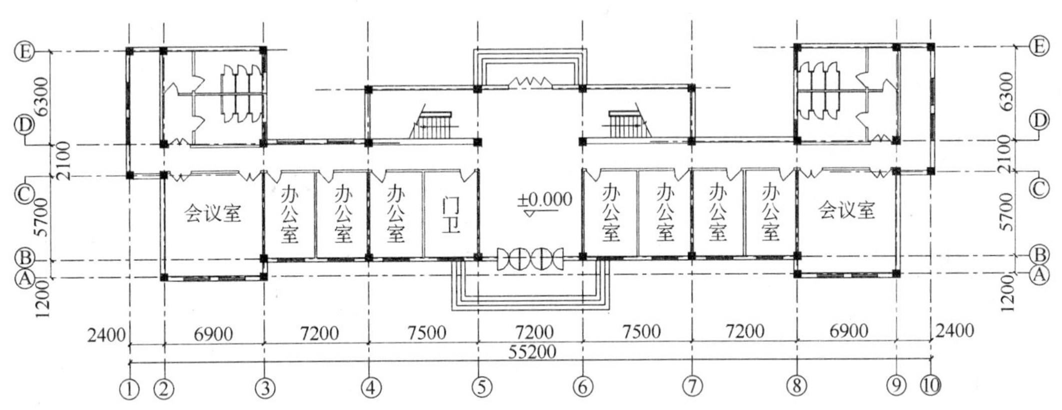

一层给水平面图1:125

图 13-14　一层平面图

小技巧

目前，国内对建筑 CAD 制图开发了多套适合我国规范的专业软件，如天正、广厦等。这些以 AutoCAD 为平台开发制图软件，通常根据建筑制图的特点，对许多图形进行模块化、参数化，故在使用这些专业软件时，大大提高了 CAD 制图的速度，而且 CAD 制图格式规范统一，降低了一些单靠 CAD 制图易出现的小错误，给制图人员带来了极大的方便，节约了大量制图时间。感兴趣的读者也可对相关软件试一试。

4. 绘制用水设备

在建筑平面图的相应位置，给排水设备的布置应满足生产生活功能、使用合理及施工方便。给排水管线及各种给排水设施等构配件尺寸较小，当采用较小比例绘制时，很难把种种卫生设备表达清楚，故一般用图形符号及图例来表示各种管线及给排水设备。《房屋建筑制图统一标准》GB/T 50001—2001、《给水排水制图标准》GB/T 50106—2001 中规定管道都用单线表示，并给出了一些常用的给排水设备图例，读者可参阅相关标准，熟悉各图例的表征意义，便于工程制图使用。

给水排水工程制图的设计说明、图例中应画出各图例符号并注明其具体表达含义，此处对图例符号的绘制，作简要介绍。

（1）立式洗脸盆图例绘制

① 利用“矩形”命令绘制边长为 300mm 的正方形，如图 13-15 所示。

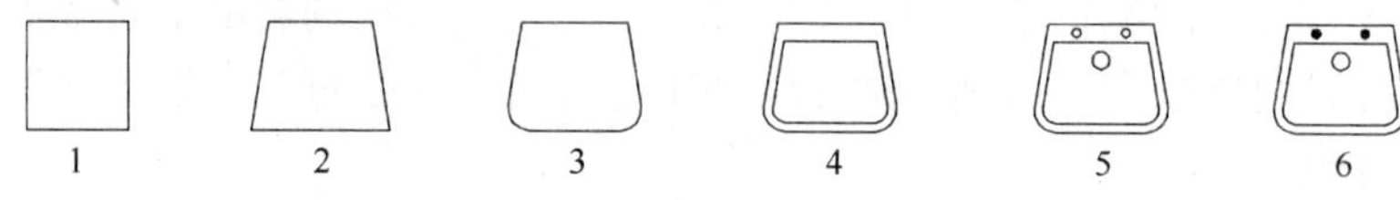

立式洗脸盆绘制流程

图 13-15　绘制过程

② 利用“分解”命令将正方形分解成独立的线段，便于下一步编辑，如图 13-15 所示。

③ 执行菜单命令：修改→拉长，将底部直线段两段各延长 50mm，得到一个梯形，如图 13-15 所示。命令行操作如下：

命令：_ lengthen

选择对象或［增量(DE)/百分数(P)/全部(T)/动态(DY)］：de↙

输入长度增量或［角度(A)］＜－25.0000＞：50↙

④ 利用“圆角”命令将梯形底部两锐角圆角处理，如图 13-15 所示，命令行操作如下：

命令：_ fillet

当前设置：模式＝修剪，半径＝0.0000

选择第一个对象或［放弃(U)/多段线(P)/半径(R)/修剪(T)/多个(M)］：r↙

指定圆角半径＜0.0000＞：60↙

选择第一个对象或［放弃(U)/多段线(P)/半径(R)/修剪(T)/多个(M)］：(选择梯形一条边)

选择第二个对象，或按住 Shift 键选择要应用角点的对象：(选择梯形另一条边)

⑤ 利用“偏移”命令将梯形各边向内分别偏移 25mm 和 50mm，形成轮廓线，如图 13-15 所示。

⑥ 利用“圆”命令在适当位置绘制进管道孔，直径为 25 和 50，如图 13-15 所示。

⑦ 利用“图案填充”命令将两进水管道孔填充为黑色，如图 13-15 所示。

（2）污水池图例绘制

① 利用“矩形”命令绘制边长为 360mm 的正方形，如图 13-16 所示。

② 利用“偏移”命令将正方形各边向内偏移 30mm 形成轮廓线，如图 13-16

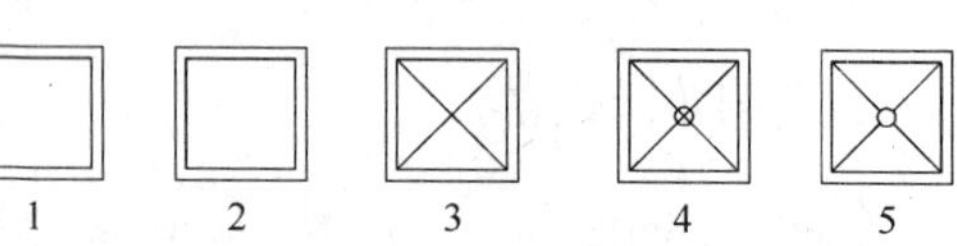

污水池绘制流程

图 13-16　绘制流程

所示。

③ 利用“直线”命令 绘制内部正方形的两条对角线，如图 13-16 所示。

④ 利用“圆”命令 以对角线中心点为圆心绘制半径为 25mm 的圆，如图 13-16 所示。

⑤ 利用“修剪”命令 剪切掉圆内的直线，使其完全空心，如图 13-16 所示。

关于建筑设备图例，AutoCAD 设计中心也提供了大量的“块”，方便用户直接调用，如图 13-17 所示。

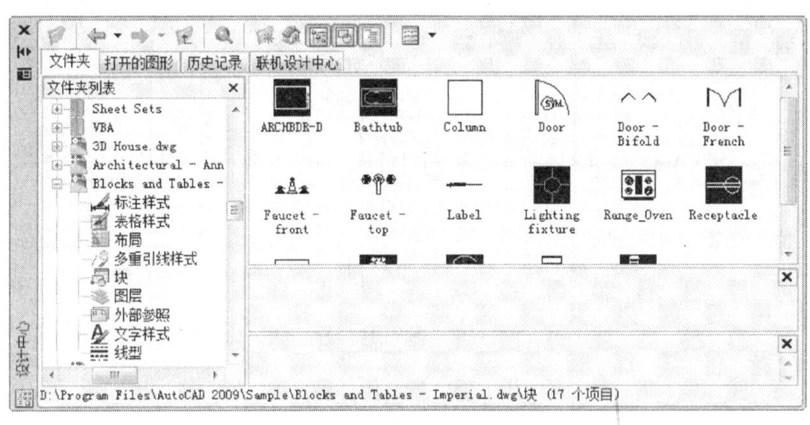

图 13-17　设计中心

准备好所有给水设备图例后，更改当前图层为“给水-设备”。

将绘制好的图例，通过“复制” 等基本命令，按给水排水工程设计布置的需要，一一对应复制到相应位置，注意复制时选择合适的“基点”。当给水排水设施为对称布置时，还可使用“镜像”命令 ，提高制图速率。布置结果如图 13-18 所示。

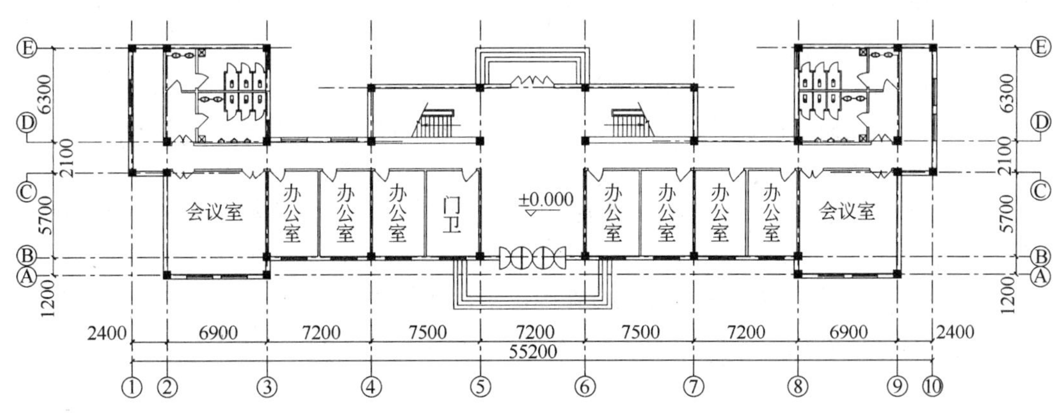

图 13-18　设备布置

5. 绘制管线

管线连接各给排水设备，表达了其连接关系。在绘制管线路前应注意其安装走向及方式，规划出较为理想的线路布局。绘制线路时应用中粗实线，并注意设定好当前图层为“给水-管线”。

此楼为综合办公楼，仅有洗手间需要供水，供水管线连接的设备包括室外水井、室内用水设备(洗脸池、污水池、便池)，利用“直线”命令 将各设备连接起来，如图 13-19 所示。

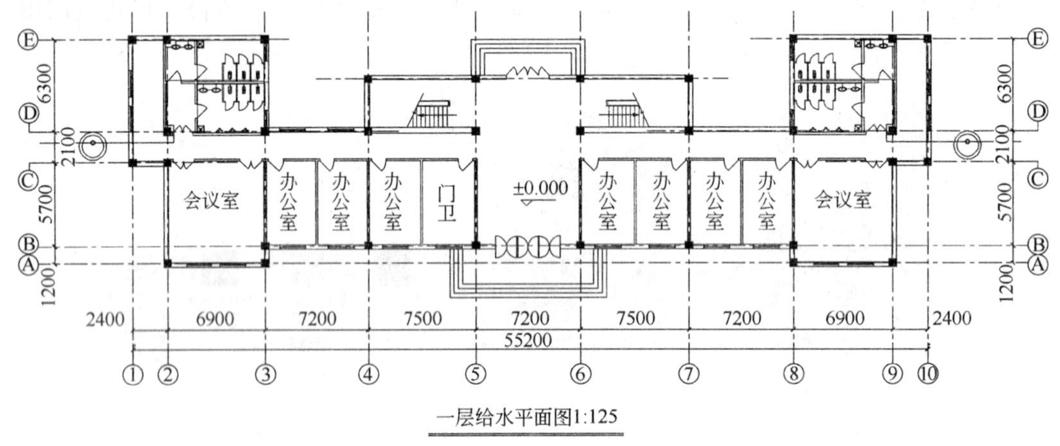

图 13-19　绘制连接管线

6. 文字标注及相关必要的说明

更改当前图层为“标注”。利用尺寸标注和文本标注相关命令进行相应的标注。

建筑给排水工程图，一般采用图形符号与文字标注符号相结合的方法，文字标注包括相关尺寸、线路的文字标注等等，以及相关的文字特别说明等，都应按相关标准要求，做到文字表达规范、清晰明了。

(1) 管径标注

给排水管道的管径尺寸以毫米(mm)为单位。

① 对于水煤气输送钢管(镀锌或不镀锌)、铸铁管、硬聚氯乙烯管、聚丙烯管等，用公称直径 *DN* 表示；

② 对于无缝隙钢管、焊接钢管、铜管、不锈钢管等，管径用“*D* 外径×壁厚”表示，如 *D*150×4；

③ 钢筋混凝土管、陶土管、耐酸陶管等，采用管道内径 *d* 表示，如 *d*250。

(2) 编号

当建筑物的给水引入管或排水排出管的根数大于 1 根时，通常用汉语拼音的首字母和数字对管道进行编号。

如图 13-20 所示，圆圈横线上方的汉语拼音字线表示管道类别，横线下方的数字表示管道进出口编号。

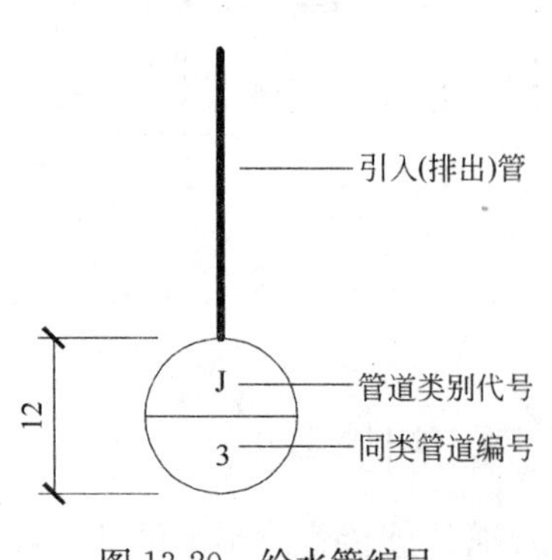

图 13-20　给水管编号

如图 13-24 所示，对于给水立管及排水立管，即指穿过一层或多层的竖向给水或排水管道，当其根数大于 1 根时，也应采用汉语拼音首字母及阿拉伯数字对其进行编号。如"JL-2"表示 2 号给水立管，"J"表示给水，"PL-6"则表示 6 号排水立管，"P"表示排水。

注意

立管在平面图及系统图中表示方法不同，如图 13-21 所示。

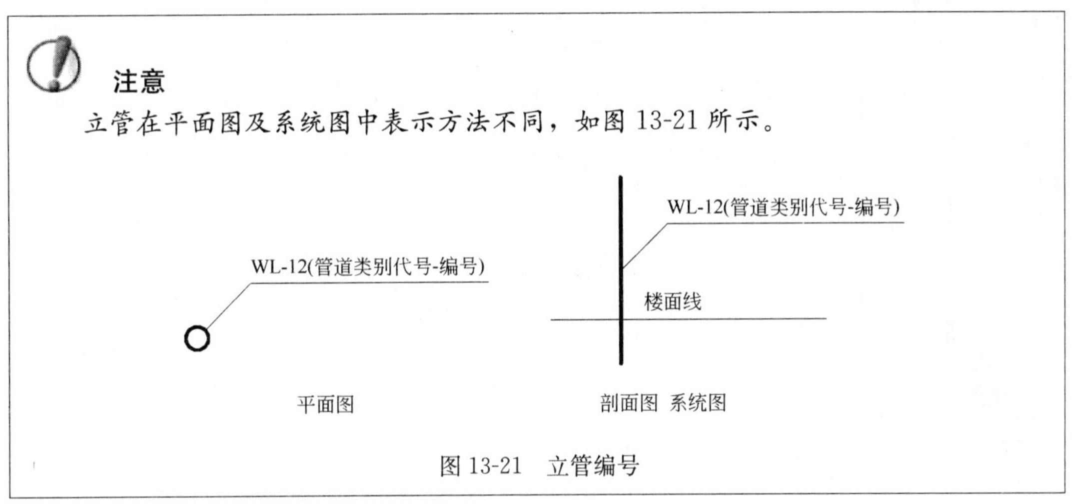

图 13-21　立管编号

(3) 标高

前述一节以介绍，此处不细述，读者也可参阅相关制图标准。

7. 指北针的绘制

指北针的图纸尺寸为 14mm 直径的圆，指针底部宽为 3mm，按此图 1∶100 比例，故应在 CAD 中画 1400mm 直径的圆，如图 13-22 所示。

具体绘制步骤如下：

(1) 保持当前图层为"标注"；

(2) 利用"圆"命令绘制 1400mm 直径的圆；

(3) 利用"直线"命令绘制指针的一边；

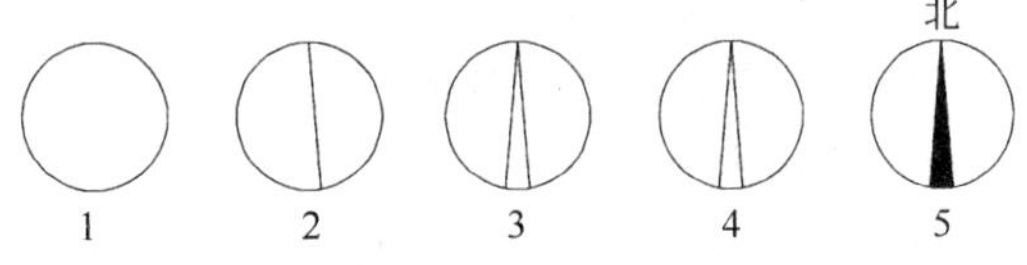

图 13-22　绘制流程

(4) 利用"镜像"命令镜像指针的另一边；

(5) 利用"图案填充"命令将指针填充为黑；

(6) 利用"单行文字"命令标注指向文字为"北"或"N"；

(7) 利用"移动"命令将指南针移动至图样右上角。

8. 尺寸标注

建筑的尺寸标注共三道，第一道是细部标注，主要是指门窗洞的标注；第二道是轴网标注；第三道是建筑长宽标注。

当前图层仍为"标注"。利用尺寸标注的相关命令对尺寸进行标注。标注完成后，最终如图 13-23 所示。

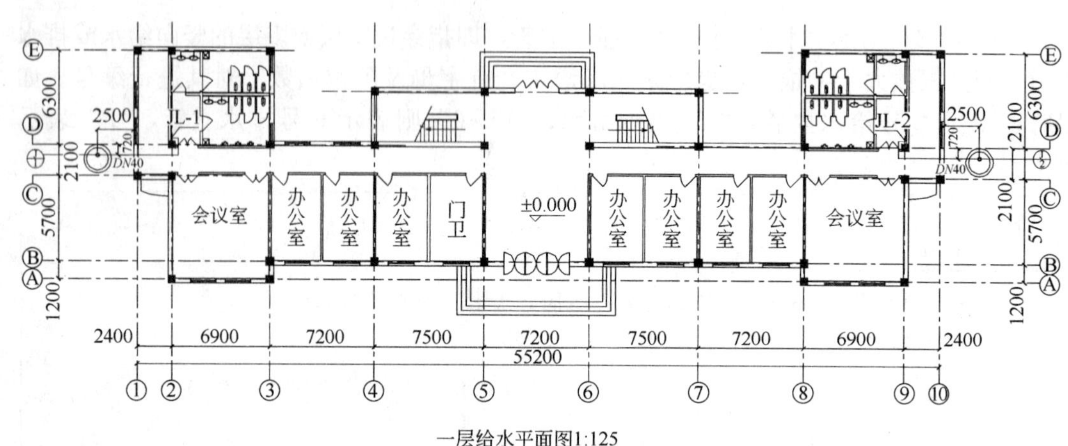

图 13-23　一层给水平面图

小技巧

以 F 为字头的快捷键命令如下：

F1：获取帮助；

F2：实现作图窗口和文本窗口的切换；

F3：控制是否实现对象自动捕捉；

F4：数字化仪控制；

F5：等轴测平面切换；

F6：控制状态行上坐标的显示方式；

F7：栅格显示模式控制；

F8：正交模式控制；

F9：栅格捕捉模式控制；

F10：极轴模式。

使用这些快捷键，可以帮助用户快速地进行制图和查询。

13.2　室内给水系统图

室内给水排水系统图为轴测图，即采用正面斜等轴测投影法绘制的，能够反映管道系统三维空间关系的立体图样。它可以以管路系统作为表达对象，也可以以管线系统的的某一部分作为表达对象，如厨房的给水、消防给水等。绘制给水系统图的基础是各层给排水平面图，通过系统图可以了解系统从下到上全方位的关系。

13.2.1　室内给水系统图概述

1. 室内给水系统图表达的主要内容

室内给水系统图即室内给水系统平面布置图，其主要表达了房屋内部给水设备的配置和管道的布置及连接的空间情况。其主要内容包括：

（1）系统编号。在系统图中，系统的编号与给排水平面图中的编号应该是对应一致的。

（2）管道的管径、标高、走向、坡度及连接方式等内容。在平面图中管长的变化无法表示，但在系统轴测图中应标注各管段的管径，管径的大小通常用公称直径来表示。在平面图中管道相关设备的标高亦无法表示，在系统图中应标注相关标高，主要包括建筑标高、给排水管道的标高、卫生设备的标高、管件标高、管径变化处标高以及管道的埋深等。管道的埋深采用负标高标注，管道的坡度值及走向也应标明。

（3）管道和设备与建筑的关系。主要是指管道穿墙、穿梁、穿地下室、穿水箱、穿基础的位置及卫生设备与管道接口的位置等。

（4）重要管件的位置。如给水管道中的阀门、污水管道中的检查口等，应在系统轴测图中标注。

（5）与管道相关的给水排水设施的空间位置。如屋顶水箱、室外储水池、水泵、加压设备、室外阀门井等，与给水相关的设施的空间位置以及与排水有关的设施，室外排水检查井、管道等。

（6）建筑分区供水，系统轴测图中应反映分区供水的区域；分质供水的建筑，应按照不同的水质独立绘制各系统的供水系统图。

2. 图例符号及文字符号的应用

建筑给水系统图的绘制涉及很多的设备图例及一些设备的简化表达方法。关于这些图形符号及标注的文字符号的表征意义，后续文字中将顺带介绍。

3. 管线位置

给水排水系统轴测图的布图方向一般与平面图一致，一般采用正面斜等测方法绘制，表达出管线及设备的立体空间位置关系。当管道或管道附件被遮挡时，或转弯管道变成直线等局部表达不清晰时，可不按比例绘制。系统图中水平方向的长度尺寸可直接在平面图中量取，高度方向的尺寸可根据建筑物的层高和卫生器具的安装高度确定。

4. 建筑室内给水系统图的绘制步骤

建筑室内给水系统图的绘制一般遵循以下步骤：

（1）画竖向立管及水平向管道；

（2）画各楼层标高线；

（3）画各支管及附属用水设备；

（4）对管线、设备等进行尺寸(管径、标高、坡度等)；

（5）附加必有的文字说明。

13.2.2 室内给水系统图 CAD 基本设置

1. 图纸与图框

（1）将图层设置为“图框”，线型设置为粗实线，线宽取 b=0.7mm。

(2) 采用 A1 图纸，利用“矩形”命令绘制图框，按 A1 图纸尺寸绘制好图框，如图 13-24 所示。

(3) 利用“缩放”命令 对图框进行缩放。根据本工程建筑专业平面图及室内给水平面图比例 1∶125，给水排水系统图宜采用与给水排水平面图相同的比例，同为 1∶125，所以在这里将图框放大 125 倍。对于局部管线或设备复杂而表达不清时，可不按比例绘制。

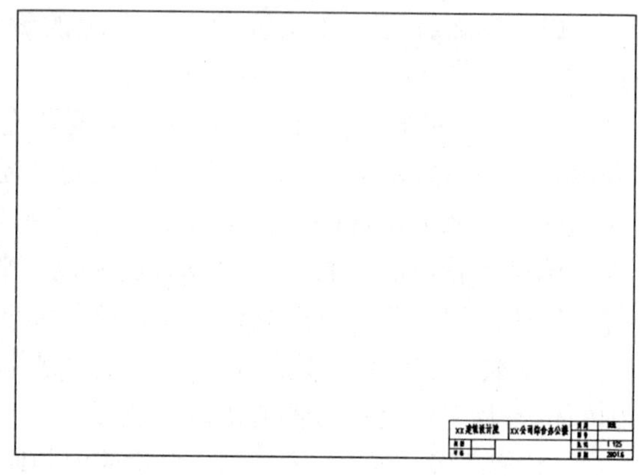

图 13-24　图框

2. 图层设置

按照工程要求进行图层设置，本例设置的图层如图 13-25 所示。

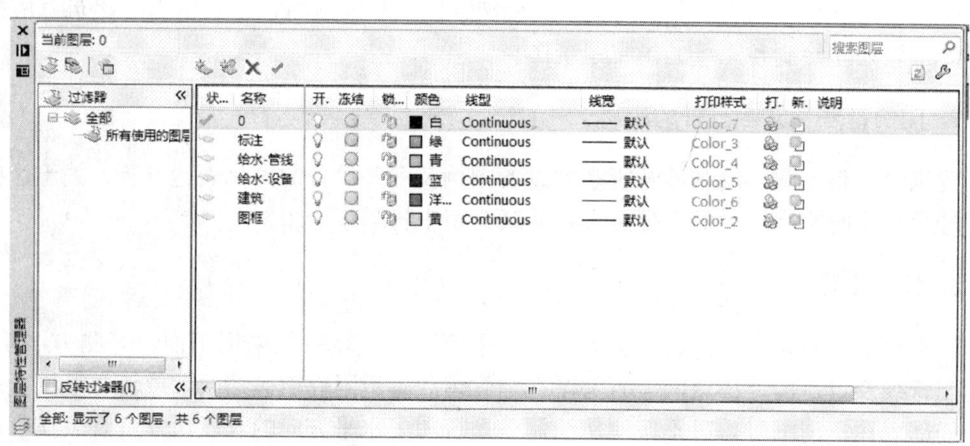

图 13-25　给水系统图图层设置

3. 文字样式

字体采用 CAD 制图中的大字体样式，采用的字体组合为“txt. shx＋hztxt. shx”的组合。作为同一套图纸，尽量保持字体风格统一，故系统图的字体仍然采用上节给水平面图中的字体，用户也可以尝试新建某种字体组合。

小技巧

当 AutoCAD 文件打开时，若出现字体乱码或“?”号，此时用户可采用安装相应字体或进行字体替换的方式来解决。

4. 标注样式

此处为统一图纸风格，同样采用与给水平面图中相同的标注样式。

注意

用户需注意标注样式设置字高时的数值，以及作为比例制图中，标注样式设置时，其中的几个“比例”的具体效果，如“调整”项的“标注特征比例”中的“使用全局比例”，了解掌握其使用技巧。

当图一幅图纸中出现不同比例的图样时，如平面图为 1∶100，节点详图为 1∶20，此时用户应设置不同的标注样式，特别应注意调整测量因子。

13.2.3　室内给水系统图的 CAD 实现

给水排水工程系统轴测图不同于平面图，它表达了管道及相关设施布置及其连的三维空间关系，系统轴测图绘制前必须首先确定好建筑自下而上各层管线及相关设施的平面布置关系，才能准确在系统轴测图中描绘出其三维空间关系。

用户在识读室内给水平面图后，在绘制给水系统轴测图时，通常将建筑的南侧作为前面，将建筑的北侧作为后面，把建筑的西侧作为左面，把建筑的右侧作为右面。给水系统图中各线型、线宽设置及表达要求，可参见《给水排水制图标准》GB/T 50106—2001 及前述相关章节，线型及线宽的设定可以在上述的图层设置时同时确定，也可绘图时局部调整。

轴测图绘制的空间顺序为：

由平面图的左端立管为起点，由地下到地面至屋顶顺时针由左及右按立管编号依次顺序排列绘制。由本章的给水工程平面图可知，给水系统共设有 2 根给水立管。绘制时，由左及右，应从第一根给水立管开始绘制。

1. 绘制室外水井

将当前图层设置为“建筑”。

如图 13-26 所示，室外水井的绘制，只需绘制其轮廓线，采用线型为“细实线”，线宽为 0.25b，同时绘制出管线将穿越的建筑外墙以及室内外地平线，检查井与外墙的相关尺寸可由平面图确定。

(1) 使用“直线”命令 绘制相关的线段。

(2) 使用“填充图案”命令 填充砖墙的剖面斜线

(3) 利用“多行文字”命令 标注文字，标注完一行后，只需利用“复制” 命令将其复制至其他相应需要标注的位置，并双击修改标注内容即可。

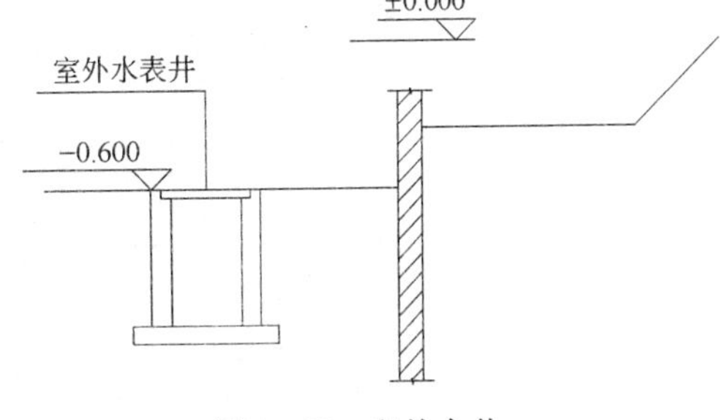

图 13-26　室外水井

小技巧

标高的±号，在 AutoCAD 的文本编辑器中，输入%%p 就可以完成。其他很多特殊符号输入，也可以通过这种方式实现具体操作方法是：单击文本编辑器右上角的“选项”按钮 ，在打开的下拉菜单中选择“符号”子菜单中的相应命令，如图 13-27 所示或按相应命令后面的命令提示在命令行中输入相应命令。对于其他更复杂的符号，还可以选择其中的“其他”命令打开“字符映射表”对话框，如图 13-28 所示。选择需要的字符，然后单击“复制”按钮，回到 AutoCAD 的文本编辑器，执行 CTRL+V 键盘命令粘贴进 AutoCAD 的文本编辑器即可。

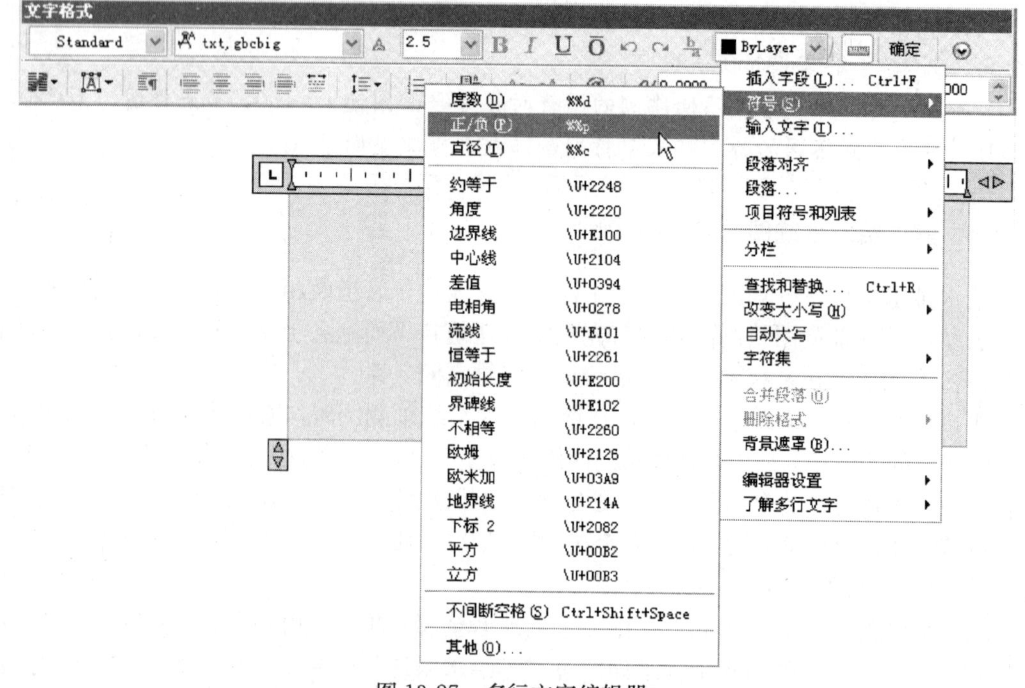

图 13-27　多行文字编辑器

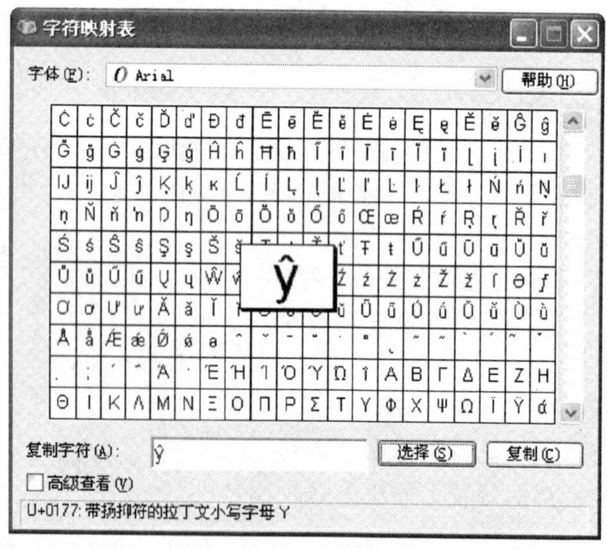

图 13-28　字符映射表

2. 绘制 J1 给水管线

更改当前图层为“给水-管线”。

给水管线采用“中粗实线”，线宽为 0.75*b*。制图时，由左及右、自下而上绘制，其水平及竖向尺寸由给水平面图中的平面尺寸及标高来确定。

如图 13-29 所示，图中的“＝”线表示楼面线。由于是轴测图，故制图人员务必对照给水平面图确定立管的转弯走向等平面位置关系，以正确表达其在轴测图中的空间位置关系。如轴测图中 J-1 管在一层有一段转向，对应其在给水平面图中即管线在遇到混凝土柱(涂黑部分)时的转弯(管线沿墙布置)。

具体绘制步骤如下：

(1) 利用“复制”命令 连续复制楼面线，表现出不同楼层的位置。若楼层均为标准层高，用户也可以采用“阵列” 来绘制楼面线。

(2) 使用“直线”命令 绘制立管。因为其由多段连续直线构成，故也可用“多段线”命令 绘制。

3. 标注各楼层标高

将当前图层设置为“标注”。

将当前图层设置为“标注”，标注各楼层的标高，标高值可由给水平面图中各楼面标高来确定，标高的标注方法前述已介绍，图中“F1、F2…”表示底层、二层、三层…。通过“复制”命令 将文字逐一复制到需要标注地位置，再逐一双击修改标注内容。该类型的复制也可以通过“阵列”命令 来实现，如图 13-30 所示。

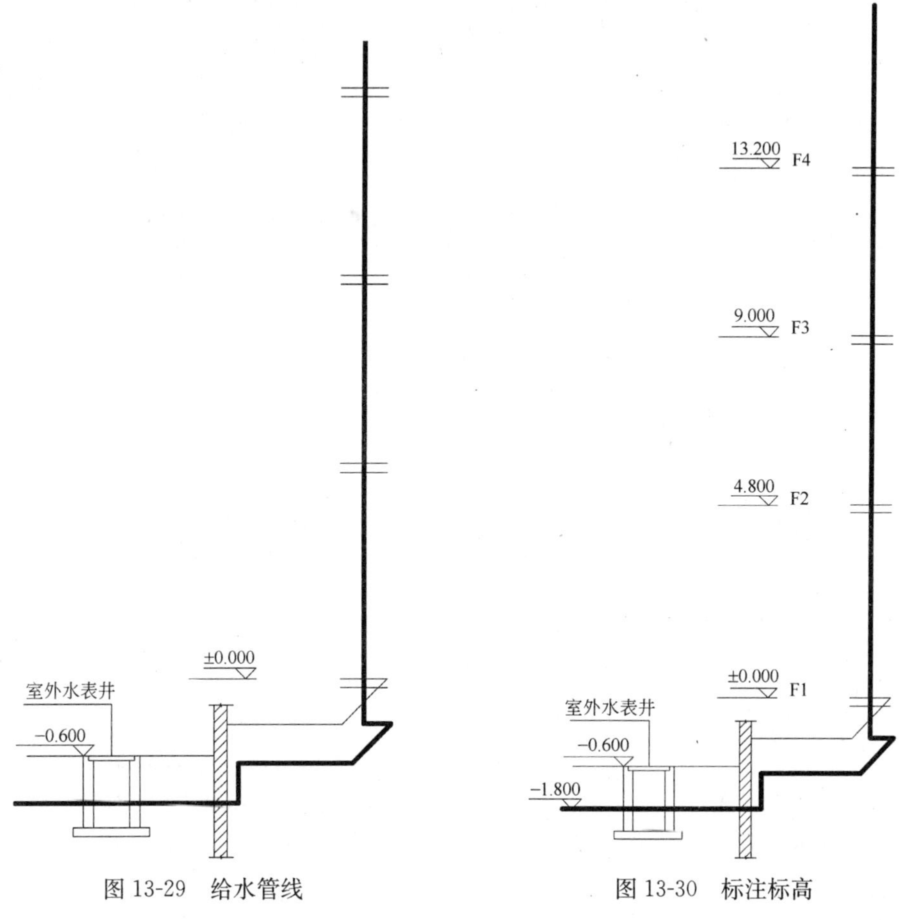

图 13-29　给水管线　　图 13-30　标注标高

注意

复制时选择合理的基点，即插入点。

4. 绘制支管

将当前图层设置为“给水-管线”。

支管的线型仍然为“中粗实线”，线宽为 0.75*b*。首先，由给水平面图识读各支管线的连接空间关系。

绘制时注意极轴开关的运用，以及轴测图表达的管线与平面图中的管线的位置尺寸关系。

由给水平面图可知，支管由位于混凝土柱角的 JL-1 引出，进入女洗手间，并继续分成三根支管。一根支管进入男洗手间，分别用于“三个大便器”及“两个洗脸盆”、“三个小便器”、“一个污水池”的给水。两根支管进入女洗手间，其中一根用于“三个大便器”的给水，另外一根用于“一个污水池”及“两个洗脸盆”的给水。由此清楚表达了各用水设备的给水管线关系，再根据平面图尺寸确定其轴测图的三维位置关系。

具体步骤如下：

(1) 将鼠标移至状态栏上“对象捕捉追踪”按钮∠上，单击鼠标右键，在打开的快捷菜单中选择“设置”命令，如图 13-31 所示。打开“草图设置”对话框，单击“极轴追踪”选项卡，勾选其中的“启用极轴追踪”复选框，在“增量角”下拉列表框中选择 45，在“对象捕捉追踪设置”选项组中选择“用所有极轴角设置追踪”单选项，在“极轴角测量”选项组中选择“绝对”单选项，单击“确定”按钮，如图 13-32 所示。

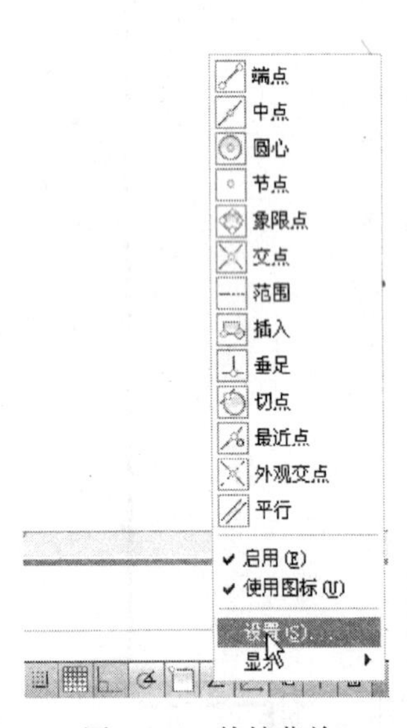

图 13-31　快捷菜单

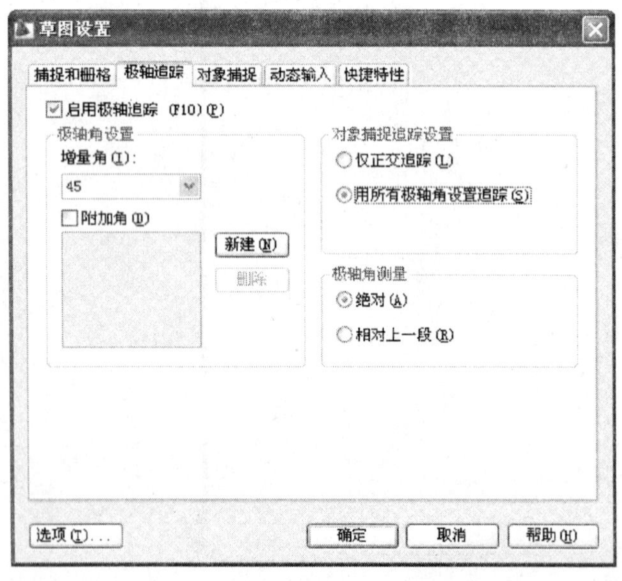

图 13-32　“草图设置”对话框

(2) 利用“直线”命令依次绘制各管线，具体尺寸由给水平面图读取，结果如图 13-33所示。

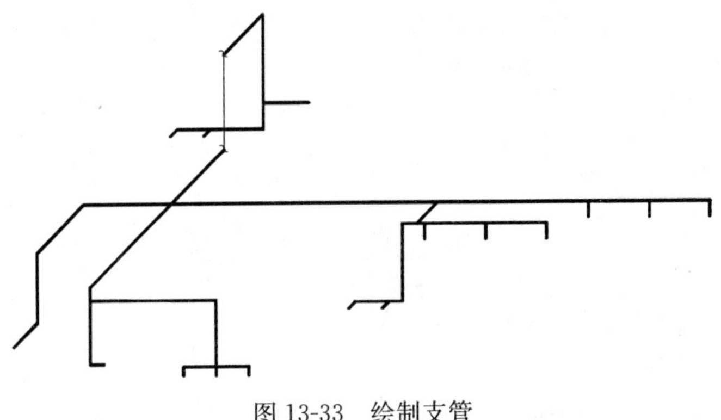

图 13-33　绘制支管

5. 绘制各用水设备及附件

将当前图层设置为“设备”。

这里主要是各用水设备及附件的图例绘制，各图例绘制好后，逐一复制到需要配制该设备的管线处，这里主要是水龙头及冲水箱。关于图例，《给水排水制图标准》GB/T 50106—2001 作了具体的说明规定，读者可查阅。此处给出了一些常用图例，如图 13-34 所示，读者可大致了解一下。

图　例					
	给水管		PS 形存水弯	⊕	排水栓
	排水管		蹲便器冲洗水箱		闸阀
	明设水管		地面清扫口		截止阀
	水龙头		地漏		铜球阀
	洗脸盆排水		通气漏		角阀
	小便器排水		法兰管堵		对夹式碟阀
	污水盆排水		检查口		单口室内消火栓
	蹲式大便器排水				

图 13-34　给水设备

AutoCAD 设计中心 PIPE Fitting 项提供了一些管道常用的块，如图 13-35 所示，可以调用。

在设计中心选中某个块，点击弹出“插入块”窗口，如图 13-36 所示。进行块的调用，将图块插入至相应支管线端即可。

绘制好的支管线及附属件如图 13-37 所示。

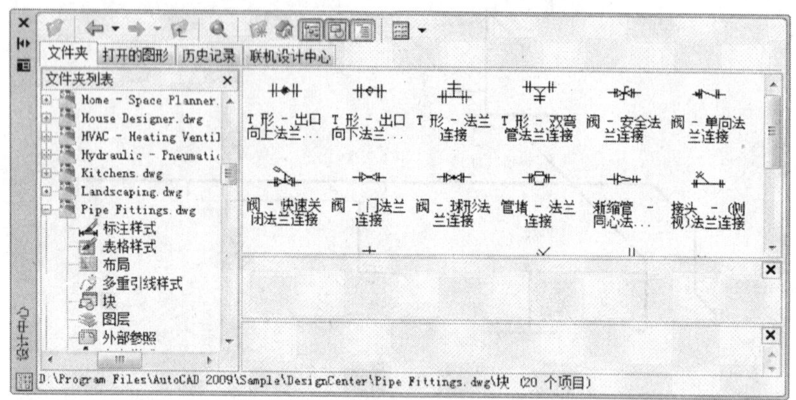

图 13-35　设计中心图块

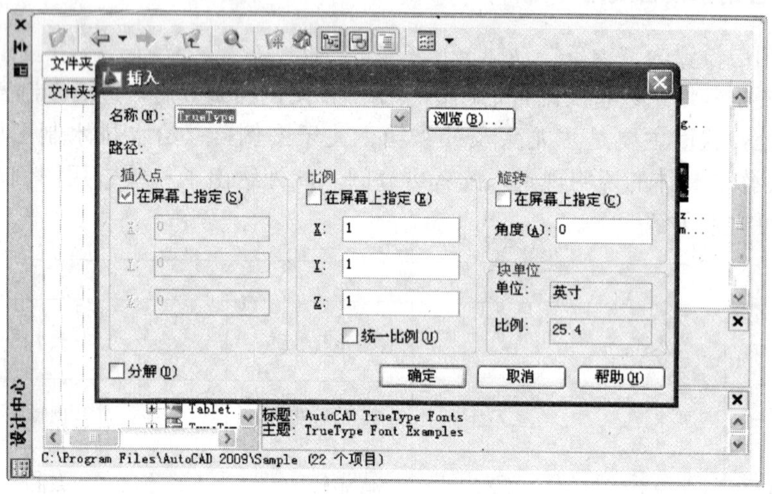

图 13-36　插入图块

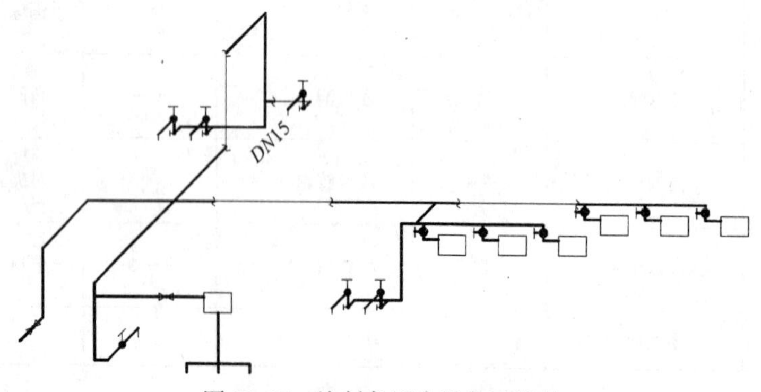

图 13-37　绘制各用水设备及附件

6. 支管线标注

将当前图层设置为“标注”。

这里主要是管径及标高的标注，管径及标高的标高方法如前述，采用“单行文字”命令标注。相同标注采用“复制”等命令将需要标注文字指定到需要标注的设备旁，再逐一双击文字，根据需要进行编辑修改。相关标注如图 13-38 所示。

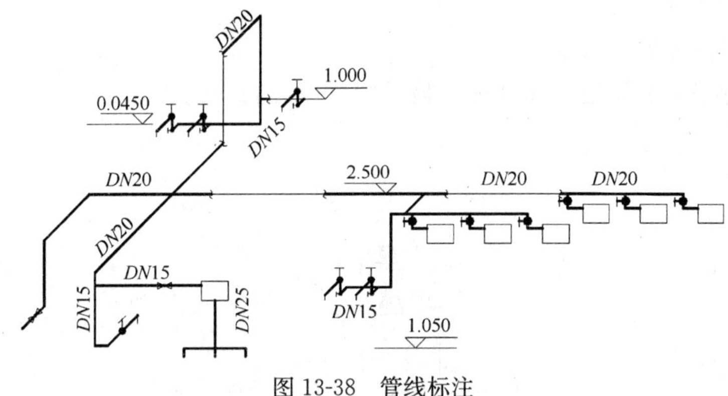

图 13-38　管线标注

7. 复制各支管线

因各楼层管线布置及用水设备相同，故只需复制相同支管线的图样即可，复制后形成的图样如图 13-39 所示。

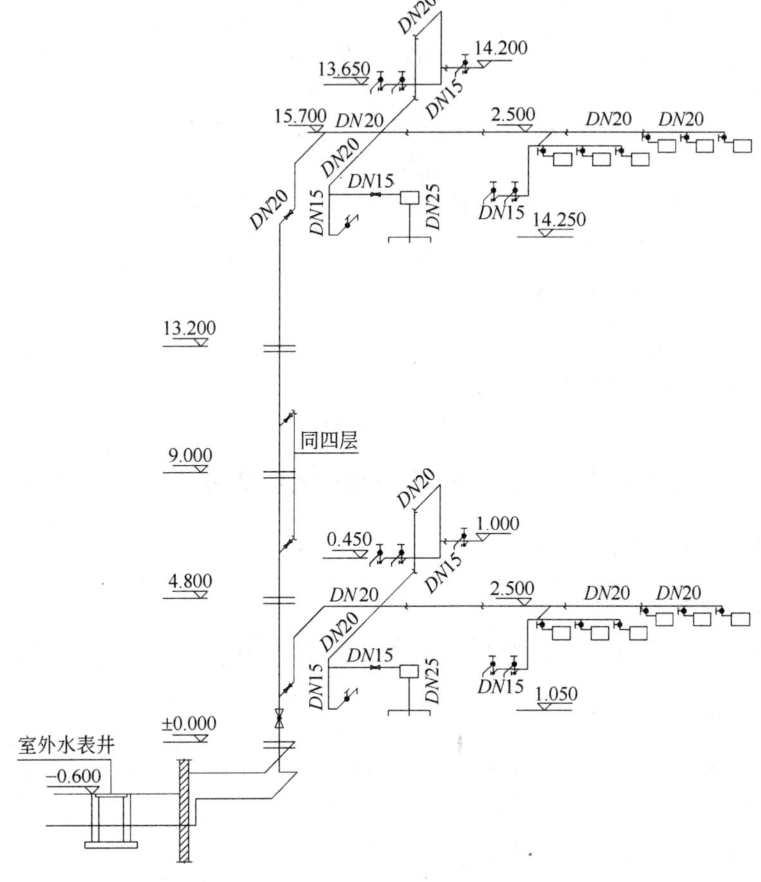

图 13-39　管线复制

8. 相关编号及标高

将当前图层设置为"标注"。

对管线进行编号及管径、标高进行最后的修改编辑，则 JL1 给水管的系统轴测图如图 13-40 所示。

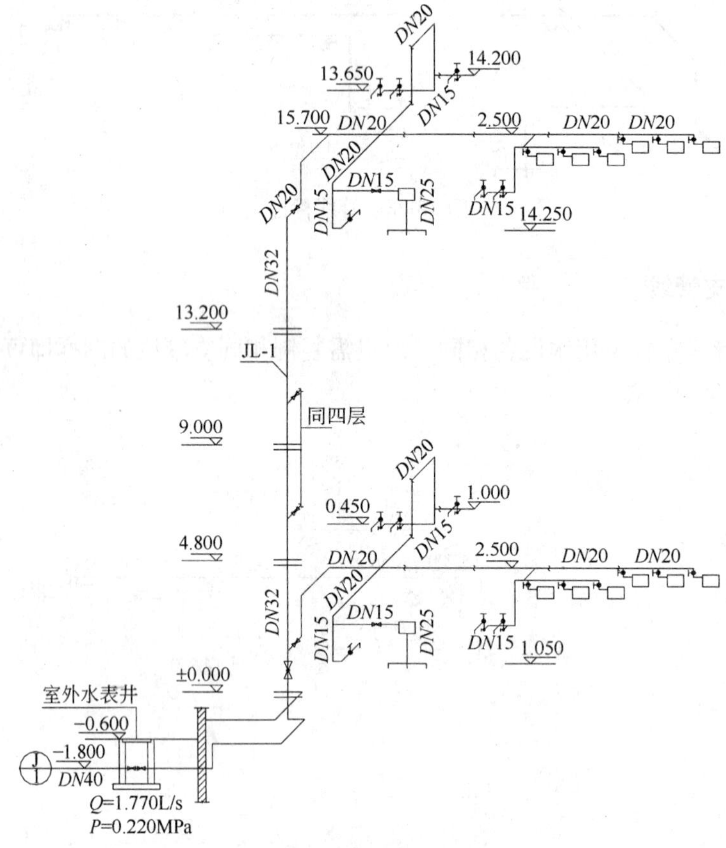

图 13-40　编号

其中圈 J-1 即表示编号为 1 的给水管，给水管的流量 Q=1. 770L/s，水压 P=0. 220MPa。

9. 绘制 JL-2 给水管

将当前图层设置为"给水-管线"。

同 JL-1 给水管的绘制过程，绘制 JL-2 给水管的系统轴测图，如下图 13-41 所示。

小技巧

选择技巧：用户可以用鼠标一个一个地点击目标选中，选择的目标逐个地添加到选择集中。AutoCAD 还提供了以下几种选择方式：

1. Window 窗选，直接在屏幕上自右至左拉一个矩形框，可只选择完全位于矩形区域中的对象。使用"窗口选择"选择对象时，通常需要待选的整个对象都要包含在矩形选择区域中才能被选中。

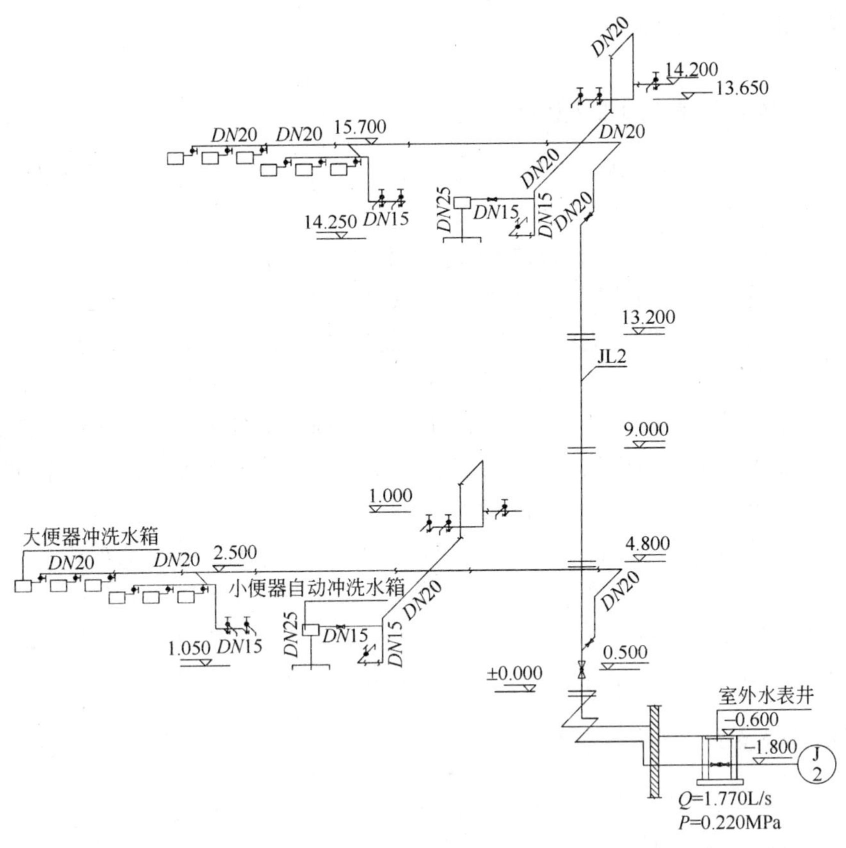

图 13-41　JL-2 管线

2. Crossing 交叉选，直接在屏幕上自左至右拉一个矩形框，以选择矩形窗口包围的或相交的对象。

3. 在“选择对象”提示下输入 wp（窗口多边形）或 cp（交叉多边形），按 ENTER 键闭合多边形选择区域并完成选择。通过指定点来定义不规则形状区域。通过使用窗口多边形选择来选择完全封闭在选择区域中的对象。通过使用交叉多边形选择可以选择完全包含于或经过选择区域的对象。

13.3　室内排水平面图

建筑室内给水排水平面图是在建筑平面图的基础上，根据建筑给水排水制图的规定绘制出的用于反映给排水设备、管线的平面布置状况的图样，图中应标注各种管道、附件、卫生器具、用水设备和立管的平面位置，以及标注管道规格、排水管道坡度等相关数值。通常制图时，是将各系统的管道绘制在同一张平面布置图上。根据工程规模，当管道及设备等复杂，在同一张图纸表达不清晰时或管道局部布置复杂时，可分类（如卫生器具、其他用水设备、附件等）、分层（如底层、标准层、顶层）表达在不同的图纸上或绘制详图，以便于绘制及识读。建筑排水平面图是建筑给水排水施工图的重要组成部分，是绘制及识读其他给水排水施工图的基础。

13.3.1 室内排水平面图概述

1. 室内排水平面表达的主要内容

室内排水平面图即室内排水系统平面布置图，主要表达了房屋内部排水设备的配置和管道的布置情况。其主要内容包括：

(1) 建筑平面图及相关排水设备在建筑平面图中的所在平面位置；

(2) 各排水设备的平面位置、规格类型等尺寸关系；

(3) 排水管网的各干管、立管和支管的平面位置、走向、立管编号和管道安装方式(明装或暗装)、管道的名称、规格、尺寸等；

(4) 管道器材设备(阀门、消火栓、地漏等)、与排水系统相关的室内引出管；

(5) 屋顶给水平面图中应注明屋顶水箱的平面位置、水箱容量、进出水箱的各种管道的平面位置、设备支架及保温措施等内容；

(6) 管道及设备安装预留洞位置、预埋件、管沟等方面对土建的要求；

(7) 与室内排水相关的室外检查井、化粪池、排出管等平面位置；

(8) 屋面雨水排水设施及管道的平面位置、雨水排水口的平面位置、水流组织、管道安装敷设方式及阳台、雨篷、走廊等其与雨水管相连的排水设施。

2. 图例符号及文字符号的应用

建筑排水平面图的绘制涉及很多的设备图例及一些设备的简化表达方法。关于这些图形符号及标注的文字符号的表征意义，后续文字中将顺带介绍。

3. 管线位置的确定

管道设备一般采用图形符号和标注文字的方式来表示，在给排水平面图中不表示线路及设备本身的尺寸大小形状，但必须确定其敷设和安装的位置。其中，平面位置是根据建筑平面图的定位轴线和某些构筑物来确定照明线路和设备布置的位置，而垂直位置即安装高度，一般采用标高、文字符号等方式来表示。

4. 建筑室内排水平面图的绘制步骤

建筑室内排水平面图的绘制遵循以下步骤：

(1) 绘制房屋平面图(外墙、门窗、房间、楼梯等)；

(2) 室内排水工程 CAD 制图中，对于新建结构往往会由建筑专业提供建筑图，对于改建改造建筑则需要进行建筑图绘制；

(3) 绘制排水设备图例及其平面位置；

(4) 绘制各排水管道的走向及位置；

(5) 对管线、设备等进行尺寸及附加文字标注；

(6) 附加必有的文字说明。

13.3.2　室内排水平面图 CAD 基本设置

1. 图纸与图框

(1) 将图层设置为“图框”，线型设置为粗实线，线宽取 $b=0.7$mm。

(2) 采用 A1 图纸，利用“矩形”命令绘制图框，按 A1 图纸尺寸绘制好图框。

两个图框，根据装订边的尺寸，通过移动 命令来调整。绘制好的图框及图签如图 13-42 所示。

(3) 利用“缩放”命令 对图框进行缩放。根据本工程建筑专业平面图及室内给排水平面图比例 1∶125，给排水系统图宜采用与给排水平面图相同的比例，同为 1∶125，所以在这里将图框放大 125 倍。

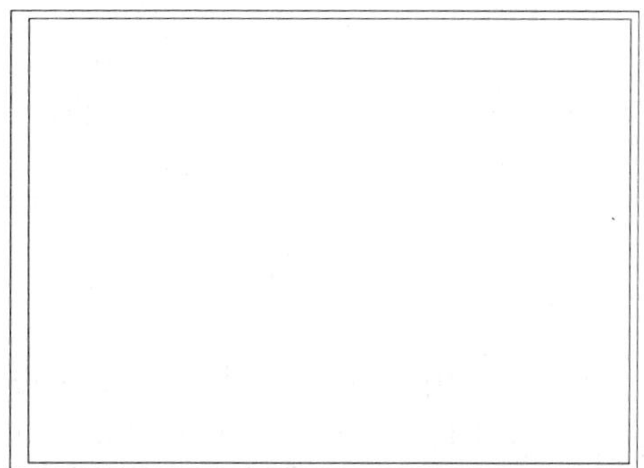

图 13-42　图框

2. 图层设置

按照工程要求进行图层设置，本例设置的图层如图 13-43 所示。

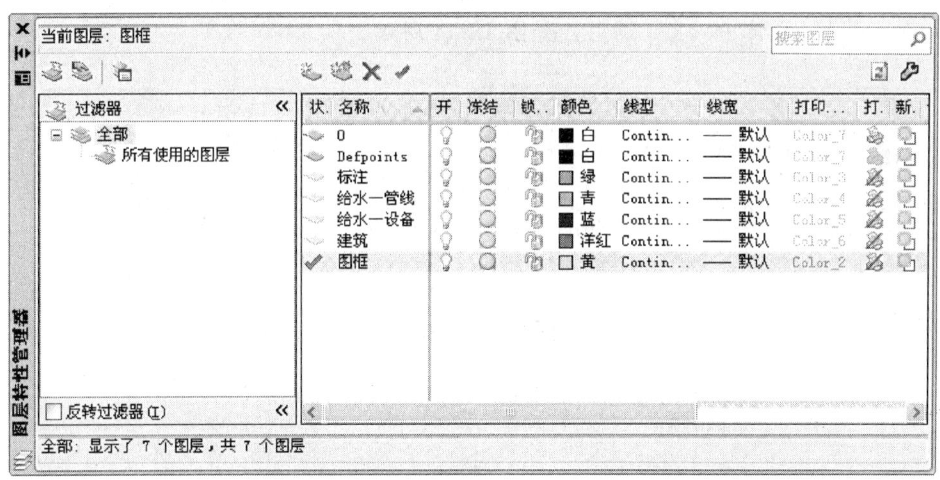

图 13-43　“图层特性管理器”参数设置窗口

根据《房屋建筑 CAD 制图统一规则》GB/T 18112—2000，建筑排水工程的图层代号如表 13-2 所示。

排水工程图层名称代号　　　　**表 13-2**

排水		
中文名	英文名	解　　释
给排-排水	P-SANR	排水 Sanitary drainage
给排-排水-设备	P-SANR-EQPM	排水设备 Sanitary equipment
给排-排水-管线	P-SANR-PIPE	排不管线 Sanitary piping

续表

雨水		
中文名	英文名	解　　释
给排-雨水	P-STRM	雨水排水系统 Storm drainage system
给排-雨水-管线	P-STRM-PIPE	雨水排水管线 Storm drain piping
给排-排水-屋面	P-STRM-RFDR	屋面排水 Roof drains
给排-消防	P-HYDR	消防系统 Hydrant system

3. 文字样式

字体采用 CAD 制图中的大字体样式，采用的字体组合为“txt. shx＋hztxt. shx”的组合。作为同一套图纸，尽量保持字体风格统一，故排水图的字体仍然采用上节给水平面图中的字体。

4. 标注样式

此处为统一图纸风格，同样采用与给水平面图中相同的标注样式。

小技巧

以上所有的图框及各图层、文字、标注设置都可以从样板文件 DWT 文件中调用，也可以从 AutoCAD 设计中心 *调用，如图 13-44 所示。*

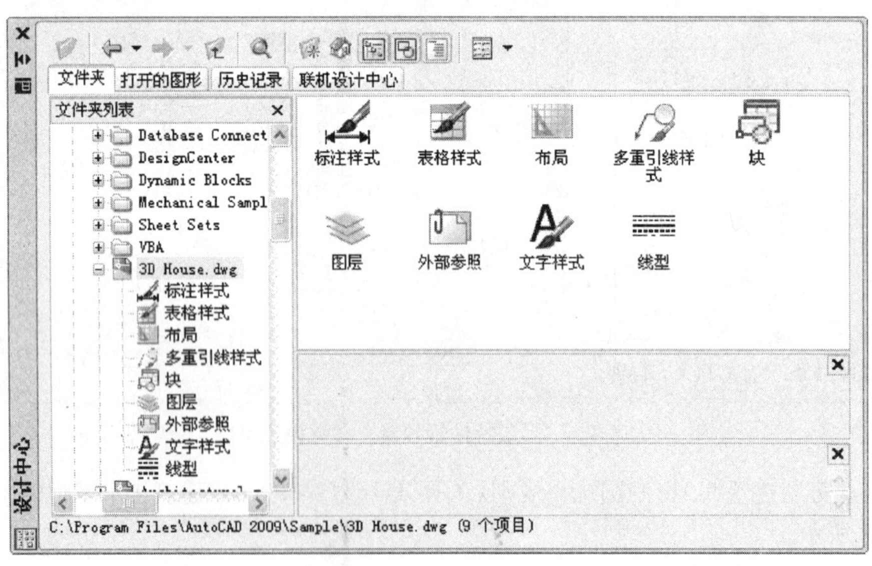

图 13-44　设计中心

由设计中心的列表可以看出，可以调用的项包括：标注样式、表格样式、布局、块、图层、外部参照、文字样式、线型。用户可以根据需要直接添加，即完成其已设置好的样式调用。

13.3.3　室内排水平面图的 CAD 实现

首先是建筑图的绘制，给水排水工程制图中，对于新建结构往往会由设计单位建筑专业提供电子版建筑图，其为上游输出图样，建筑方案决定下游的输出方案；对于改建改造建筑，若没有原电子版建筑图，则可根据原档案所存的图纸，进行建筑平面图的 CAD 绘制。此部分的 CAD 的制图操作，可见建筑专业图纸的绘制方法，不是很复杂。此处为建筑排水工程制图，对于建筑图的线宽，统一设置成“细线”，即 0.25*b*。排水工程制图中各线型、线宽设置的要求，可参见《给水排水制图标准》GB/T 50106—2001 及前述相关章节。

1. 建筑平面图

将当前图层定义为“建筑”。

室内排水平面图中，将建筑平面图绘制于“建筑”图层。建筑给水排水工程中的建筑图，主要是指建筑平面图的轮廓线，图层为“建筑”，绘制步骤如下：

（1）画定位轴线；

（2）画主要的墙和柱的轮廓线；

（3）画门窗和次要结构；

（4）画细部构造及标注尺寸等。

建筑平面图绘制完毕后，如图 13-45 所示。

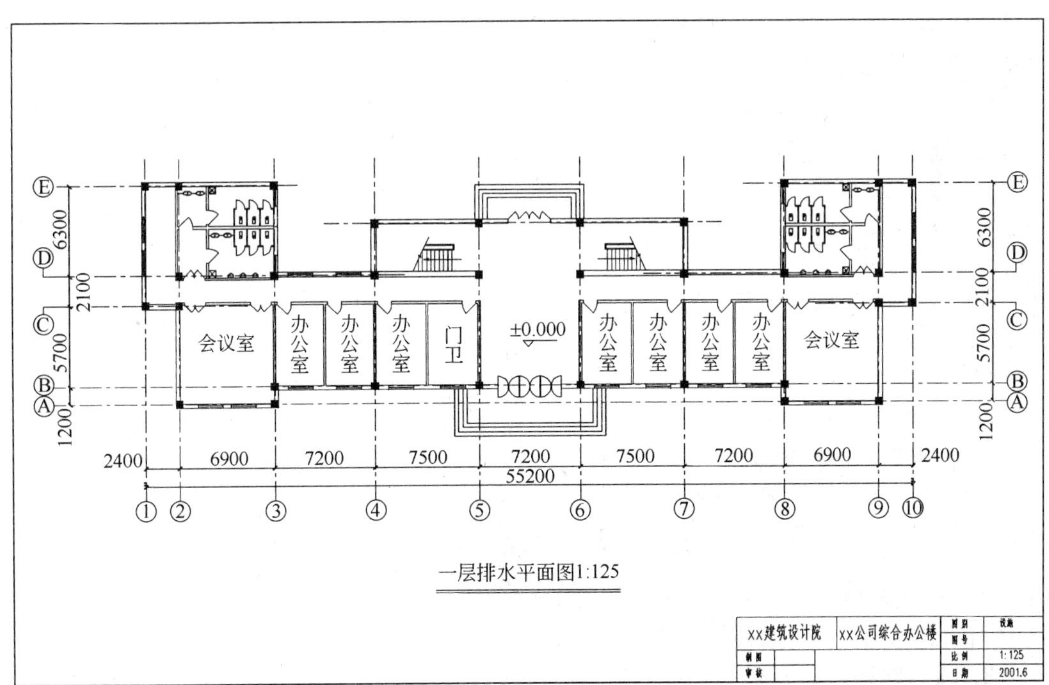

图 13-45　建筑平面图

小技巧

Offset(偏移)命令可将对象根据平移方向，偏移一个指定的距离，创建一个与原对象相同或类似的新对象，它可操作的图元包括直线、圆、圆弧、多段线、椭圆、构造线、样条曲线等(类似是于“复制”)。当偏移一个圆时，它还可创建同心圆。当偏移一条闭合的多段线时，也可建立一个与原对象形状相同的闭合图形，可见 OFFSET 应用相当灵活，因此 Offset 命令无疑成了 AutoCAD 修改命令中使用频率最高的一条命令。

在使用 Offset 时，用户可以通过两种方式创建新线段，一种是输入平行线间的距离，这也是我们最常使用的方式；另一种是指定新平行线通过的点，输入提示参数“T”后，捕捉某个点作为新平行线的通过点，这样就在不便知道平行线距离时，无需输入平行线之间的距离了，而且还不易出错(此也可以过复制来实现)。

2. 绘制排水设备图例

给排水工程制图的设计说明、图例中应绘制出各图例符号并注明其具体表达含义，此处对几个图例符号的绘制，作简要介绍。

(1) 雨水斗图例绘制

① 利用“圆”命令 绘制半径为 30mm 的圆。

② 利用“直线”命令 绘制圆竖向直径，利用“偏移”命令 将绘制的直径向两边各偏移 10mm。

③ 利用“删除”命令 删除直径。

④ 利用“修剪”命令 修剪两条直线。

⑤ 利用“直线”命令 绘制引线。

⑥ 利用“单行文字”命令 标注说明文字。

绘制完毕，整个绘制流程如图 13-46 所示。

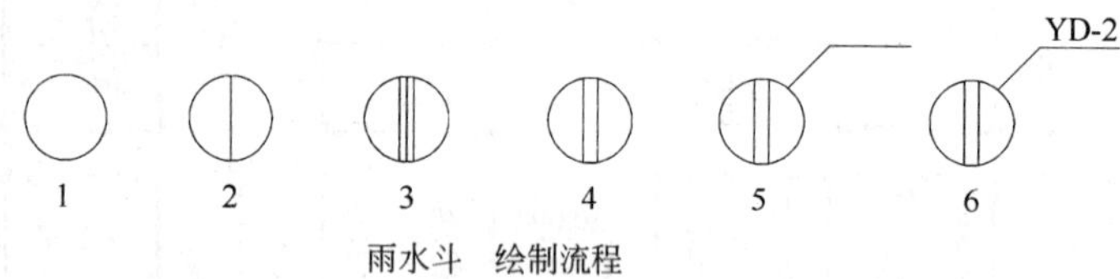

图 13-46 绘制流程

(2) 排水漏斗图例绘制

① 利用“圆”命令 绘制半径为 30mm 的圆。

② 利用“偏移”命令 将圆向偏移 20mm，形成同心圆。

③ 利用“直线”命令 绘制管线，线宽设置为 b。

绘制完毕，整个绘制流程如图 13-47 所示。

(3) 圆形地漏图例绘制

① 利用“圆”命令 绘制半径为 30mm 的圆。

② 利用“直线”命令 绘制管线。线宽设置为 b。

③ 利用“图案填充”命令 将圆填充斜线阴影。

绘制完毕，整个绘制流程如图 13-48 所示。

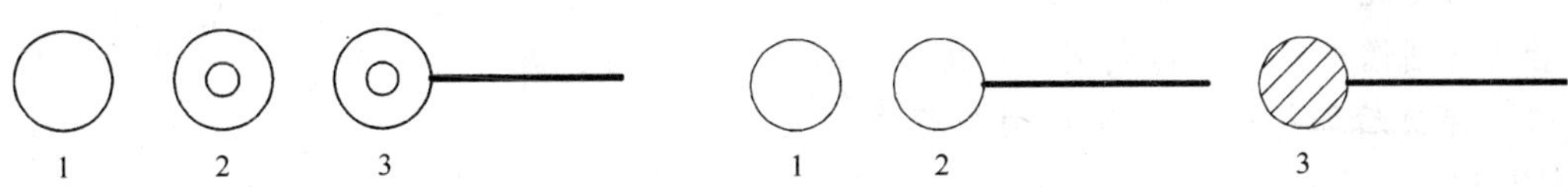

排水漏斗 绘制流程　　　　　　圆形地漏 绘制流程

图 13-47　绘制流程　　　　　　图 13-48　绘制流程

小技巧

为什么CAD绘制的是圆却显示为多边形？

很多CAD初学者常常碰到此问题，在绘制圆或打开文件的时候，经常发现圆或圆弧显示的却是多边形。这是由于系统命令viewres设置的精度太低造成的，可适当将精度设置得高一点。如果是图形放大后才出现这种现象，可输入“RE(REGEN)”命令(即进行模型重生成处理)进行重生成即可。这些显示效果不会影响打印的效果。

3. 绘制管线

将当前图层定义为“管线”。

首先根据室内给水平布图在室内排水平面图中布置各圆形地漏及排水立管，然后将地漏、用水设备的排水孔位置、排水立管位置用管线连接起来。对于底层排水平面图，应绘制排出管线。

管线绘制用直线或多段线都可以。对于管线及排水设备对称布置的图样，可以镜像复制。管线绘制完毕，如图 13-49 所示。

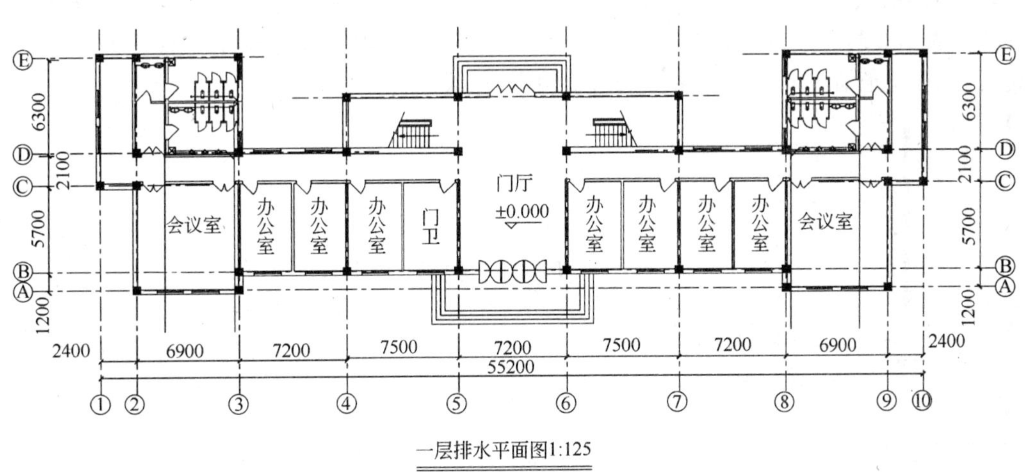

图 13-49　绘制管线

小技巧

镜像对创建对称的图样非常有用，其可以快速地绘制半个对象，然后将其镜像，而不必绘制整个对象。

默认情况下，镜像文字、属性及属性定义时，它们在镜像后所得图像中不会反转或倒置。文字的对齐和对正方式在镜像图样前后保持一致。如果制图确实要反转文字，可将 MIRRTEXT 系统变量设置为 1，默认值为 0。其效果如图 13-50 所示。

MIRRTEXT值为0: 给排水平面图 / 给排水平面图

MIRRTEXT值为1: 给排水平面图 / 给排水平面图

图 13-50　镜像设置

4. 文字标注及相关必要的说明

将当前图层定义为“标注”。

建筑给水排水工程图，一般采用图形符号与文字标注符号相结合的方法，文字标注包括相关尺寸、线路的文字标注等等，以及相关的文字特别说明等，都应按相关标准要求，做到文字表达规范、清晰明了。

（1）管径标注

给排水管道的管径尺寸以毫米(mm)为单位。

对于水煤气输送钢管(镀锌或不镀锌)、铸铁管、硬聚氯乙烯管、聚丙烯管等，用公称直径 *DN* 表示。

（2）编号

当建筑物的排水排出管的根数大于 1 根时，通常用汉语拼音的首字母和数字对管道进行编号。

如图 13-51 所示，圆圈横线上方的汉语拼音字线表示管道类别，横线下方的数字表示管道进出口编号。

如图 13-52 所示，对于给水立管及排水立管，即指穿过一层或多层的竖向给水或排水管道，当其根数大于 1 根时，也应采用汉语拼音首字母及阿拉伯数字对其进行编号。如“JL-2”表示 2 号给水立管，“J”表示给水，“PL-6”则表示 6 号排水立管，“P”表示排水。注意，立管在平面图中及系统图中的不同表示方法。

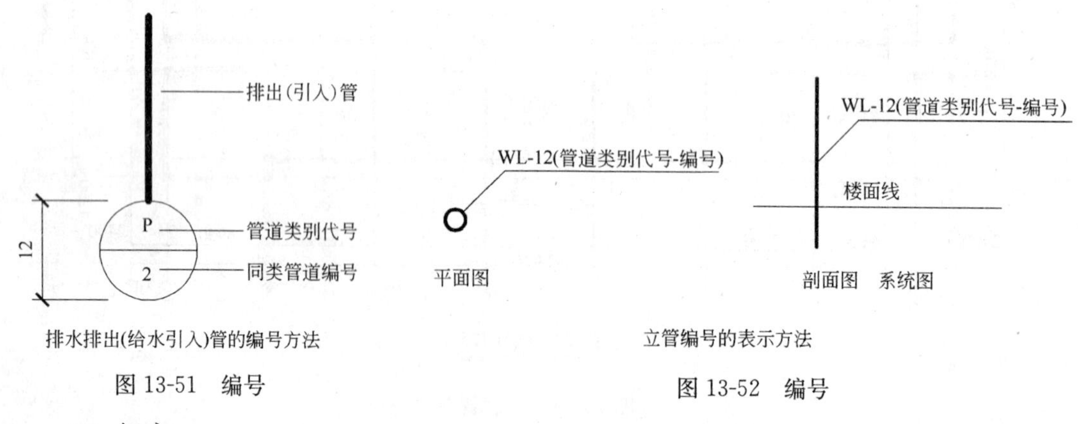

图 13-51　编号

图 13-52　编号

（3）标高

前述一节已介绍，此处不详述，读者也可参阅相关制图标准。

5. 尺寸标注

将当前图层定义为“标注”。

按上节讲述相同方法设置好标注样式。标注样式的设置包括了文字、符号、调整等项。

标注完成后，如图 13-53 所示。

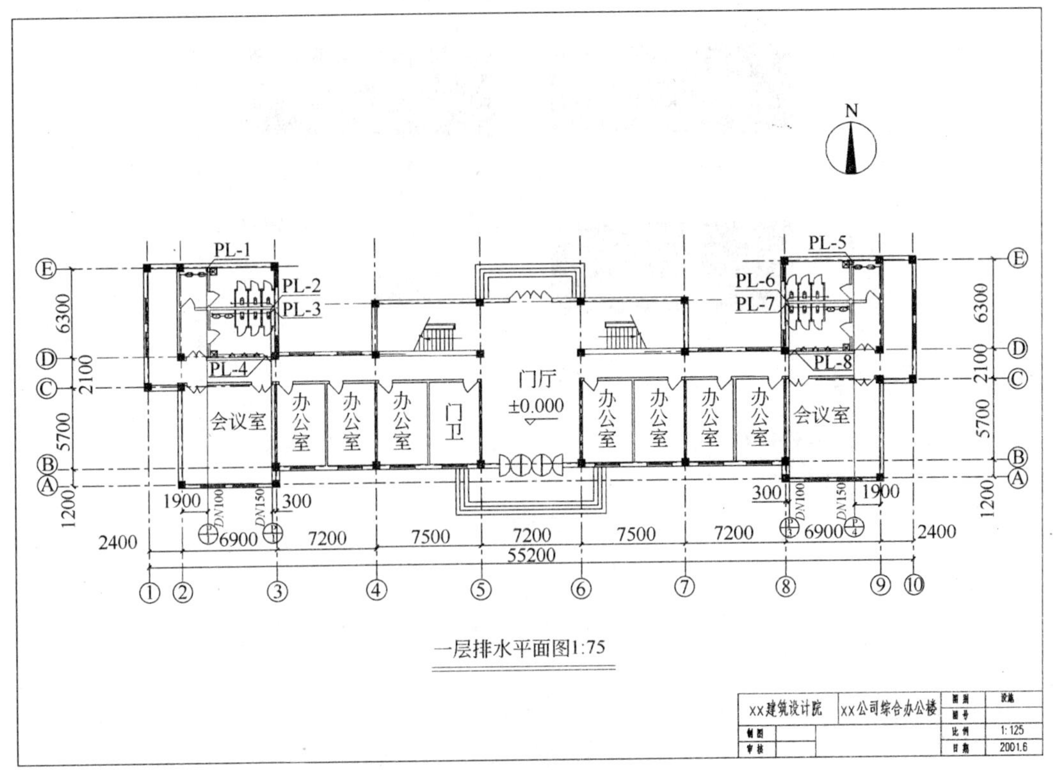

图 13-53　标注

由一层室内排水平面图可知，共用 4 根排水引出管 P-1～4 及 8 根排水立管 PL-1～8，其分别连接洗脸盆、污水池、大小便器、地漏。

小技巧

灵活使用动态输入功能。

动态输入功能在光标附近提供了一个命令界面，以帮助用户专注于绘图区域。启用“动态输入”时，工具栏提示将在光标附近显示信息，该信息会随着光标移动而动态更新。当某条命令为活动时，工具栏提示将为用户提供输入的位置。

单击状态栏上的 按钮来打开和关闭动态输入功能。快捷键 F12 也可以将其关闭。动态输入功能有三个组件：指针输入、标注输入和动态提示。在 按钮上单击鼠标右键，然后单击“设置”，如图 13-54 所示。弹出“草图设置”对话框的“动态输入”选项卡，如图 13-55 所示。勾选相关项内容，可以控制启用“动态输入”时每个组件所显示的内容。

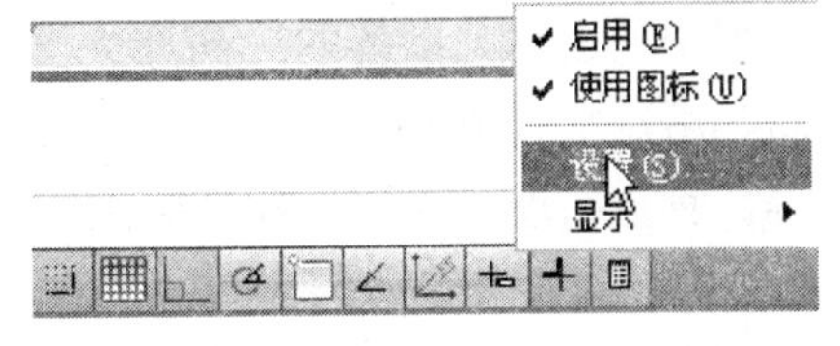

图 13-54　状态栏

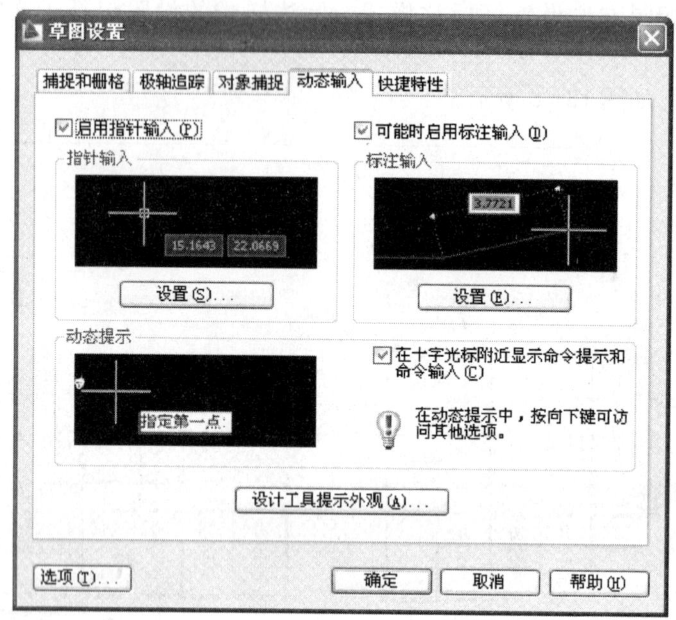

图 13-55　动态输入功能设置

13.4　室内排水系统图

室内给水排水系统图为轴测图，即采用正面斜等轴测投影法绘制的，能够反映管道系统三维空间关系的立体图样。它可以以管路系统作为表达对象，也可以以管线系统的某一部分作为表达对象，如厨房的给水、消防给水等。绘制排水系统图的基础是各层排水平面图，通过系统图可以了解系统从下到上全方位的关系。

13.4.1　室内排水系统图概述

1. 室内排水系统图表达的主要内容

室内排水系统图即室内排水系统平面布置图，主要表达了房屋内部排水设备的配置和管道的布置及连接的空间情况。在系统图中，系统的编号与给排水平面图中的编号应该是对应一致的。

(1) 管道的管径、标高、走向、坡度及连接方式等内容。在平面图中管长的变化无法表示，但在系统轴测图中应标注各管段的管径，管径的大小通常用公称直径来表示。在平面图中管道相关设备的标高亦无法表示，在系统图中应标注相关标高，主要包括建筑标高、给排水管道的标高、卫生设备的标高、管件标高、管径变化处标高以及管道的埋深等。管道的埋深采用负标高标注。管道的坡度值及走向也应标明。

(2) 管道和设备与建筑的关系，主要是指管道穿墙、穿梁、穿地下室、穿水箱、穿基础的位置及卫生设备与管道接口的位置等。

(3) 重要管件的位置。如给水管道中的阀门、污水管道中的检查口等，应在系统轴测图中标注。

(4) 与管道相关的给水排水设施的空间位置，如屋顶水箱、室外储水池、水泵、加压设备、室外阀门井等与给水相关的设施的空间位置以及与排水有关的设施，室外排水检查井、管道等。

(5) 雨水排水系统图主要反映雨水排水管道的走向、坡度、落水口、雨水斗等内容。当雨水排到地下以后，若采用有组织排水方式，则还应反映出排出管与室外雨水井之间的空间关系。

2. 图例符号及文字符号的应用

建筑给水系统图的绘制涉及很多的设备图例及一些设备的简化表达方法。关于这些图形符号及标注的文字符号的表征意义，后续文字中将顺带介绍。

3. 管线位置

给水排水系统轴测图的布图方向一般与平面图一致，一般采用正面斜等测方法绘制，表达出管线及设备的立体空间位置关系。当管道或管道附件被遮挡时，或转弯管道变成直线等局部表达不清晰时，可不按比例绘制。系统图中水平方向的长度尺寸可直接在平面图中量取，高度方向的尺寸可根据建筑物的层高和卫生器具的安装高度确定。

4. 建筑室内排水系统图的绘制步骤

建筑室内排水系统图的绘制遵循以下步骤：

(1) 绘制竖向立管及水平向管道；

(2) 绘制各楼层标高线；

(3) 绘制各支管及附属用水设备；

(4) 对管线、设备等进行尺寸(管径、标高、坡度等)；

(5) 附加必有的文字说明。

13.4.2 室内排水系统图 CAD 基本设置

1. 图纸与图框

(1) 将图层设置为“图框”，线型设置为粗实线，线宽取 $b=0.7$mm。

(2) 采用 A1 图纸，利用“矩形”命令绘制图框，按 A1 图纸尺寸绘制好图框。

(3) 利用“缩放”命令 对图框进行缩放。根据本工程建筑专业平面图及室内给水排水平面图比例 1∶125，给水排水系统图宜采用与给水排水平面图相同的比例，同为 1∶125，所以在这里将图框放大 125 倍。

2. 图层设置

按照工程要求进行图层设置，本例设置的图层如图 13-56 所示。

3. 文字样式

字体采用 CAD 制图中的大字体样式，采用的字体组合为“txt.shx＋hztxt.shx”的

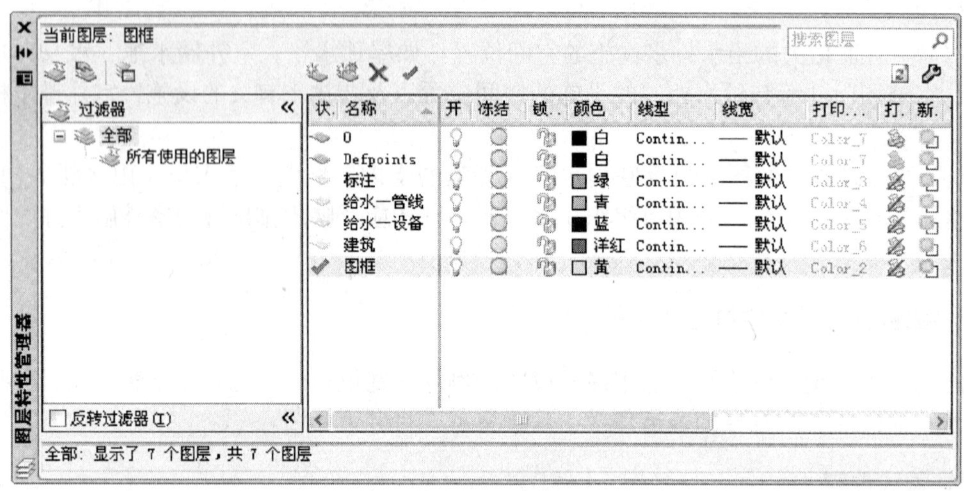

图 13-56　图层设置

组合。作为同一套图纸，尽量保持字体风格统一，故排水图的字体仍然采用上节给水平面图中的字体。

4. 标注样式

此处为统一图纸风格，同样采用与给水平面图中相同的标注样式。

13.4.3　室内排水系统图的 CAD 实现

排水系统图与给水系统图原理相同，绘制方法类似，基本步骤如下：

1. 绘制建筑外墙及地坪线

将当线图层定义为“建筑”。

建筑外墙及地坪线的绘制，只需绘制其轮廓线，采用线型为“细实线”，线宽为 0.25b，外墙的相关尺寸(如标高等)可由平面图确定。绘制的外墙轴测图如图 13-57 所示。

2. 绘制 P-1 排水管线

将当线图层定义为“排水-管线”。

排水管线采用“粗实线”，线宽为 b，制图时由左及右、自下而上绘制，其水平及竖向尺寸由给水平面图中的平面尺寸及标高来确定。

图中的“=”线表示楼面线。由于是轴测图，故制图人员务必对照给水平面图确定立管的转弯走向等平面位置关系，以正确表达其在轴测图中的空间位置关系。其他楼层的楼面线直接采用定距离复制即可完成。

立管的绘制可以使用“直线”命令，但因为其由多段连续直线构成，故也可用“多段线”命令绘制。

P-1 排水管线绘制结果如图 13-58 所示。

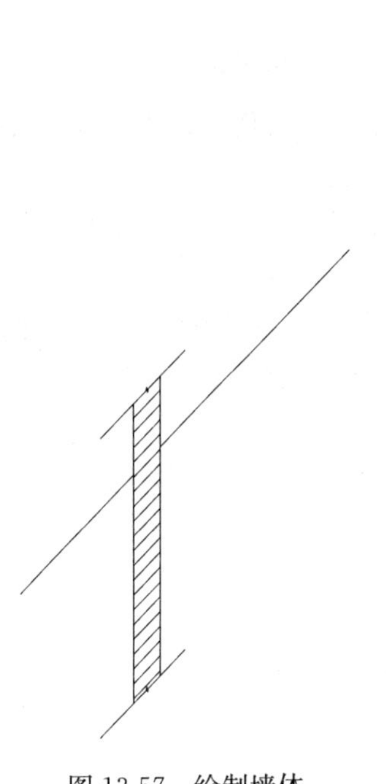

图 13-57　绘制墙体

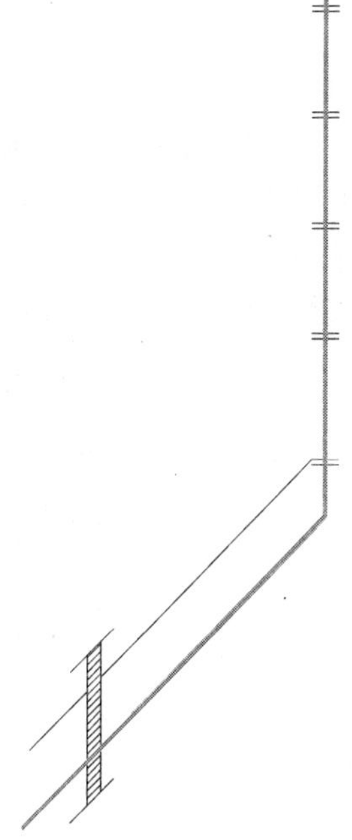

图 13-58　绘制管线

小技巧

多段线的编辑。

除大多数对象使用的一般编辑操作外，通过 PEDIT 命令可以编辑多段线，具体如下：

1. 闭合。创建多段线的闭合线段形成封闭域，即连接最后一条线段与第一条线段。默认情况下认为多段线是开放的。

2. 合并。可以将直线、圆弧或多段线添加到开放的多段线的端点，并从曲线拟合多段线中删除曲线拟合，以形成一条多段线。要将对象合并至多段线，其端点必须是连续、无间距的。

3. 宽度。为多段线指定新的统一宽度。使用“编辑顶点”选项中的“宽度”选项修改线段的起点宽度和端点宽度，用于编辑线宽。

3. 标注各楼层标高

更改当前图层为“标注”。

标注各楼层的标高，标高可由排水平面图中各楼面标高来确定，标高的标注方法前述已介绍，图中“F1、F2…”表示底层、二层、三层…。

各层标高及文字标注通过“复制”完成，随后逐一双击文字对文字进行编辑修改。标注结果如图 13-59 所示。

4. 绘制支管

更改当前图层为“排水-管线”。

支管的线型仍然为“粗实线”，线宽为 b，首先由给水平面图识读各支管线的连接空间关系。

由排水平面图可知，支管由位于混凝土柱角的 PL-1 引出，进入女洗手间，用于“两个洗脸盆”、“一个地漏”、“一个污水池”的排水。由此清楚了各用水设备与排水管线的连接关系，再根据平面图尺寸确定其轴测图的三维位置关系。

支管的绘制是根据平面的管线与设备之间的连接来绘制的，对于相同的支管线配置直接复制即可完成绘制。如图 13-60 所示。

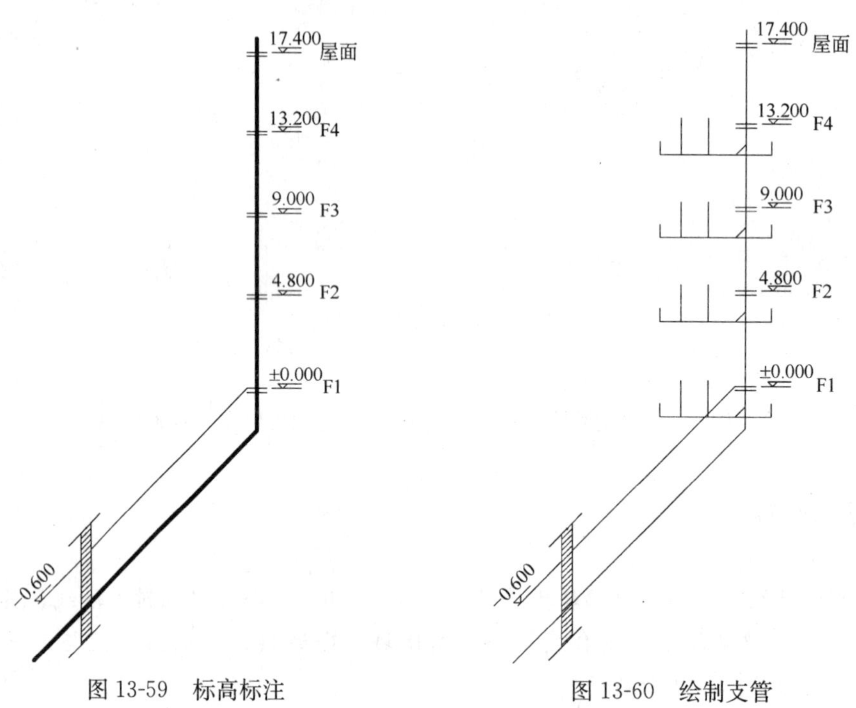

图 13-59　标高标注

图 13-60　绘制支管

5. 对交叉管线进行编辑

管道空间交叉表示方法，如图 13-61 所示。有单线法和双线法两种表示方法。

空间交叉时，上面或前面的管道应连通，下面或后面的管道应断开。具体步骤如下：

(1) 使用“打断”命令 对管道线进行断开编辑，命令行操作如下：

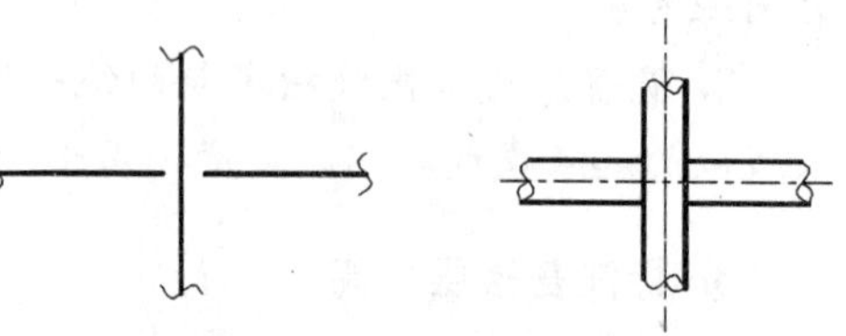

图 13-61　空间交叉管线表示

命令：_ break

选择对象：(选择要编辑的管线)

指定第二个打断点 或 [第一点(F)]：f↙

指定第一个打断点：(选择一点)

指定第二个打断点：(选择另一点，则两个断点间的线段将会被剪去)

如果使用定点设备选择对象，系统将选择对象并将选择点视为第一个打断点。在下一个提示下，可以继续指定第二个打断点或替换第一个打断点。效果如图 13-62 所示。

图 13-62 打断效果

(2) 添加固定支架符号，即“×”符号，符号绘制只需捕捉 45°，绘制斜线，再镜像复制即可。通过“复制”命令将“×”复制至各支管线上，复制时的基点选择叉线的中心，以表示支管固定点。

绘制结果如图 13-63 所示。

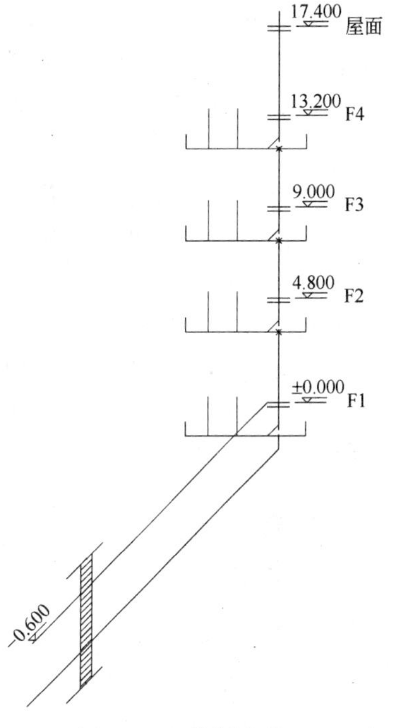

图 13-63 绘制支管

6. 绘制各用水设备及附件

更改当前图层为“设备”。

主要是各用水设备及附件的图例绘制，绘制好各图例后，利用“复制”等命令将其粘贴到对于的支管位置关系上。关于图例，《给水排水制图标准》GB/T 50106—2001 作了具体的说明规定，读者可查阅。此处给出了一些常用图例，读者可大致了解一下，如图 13-64 所示。

绘制好的支管线及附属件的图形，如图 13-65 所示。

图例					
	给水管		PS 形存水弯		排水栓
	排水管		蹲便器冲洗水箱		闸阀
	明设水管		地面清扫口		截止阀
	水龙头		地漏		铜球阀
	洗脸盆排水		通气漏		角阀
	小便器排水		法兰管堵		对夹式碟阀
	污水盆排水		检查口		单口室内消火栓
	蹲式大便器排水				

图 13-64 图例

小技巧

“hatch”图案填充时找不到范围怎么解决？

在用“hatch”图案填充时常常碰到找不到线段封闭范围的情况，尤其是 dwg 文件本身比较大的时候，此时可以采用“layiso”（图层隔离）命令让欲填充的范围线所在的层孤立或“冻结”，再用“hatch”图案填充就可以快速找到所需填充范围。

另外，填充图案的边界确定有一个边界集设置的问题(在高级栏下)。在默认情况下，HATCH 通过分析图形中所有闭合的对象来定义边界。对屏幕中的所有完全可见或局部可见的对象进行分析以定义边界，在复杂的图形中可能耗费大量时间。要填充复杂图形的小区域，可以在图形中定义一个对象集，称作边界集。HATCH 不会分析边界集中未包含的对象。

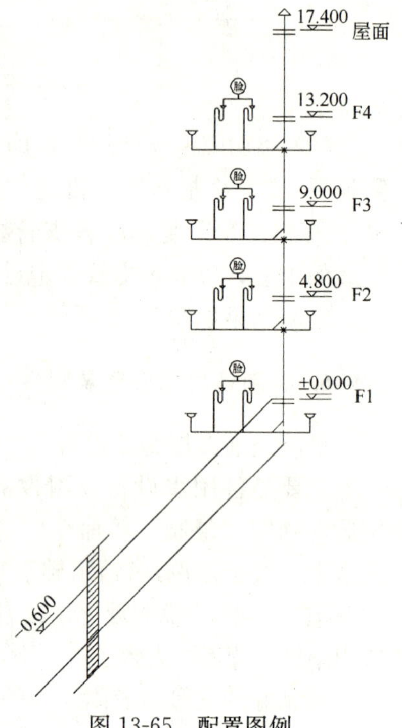

图 13-65　配置图例

7. 管线标注

更改当前图层为“标注”。

主要是管径及标高的标注，管径及标高的标高方法如前述。此处A采用“单行文字”标注。相同标注采用“复制”，双击单行文字进行标注文字的编辑或修改。相关标注完成后，如图 13-66 所示。

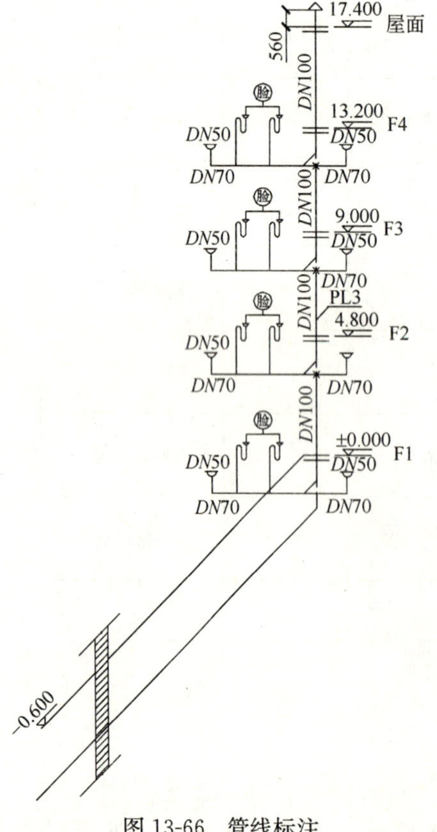

图 13-66　管线标注

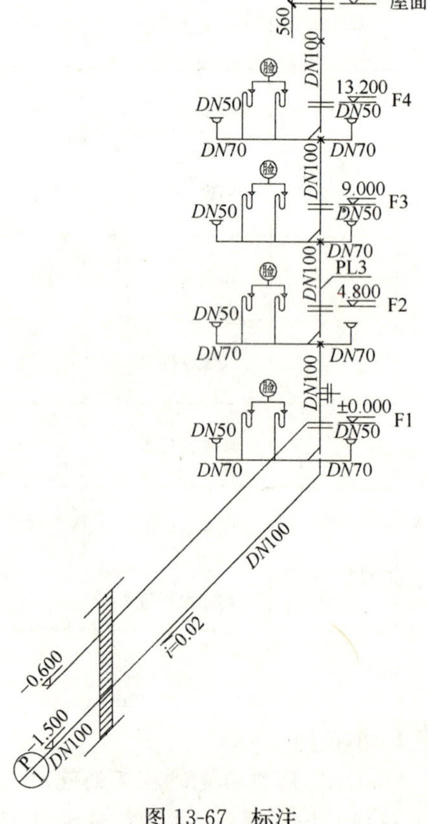

图 13-67　标注

8. 相关编号及标高

当前图层仍为“标注”。

对管线进行编号及管径、标高、坡度进行修改编辑，文字标注可使用“单行文字”命令，注意一些特殊符号的输入。类似的标注格式多使用“复制”操作，并进行适当修改，则 P-1 排水引出管的系统轴测图如图 13-67 所示。

其中圈 P-1 即表示编号为 1 的排水引出管。

小技巧

在修改单行文本时，文本内容为全选状态，重新输入文字可直接覆盖原有的文字；单击右键可以进行文字的剪切、复制、粘贴、删除、插入字段、全部选择等编辑操作；单击确定或按＜Enter＞键都可以结束并保存文本修改。

在修改多行文本时，光标输入符默认在第一个字符面，按＜End＞键或移动方向键则可以将光标移到最后输入文字增加内容；单击右键可以对文字编辑操作(如复制、粘贴、插入符号等)；单击确定可以结束编辑，并保存文本修改；任意单击文本编辑框以外 CAD 工作区以内的任一地方，也可以结束并保存文本的修改。

9. 绘制 P-2 排水引出管

更改当前图层为“管线”。

同 P-1 排水引出管的绘制过程，绘制 P-2 排水引出管的系统轴测图。

由排水平面图可知，P-2 排水引出管引出了 PL-2/3/4 三根排水立管，PL-2 立管进入女洗手间，用于“一个地漏”、“三个便器”的排水。PL-3 立管进入男洗手间，用于“两个洗脸盆”、“一个地漏”、“三个便器”的排水。PL-4 立管进入男洗手间，用于“一个污水池”、“三个便器”的排水。由此清楚了各用水设备与排水管线的连接关系，再根据平面图尺寸确定其轴测图的三维位置关系。

PL-2/3/4 的管线布置相似，用户可灵活运用“复制”命令 操作，进行管线、图例及标注的修改，提高制图效率。一般而言，系统图只需表达空间连接关系，其对空间尺寸的表达是次要的。

最终结果如图 13-68 所示。

小技巧

在使用复制对象时，可能误选某不该选择的图元，则需要删除该误选操作，此时可以在“选择对象”提示下输入 r (删除)，并使用任意选择选项将对象从选择集中删除。如果使用“删除”选项并想重新为选择集添加该对象，请输入 a (添加)。

通过按住 SHIFT 键，并再次点击对象选择，或者按住 SHIFT 键然后单击并拖动窗口或交叉选择，也可以从当前选择集中删除对象。可以在选择集中重复添加和删除对象，该操作在图元修改编辑操作时是极为有用的。

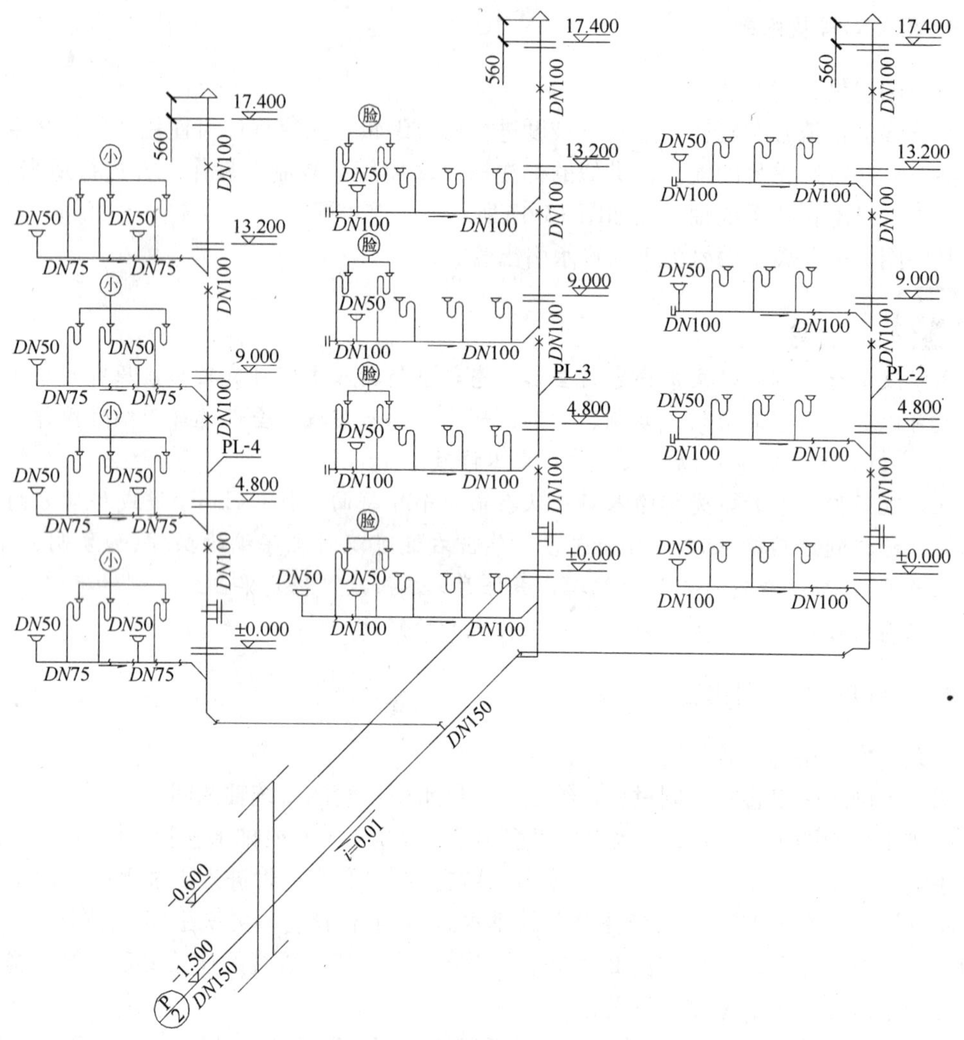

图 13-68　绘制其他排水引出管

13.5　室内消防平面图

随着现在建筑结构越来越复杂，体量越来越巨大，其消防安全越来越重要。所以一般的城市建筑设施中都具有消防设施。常用的消防措施是用水灭火，所以建筑消防系统也属于给排水系统中的范畴。

13.5.1　室内消防平面图 CAD 基本设置

1. 图纸与图框

(1) 将图层设置为“图框”，线型设置为粗实线，线宽取 $b=0.7$mm。

(2) 采用 A1 图纸，利用“矩形”命令绘制图框，按 A1 图纸尺寸绘制好图框。

(3) 利用“缩放”命令 对图框进行缩放。根据本工程建筑专业平面图及室内给排水平面图比例 1∶125，消防平面图宜采用与给排水平面图相同的比例，同为 1∶125，所以，在这里将图框放大 125 倍。

(4) 图框的调用可见前述。包括采用：复制、插入图块、设计中心、样板文件等方法。

2. 图层设置

按照工程要求进行图层设置，本例设置的图层如图 13-69 所示。

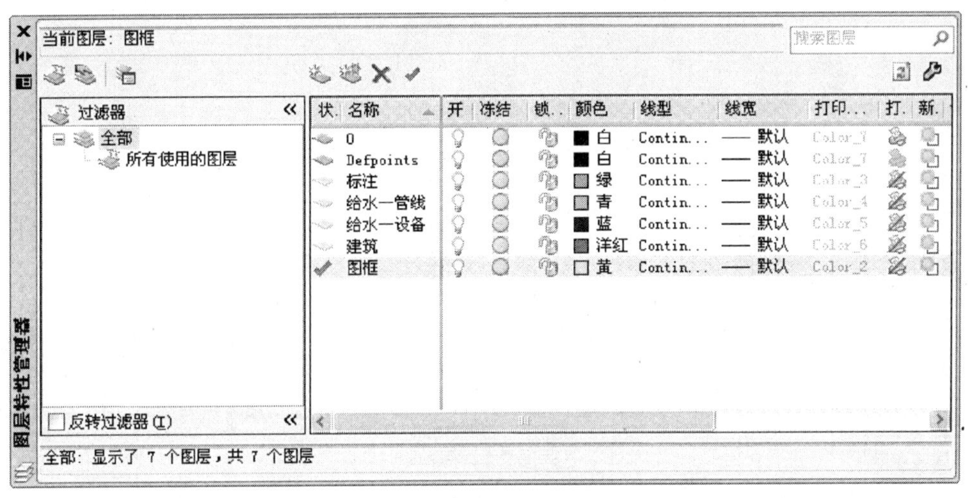

图 13-69　图层设置

3. 文字样式

字体采用 CAD 制图中的大字体样式，采用的字体组合为“txt. shx＋hztxt. shx”的组合。作为同一套图纸，尽量保持字体风格统一，故消防图的字体仍然采用上节给水平面图中的字体。

4. 标注样式

此处为统一图纸风格，同样采用与给水平面图中相同的标注样式。

13.5.2　室内消防平面图的 CAD 实现

首先是建筑图的绘制，可以直接在建筑专业提供的电子版建筑图中进行修改，此处为建筑消防工程制图。对于建筑图的线宽，统一设置成“细线”，即 0.25*b*。消防工程制图中各线型、线宽设置及使用的要求，可参见《给水排水制图标准》GB/T 50106—2001 及前述相关章节，本书前述章节也有介绍。

1. 建筑平面图

当前图层定义为“建筑”。

室内消防平面图中，将建筑平面图绘制于“建筑”图层。建筑消防平面图中的建筑图，主要是指建筑平面图的轮廓线，图层为“建筑”，绘制步骤如下：

（1）画定位轴线；

（2）画主要的墙和柱的轮廓线；

（3）画门窗和次要结构；

（4）画细部构造及标注尺寸等。

相关要点见前述章节。建筑平面图绘制完毕后，如图 13-70 所示。

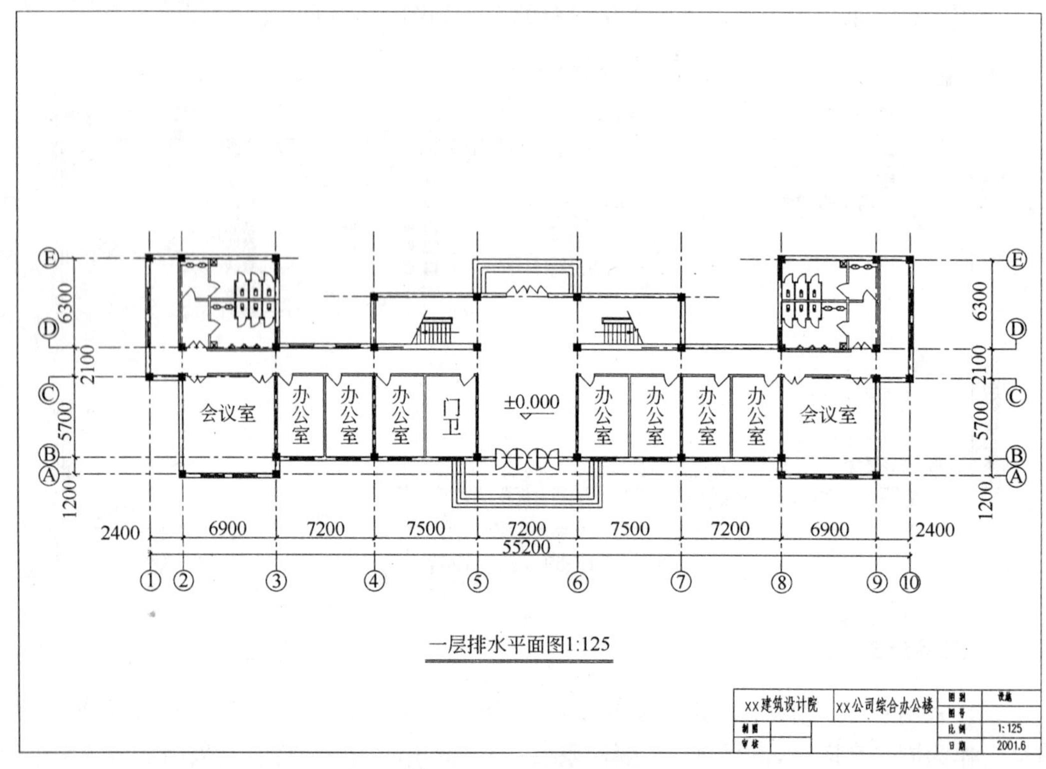

图 13-70　建筑平面图

2. 绘制消防设备图例

更改当前图层为“设备”。

《给水排水制图标准》GB/T 50106—2001 中规定了一些常用的消防设备图例，读者可查阅。作为一名该专业的设计人员应熟悉各图例的表征意义，便于工程制图时随时使用。

消防工程制图的设计说明、图例中应画出各图例符号并注明其具体表达含义，此处对几个图例符号的绘制，作简要介绍。

（1）室内消火栓图例绘制

① 利用“矩形”命令 绘制长 600mm、宽 200mm 的矩形。

② 利用“直线”命令 绘制管线及对角斜线。

③ 利用“图案填充”命令 填充图案。

绘制完毕，整个绘制流程如图 13-71 所示。

(2) 推车式灭火器图例绘制

① 利用"正多边形"命令 绘制内接圆半径为 200mm 的等边三角形。

② 利用"圆"命令 在三角形底边点处绘制适当大小的圆。

③ 利用"移动"命令 移动圆至合适位置。

④ 利用"修剪"命令 对圆进行修剪。

⑤ 利用"镜像"命令 镜像复制圆。

⑥ 利用"图案填充"命令 填充图案。

绘制完毕后，如图 13-72 所示。

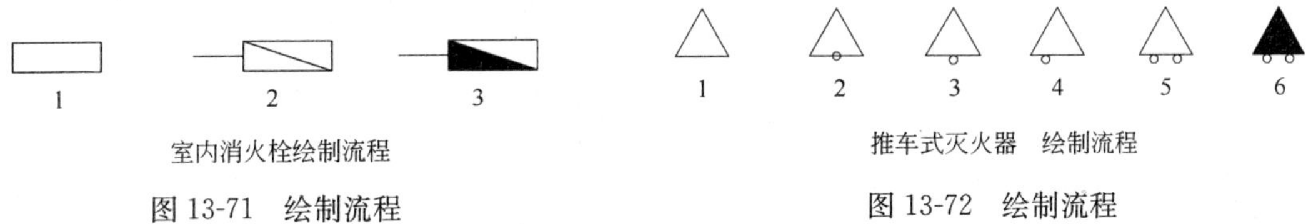

图 13-71 绘制流程

图 13-72 绘制流程

3. 绘制管线

将当前图层定义为"管线"。

首先根据室内消防要求布置消防给水管线。

管线绘制用直线或多段线 都可以，管线用于表达各设备之间的连接关系。对于管线及排水设备对称布置的图样，可以镜像复制。

管线绘制完毕如图 13-73 所示。

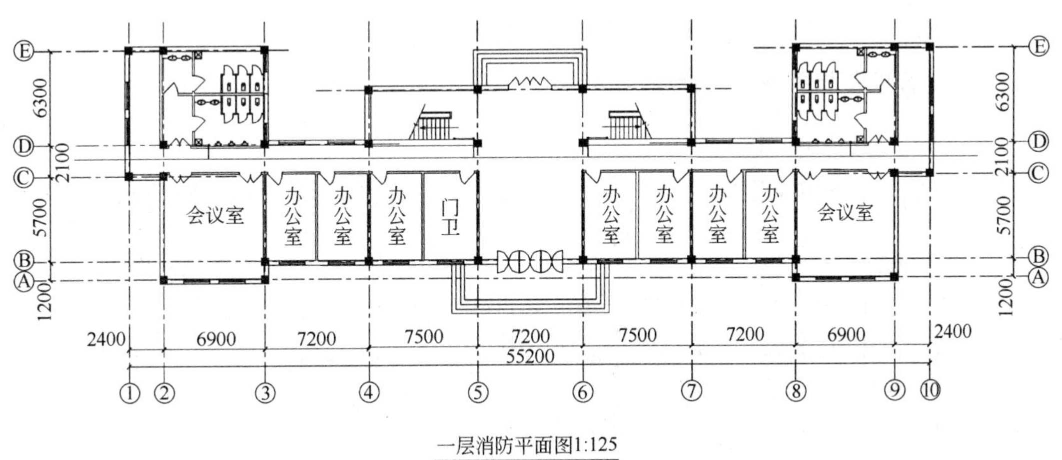

图 13-73 绘制管线

4. 布置消防设施

将绘制好的消防设施图例，布置到指定的位置。常用命令为："复制"、"移动"。对称布置时，可以使用"镜像"命令复制。结果如图 13-74 所示。

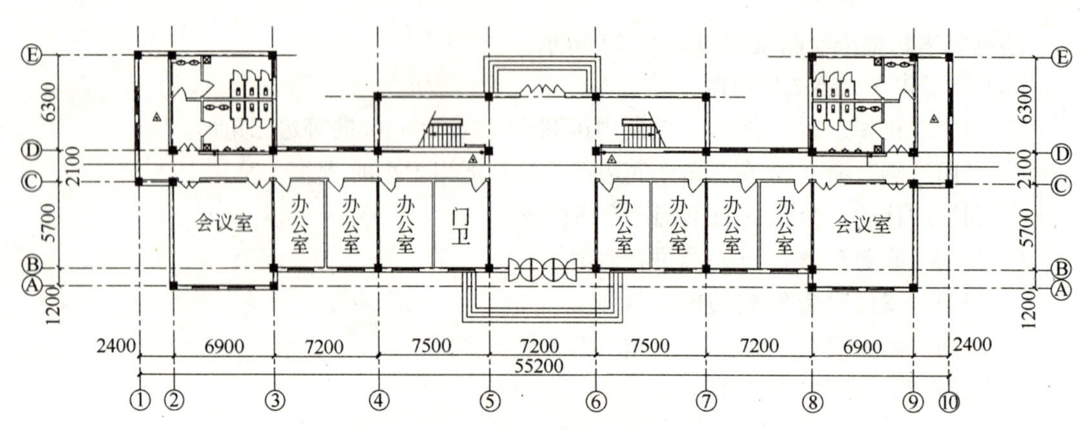

一层消防平面图1:125

图 13-74 布置设施

小技巧

要使图块在插入后，图块各对象的图层随图块的插入层、图块各对象的颜色、线型与线宽都随图块插入层的图层设置，就在 0 层上用 Bylayer 颜色、Bylayer 线型和 Bylayer 线宽制块，即 0 层上的 Bylaye 块插入后，其图块各对象所在的图层将变换为图块的插入层，其图块各对象的颜色、线型与线宽将与图块插入层的图层设置一致。

注意

0 层的使用技巧。

5. 文字标注及相关必要的说明

将当前图层设置为“标注”。

建筑消防工程图的文字标注与给排水工程图相同。标注结果如图 13-75 所示。

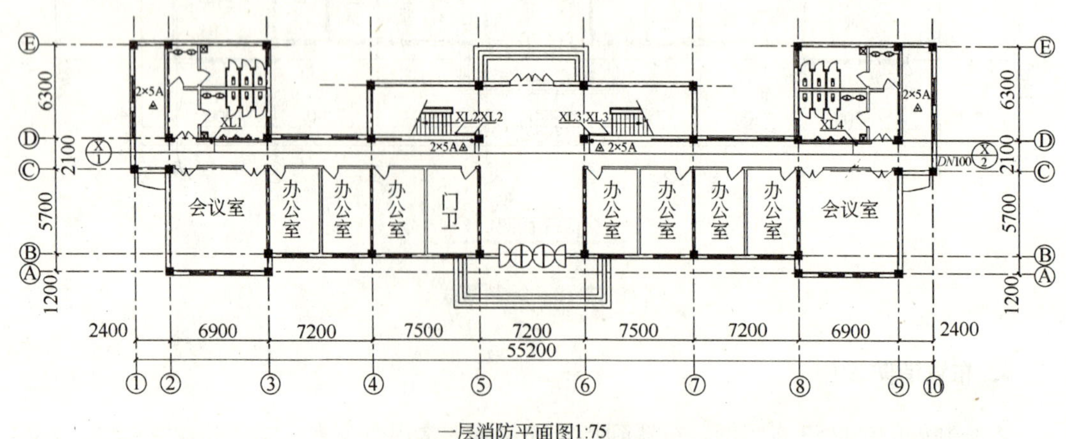

一层消防平面图1:75

图 13-75 管线标注

6. 尺寸标注

建筑消防工程图的尺寸标注与给排水工程图相同。标注完成后，如图 13-76 所示。

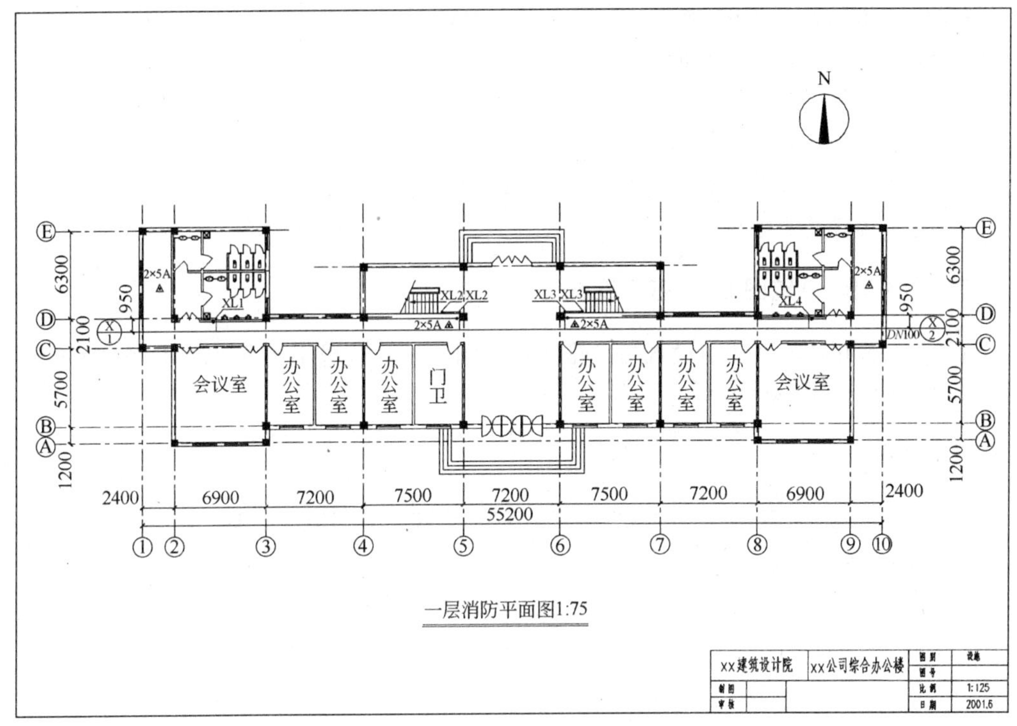

图 13-76　尺寸标注

小技巧

用户在使用鼠标滚轮时，应注意鼠标中键的设置命令 mbuttonpan。特别是有些用户会安装一些鼠标驱动程序，导致鼠标滚轮失效。

该命令用于控制滚轮的动作响应。该参数初始值为 1。当其设置值为 0 时，支持菜单(.mnu)文件定义的动作；当其设置值为 1 时，当按住并拖动按钮或滑轮时，支持平移操作。

13.6　室内消防系统图

室内消防系统图与给水排水系统图一样，都为轴测图，即采用正面斜等轴测投影法绘制，能够反映管道系统三维空间关系的立体图样。它可以以管路系统作为表达对象，也可以以管线系统的的某一部分作为表达对象，如厨房的给水、消防给水等。绘制消防系统图的基础是各层消防平面图。通过系统图，可以了解系统从下到上全方位的关系。

13.6.1　室内消防系统图

1. 室内消防系统图表达的主要内容

室内排水系统图即室内排水系统平面布置图，它主要表达了房屋内部排水设备的配置和管道的布置及连接的空间情况。其主要表达内容参见前述给水排水系统图。

2. 建筑室内消防系统图的绘制步骤

建筑室内消防系统图的绘制一般遵循以下步骤：

(1) 绘制竖向立管及水平向管道；

(2) 绘制各楼层标高线；

(3) 绘制各支管及附属用水设备；

(4) 对管线、设备等进行尺寸(管径、标高、坡度等)；

(5) 附加必有的文字说明。

13.6.2 室内消防系统图 CAD 基本设置

消防系统图的 CAD 基本设置与给排水系统图一样，这里不再赘述。本例设置的图层如图 13-77 所示。

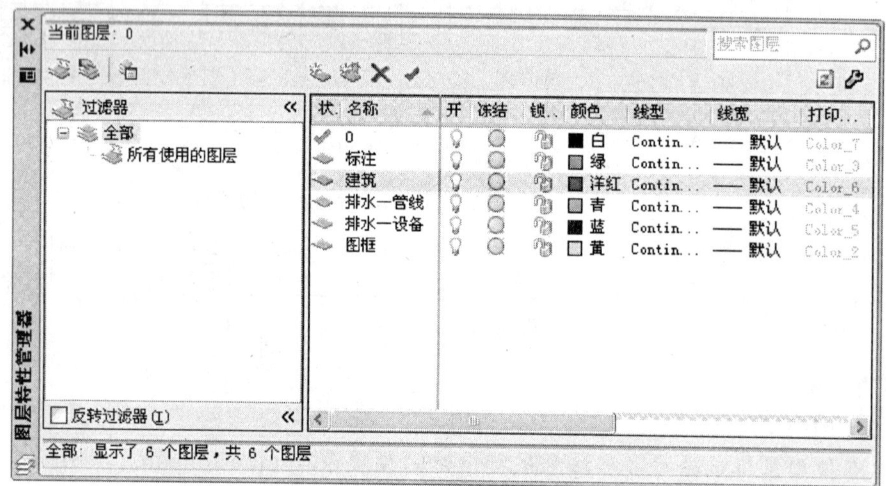

图 13-77 图层设置

小技巧

CAD 制图时，若每次画图都去设定图层，那是很繁琐的，为此可以将其他图纸中设置好的图层拷贝过来。方法如下：在某幅图中设定好图层，并在该图的各个图层上绘制线条。下次新建文件时，只要把原来的该图复制粘贴过来就可以，其图层也会跟着复制过来。再删除所复制的图样，就可以开始继续制图了，进而省去重复设置图层的时间。该方法类似于模板文件的使用。

13.6.3 室内消防系统图的 CAD 实现

消防系统图的绘制思路与给排水系统图相同，主要步骤如下：

1. 绘制建筑外墙及地坪线

将当前图层定义为"建筑"。

建筑外墙及地坪线的绘制，只需绘制其轮廓线，采用线型为“细实线”，线宽为 0.25*b*，外墙的相关尺寸(如标高等)可由平面图确定，绘制结果如图 13-78 所示。

小技巧

文件安全保护具体的设置方法：

1. 右击 CAD 工作区的空白处，弹出快捷菜单，如图 13-79 所示。选择“选项”命令，弹出“选项”对话框，点击“打开和保存”选项卡，如图 13-80 所示。

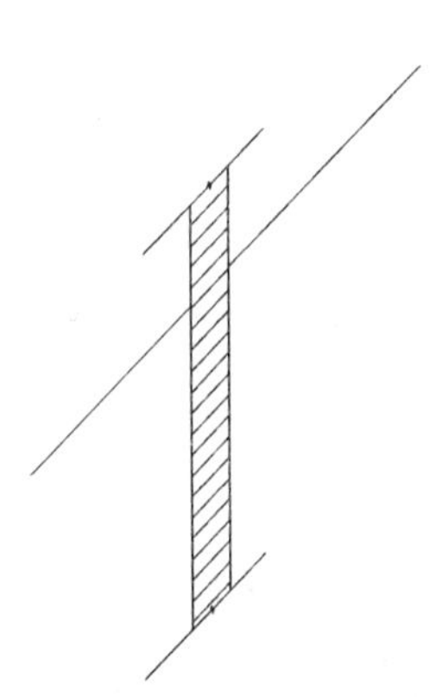

图 13-78　地下室外墙

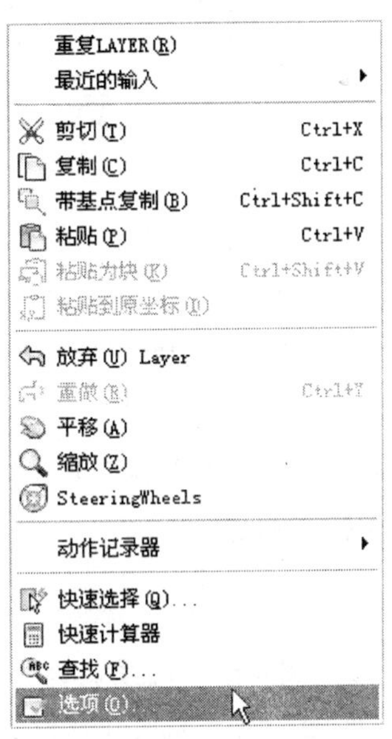

图 13 - 79　快捷菜单

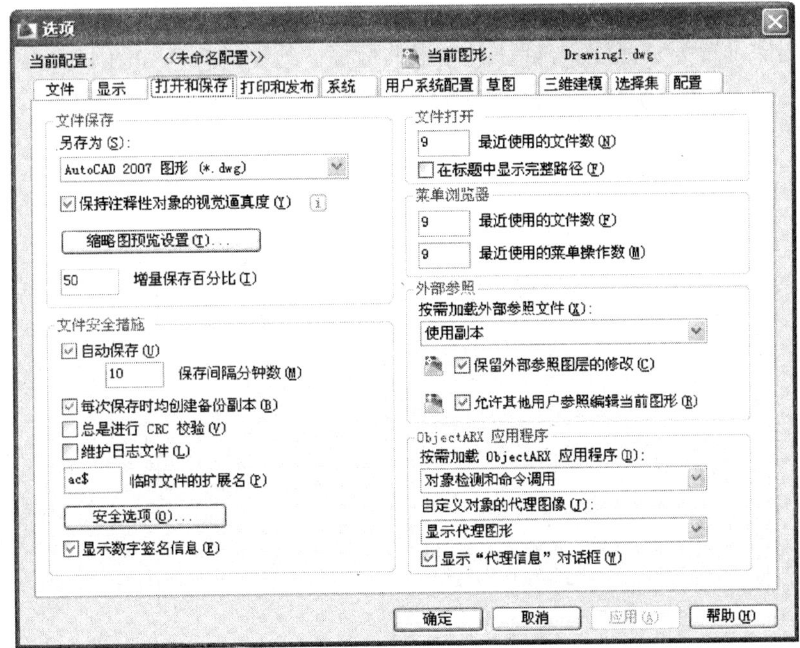

图 13-80　“选项”对话框

2. 单击“打开和保存”选项卡的“安全选项”按钮，打开“安全选项”对话框，如图13-81所示。用户可以在文本框输入口令进行密码设置，再次打开该文件时将出现密码提示。

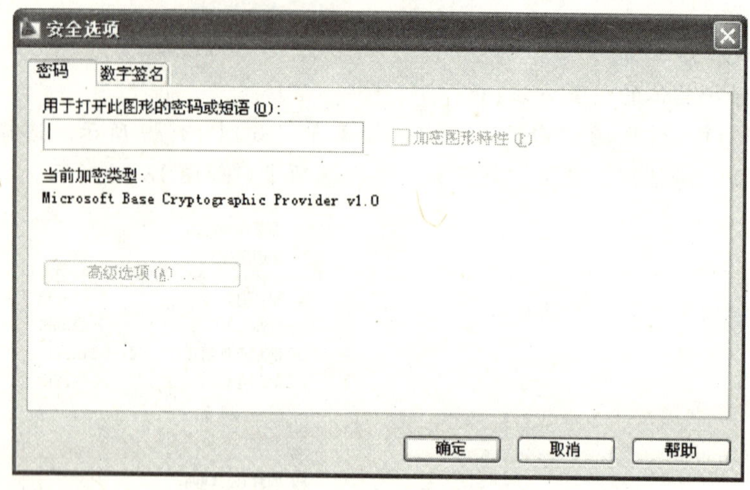

图 13-81 “安全选项”对话框

如果忘了密码文件就永远也打不开了，所以加密之前最好先备份文件。

2. 绘制 X-1 给水管线

更改当前图层定义为“排水-管线”。

排水管线采用“粗实线”，线宽为 b，制图时由左及右、自下而上绘制，其水平及竖向尺寸由给水平面图中的平面尺寸及标高来确定。绘制的管线如图 13-82 所示。

3. 标注各楼层标高

将当前图层设置为“标注”，标注各楼层的标高。绘制的标高如图 13-83 所示。

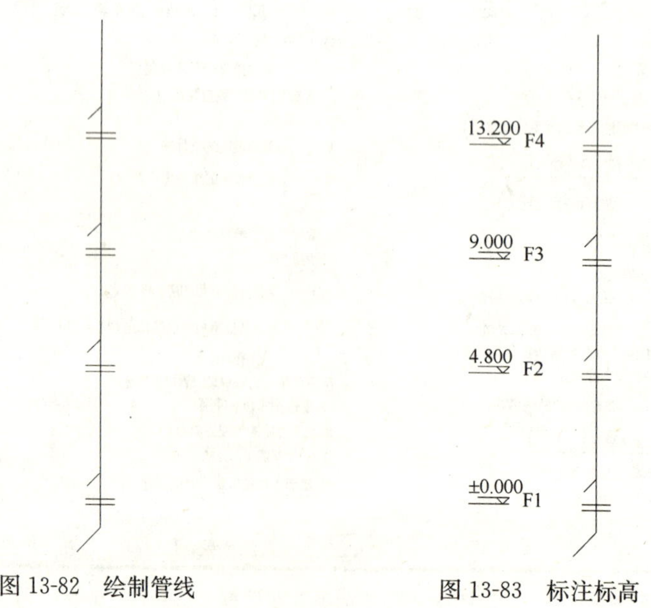

图 13-82 绘制管线　　图 13-83 标注标高

4. 绘制支管

更改当前图层为“排水-管线”。

支管的线型仍然为“粗实线”，线宽为 b。首先由给水平面图识读各支管线的连接空间关系。绘制结果如图 13-84 所示。

5. 绘制各消防设备及附件

更改当前图层为“设备”。

主要是各用水设备及附件的图例绘制，绘制好各图例后，利用“复制”等命令将其粘贴到对应的支管位置关系上。绘制好的支管线及附属件如图 13-85 所示。

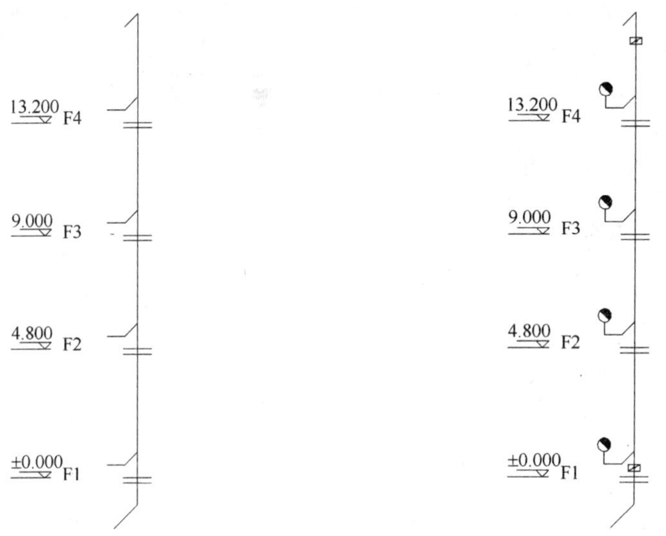

图 13-84　绘制支管　　　　图 13-85　绘制各消防设备及附件

6. 管线标注

更改当前图层为“标注”。

主要是管径及标高的标注，管径及标高的标高方法如前述，采用“单行文字”命令标注。相同标注采用“复制”等命令进行编辑修改。相关标注如图 13-86 所示。

7. 相关编号及标高

对管线进行编号及管径、标高、坡度进行修改编辑，文字标注可使用“单行文字”命令。类似的标注格式，多使用“复制”命令操作，并进行适当修改，则 P-1 排水引出管的系统轴测图如图 13-87 所示。

小技巧

为什么有时无法修改文字的高度?

当定义文字样式时，使用的字体的高度值不为 0 时，用 DTEXT 命令输入文本时将不提示输入高度，而直接采用已定义的文字样式中的字体高度，这样输出的文本高度是不变的，包括使用该字体进行的标注样式。

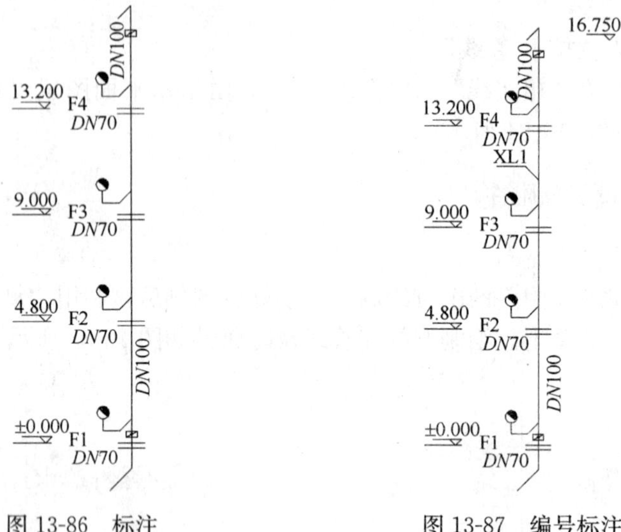

图 13-86　标注　　　　图 13-87　编号标注

13.6.4　绘制给水引入管

更改当前图层为“管线”。

同 X-1 消防排水引出管的绘制过程，绘制 X-2 给水引入管的系统轴测图。

绘制结果如图 13-88 所示。

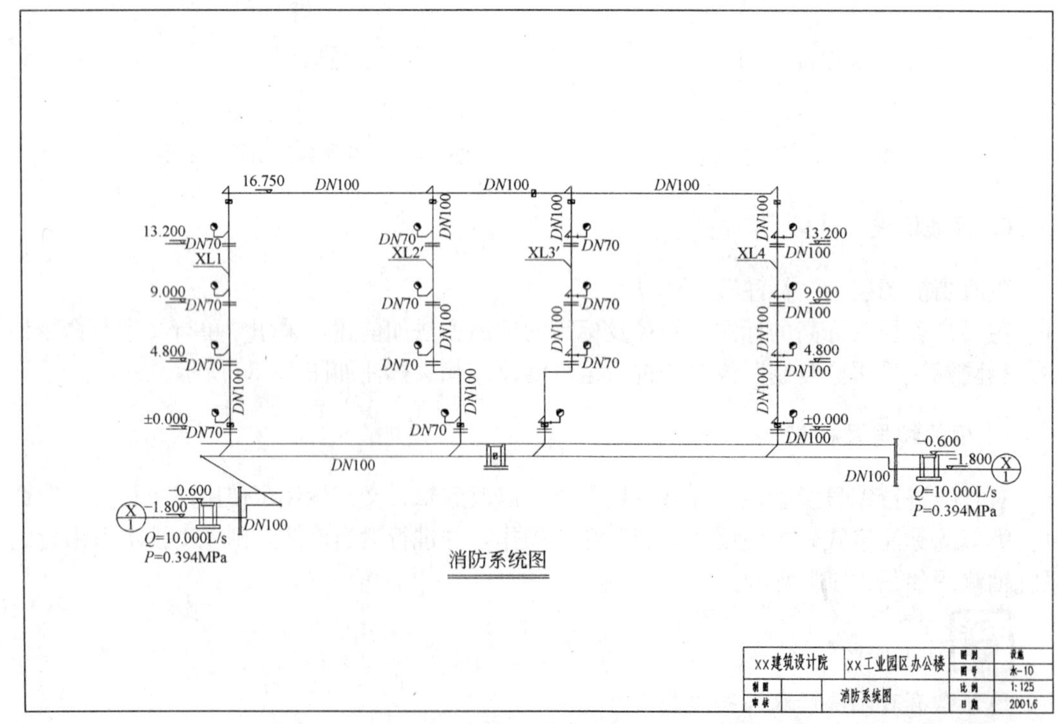

图 13-88　消防系统图

4

本章中，将系统全面地介绍建筑暖通空调工程的相关知识及其制图的基本要求，结合暖通制图标准及AutoCAD制图特点，以某高层钢筋混凝土结构商业综合楼的空调工程设计和某高层钢筋混凝土结构住宅楼的采暖工程设计为例，从工程制图实践出发详细地说明AutoCAD在建筑暖通空调工程制图方面的应用操作方法及技巧。

通过本章的学习，读者不仅将接触到建筑暖通空调工程制图一些知识要点，还可以学习到很多AutoCAD的基本操作及技巧。本章将帮助读者掌握采暖通风图样的基本知识，培养阅读和绘制暖通空调工程图样的能力。

第4篇 暖通空调篇

- 认识建筑暖通空调工程的基本知识
- 了解建筑暖通空调工程图纸的分类
- 学习建筑暖通空调工程制图的基本规定
- 了解建筑暖通空调工程制图的特点
- 掌握建筑暖通空调工程AutoCAD制图的基本方法

第 14 章 暖通空调工程图基本知识

内容提要

本节将结合建筑设备工程制图基本知识，分知识点介绍建筑暖通空调专业工程制图的基本规定及要求，要求读者能够掌握建筑暖通空调工程制图基本概念，为下一步学习暖通空调工程的 AutoCAD 制图作准备。

本章重点

- 认识建筑暖通空调工程的基本知识
- 了解建筑暖通空调工程图纸的分类
- 学习建筑暖通空调工程制图的基本规定
- 了解建筑暖通空调工程制图的特点

建筑暖通空调专业属于建筑设备专业之一，合指建筑采暖工程及建筑通风空调工程。关于暖通空调专业的制图，我国已出台了《暖通空调制图标准》(GB/T 500114—2001)。该标准使得采暖工程与通风空调工程两者制图做到统一规范要求，该设备专业制图统属于房屋建筑制图。同其他专业的建筑设备施工图类似，该专业的施工图的基本组成主要包括设备平面布置图、系统图及详图，所涉及的表达内容较多。本章将首先主要介绍暖通空调施工图的基本概念及知识，作为该专业的工程设计制图人员应首先从专业的角度熟悉暖通空调制图的基本专业知识，为该专业 CAD 制图的学习作准备，学习时应注意体会该专业制图的表达特点及与其他专业制图的不同之处。

采暖工程是指在冬季寒冷地区为人类生产生活创造适宜的温度环境，保证各生产设备正常运行，保证产品质量而保持室温要求的工程设施。采暖工程由三部分组成：热源(锅炉房、热电站、太阳能等)；输热系统(将热源输送到各用户的管线系统)；散热部分(各类规格的散器)。采暖工程因热媒的不同可分为热水采暖、蒸汽采暖、地热采暖及太阳能采暖。采暖工程是热力源确定(采用热力公司热源还是自供热源)、管线设计施工、住户暖气片设计及安装的总称。

通风空调工程是把室内污浊或有害受污染的气体排出室外，再将新鲜洁净或经循环处理的空气送入室内，使空气质量符合卫生标准及生产工艺标准的要求。通风空调工程根据其原理可分为自然通风与机械通风，机械通风中又分为局部通风和全面通风。使室内空气的温度、温度、清洁度均保持在一定范围内的全面通风则称为空气调节。空气调节是按人们的要求，把室内或某个场所的空气调节到所需的状态。调节的内容包括温度、湿度、气流，以及除尘和污染空气的排除等等。

采暖通风工程施工图是建筑工程施工图的一部分，分为采暖工程图与通风工程图。主要包括：平面图、系统图、原理图、剖面图、详图等。

14.1 施工图的组成

采暖和通风工程是一种建筑设备工程，它是为了保证人的健康和生活、工作场所的舒适，或者是为了满足生产上的需要而建设的。采暖和通风工程图是表达采暖和通风工程设施的结构形状、大小、材料以及某些技术上的要求等的图纸，以供施工人员按图施工。

空调通风施工图包括以下内容：

1. 设计依据

一般通风与空调工程设计是根据甲方提供的委托设计任务书及建筑专业提供的图样，并依照通风专业现行的国家颁发的有关规范、标准进行设计的。

2. 设计范围

说明本工程设计的内容，如包括集中冷冻站、热交换站设计；餐厅、展览厅、大会堂、多功能厅及办公室、会议室集中空调设计；地下汽车库及机电设备机房的通风设计；卫生间、垃圾间、厨房等的通风设计；防烟楼梯间、消防电梯等房间的防排烟设计。

3. 设计资料

根据建筑物所在的地区，说明设计计算时需要的室外计算参数，说明建筑物室内的计算参数，及建设单位的要求和建筑的相关功能等等。

如在北京地区夏季室外计算参数有：

空调计算干球温度为 33.2℃；

空调计算湿球温度为 26.4℃；

空调计算日均温度为 29.2℃；

通风计算干球温度为 28.6℃；

平均风速为 1.9m/s，风向为 N；

大气压力为 89.69kPa。

在北京地区冬季室外计算参数有：

空调计算干球温度为－12.0℃；

空调计算相对湿度为 45％；

通风计算干球温度为－5.0℃；

采暖计算干球温度为－9.0℃；

平均风速为 2.8m/s，风向为 N/NW；

大气压力为 102.9kPa。

同时还要说明建筑物内的空调房间室内设计参数，如室内要求的温度、相对湿度、新风量、换气次数、室内噪声标准等等。

4. 空调设计

说明空调系统的冷源和热源，本工程所选用的冷水机组和热交换站的位置。说明空调水系统设计，空调风系统设计，列出空调系统编号、风量、风压、服务对象、安装地点等详表。

5. 通风设计

说明建筑物内设置的机械排风(兼排烟)系统、机械补风系统，列出通风系统编号、风量、风压、服务对象、安装地点等详表。

6. 自控设计

说明本工程空调系统的自动调节，控制室温、温度的情况。

7. 消声减振及环保

说明风管消声器或消声弯头设置，说明水泵、冷冻机组、空调机、风机作减振或隔振处理的情况。

8. 防排烟设计

说明本工程加压送风系统和排烟系统的设置，列出防排烟系统的编号、风量、风压、服务对象、安装地点等详表。

采暖工程施工图所包含内容与空调通风过程类似，不再赘述。

14.2 施工设计说明

施工设计说明中应详细描述本工程对材料、设备型号、相关的施工方法与要求、相关条文的解释等等，有如下几点：

1. 通风与空调工程风管材料

通风及空调系统一般采用钢板、玻璃钢或复合材料等。

2. 风管保温材料及厚度、保温做法

说明通风空调系统风管一般采用的保温材料及厚度、保温做法。

3. 风管施工质量要求

说明风管施工的质量要求。

4. 风管穿越机房、楼板、防火墙、沉降缝、变形缝等处的做法

5. 空调水管管材、连接方式，冲洗、防腐、保温要求

(1) 说明冷冻水管道、热水管道、蒸汽管道、蒸汽凝结水管道的管材、管道的连接方式。

(2) 空调水管道安装完毕后，应进行分段试压和整体试压。说明空调水系统的工作压力和试验压力值。

(3) 说明水管道冲洗、防腐、保温要求及做法、质量要求等。

6. 空调机组、新风机组、热交换器、风机盘管等设备安装要求

需说明在通风空调工程施工中，要与土建专业密切配合，做好预埋件及楼板孔洞的预留工作。

7. 其他未说明部分

可按《通风与空调工程施工质量验收规范》(GB 50243—2002)、《洁净室施工及验收规范》(JGJ 71—1990)、《建筑设备施工图集》(91SB6)等标准规范中的相关内容，以及国家标准或行业标准进行施工。

说明图中所注的平面尺寸通常是以 mm 计的，标高尺寸是以 m 计的。风管标高一般指管底标高，水管标高一般指管中心标高。

在标注管道标高时，为便于管道安装，地下层管道的标高可标为相对于本层地面的标高，地下层管道的标高为绝对标高。

14.3 设备材料明细表

通风与空调系统中主要设备的名称、规格、数量，如：通风机、电动机、过滤器、阀门等，采用表单的形式将本工程所涉及的零件与设备统一归类描述，便于施工单位识读图纸及安排设备采购。

14.4 平面图

采暖平面图是表示采暖管线及其设备平面布置情况的图纸，应注明相关的定位尺寸、设备规格等。

表达内容：

(1) 采暖管线的干管、立管、支管的平面位置、走向、管线编号、安装方式等；

(2) 散热器的平面位置、规格、数量及安装方式等；

(3) 采暖干管上的阀门、支架、补偿器等的平面位置；

(4) 采暖系统设备，如膨胀水箱、集气罐、疏水器的平面位置、规格及各设备的连接管线的平面布置；

(5) 热媒入口及入口地沟情况，热媒来源、流向及室外热网的连接；

(6) 与土建施工配合的相关要求。

通风与空调施工平面图是表示通风与空调系统管道和设备在建筑物内的平面布置情况，并注明有相应的尺寸，如管线的定位、管线的规格等。

表达内容：

(1) 通风管道系统在房屋内的平面布置，以及各种配件，如异径管、弯管、三通管等在风管上的位置；

(2) 工艺设备如空调器、风机等的位置；

(3) 进风口、送风口等的位置以及空气流动方向；

(4) 设备和管道的定位尺寸。

注意

平面图的图示方法和画法，可参见相关工程制图书籍(重点学习设备专业制图的绘图比例、房屋平面的表示、剖切位置及平面图的数量、风管画法、设备及附件画法、分段绘制、尺寸标注等等)。

14.5 剖　面　图

剖面图是表示采暖、通风与空调系统管道和设备在建筑物高度上的布置情况，并注明有相应的尺寸，其表达内容与平面图相同。

剖面图中应标注建筑物地面和楼面的标高，应标注通风空调设备和管道的位置尺寸和标高，标注风管的截面尺寸，标出风口的大小。

14.6 系　统　图

系统图是把整个采暖、通风与空调系统的管道、设备及附件采用单线图或双线图，用轴测投影方法形象地绘制出风管、部件及附属设备之间相对位置、空间关系的图。是用轴测投影法绘制的能反映系统全貌的立体图。

表达内容：

(1) 整个风管系统包括总管、干管、支管的空间布置和走向；

(2) 各设备、部件等的位置和互相关系；

(3) 各管段的断面尺寸和主要位置的标高。

14.7 详　　图

详图是表示通风与空调系统设备安装施工的局部具体构造和安装情况，并注明有相应的尺寸，主要包括加工制作和安装的节点图、大样图、标准图等。

14.8 制图的表达与一般规定

暖通空调施工图中的相关表达方式可见《暖通空调制图标准》(GB/T 50114—2001)中的规定，其对制图中应用的图线、比例、管道代号、系统编号、管道标注、图例等均作了详细规定。

通风与空调施工图制图时表达方法与规定如下：

1. 通风与空调平面图(剖面图)

通风与空调平面图表示通风与空调系统管道和设备在建筑物内平面布置情况的图示，并注明有相应的尺寸。

在平面图中，建筑物轮廓线用粗实线绘制，通风空调系统的管道用粗实线绘制。

平面图中，通风空调系统的设置要用编号标出，如空调系统 K-1、新风系统 X-1、排风系统 P-1 等等。

在平面图中的工艺和通风空调设备，如风机、送风口、回风口、风机盘管等均应分别标注或编号，要列入设备及主要的材料表，说明型号、规格、单位和数量。

另外，平面图中还应绘出以下内容：

(1) 应绘制出设备的轮廓线，注明设备的尺寸。

(2) 图中的通风空调系统的管道，应注明风管的截面尺寸、定位尺寸。通风空调系统的弯头、三通或四通、变径管等。

(3) 绘出通风空调管道上消声弯头、调节阀门、风管导流叶片、送风口、回风口等，并列出设备及主要材料表，说明型号、规格、单位、数量。

(4) 风口旁标注箭头方向，表明风口的空气流动方向。

(5) 在平面图中如若通风管道比较复杂，在需要的部位应画出剖切线，利用剖切符号表明剖切位置及剖切方向，把复杂的剖位在剖面图上表达清楚。

2. 系统图(轴测图)

由于通风与空调系统管路纵横交错，在平面图和剖面图上难以表达管线的空间位置。系统图则是可以表达通风与空调系统中管道和设备在空间的立体走向的一种图示，并注有相应的尺寸。

系统图能够将整个通风与空调系统的管道、设备及附件采用单线图或双线图，用轴测投影的方法形象地绘制出风管、部件及附属设备之间的相对位置的空间关系。

在系统图中，要标出通风与空调系统的设置编号，如：空调系统 K-1、新风系统 X-1、排风系统 P-1、排烟系统 PY-2 等。

另外，在系统图中还应绘出以下几个方面的内容：

(1) 绘出系统主要设备的轮廓，注明编号或标出设备的型号、规格等。

(2) 绘出通风空调管道及附件，标注通风管断面尺寸和标高，绘出风口及空气的流动方向。

施工图阅读时，各主要图样，平面图、剖面图和系统图应互相配合对照查看，一般是按照通风系统中空气的流向，从进口到出口依次进行，这样可弄清通风系统的全貌。再通过查阅有关的设备安装详图和管件制作详图，就能掌握整个通风工程的全部情况。

采暖施工图的表达方法和规定与通风与空调施工图类似，不再赘述。

14.9　暖通空调工程设计文件编制深度

暖通空调工程设计包括方案设计、初步设计、施工图设计，本节将分别介绍其文件编制深度。

14.9.1　方案设计

采暖通风与空气调节设计说明：

(1) 采暖通风与空气调节的设计方案要点。

(2) 采暖、空气调节的室内设计参数及设计标准。

(3) 冷、热负荷的估算数据。

(4) 采暖热源的选择及其参数。

(5) 空气调节的冷源、热源选择及其参数。

(6) 采暖、空气调节的系统形式，简述控制方式。

(7) 通风系统简述。

(8) 防烟、排烟系统简述。

(9) 方案设计新技术采用情况、节能环保措施和需要说明的其他问题。

14.9.2　初步设计

1. 在初步设计阶段，采暖通风与空气调节设计文件应有设计说明书，除小型、简单工程外，初步设计还应包括设计图纸、设备表及计算书。

2. 设计说明书

(1) 设计依据

① 与本专业有关的批准文件和建设单位提出的符合有关法规、标准的要求；

② 本专业设计所执行的主要法规和所采用的主要标准（包括标准的名称、编号、年号和版本号）；

③ 其他专业提供的设计资料等。

(2) 简述工程建设地点、规模、使用功能、层数、建筑高度等。

(3) 设计范围。

根据设计任务书和有关设计资料，说明本专业设计的内容、范围以及与有关专业的设计分工。

(4) 设计计算参数

① 室外空气计算参数。

② 室内空气设计参数。

(5) 采暖

① 采暖热负荷；

② 热源状况、热媒参数、室外管线及系统补水定压方式；
③ 采暖系统形式及管道敷设方式；
④ 采暖热计量及室温控制，系统平衡、调节手段；
⑤ 采暖设备、散热器类型、管道材料及保温材料的选择。
(6) 空调
① 空调冷、热负荷；
② 空调系统冷源及冷媒选择、冷水、冷却水参数；
③ 空调系统热源供给方式及参数；
④ 各空调区域的空调方式，空调风系统简述，必要的气流组织说明；
⑤ 空调水系统设备配置形式和水系统制式，系统平衡、调节手段；
⑥ 洁净空调注明净化级别；
⑦ 监测与控制简述；
⑧ 管道材料及保温材料的选择。
(7) 通风
① 设置通风的区域及通风系统形式；
② 通风量或换气次数；
③ 通风系统设备选择和风量平衡。
(8) 防排烟及暖通空调系统的防火措施
① 简述设置防排烟的区域及方式；
② 防排烟系统风量确定；
③ 防排烟系统及设施配置；
④ 控制方式简述；
⑤ 暖通空调系统的防火措施。
(9) 节能设计
按节能设计要求采用的各项节能措施

注：1 节能措施包括计量、调节装置的设置、全空气空调系统加大新风比数据、热回收装置的设置、选用的制冷和供热设备的性能系数或热效率（不低于节能标准要求）、变风量或变水量设计等；
2 节能设计除满足现行国家节能标准的要求外，还应满足工程所在省、市现行地方节能标准的要求。

(10) 废气排放处理和降噪、减振等环保措施。
(11) 需提请在设计审批时解决或确定的主要问题。

3. 设备表

列出主要设备的名称、性能参数、数量等。

4. 设计图纸

(1) 采暖通风与空气调节初步设计图纸一般包括图例、系统流程图、主要平面图各种管道、风道可绘单线图。

(2) 系统流程图包括冷热源系统、采暖系统、空调水系统、通风及空调风路系统、防排烟等系统的流程。应表示系统服务区域名称、设备和主要管道、风道所在区域和楼层，标注设备编号、主要风道尺寸和水管干管管径，表示系统主要附件、建筑楼层编号及标高。

注：当通风及空调风道系统、防排烟等系统跨越楼层不多，系统简单，且在平面图中可较完整地表示系统时，可只绘制平面图，不绘制系统流程图。

(3) 采暖平面图。绘出散热器位置、采暖干管的入口、走向及系统编号。

(4) 通风、空调、防排烟平面图。绘出设备位置、风道和管道走向、风口位置，大型复杂工程还应标注出主要干管控制标高和管径，管道交叉复杂处需绘制局部剖面。

(5) 冷热源机房平面图。绘出主要设备位置、管道走向，标注设备编号等。

5. 计算书

对于采暖通风与空调工程的热负荷、冷负荷、风量、空调冷热水量、冷却水量及主要设备的选择，应做初步计算。

14.9.3　施工图设计

1. 在施工图设计阶段，采暖通风与空气调节专业设计文件应包括图纸目录，设计说明和施工说明、设备表、设计图纸、计算书。

2. 图纸目录

应先列新绘图纸，后列选用的标准图或重复利用图。

3. 设计说明和施工说明

(1) 设计说明

① 简述工程建设地点、规模、使用功能、层数、建筑高度等；

② 列出设计依据，说明设计范围；

③ 暖通空调室内外设计参数；

④ 热源、冷源设置情况，热媒、冷媒及冷却水参数，采暖热负荷、折合耗热量指标及系统总阻力，空调冷热负荷，折合冷热量指标，系统水处理方式、补水定压方式、定压值（气压罐定压时注明工作压力值）等；

注：气压罐定压时工作压力值指补水泵启泵压力、补水泵停泵压力、电磁阀开启压力和安全阀开启压力。

⑤ 设置采暖的房间及采暖系统形式，热计量及室温控制，系统平衡、调节手段等；

⑥ 各空调区域的空调方式，空调风系统及必要的气流组织说明，空调水系统设备配置形式和水系统制式，系统平衡、调节手段，洁净空调净化级别，监测与控制要求；有自动监控时，确定各系统自动监控原则（就地或集中监控），说明系统的使用操作要点等；

⑦ 通风系统形式，通风量或换气次数，通风系统风量平衡等；

⑧ 设置防排烟的区域及其方式，防排烟系统及其设施配置、风量确定、控制方式，暖通空调系统的防火措施；

⑨ 设备降噪、减振要求，管道和风道减振做法要求，废气排放处理等环保措施；

⑩ 在节能设计条款中阐述设计采用的节能措施，包括有关节能标准、规范中强制性条文和以“必须”、“应”等规范用语规定的非强制性条文提出的要求。

(2) 施工说明

施工说明应包括以下内容：

① 设计中使用的管道、风道、保温等材料选型及做法；

② 设备表和图例没有列出或没有标明性能参数的仪表、管道附件等的选型；

③ 系统工作压力和试压要求；

④ 图中尺寸、标高的标注方法；

⑤ 施工安装要求及注意事项，大型设备安装要求参照第 4.8.3 条第 2 款第 1 项；

⑥ 采用的标准图集、施工及验收依据。

(3) 图例

(4) 当本专业的设计内容分别由两个或两个以上的单位承担设计时，应明确交接配合的设计分工范围。

4. 设备表

施工图阶段性能参数栏应注明详细的技术数据。

5. 平面图

(1) 绘出建筑轮廓、主要轴线号、轴线尺寸、室内外地面标高、房间名称，底层平面图上绘出指北针。

(2) 采暖平面绘出散热器位置，注明片数或长度，采暖干管及立管位置、编号，管道的阀门、放气、泄水、固定支架、伸缩器、入口装置、减压装置、疏水器、管沟及检查孔位置，注明管道管径及标高。

(3) 二层以上的多层建筑，其建筑平面相同的采暖标准层平面可合用一张图纸，但应标注各层散热器数量。

(4) 通风、空调、防排烟风道平面用双线绘出风道，标注风道尺寸（圆形风道注管径、矩形风道注宽×高）、主要风道定位尺寸、标高及风口尺寸，各种设备及风口安装的定位尺寸和编号，消声器、调节阀、防火阀等各种部件位置，标注风口设计风量（当区域内各风口设计风量相同时也可按区域标注设计风量）。

(5) 风道平面应表示出防火分区，排烟风道平面还应表示出防烟分区。

(6) 空调管道平面单线绘出空调冷热水、冷媒、冷凝水等管道，绘出立管位置和编号，绘出管道的阀门、放气、泄水、固定支架、伸缩器等，注明管道管径、标高及主要定位尺寸。

(7) 需另做二次装修的房间或区域，可按常规进行设计，风道可绘制单线图，不标注详细定位尺寸，并注明按配合装修设计图施工。

6. 通风、空调、制冷机房平面图和剖面图

(1) 机房图应根据需要增大比例，绘出通风、空调、制冷设备（如冷水机组、新风机组、空调器、冷热水泵、冷却水泵、通风机、消声器、水箱等）的轮廓位置及编号，注明设备外形尺寸和基础距离墙或轴线的尺寸。

(2) 绘出连接设备的风道、管道及走向，注明尺寸和定位尺寸、管径、标高，并绘制管道附件（各种仪表、阀门、柔性短管、过滤器等）。

(3) 当平面图不能表达复杂管道、风道相对关系及竖向位置时，应绘制剖面图。

(4) 剖面图应绘出对应于机房平面图的设备、设备基础、管道和附件，注明设备和附件编号以及详图索引编号，标注竖向尺寸和标高；当平面图设备、风道、管道等尺寸和定位尺寸标注不清时，应在剖面图标注。

7. 系统图、立管或竖风道图。

(1) 分户热计量的户内采暖系统或小型采暖系统，当平面图不能表示清楚时应绘制系统透视图，比例宜与平面图一致，按 45°或 30°轴侧投影绘制；多层、高层建筑的集中采暖系统，应绘制采暖立管图并编号。上述图纸应注明管径、坡度、标高、散热器型号和数量。

(2) 冷热源系统、空调水系统及复杂的或平面表达不清的风系统应绘制系统流程图。系统流程图应绘出设备、阀门、计量和现场观测仪表、配件、标注介质流向、管径及设备编号。流程图可不按比例绘制，但管路分支及与设备的连接顺序应与平面图相符。

(3) 空调冷热水分支水路采用竖向输送时，应绘制立管图并编号，注明管径、标高及所接设备编号。

(4) 采暖、空调冷热水立管图应标注伸缩器、固定支架的位置。

(5) 空调、制冷系统有自动监控时，宜绘制控制原理图，图中以图例绘出设备、传感器及执行器位置；说明控制要求和必要的控制参数。

(6) 对于层数较多、分段加压、分段排烟或中途竖井转换的防排烟系统，或平面表达不清竖向关系的风系统，应绘制系统示意或竖风道图。

8. 通风、空调剖面图和详图

(1) 风道或管道与设备连接交叉复杂的部位，应绘剖面图或局部剖面。

(2) 绘出风道、管道、风口、设备等与建筑梁、板、柱及地面的尺寸关系。

(3) 注明风道、管道、风口等的尺寸和标高，气流方向及详图索引编号。

(4) 采暖、通风、空调、制冷系统的各种设备及零部件施工安装，应注明采用的标准图、通用图的图名图号。凡无现成图纸可选，且需要交待设计意图的，均需绘制详图。简单的详图，可就图引出，绘制局部详图。

9. 室外管网设计深度要求

10. 计算书

(1) 采用计算程序计算时，计算书应注明软件名称，打印出相应的简图、输入数据和

计算结果。

（2）采暖设计计算应包括以下内容：

① 每一采暖房间耗热量计算及建筑物采暖总耗热量计算；

② 散热器等采暖设备的选择计算；

③ 采暖系统的管径及水力计算；

④ 采暖系统设备、附件选择计算，如系统热源设备、循环水泵、补水定压装置、伸缩器、疏水器等。

（3）通风、防排烟设计计算应包括以下内容：

① 通风、防排烟风量计量；

② 通风、防排烟系统阻力计算；

③ 通风、防排烟系统设备选型计算。

（4）空调设计计算应包括以下内容：

① 空调冷热负荷计算（冷负荷按逐项逐时计算）；

② 空调系统末端设备及附件（包括空气处理机组、新风机组、风机盘管、变制冷剂流量室内机、变风量末端装置、空气热回收装置、消声器等）的选择计算；

③ 空调冷热水、冷却水系统的水力计算；

④ 风系统阻力计算；

⑤ 必要的气流组织设计与计算；

⑥ 空调系统的冷（热）水机组、冷（热）水泵、冷却水泵、定压补水设备、冷却塔、水箱、水池等设备的选择计算。

（5）必须有满足工程所在省、市有关部门要求的节能设计计算内容。

14.10 职业法规及规范标准

作为该专业领域的设计制图人员，应熟悉该专业的常用规范标准，其原因在于我国的工程设计均是以行业的规范或标准作为设计依据，从而保证了工程设计的质量安全，保证了工程设计有据可查并规范统一。本节推荐了许多行业书籍供读者查询学习。

暖通空调工程设计人员必须熟悉相关行业国家法律法规及行业标准规范，应在设计过程中严格执行相关条文，保证工程设计合理，符合相关质量要求，满足有关节能耗能指标。特别是对于一些强制性条文，更应提高警惕，严格遵守。职业工作中应注意以下几点法律法规：

（1）我国有关基本建设、建筑、房地产、城市规划、环保、安全及节能等方面的法律与法规；

（2）工程设计人员的职业道德与行为规范；

（3）我国有关动力设备及安全方面的标准与规范。

表 14-1 列出了暖通空调工程设计中的常用法律法规及标准规范目录、设计手册，读者可自行查阅，便于工程设计之用。其中包含了全国勘察设计注册公用设备(暖通空调)工程师复习推荐用法律、规程、规范。

暖通空调常用规范标准手册 表 14-1

规范标准

序 号	文件编号	文 件 名 称
1	GB 50019—2003	采暖通风与空气调节设计规范
2	GB 50016—2006	建筑设计防火规范
3	GB 50045—95(2001 年版)	高层民用建筑设计防火规范
4	GB 50067—97	汽车库、修车库、停车场设计防火规范
5	GB 50096—1999(2003 年版)	住宅设计规范
6	JGJ 26—95	民用建筑节能设计标准
7	GB 50242—2002	建筑给水排水及采暖工程施工质量验收规范
8	GB 50243—2002	通风与空调工程施工质量验收规范
9	GB 50189—2005	公共建筑节能设计标准
10	GB 50176—93	民用建筑热工设计规范
11	GB 50264—1997	工业设备及管道绝热工程设计规范
12	GB 50098—98(2001 年版)	人民防空工程设计防火规范
13	GB 50038—2005	人民防空地下室设计规范
14	GB 50073—2001	洁净厂房设计规范
15	JGJ 134—2001	夏热冬冷地区居住建筑节能设计标准
16	GBJ 87—85(1988 年版)	工业企业噪声控制设计规范
17	GB 16297—1996	大气污染物综合排放标准
18	GB 3095—1996	环境空气质量标准
19	GB 3096—2008	声环境质量标准
20	GB/T 14294—1993	组合式空调机组
21	JB/T 9066—1999	柜式风机盘管机组
22	GB/T 13326—1991	组合式空气处理机组噪声限值
23	GB 18361—2000	溴化锂吸收式冷(温)水机组安全要求
24	GB/T 18362—2001	直燃型溴化锂吸收式冷(温)水机组
25	GB/T 18431—2001	蒸汽和热水型溴化锂吸收式冷水机组
26	GB/T 18430.1—2001	蒸汽压缩循环冷水(热泵)机组 工商业用和类似用途的冷水(热泵)机组
27	GB/T 18430.2—2001	蒸汽压缩循环冷水(热泵)机组 户用和类似用途的冷水(热泵)机组
28	JB/T 9054—2000	离心式除尘器
29	JB/T 8533—1997	回转反吹类袋式除尘器
30	JB/T 8532—2008	脉冲喷吹类袋式除尘器
31	JB/T 8534—1997	内滤分室反吹类袋式除尘器

续表

序 号	文件编号	文 件 名 称
32	GB 50084—2001(2005 年版)	自动喷水灭火系统设计规范
33	GB 50015—2003	建筑给水排水设计规范
34	GB 50041—2008	锅炉房设计规范
35	CJJ 34—2002	城市热力网设计规范
36	JGJ 129—2000	既有采暖居住建筑节能改造技术规程
37	GB 13271—2001	锅炉大气污染物排放标准
38	GB 12348—1990	工业企业厂界环境噪声排放标准
39	GB 50072—2001	冷库设计规范
40	GB 50028—2006	城镇燃气设计规范
41	GBZ 1—2002	工业企业设计卫生标准
42	GBZ 2—2007	工作场所有害因素职业接触限值
设计手册		
1	陆耀庆主编．实用供热空调设计手册(第二版)(上、下册)．中国建筑工业出版社，2008	
2	孙一坚主编．简明通风设计手册．中国建筑工业出版社，1998	
3	电子部十院主编．空气调节设计手册(第二版)．中国建筑工业出版社，1995	
4	核工业第二研究设计院主编．给水排水设计手册(第 2 册) 建筑给排水(第二版)．中国建筑工业出版社，2001	
5	工业锅炉房设计手册(第二版)．中国建筑工业出版社，1986	

14.11 建筑暖通空调工程 CAD 制图

建筑暖通空调工程的 CAD 制图必须应遵循我国颁布的相关制图标准，主要涉及《房屋建筑制图统一标准》(GB/T 50001—2001)、《房屋建筑 CAD 制图统一规则》(GB/T 18112—2000)、《暖通空调制图标准》(GB/T 50114—2001)等多项制图标准，还有一些大型建筑设计单位内部的相关标准，读者可自行查阅，获得详细的相关条文解释，也可查阅相关建筑设备工程制图方面的教材或辅助读物进行参考学习。本节主要以 AutoCAD 2009 应用软件为背景，针对建筑暖通空调工程工程制图的各基本规定，说明了其在 AutoCAD 2009中的制图操作过程，详细介绍了 AutoCAD 在建筑暖通空调工程制图方面的一些知识及技巧。作为应用软件用户，对其的熟练掌握还需要在吸收书本所讲知识后，能够以实际软件应用出发多加练习，熟能生巧，融会贯通。

14.11.1 图纸

1. 图纸的幅面规格

根据建筑暖通空调工程规模的大小、类别等，可适当选用大小依次为 A0、A1、A2、A3、A4 五种规格图纸，图纸规格的选择还应遵从其他专业，如建筑、土建等的图纸规格，尽量避免两种以上规格图纸幅面的应用，以便图纸风格统一及归档。不同幅面图纸大小成 1/2 倍数的尺寸关系，建筑暖通空调施工图纸规格的选用通常与建筑平面图图纸规格一致，以保证建筑暖通空调设施的清晰表达。

表 14-2 给出了各图纸幅面规格的具体要求，$b \times l$ 表示图纸的宽与长，c 为上下右装订边的尺寸，a 为左装订边的尺寸。

图纸幅面规格　　　表 14-2

幅面 尺寸	A0	A1	A2	A3	A4
$b \times l$	841×1189	594×841	420×594	297×420	210×297
c	10			5	
d	25				

若特殊情况下，也可采用加长图纸。图纸的短边一般不应加长，长边可加长，加长尺寸及相关要求读者可查阅建筑制图标准。

图纸幅面的选择，应保证制图紧凑、清晰及使用便携。一般单项工程设计，每个专业所用的图纸不宜多于两种幅面，其中不包括目录及表格所用的 A4 幅面。

2. 图纸样式

图纸的使用分为可分为立式与横式，图纸以短边作为垂直边称为横式，以短边作为水平边称为立式。一般 A0～A3 图纸宜横式使用，必要时也可立式使用。A4 图纸一般立式使用。如图 14-1 所示。

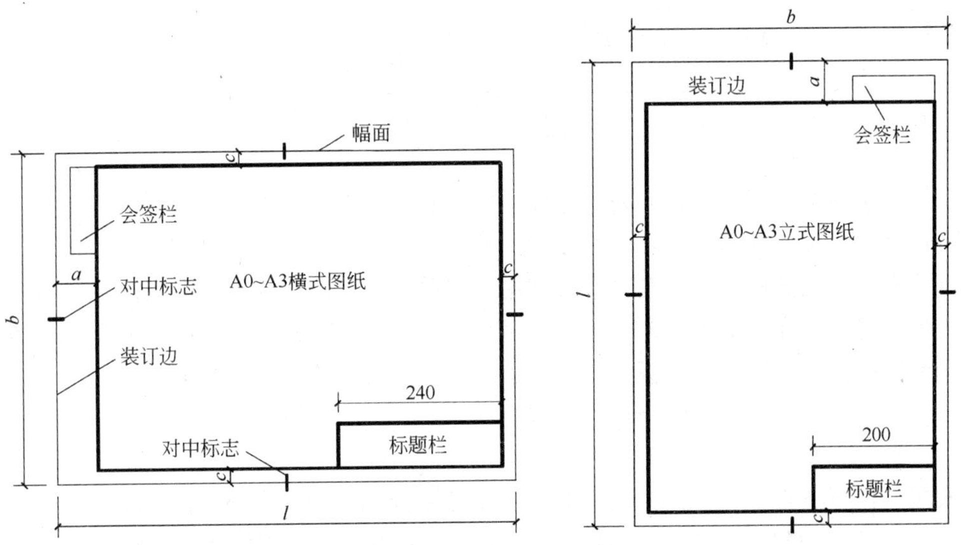

图 14-1　A0～A3 横式与立式图纸样式

图纸的标题栏、会签栏及装订边的位置都有一定的规定。一般不同的建筑设计院都制有自已的标准图纸样式，对本设计单位的图框进行标志设计，统一使用。其标题栏、会签栏往往都会带有鲜明的本院特色风格，以达到良好醒目的效果，便于交流宣传本设计单位形象。

图签的位置一般位于图纸幅面的右下角，也有将其设置于图纸右侧边的。图签往往是一个单位的专用形象标志，许多单位都有自己的专用图签，以达到醒目的效果。根据建筑制图标准，图签(标题栏)的基本尺寸如图 14-2 所示。

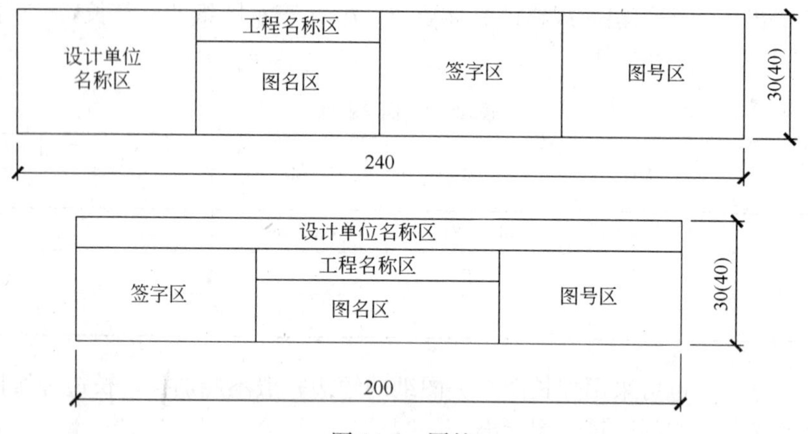

图 14-2　图签

会签栏如图 14-3 所示，其尺寸应为 100mm×20mm，会签栏内填写会签人员所代表的专业、姓名、日期。当一个会签栏不够时可另加一个，两个会签栏并列使用；不需要会签栏的图纸，可不设该会签栏。

(专业)	(实名)	(签名)	(日期)
25	25	25	25

100（行高各 5，总高 20）

图 14-3　会签栏

标题栏包括了几项内容，如公司名称、制图人、设计人、审核人、工程名称、图别、图号、比例、版本、日期等等。

制图人员使用图框时，一般可直接调用，本单位都已设计好的标准图框，风格统一且方便快捷。另外，在 AutoCAD 2009 安装目录下的 Template 文件中也有一些中文和英制的不同制图标准下的图框的模板文件。对于一些涉外工程，读者可参考学习使用。

14.11.2　比例

我国所执行的两本相关制图标准，即《房屋建筑制图统一标准》(GB/T 50001—2001)及《暖通空调制图标准》(GB/T 50114—2001)对建筑制图的比例、暖通空调工程制图的比例作了详细的说明，比例大小的选择关系到图样表达的清晰程度及图纸的通用性。

暖通空调专业的图纸种类繁多，包括了平面图、系统图、轴测图、剖面图、详图等。在不同的专业设计阶段，图纸要求表达的内容及深度是不同的，工程的规模大小、工程的性质等都关系到比例的合理选择。暖通空调工程制图中的常见比例如表 14-3 所示。

各类图纸的制图比例　　表 14-3

名　　称	比　　例	名　　称	比　　例
总平面图	1∶500、1∶10000	平面图与剖面图	1∶20、1∶50、1∶100
总图中管道断面图	1∶50、1∶100、1∶200	详图	2∶1、1∶1、1∶5、1∶10、1∶20、1∶50

其中，建筑暖通空调平面图及轴测图宜与建筑专业图纸比例一致，以便于识图。

14.11.3　线型

建筑制图中的各种建筑、设备等多数图样是通过不同式样的线条来表示实现的，线条本身即作为一种特征标记，即线条的形式来传递相应的表达信息，不同的线条即代表不同的含义。通过对线条样式的调整设置，包括线型及线宽等的设置，以及诸如填充图案样式等的灵活运用，可以使图样表达得更清晰、信息表达明确、制图更快捷。

《房屋建筑制图统一标准》GB/T 50001—2001、《暖通空调制图标准》GB/T 50106—2001中对线条作了详细的解释，建筑暖通空调工程制图方面的线条规定，如表 14-4 所示。应严格执行，线条表达是制图的基础。

线型的一些表达规则　　表 14-4

名　　称	线　宽	表　达　用　途
粗　实　线	b	1. 采暖供水、供汽干管、立管 2. 风管及部件轮廓线 3. 系统图中的管线 4. 设备、部件编号的索引标志线 5. 非标准部件的轮廓线
粗　虚　线		1. 采暖回水管、凝结水管 2. 平、剖面图中非金属风道的内表面轮廓线
中 粗 实 线	$0.5b$	1. 散热器及其连接支管线 2. 采暖、通风、空气调节设备的轮廓线 3. 风管的法兰盘线
中 粗 虚 线		1. 风管被遮挡部分的轮廓线
细　实　线	$0.35b$	1. 平、剖面图中土建轮廓线 2. 尺寸线、尺寸界线 3. 材料图例线、引出线、标高符号等
细　虚　线		1. 原有风管轮廓线 2. 采暖地沟 3. 工艺设备被遮挡部分的轮廓线
细 点 画 线		1. 设备中心线、轴心线 2. 风管及部件中心线 3. 定位轴线
细双点画线		工艺设备外轮廓线
折　断　线		不需要画全的断开线
波　浪　线		1. 不需要画的断开界线 2. 构造层次的断开界线

图线宽度 b 的选择，主要考虑到图纸的类别、比例、表达内容与复杂程度，暖通空调专业图纸中的基础线宽，一般取 1.0mm 及 0.7mm 两种。

对于线型的设置，制图时其应注意的细节，读者可参考有关制图标准及教科书。关键是图样的表达清晰，即图线不得与文字、数字、符号等重叠、混淆。不可避免时，应首先保证文字等信息的清晰；同一张图纸中，相同比例的图样，应选用相同的线宽组等等。

14.11.4　字体

制图中的文字包括了数字、字母、文字以及一些特殊号等。相关制图标准或书籍对字体的格式都作了叙述，包括了文字的字高、字的高宽比、字体、排列格式、倾斜度、有关单位制的格式等等。此处不作重复说明，读者请自行查阅。

图纸上的字体大小，从识读及图纸晒图、复印、缩微等方面考虑，一般字体最小高度的要求见前述章节，不同字高的大小符合 2 的开方关系。关于字体高度的具体应用管理，多数设计单位都有自己的规定或要求。

图 14-4 所示为几种常见字体的实际效果。

建筑暖通空调工程制图 Hydraulic —— 仿宋体_GB2312

建筑暖通空调工程制图 Hydraulic -- gbenor.shx+gbcbig.shx

建筑暖通空调工程制图 Hydraulic -- Times new roman

建筑暖通空调工程制图 Hydraulic -- txt.shx+hztzt.shx

图 14-4　字体样式

小技巧

1. 在选用字体文件时尽量选用通用字体，以便于不同用户间的图纸交流。某些建筑设计院会使用一些个性特色字体，读者可以到一些官方网站下载，如 www.autodesk.com。

2. 字体在选用时还应结合本专业的需要，某些字体是考虑到专业需求而设计的，特别是字体中含有一些专业符号，非常便于用户调用。

14.11.5　图层

图层是制图中图样绘制的主要组织工具。可以使用图层将信息按功能编组分类，以及执行线型、颜色及其他特性。

1. 图层的设置

图层是 AutoCAD 制图中很重要的一个组成部分。在 AutoCAD 的使用中，绘制各种图形时不管繁简与否，都将会使用到层。图形越复杂，所涉及的层也越多。层是 AutoCAD中较简单的工具，但也是最有效的工具之一。切实理解层的概念，合理运用层的各项操作，都将会直接影响图形绘制的质量。同时，也可使繁琐的工作变得简单而有趣。

小技巧

在使用各图层开关时，用户可组合使用各开关命令，以实现一些特殊的效果。灵活运用各状态开关的控制，会使图层工具变得非常有效且有趣。

2. 图层及交换文件

表 14-5 为《房屋建筑制图 CAD 统一规则》GB/T 18112—2000 图层命名举例部分。该部分编号遵从原文件的编号，以便于读者查阅原件。

图层名举例　　表 14-5

中文名	英文名	解释
压缩空气		
暖通-压缩	M-CMPA	压缩空气系统 Compressed air system
暖通-压缩-管线	M-CMPA-CPIP	压缩空气管线 Compressed air pipe
暖通-排气	M-EXHS	排气系统 Exhaust system
暖通-排气-设备	M-EXHS-EQPM	排气系统设备 Exhaust system equipment
暖通-排气-屋顶	M-EXHS-RFEQ	屋顶排气设备 Rooftop exhaust equipment
暖气空调系统		
暖通-空调	M-HVAC	暖通空调系统 HVAC system
暖通-空调-设备	M-HVAC-EQPM	暖通空调设备 HVAC equipment
暖通-空调-加热	M-HVAC-HEAT	空气加热器 HVAC air heater
暖通-空调-过滤	M-HVAC-FILT	空气过滤器 HVAC air filter
暖通-空调-暖气	M-HVAC-RADI	暖气片 HVAC air radiator
热水供暖系统		
暖通-热水	M-HOTW	热水供暖系统 Hot water heating system
暖通-热水-设备	M-HOTW-EQPM	热水供暖设备 Hot water equipment
暖通-热水-管线	M-HOTW-PIPE	热水供暖管线 Hot water piping
暖通-热水-立管	M-HOTW-RISE	供热立管 Hot water riser
暖通-热水-阀门	M-HOTW-VALV	供热管阀门 Hot water valve
冷水		
暖通-冷水	M-CWIR	冷水系统 Chilled water systems
暖通-冷水-设备	M-CWIR-EQPM	冷水设备 Chilled water equipment
暖通-冷水-管线	M-CWIR-PIPE	冷水管线 Chilled water piping
暖通-冷水-水泵	M-CWIR-PUMP	冷水泵 Chilled water spump
冷冻		
暖通-冷冻	M-REFG	冷冻系统 Refrigeration systems
暖通-冷冻-设备	M-REFG-EQPM	冷冻设备 Refrigeration equipment
暖通-冷冻-管线	M-REFG-PIPE	冷冻管线 Refrigeration piping

第 15 章　某商业综合楼空调工程设计实例

内容提要

本章将以某高层钢筋混凝土结构商业综合楼的空调工程设计为背景，重点介绍空调工程图的全过程 CAD 制图，并将从土木工程制图理论与相关暖通专业知识相结合，详细描述工程制图的细节及其流程。同时，本节还为读者准备了许多 CAD 制图的常用小技巧，这对 CAD 制图速度的提高有着事半功倍的效果，可以阶梯性地帮助读者提高 AutoCAD 的应用能力。读者在熟悉及掌握空调通风工程制图知识及其 CAD 操作应用技巧的同时，也将会对空调通风工程设计及 CAD 制图有着更深层次的认识。

本章重点

- 了解建筑空调通风工程各项目的专业知识
- 学习运用 AutoCAD 的操作技巧
- 熟悉各空调通风工程项目的制图特点
- 熟练各空调通风工程项目的制图流程

15.1　室内空调平面图

空调工程是指为满足人们的生活、生产需要，改善环境条件，用人工的方法使室内的温度、相对湿度、洁净度及气流速度等参数达到一定的规范要求。目前的空调系统有集中式、半集中式及分散式三种类型。

通风工程是指将建筑室内污浊或有害空气排至室外(排风)，并将新鲜或净化过的空气送入室内(送风)，使空气达到卫生标准和生产工艺的要求。通风有自然通风及机械通风之分。

建筑室内空调平面图是在建筑平面图的基础上，根据建筑空调工程的表达内容及建筑空调制图的表达方法，绘制出的用于反映空调设备、风管、风口、管线等的安装平面布置状况的图样，图中应标注各种风管、管道、附件、设备等在建筑中的平面位置，以及标注风管、管道规格型号等相关数值。通常制图时，是将各设备绘制在同一张平面布置图上。根据工程规模，当管道及设备等复杂时，若同一张图纸表达不清晰或管道局部布置复杂时，可通过分类(如风管、设备、附件等)、分层(如底层、标准层、顶层)等方法表达在不同的图纸上或绘制详图，以便于表达及识读。

建筑空调平面图是建筑空调施工图的重要组成部分，是绘制及识读其他空调施工图的基础，位于整套建筑空调施工图纸编排的首位。

15.1.1　室内空调平面图概述

1. 室内空调平面表达的主要内容

室内空调平面图即室内空调系统于建筑中的平面布置图(建筑与空调设备的平面位置关系)，主要表达了房屋内部空调设备的配置和管道的布置情况。其主要内容包括：

(1) 空调设备的主要轮廓(或图例)、平面位置、编号及型号规格；

(2) 风道、异径管、弯头、三通或四通管接头，风道应注明截面尺寸和平面定位尺寸；

(3) 导风板、调节阀、送风口、散流器等设备，标注其型号规格及定位尺寸。

(4) 对两个及两个以上的不同系统进行编号。

2. 图例符号及文字符号的应用

建筑空调平面图的绘制所涉及的很多空调设备图例及其相关表达方法，这些图形符号及标注的文字符号的表征意义，后续文字中将作展开介绍，读者也可参阅《暖通空调制图标准》(GB/T 50114—2001)进行学习。

3. 设备及管线的位置关系

管道设备一般采用图形符号和标注文字的方式来表示，在建筑空调平面图中不表示线路及设备本身的尺寸大小形状，但必须确定其敷设和安装的位置。空调设备及管线的平面位置是根据建筑平面图的定位轴线和某些构筑物的平面图来确定设备和线路布置的连接及位置关系。对于其垂直位置即安装高度，一般采用标高、文字符号等方式来表示。

4. 建筑室内给水平面图的绘制步骤

建筑室内给水平面图的绘制遵循以下主要步骤：

(1) 画房屋建筑平面图(外墙、门窗、房间、楼梯等)；

(2) 室内空调工程 CAD 制图中，对于新建结构往往会由建筑专业提供建筑图，对于改建改造建筑则需进行建筑图绘制；

(3) 画空调风管、风口图例及其在建筑图上的平面布置；

(4) 画各空调管道的走向及位置；

(5) 对设备、管线等进行尺寸及附加文字标注；

(6) 附加必有的文字说明。

15.1.2　室内空调平面图 CAD 基本设置

1. 图纸与图框

(1) 将图层设置为“图框”，线型设置为粗实线，线宽取 b=0.7mm。

(2) 采用 A1 图纸，利用“矩形”命令绘制图框，按 A1 图纸尺寸绘制好图框。

两个图框，根据装订边的尺寸，通过“移动”命令 ✣ 来调整。绘制好的图框及图签如图 15-1 和图 15-2 所示。

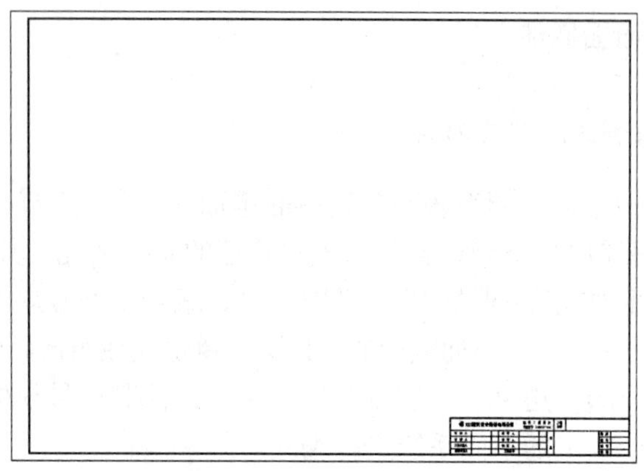

图 15-1　图框

XXX建筑设计股份有限公司			建筑工程设计 甲级证书　XXXXXXX－xxx			工程名称			
审定人			校核人			图名		图别	
审核人			设计人					图号	
工程主持人			制图人					版号	
结构负责人			工程编号					日期	

图 15-2　图签

(3) 利用“缩放”命令对图框进行缩放。根据本工程建筑平面图及比例 1∶100，空调平面图宜采用与建筑平面图相同的比例，同为 1∶100，所以在这里将图框放大 100 倍。

小技巧

AutoCAD 中鼠标各键的功能：

左键：选择功能键(选像素、选点、选功能)。

右键：绘图区——快捷菜单或 [ENTER] 功能

(1) 变量 SHORTCUTMENU 等于 0——[ENTER]；

(2) 变量 SHORTCUTMENU 大于 0——快捷菜单；

(3) 环境选项——快捷菜单开关设定。

中间滚轮：

(1) 旋转轮子向前或向后，实时缩放、拉近、拉远；

(2) 压轮子不放并拖曳，实时平移；

(3) 双击 ZOOM，缩放。

2. 图层设置

用户可根据工程的性质、规模等合理设置各图层。根据《暖通空调制图标准》(GB/T 50114—2001)，建筑空调工程的图层代号见表 15-1。用户根据专业性质及工程概况等可作适当增减扩展，合理设置图层。

空调工程图层名称代号　　表 15-1

暖气空调系统		
中文名	英文名	解　　释
暖通-空调	M-HVAC	暖通空调系统 HVAC system
暖通-空调-设备	M-HVAC-EQPM	暖通空调设备 HVAC equipment
暖通-空调-加热	M-HVAC-HEAT	空气加热器 HVAC air heater

本例设置的图层如图 15-3 所示。

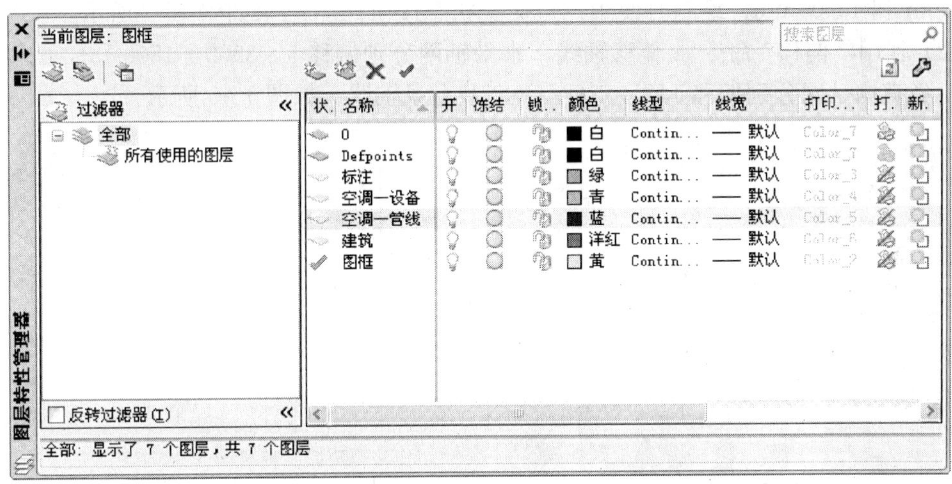

图 15-3　图层设置

3. 文字样式

字体采用 CAD 制图中的大字体样式，采用的字体组合为“txt. shx＋hztxt. shx”的组合。作为同一套图纸，尽量保持字体风格统一。

4. 标注样式

此处为统一图纸风格，采用与建筑平面图中相同的标注样式。具体设置方法与前面章节讲述方法相同，这里不再赘述。

15.1.3　室内空调平面图的 CAD 实现

首先是建筑平面图的绘制，空调工程制图中，对于新建结构往往会由建筑专业提供电子版建筑平面图；对于改建改造建筑，若没有原电子版建筑图，则可根据原档案所存的图纸，进行建筑平面图的 CAD 绘制。此部分的 CAD 的制图操作，可见建筑专业图纸的绘制表达方法。此处为建筑空调工程制图，对于建筑平面图的线宽，统一设置成“细线”，即 0.25b。空调工程制图中各线型、线宽设置等表达的相关规定，参见《暖通空调制图标准》(GB/T 50114—2001)及前述相关章节。

下面简述建筑专业图的绘制。

建筑空调工程中的建筑平面图，主要表达的是建筑的轮廓线，图层为“建筑”，其绘制步骤如下：

1. 绘制定位轴线、轴号

建筑平面图绘制时，第一步是绘制轴网，其用于定位，再根据定位轴网绘制建筑轮廓线。此处轴网绘制于“建筑”图层。

绘制建筑平面图时，其图层亦可再细分，如轴网、墙体、楼梯等，此处不细述。定位轴线为点画线，线型设置如前述。

(1) 利用“直线”命令 绘制两条轴线，分别为水平向及竖直向，长度分别为 45000mm 和 45000mm，绘制时使用“正交”状态按钮，结果如图 15-4 所示。

(2) 利用“偏移”命令 偏移轴线，水平轴网分别偏移 5×3900+4800+8400 共七条轴线；竖直向轴网分别偏移 11250+6×3900 共七条轴线。如图 15-5 所示。

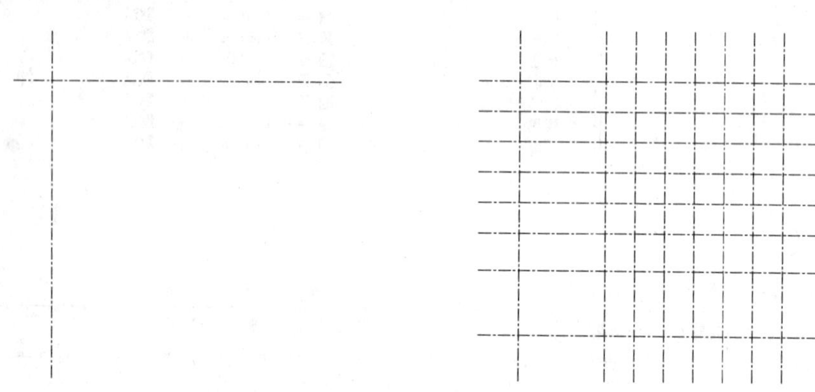

图 15-4　两条垂直轴线　　图 15-5　轴线偏移形成轴网

(3) 利用“修剪”命令 修剪轴线。

(4) 利用“圆”命令绘制轴号圆圈，轴号的圆圈在图纸上应为 8mm 直径的圆，此处的制图比例为 1∶100，故其直径也应为 8mm×100＝800mm。

(5) 利用“单行文字”命令将轴线编号，插入圆圈中。

(6) 利用“复制”命令复制刚绘制的圆圈和轴线编号到轴网各个端点，并修改各轴线的轴号数字或字母值，修改时双击文字，出现闪烁的文字编辑符即进行编辑状态，横向为阿位伯数字，依次为 1、2、3…，竖向为英文字母 A、B、C…。

绘制修剪好的轴网，如图 15-6 所示。

小技巧

对于非正交 90°轴线，可以使用“旋转” 命令将正交直线按角度旋转，调整为弧形斜交轴网，也可使用“构造线” 命令绘制定向斜线。

2. 绘制墙线、柱

(1) 重置当前图层。可将“建筑”图层深化为多个图层，在图层管理器中新建“墙线”图层，并置为当前图层。

(2) 绘制墙线。墙线即为包括两条平行线组成的轮廓。“多线”命令可以很好地实现绘制定距离的平行线功能。利用“多线”命令绘制墙线，多线设置及修改编辑如前述，多

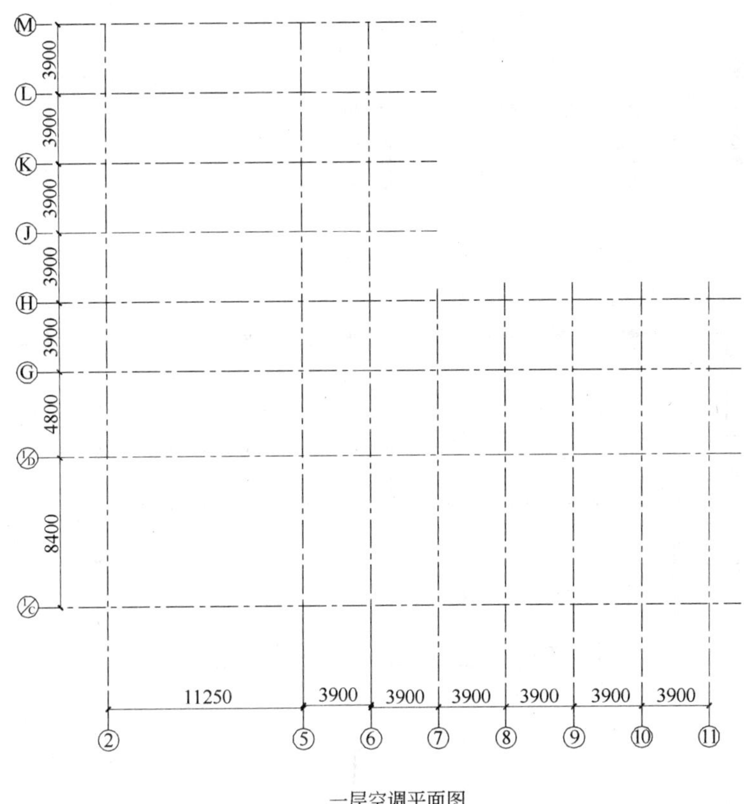

图 15-6　绘制定位轴线图

线中的比例即指墙的厚度，如墙厚为 240mm，则比例即为 240。注意多线绘制时的“对正”方式。当墙线偏离轴线时，可使用“上”或“下”方式，该对正方式默认为“中”，对于定距离偏置，可使用“移动”命令进行修改。

(3) 布置混凝土柱。使用“矩形”命令 和“圆”命令 绘制方柱和圆柱的截面，柱子根据制图标准要求应将其涂黑处理，使用“图案填充”命令 进行填充。

将绘制好并已填充颜色的混凝土柱截面，通过“复制” 命令，将其布置到各轴网相交处(注意选择合适的复制基点)。

(4) 编辑多线。利用多线编辑命令(mledit)及“分解” 、“修剪”等命令对墙线相交处及门窗开洞等处进行细部修改。结果如图 15-7 所示。

3. 建筑细部编辑修改

(1) 基本修改。当前图图层定义为“建筑”，设置好颜色，线宽＝0.25b，此处取 0.15mm，这里主要是建筑细部修改，如门窗洞口、楼梯及室内一些家具布置等等。

(2) 辅助线定位。一些门窗洞口等的细部绘制时，常需要绘制一些辅助线来进行距离的确定，绘制完毕后应注意及时清理删除。如绘制墙间窗时，某窗宽为 1200mm，这时可随意绘制两条间距为 1200mm 的平行直线，并将其复制至墙间指定位置。窗位于墙间的位置确定也利用辅助线方法确定，如可通过偏移轴线或墙线的方法确定。

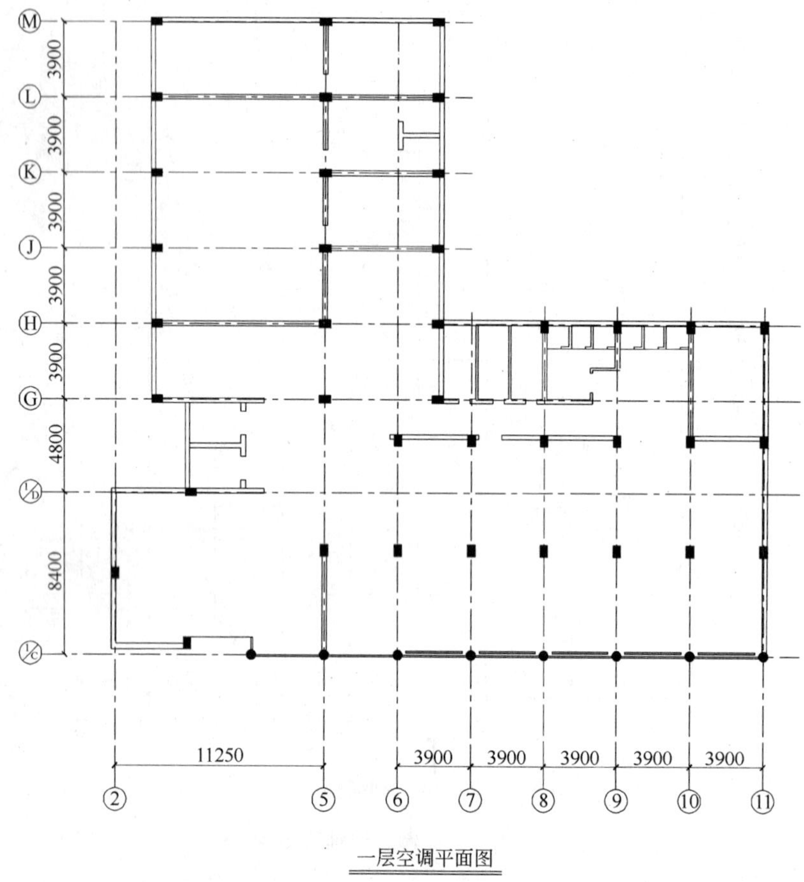

图 15-7 绘制墙体

绘制后的一层平面建筑图如图 15-8 所示。

4. 绘制设备

在建筑平面图的相应位置，空调设备布置应满足生产生活功能、使用合理及施工方便。风管、风口设施等构配件尺寸较小。当采用较小比例绘制时，很难把种种设备表达清楚，故一般采用图形符号及图例来表示各种管线及给排水设备。《房屋建筑制图统一标准》(GB/T 50001—2001)、《暖通空调制图标准》(GB/T 50114—2001)中规定了管道可用单线法表示，并给出了一些常用的空调设备标准图例，读者可查阅相关标准，熟悉各图例的表征意义，便于工程制图灵活使用。

空调工程制图的设计说明的图例中应画出各图例符号并注明其具体表达含义，此处对图例符号的绘制作简要介绍。

(1) 散流器图例绘制

① 利用"正多边形"命令绘制边长为 300mm 的正方形。

此为矩形散流器，当散流器为不可见时，将该轮廓线改为虚线。

② 利用"偏移"命令将正方形向内偏移 80 形成轮廓线。

③ 利用"直线"命令绘制交叉线。

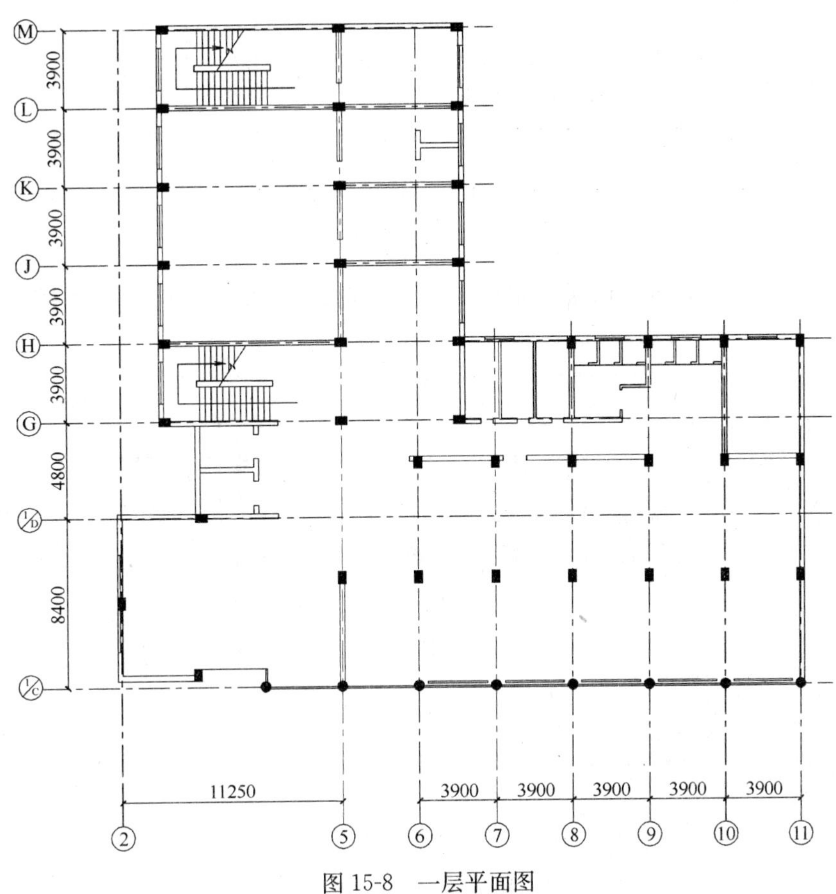

图 15-8　一层平面图

④ 利用“修剪”命令 修剪交叉线。

绘制完毕，整个绘制流程如图 15-9 所示。

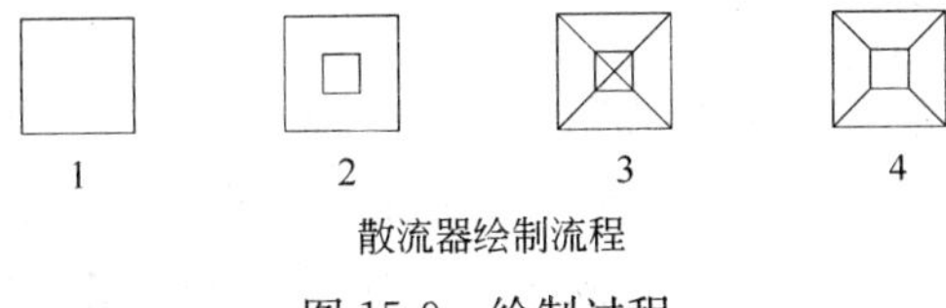

图 15-9　绘制过程

(2) 风管止回阀图例绘制

① 利用“矩形”命令 绘制长 360mm、宽 720mm 的矩形。

② 利用“分解”命令 将矩形进行分解。

③ 利用“偏移”命令 将矩形上下边向内偏移 30mm。

④ 利用“删除”命令删除矩形上下边。

⑤ 利用“圆”命令 以矩形对角线中心点为圆心绘制半径为 50mm 的圆。

⑥ 利用“直线”命令 ，捕捉圆心为端点绘制短斜线作为阀线。

⑦ 利用“镜像”命令 将斜线镜像。

⑧ 利用“图案填充”命令 将圆填充。

绘制完毕，整个绘制流程如图 15-10 所示。

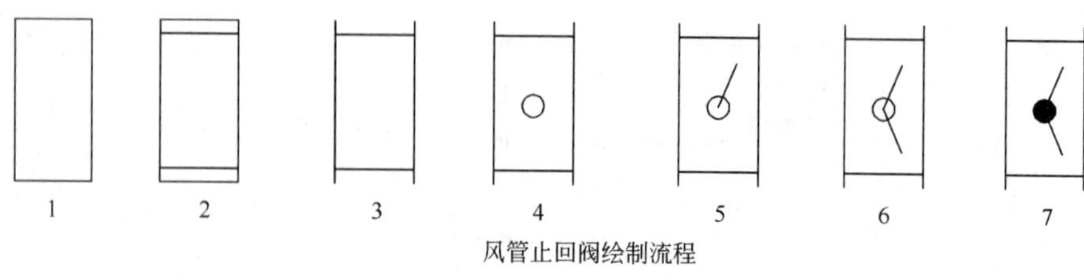

图 15-10　绘制流程

AutoCAD 设计中心也提供了大量的“块”，涉及了多个行业的常用图例，方便用户直接调用，如图 15-11 所示。

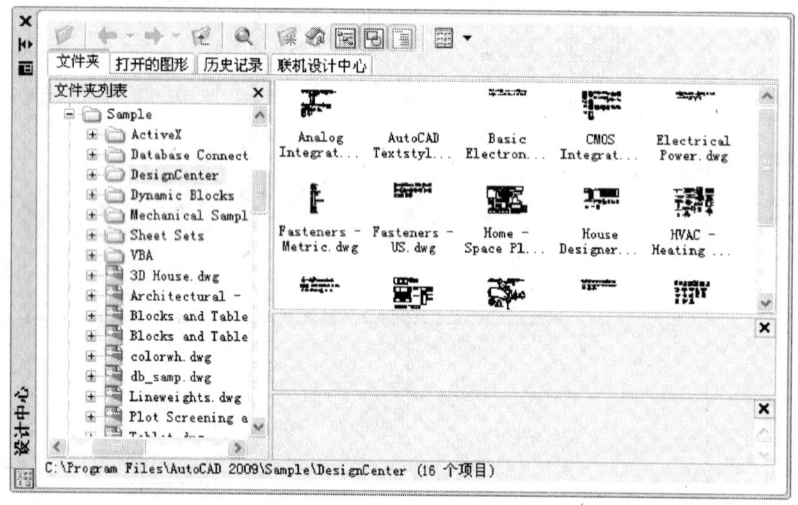

图 15-11　设计中心

其他各图例，读者可自行操作练习。

5. 绘制风管及管线

（1）将当前图层设置为“空调-管线”。

（2）利用“直线”命令绘制风管及管线。绘制管线路前应注意其安装走向及方式，规划出较为理想的线路布局。绘制线路时应用中粗实线，并注意设定好当前图层为“空调-风管”。其平面位置关系的确定应根据工程设计者的意图来确定，绘制时可采用辅助线的方法来定位，绘制完毕后再进行清理删除。

（3）细部修改。对绘制的草图，根据需要对管线的细部作修改，如相交管线打断时的制图表达、弯管的倒角处理等。

（4）布置设备图例。根据空调工程的设计意图，将各设备图例通过“复制”布置到相应位置。

结果如图 15-12 所示。

6. 文字标注及相关必要的说明

建筑空调工程图，一般采用图形符号与文字标注符号相结合的方法。文字标注包括相关尺寸、线路的文字标注等等，以及相关的文字特别说明等，都应按相关标准要求，做到

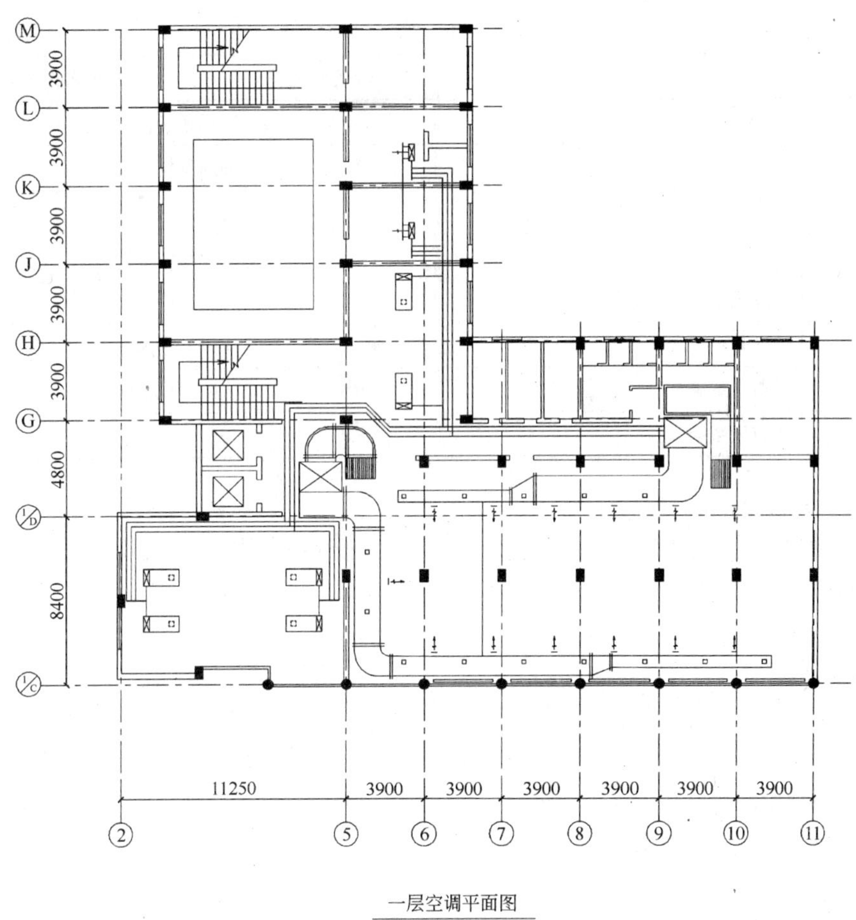

图 15-12 设备布置

文字表达规范、清晰明了。

（1）风道代号

风管因功能不同，空调工程图中以不同字母代号标注，表达其相应功能，暖通工程制图标准中对此有相关说明，如表 15-2 所示。

风 道 代 号 表 15-2

代号	风管名称	代号	风管名称
K	空调风管	H	回风管
S	送风管	P	排风管
X	新风管	PY	排烟管或排风、排烟共用管道

对于自定义的风道代号，应避免与相关标准中的代号产生冲突。

（2）系统编号

当同一个建筑设备工程设计中同时供暖、通风、空调等两个及以上的系统时，应对不同系统进行相应编号。暖通空调系统编号、入口编号，应由系统代号和顺序号组成。系统代号由大写拉丁字母表示（N、L、H…），如表 15-3 所示。当系统出现分支时，采用下图画法，如图 15-13 所示。

系 统 编 号 表 15-3

字母代号	系统名称	字母代号	系统名称
N	(室内)供暖系统	X	新风系统
L	制冷系统	H	回风系统
R	热力系统	P	排风系统
K	空调系统	JS	加压送风系统
T	通风系统	PY	排烟系统
J	净化系统	P(Y)	排风兼排烟系统
C	避尘系统	RS	人防送风系统
S	避风系统	RP	人防排风系统

系统编号宜标注在总管处。

竖向布置的垂直管道系统，应标注立管号。在不致引起误解时，可只标注序号，但应与建筑轴线编号有明显区别，如图 15-14 所示。

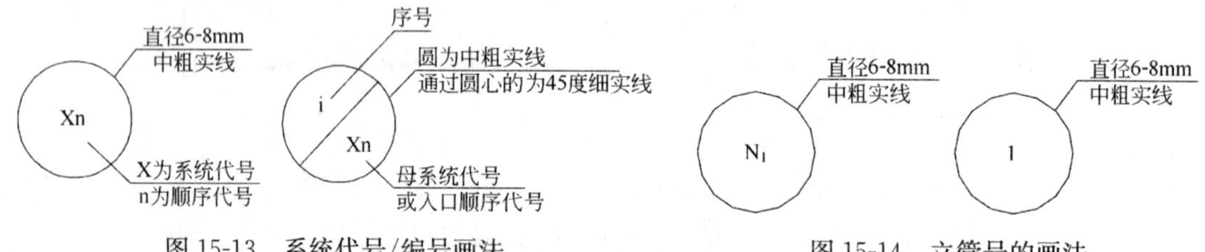

图 15-13 系统代号/编号画法

图 15-14 立管号的画法

小技巧

对于此类编号，用户可以先建立图块，利用块属性来修改标注的内容，再利用插入块来进行调用。诸多专业制图软件亦常有类似的图块插入命令，较便捷。

(3) 管径标注

给排水管道的管径尺寸以毫米(mm)为单位。

相关标准方法如前述章节。

(4) 风口、散流器的规格、数量及风量的表示方法，如图 15-15 所示。

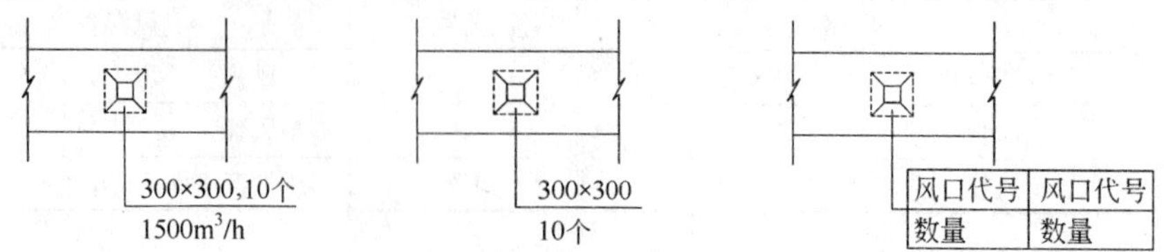

图 15-15 系统代号/编号画法

对于管线及设备型号的文字标注，一般均采用“单行文字”AI 标注。因图纸中字高一般较统一，故在需要标注时，可直接复制某单行文字至标注位置，随后“双击”文字，进入文字编辑框，根据标注需要，修改标注的文字内容。

文字标注较常用的命令还有采用 QLEADER 命令，命令行操作如下：

命令：qleader

指定第一个引线点或［设置(S)］<设置>：(指定引线起点)

指定下一点：(指定引线第一个折点)

指定下一点：(指定引线末点)

指定文字宽度<0>：(文字的宽度)

输入注释文字的第一行<多行文字(M)>：(若标注多行文字，则输入 M)

7. 尺寸标注

尺寸标注包括建筑尺寸及设备尺寸等。其中矩形风管的截面尺寸应以“A×B”表示。“A”为视图投影的边长尺寸，“B”为另一边尺寸，A、B 单位为毫米。圆形风管的截定型尺寸应以直径符号“ϕ”后跟以毫米为单位的数值。

标注完成后，如图 15-16 所示。

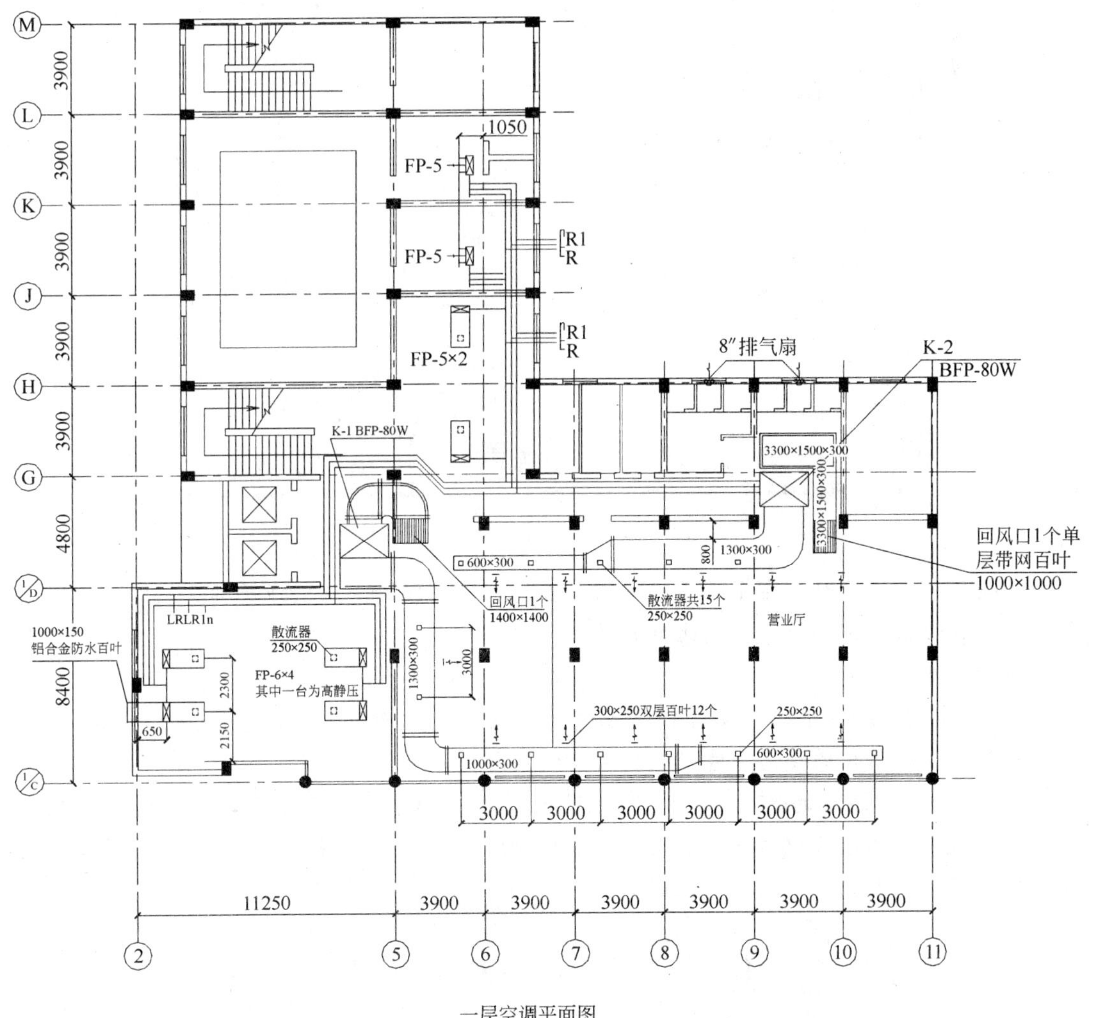

图 15-16 一层空调平面图

由图 15-16 的标注可以知道，风管截面 1300×300 表示风管截面宽为 1300mm，高为 300mm。风机有两台，标注内容为 K-1BFP-80W，以及其小盘管等。对散流器规格也作了标注。水管线分别有 n、LR 及 LR1 进行了标注，n 表示冷凝回水管，LR 表示供水管。

小技巧

标注样式，用户应根据各专业制图需要进行调整，也可以从设计中心调用或从模板文件中调用。对于比例绘图，读者应注意标注样式设置时比例的相关设置，如图 15-17 所示。

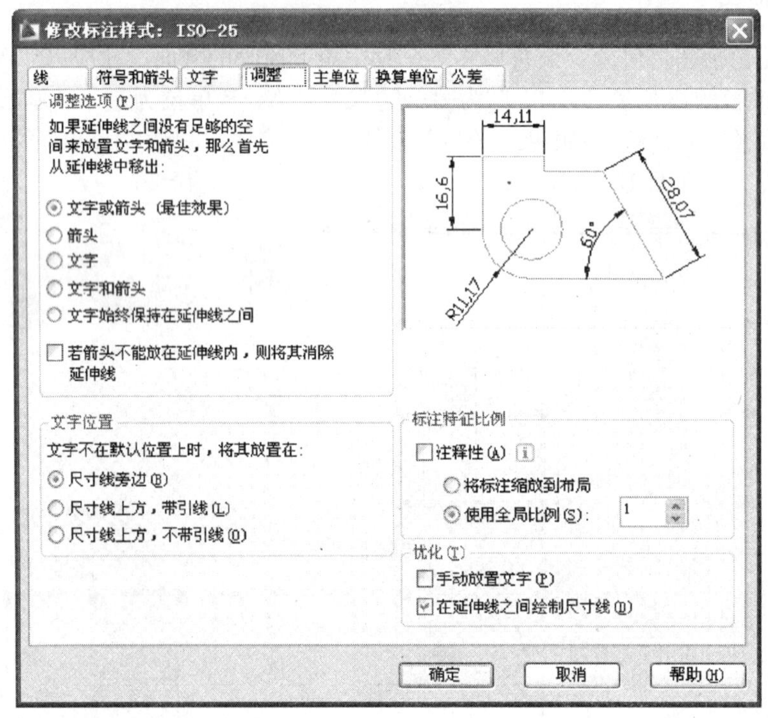

图 15-17　设置标注比例

一般在绘制图形时，会根据情况不同而采用不同的比例，这就涉及标注尺寸值的调整问题。标注线性比例和标注全局比例的区别：

举例说明：

如果图形都按 1∶1 比例在 CAD 中绘制，在标注样式中标注比例设置为 1，此时进行尺寸标注，系统给出的缺省尺寸值就是实物的实际值。

但在比例为 N∶1 的情况下，图形进行了放缩。如果按照标注时系统给出的缺省尺寸值，会按放缩后的值给出。如果想无论图形如何放缩，系统给出的缺省尺寸值都是按实物实际值标注，就要调整标注特征比例。

15.2　室内空调系统图

空调系统图是根据空调系统的平面图和竖向标高，将空调系统的全部管道、设备和部件用投影的方法绘制的 45°轴测图，以表明空调管道、设备、附件在空间的连接及走向、交错、高低等空间关系，而不是平面定位关系。轴测图中应标明空调系统的编号、设备部件的编号、风管的截面尺寸、设备名称及规格型号、风管的标高及材料明细表。空调工程系统图根据介质种类可分为水系统及通风系统。

15.2.1 室内空调系统图概述

1. 室内空调系统图表达的主要内容

室内空调系统图即室内空调系统空间布置图，主要表达了房屋内部空调设备的配置和管道的布置及连接的空间情况。其主要内容包括：图样中应表示出空调系统中空气的输送管道、设备及控制装置等全部附件，并标注设备与附件的型号规格及编号。

2. 图例符号及文字符号的应用

建筑空调系统图的绘制涉及很多的设备图例及一些设备的简化表达方法。关于这些图形符号及标注的文字符号的表征意义，后续文字中将顺带介绍。

3. 管线位置

空调系统轴测图的布图方向一般与平面图一致，一般采用正面斜等测方法绘制，表达出管线及设备的立体空间位置关系。当管道或管道附件被遮挡或转弯管道变成直线等局部表达不清晰时，可不按比例绘制。管线标高一般应标注中心标高。

4. 建筑室内空调系统图的绘制步骤

建筑室内空调系统图的绘制一般遵循以下步骤：

(1) 绘制或插入图框；

(2) 画风管(单线或双线)及设备附件(风罩、风口、阀门等)；

(3) 对管线、设备等进行规格、型号、尺寸(管径、标高、坡度等)标注；

(4) 附加必有的文字说明；

(5) 填写图签。

15.2.2 室内空调系统图 CAD 基本设置

1. 图纸与图框

(1) 将图层设置为“图框”，线型设置为粗实线，线宽取 b=0.7mm。

(2) 采用 A1 图纸，利用“矩形”命令绘制图框，按 A1 图纸尺寸绘制好图框。

(3) 利用“缩放”命令 对图框进行缩放。根据本工程建筑平面图及比例 1∶100，空调平面图宜采用与给建筑平面图相同的比例，同为 1∶100，所以在这里将图框放大 100 倍。

2. 图层设置

用户可根据工程的性质、规模等合理设置各图层，以达到便于制图的目的。建筑空调系统图图层的设置可直接使用建筑空调平面图的图层，需要注意的是系统图中不用“建筑”图层，而平面图中则应用到该图层。

本例设置的图层如图 15-18 所示。

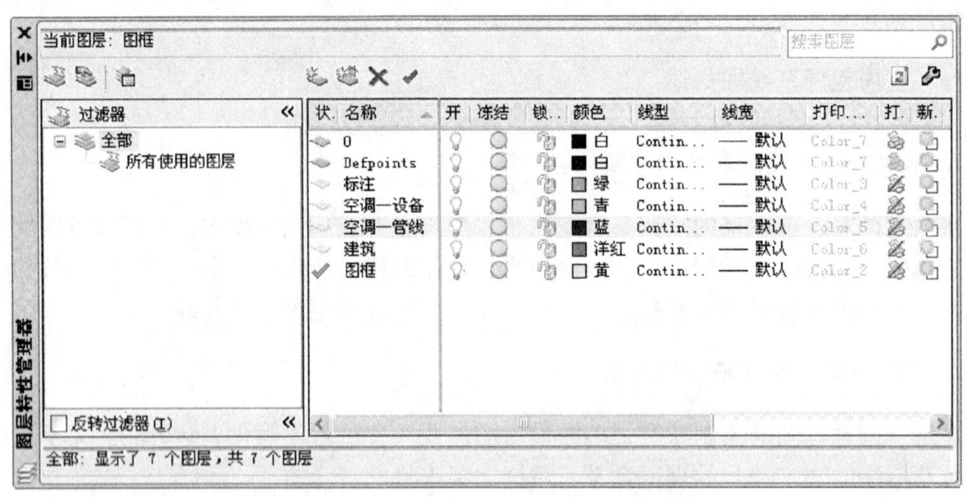

图 15-18 “图层特性管理器”参数设置窗口

3. 文字样式

字体采用 CAD 制图中的大字体样式，采用的字体组合为“txt. shx＋hztxt. shx”的组合。作为同一套图纸，尽量保持字体风格统一。

4. 标注样式

此处为统一图纸风格，采用与建筑平面图中相同的标注样式。具体设置方法与前面章节讲述方法相同，这里不再赘述。

小技巧

读者可以根据《暖通空调制图标准》(GB/T 50114—2001)及《房屋建筑制图统一标准》(GB/T 50001—2001)中的制图要求，建立标准的标注样式。特别是对于尺寸线及文字的要求，注意一些细节所在，如尺寸线之间的间距值、短画线的长度、字号的设置等等，以及这些设置在 AutoCAD 中的体现。

15.2.3 室内空调通风系统图的 CAD 实现

空调工程系统轴测图源于平面图，但不同于平面图，表达了管道及相关设施布置及其三维空间关系，系统轴测图绘制前必须首先确定好建筑自下而上各层管线及相关设施的平面布置关系，才能准确在系统轴测图中描绘出其三维空间关系。用户在识读室内空调平面图后，在绘制系统轴测图时，通常根据系统的编号及组织，依风管的走向，从进口至出口，自底层向顶层绘制出风管及其设备附件。空调系统图中各线型、线宽设置及表达要求，参见《暖通空调制图标准》(GB/T 50114—2001)及前述相关章节。线型及线宽的设定可以在上述的图层设置时一同确定，也可绘图时局部调整。

1. 插入图框

（1）将当前图层设置为“图框”。

（2）插入图框。点击“绘图”工具条上的“插入块”命令。此处用户需将上节所绘制的图框创建为块，并保存至某个文件夹内。用户通过“浏览”下拉栏选择图块名“图块”，同时右上角窗口提供了图块的预览窗口，方便用户实时观察。其左下角的“分解”项，若勾选则块分解为一般对象，而不再是块对象，如图 15-19 所示。

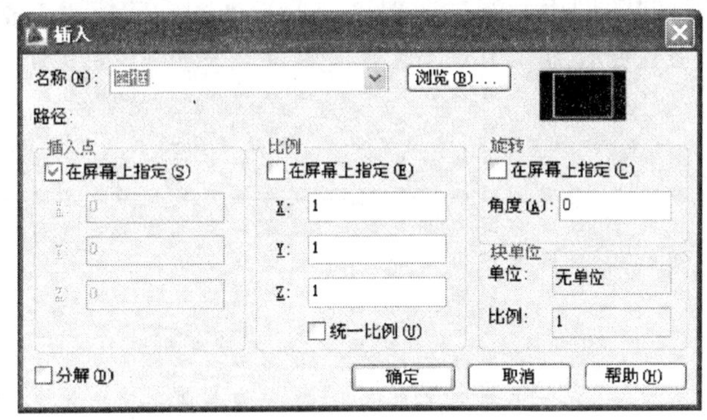

图 15-19　插入图框块窗口

2. 绘制风管

制图标准中，风管可采用双线法或单线法绘制。若采用双线法时，则应根据其平面图中的截面尺寸绘制，这样能形象地反映出风管的空间尺度，立体感强，但制图复杂。若采用单线法则较简洁，可用粗线表示风管，依其平面图的走向及标高表示出其空间布置及走向，但单线法是无法表示风管的截面尺寸的，截面尺寸需额外标注。采用单线法绘制风管时，可以以风管的中心线来表示风管。

将当前图层设置为“空调-管线”。风管若采用单线法绘制，可以使用“直线”命令，但因风管线由多段连续线段构成，故也可用“多段线”命令绘制。

“多段线”绘制时，风管绘制的水平向线段长度取自空调平面图，系统图中 45°倾斜线段对应于平面图竖直向线段，其长度取后者在平面图中的一半，一般学习过工程制图的读者都较熟悉，轴测图与正视图(平面图)两者尺寸的对应关系。图 15-20 所示即为大厅中的空调系统管线，由两台变风量空调箱送风，绘制出风道的走向，走向根据风道在平面图的布置来确定。

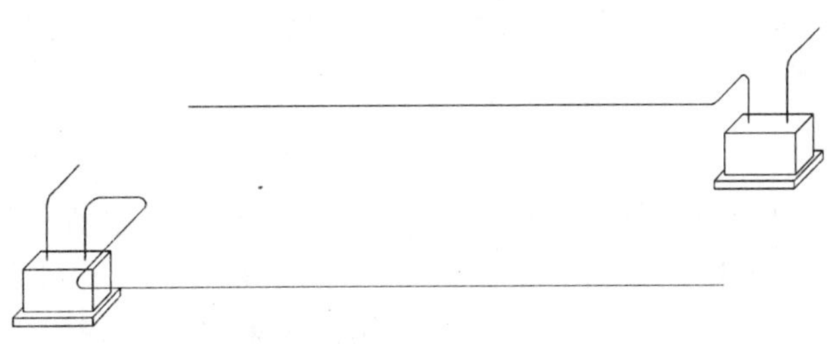

图 15-20　绘制管线

风管弯头处的绘制可采用“圆角”命令进行处理。

3. 设备及附件

设备及附件只需绘制其外形轮廓，主要是散流器、风口及阀门的绘制，对于设备一般可按相关标准图例表示。系统图中的图例与平面图中图例表示是有所区别的，读者可查阅《暖通空调制图标准》(GB/T 50114—2001)中对其的有关规定。

将当前图层设置为“空调-设备”。

将各散流器、风口的图例绘制好后，根据空调平面图中的位置关系，将其复制到风道的指定位置。如图 15-21 所示。

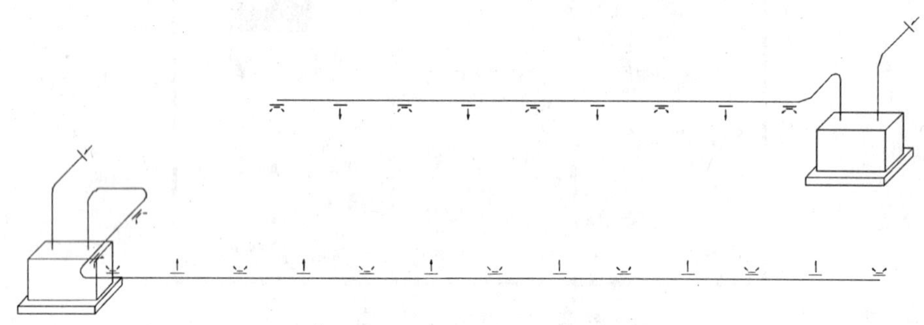

图 15-21　布置设备

当采用单线法表示风道时，若风道截面存在变化，应在其变化处示意出风道变截面，可采用变截面符号将其表示出，即绘制变截面图例。该风道共有三个变截面处。通过“复制”命令将其布置于设计时确定的指定位置(由平面图确定)。变截面符号宽缘一侧为大截面，窄缘一侧为小截面，如图 15-22 所示。

图 15-22　变截面符号

插入变截面符号的系统图，如图 15-23 所示。

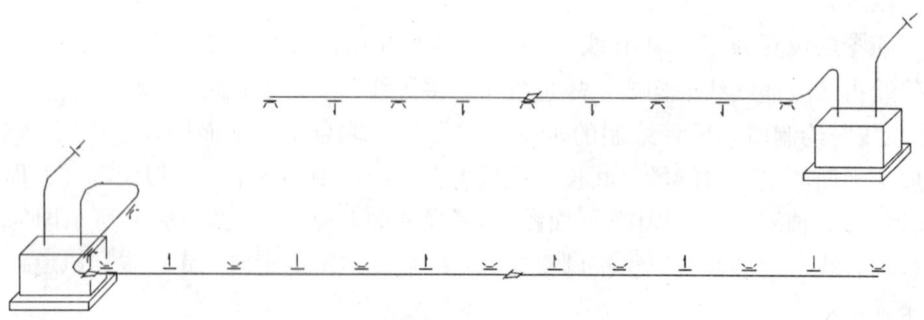

图 15-23　布置变截面

4. 标注

系统图中应标注风管的各段断面尺寸、主要部位的标高、设备标高、楼地面标高等，同时沿应对风管、设备及附件按相关制图要求进行型号的标高及编号说明。关于相关标注的方法及要求，上文中已有介绍。读者也可查阅《暖通空调制图标准》(GB/T 50114—2001)中的相关说明，如图 15-24 所示。

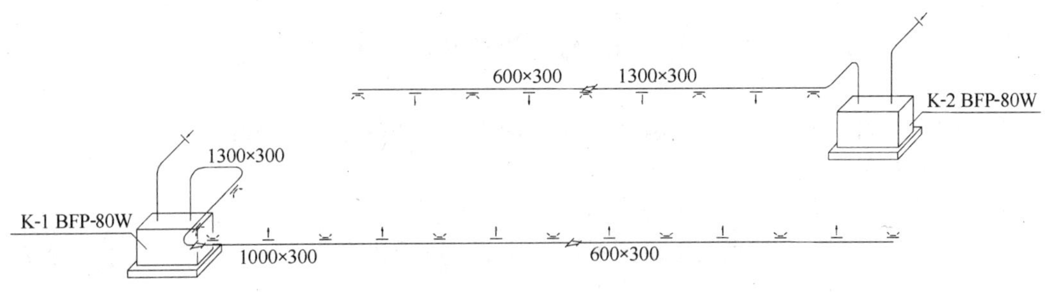

图 15-24　文字标注

对于属性相同的标注，用户可以制作为图块，进行图块的属性修改，既可满足不同标注数值的需要，也可直接使用复制命令，再进行文字编辑修改。

关于标高标注：在不宜标注垂直尺寸的图样中，应标注标高。标高以米为单位，精确到厘米或毫米。标高符号以直角等腰三角形表示。当标准层较多时，可只标标高与本层楼地面的相对标高；水、汽管道所注标高未说明时，表示管道中心标高；若水、汽管道标注管外底或顶标高时，应在数字前加“底”或“顶”字。矩形风管所标注标高未说明时，表示管底标高；圆形风管所注标高未说明时，表示管中心标高。平面图中无坡度要求的管道标高可以标注在管道截面尺寸后括号内，如“*DN*32(2.50)”、“200×200(3.10)”。必要时，应在标高数字前加“底”或“顶”字样。

由图 15-24 中的标注可以知道，风管截面 1300×300 表示风管截面宽为 1300mm，高为 300mm，在变截面处有变截面符号。风机有两台，标注内容为 K-1BFP-80W。以前图中标出了进风的方向。

5. 相关编号

对不同的系统进行相关编号，本书只绘制了空调系统，较简单，无需进行编号；对于复杂系统，则需要根据工程性质按相关要求进行系统编号，便于识读。编号方法可参见本节中的有关介绍。暖通制图标准中对此亦作了详细说明。

最后，完成图签的填写工作，包括图名、图别、比例、制图等等。若需要打印，还可设置好页面或布局，并预览一下打印效果。

小技巧

AutoCAD 默认的系统自动保存时间为 120 分钟。将系统变量 SAVETIME 设成一个较小的值，如 10(分钟)，则系统每隔 10 分钟自动保存一次，这样，可以避免由于误操作或机器故障导致图形文件数据丢失。

同时，文件保存时，注意选择 AutoCAD 的保存版本。对于不同版本的 AutoCAD，一般高版本兼容低版本，而低版本则不一定支持高版本。故在保存时，要注意选择 CAD 文件的保存版本；否则版本不对，可能导致文件无法正常打开。如图 15-25 所示。

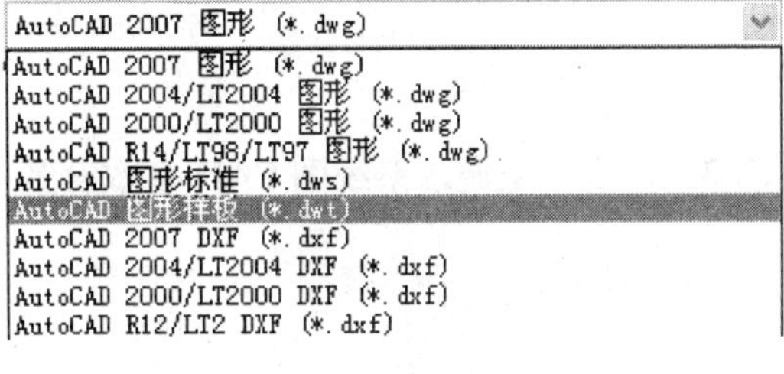

图 15-25　保存格式

15.3 室内空调水系统图

常用的户式中央空调系统按其输送介质的不同，大致可分为三种：

(1) 低速风管系统；

(2) 以风冷式冷热水机组为代表的水系统；

(3) 以 VRV 系统为代表的制冷剂系统。其中，风冷式冷热水机组投资低、技术成熟、系统简单，应用较多。

空调水管系统的轴测图图中管线一般以单线法表示，绘制的基本方法与空调风管系统图相似，均为管线系统。

15.3.1 室内空调水系统图概述

1. 室内空调系统图表达的主要内容

室内空调水系统图即室内空调水系统平面布置图，主要表达了房屋内部给水设备的配置和管道的布置及连接的空间情况。图样中应表示出空调系统中空调水的输送管道、设备及控制装置等全部附件，并标注设备与附件的型号规格及编号。

2. 图例符号及文字符号的应用

建筑空调水系统图的绘制涉及很多的设备图例及一些设备的简化表达方法。关于这些图形符号及标注的文字符号的表征意义，后续文字中将顺带介绍，读者亦可查阅暖通制图标准中的说明。

3. 管线位置

空调系统轴测图的布图方向一般与平面图一致，一般采用正面斜等测方法绘制，表达出管线及设备的立体空间位置关系。当管道或管道附件被遮挡，或转弯管道变成直线等局部表达不清晰时，可不按比例绘制。管线标高一般应标注中心标高。

4. 建筑室内给水系统图的绘制步骤

建筑室内给水系统图的绘制一般遵循以下步骤：

(1) 插入图纸图框；

(2) 画管线(单线或双线)及设备附件(风罩、风口、阀门等)；

(3) 标注管线、设备等的型号、规格及尺寸(管径、标高、坡度等)；

(4) 附加必有的文字说明及系统编号等；

(5) 填写图签。

15.3.2 室内空调水系统图 CAD 基本设置

1. 图纸与图框

采用 A1 图纸，幅面尺寸 $B\times L\times c\times a$=594mm×841mm×10mm×25mm。绘制图框

时，注意比例的运用。一般是采用既有图框，再根据工程规模大小，直接按所需比例采用“缩放”命令 进行缩放。

2. 图层设置

用户可根据工程的性质、规模等合理设置各图层，以达到便于制图的目的。

3. 文字样式

字体采用 CAD 制图中的大字体样式，采用的字体组合为“txt. shx＋hztxt. shx”的组合。作为同一套图纸，尽量保持字体风格统一。

4. 标注样式

此处为统一图纸风格，采用与建筑平面图中相同的标注样式。具体设置方法与前面章节讲述方法相同，这里不再赘述。

15.3.3　室内空调水系统图 CAD 实现

室内空调水系统图应根据空调的平面图绘制，表达了管道及相关设施布置及其连接的三维空间关系，系统轴测图绘制前必须首先确定好建筑自下而上各层管线及相关设施的平面布置关系，才能准确在系统轴测图中描绘出其三维空间关系。

1. 绘制管线

(1) 当前图层置为“空调-管线”。

(2) 利用“多段线”绘制管线。

绘制管线时，注意不同的线型表示不同的含义。粗实线表示空调冷水供水管道(LR)，粗虚线表示空调回水管道(LR1)，细点画线表示空调冷凝水管道(n)。

采用多段线绘制管线时，也可先利用直线命令绘制好管线，随后再利用多段线命令进行描点，绘制出管线，最后再清理删除直线，前期的直线只起到辅助线的作用。绘制好管线雏形后，还应根据管线上下的空间位置关系作细部修改，特别是管线相交的地方，应注意管线的修剪。

管线绘制完毕，如图 15-26 所示。

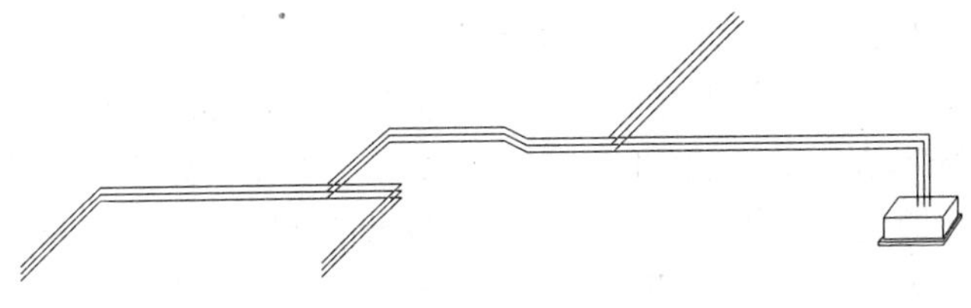

图 15-26　绘制管线

小技巧

线型的应用

如果将对象线型选择 bylayer，新对象将继承其所在图层的关联线型。如果选择 byblock，将使用 Continous 线型绘制新对象，直到将它们编组为块。无论何时插入块，对象都将继承块的线型。由于 bylayer 是随图层定义线型，故用户在制图前务必定义好图层的各项设置。

2. 设备及附件

首先将当前图层置为“空调-设备”。

这里主要是绘制各风机盘管图例，风机盘管只绘制出其轮廓线，同时应正确表达各设备与管线的连接关系。将风机盘管图例利用“复制”命令布置到相应位置，其位置由平面图确定，如图 15-27 所示。

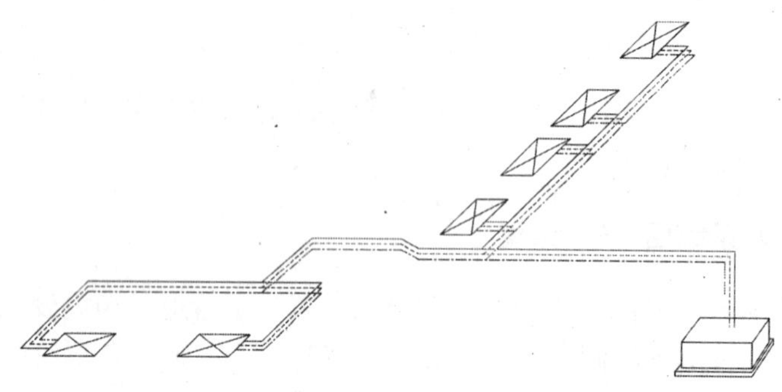

图 15-27 布置设备

对于常用设备的图例，用户可以根据需要将所需图例创建为块，并保存在某图块库中，再次使用时插入图块即可。对于含某特征标注的块，用户可以利用块属性来定义此类图块，图块插入时输入特征标注值即可。多数的设计单位都有自己的库文件夹，或者某专业制图软件都有大量的图块库方便用户使用，同时用户也可以从联机的设计中心或图块库中直接调用。

3. 文字标注及相关必要的说明

首先将当前图层置为“空调-设备”。

建筑工程图中，一般采用图形符号与文字标注符号相结合的方法，文字标注包括相关尺寸、线路的文字标注以及相关的文字特别说明等，都应按相关标准要求，做到文字表达规范、清晰明了。以下是暖通制图标准中关于管道等的标注格式。

（1）管径标注格式

低压流体输送用焊接管道规格应标注公称通径或压力。公称通径的标记由字母“*DN*”后跟一个以毫米表示的数值组成，如 *DN*15、*DN*42；公称压力的代号为“PN”。

输送流体用的无缝钢管、螺旋缝或直缝焊接钢管、铜管、不锈钢管，当需要注明外径和壁厚时，用“D”或“ϕ外径×壁厚”表示，如“D108×4”、“ϕ108×4”。在不致引起误解时，也可采用公称通径表示。

金属塑料管用“d”表示，如“d10”。

（2）管径标注方法

水平管道的规格宜标注在管道的上方，竖向管道的规格宜标在管道的左侧。双线表示的管道，其规格可标注在管道轮廓线内，如图 15-28 所示。

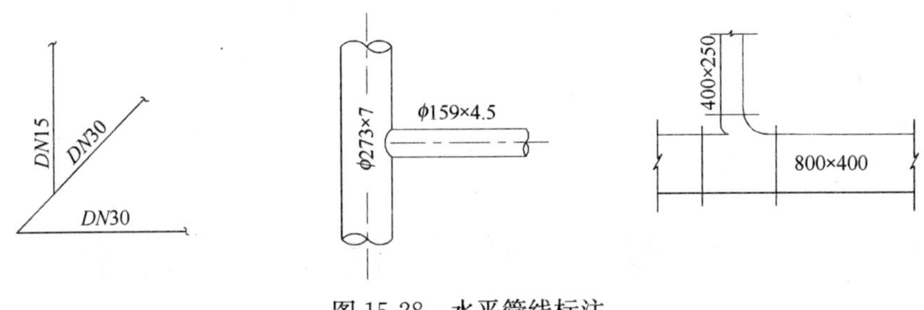

图 15-28　水平管线标注

当斜管道不在图示 30°范围时，其管径(压力)、尺寸应平行标注在管道的斜上方；否则，用引线水平或 90°方向标注，如图 15-29 所示。

多条管线的规格标注方式，如图 15-30 所示。管线密集时采用中间图画法，其中短斜线标记可以统一采用实心圆点。

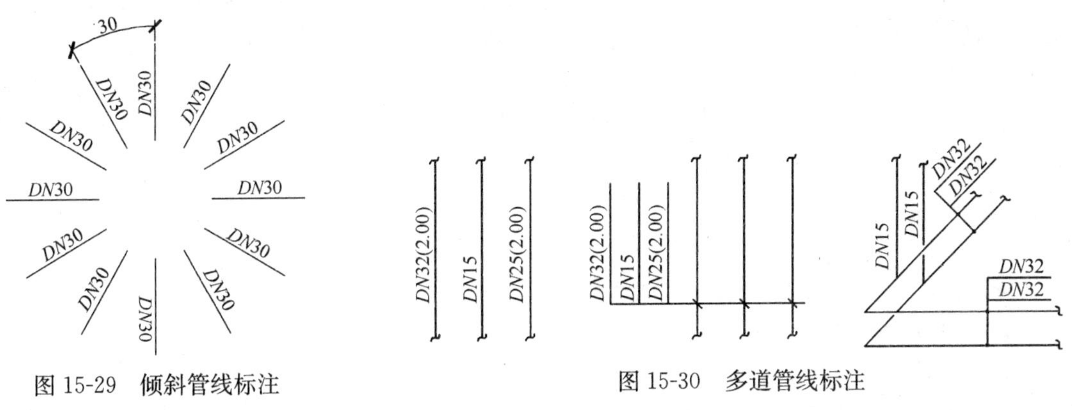

图 15-29　倾斜管线标注　　　　图 15-30　多道管线标注

(3) 标高

前述一节已介绍，此处不细述，读者也可参阅相关制图标准。

对于文字标注说明，常用的即“TEXT”与“MTEXT”分别为单行文字与多行文字，两者各有应用特点。前者适合于少量文字的编辑标注，较快捷；而后者则多应用于设计说明等大量文本的编辑，具有较强大的文字编辑功能。

标注时只需完成某一项标注，随后通过“复制”命令将标注文字复制到需要标注处，并相应修改文字内容，而无需每次都重复“单行或多行文字”命令。修改时只需单击文字，即为出现文字编辑符，随后直接输入新的标注内容，结果如图 15-31 所示。

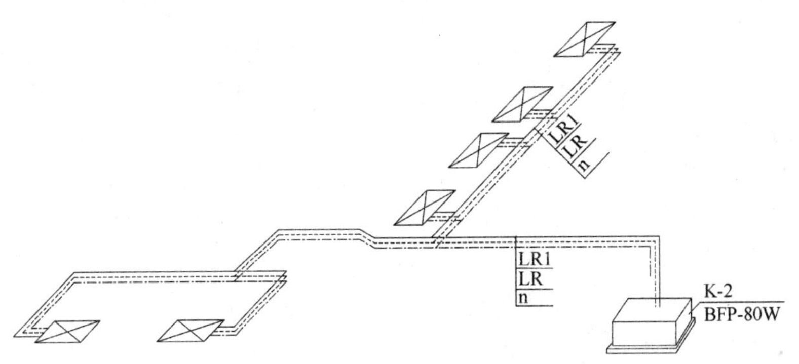

图 15-31　管线标注

第 16 章　某住宅楼采暖工程设计实例

内容提要

本章将以某高层钢筋混凝土结构住宅楼的采暖工程设计为背景，重点介绍采暖工程图的 CAD 制图全过程，并将从土木工程制图理论与相关暖通专业知识相结合，详细描述工程制图的细节及其流程。同时，本章还为读者准备了许多 CAD 制图的常用小技巧，对 CAD 制图速度的提高有着事半功倍的效果，可以阶梯性地帮助读者提高 AutoCAD 的应用能力。读者在熟悉及掌握采暖工程制图知识及 CAD 操作应用技巧的同时，也将会对采暖工程设计及 CAD 制图有着更深层次的认识。

本章重点

- 了解建筑采暖工程各项目的专业知识
- 学习运用 AutoCAD 的操作技巧
- 熟悉各采暖工程项目的制图特点
- 熟练各采暖工程项目的制图流程

采暖工程是指冬季为创造适宜人们生活和生产的温度环境，保持各类生产设备正常运转，保证产品质量以保持室温要求的工程。包括三部分：产热部分(锅炉房)、输热部分(热力管网)、散热部分(散热器)。采暖热媒可分为：热水采暖和蒸汽采暖。

16.1　室内采暖平面图

室内采暖工程的任务，即通过从室外热力管网将热媒利用室内势力管网引入至建筑内部的各个房间，并通过散热装置将热能释放出来，使室内保持适宜的温度环境，满足人们生产生活的需要。

采暖平面图是室内采暖施工图中的基本图样，表示室内采暖管网和散热设备的平面布置及相互连接关系情况。视水平主管敷设位置的不同及工程复杂程度，采暖施工图应分楼层绘制或局部详图绘制。

采暖系统属于全水系统，其管网的绘制及表达方法与空调水、给排水系统类似，尤其是风机盘管系统与采暖水系统较为相近。

16.1.1　室内采暖平面图概述

1. 采暖平面图表达的主要内容

室内采暖平面图主要表示采暖管道及设备在建筑平面中布置，体现了采暖设备与建筑之间的平面位置关系，表达的主要内容有：

(1) 室内采暖管网的布置，包括总管、干管、立管、支管的平面位置及其走向与空间连接关系；

(2) 散热器的平面布置、规格、数量和安装方式及其与管道的连接方式；

(3) 采暖辅助设备(膨胀水箱、集气罐、疏水器等)、管道附件(阀门等)、固定支架的平面位置及型号规格；

(4) 采暖管网中各管段的管径、坡度、标高等的标注，以及相关管道的编号。

(5) 热媒入(出)口及入(出)口地沟(包括过门管沟)的平面位置、走向及尺寸。

2. 图例符号及文字符号的应用

采暖施工图的绘制涉及很多的设备图例及一些设备的简化表达方法，如供热管道、回水管道、阀门、散热器等。关于这些图形符号及标注的文字符号的表征意义，后续文字中将顺带介绍。

3. 建筑室内采暖平面图的绘制步骤

建筑室内采暖平面图的绘制一般遵循以下步骤：

(1) 插入图框并进行 CAD 基本设置(图层及样式)；

(2) 建筑平面图；

(3) 管道及设备在建筑平面图中的位置；

(4) 散热器及附属设备在建筑平面图中的位置；

(5) 标注(设备规格、管径、标高、管道编号等)；

(6) 附加必有的文字说明(设计说明及附注)。

16.1.2　室内采暖平面图 CAD 基本设置

1. 图纸与图框

采用 A1 图纸，幅面尺寸 $B\times L\times c\times a$=594mm×841mm×10mm×25mm。绘制图框时注意比例的运用。一般是采用既有图框，再根据工程规模大小，直接按所需比例利用"缩放"命令 进行缩放。

2. 图层设置

用户可根据工程的性质、规模等进行合理设置各图层，以达到便于制图的目的。本例设置的图层如图 16-1 所示。

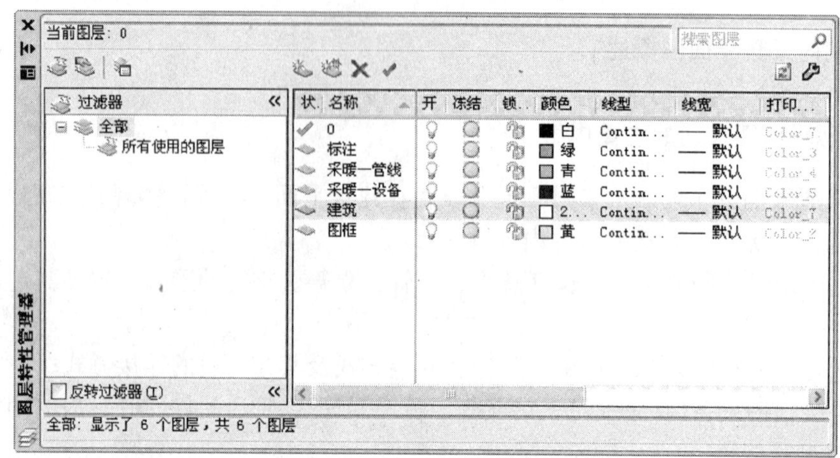

图 16-1　图层特性管理器

3. 文字样式

字体采用 CAD 制图中的大字体样式，采用的字体组合为“txt. shx＋hztxt. shx”的组合。作为同一套图纸，尽量保持字体风格统一。

4. 标注样式

此处为统一图纸风格，采用与建筑平面图中相同的标注样式。具体设置方法与前面章节讲述方法相同，这里不再赘述。

16.1.3　室内采暖平面图的 CAD 实现

室内采暖平面图表达了热力管道和散热设备的连接关系，及其与建筑平面的位置关系。用户在绘制采暖平面图时，应根据房屋平面图，先后绘制管网及设备，并对相关设备进行标注说明。采暖平面图中各线型、线宽设置及表达要求，参见《暖通空调制图标准》(GB/T 50114—2001)及前述相关章节。线型及线宽的设定可以在上述的图层设置时一同确定，也可绘图时局部调整，适当绘制详图。

1. 绘制建筑平面图

一般可由建筑专业提供建筑平面图的 CAD 图，采暖工程图依建筑平面图为基本图样进行绘制。此处，简述建筑专业图的绘制。

建筑空调工程中的建筑图，主要是指建筑平面图的轮廓线，只要求用细实线把建筑物与供暖有关的墙、柱、门窗、楼梯等部分绘出。

绘制步骤如下：

(1) 绘制定位轴线、轴号

将当前图层置为“建筑”。

(2) 利用“直线”命令 绘制两条轴线，分别为水平向及竖直向，长度分别为 25000mm 和 15000mm，绘制时使用“正交”状态按钮。

(3) 利用“偏移”命令 偏移轴线，具体尺寸如图 16-2 所示。

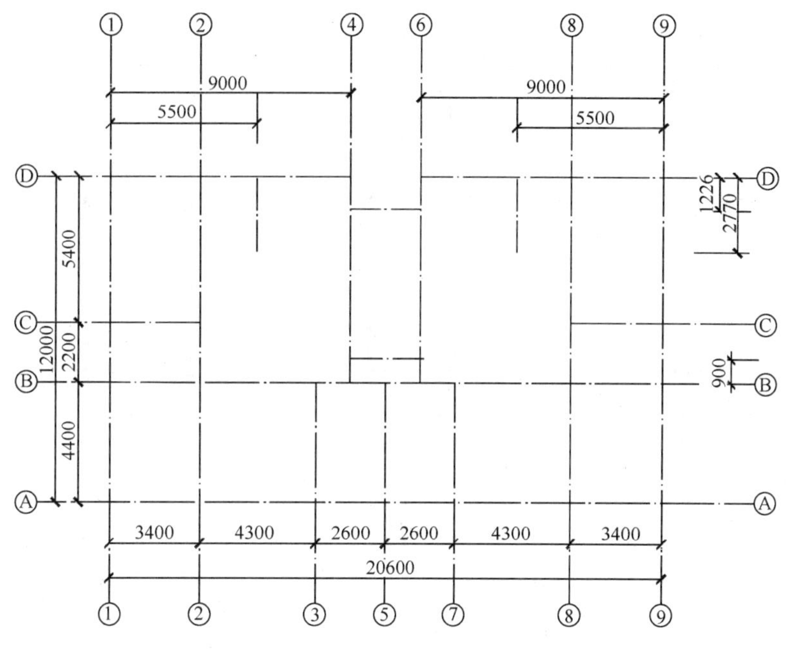

图 16-2　绘制轴网

（4）利用“修剪”命令修剪轴线。

（5）利用“圆”命令绘制轴号圆圈，轴号的圆圈在图纸上应为 8mm 直径的圆，此处的制图比例为 1∶100，故其直径也应为 8mm×100＝800mm。

（6）利用“单行文字”命令将轴线编号，插入圆圈中。

（7）利用“复制”命令复制刚绘制的圆圈和轴线编号到轴网各个端点，并修改各轴线的轴号数字或字母值，修改时双击文字，出现闪烁的文字编辑符即进行编辑状态。横向为阿拉伯数字，依次为 1、2、3…，竖向为英文字母 A、B、C…，结果如图 16-2所示。

（8）图层依然为“建筑”。若深化图层时，可将墙线单独绘制于某图层内。

（9）利用“多线”命令，绘制墙线，承重墙厚 200mm，非承重墙厚 120mm。绘制时要注意对正方式，特别是对于墙线中心线与轴线不重合的情况，即存在偏心。同时，可适当绘制一些辅助线来用于多线的端点定位，绘制完成后将其及时清理即可。

（10）编辑多线。利用多线编辑命令(mledit)及“分解”、“修剪”等命令对墙线相交处及门窗开洞等处进行细部修改。

（11）布置混凝土柱。使用“矩形”命令和“圆”命令绘制方柱和圆柱的截面，柱子根据制图标准要求应将其涂黑处理，使用“图案填充”命令进行填充。具体尺寸和位置如图 16-3 所示。

小技巧

空格键的灵活运用。默认情况下，敲击空格键表示重复 AutoCAD 的上一个命令，故用户在连续采用同一个命令操作时，只需连续敲击空格键即可，而无需费时费力地连续点击同一个命令。

（12）细部修改。当前图图层定义为“建筑”，设置好颜色，线宽＝0.25b，此处取

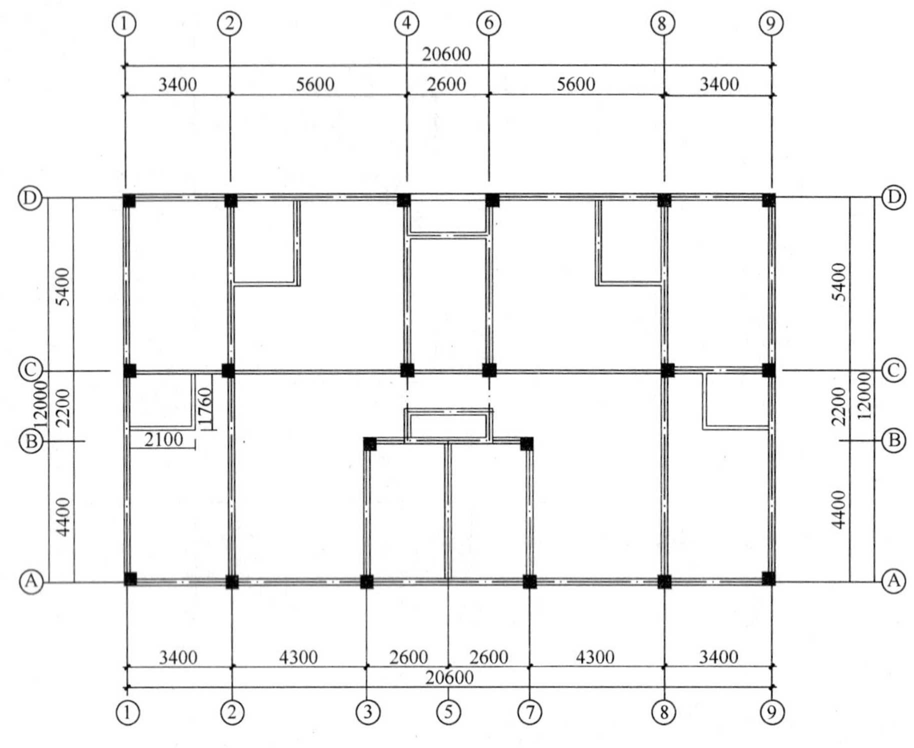

图 16-3　绘制多线

0.15mm，这里主要是建筑细部修改，如门窗洞口、楼梯及室内一些家具布置等等。

墙线(多线)的编辑应使用“对象”修改，多线的编辑不支持普通线条的修改。若需使用常规的修改命令，则必须先将其“分解”，转化为普通线段才可以进行修剪、打断等修改编辑。另外，一些图块，如办公桌、椅子、门窗等图例或块，可以从 CAD 设计中心里调用，也可以自行创建类似的库以便块的插入调用。

由于是作细部修改，故用户在制图时最好绘制一些辅助线来进行定位找点，特别是对于门窗阳台等。这里除了位置已经固定的门窗洞口外，其他门窗洞口尺寸和位置适当取值，这里取阳台门洞口宽度为 1500mm，取厕所门洞口宽度为 750mm，取厕所窗户洞口宽度为 900mm，取其他窗户洞口宽度为 900mm。图 16-4 所示为绘制的洞口。

注意

有些门窗的尺寸已经标准化，所以在绘制门窗洞口时，应该查阅有关标准，给予合适的尺寸。

小技巧

在使用修剪这个命令的时候，通常在选择修剪对象的时候，是逐个点击选择的，有时显得效率不高。要比较快地实现修剪的过程，可以这样操作：执行修剪命令“TR”或“TRIM”，命令行提示“选择修剪对象”时不选择对象，继续回车或单击空格键，系统默认选择全部对象！这样做可以很快地完成修剪的过程，没用过的读者不妨一试。

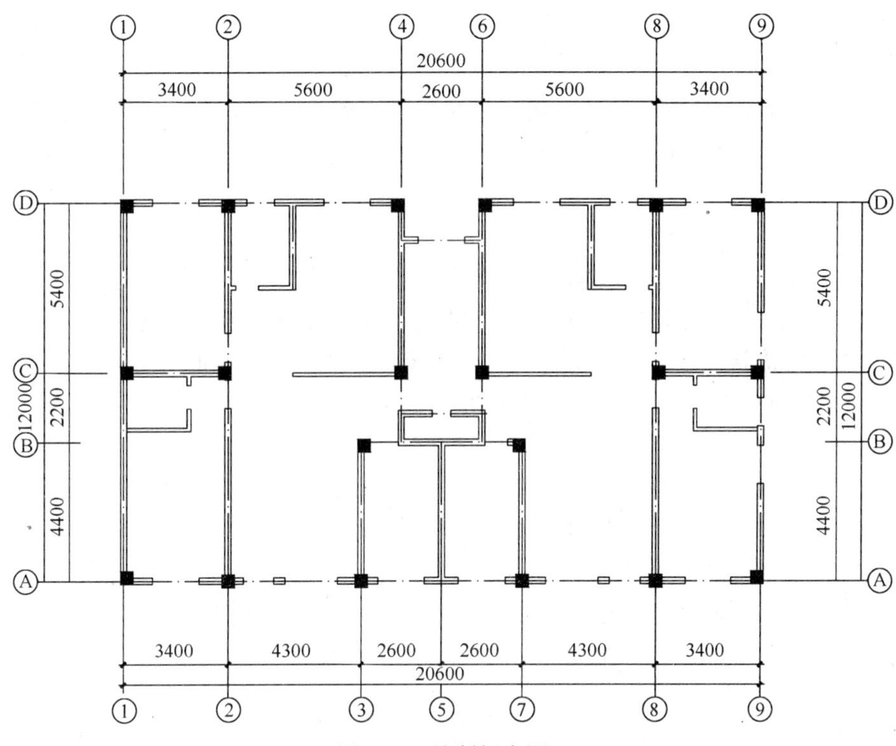

图 16-4　绘制门窗洞口

（13）绘制门窗、楼梯、阳台、窗台、卫浴设备等基本建筑单元。这里取厨房阳台外延 1500mm，客厅阳台外延 1000mm，窗台外延 450mm，绘制的建筑平面图结果如图 16-5 所示。

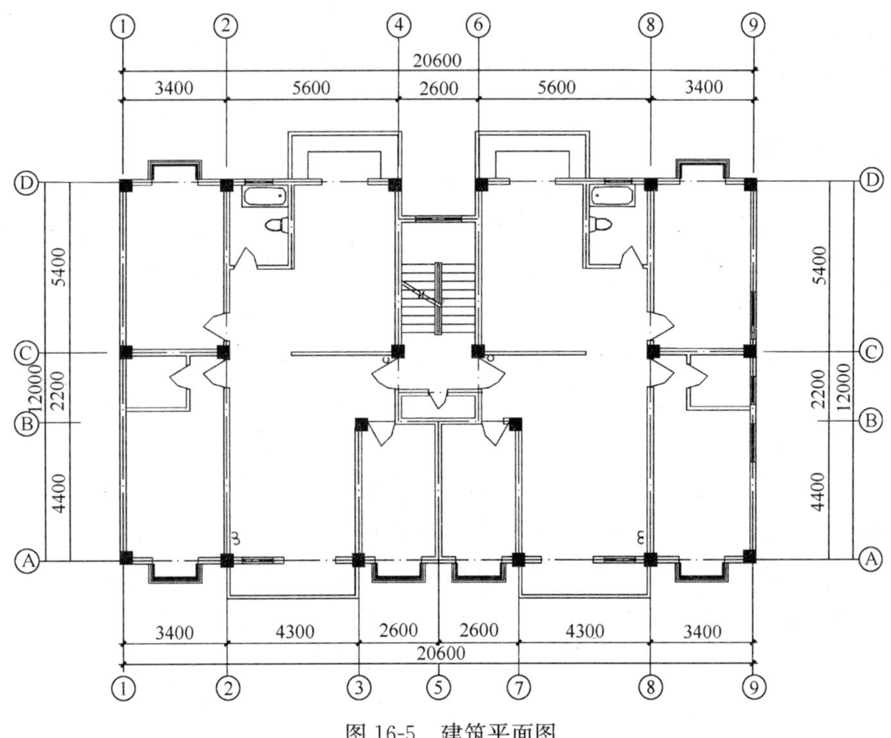

图 16-5　建筑平面图

小技巧

可以将各种基本建筑单元制作成图块，然后插入到当前图形，这样的利用可提高绘图效率，同时可加强绘图的规范性和准确性。

2. 绘制设备

在建筑平面图的相应位置绘制相关采暖设备，因散热器、阀门等构配件尺寸较小，当采用较小比例绘制时，很难把种种设备表达清楚，故一般用图形符号及图例来表示各种管线及设备。《房屋建筑制图统一标准》GB/T 50001—2001、《暖通空调制图标准》GB/T 501116—2001 中规定了管道、设备等的标准图例，读者可查阅相关标准，工程制图时熟练识读及应用。

采暖工程制图的设计说明、图例中应画出各图例符号并注明其具体表达含义，此处选取一些常用图例符号，对其绘制过程作简要介绍。

(1) 散热器及控制阀图例绘制

① 利用“矩形”命令，绘制长×宽为 900mm×120mm 的矩形。

② 利用“直线”命令，捕捉矩形左边中点为端点向左绘制水平线段，并将线段的线型改变为点画线，表示管线。

③ 利用“圆”命令绘制半径为 60mm 的圆。

④ 利用“偏移”命令将圆向内偏移 30mm，形成同心圆。

绘制过程如图 16-6 所示。

图 16-6　散热器及控制阀绘制过程

小技巧

在 AutoCAD 中，可以使用“偏移”命令，对指定的直线、圆弧、圆等对象作定距离偏移复制。在实际应用中，常利用“偏移”命令的特性创建平行线或等距离分布图。

(2) 四通阀绘制

① 利用“正多边形”命令，绘制外接圆半径为 60mm 的正三角形。

② 利用“直线”命令，捕捉三角形顶点为端点绘制水平线段，并将线段的线型改变为点画线，表示管线。

③ 利用“镜像”命令将三角形向上以管线为轴镜像。

④ 利用“偏移”命令将圆向内偏移 300，得到同心圆。

⑤ 利用“旋转”命令，将镜像的两三角形绕交点复制旋转 90°。

⑥ 利用“点”命令，在三角形交点绘制一点。

⑦ 利用“直线”命令，绘制一条过交点的竖直线段作为管线。

绘制过程如图 16-7 所示。

小技巧

AutoCAD 提供了强大的夹点编辑功能，该功能集成了复制、旋转、镜像、拉伸、拉长、缩放等多种编辑功能，具体操作方法是：

直接选中要编辑的对象，这些对象显示蓝色的编辑夹点，在其中一个夹点上再次单击鼠标选中此夹点，如图 16-8 所示。这时命令行提示下进入某种编辑模式，可以按空格键来选择需要的编辑模式，如命令行提示：

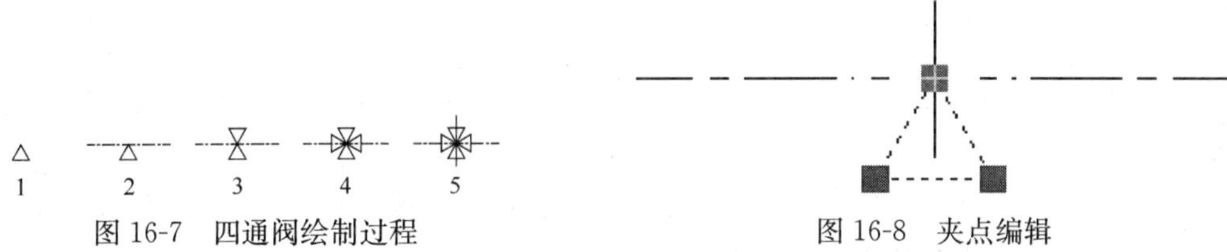

图 16-7　四通阀绘制过程

图 16-8　夹点编辑

** 旋转 **

指定旋转角度或 [基点(B)/复制(C)/放弃(U)/参照(R)/退出(X)]：(表示当前的编辑模式是旋转编辑，按空格键切换到下一种编辑模式)

** 比例缩放 **

指定比例因子或 [基点(B)/复制(C)/放弃(U)/参照(R)/退出(X)]：(再次按空格键切换到下一种编辑模式)

** 镜像 **

指定第二点或 [基点(B)/复制(C)/放弃(U)/退出(X)]：(在镜像模式下对对象进行镜像编辑)

(3) 自动排气阀图例绘制

① 利用“矩形”命令，绘制长×宽为 60mm×90mm 的矩形。

② 利用“圆弧”命令，以矩形下边两顶点为端点绘制向下凸的半圆弧。

小技巧

绘制圆弧时，注意指定合适的端点或圆心，指定端点的时针方向也即为绘制圆弧的方向。例如，要绘制图示的下半圆弧，则起始端点应在左侧，终端点应在右侧，此时端点的时针方向为逆时针，则即得到相应的逆时针圆弧。

③ 利用“修剪”命令将矩形下边修剪掉。

④ 利用“直线”命令，在图形正中位置绘制两条竖直线段，线段的起始端点分别为矩形的上边中点和圆弧顶点。

绘制过程如图 16-9 所示。

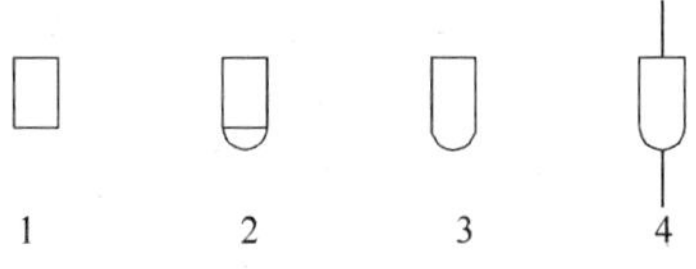

图 16-9　自动排气阀绘制过程

将绘制好的图例，通过“复制”或“插入块”等基本命令，按采暖工程的设计布置的需要，一一对应复制到相应位置(平面位置关系的确定可通过辅助线的方式来确定)，注意复制时选择合适的“基点”(即以基点作为选中图样的插入点)。当工程对称布置时，还可使用“镜像”

命令，提高制图速率。

小技巧

图元删除三种方法：

1. “ERASE”，AutoCAD 修改工具栏提供的“删除”快捷命令；
2. “DELETE”键，位于操作键盘上的“DELETE”键，删除方式同“ERASE”；
3. “CTRL+X”，WINDOWS 通用的快捷命令，直接将图元剪切删除。

3. 绘制热水给水管线

当前图层定义为“采暖-管线”。当图层深化时，可将给水管线与回水管线各定义相应的图层。

绘制管线路前应注意其安装走向及方式，一般可顺时针绘制，由立管(或入口)作为起始点。绘制热水给水管线粗实线，采用单线法表示。

管线绘制如图 16-10 所示。

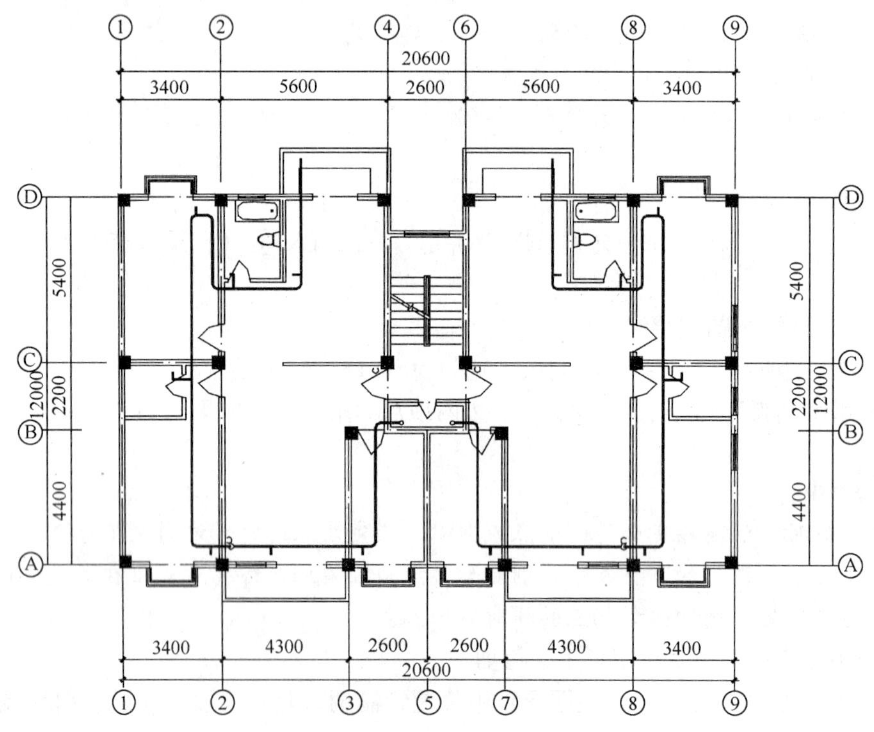

图 16-10 绘制管线

4. 布置散热器

按上述设备图例绘制方法，将散热器图例通过“复制”或“插入块”的方式，布置到指定位置。位置可利用一些辅助线的方式来确定，以便于“复制”时图元插入点的指定，再将其与供水管线相连，表示方法如图 16-11 所示。

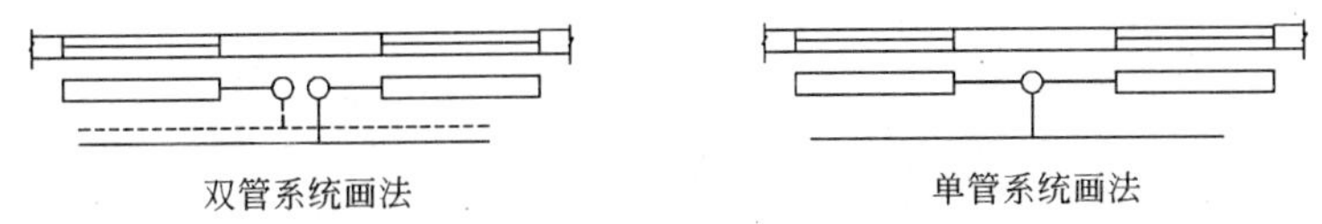

图 16-11　散热器系统画法

工程中也有采用不用供回水干管的设计，直接采用立管将散热器连接起来。

散热器布置如图 16-12 所示。

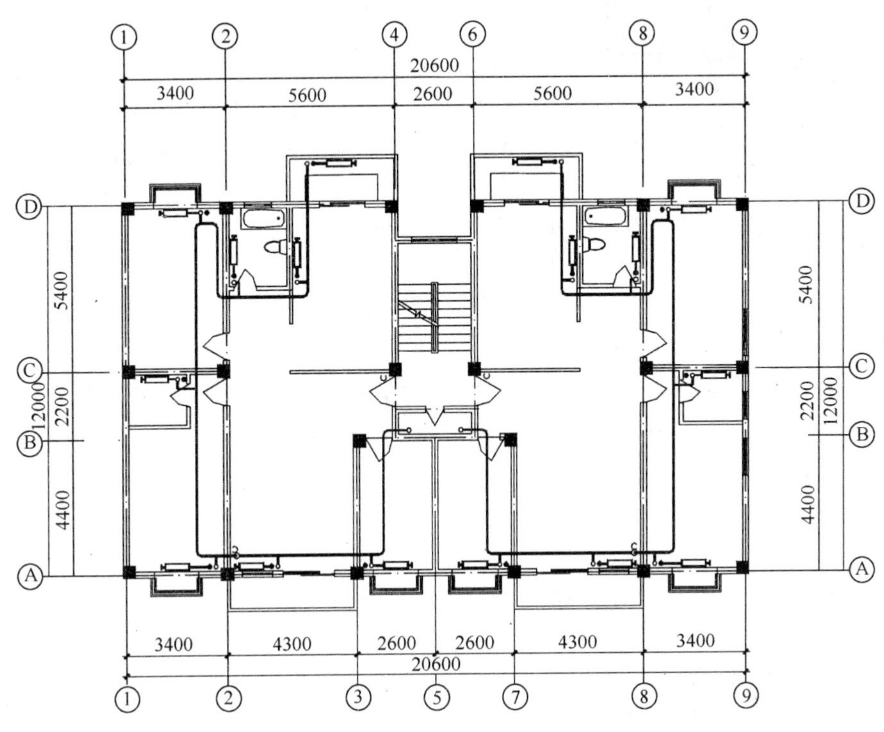

图 16-12　散热器布置

5. 绘制热水回水管线

当前图层仍为“采暖-管线”(图层深化时供水、加水管线各自建立图层)。

本例为双管采暖系统，故通过热水回水管线将散热器串起来，形成采暖系统。双管热水采暖系统中的每组散热器可以组成一个独立的循环管线，各组散热器可以独立调节热水流量，因此使用及维修方便。

热水回水管线型为粗虚线。管线的绘制命令仍然同前述，一般采用直线或多段线命令，绘制时需要捕捉端点，同时适当绘制一些辅助线，如图 16-13 所示。

6. 文字标注及相关必要的说明

建筑采暖工程图，一般采用图形符号与文字标注符号相结合的方法，文字标注包括相关尺寸、线路的文字标注等等，以及相关的文字特别说明等，都应按相关标准要求，做到文字表达规范、清晰明了。

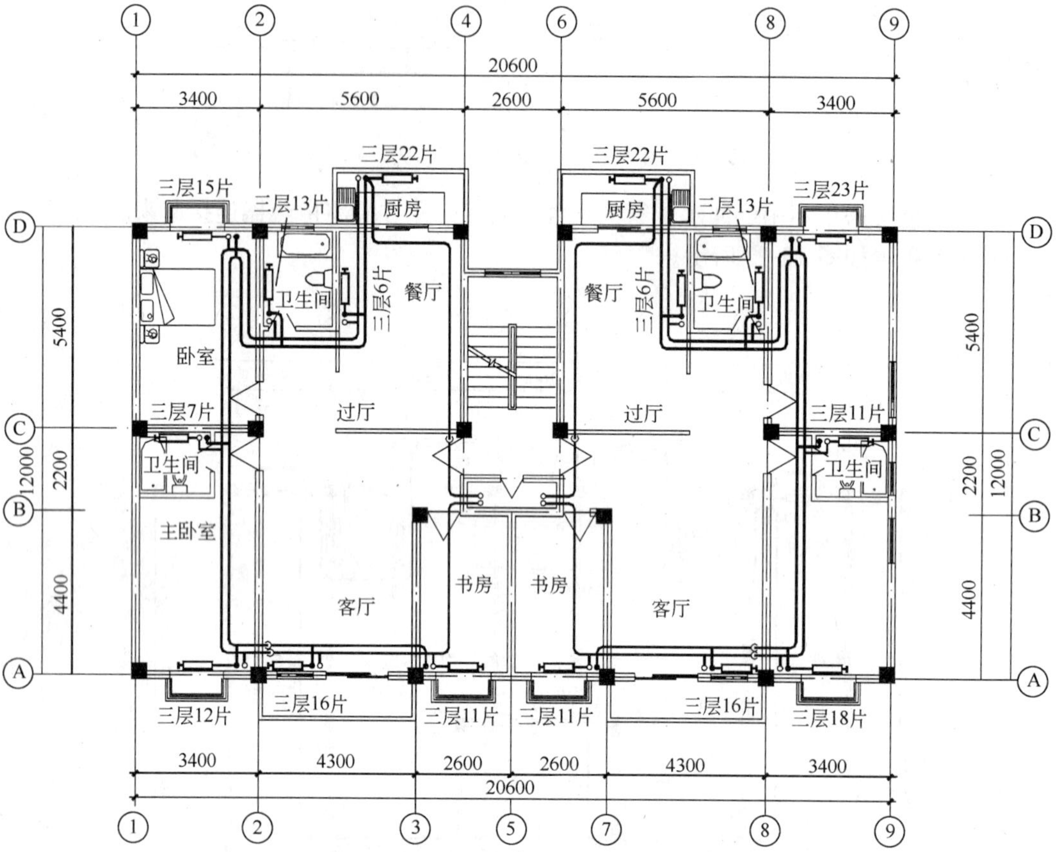

图 16-13 绘制回水管线

（1）管道代号

管道因功能不同，空调工程图中以不同字母代号标注，表达其相应功能，如图 16-14 所示。

（2）立管编号

系统编号宜标注在总管处。竖向布置的垂直管道系统，应标注立管号，在不致引起误解时，可只标注序号，但应与建筑轴线编号有明显区别，如图 16-15 所示。采暖热水供回水管编号方法为：对于立管，直接采用阿拉伯数字进行编号。入口号采用系统编号。旧的标准中采用 Ln 作为立管编号，采用 Rn 表示采暖入口编号。

系统代号、编号的画法

图 16-14 系统编号

立管号的画法

图 16-15 立管编号

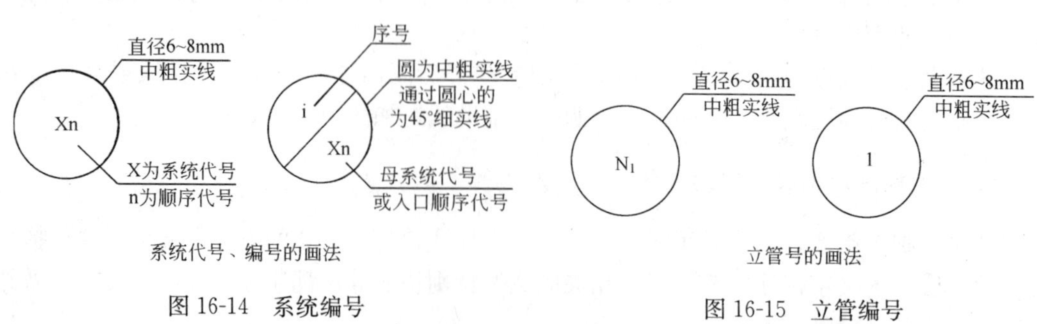

（3）管径标注

供回水管道的管径尺寸以毫米（mm）为单位。管径尺寸标注位置，根据以下几点确定：

① 管径尺寸应注在变径处；

② 水平管道管径尺寸应标注在管道上方，斜管道管径尺寸应标注在管道的斜上方，并与管道平行，竖管的管径尺寸应标注在管道左侧；

③ 当管道复杂密集时可使用引线，引出标注或在附注中加以说明。

相关内容如前述，此处不作赘述。

（4）标高与坡度

管道应标注管道中心的高程、管段的始端或末端。散热器宜标注底面标高，同一楼层或同一高程的散热器可只标注右端一组。管道坡度采用单边箭头表示，箭头指向下坡方向，坡度数值注写在箭头上方。关于更多相关说明前面章节已介绍，此处不细述，读者也可参阅相关制图标准。

（5）散热器的规格及数量标注

散热器在平面图上其通过标准矩形图例表示，并不具有尺寸意义。各种形式散热器的规格和数量按以下规定标注：

① 圆翼型散热器规格采用“根数×排数”；

② 光管散热器规格采用“管径×长度×排数”；

③ 串片式散热器规格采用“长度×排数”；

④ 柱式散热器规格只标注数量，如图 16-16 所示。

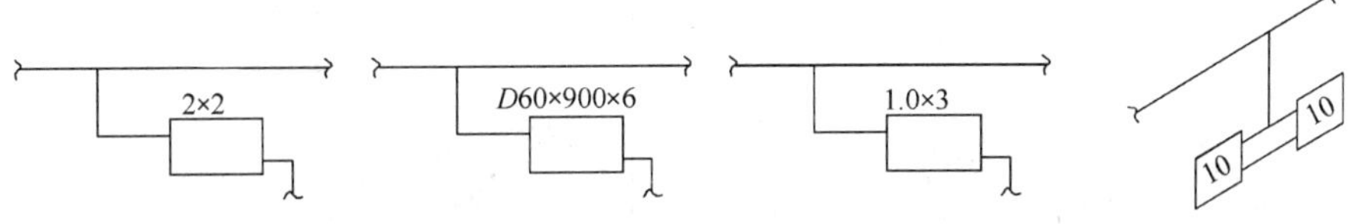

图 16-16　散热器标注

文字标注仍然采用的是“单行文字”，通过“复制”将标注文字框复制到需要标注的设备，并编辑修改标注内容，结果如图 16-17 所示。

小技巧

对于此类编号同轴号，用户可以先建立图块，利用块属性来修改标注的属性值，再利用插入块来进行调用，诸多专业制图软件亦常有类似的图块插入命令，较便捷。

7. 尺寸标注

矩形风管的截面尺寸应以“A×B”表示。“A”为视图投影的边长尺寸，“B”为另一边尺寸，A、B 单位为毫米。圆形风管的截定型尺寸应以直径符号“ϕ”后跟以毫米为单位的数值。截面尺寸为文字标注，故一般采用的是“单行文字”操作进行标注。

标注完成后，最终结果如图 16-18 所示。

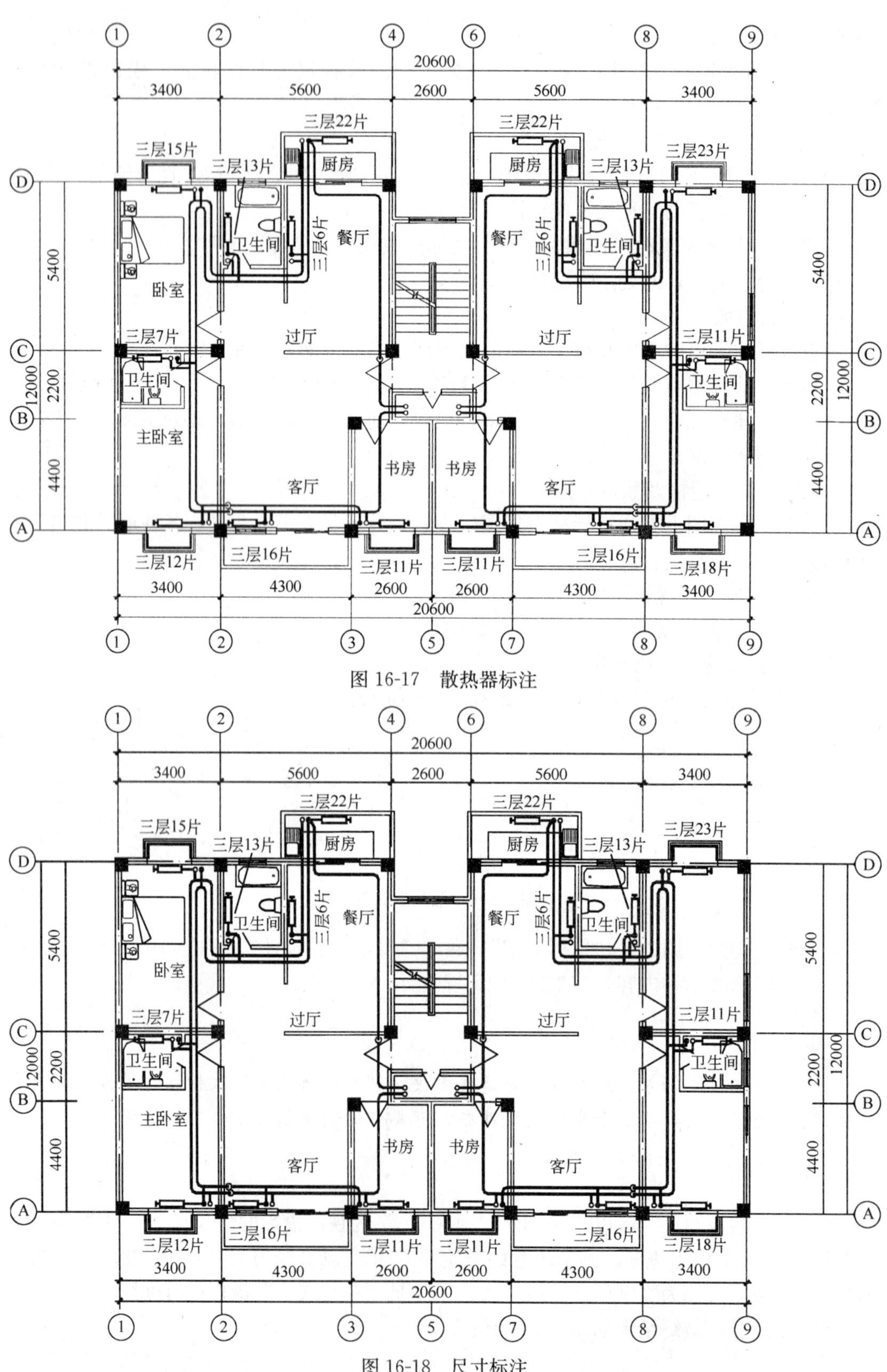

图 16-17 散热器标注

图 16-18 尺寸标注

小技巧

对于复杂表格，用户可以通过超链接的方式，将 EXCEL 或 ACCESS 表格导入至 CAD 图纸中，其缺点在于无法对图例符号在 EXCEL 中进行添加编辑，只能完成文字部分的表单处理。

16.2　室内采暖系统图

采暖系统轴测图，可以清晰地表示出室内采暖管网和各设备之间连接关系及空间位置关系等情况。

其表达的主要内容：

(1) 室内采暖管网的空间布置，包括总管、干管、立管及支管的空间位置和走向，以及规格；

(2) 散热器的空间布置和规格、数量，以及与管道的连接方式；

(3) 采暖辅助设备(膨胀水箱、集气罐等)、管道附件(如阀门)在管道上的位置及与管道的连接方式；

(4) 各管段的管径、坡度、标高等，以及立管的编号。

绘制步骤如下：

(1) 插入图框，设置好比例；

(2) 根据管道在平面图中位置，绘制管道轴测图；

(3) 根据散热器及其他附属设备(配件)的平面图中位置，绘制其立面尺寸；

(4) 相关图例；

(5) 标注(立管编号、管径、坡度、标高及设备规格等)。

16.2.1　室内采暖系统图 CAD 基本设置

1. 图纸与图框

采用 A1 图纸，幅面尺寸 $B\times L\times c\times a=594\text{mm}\times 841\text{mm}\times 10\text{mm}\times 25\text{mm}$。绘制图框时注意比例的运用。一般是采用即有图框，再根据工程规模大小，直接按所需比例采用“缩放”命令 进行缩放。

2. 图层设置

用户可根据工程的性质、规模等进行合理设置各图层，以达到便于制图的目的。

3. 文字样式

字体采用 CAD 制图中的大字体样式，采用的字体组合为“txt. shx＋hztxt. shx”的组合。作为同一套图纸，尽量保持字体风格统一。

4. 标注样式

此处为统一图纸风格，采用与建筑平面图中相同的标注样式。具体设置方法与前面章节讲述方法相同，这里不再赘述。

16.2.2 室内采暖系统的 CAD 实现

采暖工程系统轴测图不同于平面图，它表达了采暖设备、管道及相关设施布置及其连的三维空间关系。系统轴测图绘制前必须首先确定好建筑自下而上各层管线及相关设施的平面布置关系，才能准确在系统轴测图中描绘出其三维空间关系。用户在识读室内采暖平面图后，在绘制采暖系统轴测图时，通常将建筑的南侧作为前面，将建筑的北侧作为后面，把建筑的西侧作为左面，把建筑的右侧作为右面。排水系统图中各线型、线宽设置及表达要求，可参见《给水排水制图标准》GB/T 50106—2001 及前述相关章节，线型及线宽的设定可以在上述的图层设置时一同确定，也可绘图时局部调整。

轴测图绘制的空间顺序可如下遵循：由平面图的左端立管为起点，由地下到地面至屋顶，顺时针，由左及右按立管编号依次顺序排列绘制。由本章的采暖工程平面图可知，采暖系统共有给水立管，绘制时由左及右，应从第一根立管入口开始绘制。

1. 插入图框

(1) 将当前图层设置为“图框”。

(2) 插入图框。利用“绘图”工具条上的“插入块”命令，将所绘制的图框插入到当前图形中。

2. 绘制采暖热水供水管线

将当前图层置为“采暖-供水”，在该图层上绘制供水管线。

建筑外墙及地坪线的绘制，只需绘制其轮廓线，采用线型为“细实线”，线宽为 $0.25b$，外墙的相关尺寸(如标高等)可由平面图确定。

线段的绘制使用“直线”或“多段线”均可。绘制时注意系统图中管线长度与平面图中的管线长度的对应关系，也可根据需要首先绘制一些辅助线进行定位找点，绘制完成后将其删除即可，如图 16-19 所示。

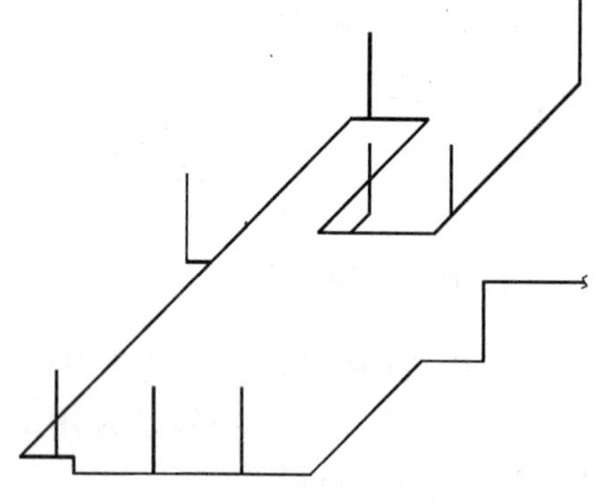

图 16-19　绘制供水管线

在绘制正面斜等测轴测图时，其倾斜角为 45°。CAD 制图时，可按下状态栏的“极轴”按钮，进行 45°角追踪捕捉(绘制界面中将出现 45 的虚线捕捉)。

3. 绘制采暖热水回水管线

当前图层仍为“采暖-管线”，也可将管线图层进行深化分类。

此项可以采用“直线”或“多段线”均可。但考虑本采暖系统的设计情况，可利用“偏移”命令，偏移供水管线，再修改偏移得到的供水管线的图层设置或线型等，也可使用“格式刷”命令来完成样式的修改。绘制完成后的图如图 16-20 所示。

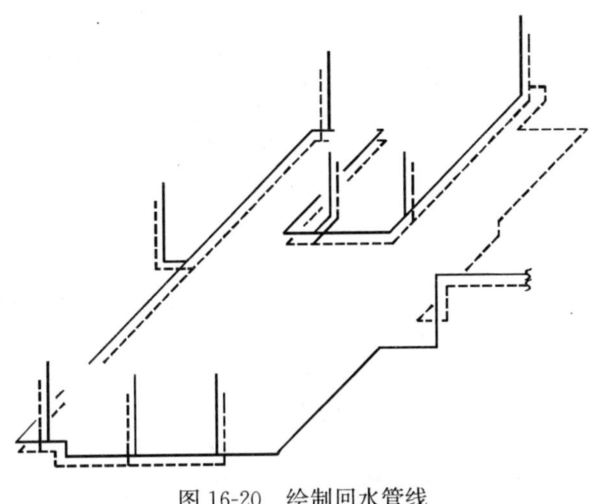

图 16-20　绘制回水管线

小技巧

特性匹配功能：

使用“特性匹配”(matchprop)功能，可以将一个对象的某些或所有特性复制到其他对象。其菜单执行路径为：修改→特性匹配。

可以复制的特性类型包括(但不仅限于)：颜色、图层、线型、线型比例、线宽、打印样式和三维厚度。

4. 布置设备

AutoCAD 设计中心 PIPE 项提供了一些管道常用的块，选中某个块可以进行调用，如图 16-21 所示。

读者可以根据需要创建一些图块，也可以选择设计中心中的相关图块，采用“复制”命令，或“插入块”命令将相应的设备与管线相连接，如图 16-22 所示。

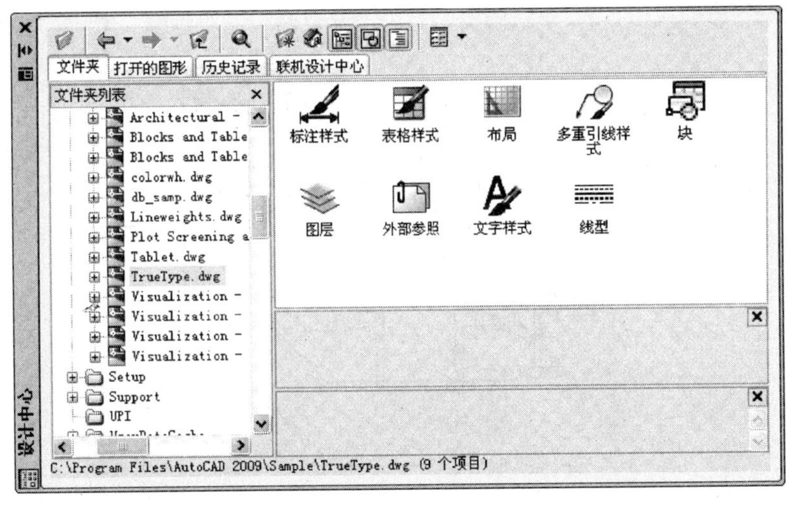

图 16-21　调用图块

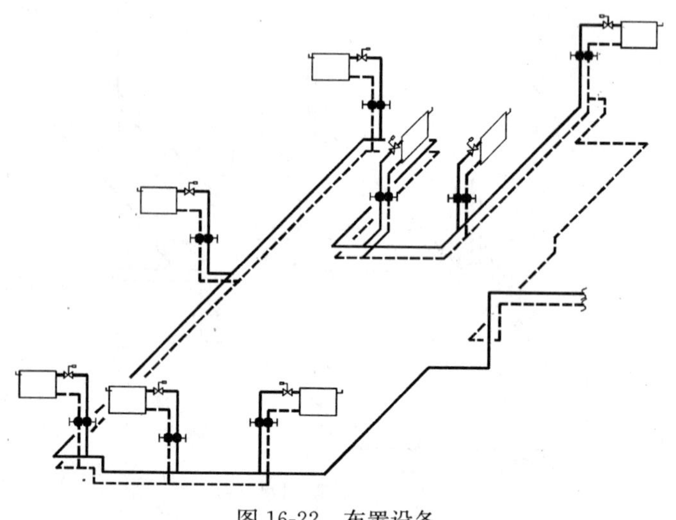

图 16-22　布置设备

小技巧

绘图时，可以使用新的对象捕捉修饰符来查找任意两点之间的中点。例如，在绘制直线时，可以按住 SHIFT 键并单击鼠标右键来显示“对象捕捉”快捷菜单，如图 16-23 所示。单击“两点之间的中点”之后，请在图形中指定两点。该直线将以这两点之间的中点为起点。

5. 管线标注

当前图层仍然为“标注”。

主要是管径的标注，管径的标注方法如前述，采用“单行文字”标注。相同标注采用“复制”即可。其他标注内容，可选复制文字框再进行文字内容的编辑修改。相关标注如图 16-24 所示。

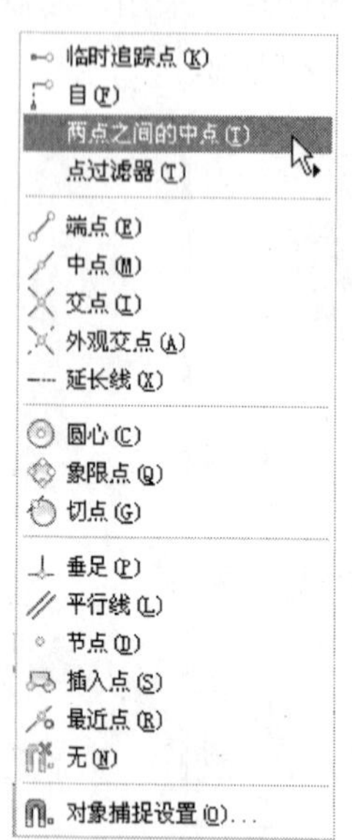

图 16-23　捕捉中点

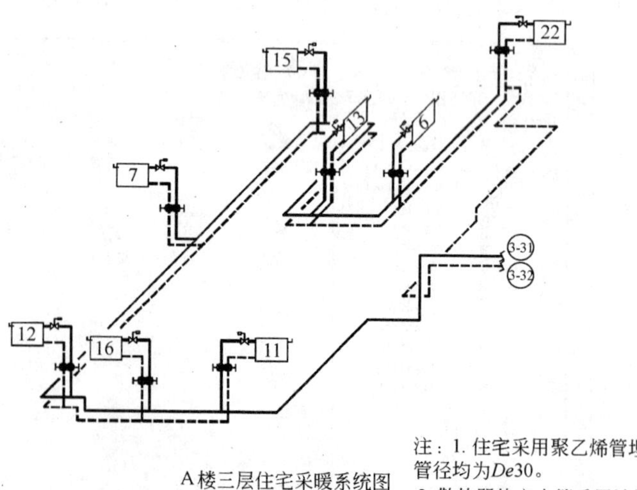

图 16-24　管线标注

通过镜像完成全楼层的采暖系统布置，完成后的图纸如图 16-25 所示。

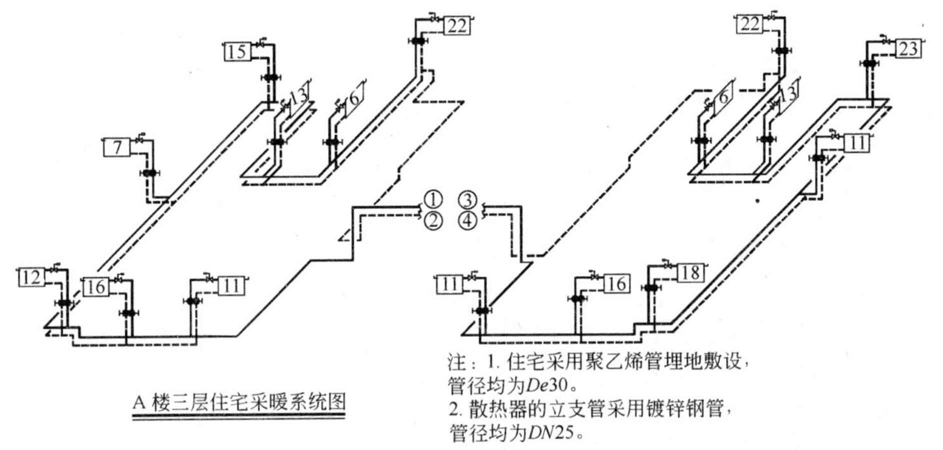

图 16-25　采暖系统图

参 考 文 献

1. 谭伟建. 建筑设备工程图识图与绘制. 北京：机械工业出版社，2004
2. 图集编绘组编. 建筑设备设计施工图集(上，下). 北京：中国建材工业出版社，2000
3. 王子茹. 房屋建筑设备识图. 北京：中国建材工业出版社，2001
4. 杨光臣. 建筑电气工程图识读与绘制(第二版). 北京：中国建筑工业出版社，2005
5. 刘宝林. 建筑电气设计图集 1. 北京：中国建筑工业出版社，2002
6. 于国清主编，建筑设备工程 CAD 制图与识图. 北京：机械工业出版社，2005
7. 吴成东. 怎样阅读建筑电气工程图. 北京：中国建筑工业出版社，2001
8. 孙成群. 建筑工程设计编制深度实例范本——建筑电气. 北京：中国建筑工业出版社，2004
9. 张志刚. 给水排水工程专业课程设计. 北京：化学工业出版社，2004
10. 李永红. 水暖安装工程识图与预算入门. 北京：人民邮电出版社，2005